同济大学本科教材出版基金资助

同济大学工程力学系列教材

材料力学

（第 3 版）

同济大学航空航天与力学学院
基 础 力 学 教 学 研 究 部　编

同济大学出版社
TONGJI UNIVERSITY PRESS
·上海·

内容提要

本书在《材料力学(第2版)》基础上改编而成,增加作者微课视频等电子资源,在每章节中以二维码的形式呈现。本书主要内容包括轴向拉伸与压缩、剪切、扭转、弯曲、应力状态分析、强度理论、组合变形、能量法、压杆稳定、动载荷及疲劳强度等。每章附有思考题、习题及习题答案。附录中介绍了截面图形几何性质及平面应力条件下的应变分析,提供了型钢表(包括H型钢)。本书注重工程背景的介绍和工程实例的引入,从更有利于教学的角度出发,内容力求做到层次分明、论述严谨、详略适当、例题和习题难易适中。

本书可作为普通高等院校土木工程和机械工程等专业"材料力学"课程的教材,也可用作教师及有关工程技术人员的参考书。

图书在版编目(CIP)数据

材料力学 / 同济大学航空航天与力学学院基础力学教学研究部编. -- 3版. --上海:同济大学出版社, 2022.11

ISBN 978-7-5765-0522-1

Ⅰ. ①材… Ⅱ. ①同… Ⅲ. ①材料力学—高等学校—教材 Ⅳ. ①TB301

中国版本图书馆CIP数据核字(2022)第231013号

同济大学工程力学系列教材

材料力学(第3版)

同济大学航空航天与力学学院基础力学教学研究部 编

责任编辑 高晓辉 宋 立 **责任校对** 徐逢乔 **封面设计** 潘向蓁

出版发行 同济大学出版社 www.tongjipress.com.cn
(地址:上海市四平路1239号 邮编:200092 电话:021-65981474)
经　　销 全国各地新华书店、网络书店
排版制作 南京月叶图文制作有限公司
印　　刷 启东市人民印刷有限公司
开　　本 710mm×960mm 1/16
印　　张 27
字　　数 540 000
版　　次 2022年11月第3版
印　　次 2023年7月第2次印刷
书　　号 ISBN 978-7-5765-0522-1

定　　价 78.00元

前　言

《材料力学(第 3 版)》是参照教育部高等学校力学教学指导委员会力学基础课程分委员会制定的《材料力学课程基本要求(A 类)》中的内容，结合十多年来使用本教材的教师和学生的反馈意见，在前两版的基础上修改、完善并嵌入部分数字化教学资源的一本新形态教材。第 3 版教材保持了第 2 版教材视角独特、强调学科基本方法的体系和风格，并在以下几个方面进行修改和补充：

1. 保留前两版教材概念确切、说理透彻的特点，对教材中部分内容的讲述做了修改和补充，力求做到论述严谨，便于理解。

2. 从更有利于教学的角度出发，对全书的例题、思考题和习题做了必要的增删、调整和修改。去掉一些较为复杂的例题，以简单且概念突出的例题代之，删减、优化了部分习题，使之难易适中。

3. 在教材中植入二维码，将各章主要知识点、重点、难点与本章小结，部分知识点的微课视频及三维动画仿真等数字化教学资源嵌入教材，由此激活传统的纸质教材，使之可以和在线课程及网上教学资源融合。学习者可以通过手机扫描书中二维码，将线上线下资源有效衔接起来。学习者也可在“同济书房”网站(https：app.readoor.cn/app/dt/pd/1655775277 ?s＝1)搜索本教材下载配套的学习课件。

参加本版修订工作的是陈洁和徐烈烜。第 1 章至第 6 章及第 9 章由徐烈烜修订；第 7 章、第 8 章、第 10 章至第 13 章及附录 A、附录 B 和附录 C 由陈洁修订。各章知识点、难点和重点由徐烈烜编写，各章小结、微课视频及三维动画仿真视频等由陈洁编写、录制和收集。与本教材配套的教学课件由陈洁、徐烈烜制作。全书由陈洁统稿。

限于编者的水平，修订后的教材仍会有疏漏和欠妥之处，诚恳欢迎读者批评指正。

陈　洁

2022 年 10 月

第 2 版前言

本书是参照教育部力学基础课程教学指导分委员会最新制订的《材料力学课程基本要求(A类)》中的内容,并根据几年来使用《材料力学(第1版)》的教师和学生的意见,在第1版的基础上修改、补充并完善而完成的。本书保持了第1版的体系和风格,并在以下几方面进行了修改和完善:

1. 在介绍基本内容时,注重工程背景的介绍和工程实例的引入,以期读者可以直接而深刻地理解所学知识,培养和提高分析实际问题的能力。

2. 从更有利于教学的角度出发,对全书的内容、例题、思考题和习题做了必要的增减和修改,力求做到内容层次清楚、论述严谨、详略适当、例题和习题难易适中。

3. 增加圆轴的弹塑性扭转、梁的弹塑性弯曲等(打星号的拓宽和提高部分)内容,供教师选讲或学生自学。

4. 提高部分插图的表现力,使其更生动、更直观地反映理论知识。

5. 制作与本教材配套的学习光盘一张。

参加本版修订工作的是陈洁和徐烈烜。其中,第1章至第6章及第9章由徐烈烜修订;第7章、第8章、第10章至13章及附录A与附录B由陈洁修订,全书由陈洁统稿。

与本教材配套的学习光盘由徐烈烜、陈洁制作。

限于编者的水平,修订后的教材如有疏漏和欠妥之处,诚恳欢迎读者批评指正。

陈　洁

2010年10月

第 1 版前言

本教材是同济大学“十五”规划教材，得到同济大学教材、学术著作出版基金委员会及同济大学出版社资助，在此谨表衷心的感谢。本教材的主要特色为强调本学科的基本方法，培养能力，内容有所创新。主要体现在以下几方面：

1. 加强、充实第 1 章“绪论”。在此章中，除了介绍“材料力学”的学习目的、任务、基本假设、基本概念外，还介绍了外力与内力、内力与应力、应力与应变之间的关系以及常用的基本方法，如截面法、叠加法。通过观察变形探寻应力、应力规律等。通过第 1 章的学习，可对“材料力学”的主要研究内容和基本方法有总体的概念和印象，为以后各章的学习作铺垫。

2. 解题思考有创新，主要有利于能力培养和后续课程的学习。例如，拉压超静定杆系计算是“材料力学”的难点，学生常陷于题海之中，本书指出节点位移在杆上的投影就是杆的变形量，并以此建立几何方程，为解拉压超静定杆系建立了统一的解法，可用于任一超静定杆系，并可依此编制程序，为学生理解、使用或编制通用程序打下基础。又例如，在用变形比较法解超静定梁时，通常教科书中只提以“多余”约束的支承条件为几何方程，即使在解多跨超静定连续梁时，引入三弯矩方程，但只是作为特例。本书明确指出几何方程可取支承条件和连续条件两种形式，拓宽了思路，并为学习有限元法作好铺垫。

3. 指出研究切应力的基本思路——先判定切应力方向，再研究数值。根据此思路，导出薄壁梁弯曲切应力的计算公式，并首次导出薄壁槽形梁弯曲切应力完整的真实解，垂直切应力的分布不同于以往“材料力学”教科书所示的分布，它符合连续分布的基本假设和切应力互等定理。对于矩形截面梁或其他非薄壁截面梁，由于弯曲切应力方向不能判定，故给出的计算公式只是仿薄壁截面梁弯曲切应力公式的近似计算式，并启示读者，凡与基本假设、基本定理有矛盾的公式、计算结果都是值得商榷，有待于进一步研究的(如思考题 6-11)。

4. 加强变形观察与应力分析的联系，有利于培养观察能力。在教学实践中发现，不少学生眼中只有符号和数字，脑中没有构件的受力和变形，看到变形也不能联想到应力。为此，本书一方面通过生活中的实例将构件外形与力学效应挂钩；另一方面增添观察 45°斜线段的变形定性判定斜截面应力的内容，用以解释实验的破坏现象，既直观形象，又避免了斜截面应力公式的重复推导。

5. 在例题的解题过程中，突出解题的基本过程，并对不少例题列举了多种解法，企盼学生既提高以不变应万变(以不变的解题过程应对浩瀚的题海)的能力，又能开拓思路，灵活应用。

型钢表中增添了新型型钢——H型钢的截面几何性质,以满足工程设计的需要。

本书有较多的例题和思考题,供读者分析、研究。

本书第1章至第9章及附录B由蔡文安编写,第10章至第13章及附录A由陈洁编写,全书由蔡文安统稿。

同济大学虞爱民教授对书稿进行了仔细审阅,并提出了很多宝贵的意见,特此致谢。

本书插图均由李志云精心绘制,谨表谢意。

限于编者水平,可能存在错误或不妥之处,恳请读者指正和鉴谅。

编 者

2005年5月

目　　录

1 绪　论

知识点
重点
难点

本章介绍学习材料力学的目的，介绍材料力学的任务、基本假设、基本概念和基本方法，这些内容对学习材料力学者具有指导意义。

1.1 材料力学的任务

力学是研究力对物体作用效应的学科。在自然界，一切固体在力的作用下都会发生变形，甚至破坏，材料力学就是研究力对固体的变形、破坏的效应。通过学习"材料力学"课程，让学生逐步学会以力学的观点、原理、方法去观察、分析、发现生活中和工程中的力学现象或力学问题，为最终解决工程实践中的力学问题打下基础，这是学习"材料力学"课程的首要目的。学习了"材料力学"课程后，就能理解生活中经常见到的现象，譬如，高耸的建筑物为何多是上小下大的塔形；大桥合龙为什么总在春秋季，而不在冬夏两季；扁担为什么是两头薄而窄，中间宽且厚；钢材为什么轧制成I、[、L等薄壁形状；树干、竹子、稻草等的截面为什么都是圆的，甚至是空心的；吊重物用细钢丝编缠成的缆绳，而不用同样粗细的杆……

"材料力学"课程是一门基础技术课，是基础课与专业课之间的桥梁，通过学习力学基础理论、基本方法，为后继课程的学习打下基础，这是"材料力学"课程的另一个目的。

材料力学是一门紧密结合工程实际的学科，它以工程构件或零件为主要研究对象，研究工程构件在载荷作用下的变形及破坏规律。结构或机器正常工作时，构件在力（即载荷）的作用下，必须有足够的承载能力，才能安全正常地工作。承载能力具体表现在下列三个方面：

1. 具有足够的强度

强度是指材料或构件抵抗破坏的能力。材料强度高，是指材料破坏时，载荷值大；某构件强度足够，是指该构件在规定的载荷下，不会发生破坏。

2. 具有足够的刚度

刚度是指材料或构件抵抗变形的能力。有时构件的强度足够，但变形过大，仍不能保证其正常地使用，例如，楼板梁弯曲过度会导致下层屋顶上的粉饰开裂、脱落；轴发生过大弯曲，引起轴与轴承的间隙过小或消失，导致旋转不自如、磨损严重等；精密机床对刚度的要求很高，否则被加工的工件因达不到精度要求而报废。因此，要求构件在规定的载荷下，变形必须在允许的范围之内。

3. 具有足够的稳定性

稳定性是指构件保持原有平衡状态的能力。细长直杆受压,当压力超过某值时,直杆会突然变弯,由直线平衡状态转为曲线平衡状态;薄壁圆筒受扭,当力偶矩达到某值时,筒壁会在与轴线成45°的斜方向突然凹陷,这类现象称为失稳。构件失稳往往会造成灾难性事故,工程上要求构件在规定的载荷下,绝不发生失稳现象,即具有足够的稳定性。

一般来说,加大构件横截面尺寸或选用优质材料均有利于提高构件的强度、刚度和稳定性,但同时也增加了材料的用量和构件的自重,提高了造价,违背了经济原则。安全与经济是一对矛盾,材料力学的任务就是解决这一对矛盾,具体地说,它是**研究工程构件受力作用后的变形和破坏规律,为设计工程构件的形状、尺寸和选用合适的材料提供计算依据,力求使设计出的构件既安全又可靠**。

构件的强度、刚度、稳定性与所用材料的力学性能有关,材料的力学性能必须用实验测定。此外,材料力学导出的理论结果也需实验验证;有些单靠现有理论解决不了的问题,也必须借助实验手段来研究解决。因此,实验研究和理论分析在"材料力学"课程中具有同等重要的地位。

1.2 变形固体的物性假设　小变形前提

变形固体的性质是错综复杂的,为了研究的方便,必须忽略与所研究问题无关的或次要的因素,才能达到研究目的。材料力学对变形固体作了三个基本物性假设:

(1) 连续性假设。假定物体整个体积内部无空隙地充满了物质。

(2) 均匀性假设。假定物体内各处物质的力学性能完全相同。

(3) 各向同性假设。假定组成物体的物质在各个方向上的力学性能相同。

假设(1)和(2)的作用是保证在几何方面和力学方面描述物体的物理量都是坐标的函数,且连续可导,同时也保证物体变形时不产生分离(裂缝),也不叠合(若出现分离,表示物体发生断裂)。假设(2)和(3)表示材料的力学性能是与坐标、方向无关的物理量。工程中大量使用的金属材料是由微小晶粒组成的,晶体本身是各向异性的,但它们随机排列,宏观上仍呈现出各向同性。金属材料经冷拔、轧制后微小晶粒的排列具有一定的方向性,材料会呈现出各向异性,需经过适当的机械工艺处理,才能呈现各向同性。当今世界上,复合材料的使用量正在迅速增加(如纤维增强复合材料等),其力学性质就是各向异性的,在复合材料力学相关教材中有专门的讨论。

实验表明,当外力不超过某一限值时,绝大多数材料制成的物体在外力消除后(称为卸载)能恢复原有的形状和尺寸,物体的这种性质称为**弹性**,随外力解除而消除掉的变形,称为**弹性变形**。当外力过大时,外力消除后,物体只能部分复原,残留下一部分变形，这部分不能恢复的变形称为塑性变形或残余变形、永久变形，材料能把变形保存下来的性质称为塑性。在结构物或机器工作时，通常要求构件只发生弹性变形，不允许产生塑性变形。

材料力学研究的变形，通常局限于小变形范围，即小变形前提。所谓小变形一般是指构件的变形量远远小于构件的几何尺寸。小变形前提具有三个重要作用：

(1) 构件处于纯弹性变形的前提。绝大多数工程材料的弹性变形都是小变形，出现明显塑性变形时，已超出小变形范围。

(2) 允许以变形前的受力分析代替变形后的受力分析。图 1-1 所示结构，若杆 AC，BC 是刚体，由力多边形知杆 AC，BC 受的力为

$$F_{AC}=\frac{\sin\beta}{\sin(\alpha+\beta)}F$$

$$F_{BC}=\frac{\sin\alpha}{\sin(\alpha+\beta)}F$$

若杆 AC，BC 是变形体，因变形，C 点移到 C' 点，α 和 β 角变为 α' 和 β' 角，则

$$F'_{AC}=\frac{\sin\beta'}{\sin(\alpha'+\beta')}F$$

$$F'_{BC}=\frac{\sin\alpha'}{\sin(\alpha'+\beta')}F$$

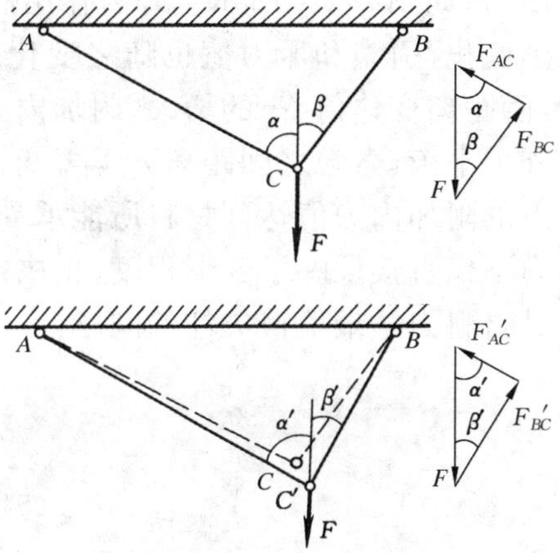

图 1-1 小变形下受力分析

这里的 α'，β' 取决于 C' 点位置，而 C' 的位置取决于杆 AC，BC 的变形量，变形量又取决于杆 AC，BC 受到的力 F'_{AC}，F'_{BC} 的大小，成为一个复杂的非线性问题。在小变形前提下，位移 $\overline{CC'}$ 很小，$\alpha'\approx\alpha$，$\beta'\approx\beta$，于是 F'_{AC}，F'_{BC} 可用 F_{AC}，F_{BC} 代替，把问题简化了。

(3) 叠加法成立。叠加法是指构件在多个载荷作用下发生的变形，可以被看作每个载荷单独作用产生的变形之代数和。如图 1-2a) 所示悬臂梁，在力 F_1 与力 F_2 共同作用下的变形，可表示为图 1-2b) 和图 1-2c) 两种情况下的变形之和。**叠加法是材料力学的常用方法。**

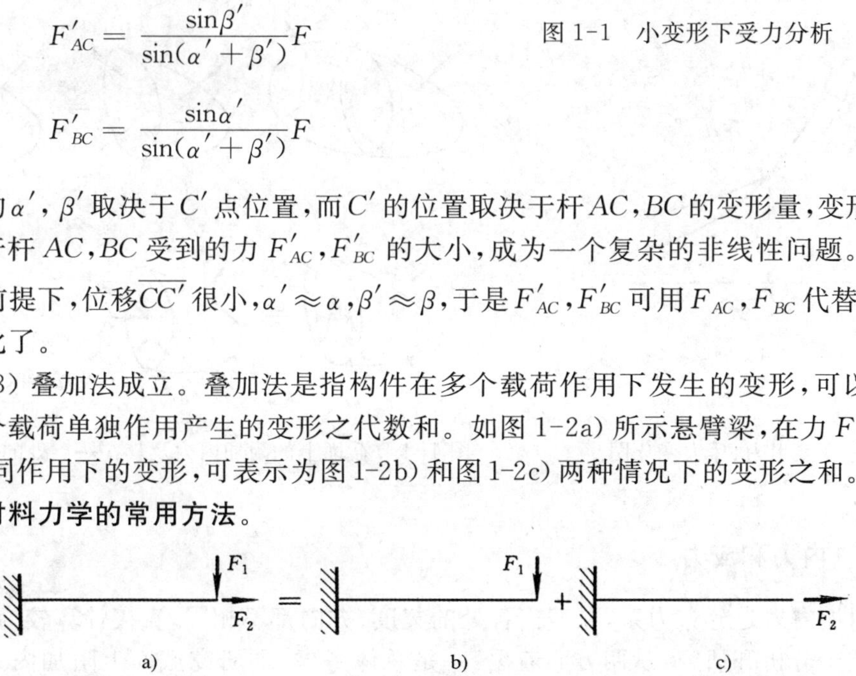

图 1-2 叠加法

1.3 内力 应力

1.3.1 附加内力

变形固体内部微粒之间相互有引力和斥力,它们使固体保持确定的形状。微粒之间的引力和斥力的大小由微粒之间的距离 r 决定,图 1-3 定性地表示 r 与引力、斥力值的关系,$r = r_0$ 时,引力等于斥力。无外力时物体截面上各点的引力等于斥力,如图 1-4a) 所示。外力作用后[图 1-4b)],固体发生变形,微粒之间的距离发生变化,引力和斥力值也随之变化,由外力引起的引力与斥力的差称为附加内力,随距离变化值 Δr 的增大,附加内力也增大,直到截面上的附加内力与脱离体上的外力平衡,微粒之间距离 r 不再变化,变形不再继续,附加内力也不再变化。若一点的附加内力值达到材料所能承受的极限值,材料就在这一点破坏,因此,附加内力不仅直接反映了变形程度,也决定了材料是否发生破坏,所以,附加内力的计算是材料力学最值得关注的问题。

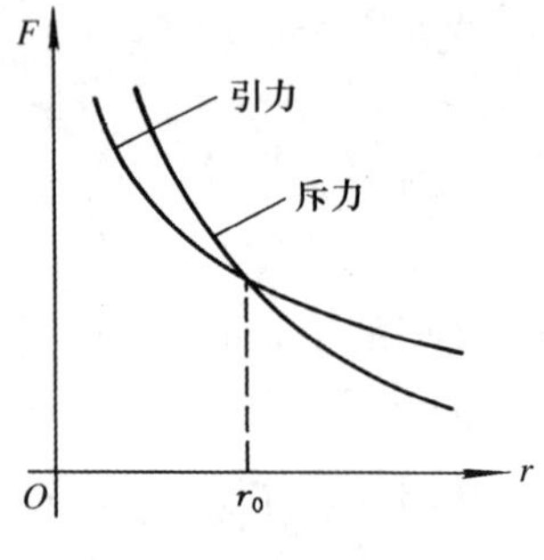

图 1-3 引力、斥力变化图

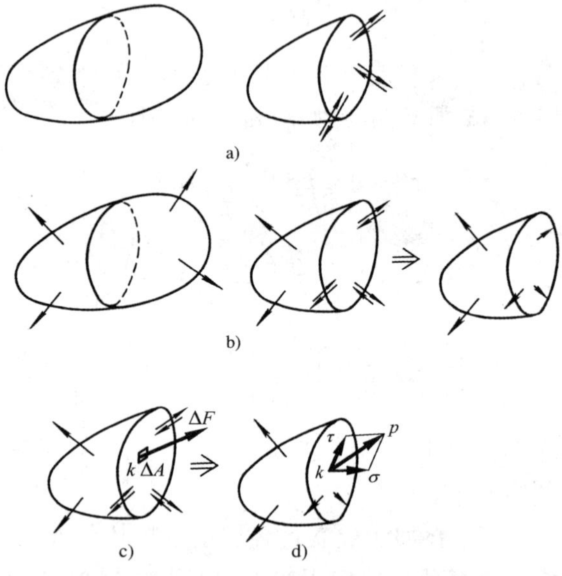

图 1-4 截面上的附加内力及其在一点处的集度

1.3.2 内力和应力

附加内力是分布力系,在截面各处的集度、方向都不相同,直接计算较为困难,为了便于分析和研究,从两方面着手:一是总体考虑,即研究截面上附加内力的总和;二是局部考虑,即研究截面上一点的附加内力。

总体考虑:通常把截面上各处的附加内力向截面形心简化,得到附加内力的主矢和主矩,把主矢和主矩在坐标轴上的投影(共有六个,三个是主矢的投影,三个是主矩的投影)统称为**内力**。通常以横截面的法线为 x 轴,y,z 轴是截面的形心主轴(详见附录 A)。主矢在 x 轴的投影称为轴力,记为 F_N;在 y,z 轴上的投影称为剪力,记为 F_{sy},F_{sz};主矩在 x 轴上投影称为扭矩,记为 T;在 y,z 轴上的投影称为弯矩,记为 M_y,M_z。

局部考虑:如图 1-4 c) 所示,在截面上任一点 k 处取一微面积 ΔA,ΔA 上分布内力的合力为 $\Delta \boldsymbol{F}$,$\Delta \boldsymbol{F}$ 的大小和方向与 k 点的位置和 ΔA 的大小有关。$\Delta \boldsymbol{F}/\Delta A$ 代表在 ΔA 范围内单位面积上内力的平均集度,称为该微面积上的平均应力,随着 ΔA 的逐渐缩小,平均应力的大小和方向逐渐变化。当 $\Delta A \to 0$ 时,该平均应力的大小和方向都将趋于一定极限,可写成

$$\boldsymbol{p} = \lim_{\Delta A \to 0} \frac{\Delta \boldsymbol{F}}{\Delta A}$$

$\boldsymbol{p}$ 称为 k 点的**全应力**,它是分布内力在 k 点的集度,反映内力在该点的强弱程度。$\boldsymbol{p}$ 是一个矢量(方向为 $\Delta \boldsymbol{F}$ 的极限方向),将其沿截面的法向与切向分解,垂直于截面的分量,称为**正应力,记为 $\boldsymbol{\sigma}$**;切于截面的分量,称为**切应力,记为 $\boldsymbol{\tau}$**,如图 1-4d) 所示。这两个应力分量分别与材料的两大类破坏失效现象相对应。由应力的定义式可以看到,应力不仅取决于点的位置,还取决于通过该点所取的截面的方位。应力的单位常用 Pa(N/m^2) 或 MPa(N/mm^2) 表示,1 MPa = 10^6 Pa,有时也用 GPa(10^9 N/mm^2) 表示。

内力和应力是附加内力的两个描述方式,二者有确定的内在联系,此关系称为静力学关系。图 1-5 所示的截面上,点(y,z) 处的正应力 $\sigma(y,z)$、切应力 $\tau_y(y,z)$ 和 $\tau_z(y,z)$,点(y,z) 处 $\mathrm{d}A$ 面积上的附加内力在 x,y 和 z 方向,分别为 $\sigma \mathrm{d}A$,$\tau_y \mathrm{d}A$ 和 $\tau_z \mathrm{d}A$,向形心 C 简化,得力 $\sigma \mathrm{d}A$,$\tau_y \mathrm{d}A$,$\tau_z \mathrm{d}A$ 及附加力偶矩 $\mathrm{d}M_x = \mathrm{d}T = y\tau_z \mathrm{d}A - z\tau_y \mathrm{d}A = \rho\tau \mathrm{d}A \sin(\boldsymbol{\rho},\boldsymbol{\tau})$($\rho$ 是面积 $\mathrm{d}A$ 位置的矢径),$\mathrm{d}M_y = z\sigma \mathrm{d}A$,$\mathrm{d}M_z = -y\sigma \mathrm{d}A$。把各微面积上附加内力都向形心简化,得内力

$$\begin{aligned} F_N &= \int_A \sigma \mathrm{d}A \quad & T &= \int_A \rho\tau \sin(\boldsymbol{\rho},\boldsymbol{\tau}) \mathrm{d}A \\ F_{sy} &= \int_A \tau_y \mathrm{d}A \quad & M_y &= \int_A z\sigma \mathrm{d}A \\ F_{sz} &= \int_A \tau_z \mathrm{d}A \quad & M_z &= \int_A -y\sigma \mathrm{d}A \end{aligned} \tag{1-1}$$

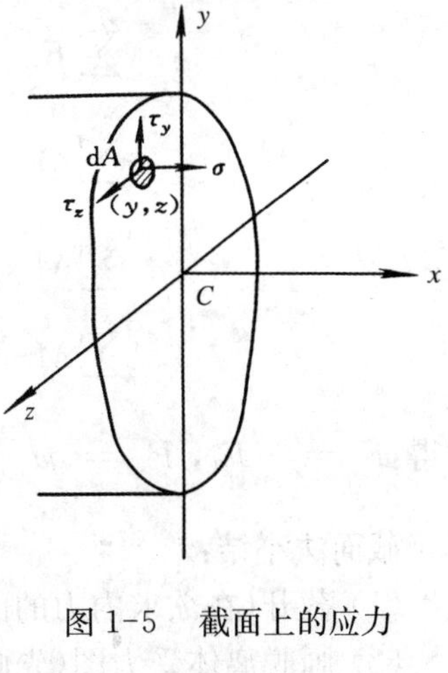

图 1-5 截面上的应力

式(1-1) 称为静力学关系式,它表明轴力、弯矩只与正应力有关,剪力、扭矩只与切应力有关。

1.3.3 截面法

截面上的附加内力是由外力引起的,**截面上的内力与脱离体上的外力组成平衡力系,满足平衡方程**,这就是截面法计算内力的依据。以计算图 1-6a) 所示水平直角杆上 A—A 面的内力为例,说明截面法的运用。

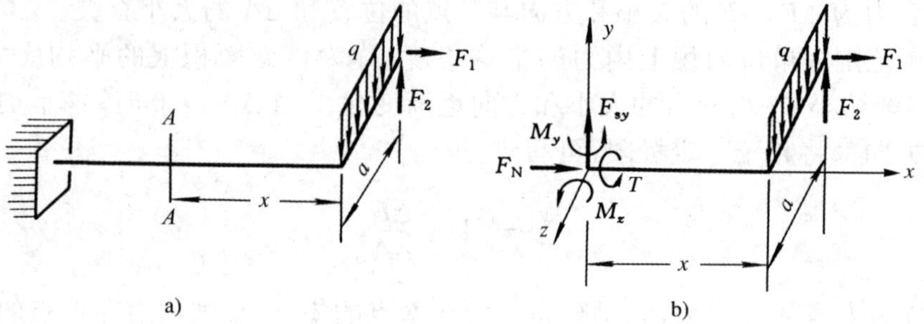

图 1-6 截面法

首先,在欲求内力的面 A—A 把杆假想**截开**。然后,画脱离体受力图,本例截面右侧的外力 q, F_1, F_2 均已知,而左侧的外力(约束反力) 尚未知,故取右脱离体为研究对象,先画外力,再在截面处画出为保持平衡所需要的内力[图 1-6b)]。由于内力是未知力,其方向原则上可自由设定,此例中右脱离体上无 z 向外力,故保持平衡不需要 z 向内力,所以受力图中只需添 F_N, F_{sy}, T, M_y, M_z 五个内力。最后,根据受力图列平衡方程,解出内力。

$$\sum F_{ix}=0, \qquad F_N+F_1=0$$

$$\sum F_{iy}=0, \qquad F_{sy}-qa+F_2=0$$

$$\sum M_{ix}=0, \qquad T-\frac{1}{2}qa^2+F_2a=0$$

$$\sum M_{iy}=0, \qquad M_y-F_1a=0$$

$$\sum M_{iz}=0, \qquad M_z-(qa)x+F_2x=0$$

解得:$F_N=-F_1$, $F_{sy}=qa-F_2$, $T=\frac{1}{2}qa^2-F_2a$, $M_y=F_1a$, $M_z=qax-F_2x$

截面法小结:

(1) 截开(在欲求内力的面上截开)。

(2) 画脱离体受力图(先画外力再添内力)。

(3) 列平衡方程，解方程。

1.4　应　变

本节介绍几个描述变形的术语，并初步介绍它们与应力之间的关系。

变形体的内力是由变形引起的，其大小与变形程度有关，为了确定内力在截面上的分布规律，必须研究构件的变形特征。

构件的宏观变形形式多种多样，十分复杂，而且各点的变形程度往往是不均匀的，为此，我们引入一点处的应变的概念。

1.4.1　应变

物体上线段 AB，AC(图 1-7)，变形后移到 $A'B'$，$A'C'$。线段 AB 原长 l，变形后长 l'，$\Delta l_{AB}=l'-l$，称为线段 AB 的**变形量**，它也是 B 点相对于 A 点的位移，但 Δl_{AB} 并不能正确反映线段 AB 变形剧烈的程度。例如，长 1 km 的钢轨伸长 10 mm 与长 5 cm 的铁钉伸长 1 mm 相比较，铁钉的变形比钢轨变形严重得多。描述线段变形剧烈程度较好的物理量是$\dfrac{\Delta l}{l}$，称为平均线应变。在线段长 l 范围内，各点的变形不一定相同，因此，定义：

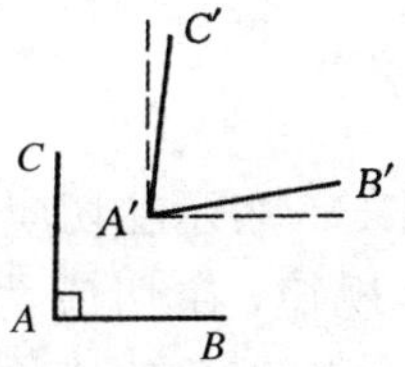

图 1-7　线段变形位移图

$$\varepsilon=\lim_{l\to 0}\frac{\Delta l}{l}$$

称 ε 为**线应变**，它表示**一点在 l 方向上长度变形的剧烈程度**。根据 ε 的定义，可用 ε 计算变形量

$$\Delta l=\int_l \varepsilon\,\mathrm{d}l \tag{1-2}$$

除了长度变化外，角度也会变化，$\angle BAC$ 原是直角，变形产生夹角变化值 $\gamma=\dfrac{\pi}{2}-\angle B'A'C'$。直角的变化值 γ 定义为**角应变或切应变**。

线应变 ε 和切应变 γ 是度量一点处变形程度的两个基本物理量。

1.4.2　应力与变形、应变的关系

附加内力直接反映变形，因此，一点的应力与一点的变形、应变之间存在对应关系。图 1-8 表示单向正应力 σ 作用下的材料变形规律，在拉(压)应力作用下，材料沿应力方向(ab，cd) 伸长(缩短)，沿与应力垂直的方向(ad，bc) 缩短(伸长)。实验表明，大多数材料，在正应力 σ 不超过某一限值时，与 σ 同向的线应变 ε 与 σ 成正比，与 σ

垂直方向的线应变 ε' 与 $-\varepsilon$ 成正比,即

$$\sigma = E\varepsilon \tag{1-3}$$

$$\varepsilon' = -\nu\varepsilon \tag{1-4}$$

式(1-3)称为**胡克定律**(Hooke's law),E,ν 都是材料常数,E 称为弹性模量或杨氏模量,ν 称为泊松比或横向收缩系数。

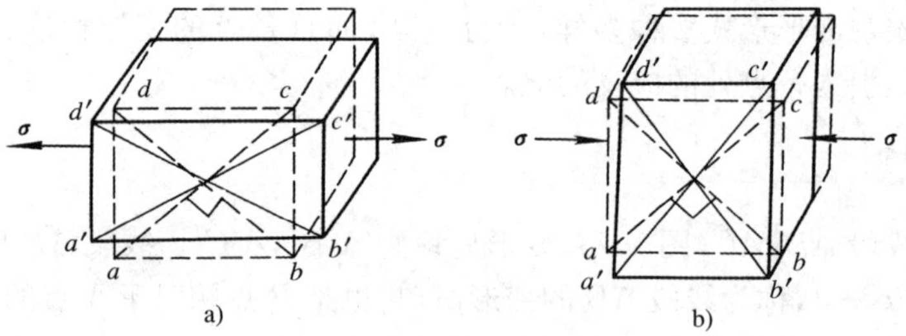

图 1-8　一点在正应力作用下的变形

图 1-9 表示在切应力 τ 作用下材料的变形规律,在切应力 τ 方向上材料(ad,bc)长度不变,但彼此发生错动,致使原来垂直的线段(ad 与 ab)不再垂直,产生切应变 γ。实验表明,大多数材料,在 τ 不超过某一限值时,切应变 γ 与切应力 τ 成正比,即

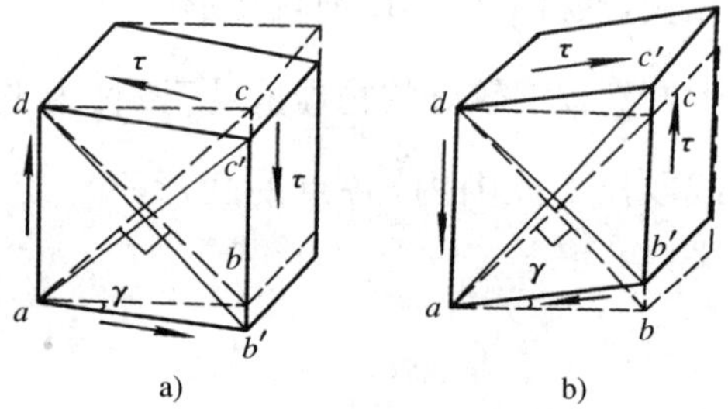

图 1-9　一点在切应力作用下的变形

$$\tau = G\gamma \tag{1-5}$$

式(1-5)称为**剪切胡克定律**,G 是材料常数,称为切变模量。实验和理论都证明,三个材料常数 E,G,ν 存在下述关系式

$$G = \frac{E}{2(1+\nu)} \tag{1-6}$$

(证明见第 8 章例 8-6)

应力与变形、应变有密切关系。**根据应力可以推算应变和变形量**;反之,**通过观察变形也可推断应变和应力,这也是材料力学的基本方法之一**。例如,在图 1-8 中见到 ac 与 bd 由垂直变成不垂直,由此推测出在 ac,bd 斜面上有切应力作用;在图 1-9 中见到 ac,bd 长度变化,但保持垂直,因此,可推断出 ac,bd 斜面上无切应力,但有正应力作用。

1.5　工程构件分类　圣维南原理

1.5.1　工程构件分类

工程构件大致分三类：长、宽、高三个方向尺寸相近的构件称为块，如图 1-10a) 所示；三个方向尺寸中有一个远小于其他两个尺寸的构件，称为板(平面) 或壳(曲面)，如图 1-10b)，c) 所示；长度远大于宽和高的构件称为杆，如图 1-10d) 所示，杆是材料力学最主要的研究对象。与杆长度垂直的截面称为横截面，横截面形心的连线称为轴线，轴线与横截面垂直。

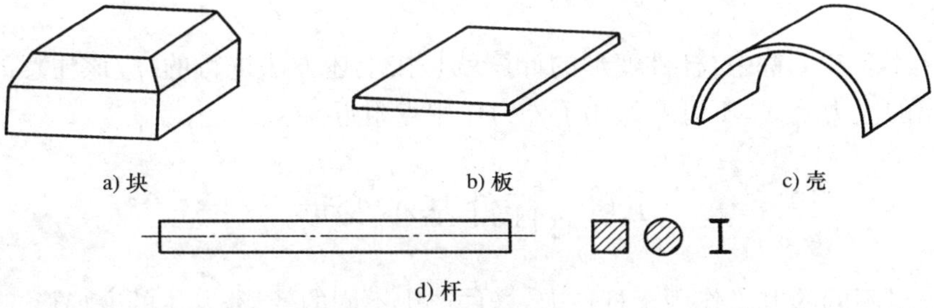

图 1-10　块、板、壳和杆

1.5.2　圣维南原理

通过对大量受力固体变形的观察和研究，发现存在下面现象：固体受力系作用，若该力系用静力等效力系替代后，则在力系作用位置附近的材料，其变形发生变化，即应变和应力发生变化，而距力系作用位置较远的材料，其变形不发生变化，即应变和应力不发生变化，这一现象，称为**圣维南原理**。图 1-11a) 所示杆的载荷被图 1-11b) 所示载荷替代后，AB 段的内力、应力、应变保持不变；BC 段虽内力不变，但应力、应变有变化；CD 段内力、应力、应变都不同。这里 B 面距力系作用位置 C 面的距

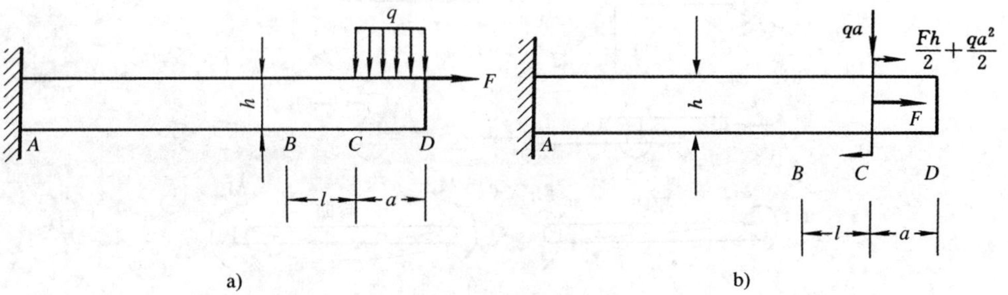

图 1-11　圣维南原理

离 l 通常应不小于截面的高 h 和宽 b。杆的长度远大于高和宽,故可充分应用圣维南原理,AB 段的应力、应变只依赖于内力,而不必考虑产生此内力的 CD 段载荷是何种形式。基于圣维南原理,**材料力学计算杆件变形的基本方法**如图 1-12 所示。

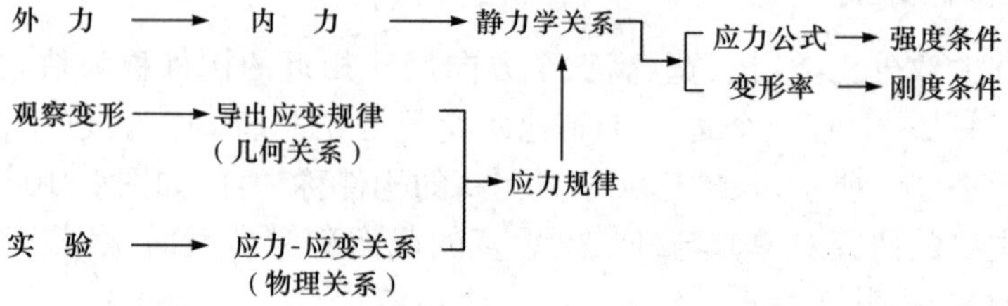

图 1-12 材料力学计算杆件变形的基本方法

第 2,4,5,6,7 章中,杆件变形的计算就是按上述方法进行的,应该注意的是,用此法导出的应力公式,不可贸然用于外力作用点附近。

1.6 杆件基本变形

外力以不同的方式作用于杆件上,杆件产生不同的变形,基本的变形形式为以下四种:

(1) 轴向拉伸或压缩[图 1-13a)];

(2) 剪切[图 1-13b)];

(3) 扭转[图 1-13c)];

(4) 平面弯曲[图 1-13d)]。

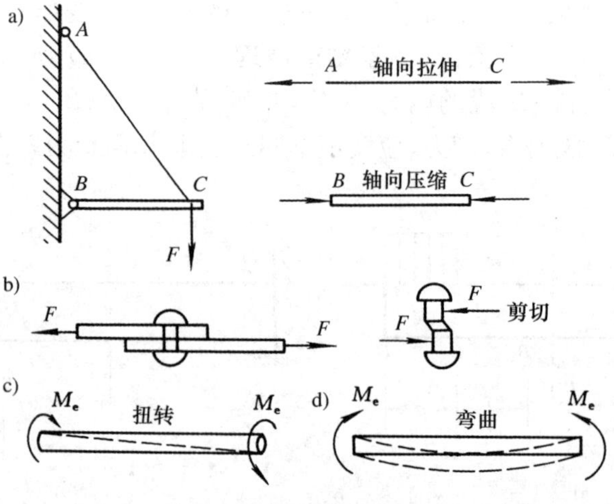

图 1-13 杆件基本变形

复杂的变形是由若干个基本变形组合而成的，称为组合变形。

附加内力与变形密切关联，所以也可以从内力或对应的变形特征去确定基本变形形式。图 1-14 给出各种基本变形对应的内力及变形特征。

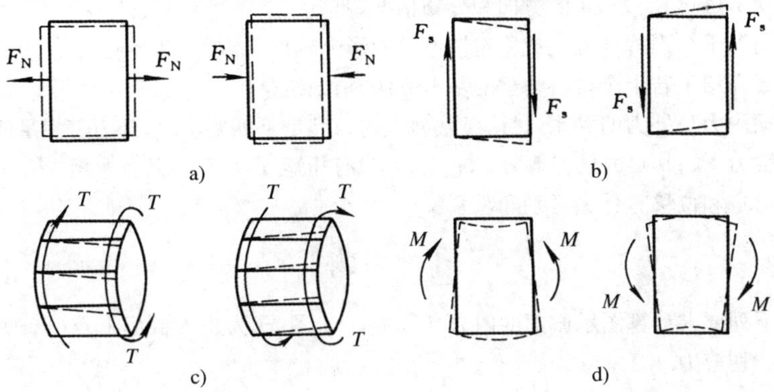

图 1-14　内力及对应的变形特征

图 1-14a) 是轴向拉伸(压缩) 基本变形；图 1-14b) 是剪切变形；图 1-14c) 是扭转基本变形；图 1-14d) 是平面弯曲基本变形。除平面弯曲基本变形允许弯矩 M 与剪力 F_s 并存外，当杆件上出现多个内力时，横截面也会发生多种形式的位移，即组合变形。各种基本变形特征不仅为判定变形形式提供依据，也为推导横截面上应力计算公式提供依据。

思　考　题

本章小结

1-1　在材料力学中，不允许力沿作用线滑移，力偶不可在作用面内移动，为什么？举例说明。

1-2　思考题 1-2 图示受力固体，A 是截面 Ⅰ 与截面 Ⅱ 交线上的一点。试问：

(1) 截面 Ⅰ，Ⅱ 上的附加内力均向 A 点简化，简化后的主矢、主矩是否相同？

(2) 截面 Ⅰ，Ⅱ 在 A 点上的附加内力是否相同？

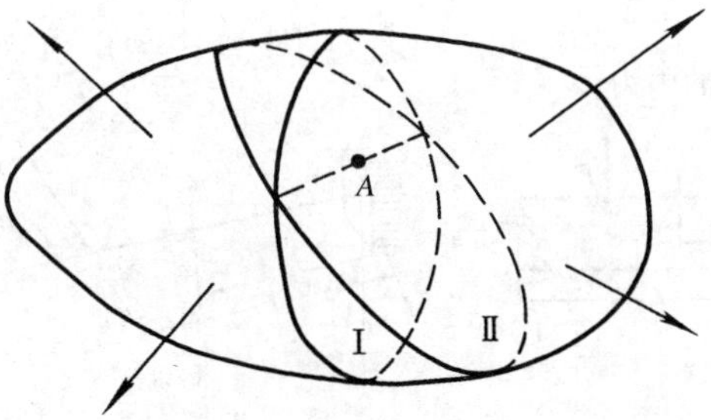

思考题 1-2 图

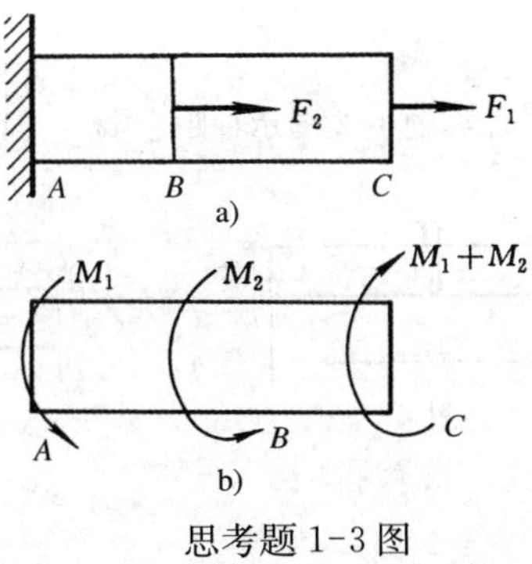

思考题 1-3 图

1-3 (1) 计算思考题1-3图示杆 B 面左、右侧横截面内力。

(2) 在 B 面内力将不连续,但1.2节的物性假设保证了描述物体变形和力学性质的物理量都是坐标的连续函数,二者有矛盾,如何解释?

1-4 图1-14给出基本变形的变形特征,请根据应力与内力、应变的关系,讨论图1-14中各图横截面上正应力 σ(或切应力 τ)的方向和分布情况。

1-5 举出若干个因构件刚度或稳定性不足而影响构件正常工作的例子。

1-6 本章介绍了若干个材料力学的基本方法,请归纳整理。

1-7 根据内力与外力的关系,讨论横截面上内力满足下列要求时,外力需满足的条件。

(1) 只有轴力 F_{N}; (2) 只有剪力 F_{s}; (3) 只有扭矩 T; (4) 只有弯矩 M_z 和剪力 F_{sy}。

1-8 变形量和位移有什么区别和联系?

习 题

1-1 按下列要求计算图示截面的内力:(1) 题1-1图 a) 为矩形截面上点 (y,z) 处的正应力 $\sigma(y,z)=k_1 y$,切应力

$$\tau_y(y,z)=k_2\left[\left(\frac{h}{2}\right)^2-y^2\right],\quad \tau_z=0$$

(2) 题1-1图 b) 为圆截面上 $\sigma=0$,切应力 τ 与半径 ρ 垂直,且 $\tau=k\rho$。

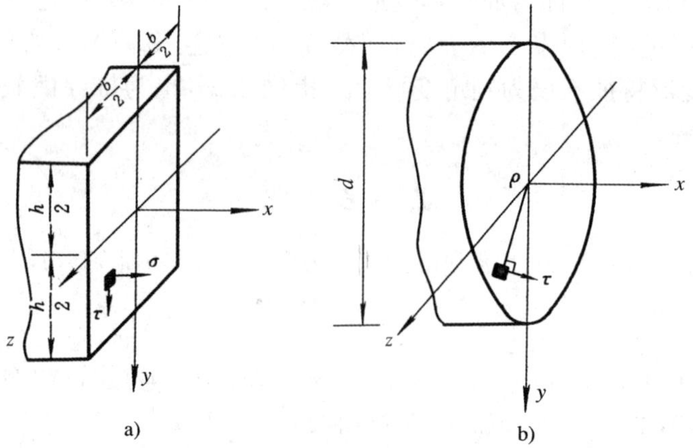

题1-1图

1-2 计算题1-2图示杆距左端 x 处截面的内力。

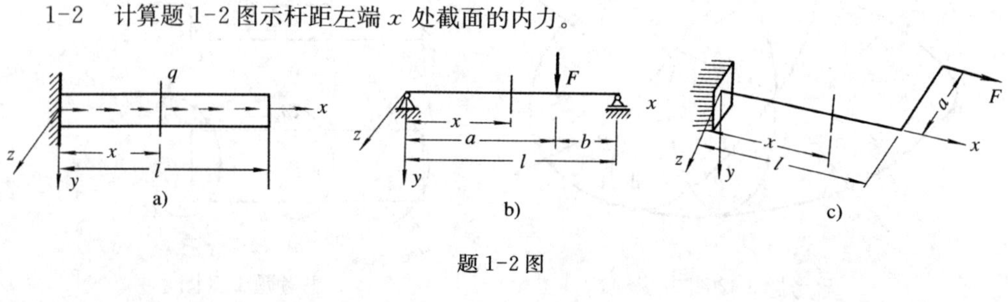

题1-2图

1-3　线段 AB 长 l，线段上各点在线段方向的线应变 ε，计算在下列情况下线段的伸长量 Δl。(1) $\varepsilon = C$(常量)；(2) $\varepsilon = kx$，x 为点到线段端点的距离。

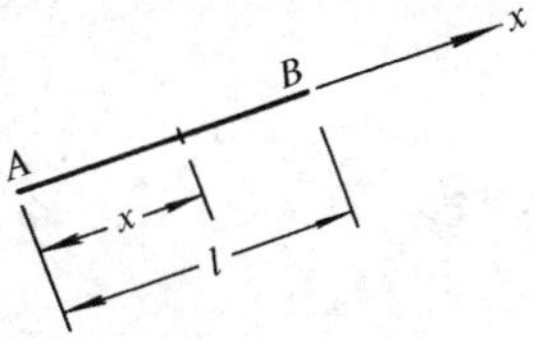

题 1-3 图

1-4　圆柱形薄壁内压容器，平均直径 $D = 1000\ \text{mm}$，壁厚 $\delta = 10\ \text{mm}$，内压 $q = 1\ \text{MPa}$。计算容器横截面上正应力及纵截面上的正应力。

1-5　球状薄壁容器平均直径 D，壁厚 δ，内压 q。计算 A—A 截面(赤道)，B—B 面(纬度 ϕ)，以及 C—C 面(经度面) 上的应力，并比较球状薄壁容器与圆柱状薄壁容器的优缺点。

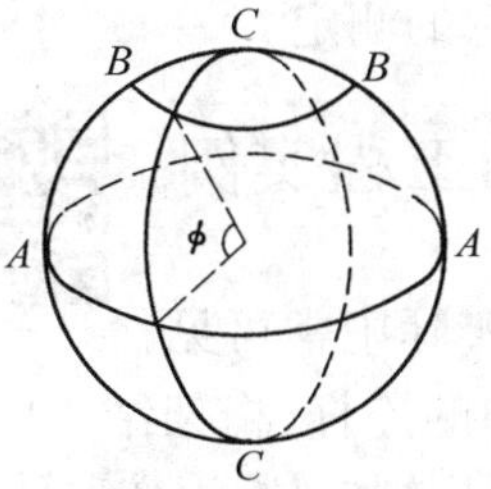

题 1-5 图

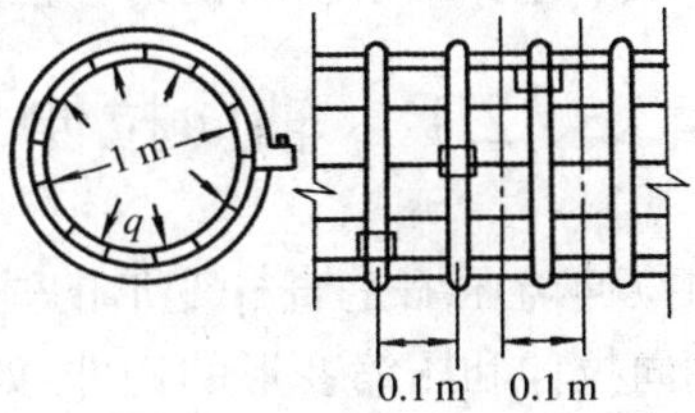

题 1-6 图

1-6　小水坝的简易引水管系用木板拼成直径 $D = 1\ \text{m}$ 的圆管，外加钢箍箍紧而成，如题 1-6 图所示。若钢箍的横截面积 $A = 100\ \text{mm}^2$，水坝水面相对管中心线高度 $H = 30\ \text{m}$，求水管内部水压 q 及钢箍横截面的环向应力 σ。

习题答案

1-1　(1) $F_N = 0,\ F_{sy} = k_2bh^3/6,\ F_{sz} = 0,\ M_x = T = 0,\ M_y = 0, M_z = k_1bh^3/12$；

(2) $F_N = 0,\ F_y = 0,\ F_{sz} = 0,\ T = M_x = k\pi d^4/32,\ M_y = 0,\ M_z = 0$。

1-2　a) $F_N = q(l - x)$；b) $F_{sy} = \dfrac{b}{l}F,\ M_z = \dfrac{bx}{l}F$；c) $F_N = F,\ M_y = Fa$。

1-3　(1) $\Delta l = Cl$；(2) $\Delta l = \dfrac{1}{2}kl^2$。

1-4　$\sigma_x = 25\ \text{MPa},\ \sigma_y = 50\ \text{MPa}$。

1-5　$\sigma_A = \sigma_B = \sigma_C = \dfrac{qD}{4\delta}$。

1-6　$q = 0.294\ \text{MPa},\ \sigma = 147\ \text{MPa}$。

2　轴向拉伸和压缩

轴向拉压是杆件的基本变形之一，虽是最简单的一种基本变形，但研究方法跟其他基本变形是一致的。本章介绍拉压杆横截面上的应力、强度条件、位移计算以及杆系超静定问题。解超静定问题是本章难点。本章还介绍了材料的力学性能及主要力学指标的测定。

知识点
重点
难点

2.1　轴向拉伸与压缩概念和工程实例

轴向拉伸与压缩概念和工程实例

轴向拉伸与压缩是直杆变形的基本形式，在工程实际中常可见到发生轴向拉伸和压缩变形的构件，如曲柄连杆机构中的连杆、桁架结构中的杆件、桥梁的桥墩等，如图 2-1 所示。凡是直的二力杆都是发生轴向拉、压变形的杆件。

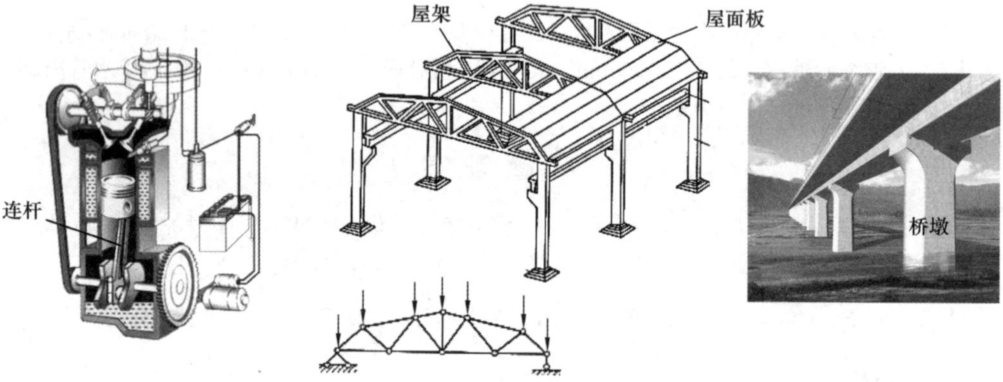

a) 曲柄连杆机构中的连杆　　b) 屋架(桁架)中的轴向拉、压杆　　c) 桥梁的桥墩

图 2-1　工程中的轴向拉压杆

发生轴向拉伸和压缩变形的外力特征：**外力作用线与杆轴线重合**。变形特征：杆保持直杆，沿轴向伸长或缩短。

2.2　横截面上的内力　应力　强度条件

2.2.1　轴力和轴力图

轴向拉伸与压缩杆件横截面上的内力

以图 2-2 为例，用截面法研究轴向拉压杆件横截面上的内力。由于脱离体上的外力与截面上的内力构成平衡力系，当脱离体上外力发生突变，会导致内力也发生突变，因此，需分段计算。分别在 $0<x<a$，$a<x<2a$，$2a<x<3a$ 中将某一截面截开，若取左脱离体，画脱离体受力图，如图 2-2b)，c)，d) 所示，内力只有轴力一项。列平衡方程：

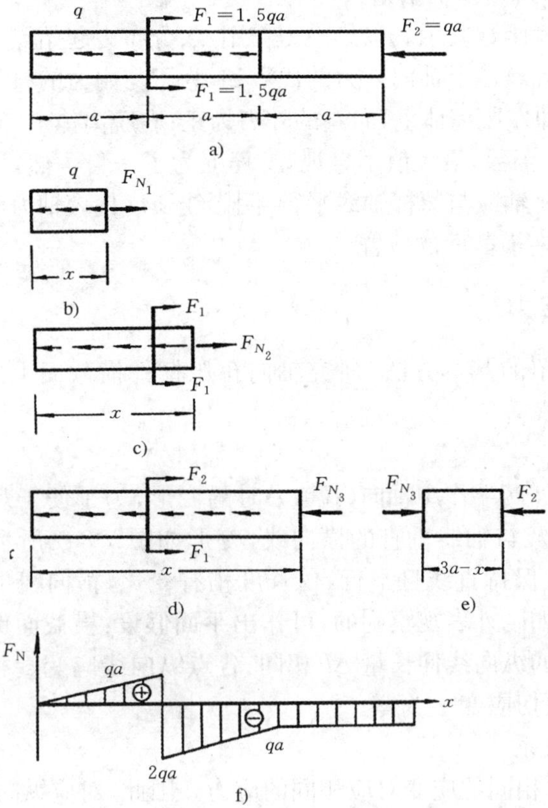

图 2-2 截面法计算杆内力和轴力图

$$qx-F_{N_1}=0, \qquad 0<x<a$$
$$qx-2F_1-F_{N_2}=0, \qquad a<x<2a$$
$$q\cdot 2a-2F_1+F_{N_3}=0, \quad 2a<x<3a$$

解得：

$$F_{N_1}=qx, \qquad 0<x<a$$
$$F_{N_2}=qx-3qa, \qquad a<x<2a$$
$$F_{N_3}=-2qa+3qa=qa(-), \quad 2a<x<3a$$

亦可取右脱离体，如图 2-2e)，解得 $F_{N_3}=F_2=qa(-)$。

在材料力学中，内力的符号有严格的规定，符号规定的原则是**具有相同变形效果的内力，有相同的符号**。对于**轴力，使脱离体伸长为正，反之为负**。从形式上看，即出截面的轴力为正,进截面为负。上例中,受力图中假定F_{N_3}为负,解为正,说明假定正确,故需加“—”说明。若受力图中假定F_N为正,则解出的值为正,便是正值;解出的值为负,便为负值。

总结上面例子,得出以下结论:

(1) 轴力用分段函数表示。以集中力作用点、分布力起始点、终止点为分段点。

(2) 轴力等于脱离体上轴向外力的代数和,为了与内力的符号规定一致,外力以“左左右右”为正(即左脱离体上,向左的外力为正;右脱离体上,向右的外力为正)。

$F_N(x)$是x的函数,最大值不直观,工程上为了一目了然,用轴力图表示,如图2-2f)所示。图中x轴应与原杆轴线平行,阴影线长度代表轴力值,阴影线与x轴交点表示该轴力值所在横截面的位置。

2.2.2 横截面上应力

轴向拉伸与压缩杆件横截面上的应力

应用1.5节介绍的基本方法,研究轴向拉压杆件横截面上的应力。

1. 几何关系

观察**等截面**直杆两端作用轴向(拉)力时的变形,为了便于观察,在杆上画出与轴线平行的纵向线及与轴线垂直的横向线,变形如图2-3a)所示,**实线为变形后杆件**。可看到:纵向线保持直线且平行,仅长度稍有变化,横向线也保持平行,稍有平移。假想内部变形如同外表观察到的,可作出**平面假设**:横截面保持平面,沿轴向平移。因此两截面间的纵向线伸长量Δl相同,各点纵向线应变ε相同;因横向线与纵向线保持垂直,所以切应变γ为零。

2. 应力-应变关系

对于匀质材料,相同的应变对应相同的应力。因此,对应纵向线应变ε的正应力σ在横截面上均匀分布[图2-3b)],对应切应变γ的切应力τ在横截面上处处为零。

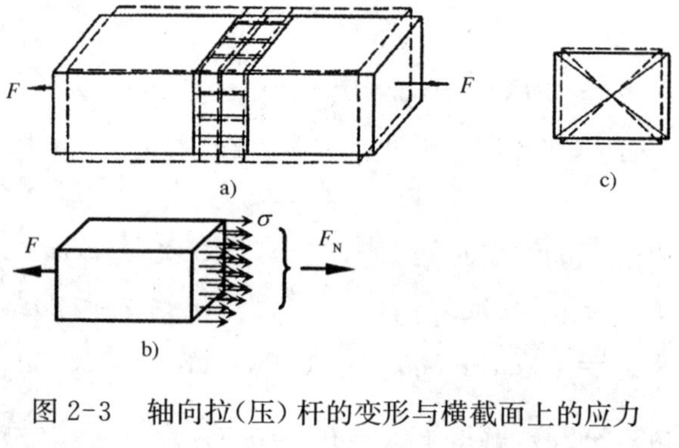

图2-3 轴向拉(压)杆的变形与横截面上的应力

3. 静力学关系

由静力学关系式(1-1)

$$F_N = \int_A \sigma \mathrm{d}A = \sigma \int_A \mathrm{d}A = \sigma A$$

得

$$\sigma = \frac{F_N}{A} \tag{2-1}$$

σ 以拉应力为正，压应力为负，与轴力 F_N 的符号一致。

σ 不超过某一限值时，胡克定律成立，将式(2-1) 代入式(1-3) 得纵向线应变

$$\varepsilon = \frac{F_N}{EA} \tag{2-2}$$

它是轴向拉压时的变形率，表示轴向拉压杆变形剧烈的程度，EA 称为**抗拉刚度**。

式(2-1)、式(2-2) 是根据等截面杆的轴向拉压变形现象导出的。当杆横截面沿轴线变化较剧烈时，平面假设不成立，式(2-1)、式(2-2) 就不适用；当杆横截面沿轴线变化较缓慢时，平面假设近似成立，式(2-1)、式(2-2) 仍可使用。

2.2.3 强度条件

为了构件能安全正常地工作，应力 σ 不得大于某一规定值，这个应力的限度称为**许用应力**，记为$[\sigma]$。许用应力$[\sigma]$ 取决于材料性质以及其他因素(见 2.6 节)。轴向拉压的强度条件表达式为

$$\sigma = \frac{F_N}{A} \leqslant [\sigma] \tag{2-3}$$

强度条件式(2-3) 有三个用途。

1. 强度校核

对给定的构件(结构)、载荷、许用应力$[\sigma]$，计算构件的应力 σ 并与许用应力$[\sigma]$比较，若 $\sigma \leqslant [\sigma]$，则构件是安全的，反之不安全。

2. 设计截面

对给定载荷、许用应力的结构，计算构件内力，由强度条件$A \geqslant \frac{F_N}{[\sigma]}$ 确定构件横截面积

$$A = \frac{F_N}{[\sigma]}$$

3. 确定许用载荷

对给定的结构(材料，构件尺寸已定)、许用应力和加载方式，确定结构在安全前提下能承受的最大载荷$[F]$。构件的许用轴力$[F_N]=A[\sigma]$，利用轴力 F_N 与载荷的关系，得到构件允许的载荷值，结构中各构件允许的载荷值里最小者，即结构的许用载荷。

常用工程材料的许用应力值可在有关的设计规范或工程手册中查得，表 2-1 列出几种材料常规的许用应力值。

表 2-1　　材料静载下常规的许用应力值

材料名称	许用应力[σ]/MPa	
	拉　伸	压　缩
Q235 钢	160	160
45 号钢	230	230
16 锰钢(16Mn)	210	210
铜	30 ～ 120	30 ～ 120
铝	30 ～ 80	30 ～ 80
松木(顺纹)	5 ～ 7	8 ～ 12
石砌体	< 0.3	0.5 ～ 4
砖砌体	< 0.2	0.5 ～ 2
混凝土	0.1 ～ 1.1	10.5 ～ 15.5

例 2-1　例 2-1 图所示杆 $ABCD$，$F_1 = 10$ kN，$F_2 = 18$ kN，$F_3 = 20$ kN，$F_4 = 12$ kN，AB 段和 CD 段横截面积 $A_1 = 10\ \text{cm}^2$，BC 段横截面积 $A_2 = 6\ \text{cm}^2$，许用应力 $[\sigma] = 15$ MPa，校核该杆强度。

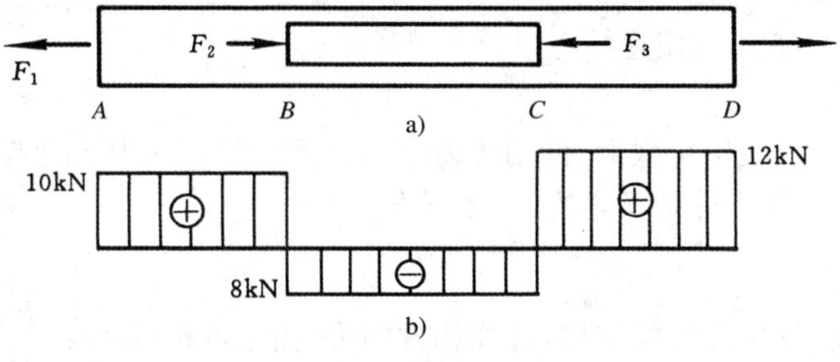

例 2-1 图

解　1. 用截面法分段计算内力

AB 段：　$F_{N_1} = F_1 = 10$ kN

BC 段：　$F_{N_2} = F_1 - F_2 = 10\ \text{kN} - 18\ \text{kN} = -8$ kN

CD 段：　$F_{N_3} = F_4 = 12$ kN

轴力图见例 2-1 图 b)。

2. 判定危险面　BC 段因面积最小，有可能是危险面；CD 段轴力最大，也有可能是危险面。故须两段都校核。下面分段进行校核。

BC 段： $$\sigma=\frac{F_{N_2}}{A_2}=\frac{8\times10^3}{6\times10^2}=13.3(\text{MPa})<[\sigma]$$

CD 段： $$\sigma=\frac{F_{N_3}}{A_1}=\frac{12\times10^3}{10\times10^2}=12(\text{MPa})<[\sigma]$$

两段应力都小于许用应力值，故满足强度条件，安全。

例 2-2 例 2-2 图 a) 所示结构，载荷 $F=10\ \text{kN}$，$l=1\ \text{m}$，杆 1、杆 2 的许用应力为 $[\sigma]_1=160\ \text{MPa}$；杆 3 的许用应力 $[\sigma]_2=80\ \text{MPa}$。设计杆 1,2,3 的横截面积。

解 1. 用截面法计算杆 1,2,3 的内力。脱离体受力图见例 2-2 图 b)，内力是未知力，可任意假定，故全设为正。列平衡方程：

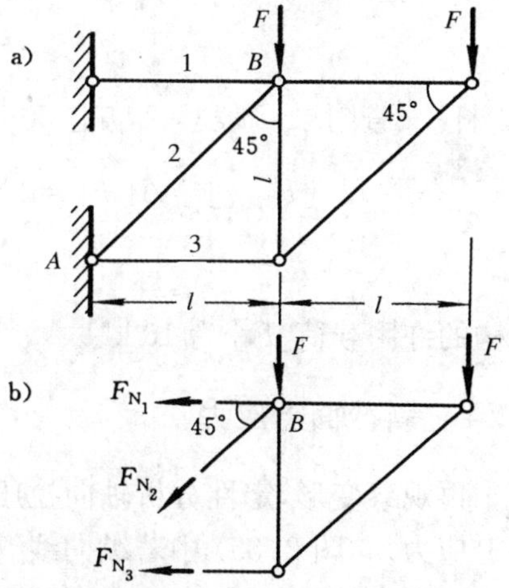

例 2-2 图

$$\sum M_B=0,\quad Fl+F_{N_3}l=0$$

$$\sum M_A=0,\quad F2l+Fl-F_{N_1}l=0$$

$$\sum F_{iy}=0,\quad F+F+F_{N_2}\sin45^\circ=0$$

得

$$F_{N_1}=3F=30\ \text{kN}$$

$$F_{N_2}=-\frac{2F}{\sin45^\circ}=-2\sqrt{2}\times10=-28.3\ \text{kN}$$

$$F_{N_3}=-F=-10\ \text{kN}$$

2. 根据强度条件确定横截面积 A。

$$A_1=\frac{F_{N_1}}{[\sigma]_1}=\frac{30\times10^3}{160}=188\ \text{mm}^2$$

$$A_2=\frac{F_{N_2}}{[\sigma]_1}=\frac{28.3\times10^3}{160}=177\ \text{mm}^2$$

$$A_3=\frac{F_{N_3}}{[\sigma]_2}=\frac{10\times10^3}{80}=125\ \text{mm}^2$$

例 2-3 例 2-3 图所示简易起重吊架，AB 为钢缆，横截面积 $A=400\ \text{mm}^2$，AC 为两根不等边角钢∟ $50\times32\times3$，许用应力 $[\sigma]=160\ \text{MPa}$，确定吊架许用载荷 $[F]$。

解 1. 用截面法计算杆 AB 和杆 AC 的内力。脱离体受力图见例 2-3 图 b)。列平衡方程：

$$\sum F_{ix}=0,\quad F_{N_{AB}}\cos 30^{\circ}-F_{N_{AC}}=0$$

$$\sum F_{iy}=0,\quad F_{N_{AB}}\sin 30^{\circ}-2F=0$$

得 $$F_{N_{AB}}=4F$$

$$F_{N_{AC}}=\frac{\sqrt{3}}{2}F_{N_{AB}}=3.46F$$

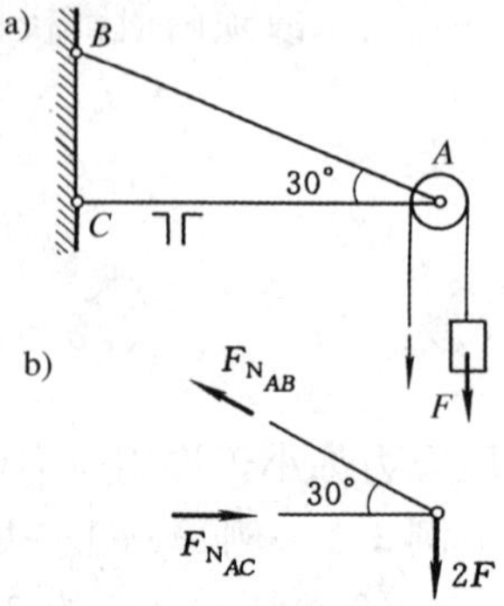

例 2-3 图

2. 用强度条件确定各杆允许的最大载荷

AB 杆 $[F_{N_{AB}}]=A[\sigma]=400\times160=64\ \text{kN}\geqslant 4F$

$$F\leqslant 16\ \text{kN}$$

AC 杆 查附录C表C-2,知∟ $50\times32\times3$ 的横截面积为 $243.1\ \text{mm}^2$

$$[F_{N_{AC}}]=A[\sigma]=2\times243.1\times160=77.8\ \text{kN}\geqslant 3.46F$$

$$F\leqslant 22.4\ \text{kN}$$

结构的许用载荷$[F]$为 16 kN。

2.2.4 斜截面上应力

再观察变形,定性分析轴向拉压杆斜截面上的应力(在第8章中将定量分析斜截面上应力)。图 2-3a) 中若纵向线、横向线等距划分,组成正方形[图 2-3c) 虚线],原先相互垂直的对角线,变形后不再垂直,长度也变化了[图 2-3c) 实线]。表明正、负 45° 的斜截面上不仅存在正应力而且存在切应力。轴向拉压杆斜截面上存在正应力 σ 和切应力 τ,正、负 45° 斜截面间的切应变最大,故正、负 45° 斜截面上切应力最大。

2.2.5 圆柱薄壁容器的应力

设圆柱薄壁容器的平均直径为 D(平均直径是内、外径的平均值),壁厚 δ($\delta\ll D/20$),气体内压 q[图 2-4a)],下面分别计算容器横截面上的轴向应力 σ_x 和纵截面上的环向应力 σ_t。

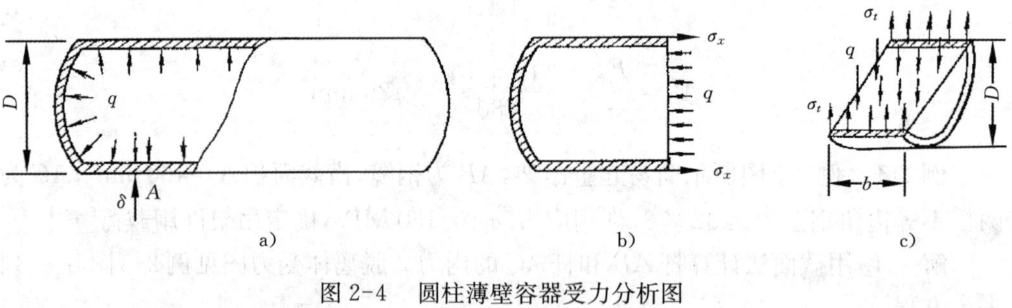

图 2-4 圆柱薄壁容器受力分析图

1. 横截面上的应力 σ_x

欲求横截面上的应力，可假想沿横截面把容器截开，取左（或右）脱离体[图 2-4b)]分析。由于结构、载荷都是轴对称的，且壁薄，故可认为容器横截面上的正应力 σ_x 均匀分布，由脱离体的平衡方程：

$$\sum F_x = 0, \quad \pi D\delta\sigma_x - \frac{\pi}{4}D^2 q = 0$$

可得

$$\sigma_x = \frac{qD}{4\delta} \tag{2-4}$$

2. 纵截面上的环向应力 σ_t

取长为 b 的一段薄壁容器沿纵截面截开[图 2-4c)]，取下（或上）半部脱离体研究。由脱离体的平衡方程：

$$\sum F_y = 0, \quad 2b\delta\sigma_t - bDq = 0$$

可得

$$\sigma_t = \frac{qD}{2\delta} = 2\sigma_x \tag{2-5}$$

式(2-4)、式(2-5)即工程中圆柱薄壁容器的应力计算公式。

应力集中现象

2.3 应力集中概念

等截面直杆在轴向拉压时，横截面上正应力是均匀分布的。在实际工程中，有时需要在杆件上开槽、钻孔等，这就使横截面在这些部位发生突然变化，根据实验和理论分析，发现在横截面发生变化的部位，应变规律会发生变化。图 2-5a) 中，实线是变形后的横向线，可看到 A—A 处，横向线变形后保持平行，仍为直线；而 B—B 处横向线成为曲线，在孔边处距离迅速增大。图 2-5b) 表示杆横截面上的正应力分布规律，在 A—A 处正应力均匀分布，在 B—B 处正应力不均匀分布，孔边正应力达最大值，记为 σ_{max}，此现象称为应力集中。理论计算结果，对于板宽 $b \to \infty$ 时，在纯弹性条件下，圆孔边 σ_{max} 是 σ 的 3 倍，记

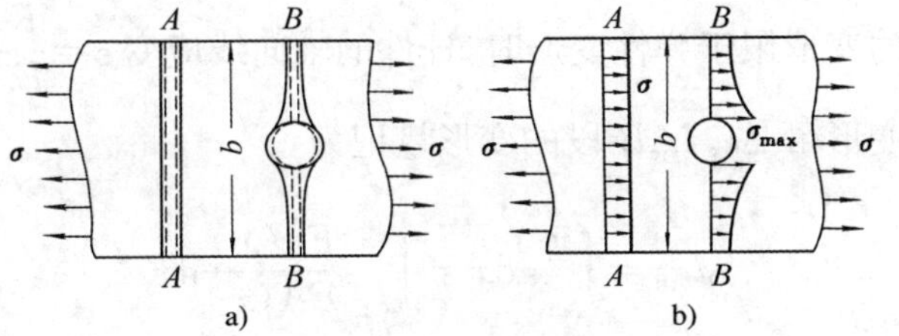

图 2-5 应力集中

$$k = \frac{\sigma_{\max}}{\sigma_0}$$

称为应力集中系数，σ_0 是净截面上的平均应力。截面变化越剧烈，应力集中系数 k 越大；截面变化越缓慢，应力集中系数 k 越近于1。图2-5中的圆缩成竖直的椭圆，k 就会大于3($b=\infty$)，进而成为裂缝(椭圆短轴趋于零)，应力集中系数 k 理论上趋于 ∞。

应力集中现象可解释许多日常见到的破坏现象，如用金刚石在玻璃上划一道刻痕，玻璃就很容易掰开；方便面的调料袋做成锯齿边，就容易撕开。反之，为了保证构件强度，工程构件要防止应力集中，避免截面变化，若工艺需要，必须是变截面的话，尽可能让截面缓慢变化。典型构件的应力集中系数可以在有关工程手册中查阅，在《材料力学》书中不作深入研究。

对于塑性材料，应变集中现象依然存在，但应力集中得到很大程度的释放。因此，对塑性材料，在材料力学的计算中，不考虑应力集中，用名义应力 $\sigma_0 = F_N/A_{净}$ 代替实际应力。

2.4 轴向拉压杆的变形　节点位移

在轴向拉力作用下，杆沿轴向会伸长，横向会收缩，如图2-6所示，反之在轴向压力作用下，杆沿轴向缩短并横向膨胀。

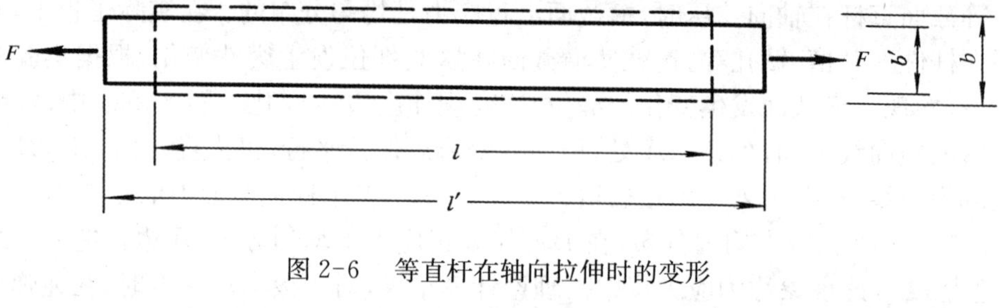

图2-6　等直杆在轴向拉伸时的变形

2.4.1 轴向变形

轴向拉压杆的变形限于弹性变形时，杆件的轴向线应变 $\varepsilon = \dfrac{F_N}{EA}$，代入式(1-2)即可得到杆的轴向变形量 Δl。AB 段的变形量记为

$$\Delta l_{AB} = \int_{x_A}^{x_B} \varepsilon \, dx = \int_{x_A}^{x_B} \frac{F_N(x)}{EA(x)} dx \tag{2-6}$$

若 AB 段轴力 F_N 及横截面积 A 均不变，则式(2-6)可改写为

$$\Delta l_{AB}=\frac{F_{\mathrm{N}}l_{AB}}{EA} \tag{2-6)'$$

弹性模量 E 表示材料抵抗弹性变形的能力，对于钢材（不论是高强度钢还是低碳钢），E 在 $2\times10^5\,\mathrm{MPa}$ 左右。EA 表示构件抵抗弹性变形的能力，EA 越大，变形量 Δl 越小。

2.4.2 横向变形

在变形限于弹性变形时，由式(1-4)知，轴向拉压杆的横向线应变

$$\varepsilon'=-\nu\frac{F_{\mathrm{N}}}{EA} \tag{2-7}$$

图 2-6 所示杆横向变形量

$$\Delta l'=\varepsilon' b=-\nu\frac{F_{\mathrm{N}}b}{EA}$$

常用材料的弹性模量 E 和泊松比 ν 的值见表 2-2。

表 2-2　常用材料的弹性模量 E 和泊松比 ν 的值

材料名称	牌　号	$E(\times10^5\,\mathrm{MPa})$	ν
普通碳素钢	Q216,Q235,Q274	2.0 ~ 2.2	0.24 ~ 0.28
优质碳素钢	35,45 号	2.09	0.26 ~ 0.30
低合金钢	16Mn	2.0	0.25 ~ 0.30
合金钢	40CrNiMov	2.1	0.28 ~ 0.32
灰口铸铁		0.6 ~ 1.62	0.23 ~ 0.27
球墨铸铁		1.5 ~ 1.8	0.24 ~ 0.27
铝合金	LY12	0.72	0.33
铜及其合金		1.0 ~ 1.1	0.31 ~ 0.36
硬质合金		3.8	0.23 ~ 0.28
混凝土	100 ~ 400 号	0.15 ~ 0.36	0.16 ~ 0.2
木　材	顺　纹	0.09 ~ 0.12	
石　料		0.06 ~ 0.09	0.16 ~ 0.28
砖砌体		0.027 ~ 0.035	0.12 ~ 0.2
橡　胶	工业胶板	0.00008	0.47 ~ 0.50

2.4.3 节点位移

图 2-7a) 所示结构，杆 AB，AC 的长度分别为 l_1，l_2，抗拉刚度分别为 E_1A_1，E_2A_2；它们与垂直线(y 轴)的夹角分别为 θ_1，θ_2，与力 F 的夹角分别为 α_1，α_2，研究节点 A 在力 F 作用下的位移 δ。由截面法[图 2-7b)] 知

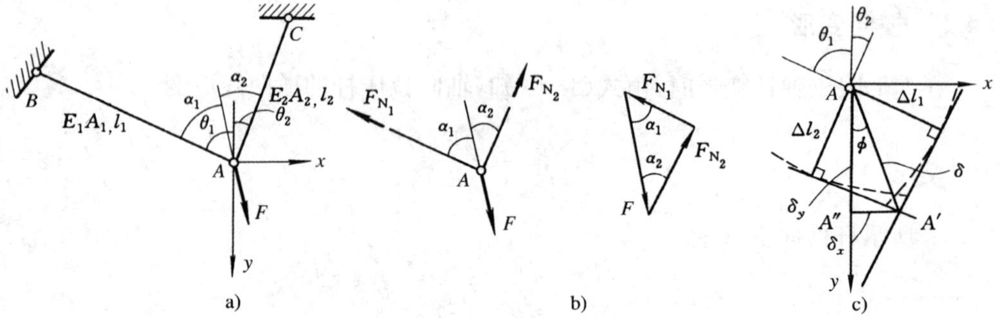

图 2-7　节点位移图

$$F_{N_1}=\frac{\sin\alpha_2}{\sin(\alpha_1+\alpha_2)}F$$

$$F_{N_2}=\frac{\sin\alpha_1}{\sin(\alpha_1+\alpha_2)}F$$

两杆的伸长量由式(2-6)′ 得

$$\Delta l_1=\frac{F_{N_1}l_1}{E_1A_1}=\frac{\sin\alpha_2}{\sin(\alpha_1+\alpha_2)}\ \frac{Fl_1}{E_1A_1}$$

$$\Delta l_2=\frac{F_{N_2}l_2}{E_2A_2}=\frac{\sin\alpha_1}{\sin(\alpha_1+\alpha_2)}\ \frac{Fl_2}{E_2A_2}$$

变形后 A 点既应在以 B 为圆心、$l_1+\Delta l_1$ 为半径的圆弧上，又应在以 C 为圆心、$l_2+\Delta l_2$ 为半径的圆弧上，即在两圆弧的交点上。为了计算方便，工程上用切线代圆弧(在小变形前提下，此替代是足够精确的)，以两切线的交点 A' 作为变形后 A 点的位置，如图 2-7c) 所示。此图称为节点 A 的变形位移图。线段 AA' 是 A 点的位移 δ，AA' 与 y 轴夹角为 ϕ，图中线段 AA''，$A'A''$ 分别是 A 点的垂直位移 δ_y 和水平位移 δ_x。变形位移图说明：

$$\begin{cases}\delta\cos(\theta_1-\phi)=\Delta l_1\\ \delta\cos(\theta_2+\phi)=\Delta l_2\end{cases}\tag{2-8}$$

式(2-8) 的几何意义是**杆端位移 $\boldsymbol{\delta}$ 在杆轴线上的投影等于杆的变形量**。式(2-8) 中，余弦用和角公式展开，注意到 $\delta\cos\phi=\delta_y$，$\delta\sin\phi=\delta_x$，式(2-8) 可改写为

$$\begin{cases}\delta_y\cos\theta_1+\delta_x\sin\theta_1=\Delta l_1\\ \delta_y\cos\theta_2-\delta_x\sin\theta_2=\Delta l_2\end{cases} \tag{2-8$'$}$$

式(2-8)′的几何意义是**杆端垂直位移、水平位移在杆轴线上的投影的代数和等于杆的变形量**。由于 Δl_1，Δl_2 已求出，解方程式(2-8)′或式(2-8)，可得位移 δ_x，δ_y 和 δ，ϕ：

$$\delta_x=\frac{\Delta l_1\cos\theta_2-\Delta l_2\cos\theta_1}{\sin(\alpha_1+\alpha_2)},\quad \delta_y=\frac{\Delta l_1\sin\theta_2+\Delta l_2\sin\theta_1}{\sin(\alpha_1+\alpha_2)}$$

$$\delta=\sqrt{\delta_x^2+\delta_y^2},\quad \phi=\arctan\left(\frac{\delta_y}{\delta_x}\right)$$

画变形位移图，利用变形位移图列出式(2-8)′是计算节点位移的关键。

例 2-4 长 l、横截面积为 A 的等截面砖柱如例 2-4 图 a)所示。砖柱总重为 G，材料的弹性模量为 E，密度为 ρ。求砖柱在自重作用下的变形量 Δl。

解 1. 计算轴力

砖柱的自重可简化为沿柱高均匀分布的线载荷，集度 $q=\rho gA$。用截面法可求得距顶面为 x 处的横截面上的轴力[例 2-4 图 b)]：

$$F_N(x)=qx=\rho gAx \quad (一)$$

砖柱的轴力图见例 2-4 图 c)。

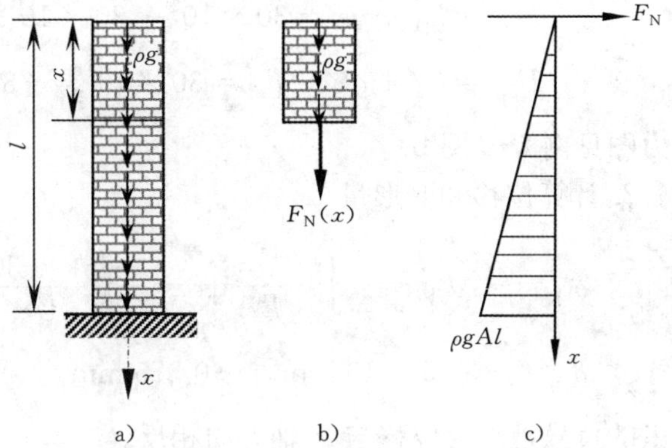

例 2-4 图

2. 计算砖柱在自重作用下的变形量

因轴力不是常量，需用式(2-6)计算：

$$\Delta l=\int_0^l\frac{F_N(x)\,dx}{EA}=\int_0^l\frac{\rho gAx\,dx}{EA}=\frac{\rho gAl\cdot l}{2EA}=\frac{1}{2}\times\frac{Gl}{EA} \quad (一)$$

计算结果表明，等截面杆由均布轴向载荷产生的变形量等于均布载荷集中于杆端时产生的变形量的一半。

例 2-5 等截面杆 ABC，B 面固定，见例 2-5 图 a)，$l=0.5$ m，杆横截面积 $A=500\ \text{mm}^2$，材料弹性模量 $E=1\times10^5$ MPa，$F_1=30$ kN，$F_2=15$ kN，$q=30$ kN/m。求：(1) A，C 点位移 δ_A，δ_C；(2) 全杆总变形量 Δl_{AC}。

解 1. 计算约束反力和内力

支承 A，C 均不能提供水平约束反力，只有约束 B 给杆水平约束反力 F_B，由平衡方程 $\sum F_{ix}=0$，可解得

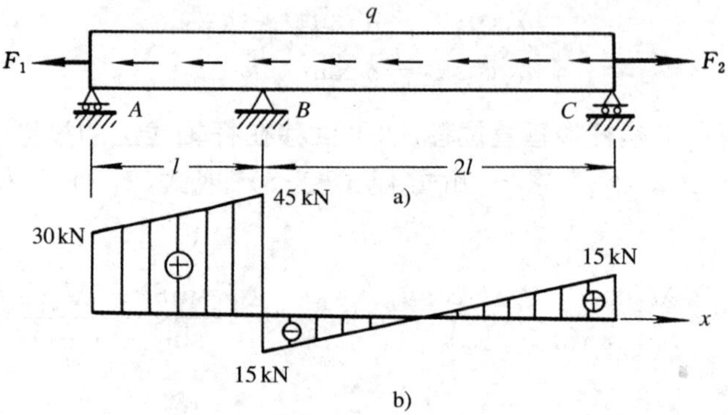

例 2-5 图

$$F_B = F_1 + q \times 3l - F_2 = 30 + 30 \times 3 \times 0.5 - 15 = 60\ \mathrm{kN}(\rightarrow)$$

内力需分 AB 和 BC 两段计算

$$F_{N_1} = F_1 + qx = 30 \times 10^3 + 30 \times 10^3 x, \qquad 0 < x < 0.5\ \mathrm{m}$$

$$F_{N_2} = F_1 + qx - F_B = 30 \times 10^3 x - 30 \times 10^3, \qquad 0.5\ \mathrm{m} < x < 1.5\ \mathrm{m}$$

内力图见例 2-5 图 b)。

2. 计算位移和变形量

$$\delta_A = -\Delta l_{AB} = -\int_0^{0.5} \frac{F_{N_1}}{EA} \mathrm{d}x = -\int_0^{0.5} \frac{30 \times 10^3 + 30 \times 10^3 x}{1 \times 10^5 \times 10^6 \times 500 \times 10^{-6}} \mathrm{d}x$$

$$\delta_A = -37.5 \times 10^{-5}\ \mathrm{m} = -0.375\ \mathrm{mm}$$

这里的负号是因为位移与 x 轴方向相反。

$$\delta_C = \Delta l_{BC} = \int_{0.5}^{1.5} \frac{F_{N_2}}{EA} \mathrm{d}x = \int_{0.5}^{1.5} \frac{30 \times 10^3 x - 30 \times 10^3}{1 \times 10^5 \times 10^6 \times 500 \times 10^{-6}} \mathrm{d}x$$

$$\delta_C = 0$$

$$\Delta l_{AC} = \delta_C - \delta_A = 0 - (-0.375) = 0.375\ \mathrm{mm}$$

Δl_{AC} 也可看成是 AB 和 BC 两段变形量的叠加,即

$$\Delta l_{AC} = \Delta l_{AB} + \Delta l_{BC} = 0.375 + 0 = 0.375\ \mathrm{mm}$$

Δl_{AC} 还可看成是载荷 F_2,F_B,q 分别产生的变形量之和(把 A 面看作不动)。具体计算如下:

$$\Delta l_{AC} = \Delta l_{AC}^{F_2} + \Delta l_{AC}^{F_B} + \Delta l_{AC}^{q}$$

$$\Delta l_{AC}^{F_2} = \frac{F_2 l_{AC}}{EA}$$

$$\Delta l_{AC}^{F_B}=\frac{F_B l_{AB}}{EA}$$

$$\Delta l_{AC}^{q}=-\frac{1}{2}\cdot\frac{q l_{AC}^2}{EA}$$

$$\Delta l_{AC}=\frac{1}{EA}\left(F_2 l_{AC}+F_B l_{AB}-\frac{1}{2}\cdot q l_{AC}^2\right)$$

$$\Delta l_{AC}=\frac{15\times10^3\times1\,500+60\times10^3\times500-\frac{1}{2}\times30\times1\,500^2}{1\times10^5\times500}$$

$$=0.375\ \text{mm}$$

2.5 材料在轴向拉伸和压缩时的力学性能

前面介绍的弹性模量 E、泊松比 ν、许用应力$[\sigma]$都是材料的力学性质或与材料力学性质密切相关的量。材料的力学性质是通过实验测定的。通常实验是在万能试验机(参见《材料力学实验指导书》)上进行的,试样必须按国家标准制作。

2.5.1 材料在轴向拉伸时的力学性能

轴向拉伸实验

轴向拉伸的试样如图 2-8 所示。工作段长 l,等截面,截面为圆截面或矩形截面(板材),两端较粗,试验机夹头在此夹住试样施力,两端与工作段之间光滑过渡,以减轻应力集中,保证变形集中于工作段,破坏也发生在工作段。

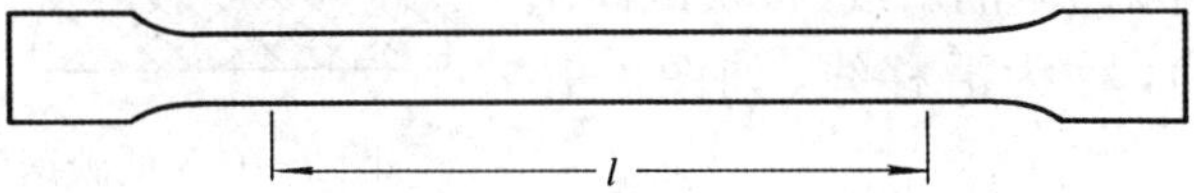

图 2-8 拉伸试样

1. 低碳钢轴向拉伸时的力学性能

(1) 载荷 — 位移图　应力 — 应变图

在试验时,通过对载荷 F 与变形量 Δl 进行测定,可画出 F-Δl 图(图 2-9)。影响 F-Δl 曲线的因素不只是材料性能,还有工作段长度 l 和横截面积 A,所以,通常把纵轴力 F 除以面积 A 化为应力 σ,横轴位移 Δl 除以长度 l 化为应变 ε,F-Δl 图演变成 σ-ε 图。A,l 是常量,故 F-Δl 图与 σ-ε 图的特征是相同的,仍可用图 2-9 表示。

图 2-9 的 $OABCDE$ 曲线是低碳钢轴向拉伸时的 F-Δl 曲线或 σ-ε 曲线。曲线可分成四个阶段,存在四个应力极限。

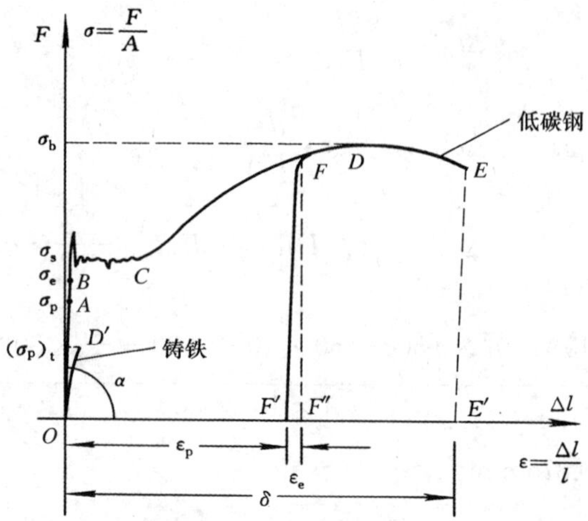

图 2-9 低碳钢、铸铁轴向拉伸时的 σ-ε(F-Δl) 图

① 弹性阶段(OB 段)

加载过程中若应力值不超过 B 点应力值(σ_e) 就卸载,载荷降为零时,变形会完全消失,应变为零,OB 段的变形是纯弹性变形,故此段命名为弹性阶段,与 B 点对应的应力 σ_e 称为**弹性极限**。OA 段呈直线,应力与应变成正比,胡克定律在此段成立,OA 线的斜率 $\tan\alpha$ 即弹性模量 E,故 A 点的应力值称为**比例极限**,记为 σ_p。

② 屈服阶段(BC 段)

此段特征是载荷基本不变,变形不断地剧增,曲线呈锯齿状,最高点数值不稳定,最低点应力值稳定,称为**屈服极限**,记为 σ_s(或 σ_y)。此阶段材料内部的晶粒结构处于调整之中,内部材料通过滑移把晶体中的错位、缺位等修复,若试样事先经抛光的话,此时在试样表面可见 45° 的斜线(板状试样比圆棒试样更明显),称为滑移线,如图 2-10 所示。

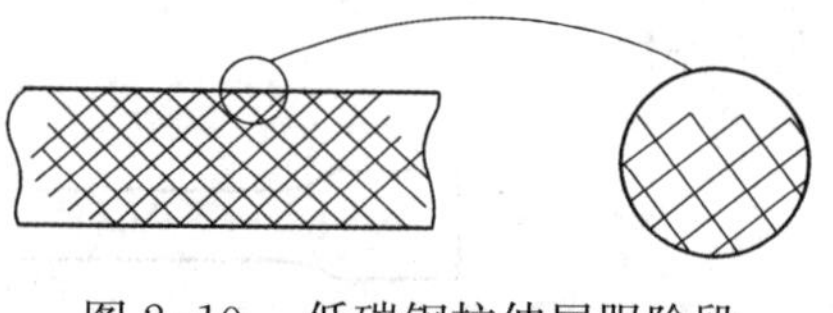

图 2-10 低碳钢拉伸屈服阶段出现的滑移线

③ 强化阶段(CD 段)

经调整后,晶粒排列整齐,承载能力提高,载荷得以上升,变形随之增大,但斜率越来越小,直到降至零,σ-ε 曲线达到最高点 D,对应的应力记为 σ_b,称为**强度极限**。

④ 颈缩阶段(DE 段)

在实验中,可以看到此时试样中某一部位(薄弱截面) 迅速变细、伸长,试样很快就在最细处断裂。

请注意,由 F-Δl 曲线演变成的σ-ε 曲线,自屈服阶段起,是名义的σ-ε 曲线,因为在屈服阶段,试样发生了剧烈的变形,l 比原长增加很多,A 比原面积缩小,因此σ-ε 曲线的σ 值比真实值小,ε 值比真实值大。σ_b 是名义值;在颈缩阶段σ 值的下降也是不真实的,它是由于面积 A 过小引起力 F 下降,并非σ 下降。

(2) 卸载规律　冷作硬化

在加载至 CD 段时卸载，卸载过程如图 2-9 的 FF' 线，它与 OA 线平行，即卸载规律是线弹性的。在卸载过程中消失的应变($F'F''$) 是弹性应变 ε_e，残留下的应变(OF') 称为塑性应变，记为 ε_p，F 点的总应变由弹性应变和塑性应变两部分构成。

在 F' 点重新加载，σ-ε 曲线沿 $F'F$ 线上升，至原屈服应力 σ_s 处，不再发生屈服，仍是线性上升，直返 F 点，此现象称为冷作硬化。经冷作硬化的材料，比例极限 σ_p 提高，在较高的应力值下变形量较小，因此许多仪表上的构件材料都经过冷作硬化，以提高精确度，制作钢缆的钢丝也经冷作硬化。但冷作硬化后的材料变脆，抗冲击能力减弱，应力集中现象加剧。

若卸载至 F' 点后，让材料“休息”若干年后再加载的话，许多材料的线弹性范围会延伸，比例极限 σ_p 在 σ-ε 曲线上将高于 F 点，经此过程的钢材称为时效钢。

(3) 塑性指标

延伸率 $\boldsymbol{\delta}$　把拉断的试样拼接，量出工作段的长度 l'，定义

$$\delta = \frac{l' - l}{l} \times 100\% \tag{2-9}$$

为延伸率(图 2-9 中 E' 点的线应变值)。工程上用延伸率 δ 判定材料属于塑性还是脆性，对于工作段 l 与试样直径 d 之比 $l:d=10:1$ 的试样，$\delta > 5\%$ 的材料，定为工程塑性材料；$\delta < 5\%$ 的材料，定为工程脆性材料。

断面收缩率 $\boldsymbol{\Psi}$　拼接试样，量出颈缩处最小截面的直径，计算最小横截面积 A'，定义

$$\Psi = \frac{A - A'}{A} \times 100\% \tag{2-10}$$

为断面收缩率。

对于低碳钢，δ 可在 30% 左右，Ψ 可在 60% 左右，均表现出良好的塑性。

(4) 断口特征和破坏原因

低碳钢试样断口如图 2-11 所示，称为杯锥形断口，断口一侧向内凹陷，呈杯口；另一侧凸出，呈锥状。由于材料在屈服阶段已发生显著变形，在工程中通常不允许构件出现如此大的变形，故认为 $\sigma=\sigma_s$ 时材料就因变形过大而失效，认定为屈服破坏，滑移线即破坏标志，因此，低碳钢拉伸试样的破坏是 $\pm 45°$ 斜截面上切应力造成的屈服破坏。

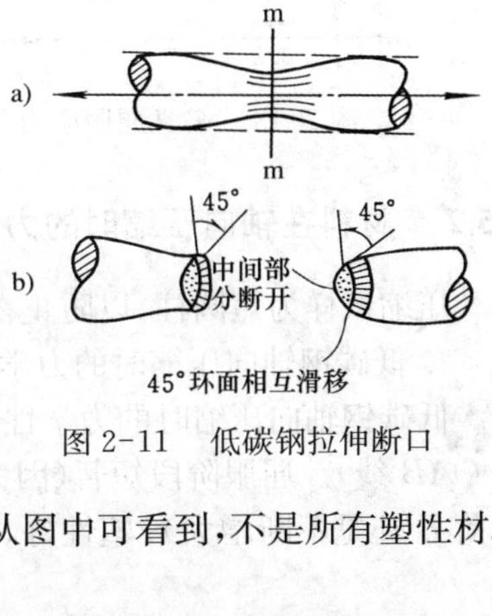

图 2-11　低碳钢拉伸断口

2. 其他工程塑性材料轴向拉伸时的力学性能

图 2-12 给出若干种工程材料的 σ-ε 曲线图。从图中可看到，不是所有塑性材料

的σ-ε曲线都分四个阶段,都存在四个应力极限。工程上对于无屈服极限σ_s的塑性材料,用$\sigma_{0.2}$代替,$\sigma_{0.2}$称为名义屈服应力。$\sigma_{0.2}$是塑性应变ε_p等于0.2%时的应力,如图2-13所示。

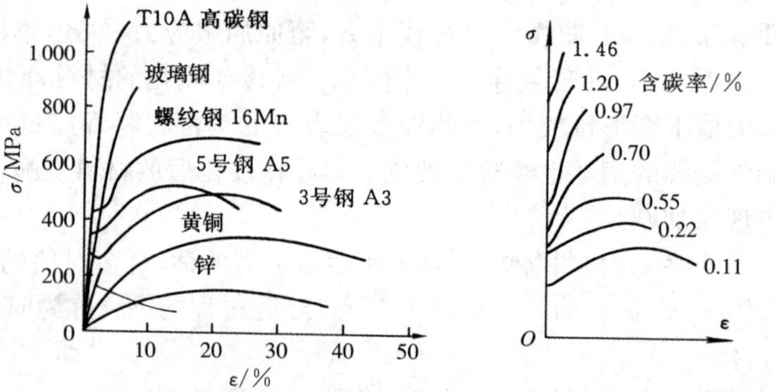

a) 几种材料的σ-ε图　　b) 含碳率对钢性质的影响

图2-12　若干种工程材料的σ-ε曲线

3. 铸铁轴向拉伸时的力学性能

以铸铁为代表的脆性材料,拉伸时的σ-ε曲线见图2-9的OD'线。它只有一个阶段,一个强度极限$(\sigma_b)_t$无严格的弹性模量E,通常用割线OD'线斜率代替。显见,铸铁拉伸时塑性很差,抗拉能力也不强。它的断口特征如图2-14所示,断口晶粒明显,是横截面上正应力造成的材料断裂破坏。

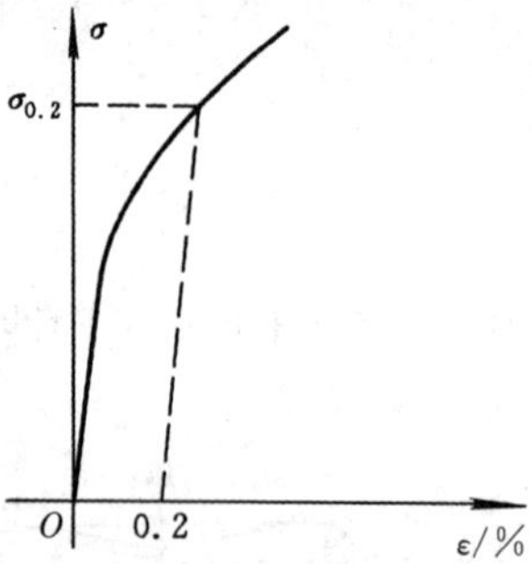

图2-13　名义屈服应力

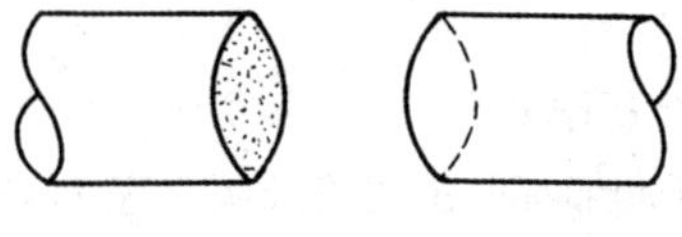

图2-14　铸铁拉伸断口

2.5.2　材料在轴向压缩时的力学性能

压缩试样为短圆柱,以防止在受压时发生屈曲失稳。

1. 低碳钢轴向压缩时的力学性能

低碳钢轴向压缩时的力学性能与轴向拉伸时相同,但σ-ε曲线形态有异(图2-15的OAB线)。屈服阶段短暂(因为横截面A不断增大,尽管应力停留在屈服应力,但载荷F还是不断增大);塑性好,圆柱可被压成扁圆盘,仍不断裂,故测不出强度极

限 σ_b。

2. 铸铁轴向压缩时的力学性能

铸铁压缩时的 σ-ε 曲线为图 2-15 的 OA' 线，可见仍只有一个阶段，但破坏时的强度极限 $(\sigma_b)_c$ 值高，变形明显，圆柱状变成鼓状（承压面与试验机压头间的摩擦力限制试件两端横向膨胀所致），断面为约 50° 的斜面（图 2-16），断口粗糙，晶粒不明显，是斜截面上的切应力导致破坏。由于试件粗短，承压面上摩擦力对试件变形、破坏影响很大，不是纯粹的轴向压缩变形。

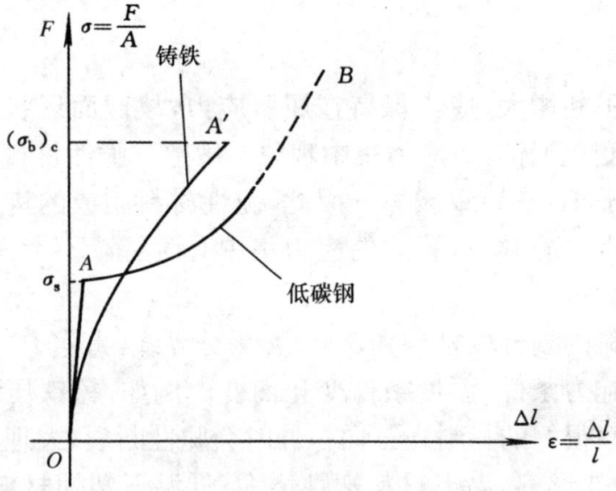

图 2-15 低碳钢、铸铁压缩时的 σ-ε 图

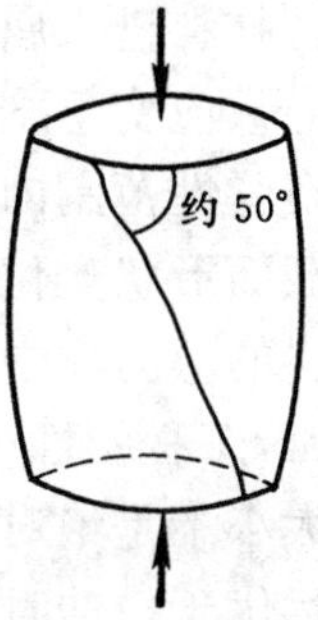

图 2-16 铸铁压缩断口

3. 其他脆性材料轴向压缩时的力学性能

石料、混凝土等非金属脆性材料，通过拉压试验比较都表明抗压性能远优于抗拉性能。承压面上是否涂润滑剂，将产生不同破坏形态，图 2-17a) 给出石料（或混凝土）试块在两种条件下的断裂面。

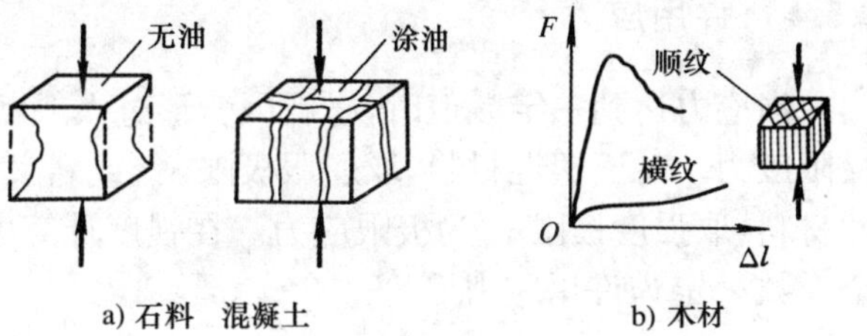

图 2-17 若干脆性材料压缩破坏断口

木材的纤维结构决定了它是各向异性的，顺木纹的强度高于横木纹的强度，抗拉强度高于抗压强度[图 2-17b)]。

2.5.3 塑性材料与脆性材料的力学性能比较

两类材料的力学性能有明显区别，归纳如下。

1. 变形

塑性材料变形能力大，在破坏前往往已有明显变形，而脆性材料往往无明显变形就突然断裂。

2. 强度

塑性材料的抗拉、抗压性能基本相同，能用于受拉构件，也可用于承压构件；脆性材料的抗压能力远高于抗拉能力，故适宜作承压构件，不可用于受拉构件。

3. 抗冲击性

材料的 σ-ε 曲线图下的面积，表示单位体积材料在静载下破坏时需消耗的能量，由 σ-ε 图知塑性材料破坏需消耗掉的能量大于脆性材料，因此，塑性材料抗冲击能力强。生活经验告诉我们，脆的物件易跌碎打破，因此，承受冲击的构件必须用塑性材料制作。

4. 应力集中敏感性

塑性材料进入屈服阶段，应变不断增大，应力保持在屈服应力，故截面形状的变化虽会导致应变急剧增大，而应力变化迟钝，对应力集中现象不敏感。脆性材料变形几乎全在弹性范围内，故应力集中敏感，易导致破坏。因此，脆性材料制成的构件必须力避截面形状变化，塑性材料在常温静载下，孔边的应力集中有时可以不考虑，但脆性材料的应力集中影响必须考虑。

通常，工程塑性材料和脆性材料的划分以延伸率 $\delta=5\%$ 为分界线，事实上，材料的塑性大小不是绝对的，可随外界施力条件、温度条件变化而变。例如，铸铁压缩时的塑性远优于拉伸时；低碳钢等塑性很好的材料在三向拉伸时会脆性断裂；大理石等脆性材料三向受压时会发生较大的变形；高温下材料塑性增大；低温下塑性材料(如低碳钢、锡等) 可变为脆性。所以，塑性材料与脆性材料的区分是有条件的。

2.5.4 许用应力

当应力达到一定数值时，材料因变形过大或断裂不能再使用，此应力称为材料的**极限应力**。对于塑性材料，取屈服极限 σ_s(或名义屈服极限 $\sigma_{0.2}$) 为极限应力；对于脆性材料，取强度极限 σ_b 为极限应力。在强度计算中，把极限应力除以一个大于 1 的安全系数 n 定为许用应力

$$[\sigma]=\begin{cases}\dfrac{\sigma_s}{n_s} \text{或} \dfrac{\sigma_{0.2}}{n_s} & \text{塑性材料} \\[2ex] \dfrac{\sigma_b}{n_b} & \text{脆性材料}\end{cases} \tag{2-11}$$

n_s，n_b 分别称为屈服安全系数和断裂安全系数。对于脆性材料，拉伸和压缩时的 σ_b 值不同，安全系数 n_b 也不同。

材料的不均匀性、计算公式(理论公式或经验公式) 与实际的近似性、工作载荷超载的可能性等情况要求必须有安全系数，而且可能的偏差越大，安全系数也应越大。安全系数的确定还受构件的重要性、工作环境、易检易换性等因素影响，因此安全系数的确定是重要而复杂的问题，通常由国家组织有关部门的权威专家研究规定，可在有关规范中查到。在常温下，n_s 通常在 $1.4 \sim 1.7$ 之间，n_b 通常在 $2 \sim 5$ 之间。

2.6 轴向拉压杆系的超静定问题

2.6.1 超静定问题的提出及解决方法

为了提高结构的强度和刚度，工程上常采用增加约束或增加承载构件的措施，由此增加了未知约束反力或未知内力，导致未知力的个数大于平衡方程个数，成为超静定问题。若未知力个数比平衡方程个数大 n，就称为 n 次超静定。通过例 2-6 说明解超静定问题的思想方法。

例 2-6 例 2-6 图所示变截面杆 ABC，AB 段抗拉刚度 EA_1，长 l_1，BC 段抗拉刚度 EA_2，长 l_2，A 和 C 皆固定，B 面受轴向力 F 作用，计算杆 AB，BC 段内力。

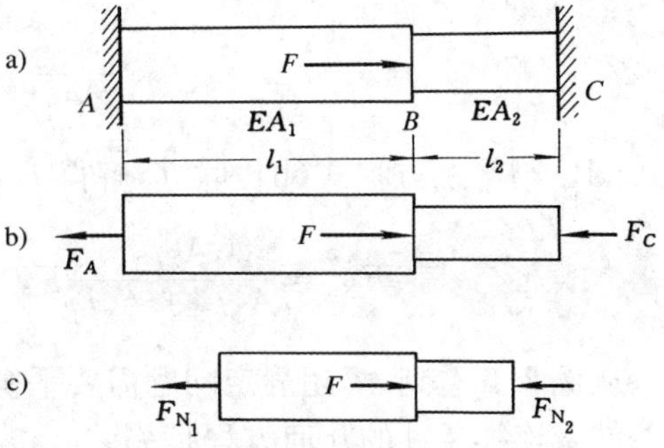

例 2-6 图

解 方法一 **去掉“多余”约束，代之以约束的作用，即约束反力和约束对位移的限制条件。** 假设 C 端固定约束“多余”，去掉后的受力图见例 2-6 图 b)，位移限制条件为

$$\delta_C = 0,\ 或\ \Delta l_{AC} = \Delta l_1 + \Delta l_2 = 0 \tag{a}$$

杆的平衡方程

$$\sum F_{ix} = 0,\quad F_A + F_C - F = 0 \tag{b}$$

虽有式(a)，式(b) 两个方程，未知力也只有 F_A，F_C 两个，但尚需把位移限制条件用未知力表示才能联立解出，即

$$\begin{aligned}\Delta l_1 &= \frac{F_{N_1} l_1}{EA_1} = \frac{(F - F_C) l_1}{EA_1}\\ \Delta l_2 &= \frac{F_{N_2} l_2}{EA_2} = -\frac{F_C l_2}{EA_2}\end{aligned} \tag{c}$$

式(c) 表达了变形量与内力的关系，称为物理方程；式(a) 表达的变形限制条件，通常称为几何方程（或谐调方程）。把物理方程代入几何方程得到补充方程，与平衡方程联立，可解出 F_A，F_C 和内力，即

$$\begin{aligned}F_C &= \frac{A_2 l_1}{A_1 l_2 + A_2 l_1} F\\ F_A &= \frac{A_1 l_2}{A_1 l_2 + A_2 l_1} F\\ F_{N_1} &= F_A = \frac{A_1 l_2}{A_1 l_2 + A_2 l_1} F\\ F_{N_2} &= -F_C = -\frac{A_2 l_1}{A_1 l_2 + A_2 l_1} F\end{aligned} \tag{d}$$

方法二　由连续条件知,AB 段的 B 面位移即 BC 段的 B 面位移,即 AB 段的伸长量 Δl_1 数值上等于 BC 段的压缩量 Δl_2。表示连续条件的几何方程为

$$\Delta l_1 = \Delta l_2 \tag{a)'}$$

截面法受力图见例 2-6 图 c)(因假定 AB 段伸长,BC 段压缩,故 F_{N_1} 为正,F_{N_2} 为负)。

平衡方程

$$F_{N_1} + F_{N_2} - F = 0 \tag{b)'}$$

物理方程

$$\Delta l_1 = \frac{F_{N_1} l_1}{EA_1},\quad \Delta l_2 = \frac{F_{N_2} l_2}{EA_2} \tag{c)'}$$

将式(c) 代入式(a)′ 得补充方程

$$\frac{F_{N_1} l_1}{EA_1} = \frac{F_{N_2} l_2}{EA_2} \tag{d)'}$$

将式(d)′ 与平衡方程式(b)′ 联立,解得 F_{N_1},F_{N_2} 为

$$F_{N_1} = \frac{A_1 l_2}{A_1 l_2 + A_2 l_1} F,\quad F_{N_2} = \frac{A_2 l_1}{A_1 l_2 + A_2 l_1} F$$

从例 2-6 看到,解超静定问题需要平衡方程、几何方程和物理方程,其中,表达约束条件或连续条件的几何方程是关键。

例 2-7　例 2-7 图 a) 所示杆系结构,1,2,3 杆由同一材料制成,截面积分别为 $A_1 = 400\ \text{cm}^2$,$A_2 = 200\ \text{cm}^2$,$A_3 = 300\ \text{cm}^2$。节点 B 处受铅垂力 $F = 50\ \text{kN}$。试计算各杆的内力。

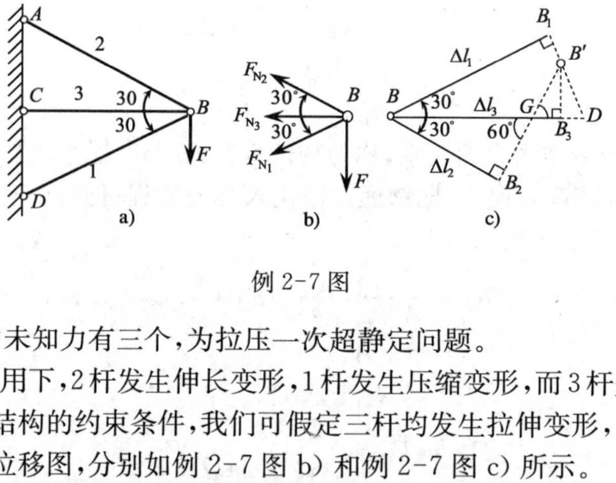

例 2-7 图

解　本例中未知力有三个,为拉压一次超静定问题。

在载荷 F 作用下,2 杆发生伸长变形,1 杆发生压缩变形,而 3 杆是伸长还是缩短殊难断言。根据结构的约束条件,我们可假定三杆均发生拉伸变形,由此画出节点 B 的受力图和变形位移图,分别如例 2-7 图 b) 和例 2-7 图 c) 所示。

1. 根据节点 B 的变形位移图,列几何方程

设 1,2,3 杆的伸长变形分别为 Δl_1,Δl_2 和 Δl_3,由节点 B 的变形位移图[例 2-7 图

c)]可知：

$$\overline{BB_3}=\overline{BD}-\overline{B_3D}=\overline{BD}-\overline{B_3G}=\overline{BD}-(\overline{BB_3}-\overline{BG})$$

即
$$\Delta l_3=\frac{\Delta l_1}{\cos 30^\circ}-\left(\Delta l_3-\frac{\Delta l_2}{\cos 30^\circ}\right)$$

化简后，可得几何方程
$$\Delta l_3=\frac{\sqrt{3}}{3}(\Delta l_1+\Delta l_2) \tag{a}$$

2. 由节点 B 的受力图，列平衡方程

$$\sum F_{ix}=0,\quad (F_{N_1}+F_{N_2})\cos 30^\circ+F_{N_3}=0 \tag{b}$$

$$\sum F_{iy}=0,\quad (F_{N_2}-F_{N_1})\sin 30^\circ-F=0 \tag{c}$$

3. 建立补充方程

将物理关系 $\Delta l_1=\frac{F_{N_1}l_1}{EA_1}$，$\Delta l_2=\frac{F_{N_2}l_2}{EA_2}$，$\Delta l_3=\frac{F_{N_3}l_3}{EA_3}$ 代入上面的几何方程式(a)(注意，$l_1=l_2$，$l_3=\frac{\sqrt{3}}{2}l_1$)，化简后得补充方程：

$$\frac{1}{2}F_{N_1}+F_{N_2}-F_{N_3}=0 \tag{d}$$

4. 求解各杆内力

联立式(b)，式(c)，式(d) 三式可解出三杆的内力

$$F_{N_1}=-57.7\ \text{kN}(压),\quad F_{N_2}=42.3\ \text{kN}(拉),\quad F_{N_3}=13.5\ \text{kN}(拉)$$

最后，解得的结果 F_{N_2} 和 F_{N_3} 为正值，表示 2,3 杆的轴力与假设的一致，发生拉伸变形；F_{N_1} 为负值，表示 1 杆的轴力与假设的相反，发生压缩变形。

对于拉压超静定杆系结构，画变形位移图是建立几何方程的依据。如能准确判断各杆的变形，就能画出符合实际的变形位移图，如果不能确定各杆的变形情况，则可虚拟一个变形位移图，作为建立几何方程的依据，但要注意两点：

(1) 变形位移图中显示的位移必须符合约束条件，而且是可能发生的。

(2) 确定了变形位移图后，受力图中各杆的内力是拉还是压，不可任意画，必须与变形位移图中所设杆的伸长、缩短相一致。

例 2-8 刚性杆 ABC，A 端为铰支，拉杆 BD，CD 抗拉刚度为 EA，与 ABC 夹角分别为 α_1，α_2，C 点受力 F 作用，求杆 BD，CD 的内力。

解 1. 画变形位移图，列几何方程

因杆 ABC 是刚杆，只能绕 A 转动，在力 F 作用下转到 $AB'C'$，用切线代弧线，B，C 点只有垂直位移 δ_B，δ_C，见例 2-8 图 b)。

$$\Delta l_1=\delta_B\sin\alpha_1,\quad \Delta l_2=\delta_C\sin\alpha_2$$

$$\delta_B:\delta_C=\frac{h}{\tan\alpha_1}:\frac{h}{\tan\alpha_2}$$

几何方程 $\Delta l_1:\Delta l_2=\cos\alpha_1:\cos\alpha_2$ (a)

2. 根据变形位移图画受力图,列平衡方程

变形位移图上 Δl_1,Δl_2 均为伸长量,故受力图上轴力 F_{N_1},F_{N_2} 应是拉力[例 2-8 图 c)]。

平衡方程

$$\sum M_A=0,\ \frac{F_{N_1}\sin\alpha_1 h}{\tan\alpha_1}+\frac{F_{N_2}\sin\alpha_2 h}{\tan\alpha_2}-\frac{Fh}{\tan\alpha_2}=0 \tag{b}$$

3. 列物理方程

$$\Delta l_1=\frac{F_{N_1}l_1}{EA}=\frac{F_{N_1}h}{EA\sin\alpha_1},\ \Delta l_2=\frac{F_{N_2}l_2}{EA}=\frac{F_{N_2}h}{EA\sin\alpha_2} \tag{c}$$

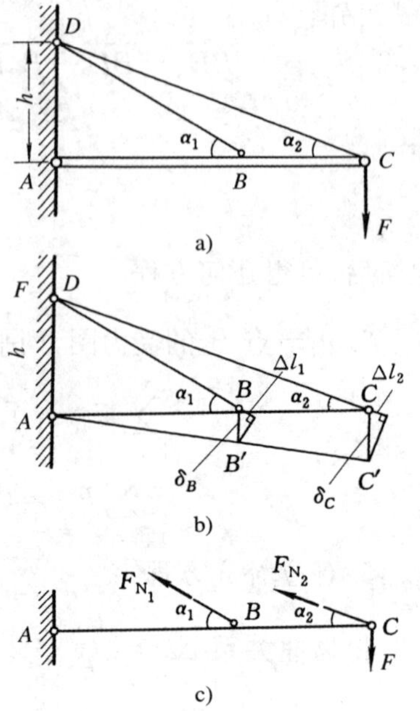

例 2-8 图

将物理方程式(c) 代入几何方程式(a) 得补充方程

$$\frac{F_{N_1}}{F_{N_2}}=\frac{\sin 2\alpha_1}{\sin 2\alpha_2} \tag{d}$$

由式(b),式(d) 解出 F_{N_1},F_{N_2}

$$F_{N_1}=\frac{F}{\tan\alpha_2}\cdot\frac{\sin 2\alpha_1}{\sin 2\alpha_1\cos\alpha_1+\sin 2\alpha_2\cos\alpha_2}$$

$$F_{N_2}=\frac{F}{\tan\alpha_2}\cdot\frac{\sin 2\alpha_2}{\sin 2\alpha_1\cos\alpha_1+\sin 2\alpha_2\cos\alpha_2}$$

2.6.2 装配应力(初应力)

例 2-8 的计算结果显示,杆 DB 的轴力比杆 DC 大,若两杆横截面积 A 相等,自然杆 DB 的应力比杆 DC 大,载荷 F 过大则 DB 杆先破坏。能否适当增大 DB 杆横截面积 A_1,使两杆应力相等呢?从几何方程式(a),考察两杆的纵向线应变 ε 之比:

$$\frac{\varepsilon_1}{\varepsilon_2}=\frac{\dfrac{\Delta l_1}{l_1}}{\dfrac{\Delta l_2}{l_2}}=\frac{\Delta l_1}{\Delta l_2}\cdot\frac{l_2}{l_1}=\frac{\sin 2\alpha_1}{\sin 2\alpha_2}$$

角 α 大，线应变也大，这是由结构形式决定的，与载荷 F、横截面积 A、弹性模量 E 均无关。只要两杆材料相同，则角 α 大的杆，其应力也大，永远先破坏，不论横截面积有多大，从例 2-6 的式(a)′可得：$\dfrac{\varepsilon_{AB}}{\varepsilon_{BC}}=\dfrac{l_{BC}}{l_{AB}}$，也与 A_1，A_2 无关，这是超静定结构与静定结构的区别。有什么办法可让两杆应力相同，以充分利用各杆的潜力？常用办法如图 2-18 所示。

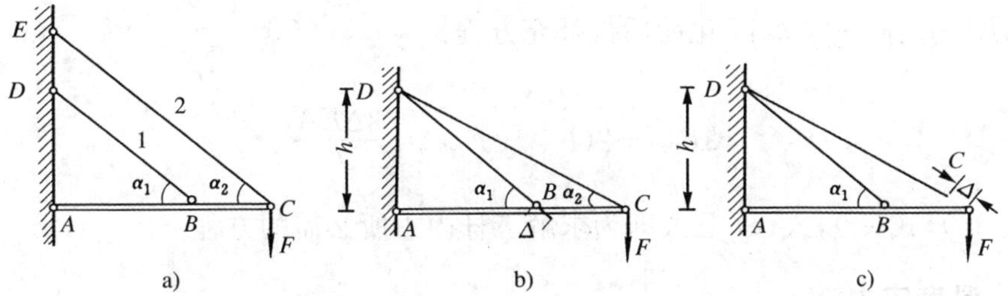

图 2-18　改变超静定杆系各杆应力比的措施

在图 2-18a) 中杆 1，2 平行；在图 2-18b) 中杆 DB 比 $h/\sin\alpha_1$ 长一个小量 Δ；在图 2-18c) 中杆 DC 比 $h/\sin\alpha_2$ 短一个小量 Δ。图 2-18b) 或 c) 所示结构强行安装完毕时，即使无载荷 F，DB 杆因压缩而存在压应力，DC 杆因拉伸而存在拉应力，此应力称为装配应力或初应力。不论是制造过程中产生的误差还是设计时有意设计的公差，对于超静定结构都会引起装配应力。精心设计的预应力构件可提高结构承载能力，降低成本，在工程上广泛应用。

例 2-9　例 2-7 图 a) 所示杆系结构，假设 1，2，3 杆的 EA 相同，节点 B 处受铅垂力 F 作用。若 1 杆比设计长度长了 Δ，试列出求解三杆内力所必需的方程。

解　本例为拉压一次超静定问题。

1. 分析受力，列平衡方程

假设强行安装后三杆均受拉力，受力图仍为例 2-7 图 b) 所示，则平衡方程不变，仍为例 2-7 式(b) 和式(c)，化简得

$$\frac{\sqrt{3}}{2}(F_{N_1}+F_{N_2})+F_{N_3}=0 \tag{b′}$$

$$F_{N_2}-F_{N_1}=2F \tag{c′}$$

2. 画节点 B 的变形位移图，列几何方程

画节点 B 的变形位移图如例 2-9 图所示，与例 2-7 c) 图的图形相似，只是杆 1 的变形由 Δl_1 改成 $\Delta l_1+\Delta$。B' 是安装完成时的节点位置，几何方程为：

$$\Delta l_3=\frac{\Delta l_1+\Delta}{\cos 30^\circ}-\left(\Delta l_3-\frac{\Delta l_2}{\cos 30^\circ}\right)$$

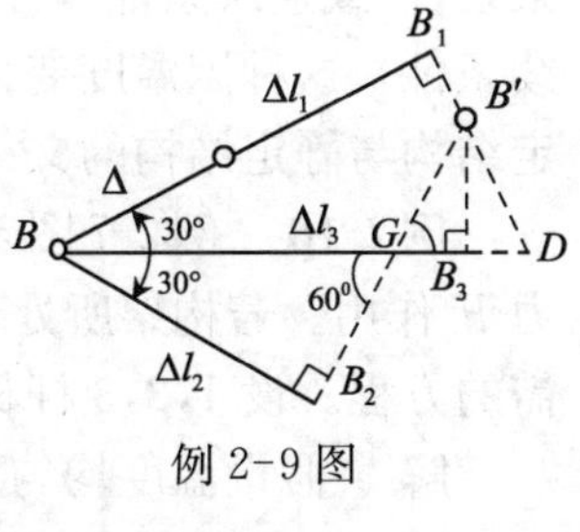

例 2-9 图

化简后,可得

$$\Delta l_3=\frac{\sqrt{3}}{3}(\Delta l_1+\Delta+\Delta l_2) \tag{d}$$

3. 建立补充方程

将物理关系 $\Delta l_1=\frac{F_{N1}l_1}{EA}$, $\Delta l_2=\frac{F_{N2}l_2}{EA}$, $\Delta l_3=\frac{F_{N3}l_3}{EA}$ 代入几何方程式(d) $\left(注意:l_1=l_2,l_3=\frac{\sqrt{3}}{2}l_1\right)$,化简后得补充方程:

$$3F_{N3}-2(F_{N1}+F_{N2})=\frac{2\Delta EA}{l} \tag{e}$$

式(b′),式(c′),式(e) 三式即为求解三杆内力所必需的方程。

2.6.3 温度应力

力不是使物体发生变形的唯一因素,温度变化也会使物体变形,即热胀冷缩。物体上长 l 的线段,温度变化 ΔT 时,经实验测定,变形量 Δl 与 ΔT、原长 l 及材料有关,可近似表达为

$$\Delta l=\alpha\Delta Tl$$

α 为线膨胀系数,是材料性质。表 2-3 列出了几种材料的平均线膨胀系数。

表 2-3 几种材料的平均线膨胀系数

材料名称	α(每升高 1℃ 单位长度的伸长)
钢	12.5×10^{-6}
铜	16.5×10^{-6}
铸铁	10.4×10^{-6}
混凝土	12.4×10^{-6}
砖	9×10^{-6}

静定结构允许杆件自由伸长,故温度变化不引起应力变化,超静定结构各杆件彼此制约,变形应满足约束条件(或连续条件)。温度变化引起的变形往往不满足约束条件(或连续条件),导致各杆内力、应力重新调整,以维持变形满足约束条件(或连续条件),这种因温度变化而引起的应力变化值称为温度应力,存在温度应力是超静定结构与静定结构的又一区别。

例 2-10 例 2-7 图 a) 所示杆系结构,假设 1,2,3 杆的 EA 相同,节点 B 处受铅垂力 F 作用。若构架所处环境的温度均匀地上升了 Δt ℃,试列出求解三杆内力所必需的方程。设 1,2,3 杆材料的线膨胀系数为 α。

解 假设温度均匀上升 Δt ℃后,三杆均受拉力。受力图仍为例 2-7 图 b) 所示,

平衡方程不变，仍为例 2-7 式(b) 和式(c)，化简得：

$$\frac{\sqrt{3}}{2}(F_{N1}+F_{N2})+F_{N3}=0 \qquad (b'')$$

$$F_{N2}-F_{N1}=2F \qquad (c'')$$

节点 B 的变形位移图与例 2-7c) 图相同，几何方程不变，仍为例 2-7 的式(a)，即：

$$\Delta l_3=\frac{\sqrt{3}}{3}(\Delta l_1+\Delta l_2)$$

本例中 1,2,3 杆的变形要包含温度变化引起的变形。将物理关系 $\Delta l_1=\frac{F_{N1}l_1}{EA}+\alpha\Delta t l_1$，$\Delta l_2=\frac{F_{N2}l_2}{EA}+\alpha\Delta t l_2$，$\Delta l_3=\frac{F_{N3}l_3}{EA}+\alpha\Delta t l_3$ 代入变形几何方程 $\left(\text{注意：} l_1=l_2, l_3=\frac{\sqrt{3}}{2}l_1\right)$，化简后得补充方程：

$$3F_{N3}-2(F_{N1}+F_{N2})=\alpha EA\Delta t \qquad (d)$$

式(b″)，式(c″)，式(d) 三式即为求解三杆内力所必需的方程。

例 2-11 在常温下，有一薄壁钢环，外径 $D_s=80$ mm，壁厚 $\delta_s=0.5$ mm，另有一薄壁铜环，内径 $D_c=D_s-\Delta(\Delta=0.8$ mm)，壁厚 $\delta_c=0.4$ mm。将铜环加热后套在钢环上。求：(1) 冷却至常温时，两环间压强 q 值；(2) 从常温起，温度升高 $\Delta T=100$℃，两环间压强 q。

解 (1) 冷却时，铜环收缩，钢环因受铜环的压迫而缩小，同时抵制铜环进一步收缩，直至平衡，此时钢环外径等于铜环内径，记为 D[例 2-11 图 a)]，受力图为例 2-11 图 b)，钢环周长变形量 $\Delta l_s=\pi D_s-\pi D=\pi(D_s-D)$，即 $\pi D=\pi D_s-\Delta l_s$，铜环周长变形量$\Delta l_c=\pi D-\pi D_c=\pi[D-(D_s-\Delta)]$，即 $\pi D=\pi D_s+\Delta l_c-\pi\Delta$，得几何方程为

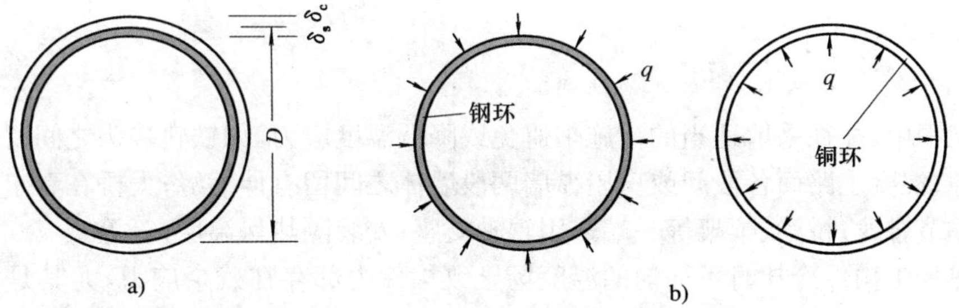

例 2-11 图

$$\Delta l_s + \Delta l_c = \pi\Delta \tag{a}$$

由受力图例 2-11 图 b) 和式(2-5) 知,钢环环向应力 σ_s 和铜环环向应力 σ_c 为

$$\sigma_s = \frac{qD_s}{2\delta_s}, \quad \sigma_c = \frac{qD_c}{2\delta_c} \tag{b}$$

物理方程为

$$\Delta l_s = \frac{\sigma_s}{E_s}\pi D_s, \quad \Delta l_c = \frac{\sigma_c}{E_c}\pi D_c \tag{c}$$

由式(a),式(b),式(c) 解得

$$q = \frac{2\delta_s\delta_c E_s E_c}{\delta_c E_c D_s^2 + \delta_s E_s D_c^2}\Delta = \frac{2\delta_s E_s}{D_s^2\left(1+\dfrac{\delta_s E_s}{\delta_c E_c}\right)}\Delta$$

$$q = \frac{2\times 0.5\times 2\times 10^5}{80^2\times\left(1+\dfrac{0.5\times 2\times 10^5}{0.4\times 1\times 10^5}\right)}\times 0.8 = 7.14\ \text{MPa}$$

(2) 温度升高时,钢环外径与铜环内径仍相同,故几何方程式(a) 不变;受力图 b) 不变,式(b) 也成立;物理方程改为

$$\Delta l_s = \frac{\sigma_s}{E_s}\pi D_s - \alpha_s\Delta T\pi D_s, \quad \Delta l_c = \frac{\sigma_c}{E_c}\pi D_c + \alpha_c\Delta T\pi D_c \tag{c$'$}$$

(Δl_s 表示收缩量,而 $\alpha_s\Delta T\pi D_s$ 是伸长量,故用减号)。由式(a),(b),(c)′ 解得

$$q \approx \frac{2\delta_s E_s}{D_s^2\left(1+\dfrac{\delta_s E_s}{\delta_c E_c}\right)}\Delta\left[1-\frac{\Delta T D_s(\alpha_c-\alpha_s)}{\Delta}\right]$$

$$q = 7.14\times\left[1-\frac{100\times 80\times(16.5\times 10^{-6}-12.5\times 10^{-6})}{0.8}\right]$$
$$= 6.85\ \text{MPa}$$

工程中,往往采取适当的措施来避免或降低温度应力,如铁轨接头之间留有一定的空隙;混凝土路面各段间或房屋纵墙两段墙体之间留有伸缩缝;大桥在春末夏初或中秋季节合龙;桥梁、桁架等一端采用辊轴支座;安装隔热保温层;等等。

热加工构件冷却时不均匀的温度场导致构件内部存在残余应力,尤其是大型构件。经过热锻的大型轧辊,外表先冷却变硬,待内部冷却欲收缩时,因外周已定形而不能自由收缩,于是内部存在很大的残余拉应力,以致发生轧辊在无载荷作用的条件

下自动爆裂的事件;西汉古铜镜能在墙上映出铜镜背面的饰纹,其根本原因就是古铜镜在铸造时留下的残余应力,利用铸造时的残余应力,现已可批量生产能映出背面图案的仿古铜镜。

本章小结

思 考 题

2-1 使用截面法时,不可在集中载荷作用处截开,为什么?

2-2 两根直杆的长度和横截面面积均相同,两端所受的轴向外力也相同,其中,一根为钢杆,另一根为木杆。试问:

(1) 两杆的内力是否相同?

(2) 两杆的应力是否相同?强度是否相同?

(3) 两杆的应变、伸长、刚度是否相同?

2-3 两根等截面直杆 AB 和 CD 均受自重作用,它们的材料和长度均相同,横截面面积分别为 $2A$ 和 A。垂直悬挂时,试问:

(1) 两杆的最大轴力是否相等?

(2) 两杆的最大应力是否相等?

(3) 两杆的最大应变是否相等?

2-4 试述胡克定律及其适用范围。再述材料拉(压)弹性模量 E 及杆件抗拉(压)刚度 EA 的物理意义。

2-5 线变形量 Δl 有三个计算式:

(1) $\Delta l=\int_l \varepsilon \mathrm{d}l$;(2) $\Delta l=\int_l \frac{F_N}{EA}\mathrm{d}x$;(3) $\Delta l=\frac{F_N l}{EA}$

这三个计算式的适用范围有何区别?

2-6 度量材料的塑性性质有哪些主要指标?圆截面标准拉伸试样的标距 l 采用 $5d$ 或 $10d$,它对哪些塑性指标有影响?为什么?对于低碳钢材料,δ_5 和 δ_{10} 的数值哪个较大?

2-7 电视节目《梦想成真》中曾有一题:削苹果皮,使皮悬挂长达 2 m 而不断者,可得大奖,梦想成真。欲得大奖者,除刀法熟练外,对苹果皮横截面有何要求?试设计之。

2-8 圣经中说,古人欲建通天高塔——巴别塔,上帝不悦,使人言语不通,致使巴别塔工程停工。试从轴向拉压变形,论述巴别塔工程可行与否。

2-9 利用"杆端位移在杆轴线上的投影之差等于杆的伸长量",仿例 2-7 设计一个计算轴向拉压杆系超静定结构的通用方法,并进一步编制计算杆系结构的通用程序。

习 题

2-1 五个人进行拔河比赛,在处于平衡状态时各人用的力(自左至右)分别为:$F_1=500\ \mathrm{N}$,$F_2=420\ \mathrm{N}$,$F_3=280\ \mathrm{N}$,$F_4=400\ \mathrm{N}$,$F_5=240\ \mathrm{N}$,试求绳索各段内力并绘制绳索的轴力图。

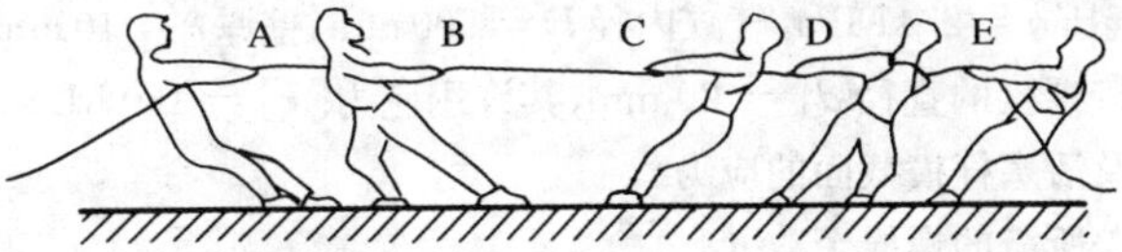

题 2-1 图

2-2 横截面积 $A=400\ \mathrm{mm}^2$ 的等直杆,其受力情形如题2-2图所示。材料的弹性模量 $E=2\times10^5$ MPa,试求各段内的应力并作杆的轴力图。

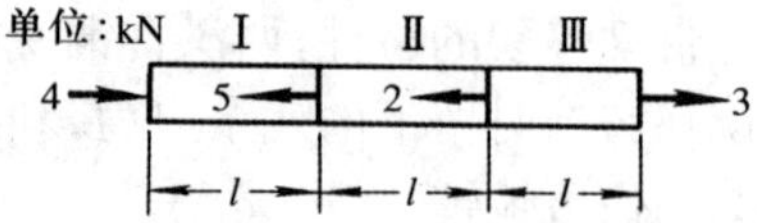

题2-2图

2-3 横截面为正方形的木杆,弹性模量 $E=1\times10^4$ MPa,截面边长 $a=20$ cm,杆总长 $3l=150$ cm,中段开有长为 l、高为 $\frac{a}{2}$ 的槽,杆的左端固定,受力如题2-3图所示。求:

(1) 各段横截面上内力和正应力;

(2) 作杆的轴力图和正应力图。

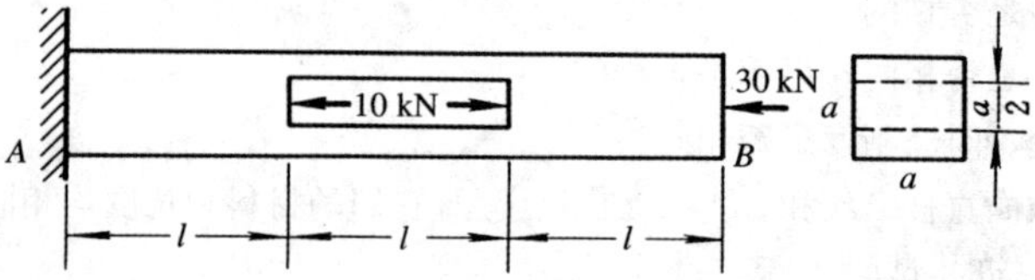

题2-3图

2-4 木架受力情况如题2-4图所示。已知木材的弹性模量 $E=1\times10^4$ MPa,两立柱的横截面均为 100 mm×100 mm 的正方形。试:

(1) 画左、右立柱的轴力图;

(2) 计算两立柱的上、中、下三段内横截面上的正应力。

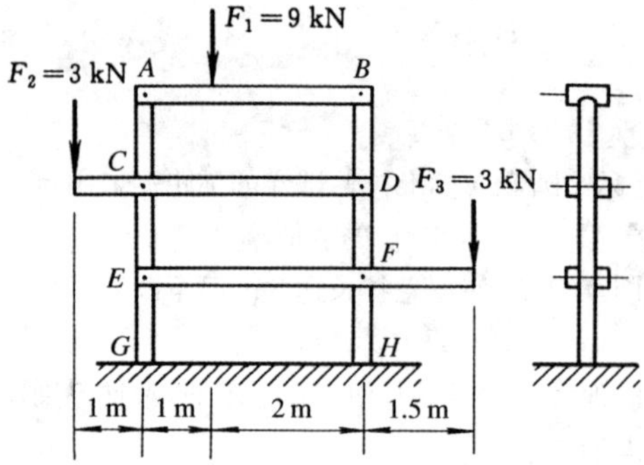

题2-4图

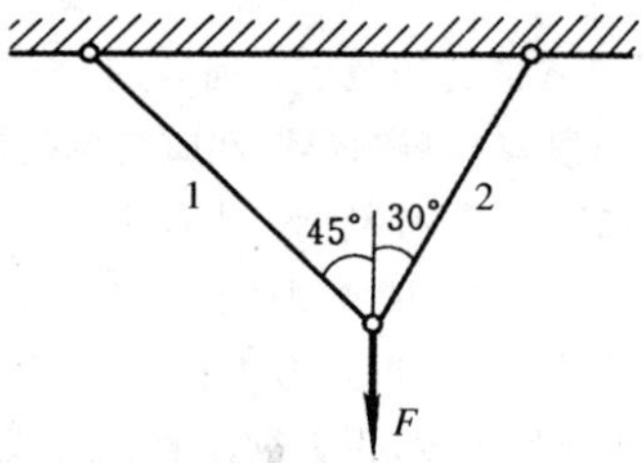

题2-5图

2-5 题2-5图示结构中两杆材料相同,许用应力 $[\sigma]=160$ MPa。杆1直径 $d_1=15$ mm,杆2直径 $d_2=20$ mm。试求此结构所能承受的最大载荷 $[F]$。

2-6 题2-6图为水塔的结构简图,水塔总重力 $G=400$ kN,并受侧向水平力 $F=100$ kN 作用,各杆材料相同,$[\sigma]=100$ MPa,设计各杆所需截面积 A。

2-7 气缸内的气压 $q=2.4$ MPa,气缸内径 $D=500$ mm,壁厚 $\delta=10$ mm,活塞杆的直径 $d=100$ mm,气缸与盖连接螺栓的直径 $d_1=20$ mm,其许用应力 $[\sigma]=160$ MPa,求:

(1) 气缸横截面及活塞杆横截面的应力;

(2) 连接汽缸与盖所需的螺栓个数 n。

2-8 题2-8图示结构中,梁 AB 受均布线载荷 $q=10$ kN/m 作用,B 端用斜杆 BC 拉住。

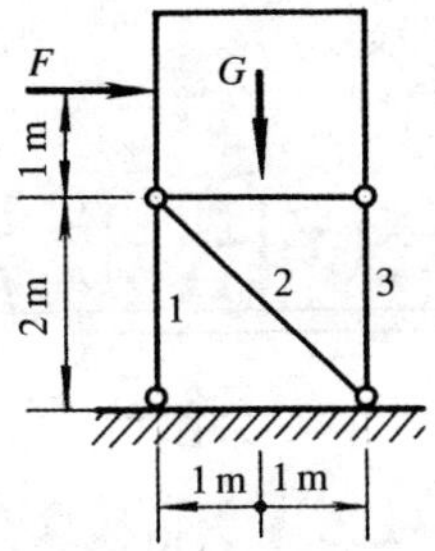

题 2-6 图

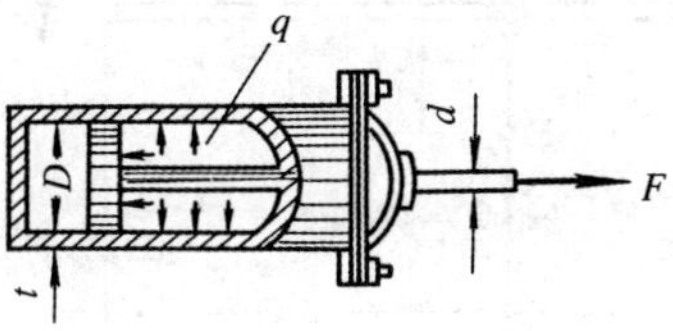

题 2-7 图

(1) 斜杆用钢丝索做成，每根钢丝的直径 $d = 2$ mm，$[\sigma] = 160$ MPa，求所需钢丝根数 n；

(2) 若斜杆改用两根∟63×63×5等边角钢（见附录C型钢表），在连接处每个角钢打一个直径 $d = 20$ mm 的销钉孔，材料的许用应力$[\sigma] = 140$ MPa，试校核其强度。

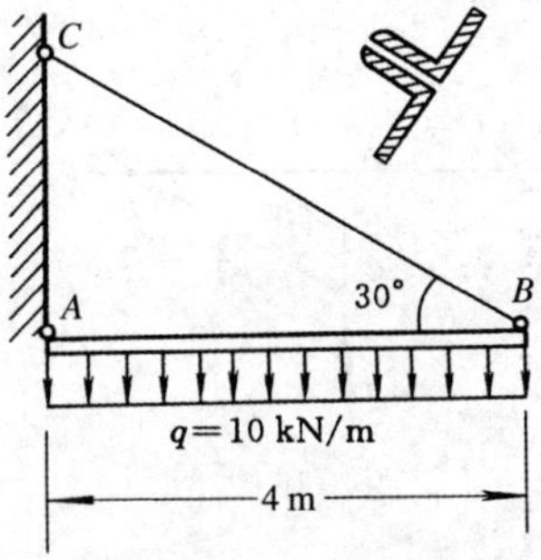

题 2-8 图

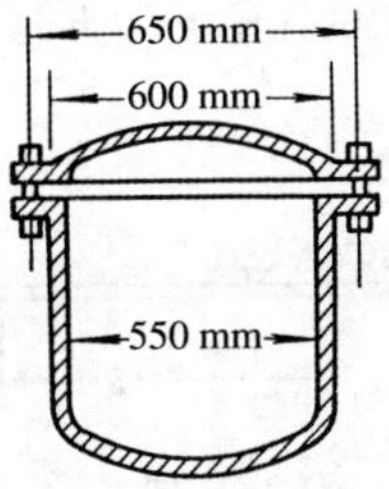

题 2-9 图

2-9　实验室用的高压锅，锅盖与锅身用 20 个螺栓连接，如题 2-9 图所示。设工作压力 $q = 0.7$ MPa，螺栓的许用拉应力$[\sigma] = 125$ MPa，螺栓根部应力集中系数 $k = 2.5$。求螺栓所需直径 d 及锅身的轴向拉应力，环向拉应力。

2-10　求习题 2-2 中各段杆的伸长（或缩短）量及全杆的总变形量。

2-11　求习题 2-3 中 AB 杆右端截面 B 的位移。

2-12　求习题 2-4 中左、右立柱顶点 A，B 的位移。

2-13　简易起重构架的结构简图如图所示。设水平梁 AB 的刚度很大，其弹性变形可忽略不计。AD 是钢杆，截面积 $A_1 = 1\times10^3\,\text{mm}^2$，弹性模量 $E_1 = 2\times10^5$ MPa；BE 是木杆，截面积 $A_2 = 1\times10^4\,\text{mm}^2$，弹性模量 $E_2 = 1\times10^4$ MPa，CF 是铜杆，截面积$A_3 = 3\times10^3\,\text{mm}^2$，弹性模量 $E_3 = 1\times10^5$ MPa。

(1) 求 C 点及 F 点的位移；

(2) 如果 AD 杆的截面积增大一倍，求此时 C 点和 F 点的位移。

2-14　吊架结构的简图及其受力情况如图所示。CA 是钢杆，长 $l_1 = 2$ m，截面积 $A_1 = 200\,\text{mm}^2$，弹性模量 $E_1 = 2\times10^5$ MPa；DB 是铜杆，长 $l_2 = 1$ m，截面积$A_2 = 800\,\text{mm}^2$，弹性模量 $E_2 = 1\times10^5$ MPa。设水平梁 AB 的刚度很大，其变形可忽略不计，试求：

(1) 要使梁 AB 仍保持水平时，载荷 F 离 DB 杆的距离 x；

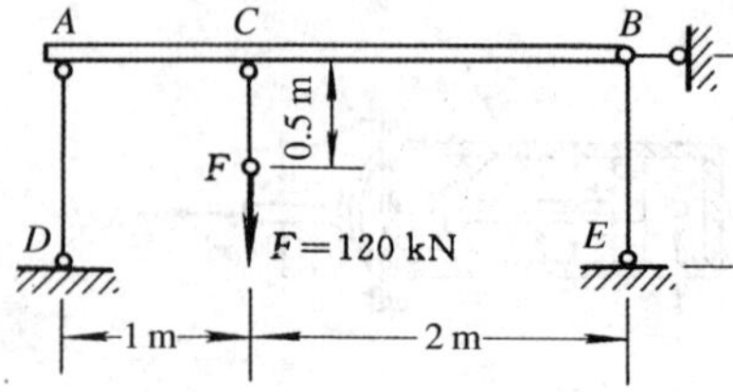

题 2-13 图

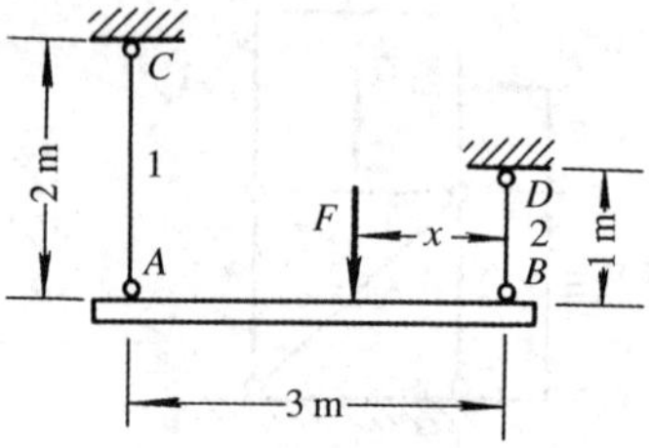

题 2-14 图

(2) 如果使梁保持水平且竖向位移不超过 2 mm,则最大的力 F 应等于多少?

2-15　题 2-15 图示构架,AB 为刚杆,CD 为弹性杆,已知:$E=2\times10^5\ \text{MPa}$,$A=2\ \text{cm}^2$,$F=5\ \text{kN}$, $l=1\ \text{m}$,$[\sigma]=160\ \text{MPa}$。试:

(1) 校核构架强度;

(2) 计算 CD 杆的伸长量及 C,B 两点位移;

(3) 确定构架的许用载荷$[F]$。

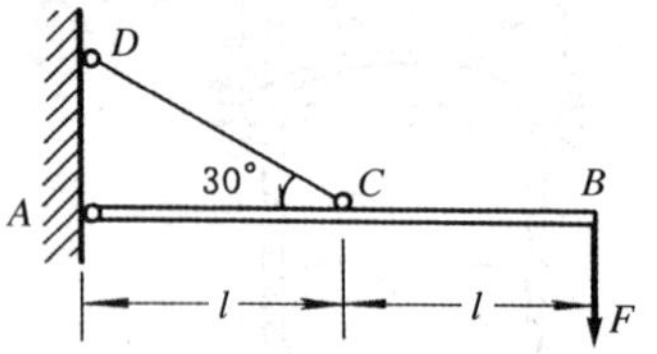

题 2-15 图

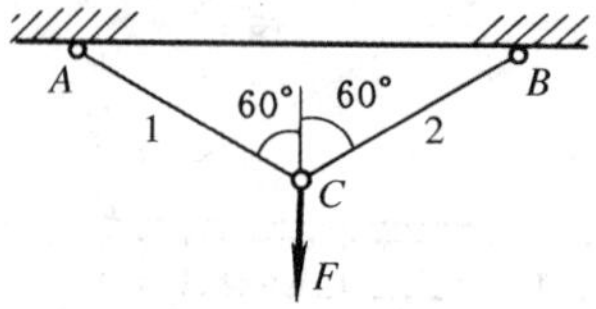

题 2-16 图

2-16　题 2-16 图示结构中的杆 1 和杆 2 的长度均为 2 m,杆 1 是钢,$E_1=2\times10^5\ \text{MPa}$, $A_1=6\ \text{cm}^2$, $[\sigma]_1=160\ \text{MPa}$;杆 2 是铜,$E_2=1\times10^5\ \text{MPa}$, $A_2=9\ \text{cm}^2$, $[\sigma]_2=100\ \text{MPa}$,求载荷 F 的许可值及 C 点的位移(δ_x 及 δ_y)。

2-17　等直圆截面拉杆,$l=2\ \text{m}$,承受轴向载荷 $F=2\ \text{kN}$。若许用应力$[\sigma]=160\ \text{MPa}$,允许伸长$[\Delta l]=0.3\ \text{mm}$,弹性模量 $E=200\ \text{GPa}$,试确定拉杆的直径 d。

2-18　长度为 l、厚度为 δ 的平板,两端宽度分别为 b_1 和 b_2,弹性模量为 E,两端受轴向拉力 F 作用,求杆的总伸长。

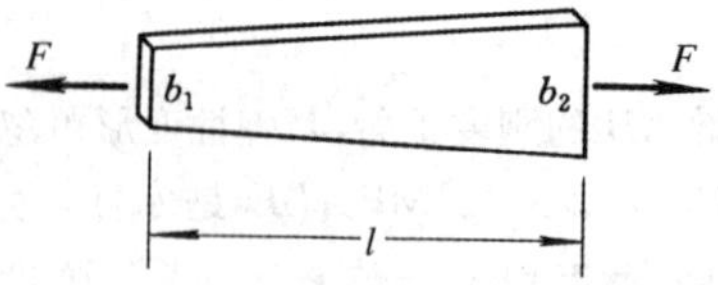

题 2-18 图

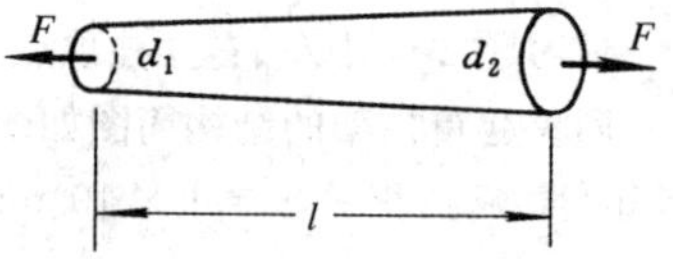

题 2-19 图

2-19　长度为 l 的圆锥形杆,两端的直径各为 d_1 和 d_2,弹性模量为 E,两端受轴向拉力 F 作用,求杆的总伸长。

2-20　木桩的直径为 d,弹性模量为 E,埋入土内深度为 l,今用力 F 拔木桩,设土对桩的摩擦阻力 q 是均匀分布的,求木桩的伸长 Δl。

2-21　题 2-21 图示等直杆 AB,上端固定,下端自由。(1) 当下端受轴向力 F 作用,且在不计杆的自重情况下,求任意截面 C(离上端 A 为 x)的轴向位移 u_x 的表达式[题 2-21 图 a)];(2) 若杆

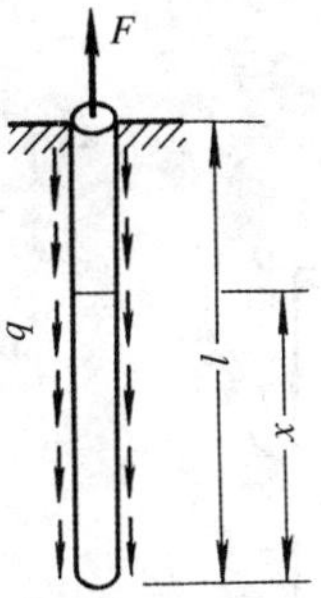

题 2-20 图

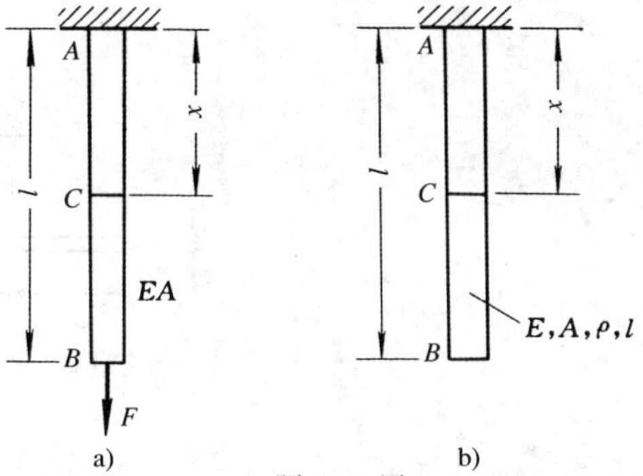

题 2-21 图

的 E,A,ρ(密度),l 均为已知,求任意截面 C 的轴向位移 u_x 的表达式,并证明$\dfrac{\mathrm{d}u_x}{\mathrm{d}x}=\varepsilon_x$[题 2-21 图 b)]。

2-22　题 2-22 图示截头圆锥体,在顶端受轴向压力 F 作用,材料的密度为 ρ,求最小压应力所在截面的半径 r_x。

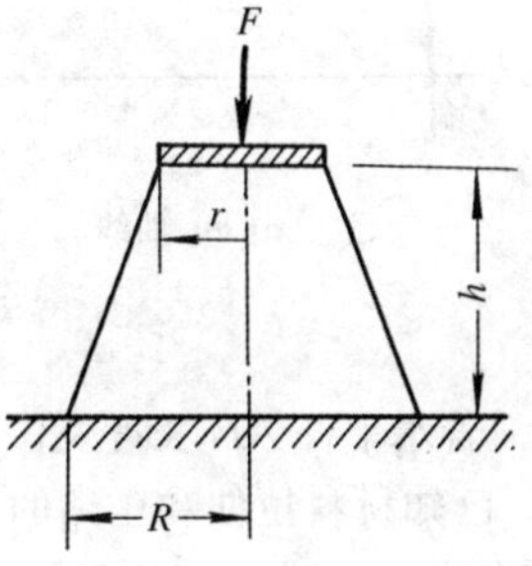

题 2-22 图

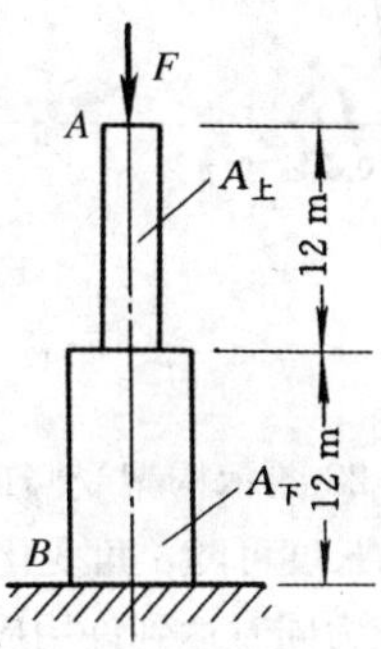

题 2-23 图

2-23　题 2-23 图示阶梯形混凝土柱,柱顶承受轴向压力 $F=1\,000$ kN 作用,已知 $\rho_{混凝土}=2.2\times10^3$ kg/m^3,许用压应力$[\sigma_c]=2$ MPa,弹性模量 $E=20$ GPa。试按强度条件确定上、下段柱所需的横截面面积 $A_上$ 和 $A_下$,并求柱顶 A 的位移($g=10$ m/s^2)。

2-24　有一钢质短管,壁厚 δ 为外径 D 的 1/8。受轴向压力 $F=1$ MN,钢管的屈服极限 $\sigma_s=270$ MPa,若取安全系数为 1.8,求管的外径 D。

2-25　结构如题 2-25 图 a) 所示,ABD 是刚性杆,杆 1,2,3 的面积分别为 $A_1=800$ mm^2, $A_2=1\,000$ mm^2, $A_3=800$ mm^2,各杆材料的 σ-ε 曲线如图 b),c) 所示。塑性材料的安全系数 $n_s=1.5$,脆性材料的安全系数 $n_b=4$。(1) 确定许用载荷$[F]$;(2) 若载荷 $F=100$ kN,设计各杆横截面积。

2-26　矩形截面钢杆,宽度 $b=80$ mm,厚度 $\delta=3$ mm,经拉伸试验测得:在纵向 100 mm 长度内伸长了 0.05 mm,同时在横向 60 mm 长度内缩短了 0.009 3 mm。材料弹性模量 $E=2\times10^5$ MPa,试求其泊松比和杆件所受的轴向拉力 F。

2-27　在定点 A,B 之间用绳索 ACB 对称地悬挂重力为 G 的物体,如题 2-27 图所示。求绳索用料最经济(优化)时的角度 α。

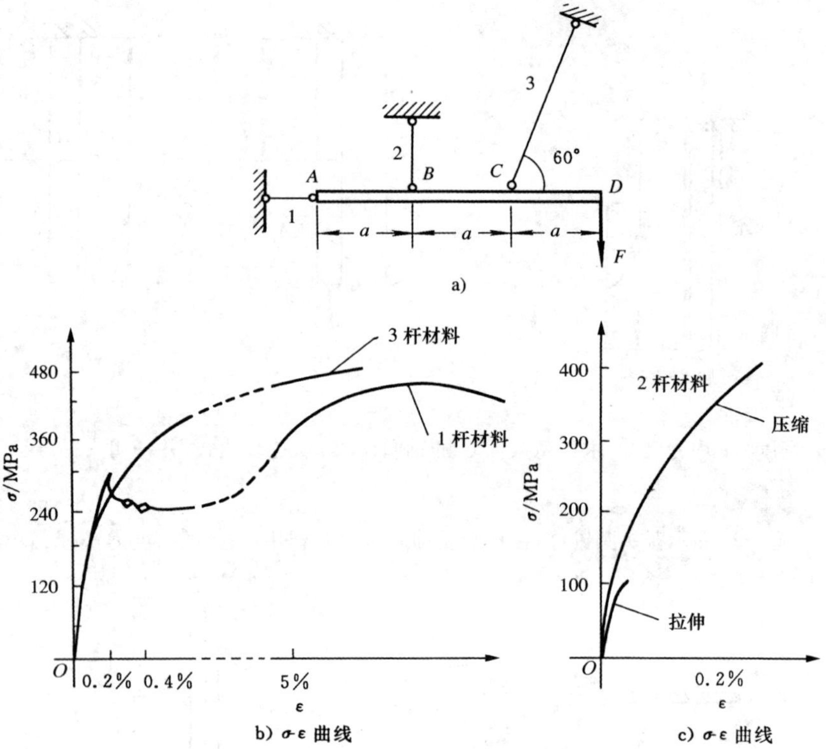

题 2-25 图

2-28 题 2-28 图示构架受竖向力 F 作用,两杆材料相同。若水平杆 AB 长度及位置都保持不变,而 BC 杆的长度可随 α 角变化(C 点可在墙上变换位置)。已知材料拉伸和压缩的许用应力相同,求两杆内应力同时达到许用应力,且使结构用料最省时的角度 α。

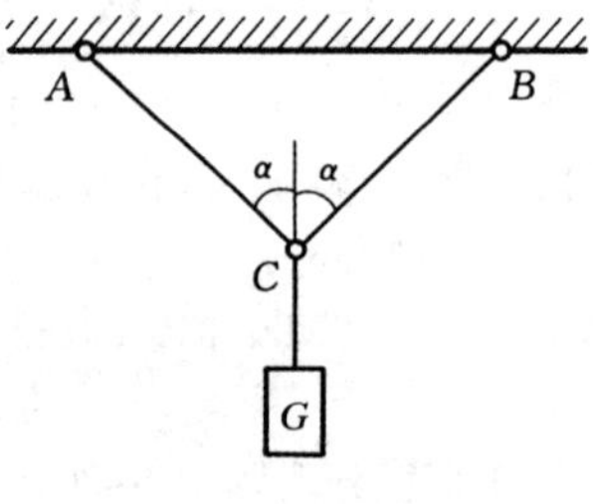

题 2-27 图

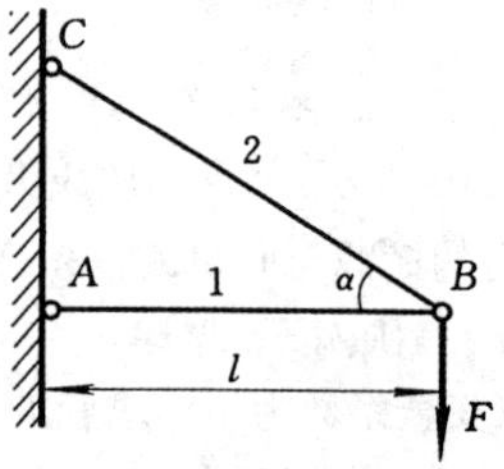

题 2-28 图

2-29 在相距 2 m 的 A,B 两墙之间,水平地悬挂一根直径 $d=1$ mm 的钢丝,在中点 C 逐渐增加载荷 F,设钢丝在断裂前仍服从胡克定律,$E=2\times10^5$ MPa,当伸长率达到 0.5%时即被拉断。试求断裂时钢丝内的应力,C 点的位移 δ_C 及载荷 F 值。

2-30 边长为 250 mm×250 mm 的木短柱,四角用四个∟ 40×40×4 的等边角钢(每个角钢 $A=3.086\ \text{cm}^2$)加固,长度均与木柱相同。钢与木的弹性模量分别为 $E_s=200$ GPa 与 $E_w=10$ GPa。受轴向压力 $F=700$ kN,求木柱与角钢横截面上的应力。

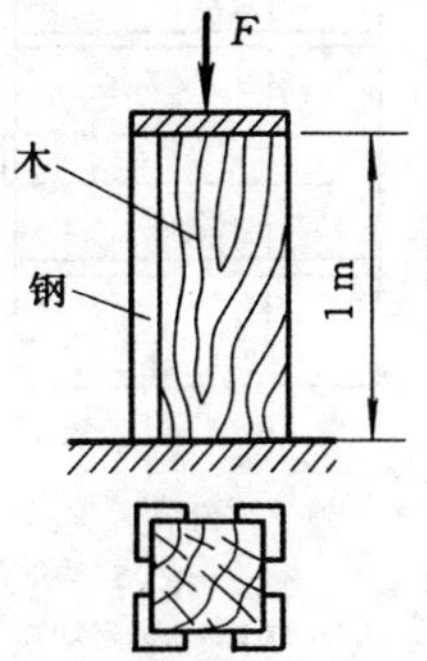

题 2-30 图

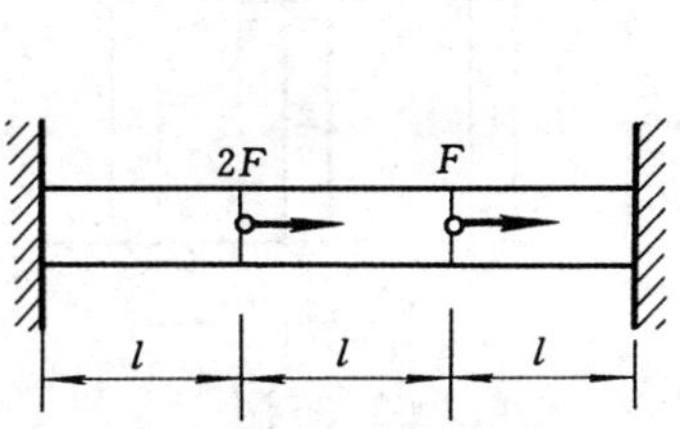

题 2-32 图

2-31 在习题 2-30 中，如木材与钢的许用应力分别为$[\sigma]_w=12$ MPa，$[\sigma]_s=160$ MPa，为使钢与木都能充分发挥强度，问木柱应比角钢长出多少？此时的轴向压力$[F]$为多少？

2-32 图示等直杆与两刚墙连接，在三分点上受力如题 2-32 图所示，求左、右两墙的反力。

2-33 题 2-33 图示构架，刚性梁 AD 铰支于 A 点，并以两根材料和横截面积都相同的钢杆悬吊于水平位置[悬吊方式有题 2-33 图 a)、b)所示两种]，右端受力 $F=50$ kN，若钢杆材料的许用应力$[\sigma]=100$ MPa，求：在两种悬吊方式下，两杆的内力及所需横截面面积 A。

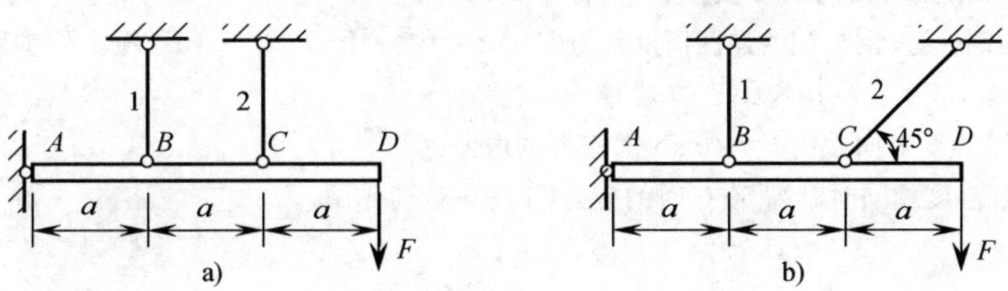

题 2-33 图

2-34 题 2-34 图 a)、b)所示结构，已知结构中各杆的刚度 EA 相同，试求各杆的轴力。

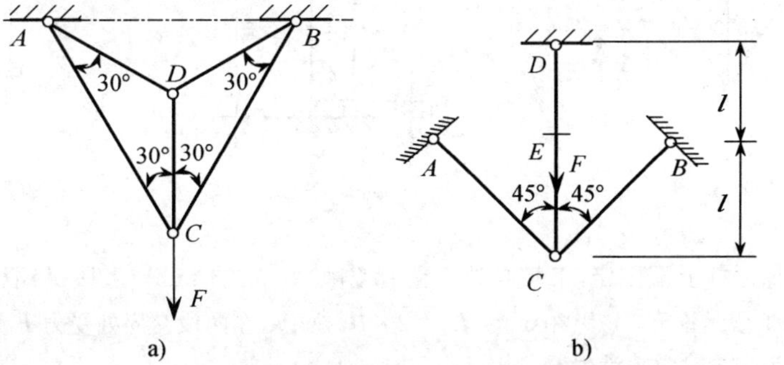

题 2-34 图

2-35 刚性梁 AB 放在三根材料相同、截面积都为 $A=400\ \text{cm}^2$ 的支柱上。因制造不准确，中间柱短了 $\Delta=1.5$ mm，材料的 $E=1.4\times10^4$ MPa，求梁上受集中力 $F=720$ kN 时三柱内的应力。

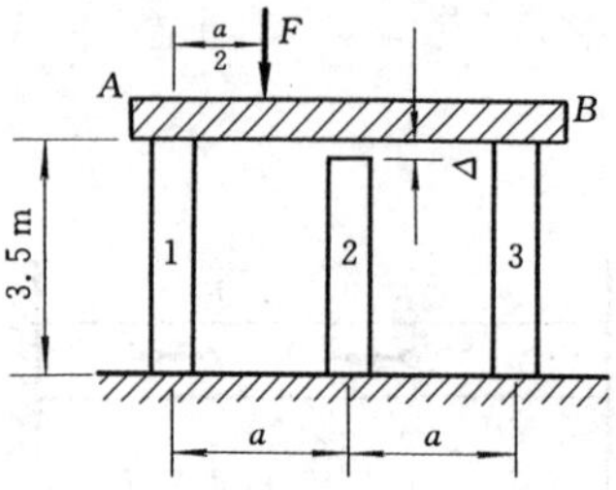

题 2-35 图

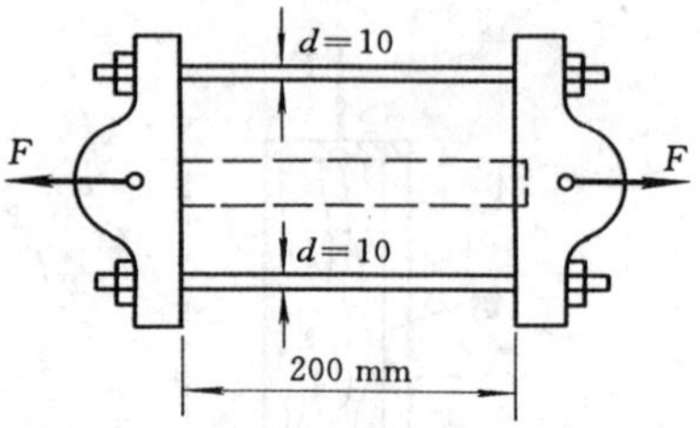

题 2-36 图

2-36 两刚性铸件用钢杆连接如图所示。现在须将长度为 200.2 mm，$A=600\ \mathrm{mm}^2$ 的铜杆放入，求：(1)拉开两个铸件所需的力 F；(2)当铜杆放入、力 F 移去后，三杆内的应力及共同长度。

2-37 钢质螺杆穿入铜管内，两端用螺帽旋好，其初始(不受力)状态如图所示。螺栓的螺距为 3 mm，钢及铜的弹性模量 E 分别为 2×10^5 MPa 及 10^5 MPa，直径分别为 $d_1=20$ mm，$d_2=25$ mm，$d_3=45$ mm。当右端的螺母旋进 1/4 转时，求螺杆与铜管内的应力。

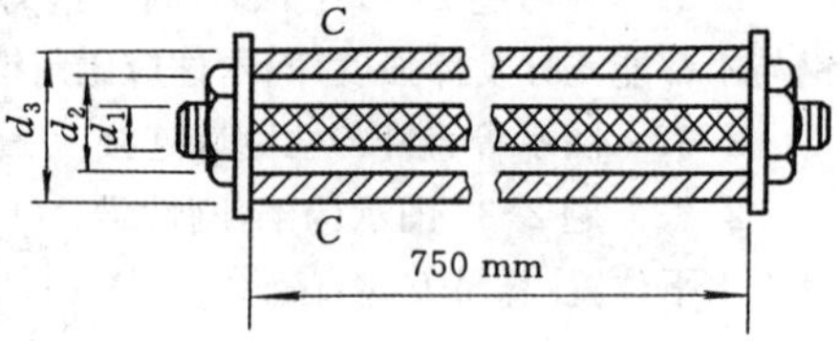

题 2-37 图

2-38 三根截面相同的杆铰接于 C，杆 1，2 为钢杆，杆 3 为铜杆，设钢与铜的弹性模量各为 $E_s=2\times10^5$ MPa 与 $E_c=10^5$ MPa，线膨胀系数各为 $\alpha_s=13\times10^{-6}$/°C 及 $\alpha_c=16\times10^{-6}$/°C。求：

(1) 在 C 点受竖向载荷 $F=40$ kN 时三杆的内力；

(2) 三杆温度相同时升高 50°C 时的应力(不考虑载荷作用)。

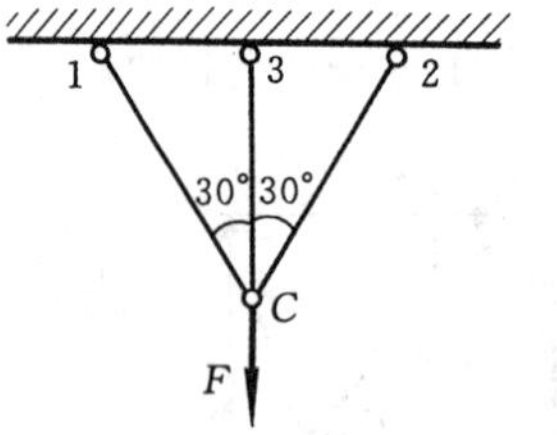

题 2-38 图

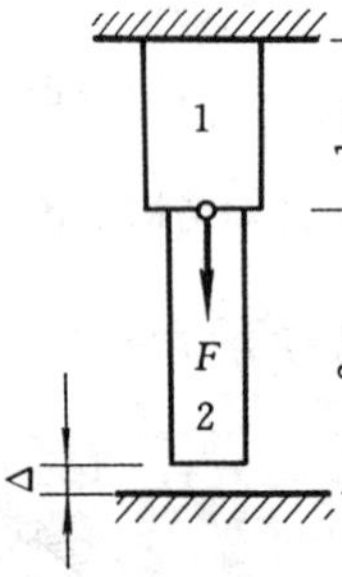

题 2-39 图

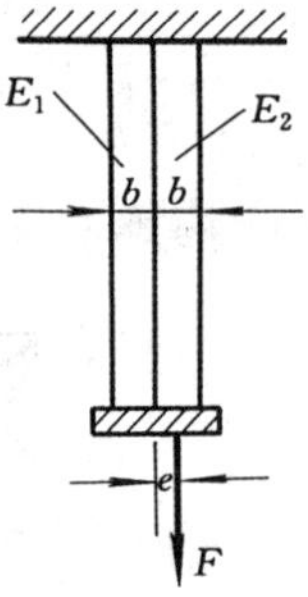

题 2-40 图

2-39 阶梯形杆上端固定，下端与地面留有空隙 $\Delta=0.08$ mm。上段是铜杆，$A_1=40\ \mathrm{cm}^2$，$E_1=10^5$ MPa；下段是钢杆，$A_2=20\ \mathrm{cm}^2$，$E_2=2\times10^5$ MPa，在两段交界处受力 F 作用。试问：

(1) 力 F 为多少时空隙消失？

(2) $F=500$ kN 时，各段杆的应力。

(3) 温度再上升 20°C，求各段杆的应力。

2-40 两根材料不同(设 $E_1>E_2$)但截面尺寸及长度相同的杆件，上端固定，下端受拉。若要使两杆都受均匀拉伸，求拉力 F 的偏心距 e。

2-41 将铜环从 20°C 加热至 135°C，正好套入实心钢轴上。若钢轴的变形可以略去（设为刚体），铜的弹性模量 $E=10^5$ MPa，线膨胀系数 $\alpha=16\times10^{-6}$/°C，试求：

(1) 铜环降至 20°C 时的应力；

(2) 铜环的线应变 ε_c 及直径应变 $\varepsilon_d(=\Delta d/d)$。

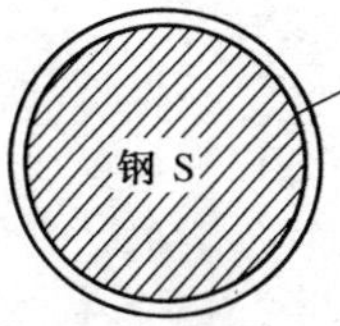

题 2-41 图

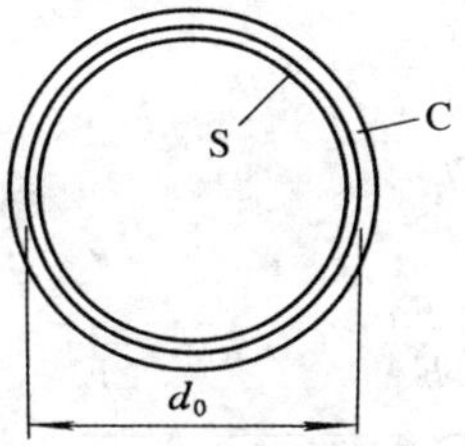

题 2-42 图

2-42 将薄铜环加热至 135°C，恰好套入温度为 20°C 的钢环上，如题 2-42 图所示。铜环壁厚为钢环的 2 倍，求铜环温度降至 20°C 时环内的应力和环壁间的压强 q 表达式（由于环壁很薄，其直径均以公共直径 d_0 计算，铜与钢的有关数据见题 2-39）。

习题答案

2-1 $N_{max}=920$ N。

2-2 $\sigma_{\mathrm{I}}=-10$ MPa，$\sigma_{\mathrm{II}}=2.5$ MPa，$\sigma_{\mathrm{III}}=7.5$ MPa。

2-3 $\sigma_{max}=1.0$ MPa。

2-4

	上		中		下	
	F_N/kN	σ/MPa	F_N/kN	σ/MPa	F_N/kN	σ/MPa
左	−6.0	−0.6	−10.0	−1	−8.5	−0.85
右	−3.0	−0.3	−2.0	−0.2	−6.5	−0.65

2-5 [F]=54.6 kN。

2-6 $A_1=500$ mm^2，$A_2=1414$ mm^2，$A_3=2500$ mm^2。

2-7 $\sigma_{缸}=28.8$ MPa，$\sigma_{杆}=57.6$ MPa，$n=9$。

2-8 $n=80$，$\sigma=38.9$ MPa。

2-9 $d=15$ mm，$\sigma_{轴}=4$ MPa，$\sigma_{环}=8$ MPa。

2-10 $\Delta l_i=0$。

2-11 $\delta_B=-0.125$ mm。

2-12 $\delta_A=0.245$ mm，$\delta_B=0.115$ mm。

2-13 (1) $\delta_C=0.4$ mm，$\delta_F=0.6$ mm；(2) $\delta_C=0.267$ mm，$\delta_F=0.467$ mm。

2-14 (1) $x=0.6$ m；(2) $F=200$ kN。

2-15 (1) $\sigma=100$ MPa，安全；(2) $\Delta l_{CD}=0.578$ mm，$\delta_C=2\Delta l_{CD}$，$\delta_B=4\Delta l_{CD}$；

(3) $[F]=8\ \text{kN}$。

2-16 $[F]=90\ \text{kN}$，$\delta_y=3.5\ \text{mm}$，$\delta_x=0.29\ \text{mm}$，$\delta_C=3.51\ \text{mm}$。

2-17 $d=9.2\ \text{mm}$。

2-18 $\Delta l=\dfrac{F}{E\delta}\cdot\dfrac{l}{b_2-b_1}\ln\dfrac{b_2}{b_1}$。

2-19 $\Delta l=\dfrac{4Fl}{\pi E d_1 d_2}$。

2-20 $\Delta l=\dfrac{2Fl}{\pi E d^2}$。

2-21 (1) $u_x=\dfrac{Fx}{EA}$；(2) $u_x=\dfrac{\rho g}{2E}[l^2-(l-x)^2]$。

2-22 $r_x=\sqrt[3]{2\left(\dfrac{3F(R-r)}{\pi\rho g h}-r^3\right)}$。

2-23 $A_{上}=0.576\ \text{m}^2$，$A_{下}=0.665\ \text{m}^2$，$\delta_A=2.24\ \text{mm}$。

2-24 $D=139\ \text{mm}$。

2-25 (1) $[F]=83.1\ \text{kN}$；(2) $A_1=722\ \text{mm}^2$，$A_2=1\,000\ \text{mm}^2$，$A_3=962\ \text{mm}^2$。

2-26 $\nu=0.31$，$F=24\ \text{kN}$。

2-27 $\alpha=45°$。

2-28 $\alpha=\arctan\sqrt{2}=54°44'$。

2-29 $\sigma=1\,000\ \text{MPa}$，$\delta_C=100\ \text{mm}$，$F=157\ \text{N}$。

2-30 $\sigma_s=180\ \text{MPa}$，$\sigma_w=8\ \text{MPa}$。

2-31 0.4 mm，$F=947.5\ \text{kN}$。

2-32 $F_{左}=\dfrac{5}{3}F$，$F_{右}=\dfrac{4}{3}F$。

2-33 (a) $F_{N_1}=30\ \text{kN}$，$F_{N_2}=60\ \text{kN}$，$A=600\ \text{mm}^2$；

(b) $F_{N_1}=F_{N_2}=62.1\ \text{kN}$，$A=621\ \text{mm}^2$。

2-34 (a) $F_{N_{AD}}=F_{N_{BD}}=F_{N_{CD}}=0.278F$，$F_{N_{AC}}=F_{N_{BC}}=0.417F$；

(b) $F_{N_{AC}}=F_{N_{BC}}=0.207F$，$F_{N_{ED}}=0.707F$，$F_{N_{EC}}=-0.293F$。

2-35 $\sigma_1=12.5\ \text{MPa}$，$\sigma_2=2\ \text{MPa}$，$\sigma_3=3.5\ \text{MPa}$。

2-36 (1) $F=31.42\ \text{kN}$；

(2) $l=200.13\ \text{mm}$，$\sigma_s=131.2\ \text{MPa}$，$\sigma_c=34.5\ \text{MPa}(-)$。

2-37 $\sigma_s=127.3\ \text{MPa}$，$\sigma_{cu}=36.4\ \text{MPa}(-)$。

2-38 (1) $N_1=N_2=16.7\ \text{kN}$，$N_3=11.1\ \text{kN}$；

(2) $\sigma_1=\sigma_2=-2.78\ \text{MPa}$，$\sigma_3=4.82\ \text{MPa}$。

2-39 (1) $F=32\ \text{kN}$；(2) $\sigma_1=86\ \text{MPa}$，$\sigma_2=-78\ \text{MPa}$；

(3) $\sigma_1=59.3\ \text{MPa}$，$\sigma_2=-131.5\ \text{MPa}$。

2-40 $e=\dfrac{b(E_1-E_2)}{2(E_1+E_2)}$。

2-41 (1) $\sigma=184\ \text{MPa}$；(2) $\varepsilon_c=\varepsilon_d=1.84\times10^{-3}$。

2-42 (1) $\sigma_C=92\ \text{MPa}$，$\sigma_S=184\ \text{MPa}$；(2) $q=\dfrac{2\sigma_S\delta_S}{d_0}$。

3 剪　切

实际工程中,发生剪切变形的连接件一般都不是细长杆,其应力和变形主要发生在外力作用处附近,因此由圣维南原理可知,剪切变形的计算不能采用 1.5 节介绍的计算杆件基本变形的基本方法。工程上采用实用方法作剪切变形的强度计算。本章针对剪切变形时剪切、挤压两种破坏现象,介绍剪切强度实用计算和挤压强度实用计算。

知识点
重点
难点

3.1　剪切的概念和工程实例

剪切的概念和工程实例

工程实际中,许多构件需要通过各种连接件与其他构件组成结构或机构。图 3-1给出了几种常用的连接,如钢结构中广泛应用的铆钉连接[图 3-1a)];传动轴联轴器的螺栓连接[图 3-1b)];齿轮轴和轮毂之间的键连接[图 3-1c)];拖车挂钩的销钉连接[图 3-1d)];焊接及榫接[图 3-1e)、f)];生活中连接饮料瓶瓶盖和瓶身的塑料连接器[图 3-1g)]等。上述连接中的铆钉、螺栓、销钉、键块、焊缝、榫头和塑料连接器等均称为连接件。

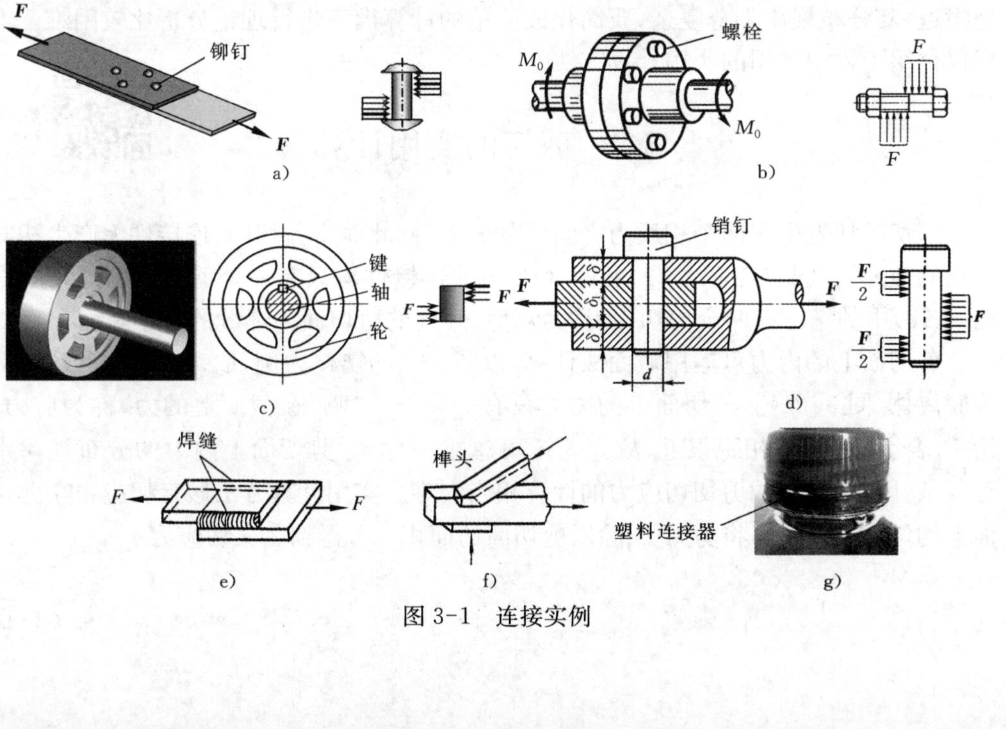

图 3-1　连接实例

这些连接件的受力形式是:构件两侧受到大小相等、方向相反而作用线相距极近的力的作用(图 3-2),正如剪刀剪物一般,故称为剪切变形。除连接件外,剪板机、钢筋切断机、冲床等也是利用剪切变形加工产品的。

连接件的破坏形式有两种。第一种破坏形式:受力过大时,连接件两相反力之间的各相邻截面发生滑移、错动,导致**剪切破坏**,如图 3-2c)所示;第二种破坏形式:受力过大时,连接件和被连接件之间的接触面上产生很大的法向挤压力,受挤压部位及附近局部区域发生显著变形而失效破坏,如图 3-2 的 m—m 面,圆截面的螺栓被压成扁圆,被连接的钢板在孔边部位被压得起皱(图 3-4),这种破坏形式称为**挤压破坏**。

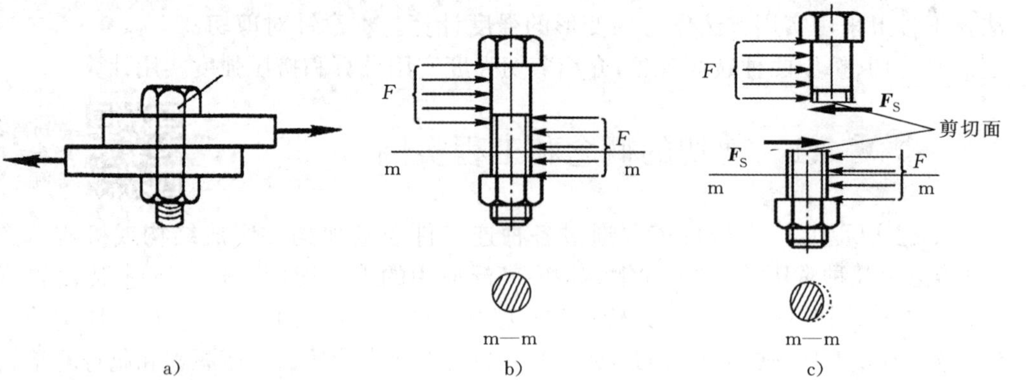

图 3-2　连接件的受力和变形

发生剪切变形的连接件一般都不是细长直杆,应力和变形主要产生在外力作用处附近,其分布规律十分复杂,要简化成简单的计算模型进行理论分析比较困难。本章仅介绍工程中常用的实用计算方法。

剪切的实用计算

3.2　剪切的实用计算

剪切破坏发生在两个相反力之间的截面上,称此面为剪切面(连接件上产生相对错动的截面)。图 3-1a),b),c)和图 3-2 中的连接件均只有一个剪切面,称为单剪;图 3-1d)中的销钉有两个剪切面,称为双剪,焊缝的剪切面为焊缝的最小断面。

剪切面上的内力可运用截面法计算,以图 3-2 的螺栓为例,取螺栓上部(或下部)为脱离体[图 3-2c)],剪切面上的内力只有一项——“躺”在截面上的力,称为剪力,用 F_s表示(F 与 F_s相距很近,故力偶矩可忽略不计)。剪切面上内力的分布规律十分复杂,因此,真实的剪切切应力的计算相当困难。实用计算方法假定切应力在剪切面上均匀分布,于是,将剪力 F_s除以剪切面的面积 A_s,得到名义切应力 τ

$$\tau=\frac{F_s}{A_s} \tag{3-1}$$

式(3-1)计算出的剪切切应力 τ 值是名义切应力值,不是真实的切应力值,因此不能用材料真实的极限切应力除以安全系数作为许用切应力[τ]。工程上使用名义许用剪切切应力[τ],建立剪切强度条件

$$\tau=\frac{F_s}{A_s}\leqslant[\tau] \tag{3-2}$$

名义许用剪切切应力[τ]是这样确定的:仿照实际剪切工作条件做剪切试验,图 3-3 为剪切试验装置简图。由剪切试验测出破坏载荷 F_b,计算剪切面上的剪力 F_{sb},再除以剪切面面积 A_s,得到名义剪切极限切应力 τ_b,将 τ_b 除以安全系数 n,得到

$$[\tau]=\frac{\tau_b}{n}=\frac{\dfrac{F_{sb}}{A_s}}{n}$$

由于 τ_b 与 τ 均有相同的定义(都是名义的),所以,τ 与[τ]是可以比较的。各种材料的剪切许用切应力[τ],可以从有关规范中查得,对于钢连接件,大量的试验结果统计资料表明,塑性材料的许用剪切切应力[τ]为(0.6~0.8)[σ],脆性材料的许用剪切切应力[τ]为(0.8~1.0)[σ]。

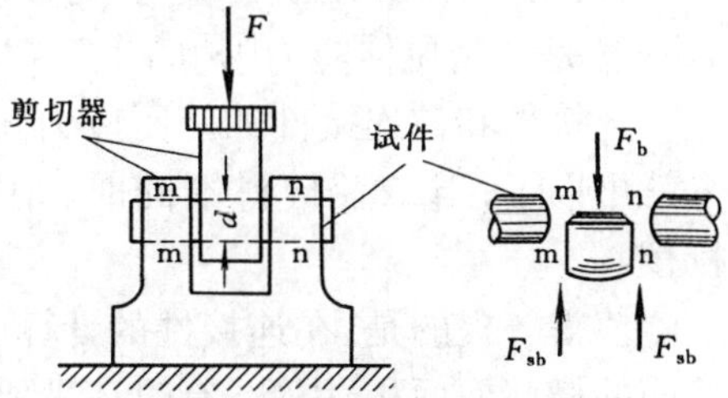

图 3-3 剪切试验装置简图

3.3 挤压的实用计算

连接件与被连接件之间的接触面上有压力传递时,就会产生挤压,传递的压力称为挤压力,记为 F_{bs}。挤压力是外力,不是内力。接触面上有压力传递的这一部分面积就称为挤压面。挤压力在挤压面上的分布规律也是非常复杂的,以图 3-4a)的螺栓为例,图 3-4b)给出了由理论分析得到的挤压力的大致分布规律。与剪切实用计算一样,采用挤压实用计算方法,名义挤压应力 σ_{bs}用式(3-3)计算:

$$\sigma_{bs}=\frac{F_{bs}}{A_{bs}} \tag{3-3}$$

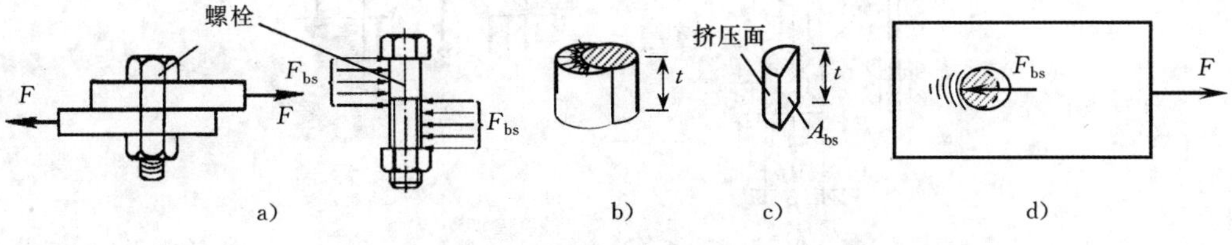

图 3-4 挤压力与挤压面

式中 F_{bs}——挤压力;

A_{bs}——挤压面在 F_{bs} 方向上的投影面积[图 3-4c)],称为挤压计算面积。

用式(3-3)计算得到的名义挤压应力 σ_{bs} 与理论分析得到的挤压面上的最大挤压应力较接近。当实际挤压面为平面时(如键连接和榫头连接),A_{bs} 即为实际挤压面的面积。

在确定材料的许用挤压应力 $[\sigma]_{bs}$ 时,也是根据构件(连接件)实际受力情况,进行挤压破坏实验,将所测得的极限载荷值,按名义挤压应力公式(3-3)计算出名义挤压极限应力,将名义挤压极限应力除以适当的安全系数,即可得到材料的许用挤压应力 $[\sigma]_{bs}$,从而建立挤压实用计算的强度条件:

$$\sigma_{bs}=\frac{F_{bs}}{A_{bs}}\leqslant[\sigma]_{bs} \tag{3-4}$$

各种材料的许用挤压应力,可以从有关规范中查得,通常钢连接件的许用挤压应力 $[\sigma]_{bs}$ 是许用拉伸应力 $[\sigma]$ 的 1.7~2.0 倍。

连接件和被连接件的挤压应力 σ_{bs} 是相同的,当二者材料相同时,校核其中任一个就可以了;当二者材料不同时,则需选择抗挤压能力较弱的一个进行挤压强度校核。

值得一提的是,在连接件的计算中,被连接构件上的铆钉孔或销钉孔削弱了所在截面的横截面面积,因此,有时还需要校核此处的拉伸强度。

例 3-1 矩形截面钢板拉伸试样,如例 3-1 图所示。试件两端开有圆孔,孔内插入销钉,载荷通过销钉施力于试样。试样与销钉材料相同,许用剪切切应力 $[\tau]=100$ MPa,许用挤压应力 $[\sigma]_{bs}=300$ MPa,许用拉应力 $[\sigma]=170$ MPa,拉伸强度极限

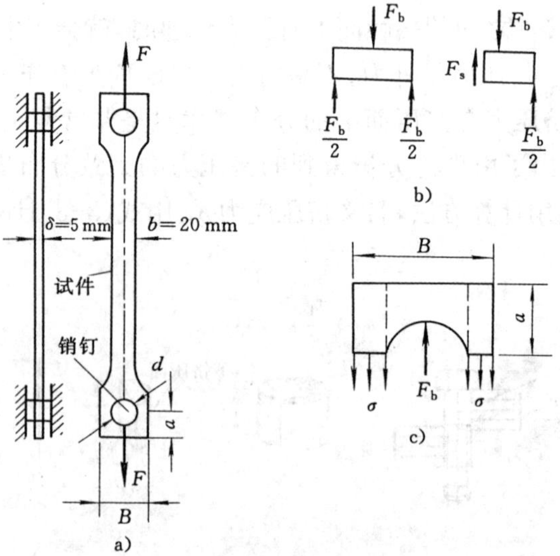

例 3-1 图

$\sigma_b=400$ MPa。试样中部宽度 $b=20$ mm,厚度 $\delta=5$ mm,为了保证试样破坏发生在中部,设计试件样端部所需尺寸 B,a 和销钉直径 d。

解 试件中部断裂破坏,载荷 F_b 应为

$$F_b=\sigma_b b\delta=400\times20\times5=40\times10^3\ \mathrm{N}$$

因此,销钉及试样端部能承受的载荷必须大于 40 kN。分析销钉和试样端部的受力,在此基础上设计尺寸。销钉受力分析如例 3-1 图 b)所示。由受力图知,销钉是剪切变形,应保证不发生剪切破坏和挤压破坏。销钉剪力 $F_s=\dfrac{F_b}{2}$,剪切面积 $A=\dfrac{\pi}{4}d^2$,挤压力 $F_{bs}=F_b$,挤压计算面积 $A_{bs}=d\delta$。

剪切强度条件

$$\tau=\frac{F_s}{A_s}=\frac{\dfrac{F_b}{2}}{\dfrac{\pi}{4}d^2}\leqslant[\tau]$$

$$d_1\geqslant\sqrt{\frac{2F_b}{\pi[\tau]}}=\sqrt{\frac{2\times40\times10^3}{\pi\times100}}=16\ \mathrm{mm}$$

挤压强度条件

$$\sigma_{bs}=\frac{F_{bs}}{A_{bs}}=\frac{F_b}{d\delta}\leqslant[\sigma]_{bs}$$

$$d_2\geqslant\frac{F_b}{[\sigma]_{bs}\delta}=\frac{40\times10^3}{300\times5}=27\ \mathrm{mm}$$

所以,销钉直径应取

$$d=\max\{d_1,d_2\}=27\ \mathrm{mm}$$

试样端部销钉孔处净面积最小,是危险截面,受力分析如例 3-1 图 c)所示,在横截面积最小处应保证不拉断,在相反力的交界面(即虚线所在处)应保证不被剪坏。故由

强度条件 $$\sigma=\frac{F_N}{A_{净}}=\frac{F_b}{(B-d)\delta}\leqslant[\sigma]$$

可得: $$B=\frac{F_b}{\delta[\sigma]}+d=\frac{40\times10^3}{5\times170}+27=74\ \mathrm{mm}$$

由剪切条件 $$\tau=\frac{F_s}{A_s}=\frac{\dfrac{F_b}{2}}{\delta a}\leqslant[\tau]$$

可得: $$a\geqslant\frac{F_b}{2\delta[\tau]}=\frac{40\times10^3}{2\times5\times100}=40\ \mathrm{mm}$$

试样端部宽度 B 取 74 mm,销钉孔至试样端面距离 a 取 40 mm,销钉直径 d 取 27 mm。

应注意试样端部的剪切面,它是内力(正应力 σ)与外力(销钉给试样的力)的交界面,销钉给试样的力是分布力,作用在整个半圆周上[例 3-1 图 c)]中的 F_b 是分布力的合力),故剪切面取在例 3-1 图 c)的虚线部位。判定剪切面是剪切计算的关键。

例 3-2 例 3-2 图所示对接式铆钉连接,主板宽度 $b_1=200$ mm,厚度 $\delta_1=10$ mm,盖板宽度 $b_2=160$ mm,厚度 $\delta_2=6$ mm,左右主板各用 5 个铆钉(按图示排列)与上、下盖板铆接。已知铆钉直径 $d=20$ mm,主盖板、铆钉材料相同,许用拉应力$[\sigma]=170$ MPa,许用切应力$[\tau]=100$ MPa,许用挤压应力$[\sigma]_{bs}=300$ MPa,拉力 $F=200$ kN,试校核此连接的强度。

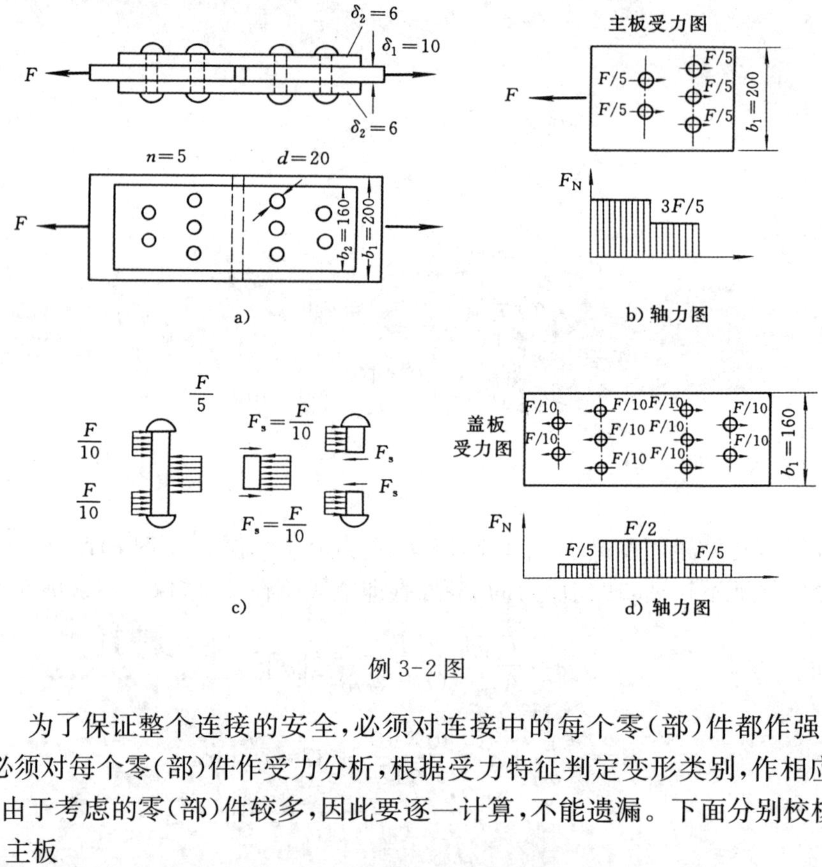

例 3-2 图

解 为了保证整个连接的安全,必须对连接中的每个零(部)件都作强度校核。因此,必须对每个零(部)件作受力分析,根据受力特征判定变形类别,作相应的强度计算。由于考虑的零(部)件较多,因此要逐一计算,不能遗漏。下面分别校核。

1. 主板

由于主板上有已知外力 F,所以受力分析从主板开始,受力如例 3-2 图 b)所示。主板上有 5 个铆钉,当外力通过铆钉群的中心时,工程上假定每个铆钉受力相等,所以例 3-2 图 b)中每个铆钉给板的力是 $F/5$。由例 3-2 图 b)知,板受拉伸变形和挤压变形(在铆钉孔边),因铆钉与板材料相同,通常不计算板的挤压,而在计算铆钉强度时考虑挤压。为了判定主板的危险面并作强度计算,应画主板轴力图,如例 3-2 图 b)所示。2 个铆钉所在面上轴力大,是危险面;3 个铆钉所在面净截面积小,也是危险面,均应校核,即

$$\sigma=\frac{F_N}{A}=\frac{F}{(b_1-2d)\delta_1}=\frac{200\times10^3}{(200-2\times20)\times10}$$
$$=125\ \text{MPa}<[\sigma]=170\ \text{MPa}$$

$$\sigma=\frac{F_N}{A}=\frac{\frac{3}{5}F}{(b_1-3d)\delta_1}=\frac{\frac{3}{5}\times200\times10^3}{(200-3\times20)\times10}$$
$$=85.7\ \text{MPa}<[\sigma]=170\ \text{MPa}$$

2. 铆钉

由主板分析得主板给铆钉的力为 $F/5$,上下盖板亦给铆钉力,铆钉受力如例 3-2 图 c)所示。由例 3-2 图 c)外力特征知铆钉为剪切变形。由对称性知,上下盖板给铆钉的力是 $F/10$,铆钉的两个剪切面上剪力 F_s 均为 $F/10$。铆钉剪切校核,即

$$\tau=\frac{F_s}{A_s}=\frac{\frac{F}{10}}{\frac{\pi}{4}d^2}=\frac{4\times200\times10^3}{10\times\pi\times20^2}=63.7\ \text{MPa}<[\tau]=100\ \text{MPa}$$

铆钉有 3 个挤压面,中段的挤压力为 $F/5$,是上、下挤压力的 2 倍,中段挤压计算面积 $A_{bs}=d\delta_1$,上、下段的挤压计算面积 $A_{bs}=d\delta_2$,$\delta_1/\delta_2=10/6<2$,故中段挤压面较危险,对中段作校核,即

$$\sigma_{bs}=\frac{F_{bs}}{A_{bs}}=\frac{\frac{F}{5}}{d\delta_1}=\frac{200\times10^3}{5\times20\times10}=200\ \text{MPa}<[\sigma]_{bs}=300\ \text{MPa}$$

3. 盖板

盖板只受铆钉给的力,受力见例 3-2 图 d)。由外力特征可知盖板是拉伸变形,作内力图,判定危险面,进行拉伸强度校核。由例 3-2 图 d)看到,净截面最小的面也是轴力最大的面,因此只有一个危险面,校核如下:

$$\sigma=\frac{F_N}{A}=\frac{\frac{F}{2}}{(b_2-3d)\delta_2}=\frac{200\times10^3}{2\times(160-3\times20)\times6}=167\ \text{MPa}<[\sigma]$$

综合主板、盖板、铆钉的校核结果,全都满足强度要求,该连接结构安全。

从上面例题看到,剪切通常与挤压共存,在计算接头强度时,不仅要对各零(部)件作强度校核,而且对一个零(部)件还可能作多种变形的强度校核,不可遗漏。虽然,有时少计算一个变形的强度,不影响结果,但仍是不允许的。

当一群铆钉(螺栓)共同承担外力偶时,工程上假定每个铆钉承受的力垂直于该铆钉和铆钉群中心的连线,且与该铆钉到铆钉群中心的距离成正比,各铆钉所受力组成的力偶矩等于外力偶矩。若铆钉群承担的外力,不通过铆钉群的中心,可把外力平移到铆钉群中心位置,同时添上附加力偶矩,此时,铆钉群受一个通过铆钉群中心的外力和一个外力偶共同作用,按上面的假定计算铆钉的受力。

例 3-3 钢板通过 4 个铆钉固定在柱上,如例 3-3 图所示。钢板长 $l=0.4$ m,厚 5 mm,受均布载荷 $q=50$ kN/m 作用。钢板、铆钉、柱的材料相同,$[\sigma]_{bs}=250$ MPa,$[\tau]=110$ MPa,试设计铆钉直径。

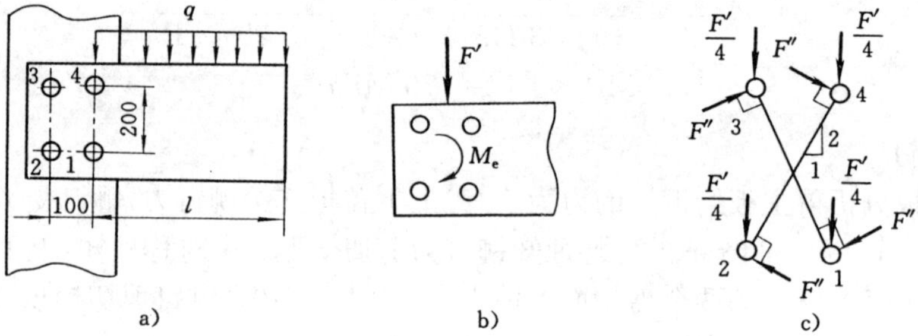

例 3-3 图

解 分布载荷 q 的合力

$$F=ql=50\times0.4=20\ \text{kN}$$

距铆钉群中心位置为 0.25 m。因此,铆钉群相当于受过中心的垂直力 $F'=20$ kN 及 $M_e=20\times0.25=5$ kN·m 的力偶矩作用,如例 3-3 图 b)所示。在力 F 作用下,每个铆钉受力 $F'/4$,方向朝下。在 M_e 作用下,各铆钉受力方向不同,但因铆钉到铆钉中心距离 e 相等,所以力相等,记为 F''。铆钉的受力如例 3-3 图 c)所示。

$$4F''e=M_e$$

$$F''=\frac{M_e}{4e}=\frac{5\times10^6}{4\times\sqrt{50^2+100^2}}=11.2\ \text{kN}$$

铆钉 1,4 受的合力最大

$$F_1=\sqrt{\left(\frac{F'}{4}\right)^2+F''^2+2\,\frac{F'}{4}\times F''\cos(\arctan 2)}=14.16\ \text{kN}$$

铆钉发生剪切变形,剪力 F_s 与挤压力 F_{bs} 均等于 F_1。

根据剪切强度设计铆钉直径 d,由

$$\tau=\frac{F_s}{A_s}=\frac{F_1}{\frac{\pi}{4}d^2}\leqslant[\tau]$$

得
$$d \geqslant \sqrt{\frac{4F_1}{\pi[\tau]}} = \sqrt{\frac{4\times 14.16\times 10^3}{\pi\times 110}} = 13\ \text{mm}$$

根据挤压强度设计铆钉直径 d，由

$$\sigma_{bs} = \frac{F_{bs}}{A_{bs}} = \frac{F_1}{d\delta} \leqslant [\sigma]_c$$

得
$$d \geqslant \frac{F_{bs}}{\delta[\sigma]_{bs}} = \frac{14.16\times 10^3}{5\times 250} = 11.5\ \text{mm}$$

综合剪切、挤压计算结果，铆钉直径应取 13 mm。

本章小结

思 考 题

3-1 挤压变形是否只在剪切变形时才出现？举例说明。

3-2 剪切和挤压应力计算式得到的是名义应力，不是真实应力，为什么能用名义应力建立强度条件？

3-3 挤压变形与轴向压缩变形有何区别？σ_{bs} 与轴向压缩应力 σ 有何区别？

3-4 如何判定剪切面位置？外力都在一条直线上的杆件是否一定不发生剪切变形？

3-5 挤压面一定是两个物体的接触面，接触面是否就是挤压面？挤压计算面积和挤压面积有何关系？

习 题

3-1 题 3-1 图示剪切器是用来测定木材的抗剪强度的，试件尺寸为 150 mm×150 mm×50 mm的木材，试件剪切破坏时载荷 $F_b = 50$ kN，试求该木材的抗剪强度。

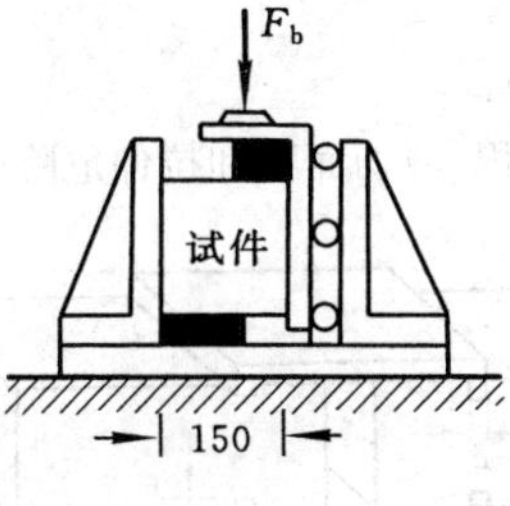

题 3-1 图

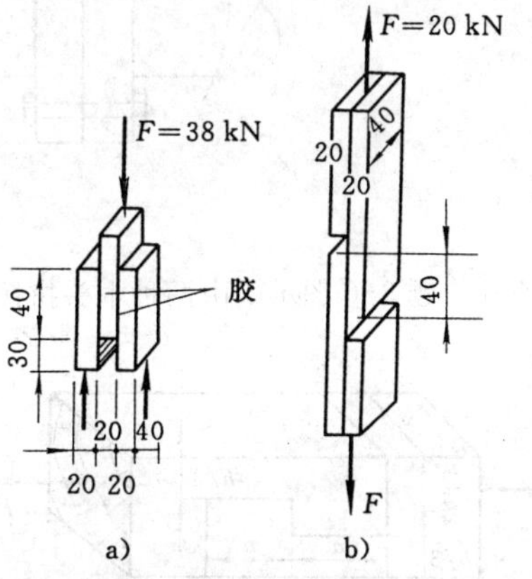

题 3-2 图

3-2 为测定胶合板中胶接的抗剪强度，分别采用题 3-2 图 a)与题 3-2 图 b)所示的两种试件。图中所给的 F 值是胶接处发生剪切破坏时的载荷值，试求该胶接处的抗剪强度。

3-3 用冲床在钢板上冲孔，已知钢板的剪切强度极限 $\tau_b = 350$ MPa，现欲将厚度 $\delta = 10$ mm

的钢板冲击出一直径 $d=16$ mm 的圆孔,问需要的冲压力 F_b 为多大?

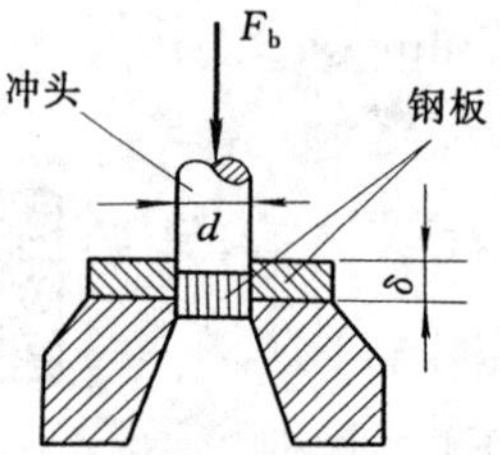

题 3-3 图

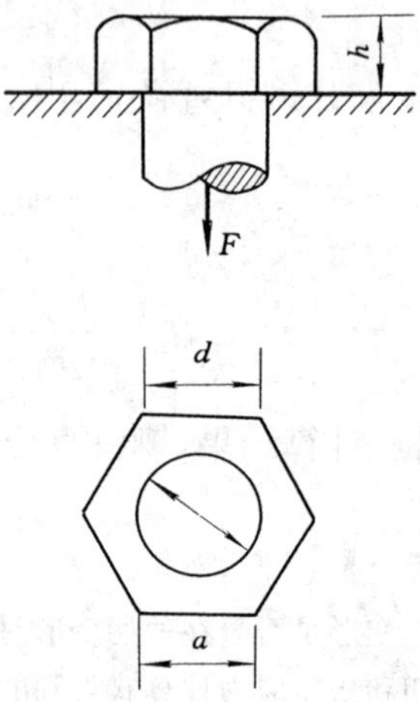

题 3-4 图

3-4　螺栓直径 d,许用应力$[\sigma]$,许用挤压应力$[\sigma]_{bs}$,许用剪切切应力$[\tau]$,试问正六棱柱的螺栓头的边长 a,高 h 应为多少?

3-5　两根轴利用轴端凸缘上的 8 只螺栓连接,该凸缘联轴器传递力偶矩 $M_e=5.4\ \text{kN}\cdot\text{m}$,已知螺栓许用剪切切应力$[\tau]=80$ MPa,$D_0=150$ mm,试确定螺栓直径 d。

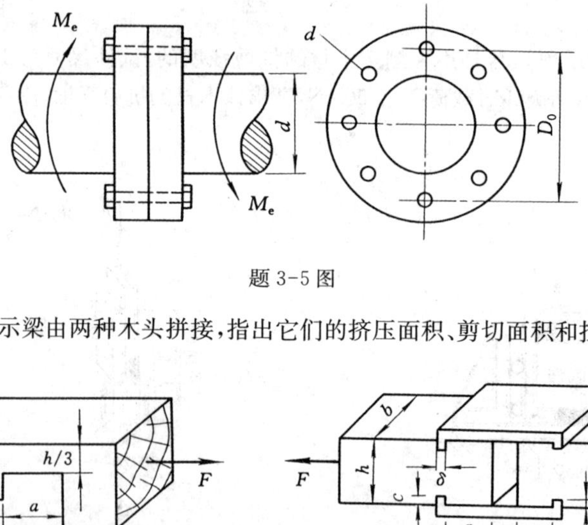

题 3-5 图

3-6　题 3-6 图示梁由两种木头拼接,指出它们的挤压面积、剪切面积和拉伸危险截面面积。

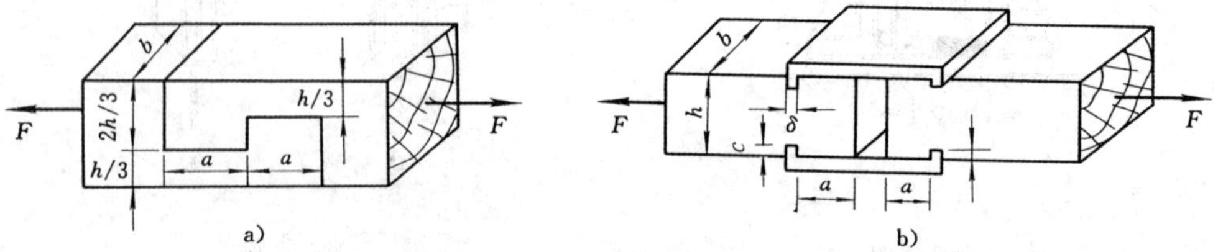

题 3-6 图

3-7　两块钢板用铆钉搭接如题 3-7 图所示。已知两钢板的宽度均为 $b=180$ mm,厚度分别为 $t_1=16$ mm,$t_2=18$ mm,铆钉直径 $d=25$ mm,铆钉和钢板材料相同。许用剪切切应力 $[\tau]=$

100 MPa,许用挤压应力$[\sigma]_{bs}=280$ MPa,许用拉应力$[\sigma]=140$ MPa。试求:

(1)接头的许用载荷;

(2)若铆钉的排列次序相反(即自左向右,第一列是三只,第二列是两只铆钉),则接头的许用载荷为多大?

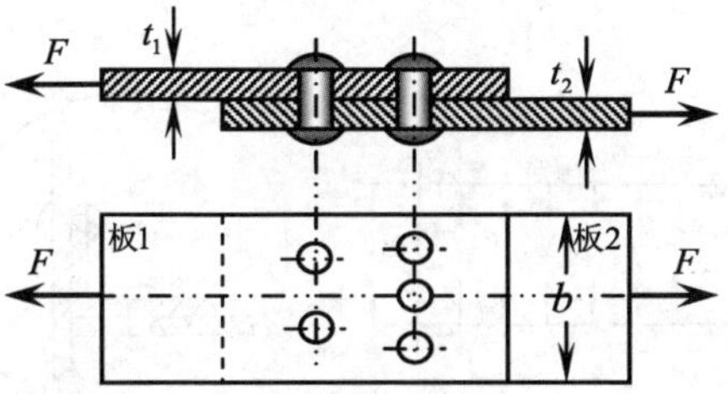

题 3-7 图

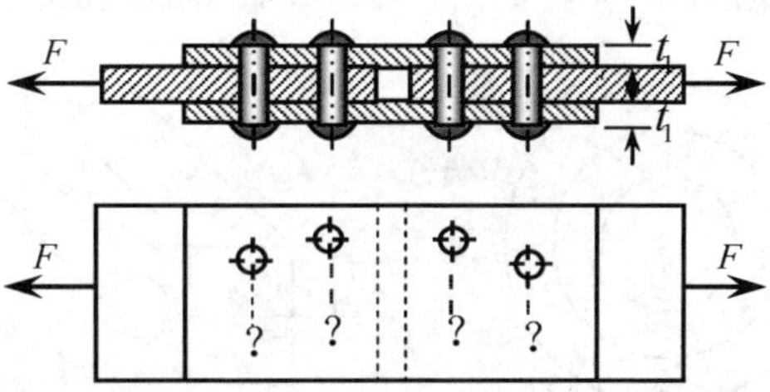

题 3-8 图

3-8 对接式铆钉连接如题 3-8 图所示,主板厚度 $t=10$ mm,上、下盖板厚度 $t_1=6$ mm。拉力 $F=200$ kN。已知铆钉的直径 $d=17$ mm,许用剪切切应力 $[\tau]=100$ MPa,许用挤压应力$[\sigma]_{bs}=280$ MPa。试确定该连接需要的铆钉数。

3-9 题 3-9 图示铆钉连接,已知铆钉的直径 $d=20$ mm,钢板厚 $\delta_1=12$ mm,$\delta_2=10$ mm,材料的许用剪切切应力$[\tau]=100$ MPa,许用挤压应力$[\sigma]_{bs}=280$ MPa,$F=360$ kN,试确定该连接需要的铆钉数 n。

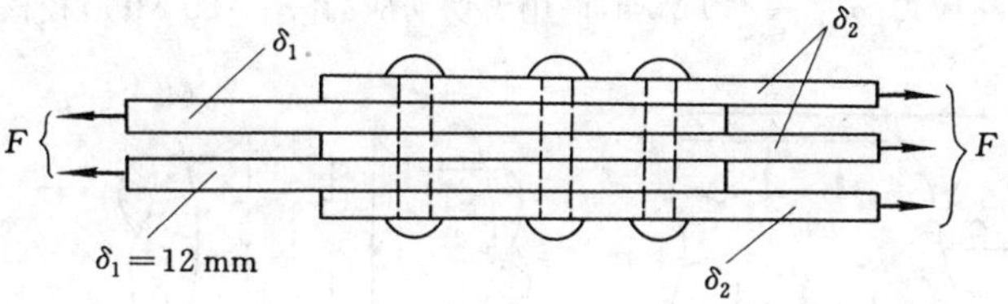

题 3-9 图

3-10 题 3-10 图示边长 200 mm 的正方形混凝土柱,受压力 $F=100$ kN,竖立在边长 $a=1$ m 的正方形混凝土基础板上,设地基对混凝土基础板的支承力均匀分布,混凝土的许用剪切切应力 $[\tau]=1.5$ MPa,混凝土基础板的厚度 δ 至少为多少?

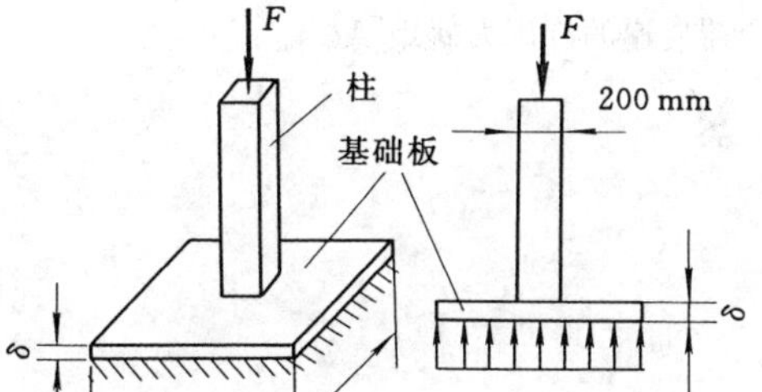

题 3-10 图

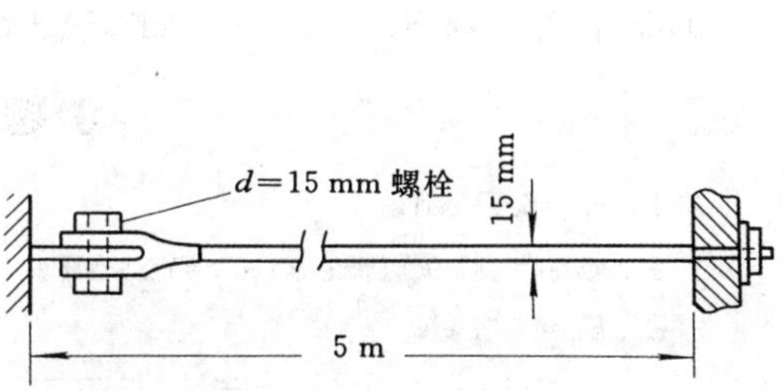

题 3-11 图

3-11 一钢杆直径为 15 mm,长度为 5 m,用直径为 15 mm 的螺栓连接,固定在两刚墙之间

(没有任何初应力)如题 3-11 图所示,已知钢的热膨胀系数 $\alpha_s=12\times10^{-6}/°C$,弹性模量 $E=200$ GPa,试求当螺栓内产生的切应力 $\tau=60$ MPa 时的温差 $\Delta T°C$。

3-12 齿轮与轴由平键连接如题 3-12 图所示。已知轴的直径 $d=70$ mm,键的尺寸为 $b\times h\times l=20\times12\times100$ mm,轴传递的扭转力偶矩 $M_e=2$ kN·m,键的许用切应力为 $[\tau]=60$ MPa,许用挤压应力为 $[\sigma]_{bs}=100$ MPa。试校核键的强度。

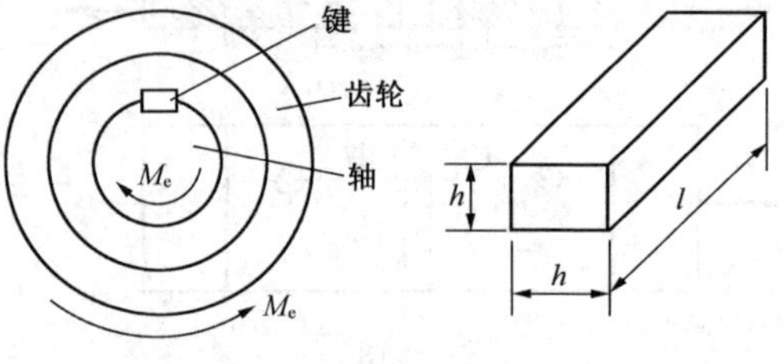

题 3-12 图

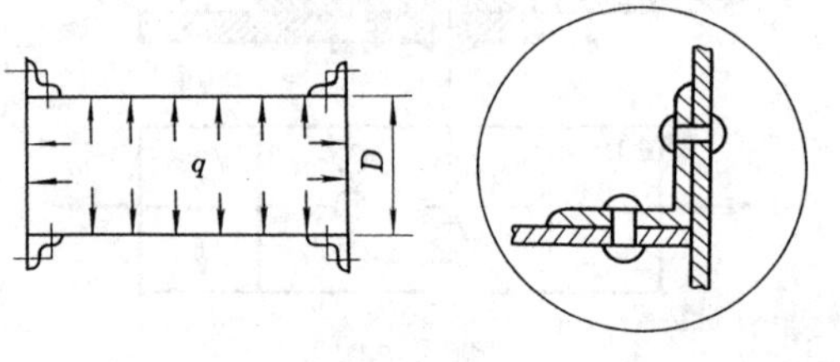

题 3-13 图

3-13 题 3-13 图示圆筒盖用角铁和铆钉连接在筒壁上。已知筒内压力 $q=1$ MPa,圆筒内径 $D=1$ m,筒壁和角铁厚度均为 $\delta=10$ mm,铆钉直径 $d=20$ mm,$[\sigma]=80$ MPa,$[\tau]=70$ MPa,$[\sigma]_{bs}=160$ MPa。问筒盖和筒体各需要几个铆钉?

3-14 受内压薄壁容器由钢板卷成圆柱状,用铆钉闭合,容器直径 $D=600$ mm,壁厚 $\delta=10$ mm,内压 $q=2$ MPa,铆钉直径 $d=25$ mm,间距 $s=60$ mm,铆钉与钢板材料相同,许用应力 $[\sigma]=140$ MPa,许用挤压应力 $[\sigma]_{bs}=240$ MPa,许用剪切切应力 $[\tau]=80$ MPa,校核容器强度。

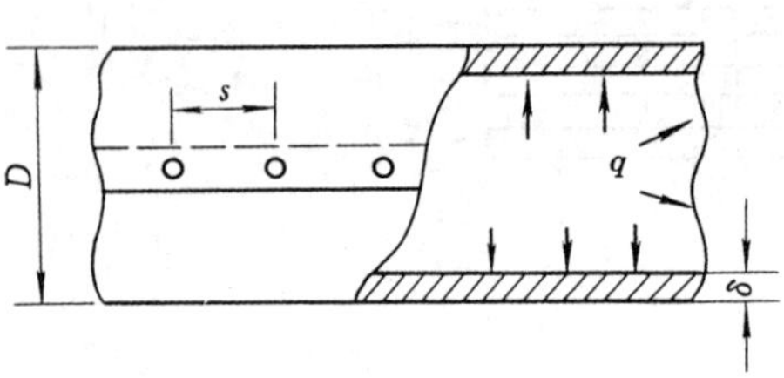

题 3-14 图

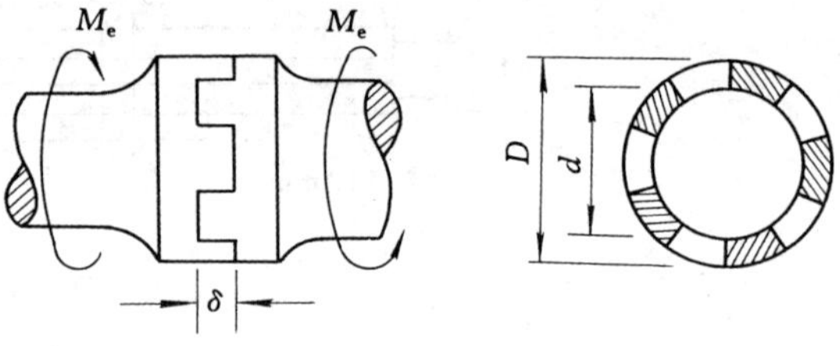

题 3-15 图

3-15 牙嵌式离合器把两根轴连接在一起如题 3-15 图所示。若 $\delta=6$ mm,$D=60$ mm,$d=50$ mm,$[\sigma]_{bs}=300$ MPa,$[\tau]=100$ MPa,试计算离合器传递的许用力偶矩 $[M_e]$。

习 题 答 案

3-1 $\tau_b=6.67$ MPa。

3-2 a) $\tau_b=11.9$ MPa; b) $\tau_b=12.5$ MPa。

3-3 $F_b=176$ kN。

3-4 $h\geqslant\dfrac{[\sigma]}{[\tau]}\cdot\dfrac{d}{4}$, $a\geqslant\sqrt{\dfrac{\sqrt{3}\pi}{18}\left(\dfrac{[\sigma]}{[\sigma]_{bs}}+1\right)}\;d$。

3-5 $d=12$ mm。

3-6 a) $A_s=ab$, $A_{bs}=bh/3$, $A=bh/3$; b) $A_s=2ab$, $A_{bs}=2bc$, $A=b(h-2c)$。

3-7 $[F]=245.4\ \text{kN}$， $[F]=235.2\ \text{kN}$。

3-8 每边 5 只，共 10 只。

3-9 $n=4$。

3-10 $\delta=80\ \text{mm}$。

3-11 $\Delta T=50^{\circ}\text{C}$。

3-12 $\tau=28.57\ \text{MPa}$，$\sigma_{bs}=95.24\ \text{MPa}$。

3-13 筒盖上 32 个，筒壁上 36 个。

3-14 $\sigma_{环向}=60\ \text{MPa}$，$\sigma_{bs}=144\ \text{MPa}$，$\tau=73\ \text{MPa}$，安全。

3-15 $[M_e]=1188\ \text{N}\cdot\text{m}$。

4 扭　转

扭转是杆件的又一基本变形。本章介绍切应力和一些基本性质，重点讲述圆轴扭转时横截面上的应力计算和变形计算，给出强度条件和刚度条件。对非圆截面杆件的自由扭转也作了介绍。值得注意的是，对截面形状不同的杆件，研究扭转变形的方法是不同的。建议在阅读 6.3 节后，再重温闭口薄壁截面杆扭转应力公式的推导。

知识点
重点
难点

4.1　扭转概念和工程实例

扭转变形是杆件的基本变形之一。它的外力特征是杆件受力偶作用，这力偶作用在与轴线垂直的平面内，如图 4-1a)所示。就像用箭头表示力那样，可用双箭头表示力偶，双箭头的方向就是力偶矩矢方向(力偶矩矢方向可用右手螺旋法则确定，即右手四个手指顺力偶转动方向，大拇指所指方向是力偶矩矢方向)。因此，扭转变形的外力特征也可表达为杆件受矩矢与轴线一致的力偶作用，如图 4-1b)所示。

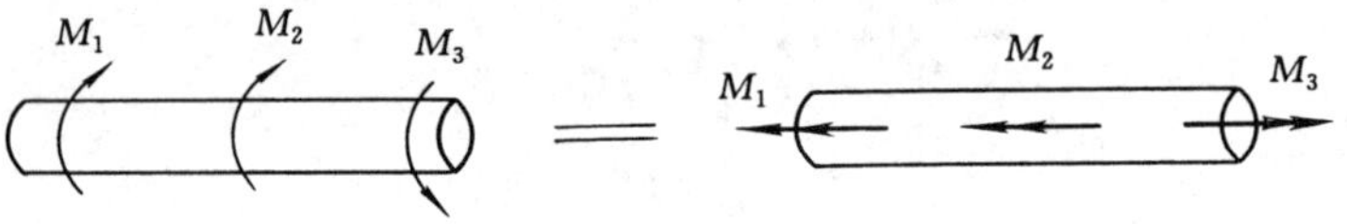

图 4-1　扭转变形的载荷特征

扭转变形的特征为由纵向直线变成螺旋线，横截面绕轴线转动一定角度，称为扭转角，记为 φ(图 4-2)。

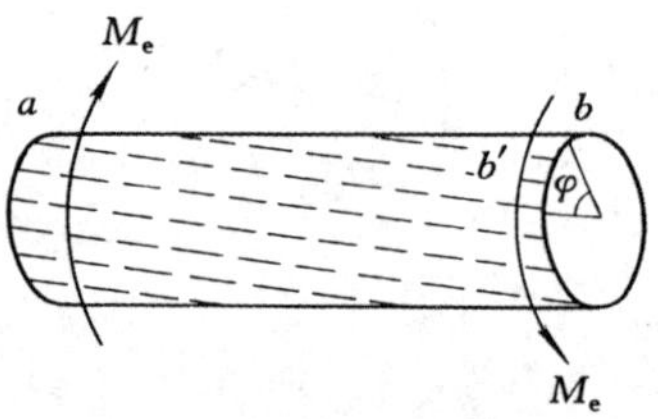

图 4-2　杆件受扭时的变形

一般杆件受扭后，横截面会发生翘曲，**允许横截面自由翘曲的扭转，称为自由扭转**；反之，不允许横截面自由翘曲的扭转称为约束扭转。本章仅介绍自由扭转，且以圆杆为主。工程中发生扭转变形的杆称为轴，虽然受纯扭转的构件不多，但以扭转变形为主的构件却很多，如汽车的转向轴及传输动力的驱动轴，螺丝刀的刀杆，地质钻探用的钻杆，各种机器中的传动轴等(图 4-3)。

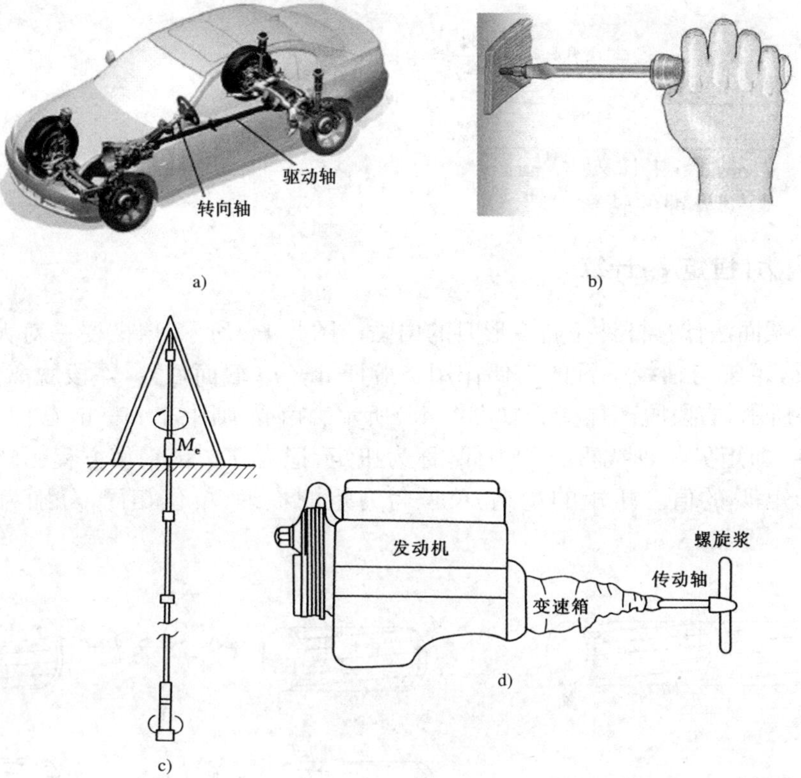

图 4-3 工程扭转变形实例

4.2 自由扭转杆件的内力计算

自由扭转杆件的内力计算

4.2.1 外力矩计算

外力矩 M_e 由力产生时，可用式(4-1)计算：

$$M_e = Fd \tag{4-1}$$

这里的 F 是外力，d 是 F 到轴线的距离。对于转轴，工程上常给出的是轴的转速和传递的功率，例如，电动机、发电机、汽轮机等，轴受到的外力矩需用式(4-2)计算：

$$M_e = \frac{P}{\omega} \tag{4-2}$$

式中 P——功率；

ω——角速度,以弧度/秒(rad/s)为单位。

工程上功率多以千瓦(kW)表示,转速以转/分(r/min)表示,用式(4-2)计算外力矩 M_e 时要注意单位统一。式(4-2)亦可表示为

$$M_e=\frac{1000P}{\frac{2\pi\times n}{60}}=9\,550\,\frac{P}{n}\quad(\mathrm{N\cdot m})\tag{4-2$'$}$$

式中 P——功率,单位为kW;

n——每分钟的转数。

4.2.2 内力(扭矩 *T*)计算

应用截面法计算杆件扭转变形时的内力。图4-4a)所示杆件,受一对大小相同、转向相反,矩矢与轴线平行的力偶作用。沿杆m—m截面截开,左段脱离体受力如图4-4b)所示,右段脱离体受力如图4-4c)所示。由受力图知,m—m截面上的内力只有一项,即矩矢与轴线重合的力偶,称为扭矩,记为 T。由平衡方程 $\sum M_{ix}=0$,可计算出扭矩 T 的值。扭矩的量纲、单位与力矩的量纲、单位相同,分别为[力·长度]、N·m或kN·m。

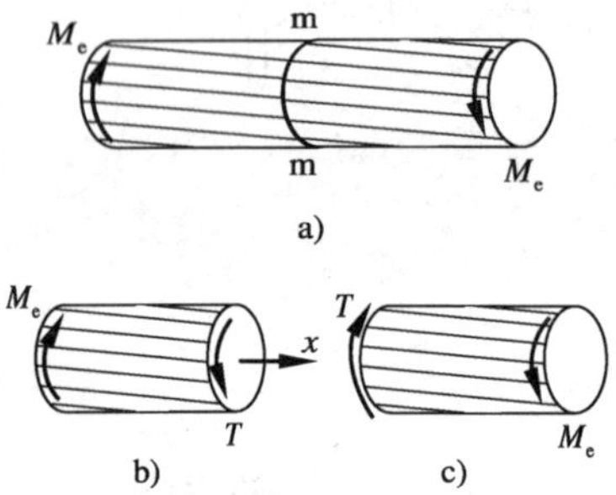

图4-4 截面法求扭矩

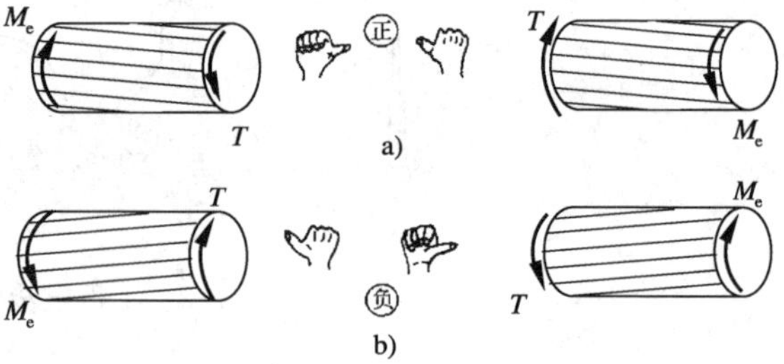

图4-5 扭矩的符号规定

扭矩的符号规定:使纵向线变成右手螺旋线的扭矩为正,使纵向线变成左手螺旋线的扭矩为负。根据矩矢与变形的关系,符号规则又可表示为矩矢出截面的扭矩为正[图4-5a)],矩矢进截面的扭矩为负[图4-5b)]。

4.2.3 扭矩图

为了一目了然地表示杆件各横截面的扭矩值,工程上绘制扭矩图,其方法是:建立坐标系,横坐标 x 平行于杆轴线,表示横截面位置,纵坐标 T 表示扭矩值,将各横截面扭矩按代数值标在坐标系上,即得此杆扭矩图。

例4-1 计算例4-1图a)所示的受扭杆内力,并画扭矩图。已知外力偶矩 $M_1=M_2=3\ \mathrm{kN\cdot m}$,$M_3=4.5\ \mathrm{kN\cdot m}$,$M_4=1.5\ \mathrm{kN\cdot m}$,$m_e=2\ \mathrm{kN\cdot m/m}$,$a=1.5\ \mathrm{m}$。

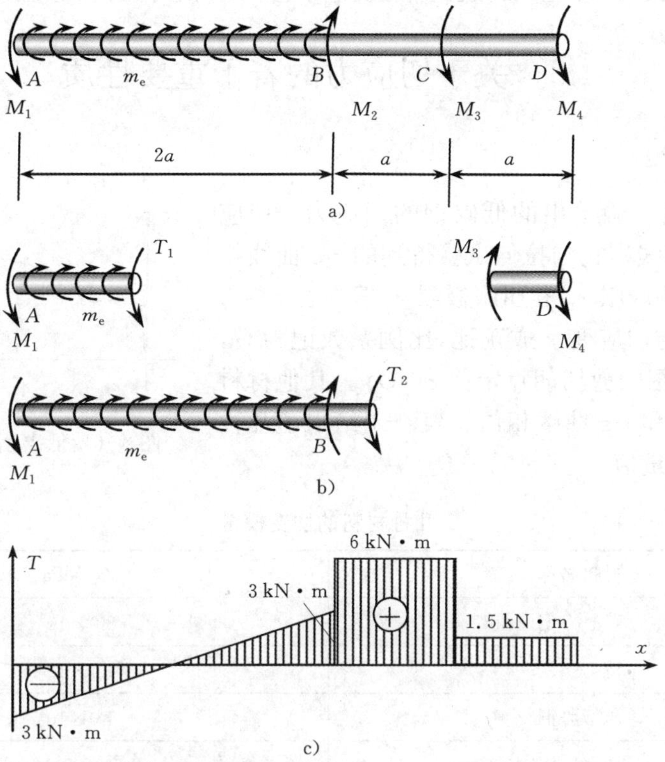

例 4-1 图

解 用截面法,在 AB,BC,CD 段内各取一个截面"截开",画脱离体受力图,见例 4-1 图 b)。列平衡方程式:

$$
\begin{aligned}
&M_1-m_e x+T_1=0, && 0<x<2a \\
&M_1-2m_e a-M_2+T_2=0, && 2a<x<3a \\
&M_4-T_3=0, && 3a<x<4a
\end{aligned}
$$

解得 $T_1=m_e x-M_1=2x-3 \quad (\text{kN}\cdot\text{m})$

$$
\begin{aligned}
T_2&=-M_1+2m_e a+M_2=-3+2\times2\times1.5+3 \\
&=6\ \text{kN}\cdot\text{m}
\end{aligned}
$$

$$T_3=M_4=1.5\ \text{kN}\cdot\text{m}$$

扭矩图见例 4-1 图 c),显见最大扭矩发生在 BC 段。

在例 4-1 图 b)中若假定 T_1 是负的,解出的结果为正,表示假定正确,故加(—)说明;若解出结果为负,表示假定反了,应是正的,需加(+)说明。为了让计算结果与内力符号规定一致,不妨假设为正。

由例 4-1 的扭矩表达式可看出,**扭矩等于脱离体上外力偶矩的代数和,外力偶矩**

以"左左右右"为正，即左(右)脱离体上矩矢向左(右)的外力偶矩为正。

4.3 关于切应力的若干重要性质

4.3.1 τ-γ 曲线

图 4-6 是实验给出的低碳钢的切应力—切应变曲线(τ-γ 曲线)，它与拉伸试验得到的 σ-ε 曲线相仿，也存在比例级限 τ_p 和屈服极限 τ_s 等。在 $\tau \leqslant \tau_p$ 时，切应力 τ 与切应变 γ 成正比，比例系数记为 G，即 1.4 节中介绍的剪切胡克定律 $\tau = G\gamma$。其他材料的 τ-γ 曲线也和 σ-ε 曲线相仿。表 4-1 给出了几种材料的切变模量值。

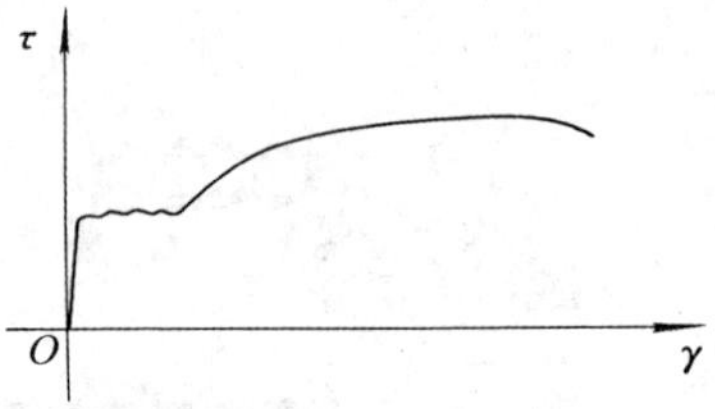

图 4-6 低碳钢的 τ-γ 曲线

表 4-1 几种材料的切变模量

材料名称	G/MPa
碳 钢	8.0×10^4
铸 铁	4.4×10^4
压 延 铜	4.0×10^4
压 延 铝	$(2.6\sim2.7)\times10^4$
铅	0.7×10^4
玻 璃	2.2×10^4
顺纹木材	0.054×10^4

对于低碳钢，大量的实验结果统计表明，切应力屈服极限 τ_s 值是 0.5～0.6 的 σ_s 值，若采用相同的安全系数，那么，许用切应力$[\tau]$为(0.50～0.60)$[\sigma]$。

4.3.2 切应力互等定理

在静止的构件内部取一微小的长方体，在法线为 x 方向的面上有 y 向切应力 τ_{xy}，如图 4-7a)所示(由连续性，可以认为应力在面内及一对平行面上，均是相等的)。此微元体应该是静止的，但图 4-7a)所示的微元体将顺时针绕 z 轴转动，故必存在反向力偶矩使之平衡，唯有法线为 y 向的面上作 x 向切应力 τ_{yx} 能构成此力偶，如图 4-7b)所示。由力矩平衡方程

$$\sum M_{iz}=0,\quad (\tau_{xy}\mathrm{d}y\mathrm{d}z)\cdot\mathrm{d}x-(\tau_{yx}\mathrm{d}x\mathrm{d}z)\cdot\mathrm{d}y=0$$

得

$$\tau_{xy}=\tau_{yx} \tag{4-3}$$

式(4-3)即为切应力互等定理，它表示**过一点两互相垂直面上的切应力数值相同，都**

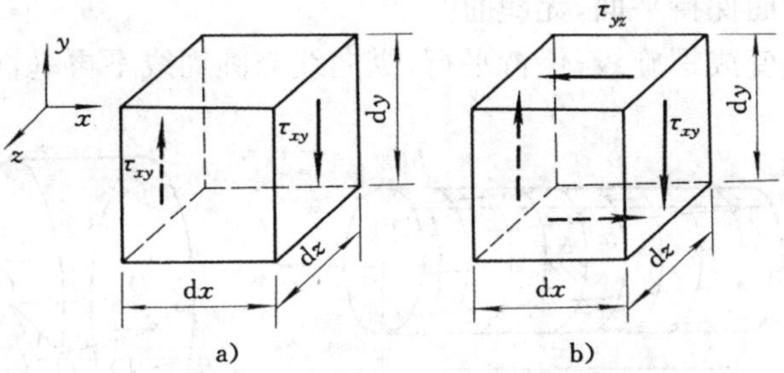

图 4-7 切应力互等定理

指向或背离两面的交线。

4.3.3 互等定理推论——横截面靠近截面边界处的切应力必与边界平行

设横截面近边界处 A 点的切应力 τ，将 τ 分解为与边界垂直的 τ_n 及平行边界的 τ_t（图 4-8）。由切应力互等定理知 τ_n 应等于表面上与边界垂直的切应力，因表面上切应力为零，所以，τ_n 也必为零。故只存在与边界平行的切应力 τ_t。

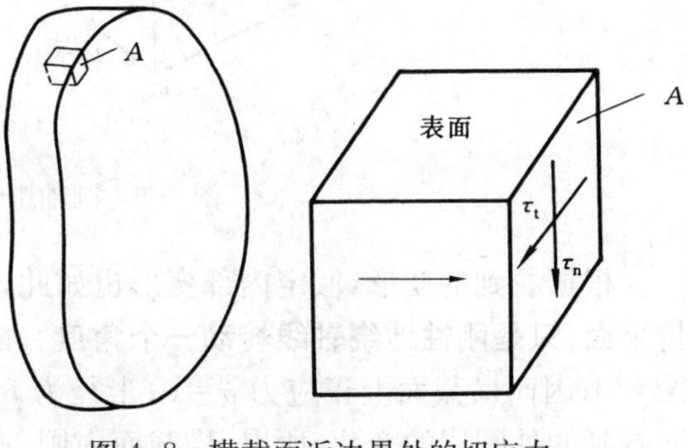

图 4-8 横截面近边界处的切应力

切应力的计算比正应力计算困难，因为正应力的作用线必垂直截面，只需求数值，而切应力的方向和数值均未知。此推论为判定切应力方向提供线索，也表明切应力的分布与截面形状有关，即使扭矩或剪力相同，不同形状的截面其切应力分布可能完全不同。**材料力学研究切应力的思路是先判定切应力方向，再计算切应力值**，所以，此推论十分重要。

圆轴扭转时横截面上的应力

4.4 圆轴扭转时横截面上的应力

按照第 1.5 节中给出的计算杆件变形的基本方法，推导圆轴扭转时横截面上的应力。

4.4.1 变形几何关系

观察受扭圆轴的变形。为了便于观察，在圆轴表面画上纵向线和横向线（圆周线），在外力矩作用下圆轴变形如图 4-9a）所示。可看到以下现象。

圆周线：圆周线之间的距离保持不变，圆周线仍保持圆周线，直径不变，只是转动了一个角度,轴端面保持平面,无翘曲。

纵向线:直线变成螺旋线,保持平行,纵向线与圆周线不再垂直,角度变化为 γ。

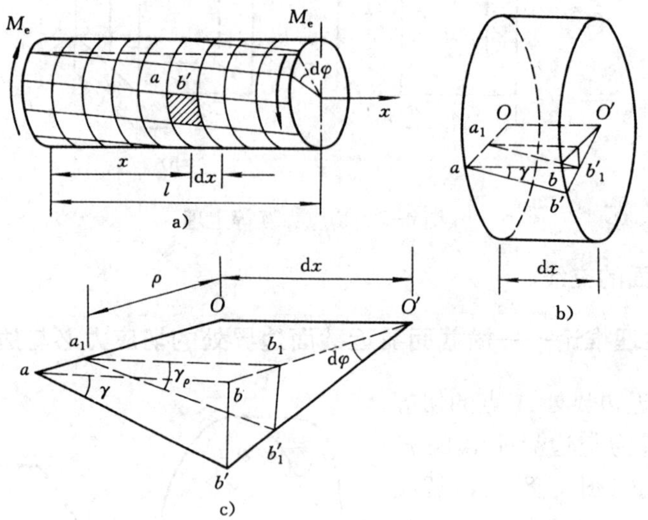

图 4-9 圆轴扭转变形分析

根据看到的变形,假定内部变形也如此,从而提出**平面假设:圆轴横截面始终保持平面,只是刚性地绕轴线转动一个角度**。由平面假设可知,各轴向线段长度不变,$\Delta l=0$,因而横截面上正应力 $\sigma=0$;半径为 ρ 的圆周变形后仍是半径为 ρ 的圆周,如同看到的外圆周的变化,所以,横截面内同一半径上各点的切应力方向相同,就是外圆周处切应力的方向,即与圆周线相切,与所在点半径垂直。

在圆轴上取长为 dx 的一微段,视左截面为相对静止的面,右截面相对左截面转过 $d\varphi$ 角,见图 4-9b)。轴表面纵向线段 ab 变为 ab',切应变 γ;横截面上 b 点位移 bb',有

$$\overline{bb'}=\gamma\mathrm{d}x=\frac{d}{2}\mathrm{d}\varphi$$

内部变形同表面所见,如图 4-9c),右截面上半径为 ρ 处的点 b_1 的周向位移bb'_1 有关系式:

$$\overline{b_1b'_1}=\gamma_\rho\mathrm{d}x=\rho\mathrm{d}\varphi$$

γ_ρ 是半径 ρ 处纵向线与横向线夹角的变化值,即切应变。上式改写为

$$\gamma_\rho=\rho\frac{\mathrm{d}\varphi}{\mathrm{d}x}=\rho\theta \tag{4-4}$$

$\theta=\dfrac{\mathrm{d}\varphi}{\mathrm{d}x}$为单位长度扭转角,表示轴扭转变形的剧烈程度。式(4-4)表示横截面上切应

变的分布规律:横截面上任一点的切应变 γ_ρ 与该点到截面中心的距离 ρ 成正比。

4.4.2 物理关系

当材料处于弹性阶段的比例极限以内时,剪切胡克定律成立,横截面上各点的切应力

$$\tau_\rho = G\gamma_\rho = G\rho\theta \tag{4-5}$$

式(4-5)表明各点的切应力与该点到截面中心的距离 ρ 成正比,在横截面外圆周上切应力达最大值,在轴中心处切应力为零。图 4-10a),b)分别给出了实心圆轴和空心圆轴横截面上的扭转切应力分布图。由切应力互等定理知,圆轴纵截面上也存在切应力,图 4-10c)给出了空心圆轴纵截面上的切应力分布图。

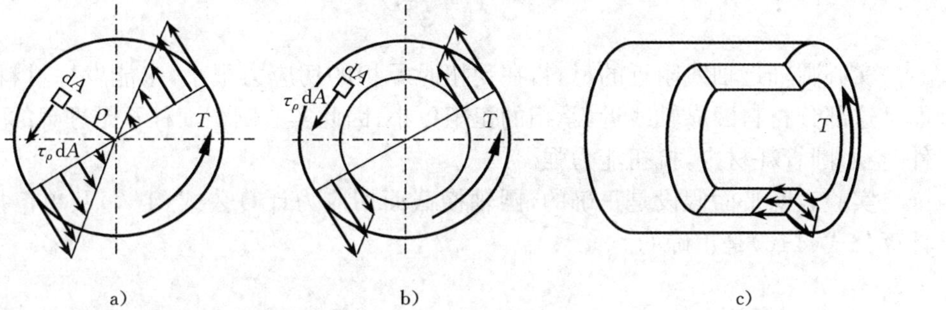

图 4-10 实心圆轴、空心圆轴的应力分布图

4.4.3 静力学关系

将式(4-5)代入静力学关系式(1-1),得

$$T = \int_A \rho\tau \mathrm{d}A = \int_A G\rho^2\theta \mathrm{d}A = G\theta\int_A \rho^2 \mathrm{d}A$$

记积分式 $\int_A \rho^2 \mathrm{d}A$ 为 I_p,**称为极惯性矩**,它是截面几何性质。上式简写为

$$T = GI_\mathrm{p}\theta$$

得

$$\theta = \frac{T}{GI_\mathrm{p}} \tag{4-6}$$

GI_p **称为抗扭刚度**,GI_p 大则单位扭转角小,变形不剧烈。将式(4-6)代入式(4-5)得

$$\tau_\rho = \frac{T\rho}{I_\mathrm{p}} \tag{4-7}$$

式(4-7)表明横截面上的扭转切应力 τ 正比于扭矩,随半径线性分布,切应力值与材料力学性质无关,只取决于内力和截面尺寸。

极惯性矩 I_p 是计算圆轴应力和变形不可缺少的量,对于外径为 D,内径为 d 的圆空心截面,I_p 为

$$I_p=\int_A \rho^2 dA=\int_{\frac{d}{2}}^{\frac{D}{2}}\int_0^{2\pi}\rho^2\rho d\theta d\rho=\frac{\pi}{32}(D^4-d^4)$$

$$I_p=\frac{\pi}{32}D^4(1-\alpha^4) \tag{4-8}$$

这里的 α 是内径之比,$\alpha=d/D$。对于实心圆轴,$\alpha=0$,

$$I_p=\frac{\pi}{32}D^4$$

实心圆轴近轴线附近的材料,在受扭时承担的切应力很小,未能发挥材料作用,而且这部分材料因靠轴线近,承担的扭矩更小,因此实心圆截面杆不是理想的受扭杆件,空心圆管耗材少,抗扭能力强。

实验表明平面假设是正确的,圆轴横截面切应力计算公式(4-7)及单位扭转角计算公式(4-6)是正确的。

4.5 扭转变形计算　强度条件和刚度条件

4.5.1 变形计算

式(4-6)表示了变形与内力之间的关系。将式(4-6)积分就可得到扭转变形量 $d\varphi$,即

$$d\varphi=\theta dx=\frac{T}{GI_p}dx$$

$$\varphi_{AB}=\int_{x_A}^{x_B}d\varphi=\int_{x_A}^{x_B}\frac{T}{GI_p}dx \tag{4-9}$$

式(4-9)中 φ_{AB} 表示 B 截面相对于 A 截面的扭转角。在 AB 段里若扭矩 T 是常数,且横截面形状也不变化的话,$\frac{T}{GI_p}$ 是常数,可提到积分号外,此时 φ_{AB} 可表示为

$$\varphi_{AB}=\frac{Tl_{AB}}{GI_p} \tag{4-9$'$}$$

用式(4-9)计算得到的 φ_{AB},它的单位是弧度,当工程上需要用角度表示时,应再乘 $180°/\pi$。若 A 面不转动的话,$\varphi_{AB}=\varphi_B$,就是 B 面的扭转角(角位移)。

4.5.2 强度条件

为了保证轴能安全工作，轴内应力必须小于许用应力，因此扭转强度条件为

$$\tau \leqslant [\tau] \tag{4-10}$$

在应用强度条件时，只需考虑最大切应力，于是强度条件常常表示为

$$\tau_{\max} \leqslant [\tau]$$

可能发生最大应力的面称为危险面，$T_{\max}$ 和 I_{pmin} 面都是危险面。在危险面内，最大应力作用点称为危险点，受扭圆轴的危险点在危险面的外圆周处。强度条件也可写为

$$\tau_{\max} = \frac{T\dfrac{D}{2}}{I_{\text{p}}} = \frac{T}{W_{\text{p}}} \leqslant [\tau] \tag{4-11}$$

这里的 W_{p} **称抗扭截面系数**

$$W_{\text{p}} = \frac{I_{\text{p}}}{D/2} = \frac{\pi}{16}D^3(1-\alpha^4) \tag{4-12}$$

4.5.3 刚度条件

强度条件仅保证构件不破坏，要保证构件正常工作，必须有足够的刚度。通常规定受扭圆轴的单位扭转角 θ 不得超过规定的许用单位扭转角 $[\theta]$，因此刚度条件可写为

$$\theta = \frac{T}{GI_{\text{p}}} \leqslant [\theta] \tag{4-13}$$

式中，θ 的单位是弧度/米(rad/m)，而工程上 $[\theta]$ 常用度/米(°/m)表示，因此刚度条件也可写为

$$\theta = \frac{T}{GI_{\text{p}}} \times \frac{180°}{\pi} \leqslant [\theta] \tag{4-13$'$}$$

例 4-2 例 4-1 图所示轴，若直径 $d=70$ mm，切变模量 $G=80$ GPa。试计算：

(1) 轴内最大切应力；

(2) D 面相对于 A 面的扭转角 φ_{AD}

解 (1) 由例 4-1 扭矩图知 $T_{\max}$ 发生在 BC 段，为 6 kN·m，根据式(4-11)

$$\tau_{\max} = \frac{T_{\max}}{W_{\text{p}}} = \frac{16 \times 6 \times 10^3}{\pi \cdot 70^3 \times 10^{-9}} = 89 \text{ MPa}$$

(2) φ_{AD} 的计算方法有两种，第一种是按位移叠加，即逐段相对扭转角相加，第二种是按各载荷单独作用产生的扭转角叠加。

方法一 $$\varphi_{AD}=\varphi_{AB}+\varphi_{BC}+\varphi_{CD}=\int_0^{2a}\frac{T_1(x)}{GI_p}dx+\frac{T_2a}{GI_p}+\frac{T_3a}{GI_p}$$

$$\varphi_{AB}=\int_0^{2a}\frac{m_ex-M_1}{GI_p}dx=\frac{1}{GI_p}(2m_ea^2-2aM_1)=\frac{2a}{GI_p}(m_ea-M_1)=0$$

$$\varphi_{BC}=\frac{T_2a}{GI_p}=\frac{6\times10^3\times1.5}{80\times10^9\times\frac{\pi}{32}\times0.07^4}=4.77\times10^{-2}\text{ rad}$$

$$\varphi_{CD}=\frac{T_3a}{GI_p}=\frac{1.5\times10^3\times1.5}{80\times10^9\times\frac{\pi}{32}\times0.07^4}=1.19\times10^{-2}\text{ rad}$$

$$\varphi_{AD}=5.96\times10^{-2}\text{ rad}$$

方法二 把 A 面看作不动,M_1 相当于固定端的约束反力偶矩,m_e,M_2,M_3,M_4 为载荷。

$$\begin{aligned}\varphi_{AD}&=\varphi_{AD}(m_e)+\varphi_{AD}(M_2)+\varphi_{AD}(M_3)+\varphi_{AD}(M_4)\\&=\varphi_{AB}(m_e)+\varphi_{AB}(M_2)+\varphi_{AC}(M_3)+\varphi_{AD}(M_4)\\&=-\frac{1}{2}\cdot\frac{2m_ea\cdot2a}{GI_p}-\frac{M_2\cdot2a}{GI_p}+\frac{M_3\cdot3a}{GI_p}+\frac{M_4\cdot4a}{GI_p}\\&=\frac{a}{GI_p}(-2m_ea-2M_2+3M_3+4M_4)\end{aligned}$$

$$\begin{aligned}\varphi_{AD}=&\frac{1.5}{80\times10^9\times\frac{\pi}{32}\times0.07^4}\times(-2\times2\times10^3\times1.5\\&-2\times3\times10^3+3\times4.5\times10^3+4\times1.5\times10^3)\\=&5.97\times10^{-2}\text{ rad}\end{aligned}$$

例 4-3 阶梯轴如例 4-3 图 a)所示,AC 段轴的直径 $d_1=40$ mm,CB 段轴的直径 $d_2=70$ mm。已知作用在轴上的外力偶矩 $M_1=0.62$ kN·m,$M_2=0.81$ kN·m,$M_3=1.43$ kN·m,阶梯轴材料的许用切应力$[\tau]=60$ MPa,切变弹性模量 $G=8\times10^4$ MPa,许用单位长度扭转角$[\theta]=2°/\text{m}$。试校核该阶梯轴的强度和刚度。

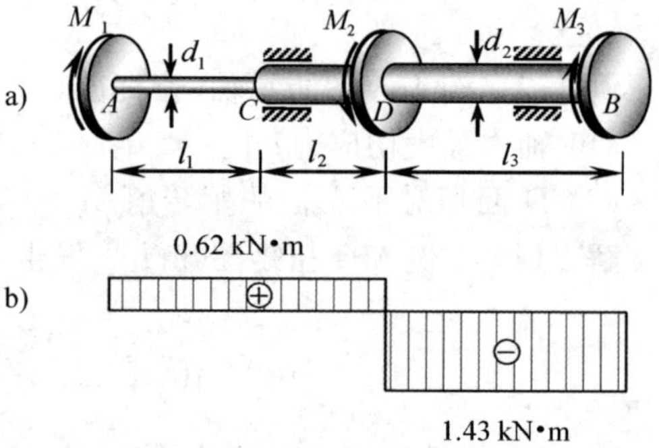

例 4-3 图

解 1. 计算内力,画扭矩图

画扭矩图如例 4-3 图 b)所示,危险截面可能在 AC 段和 DB 段,这两段轴的强度和刚度都要进行校核。

2. 校核阶梯轴的强度

AC 段

$$\tau_{\max}=\frac{T_{AC}}{W_P}=\frac{0.621\times10^3}{\frac{\pi\times d_1^3}{16}}=\frac{0.621\times10^3}{\frac{\pi}{16}\times(40^3)\times10^{-9}}=49.4\ \mathrm{MPa}<[\tau]=60\ \mathrm{MPa}$$

DB 段

$$\tau_{\max}=\frac{T_{DB}}{W_P}=\frac{1.43\times10^3}{\frac{\pi\times d_2^3}{16}}=\frac{1.43\times10^3}{\frac{\pi}{16}\times(70^3)\times10^{-9}}=21.2\ \mathrm{MPa}<[\tau]=60\ \mathrm{MPa}$$

计算结果表明,阶梯轴的强度满足要求。

3. 校核阶梯轴的刚度

AC 段

$$\theta_{\max}=\frac{T_{AC}}{GI_P}\times\frac{180°}{\pi}=\frac{0.62\times10^3}{8\times10^4\times10^6\times\frac{\pi}{32}\times(40)^4\times10^{-12}}\times\frac{180°}{\pi}$$

$$=1.77°\ /\mathrm{m}<[\theta]=2°/\mathrm{m}$$

DB 段

$$\theta_{\max}=\frac{T_{DB}}{GI_P}\times\frac{180°}{\pi}=\frac{1.43\times10^3}{8\times10^4\times10^6\times\frac{\pi}{32}\times(70)^4\times10^{-12}}\times\frac{180°}{\pi}$$

$$=0.434°/\mathrm{m}<[\theta]=2°/\mathrm{m}$$

计算结果表明,该阶梯轴的刚度也满足要求。

例 4-4 如例 4-4 图所示,钻探机功率为 16 kW,转速 $n=180$ r/min,钻杆外径 $D=60$ mm,内径 $d=50$ mm,钻入土壤的深度为 $L=80$ m。设土壤对钻杆的阻力可看作均匀分布的力偶,单位长度的阻力矩 $m=6.50$ (N·m)/m。钻杆材料的许用切应力$[\tau]=40$ MPa,切变模量 $G=80$ GPa,钻杆的许用单位扭转角$[\theta]=1.5°/\mathrm{m}$。试求:

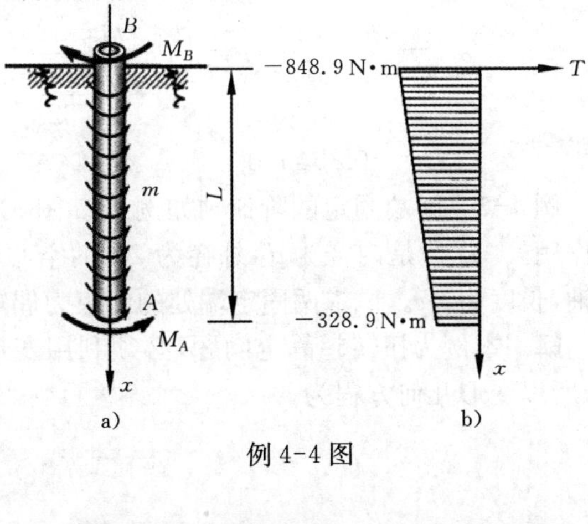

例 4-4 图

(1) 钻杆钻头破岩力矩 M_A 的大小;

(2) 校核钻杆的强度和刚度;

(3) 计算钻杆 B,A 两端的相对扭转角。

解 1. 计算钻杆的驱动力矩

$$M_B = 9\,550 \times \frac{16}{180} = 848.9\ \mathrm{N \cdot m}$$

取 B 端为坐标原点,x 轴铅直向下,由钻杆的平衡条件 $\sum M_{ix} = 0$,可求得钻杆钻头的破岩力矩:

$$M_A = M_B - mL = 848.9 - 6.5 \times 80 = 328.9\ \mathrm{N \cdot m}$$

2. 计算内力,画扭矩图

钻杆的扭矩方程:

$$T(x) = mx - M_{\mathrm{B}} = 6.5x - 848.9$$

作扭矩图如例 4-4 图 b)所示,危险截面在 B 端,$T_{\max} = M_{\mathrm{B}} = 848.9\ \mathrm{N \cdot m}$

3. 校核钻杆的强度和刚度

$$\tau_{\max} = \frac{T_{\max}}{W_{\mathrm{p}}} = \frac{848.9 \times 16}{\pi \times 60^3 \times 10^{-9} \times (1 - 0.833^4)} = 38.6\ \mathrm{MPa} < [\tau]$$

钻杆的强度满足要求。

$$\theta_{\max} = \frac{T_{\max}}{GI_{\mathrm{p}}} \times \frac{180^\circ}{\pi} = \frac{848.9 \times 180^\circ \times 32}{80 \times 10^9 \times \pi^2 \times 60^4 \times 10^{-12} \times (1 - 0.833^4)}$$
$$= 0.923^\circ/\mathrm{m} < [\theta]$$

钻杆的刚度也满足要求。

4. B,A 两端截面的相对扭转角

$$\varphi_{BA} = \int_0^L \frac{T(x)}{GI_{\mathrm{p}}} \mathrm{d}x = \int_0^L \frac{mx - M_B}{\dfrac{G\pi D^4 (1 - \alpha^4)}{32}} \mathrm{d}x = -\frac{16(M_B + M_A)L}{G\pi D^4 (1 - \alpha^4)}$$
$$= -0.894\ \mathrm{rad}$$

例 4-5 两端固定的阶梯轴如例 4-5 图 a)所示,在 B 截面受矩为 M_B 的集中力偶作用。AB 段是内径为 d,外径为 $2d$ 的空心轴,长度为 a;BC 段是直径为 d 的实心轴,长度为 $2a$。试求两固定端处的约束力偶矩的大小,并作该轴的扭矩图。

解 本例为扭转超静定问题,必须利用变形协调条件求解。由于 A,C 是固定端,所以变形几何方程为

$$\varphi_{AB} + \varphi_{BC} = 0$$

由阶梯轴的受力图[例 4-5 图 b)]可知，AB 段的扭矩 $T_1 = M_A$，BC 段的扭矩 $T_2 = -M_C$，则物理方程为

$$\varphi_{AB} = \frac{M_A a}{GI_{\mathrm{p1}}}, \quad \varphi_{BC} = \frac{-M_C 2a}{GI_{p2}}$$

式中，$I_{\mathrm{p1}} = \dfrac{\pi[(2d)^4 - d^4]}{32} = \dfrac{15\pi d^4}{32}$，$I_{\mathrm{p2}} = \dfrac{\pi d^4}{32}$。将物理方程代入几何方程，化简后可得补充方程

$$M_A = 30M_C \tag{1}$$

列出阶梯轴的静力平衡方程

$$M_A + M_C = M_B \tag{2}$$

联立式(1)，式(2)解得

$$M_A = \frac{30}{31}M_B, \quad M_C = \frac{1}{31}M_B$$

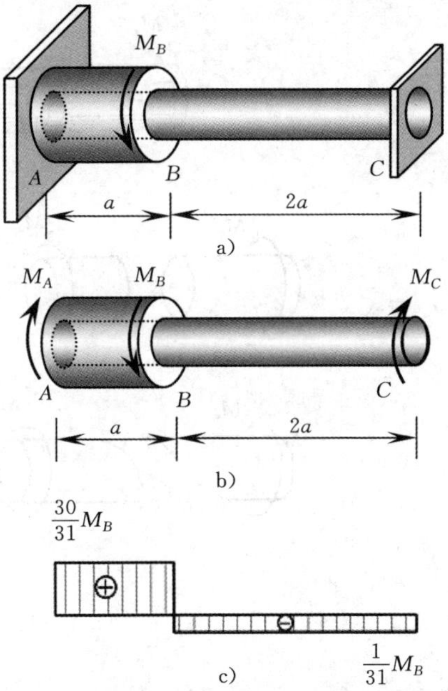

例 4-5 图

由上述计算结果可画出该阶梯轴的扭矩图，如例 4-5 图 c)所示。

扭转实验

4.6 圆轴扭转破坏分析

图 4-11 给出低碳钢、木材、铸铁扭转试样的破坏断口。

根据断面的方位和断口特征可以推断破坏原因。图 4-11a)给出正扭矩作用下圆轴表面正方形 $abcd$ 的变形图；图 4-11b)是低碳钢扭转破坏，显然是横截面的切应力导致破坏。断口看不到晶粒，也表明是切应力造成破坏；图 4-11c)是木材扭转破坏，由切应力互等定理可知，纵截面上切应力等于横截面切应力，是切应力造成纵截面裂开。断口也显示出纵向纤维错动分离，同时也表明木材顺纤维方向的抗切应力能力低于横向抗切应力能力；图 4-11d)是以铸铁为代表的脆性材料扭转破坏，断面法线与轴线成 45°角，图 4-11a)显示与轴线成 45°的对角线 ad，bc 线保持垂直，但长度有变化，因此断面上无切应力，有正应力，破坏不是切应力造成的。正扭矩作用[图 4-11d)左图)]断口沿 bc 面，断口法线与伸长的对角线 ad 一致，因此是拉应力造成破坏。断口上晶粒清晰明显，也表明是拉应力导致破坏；反之，扭矩为负时，bc 线将伸长，断面发生在 ad 线上，如图 4-11d)右图所示。铸铁扭转破坏现象表明，扭转变形时，斜截面上有正应力存在，且在 ±45°斜面上正应力达到极值，还表明铸铁抗切应力的能力比抗拉应力的能力强，所以，扭转时不是在横截面上切断而是在斜面上

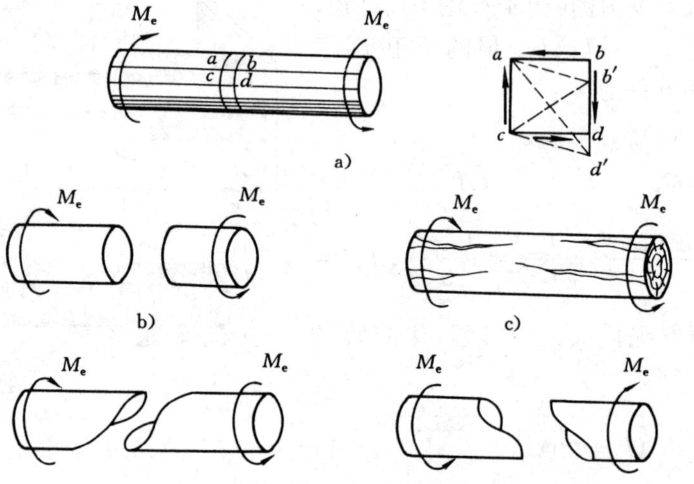

图 4-11 圆轴受扭破坏的断口

拉断。

4.7 矩形截面杆的自由扭转

常见的非圆截面受扭杆是矩形截面和薄壁截面杆件。雨篷梁、曲轴上的曲柄均是矩形截面杆。

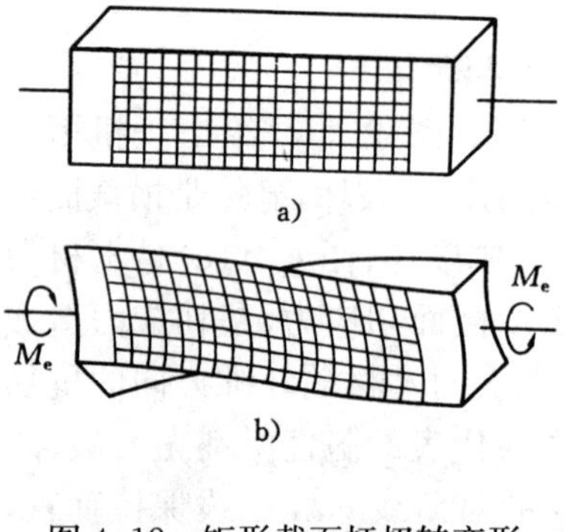

图 4-12 矩形截面杆扭转变形

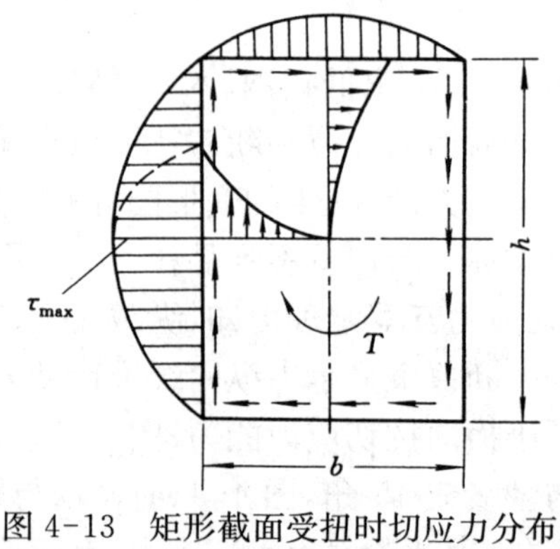

图 4-13 矩形截面受扭时切应力分布图

非圆截面杆件扭转时，横截面会发生翘曲，如图 4-12 所示，因此，平面假设不成立，基于平面假设推导出的圆轴扭转计算公式不能用于非圆截面杆扭转计算。根据切应力互等定理的推论并结合扭转的变形可推断矩形截面杆扭转变形时横截面切应力分布的概况：截面上近边界处的切应力沿矩形边，构成与扭矩同转向的环流；在四角点，切应力既应垂直又应水平，只能为零；由扭转变形知轴线处切应力为零，切应力向边上逐渐增大，矩形四边的中点处达极大值。如图 4-13 所示，除近边界处及对称轴处，截面内各点的切应力方向难以用材料力学的方法判定。根据弹性理论的计算结果，最大切应力 τ_{max} 发生在矩形长边中点，即

$$\tau_{max}=\frac{T}{\alpha hb^2}=\frac{T}{W_T} \tag{4-14}$$

等截面矩形杆的扭转角 φ 为

$$\varphi=\frac{Tl}{G\beta hb^3}=\frac{Tl}{GI_T} \tag{4-15}$$

式中的 h，b 分别是矩形的长边和短边，$W_T=\alpha hb^2$ 称为相当抗扭截面系数，$I_T=\beta hb^3$ 称为相当极惯矩，α，β 值取决于矩形的长宽之比，见表 4-2。

表 4-2　　矩形截面杆扭转时的系数 α，β

$\frac{h}{b}$	1.0	1.2	1.5	1.75	2.0	2.5	3.0	4.0	5.0	6.0	7.0	10.0	∞
α	0.208	0.219	0.231	0.239	0.246	0.258	0.267	0.282	0.291	0.299	0.307	0.313	0.333
β	0.141	0.166	0.196	0.214	0.229	0.249	0.263	0.281	0.291	0.299	0.307	0.313	0.333

实体非圆截面杆在约束扭转时，横截面上还存在正应力，但正应力值较切应力值小一个数量级，常可忽略。

从表 4-2 中看到，长宽之比大于 10 时，α 和 β 都为0.333，已相当接近，因此，把 $h/b>10$ 的矩形称为狭长矩形，α 和 β 均取为$\frac{1}{3}$。截面为狭长矩形的杆受扭时，截面上切应力分布如图 4-14 所示，沿壁厚切应力近似线性分布，在长边上切应力最大，最大切应力和扭转角可由式(4-16)，式(4-17)求得。

$$\tau_{max}=\frac{T}{\frac{1}{3}h\delta^2}=\frac{T}{I_T}\delta \tag{4-16}$$

$$\varphi=\frac{Tl}{G\left(\frac{1}{3}h\delta^3\right)}=\frac{Tl}{GI_T} \tag{4-17}$$

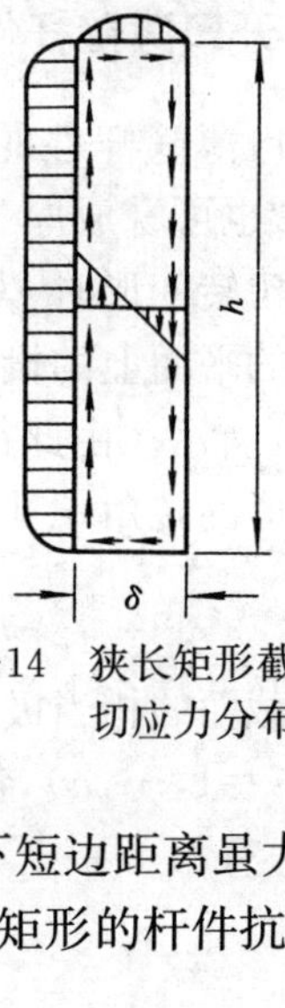

图 4-14　狭长矩形截面上切应力分布图

由于宽度 δ 很小，即使 τ_{max} 很大，形成的扭矩还是小的；上下短边距离虽大，但短边上切应力却很小，也不能构成较大的扭矩，这说明截面为狭长矩形的杆件抗扭能力很差，不宜作受扭的构件。

4.8 薄壁杆件的自由扭转

在工程中,常常会遇到横截面是由厚度很薄的直边或曲边形组成的杆件$\left(\delta \leqslant \frac{1}{20}d, d \leqslant \frac{1}{10}l;\ \delta, d, l\right.$ 分别为厚度、截面特征长度和杆长$\left.\right)$,如图 4-15 所示截面,这类杆件称为薄壁杆件。薄壁杆受约束扭转时,横截面上的正应力将与切应力同一量级不可忽略,本节仅讨论自由扭转。

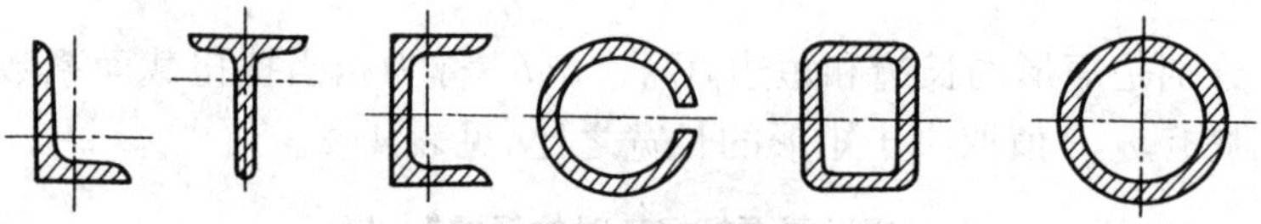

图 4-15 薄壁截面

薄壁杆可分为开口和闭口两种,壁厚中线组成不闭合的曲线,称为开口薄壁杆(对开口薄壁杆 δ 与 d 之比值可放宽为不超过 0.1),图 4-15 中左边四种就是开口薄壁杆横截面。若壁厚中线组成闭合曲线,称为闭口薄壁杆,图 4-15 中右边两种截面即为闭口杆截面。在航空、土建结构及船舶中已广泛采用各种形式的薄壁杆件,达到减轻重量、提高承载能力的目的。开口与闭口薄壁杆受扭时差别很大,下面分别介绍。

4.8.1 开口薄壁杆件

开口薄壁杆件的自由扭转

开口薄壁杆件的横截面可看成是由若干狭长矩形组成(曲边形也可看成厚、长相同的矩形)的。观察开口薄壁杆件的自由扭转变形时,发现横截面有翘曲,但横截面的周边在垂直轴线的平面上的投影形状不变,只是刚性转动一个角度,如图 4-16 所示。由此得到刚周边假设,即整个横截面的转角 φ 与各矩形的转角 φ_i 相等,即

$$\varphi=\varphi_1=\varphi_2=\cdots=\varphi_n \tag{4-18}$$

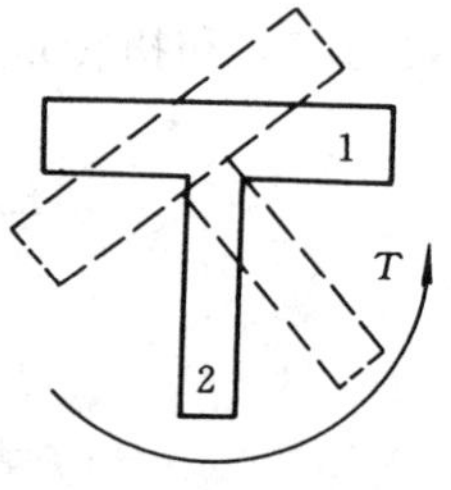

图 4-16 刚周边假设

设整个截面的相当极惯性矩为 I_T,记各矩形的相当极惯性矩为 $I_{T_i}(i=1,\cdots,n)$,各矩形承担的扭矩为 T_i,杆长 l,代入式(4-18),有

$$\varphi=\frac{Tl}{GI_T}=\frac{T_1 l}{GI_{T_1}}=\frac{T_2 l}{GI_{T_2}}=\cdots=\frac{T_n l}{GI_{T_n}} \tag{4-19}$$

由式(4-19)可知,各矩形承担的扭矩 $T_i(i=1,2,\cdots,n)$ 为

$$T_i=\frac{T}{I_T}I_{T_i}\quad(i=1,\cdots,n)\tag{4-20}$$

因各矩形承担的扭矩之和就是整个横截面的扭矩 T，即

$$T=\sum_{i=1}^{n}T_i=\sum_{i=1}^{n}\frac{T}{I_{\mathrm{T}}}I_{T_i}=\frac{T}{I_T}\sum_{i=1}^{n}I_{T_i}\tag{4-21}$$

从式(4-21)可知，开口薄壁截面杆的相当极惯性矩 I_T 等于各矩形的相当极惯性矩之和，即

$$I_T=\sum_{i=1}^{n}I_{T_i}=\sum_{i=1}^{n}\left(\frac{1}{3}h_i\delta_i^3\right)\quad(i=1,2,\cdots,n)\tag{4-22}$$

利用式(4-20)和式(4-16)可得各矩形的最大切应力

$$\tau_{i\max}=\frac{T_i}{I_{T_i}}\delta_i=\frac{T}{I_T}\delta_i\tag{4-23}$$

整个截面的最大切应力发生在壁最厚的矩形的长边上，即

$$\tau_{\max}=\frac{T}{I_T}\delta_{\max}\tag{4-24}$$

图 4-17 表示了开口薄壁杆的切应力分布图。在壁厚的中线处切应力为零；切应力沿壁厚近似线性分布。刚周边假设使开口薄壁杆扭转问题简化为狭长矩形截面杆的扭转超静定问题，式(4-18)是几何方程，式(4-19)是物理方程，式(4-21)是平衡方程。

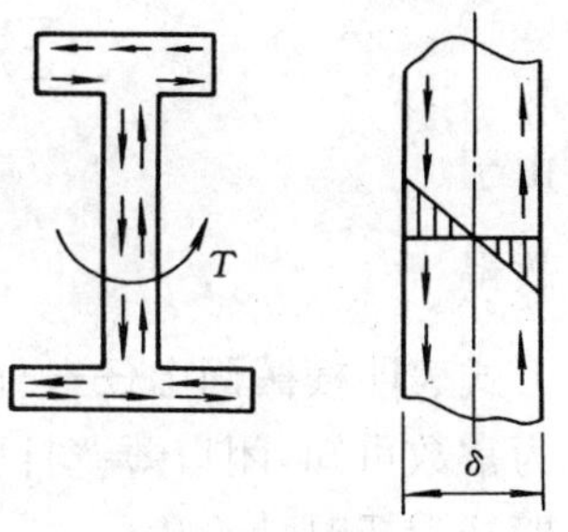

图 4-17 开口薄壁杆扭转切应力分布

对于热轧型钢，在狭长矩形的连接处有内圆角，增强了杆件的抗扭刚度，因此对式(4-22)需加修正，即

$$I_T=\eta\sum_{i=1}^{n}I_{T_i}\quad(i=1,3,\cdots,n)\tag{4-22$'$}$$

式中，η 为修正系数，它由横截面形式决定。下面列出几种型钢的修正系数：

角钢 $\eta=1.00$； T 字钢 $\eta=1.15$；
槽钢 $\eta=1.12$； 工字钢 $\eta=1.20$。

计算应力和扭转角 φ，公式(4-23)，式(4-24)，式(4-19)的形式不变。

4.8.2 闭口薄壁杆件

闭口薄壁杆件的自由扭转

闭口截面，切应力沿壁可在整个截面上构成环流，形成扭矩，所以沿壁厚切应力的方向是相同的，这不同于开口薄壁。由于壁厚远小于截面尺寸，由连续性可以假定沿壁厚切应力 τ 均匀分布。图 4-18 表示了

闭口薄壁杆的切应力分布图。因此只要研究出切应力沿截面周向的分布规律,就掌握了闭口薄壁杆件横截面的应力。

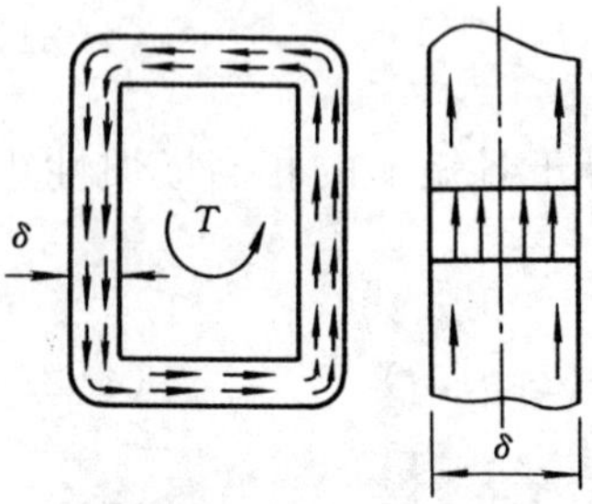

图 4-18 闭口薄壁杆扭转切应力分布

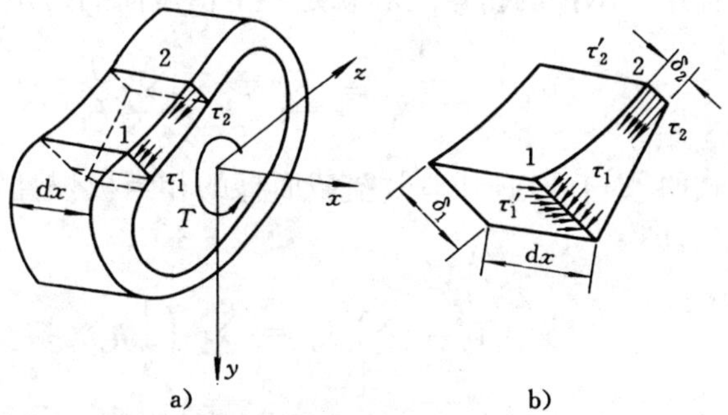

图 4-19 闭口薄壁截面杆受扭时棱柱体上的应力分布

取一段长为 dx 的微段杆,受扭矩 T 作用,如图4-19a)所示。在截面上任取 1,2 处沿纵向截下一块杆壁,进行受力分析,受力图见图 4-19b)。1 处壁厚 δ_1,切应力 τ_1;2 处壁厚 δ_2,切应力 τ_2。由切应力互等定理知,在纵截面上也有切应力,上、下纵截面上切应力值分别为 τ_2',τ_1',这块杆壁的纵向力平衡方程

$$\sum F_{ix}=0,\quad \tau_1'(\delta_1 dx)-\tau_2'(\delta_2 dx)=0$$

由于

$$\tau_1'=\tau_1,\quad \tau_2'=\tau_2$$

故得

$$\tau_1\delta_1=\tau_2\delta_2=\text{常数}$$

上式表明**横截面上任一处的切应力与壁厚乘积等于常数**,$\tau\delta$ 称为**剪力流**。由剪力流为常数可知,闭口薄壁杆受扭时,最大切应力发生在杆壁最薄的 δ_{min} 处,恰与开口薄壁杆受扭时结论相反。

经过上面讨论,掌握了切应力沿截面周向的分布规律,再利用静力学关系,即应力合成结果是内力,就可得到剪力流值、应力值。

图 4-20 所示为闭口薄壁截面,取 ds 长的一段杆壁,截面内一点 O 到杆壁 ds 的矢径为 r,此段杆壁上的剪力为 $\tau\delta ds$,它对 O 点的力矩 dT 为

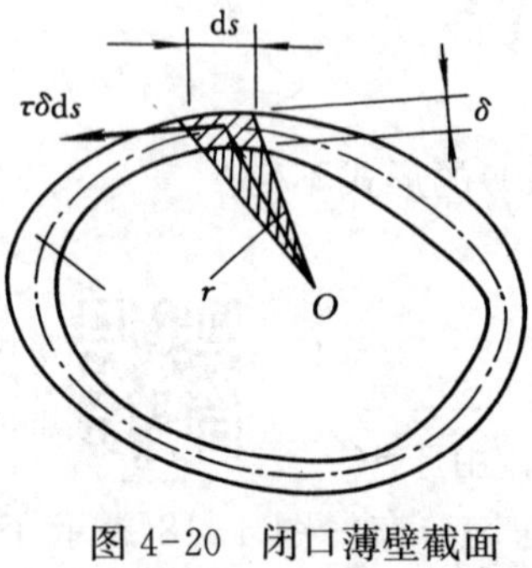

图 4-20 闭口薄壁截面

$$dT=\tau\delta ds r\sin(\widehat{r,ds})$$

整个截面的扭矩为

$$T=\oint_s \tau\delta r\sin(\widehat{r,ds})ds=\tau\delta\oint_s r\sin(\widehat{r,ds})ds$$

$r\sin(\widehat{r,ds})ds$ 是 ds 与 O 点组成的三角形面积的两

倍，称为单位扇形面积，记为 $d\omega$，$\oint_s$ 表示沿截面环路积分一周。

$$T=\tau\delta\oint_s d\omega=\tau\delta\Omega$$

记 $\oint_s d\omega$ 为 Ω，称扇形面积，它是薄壁杆截面中线所围面积的两倍。上式改写为

$$\tau=\frac{T}{\delta\Omega} \tag{4-25}$$

$$\tau_{\max}=\frac{T}{\delta_{\min}\Omega} \tag{4-25$'$}$$

式(4-25)、式(4-25)′是闭口薄壁受扭杆横截面上切应力、最大切应力计算公式。闭口薄壁杆件抗扭能力好，因为剪力流沿壁构成回路，横截面中的空间都起了增大扭矩的作用，是理想的抗扭构件。图 4-18 表示闭口薄壁杆的扭转切应力分布规律。

长 dx 的闭口薄壁杆微段，两端截面的相对扭转角 $d\varphi$ 可用式(4-26)计算(用第 10 章介绍的能量法计算)：

闭口薄壁杆件自由扭转时扭转角计算公式

$$d\varphi=\frac{T dx}{G\Omega^2}\oint_s \frac{ds}{\delta} \tag{4-26}$$

ds 是截面中线弧长微段，δ 是该弧段的壁厚，对式(4-26)沿杆长积分得扭转角 φ。

例 4-6 相同材料制成的外径 $D=100$ mm，壁厚 $\delta=2$ mm 的无缝管和有缝管，求它们的许可扭矩之比。

解 相同材料意味着它们的许用切应力相同，闭口管和开口管的许用扭矩分别为

$$[T_{闭}]=[\tau]\delta\Omega=[\tau]\delta\left[2\times\frac{\pi}{4}(D-\delta)^2\right]$$

$$[T_{开}]=[\tau]\frac{1}{3}h\delta^2=[\tau]\left[\frac{1}{3}\pi(D-\delta)\delta^2\right]$$

许用扭矩之比为

$$\frac{[T_{闭}]}{[T_{开}]}=\frac{[\tau]\delta\,\frac{\pi}{2}(D-\delta)^2}{[\tau]\delta^2\times\frac{1}{3}\pi(D-\delta)}=\frac{3}{2}\cdot\frac{(D-\delta)}{\delta}=\frac{3}{2}\times\frac{98}{2}=73.5$$

闭口圆管的抗扭强度是开口圆管的 73.5 倍。

*4.9 圆轴的弹塑性扭转

前面都是采用许用应力法分析强度问题。对于由塑性材料制成的构件，只要危险点的应力达到材料的屈服应力，即认为整个构件处于危险状态，相应的载荷即为破坏载荷。

然而，对于由塑性材料制成的横截面上应力非均匀分布的构件(如本章介绍的受扭圆轴)，当危险点出现塑性变形时，构件仍可以承担继续增大的载荷。因此，有必要进一步研究构件出现塑性变形后的承载能力。为便于分析，首先对材料的应力—应变关系作如下假设：当正(切)应力小于屈服应力 $\sigma_s(\tau_s)$ 时，材料服从胡克定律；屈服后，应力保持不变并等于屈服应力，应变不断地增长。上述假设称为**理想弹塑性假设**，该假设适用于低碳钢等具有屈服平台的高塑性材料。

下面以理想弹塑性假设为基础，分析圆轴的极限承载能力。采用许用应力法分析圆轴扭转的强度问题时，认为当最大扭转切应力达到屈服应力 τ_s 时[图 4-21a)]，轴即处于危险状态，此时圆轴承受的扭矩称为**弹性极限扭矩**，也称屈服扭矩，用 T_e 表示，其值为

$$T_e=\tau_s W_p=\frac{\pi d^3}{16}\tau_s \tag{4-27}$$

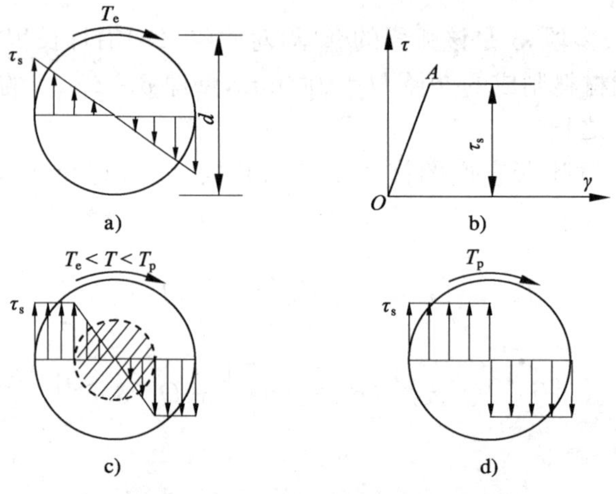

图 4-21 圆轴受扭时的极限扭矩

由于扭转切应力沿半径线性分布，当横截面周边处的最大切应力达到屈服应力 τ_s 时，截面内其他各点处的材料仍处于弹性状态，因此，仍可以承担继续增大的载荷。

当扭矩继续增大时，按照理想弹塑性模型假设[材料的 $\tau-\gamma$ 曲线如图 4-21b)所示]，横截面周边处各点的切应力不再增加，保持为屈服应力 τ_s，增大的扭矩将由截面内仍处于弹性区的各点承担，这些点的切应力将随着扭矩的增大而逐渐增大到屈

服应力 τ_s。这时横截面上将出现两个区域——弹性区和塑性区，应力分布如图 4-21c)所示。

显然，随着扭矩继续增大，横截面上的塑性区将由外向里扩展，极限情况是截面上各点处的切应力都达到屈服应力 τ_s，整个截面屈服，如图 4-21d)所示，此时对应的扭矩称为塑性极限扭矩，也称极限扭矩，用 T_p 表示，其值为

$$T_p=\int_A \tau_s \mathrm{d}A \cdot \rho=\tau_s\int_0^{l/2} 2\pi\rho^2 \mathrm{d}\rho=\frac{\pi d^3}{12}\tau_s \tag{4-28}$$

当扭矩达到极限扭矩时，截面不再含有弹性区，该截面进入塑性极限状态，按塑性极限设计思想(以整个危险截面的屈服作为失效判据，并以此建立强度设计准则)，圆轴丧失承载能力。比较式(4-27)与式(4-28)，得塑性极限扭矩与弹性极限扭矩之比为

$$\frac{T_p}{T_e}=\frac{\dfrac{\pi d^3}{12}\cdot\tau_s}{\dfrac{\pi d^3}{16}\cdot\tau_s}=\frac{4}{3}$$

上述结果表明，材料的塑性极限扭矩 T_p 比弹性极限扭矩 T_e 大了 33.3%，也就是说考虑了材料的塑性，按照塑性极限设计思想，承载力提高了 33.3%。

值得注意的是，由于轴类构件经常受动载荷的作用，一般不允许其发生塑性变形，因此，在动载荷的情况下，上述极限扭矩并无太大实用价值。

例 4-7 例 4-7 图 a)所示，空心圆轴由低碳钢制成。试求极限扭矩与弹性极限扭矩之比。

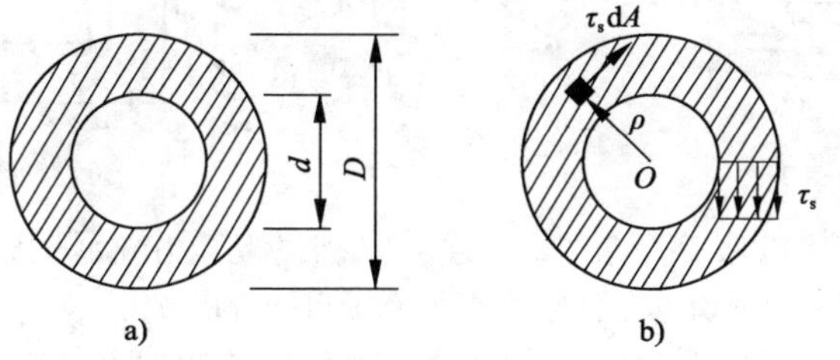

例 4-7 图

解 当扭矩达到极限扭矩 T_p时，横截面上每一点处的切应力都达到材料的屈服应力 τ_s，其应力分布规律如例 4-7 图 b)所示。此时

$$T_p=\int_A \rho\tau_s \mathrm{d}A=2\pi\tau_s\int_{\frac{d}{2}}^{\frac{D}{2}}\rho^2\mathrm{d}\rho$$

$$=\frac{\pi(D^3-d^3)}{12}\tau_s=\frac{\pi D^3(1-\alpha^3)}{12}\tau_s$$

式中，$\alpha=\dfrac{d}{D}$。

空心圆轴的弹性极限扭矩为

$$T_{\mathrm{e}}=W_{\mathrm{p}}\cdot\tau_{\mathrm{s}}=\frac{\pi D^{3}(1-\alpha^{4})}{16}\tau_{\mathrm{s}}$$

极限扭矩与弹性极限扭矩之比为

$$\frac{T_{\mathrm{p}}}{T_{\mathrm{e}}}=\frac{\dfrac{\pi D^{3}}{12}(1-\alpha^{3})\tau_{\mathrm{s}}}{\dfrac{\pi D^{3}}{16}(1-\alpha^{4})\tau_{\mathrm{s}}}=\frac{4}{3}\times\frac{1-\alpha^{3}}{1-\alpha^{4}}$$

思 考 题

本章小结

4-1 圆轴扭转时，横截面上切应变 γ 与半径 ρ 成正比的条件是什么？横截面上切应力 τ 与半径 ρ 成正比的条件是什么？

4-2 三根直径相同、扭矩相同的圆轴，分别由木料、石料和铝材制成，它们的应力是否相同？三者破坏载荷是否相同？断口方位和形状是否相同？为什么？

4-3 同横截面积的空心圆杆与实心圆杆，它们的强度、刚度哪一个好？同外径的空心圆杆与实心圆杆，它们的强度、刚度哪一个好？工程上使用实心轴比空心轴多，为什么？

4-4 取一段受扭圆轴，沿水平纵截面截开，如思考题 4-4 图所示。纵截面上的切应力 τ' 组成矩矢垂直于轴线的力偶，此力偶与什么力偶相平衡？

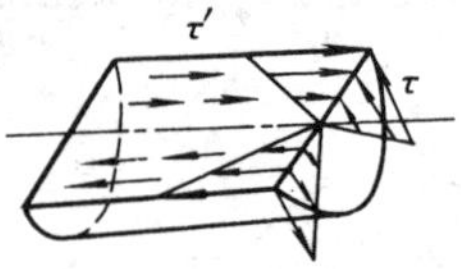

思考题 4-4 图

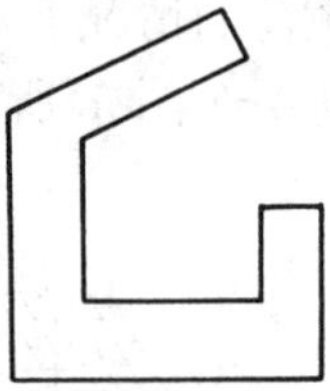

思考题 4-5 图

4-5 矩形截面杆受扭时，四个角的切应力为零。根据切应力流如水流的性质，思考题 4-5 图示横截面杆受扭时，哪些角上切应力必为零，哪些角上可能有切应力？

4-6 闭口薄壁截面杆与开口薄壁截面杆受扭时，沿壁厚切应力分布规律不同，原因是什么？

4-7 圆截面杆与非圆截面杆受扭时，变形特征有何区别？圆截面杆扭转时，横截面半径 ρ 的圆周上各点绕圆心转角相同，闭口薄壁截面杆扭转时，横截面上各点对形心的转角是否相同？如何理解截面转角？

4-8 振动设备的隔振装置如思考题 4-8 图所示，外部是一个内径为 D 的圆管，中心是直径为 d 的直杆。管与杆之间用高 h 的橡胶圆柱相连成一体。杆的上方承受振动设备作

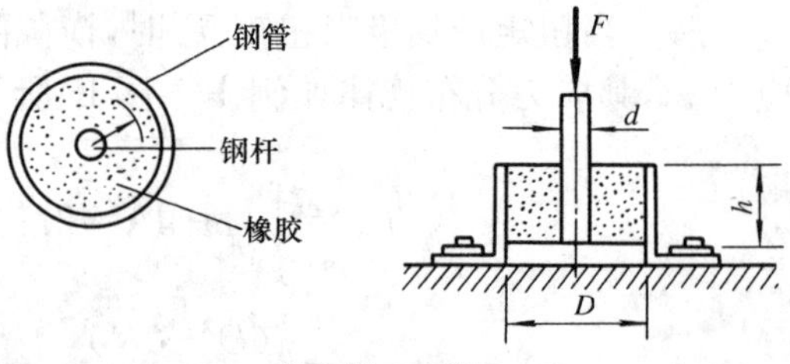

思考题 4-8 图

用的载荷 F。仿圆轴扭转切应力公式推导过程，导出隔振装置橡胶圆柱的切应力 $\tau(\rho)$ 计算式及中心直杆的位移 δ。

习 题

4-1 作题 4-1 图示轴的扭矩图。

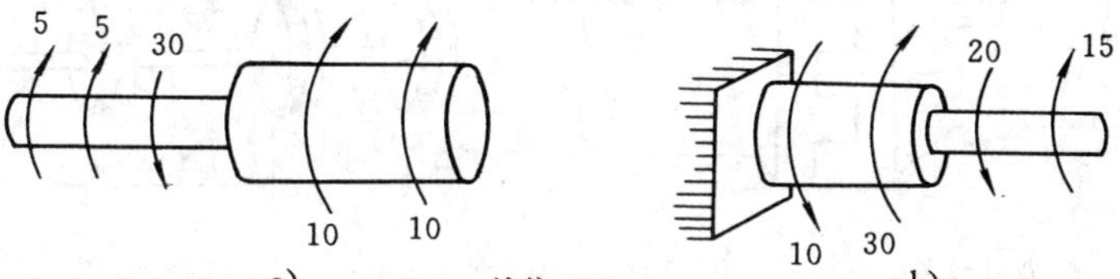

单位: kN·m

题 4-1 图

4-2 题 4-2 图示轴的转速 $n=175$ r/min，若 A 轮输入的功率为 100 kW，B 轮和 C 轮输出的功率分别为 40 kW 和 60 kW。试作轴的扭矩图。

4-3 实心钢圆轴的直径为 50 mm，转速为 250 r/min。若钢的许用切应力$[\tau]=60$ MPa，求此轴所能传递的最大功率。

4-4 为了使实心圆轴的质量减轻 20%，用外径为内径两倍的空心圆轴代替。若实心圆轴内最大切应力等于 60 MPa，则在空心轴内最大切应力等于多少？

4-5 如题 4-5 图所示，直径 $d=100$ mm 两段机轴用法兰和螺栓连接成传动轴。轴受扭时的最大切应力为 70 MPa，螺栓的直径 $d_1=20$ mm，并布置在 $D_0=200$ mm 的圆周上。设螺栓的许用切应力$[\tau]=60$ MPa，试求所需螺栓的个数 n。

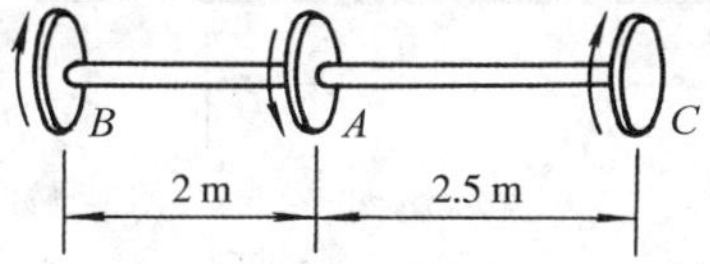

题 4-2 图

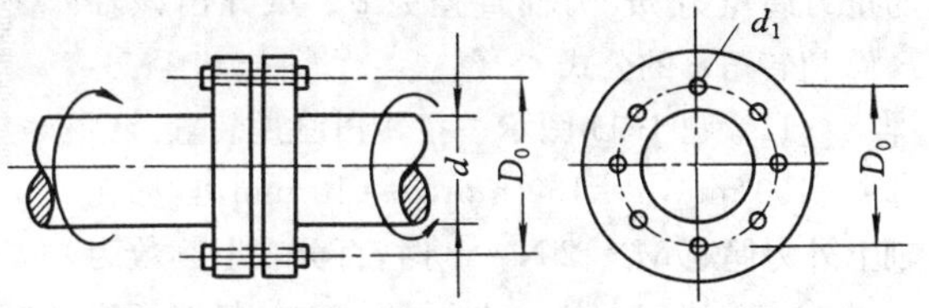

题 4-5 图

4-6 如题图 4-6 所示，有一外径为 100 mm，内径为 80 mm 的空心圆轴，与一直径为 80 mm 的实心圆轴用键相连接。在 A 轮处由电动机带动，输入功率 $P_1=150$ kW，在 B,C 轮处分别负载 $P_2=75$ kW，$P_3=75$ kW。若已知轴的转速为 $n=300$ r/min，许用切应力$[\tau]=45$ MPa；键的尺寸为 10 mm×10 mm×30 mm，其许用切应力为$[\tau]=100$ MPa，许用挤压应力$[\sigma]=280$ MPa，校核轴强度并确定需几个键。

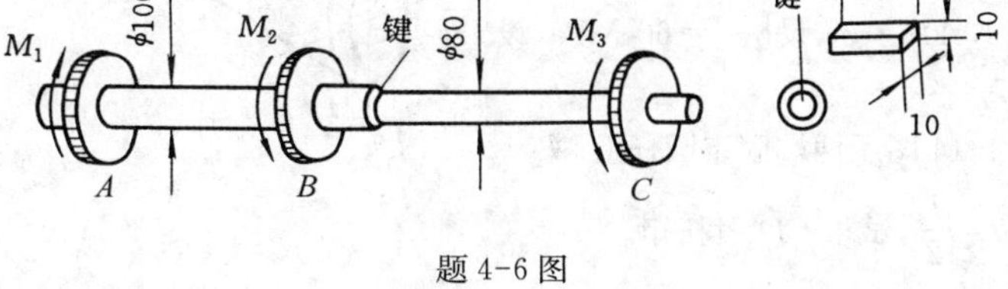

题 4-6 图

4-7 如题4-7图所示,实心轴和空心轴通过牙嵌式离合器连接在一起。已知轴的转速 $n=100$ r/min,传递的功率 $P=7.5$ kW,轴的许用应力$[\tau]=40$ MPa。试选择实心轴直径 d_1 和空心轴的外径 $D_2$$\left(\text{内外径之比为}\dfrac{1}{2}\right)$。

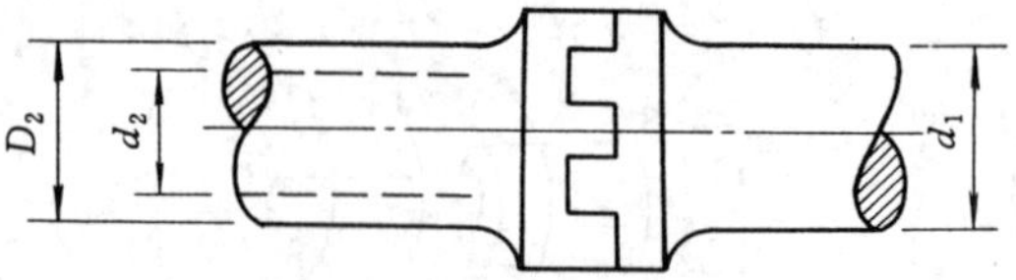

题4-7图

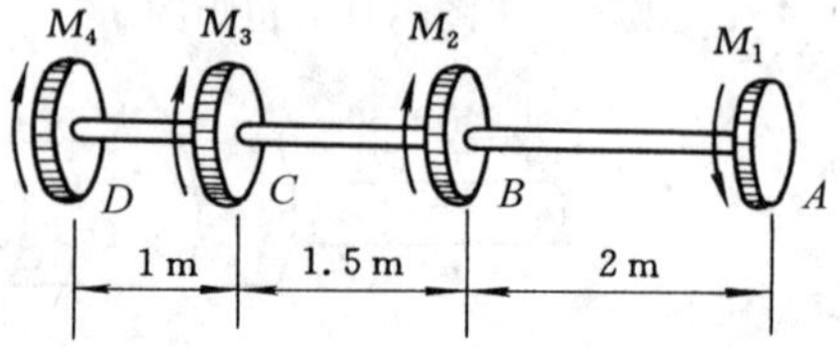

题4-8图

4-8 题4-8图示一直径为75 mm的传动轴,轴上作用外力偶矩 $M_1=1.0$ kN·m,$M_2=0.6$ kN·m,$M_3=0.2$ kN·m,$M_4=0.2$ kN·m。

(1) 作轴的扭矩图;

(2) 求各段轴内的最大切应力;

(3) 求轴的总扭转角(已知材料的切变模量 $G=8\times10^4$ MPa);

(4) 若将外力偶矩 M_1 和 M_2 的作用位置互换,则轴内的最大切应力有无变化?

4-9 一钢圆轴上作用外力偶矩 $M_e=18$ kN·m。设轴的许用切应力$[\tau]=40$ MPa,许用单位扭转角$[\theta]=0.3°/\text{m}$,切变模量 $G=8\times10^4$ MPa,试确定轴的直径 d。

4-10 左端固定的圆轴 AB 如题4-10图所示,承受均匀分布的扭力偶作用。已知单位长度的扭力偶矩为 m,圆轴直径为 d。试导出该轴 B 面扭转角 φ 的公式。

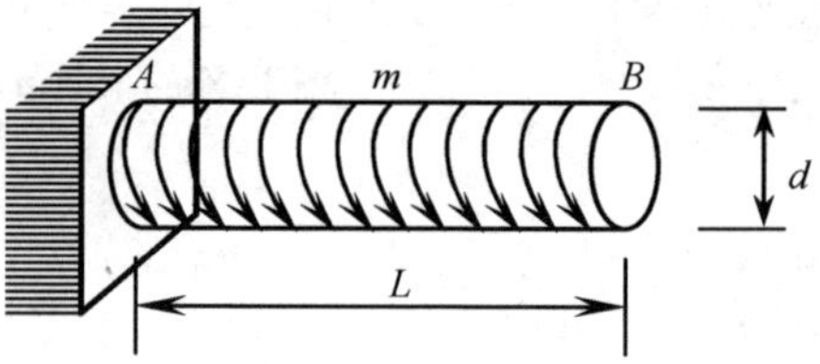

题4-10图

4-11 题4-11图示一扭转角测量装置。已知 $l=100$ mm,$a=100$ mm,$d=10$ mm,当加在轴上外力偶矩 $M_e=2$ N·m时,百分表上读数为26格(1格=0.01 mm)。试计算该轴材料的切变模量 G。

4-12 一空心轴在150 r/min的转速下传递 6×10^3 kW的功率。轴的最大许用切应力为80 MPa,且轴每米长的扭转角不能超过0.5°。若 $G=8\times10^4$ MPa,轴的外径等于300 mm,试计算满足上述条件时轴壁的最小厚度。

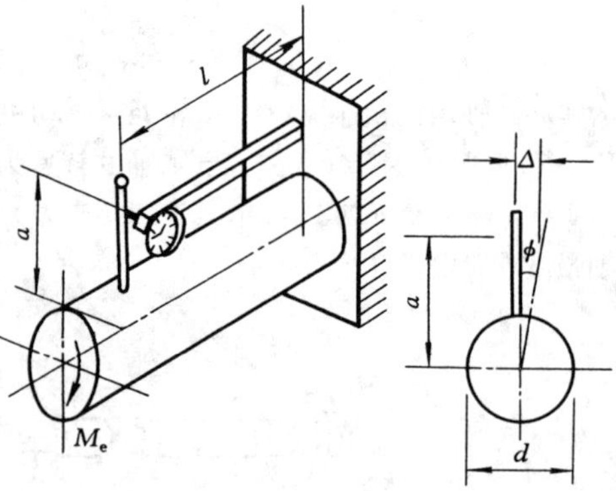

题4-11图

4-13 题4-13图示两端固定的圆轴,受外力偶矩 $M_B=M_C=10$ kN·m,设$[\tau]=60$ MPa,设计圆轴的直径 d。

4-14 设题4-14图示两端固定圆杆上 $M_1=2M_2$,$a=c=\dfrac{l}{4}$,$b=\dfrac{l}{2}$,试求 CD 段扭矩。

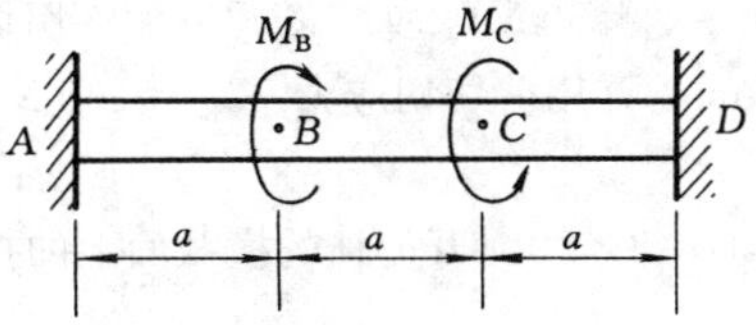

题 4-13 图

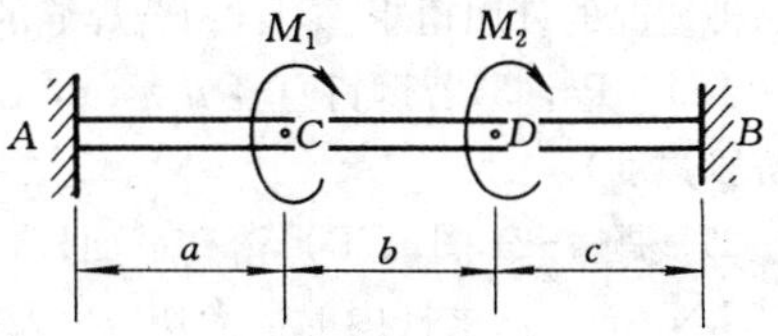

题 4-14 图

4-15 如题 4-15 图所示，有一两端固定的杆，在截面 B 处承受外力偶矩 M_e。此杆 AB 段为实心圆截面（直径为 d_1），而 BC 段为空心圆截面（外径为 d_2，内径为 d_1）。试导出使 A 和 C 端处的约束反力偶矩在数值上相等时，比值 a/l 的表达式。

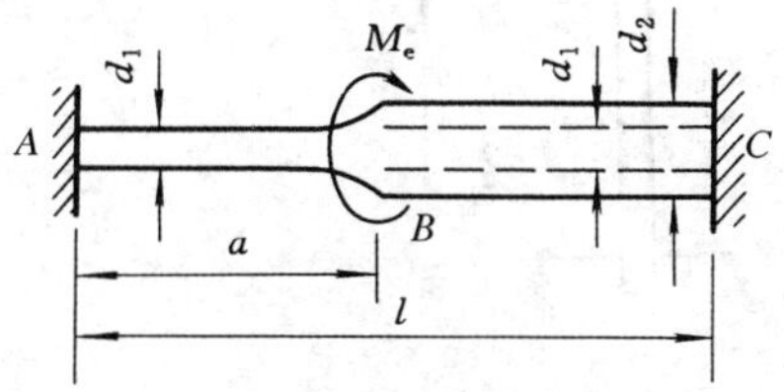

题 4-15 图

4-16 一组合轴是由直径 75 mm 的钢杆外面包以紧密配合的黄铜管组成。其中，钢：$G_s=8\times10^4$ MPa；黄铜：$G_c=4\times10^4$ MPa。若欲使组合轴受扭矩作用时两种材料分担同样的扭矩，(1)试求黄铜管的外径。(2) 若扭矩为 16 kN·m，计算钢杆和黄铜管的最大切应力以及轴长为 4m 时的扭转角。

提示：钢杆与铜管的扭转角相等。

4-17 外径为 75 mm 的铜管紧密套在钢管上，两管的壁厚各为 3 mm。两管的各端是牢固地互相连接着，且有 1 kN·m 的扭矩作用在管上，其中，铜：$G_c=4\times10^4$ MPa；钢：$G_s=8\times10^4$ MPa。试求各管中最大切应力及在 3 m 长度内的扭转角。

4-18 两端刚性固定长度为 $l=2$m 的圆管，外径 $D=10$ mm，壁厚 $\delta=0.5$ mm，承受集度为 $m_e=5.5$ N·m/m 的均布外力偶矩作用，试求此杆内最大切应力及长度中点处截面的扭转角（材料的切变模量 $G=8\times10^4$ MPa）。

4-19 如题 4-19 图所示，圆轴 AB，长 L，直径 D，切变模量为 G，A 面固定，B 面有两根长 l 直径 d 的直杆支撑，杆弹性模量为 E。在 C 面作用矩为 M_e 的外力偶，求 B 面扭转角 φ_B 及杆的纵向线应变 ε。

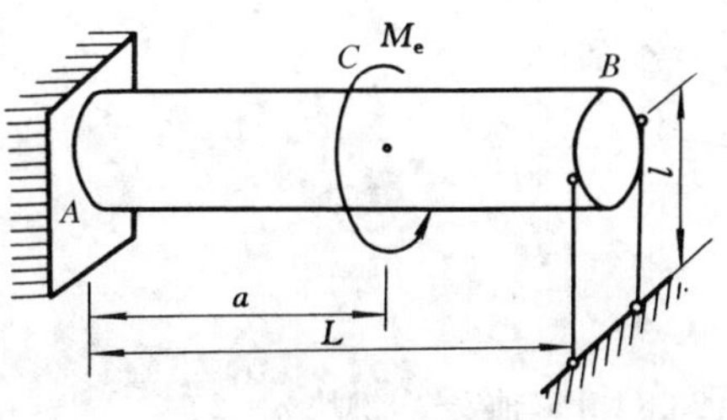

题 4-19 图

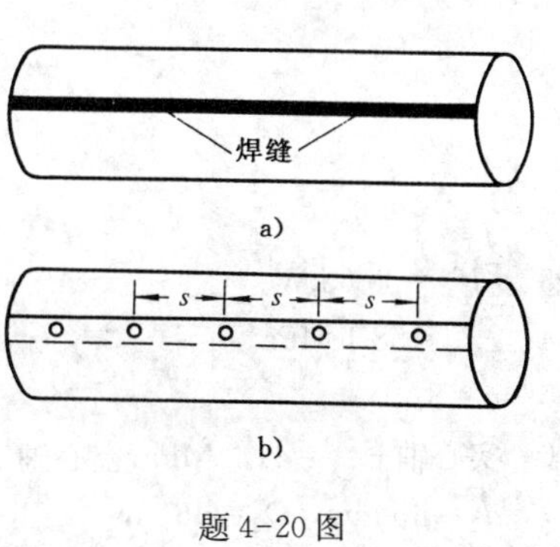

题 4-20 图

4-20 如题 4-20 图所示，将厚 $\delta=0.8$ mm，许用切应力$[\tau]=90$ MPa 的薄板，卷成直径 $d=40$ mm 的圆管，为了提高圆管的扭转强度和刚度，在圆管开口处用焊接或铆接的方式连接。试求下述三种情况的许用扭矩[T]:(1)若焊缝的许用切应力[$\tau_{焊}$]=80 MPa;(2) 若焊缝的许用切应力[$\tau_{焊}$]=100 MPa;(3)若铆钉直径 d=4 mm,间距 s=15 mm,许用剪切切应力[$\tau_{铆}$]=100 MPa(不考虑挤压强度)。

4-21 题4-21图示T形薄壁截面杆,长度 l=2m,$G=8\times10^4$ MPa,杆的横截面上的扭矩为 T=0.2 kN·m。试求杆内的最大切应力及扭转角。

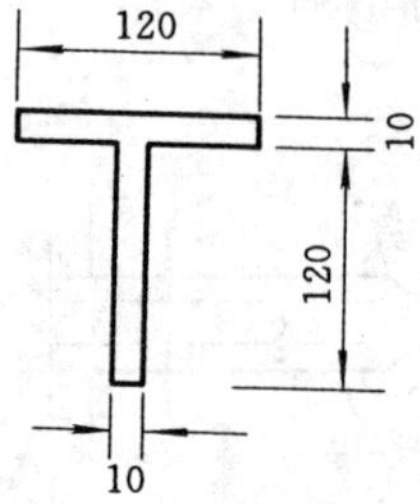

题4-21图

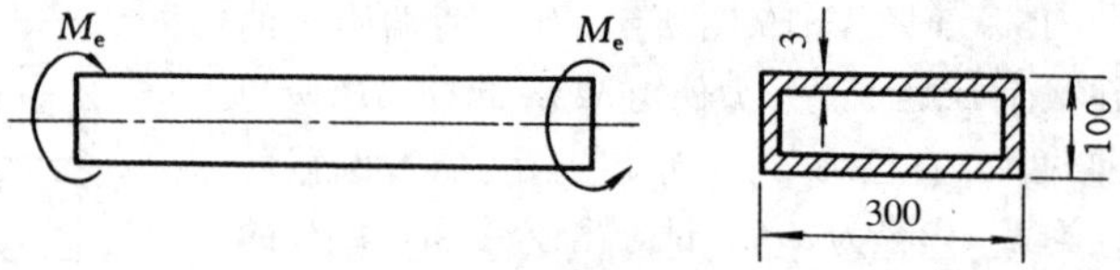

题4-22图

4-22 题4-22图示矩形截面的闭口薄壁杆,杆的两端受到外力偶矩 M_e 的作用。材料的许用切应力[τ]=60 MPa。

(1) 试按强度条件确定其许用扭转力偶矩[M_e]。

(2) 若在杆件上沿纵线切开一条缝后,试问许用扭转力偶矩[M_e]将减至多少?

4-23 题4-23图示两种形式的闭口薄壁截面,一种为圆形,一种为方形,两种形式的截面采用相同的材料,相同的重量,相同的壁厚 δ,试问哪一种形式截面的抗扭强度比较高?

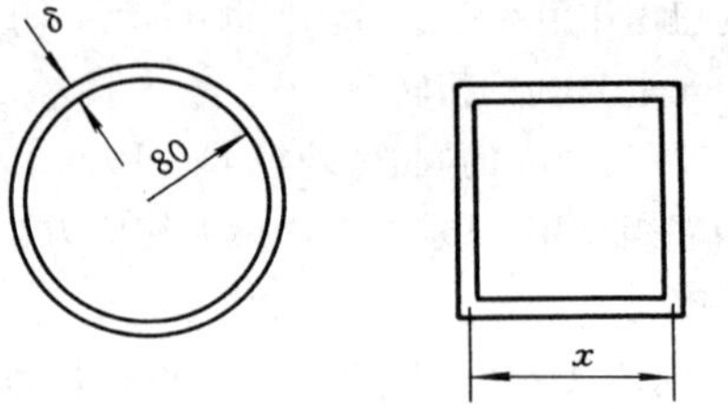

题4-23图

习 题 答 案

4-3 [P]=38.6 kW。

4-4 τ_{max}=58.1 MPa。

4-5 n=8。

4-6 实心轴 τ_{max}=41.2 MPa,空心轴 τ_{max}=23.8 MPa,轴安全,键块 n=2。

4-7 d_1=45 mm, D_2=46 mm。

4-8 (2)DC 段 τ_{max}=2.41 MPa, CB 段 τ_{max}=4.83 MPa, BA 段 τ_{max}=12.1 MPa;(3) φ_{DA}=0.646°;(4) 最大切应力将变小。

4-9 d=145 mm。

4-10 $\varphi=\dfrac{mL^2}{2GI_p}$。

4-11 $G=78.35$ GPa。

4-12 $\delta=66$ mm。

4-13 $d=82.7$ mm。

4-14 $T_{CD}=M_1/8$。

4-15 $a/l=(d_1/d_2)^4$。

4-16 (1)$D_c=D_s\sqrt[4]{1+\dfrac{G_s}{G_c}}=98.7$ mm;

(2)钢杆 $\tau_{max}=96.6$ MPa,铜管 $\tau_{max}=63.6$ MPa,$\varphi=7.38°$。

4-17 铜管 $\tau_{max}=16.75$ MPa,钢管 $\tau_{max}=30.8$ MPa,$\varphi=1.92°$。

4-18 $\tau_{max}=81.5$ MPa, $\varphi\left(\dfrac{l}{2}\right)=5.83°$。

4-19 $\varphi_B=\dfrac{32M_e a}{\pi D^2\left[GD^2+4Ed^2\left(\dfrac{L}{l}\right)\right]}$, $\varepsilon=\dfrac{\varphi_B D}{2l}=\dfrac{16M_e a}{\pi D^2(GDl+4Ed^2L)}$。

4-20 (1)$[T]=\Omega\delta[\tau_{焊}]=161$ N·m; (2)$[T]=\Omega\delta[\tau]=191$ N·m;

(3)$[T]=191$ N·m。

4-21 $\tau_{max}=25$ MPa, $\varphi=3.58°$。

4-22 (1)$[M_e]=10.37$ kN·m;(2)$[M_e]=0.142$ kN·m。

4-23 圆形闭口薄壁截面管的抗扭强度是方形管的 1.27 倍。

5　梁的内力

本章介绍梁平面弯曲概念及梁的分类，重点讲述平面弯曲时，杆横截面内力——剪力和弯矩的计算，列内力方程并画内力图(包括直杆、折杆和曲杆)。在熟悉基本弯矩图的基础上，介绍叠加法绘制弯矩图。

知识点
重点
难点

平面弯曲
概念和工
程实例

5.1　平面弯曲概念和工程实例

弯曲变形是杆件的基本变形之一。以弯曲为主要变形的杆件称为梁。梁是工程中最常见的杆件，如建筑物中的梁、桥式起重机的横梁、火车的车轴等；日常生活中的扁担、跳水运动中的跳板等也都是梁；还有一些结构本身不是梁，但在载荷作用下发生弯曲变形，在计算它的强度、刚度时，也可看作梁，如船舶车辆的轮轴、风力作用下的建筑物等。

弯曲变形的外力特征：外力或外力偶矩矢垂直于杆的轴线。弯曲变形的变形特征：杆件轴线由直线变成曲线(若是曲杆，则曲杆的曲率发生变化)。图 5-1 给出了若干弯曲实例及其载荷、变形简图。

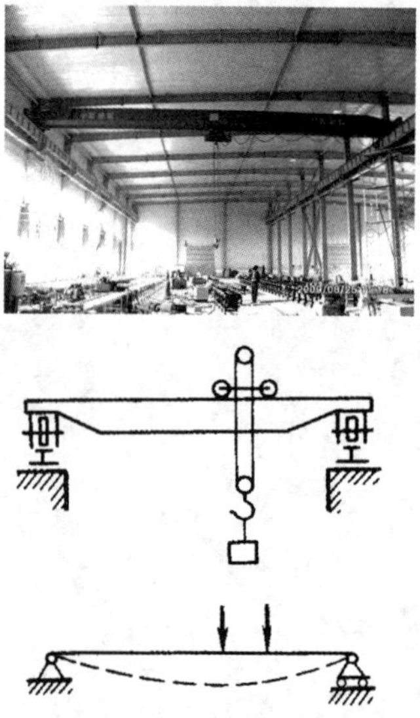

a) 桥式起重机横梁

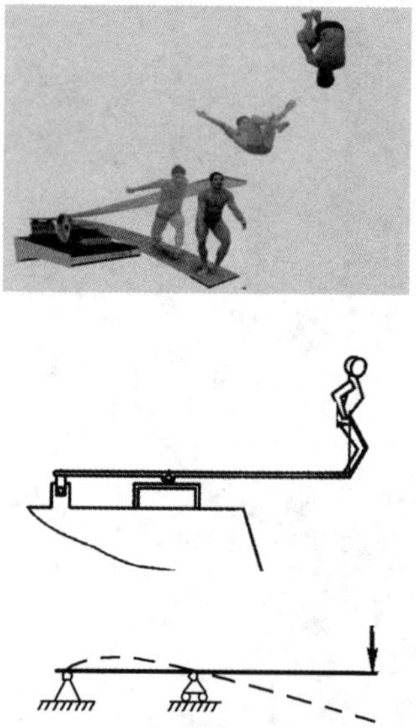

b) 跳水运动中的跳板

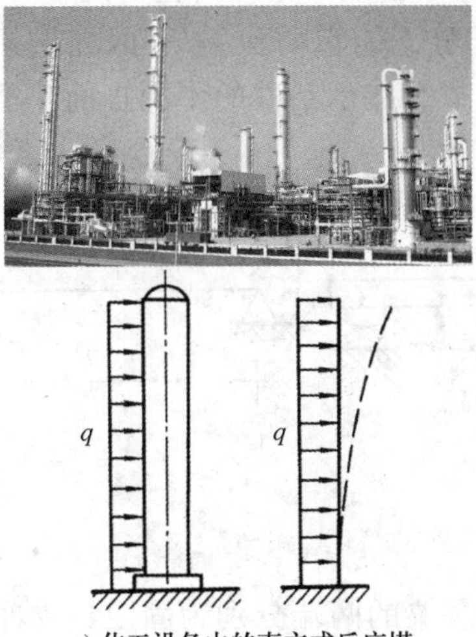

c) 化工设备中的直立式反应塔

d) 火车车厢轮轴

图 5-1　弯曲实例及受力简图

梁弯曲变形后，轴线成为一条曲线，**若变形后的轴线是一条在原轴线与形心主轴构成的平面内的平面曲线，这种弯曲称为平面弯曲**。平面弯曲虽只是弯曲变形的特殊情况，却是工程中常见的变形，也是基本变形之一。平面弯曲的充分条件：梁有纵向对称平面，且载荷都在此纵向对称平面内（图 5-2）。本章以及第 6 章、第 7 章所考虑的梁应力、梁位移计算，都限于平面弯曲的情况。

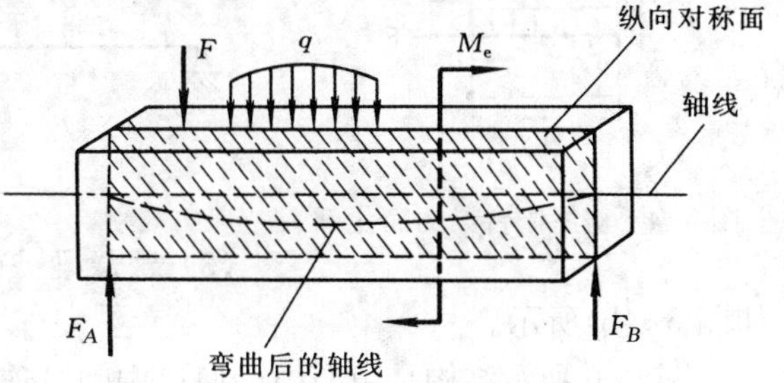

图 5-2　梁的平面弯曲

梁的计算简图 静定梁的分类

5.2　静定梁的分类

把梁的几何形状、载荷、支承作合理简化，供强度、刚度分析及计算使用，称为计算简图。计算简图中一律把梁简化为一条线（用轴线代替梁）；把载荷简化为集中力、集中力偶、分布力和分布力偶；把支承简化为最接近的约束（如固定端、活动铰支座、固定铰支座等）。例如，两端搁置在墙上的梁，如图 5-3a）所示，虽两端支承外形像固定端，由于墙宽较小，不能完全限制梁墙内部分的转动，所以只能简化为铰支座，水平载荷一般不大，墙与梁之间的摩擦力能阻止水平位移发生，因此，一端可简化为固定铰支座，另一端则简化为活动铰支座，如图 5-3c）所示的静定形式梁。桥梁常通过凹形和凸形垫板搁置在桥墩或桥座上,如图 5-3b)所示,亦可简化为图 5-3c)的形式。图5-4a)所示阳台梁,深深插入墙内,墙内部分不能转动和移动,因此把插入部分简化为固定端,计算简图如图 5-4b)。工程上根据支承条件的不同把简单静定梁分成三种:

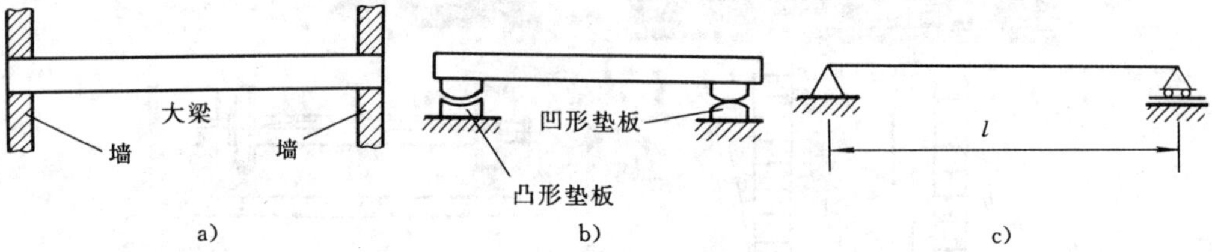

图 5-3　实际支座的简化

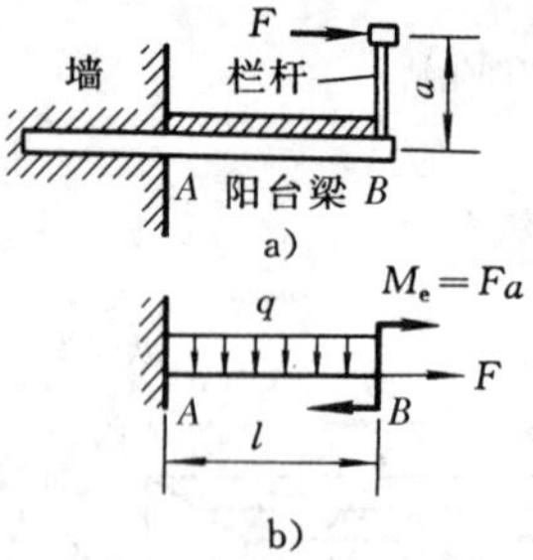

图 5-4　房屋阳台梁的简化

(1) 简支梁　梁的两端分别为固定铰支座和活动铰支座,如图 5-3c)所示。

(2) 外伸梁　支承如同简支梁,但至少有一个铰支座不在梁端部,而是在梁的中部某处,如图 5-5 所示。

图 5-5　外伸梁

(3) 悬臂梁　梁的一端是固定端,另一端是自由的,如图 5-4b)所示。

图 5-6 所示结构是由两根梁通过中间铰连接而成的,称为静定连续梁(多跨静定梁)。在中间铰处拆开,一侧是静定梁,称为基本部分,另一侧梁可发生刚体转动,称为附加部分。在计算静定连续梁的约束反力时,可先用附加部分的平衡条件,求出支座和中间铰的约束反力,然后再用基本部分的平衡条件求出基本部分的约束反力。常见的公交“巨龙”车,其底部大梁就是静定连续梁,前后车厢的连接处就是中间铰的位置。

图 5-6　静定连续梁

梁在两个支座之间的部分称为跨,跨的长度称为跨度,常用 l 表示。跨度与梁的强度、刚度有密切关系,工程上为了提高梁的强度和刚度,常采用增加支承的办法,减小跨度。一根梁设置了较多的支承后,约束反力的个数将大于平衡方程数,仅靠平衡方程求不出全部约束反力和内力,这种梁称为超静定梁,简单超静定梁的计算将在第7章中介绍。

5.3 剪力方程和弯矩方程

简支梁 AB 受集中力 F 作用，约束反力分别为 F_A，F_B，如图 5-7 所示。计算离左支座距离为 x 处 m—m 截面上的内力，用截面法，在 m—m 处假想截开，取左脱离体分析，画受力图[图 5-7b)]，截面上除了添向下的内力 F_s 外，还需添上逆时针转动的力偶矩 M 才能平衡，得平衡方程：

$$\sum F_{iy}=0, \quad F_A-F_s=0, \quad F_s=F_A$$

$$\sum M_{iz}=0, \quad F_Ax-M=0, \quad M=F_Ax$$

对右脱离体[图 5-7c)]也有同样结果。可知梁内力有两项，一项为“躺”在截面上的力，称为剪力，记为 F_s，另一项是矩矢垂直于轴线的力偶，称为弯矩，记为 M。

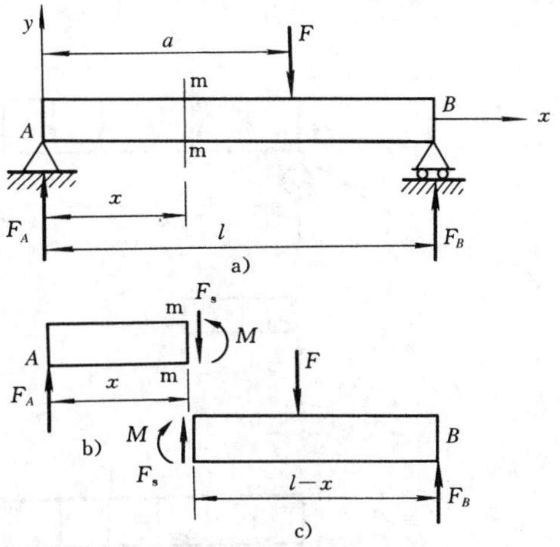

图 5-7 用截面法求梁的内力

剪力 F_s 和弯矩 M 的符号规定如下：**使脱离体发生顺时针转动的剪力为正，反之为负；使脱离体发生下侧纵向纤维受拉、上侧纵向纤维受压的弯矩为正，反之为负。**图 5-8 表示剪力 F_s 和弯矩 M 的符号规定。由作用力和反作用力定律可知，左、右脱离体在同一截面上的剪力 F_s、弯矩 M 的数值分别相等，方向(转向)分别相反，按照内力的符号规定，左、右脱离体在同一截面的内力是同号的。因此，在计算截面的内力时，不论取左脱离体还是右脱离体，计算结果是相同的，可视计算方便而选取脱离体。

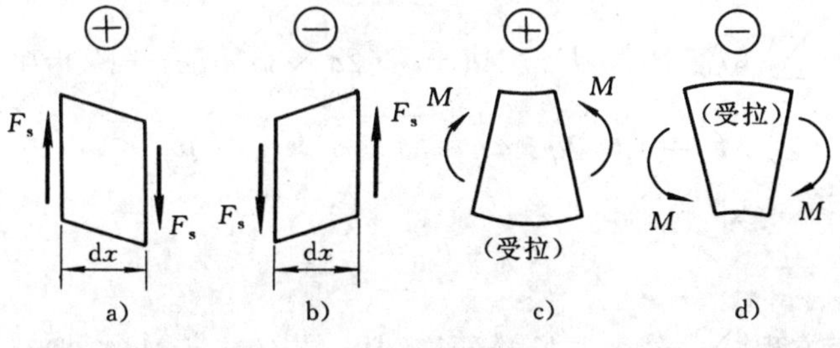

图 5-8 剪力、弯矩的正负号规定

在正弯矩作用下，梁下部拉长，上部缩短，故变形后直梁成为凹形；反之，在负弯矩作用下，梁上拉下压，变形后直梁成为凸形。因此，从变形后梁的形状来判定弯矩符号的话，也可把符号规定叙述为：**使梁变成凹的弯矩为正，使梁变成凸的弯**

矩为负。

例 5-1 用截面法计算例 5-1 图 a)所示梁 1—1,2—2,3—3 截面上的内力。三个面的坐标(原点为 A)分别为 x_1,x_2,x_3。

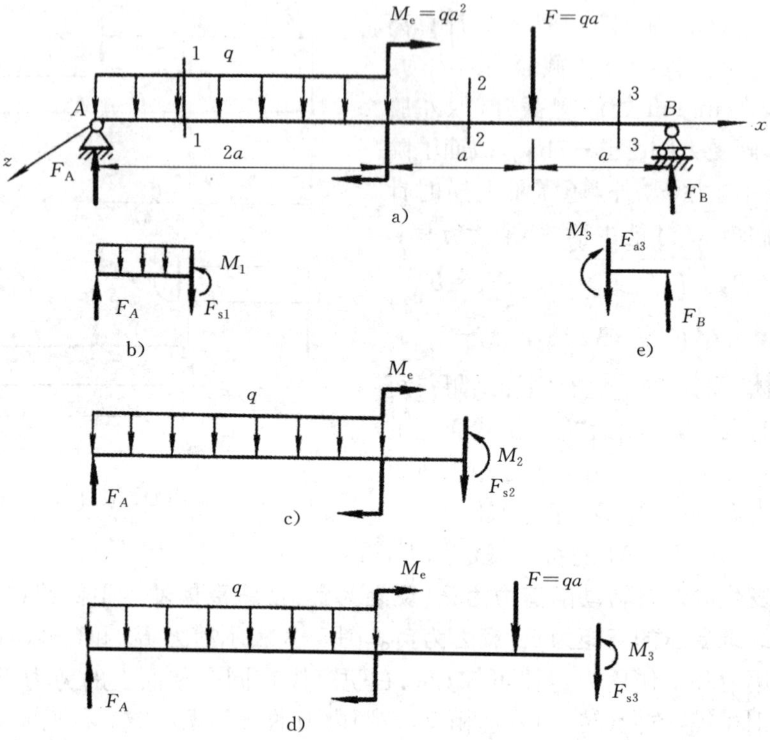

例 5-1 图

解 1. 由先外力后内力的原则,先计算约束力 F_A,F_B。列平衡方程:

$$\sum M_B=0,\quad F_A\times 4a-q\times 2a\times 3a+M_e-Fa=0$$

$$\sum M_A=0,\quad 2qa\times a+M_e+F\times 3a-F_B\times 4a=0$$

$$F_A=F_B=\frac{3}{2}qa$$

可再用平衡方程 $\sum F_{iy}=0$ 检验计算结果,若约束力计算有误,剪力、弯矩的计算结果不可能正确。

2. 用截面法,逐次在 1—1,2—2,3—3 面截开,计算内力[取左脱离体,依次画受力例 5-1 图 b),c),d),列平衡方程]。由例 5-1 图 b)得平衡方程:

$$\sum F_{iy}=0,\quad F_A-qx_1-F_{s1}=0$$

$$\sum M_{iz1-1}=0,\quad F_A x_1-qx_1\cdot\frac{x_1}{2}-M_1=0$$

由例 5-1 图 c)得

$$\sum F_{iy}=0,\quad F_A-2qa-F_{s2}=0$$

$$\sum M_{iz2-2}=0,\quad F_A x_2-2qa(x_2-a)+M_e-M_2=0$$

由例 5-1 图 d)得

$$\sum F_{iy}=0,\quad F_A-2qa-F-F_{s3}=0$$

$$\sum M_{iz3-3}=0,\quad F_A x_3-2qa(x_3-a)+M_e-F(x_3-3a)-M_3=0$$

解平衡方程得

$$F_{s1}=F_A-qx_1=\frac{3}{2}qa-qx_1$$

$$M_1=F_A x_1-\frac{qx_1^2}{2}=\frac{3}{2}qax_1-\frac{qx_1^2}{2}$$

$$F_{s2}=F_A-2qa=\frac{3}{2}qa-2qa=-\frac{1}{2}qa$$

$$M_2=F_A x_2-2qa(x_2-a)+M_e=\frac{1}{2}qax_2+3qa^2$$

$$F_{s3}=F_A-2qa-F=-\frac{3}{2}qa$$

$$M_3=F_A x_3-2qa(x_3-a)+M_e-F(x_3-3a)=6qa^2-\frac{3}{2}qax_3$$

若取右脱离体，以求 3—3 面内力为例，脱离体受力图见例 5-1 图 e)，由平衡方程可得

$$F'_{s3}=F_B=\frac{3}{2}qa\quad(-)$$

$$M'_3=F_B(4a-x_3)=\frac{3}{2}qa(4a-x_3)$$

F_{s3}与F'_{s3}数值相同，符号相反，原因是在例 5-1 图 d)中假定的F_{s3}是正的，而例 5-1 图 e)中假定的F'_{s3}是负的。由例 5-1 图 e)解得的F'_{s3}为正，表示例 5-1 图 e)假定的F'_{s3}为负是对的，F'_{s3}应为负；此时解的符号和内力规定的符号不一致，需在括号中注明。M_3 和M'_3都假定为正，假定相同，方程解自然有相同的符号。为了让解方程后的解的符号与内力规定的符号一致，可以在脱离体受力图中，总是假定内力为正的。

若把 x_1, x_2, x_3 看作是沿轴线方向的变量 x,则得到的内力就是截面位置 x 的函数,**称为内力方程**(剪力方程、弯矩方程)。表达式如下:

$$\begin{cases} F_{s1}=\dfrac{3}{2}qa-qx \\ M_1=\dfrac{3}{2}qax-\dfrac{1}{2}qx^2 \end{cases} \quad (0<x<2a)$$

$$\begin{cases} F_{s2}=\dfrac{3}{2}qa-2qa \\ M_2=\dfrac{3}{2}qax-2qa(x-a)+qa^2 \end{cases} \quad (2a<x<3a)$$

$$\begin{cases} F_{s3}=\dfrac{3}{2}qa-2qa-qa \\ M_3=\dfrac{3}{2}qax-2qa(x-a)+qa^2-qa(x-3a) \end{cases} \quad (3a<x<4a)$$

内力方程不一定要合并同类项,可以按各项外力逐一写出。由上述方程可以看到:内力方程是分段函数,它们以集中力、集中力偶的作用点、分布力(力偶)的起始点和终止点作为分段点。在集中力作用处,剪力 F_s 发生突变,变化值即集中力值,而弯矩 M 不变;在集中力偶作用处,剪力 F_s 不变,而弯矩 M 发生突变,变化值就是集中力偶值。

利用截面法计算内力较麻烦,需画脱离体受力图、列平衡方程、解方程。对例5-1的内力方程仔细观察,可归纳出如下规律:

(1) 剪力 F_s 等于脱离体上外力的代数和。为保证外力代数和的符号与剪力符号一致,外力"左上右下"为正,即左脱离体上向上外力为正,右脱离体上向下的外力为正,反之为负。

(2) 弯矩 M 等于脱离体上外力、外力偶对截面水平形心轴的力矩的代数和。为保证外力矩代数和的符号与弯矩符号规定一致,以脱离体上向上的外力产生的力矩为正,与向上的力产生的力矩同转向的外力偶矩亦为正,反之为负。

按上述规律可直接写出内力方程。

根据内力方程可以绘制内力图,内力图比内力方程直观,是工程中必不可缺的。在土木行业中,弯矩图的纵轴(M 轴)以向下为正向(即弯矩值标在梁的受拉侧);在机械行业中,弯矩图的纵轴(M 轴)大多以向上为正向。本书弯矩图的纵轴采用以向下为正向。

例 5-2 列出例 5-2 图 a)所示梁的内力方程,并绘内力图。

解 1. 计算约束力

列平衡方程:

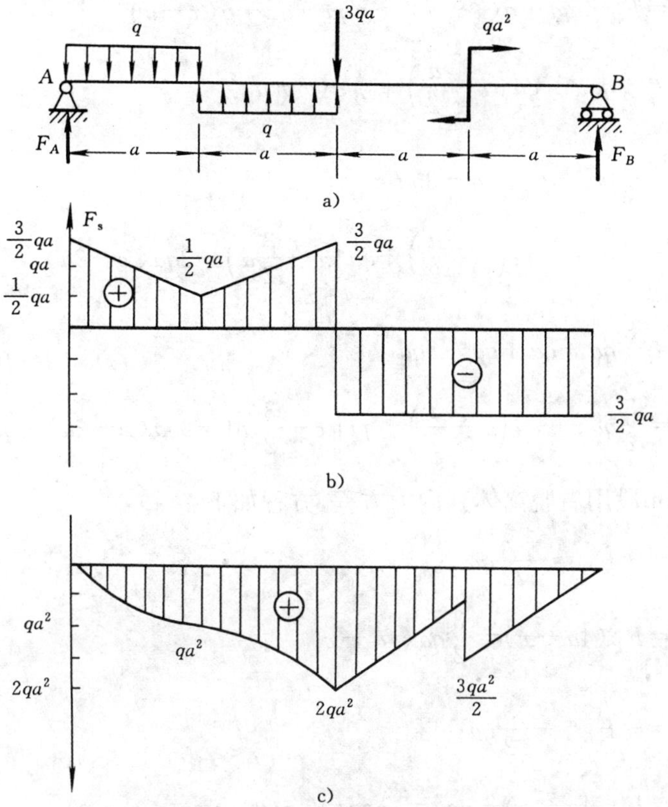

例 5-2 图

$$\sum F_{iy}=0,\quad F_A-qa+qa-3qa+F_B=0$$

$$\sum M_B=0,\quad F_A\times 4a-qa\times 3.5a+qa\times 2.5a-3qa\times 2a+qa^2=0$$

得
$$F_A=F_B=\frac{3}{2}qa$$

用平衡方程 $\sum M_A=0$ 检验,正确。

2. 列各段内力方程

除端点 A,B 外,还有 3 个分段点,内力方程分四段。皆取左脱离体,根据内、外力之间规律,得

$$\begin{cases}F_{s1}=F_A-qx=\dfrac{3qa}{2}-qx\\ M_1=F_Ax-\dfrac{1}{2}qx^2=\dfrac{3}{2}qax-\dfrac{qx^2}{2}\end{cases}\qquad(0<x\leqslant a)$$

$$\begin{cases} F_{s2}=F_A-qa+q(x-a)=\dfrac{3}{2}qa-qa+q(x-a) \\ M_2=\dfrac{3}{2}qax-qa\left(x-\dfrac{a}{2}\right)+\dfrac{1}{2}q(x-a)^2 \end{cases} \quad (a\leqslant x<2a)$$

$$\begin{cases} F_{s3}=\dfrac{3}{2}qa-qa+qa-3qa \\ M_3=\dfrac{3}{2}qax-qa\left(x-\dfrac{a}{2}\right)+qa\left(x-\dfrac{3}{2}a\right)-3qa(x-2a) \end{cases} \quad (2a<x<3a)$$

$$\begin{cases} F_{s4}=\dfrac{3}{2}qa-qa+qa-3qa \\ M_4=\dfrac{3}{2}qax-qa\left(x-\dfrac{a}{2}\right)+qa\left(x-\dfrac{3}{2}a\right)-3qa(x-2a)+qa^2 \end{cases} \quad (3a<x<4a)$$

若对第3,4段用右脱离体列内力方程,方程如下:

$$\begin{cases} F_{s4}=-F_B=-\dfrac{3}{2}qa \\ M_4=F_B(4a-x)=\dfrac{3}{2}qa(4a-x) \end{cases} \quad (3<ax<4a)$$

$$\begin{cases} F_{s3}=-F_B=-\dfrac{3}{2}qa \\ M_3=F_B(4a-x)-qa^2=\dfrac{3}{2}qa(4a-x)-qa^2 \end{cases} \quad (2a<x<3a)$$

3. 绘内力图

根据内力方程计算若干截面的剪力值、弯矩值,再绘成剪力图和弯矩图。必须计算梁端面、集中力和集中力偶作用面、分布载荷起始面和终止面的剪力、弯矩值、剪力极值和弯矩极值,并标在剪力图、弯矩图上,见例5-2图b)和例5-2图c)。

5.4 载荷集度 q、剪力 F_s、弯矩 M 间关系及绘内力图

根据内力方程绘内力图,不仅工作量大,还可能漏掉关键值(最大值),所以,通常不用内力方程绘内力图,而是利用 q,F_s,M 关系绘图。首先考察 q,F_s,M 关系。

任取一段长为 dx 的微段梁(图5-9),梁上受分布载荷 q 作用,左右截面的剪力、弯矩分别为 F_s,M 和 F_s+dF_s,$M+dM$。利用平衡条件考察此微段梁上内力与 q 的关系。

$$\sum F_{iy}=0, \quad F_s+q\,dx-(F_s+dF_s)=0$$

$$\sum M_{iz}=0,$$

$$M+F_s\mathrm{d}x+\frac{1}{2}q(\mathrm{d}x)^2-(M+\mathrm{d}M)=0$$

略去高阶小量$\frac{1}{2}q(\mathrm{d}x)^2$后，有微分关系：

$$\begin{aligned}\mathrm{d}F_s&=q\mathrm{d}x\\ \mathrm{d}M&=F_s\mathrm{d}x\end{aligned}\qquad(5\text{-}1)$$

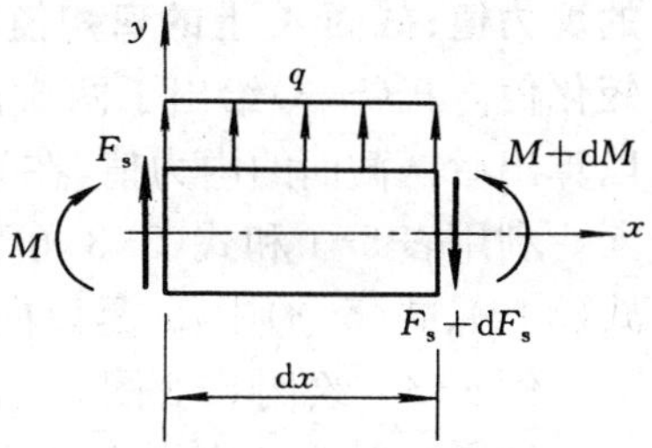

图 5-9 微段梁受力图

将式(5-1)化成导数形式，有

$$\left.\begin{aligned}\frac{\mathrm{d}F_s}{\mathrm{d}x}&=q\\ \frac{\mathrm{d}M}{\mathrm{d}x}&=F_s\\ \frac{\mathrm{d}^2M}{\mathrm{d}x^2}&=q\end{aligned}\right\}\qquad(5\text{-}2)$$

根据导数的几何意义可知：剪力图上 x 处斜率即为梁上 x 处的载荷集度 q 值(向上的 q 值为正，向下的 q 值为负)；弯矩图上 x 处的斜率即为剪力图上 x 处的剪力值；$F_s=0$ 处弯矩 M 达极值；弯矩图上 x 处曲线张口与计算简图上 x 处的分布载荷 q 方向相反，即 q 向上，M 张口向下；q 向下，M 张口向上(因 M 以下为正)。因此，看到梁的计算简图就可大致判定剪力图、弯矩图的形状。

载荷与对应的剪力图、弯矩图的形状见表 5-1。

表 5-1　　载荷与对应的剪力图、弯矩图形状

载荷	$q=0$	$q=c$ ↓　↑	$q=kx$ ↓　↑	F	M_e
F_s			二次曲线 递减或递增	突变 变化值即 F	不变
M	$(F_s<0)$ $(F_s>0)$	二次曲线	三次曲线	连续不光滑	突变 变化值即 M_e

A，B 为梁上任两个截面($x_B>x_A$)，将式(5-1)沿梁积分，从 A 截面积到 B 截面。

$$\begin{aligned}\int_{x_A}^{x_B}q\mathrm{d}x&=\int_{x_A}^{x_B}\mathrm{d}F_s=F_{sB}-F_{sA}\\ \int_{x_A}^{x_B}F_s\mathrm{d}x&=\int_{x_A}^{x_B}\mathrm{d}M=M_B-M_A\end{aligned}\qquad(5\text{-}3)$$

式(5-3)说明，**截面 *A* 的剪力值加上计算简图上 *AB* 段分布载荷的面积就等于截面 *B***

的剪力值;截面 A 上的弯矩值加上剪力图上 AB 段的剪力图面积就是截面 B 上的弯矩化值。式(5-3)给出了两截面间的内力变化值,若知道前一个截面的内力值就可以算出后一截面的内力值,在梁端部,剪力和弯矩都从零开始。

利用表 5-1 和式(5-3)可以方便地绘制内力图,在绘图时,通常从左画到右,因式(5-2)、式(5-3)中,x 是以向右为正。

例 5-3 绘例 5-3 图 a)所示梁的内力图。

解 1. 计算约束力 F_A,F_B。

根据平衡方程可得

$F_A=16.6\ \text{kN}(\uparrow)$, $F_B=4.4\ \text{kN}(\uparrow)$

由计算简图可判定,内力分三段。

2. 绘剪力图

先建立坐标系,x 轴与梁轴线平行,对齐;F_s 轴以向上为正,通过分段点的垂直线(作为提示线,提示分段及内力值是否有突变)。分段绘制剪力图。

$0\leqslant x\leqslant 1$ m 段,因 $F=5$ kN($\downarrow$),剪力发生突变,由零突变为-5 kN;此段 $q=0$,剪力图呈水平线,$F_s=-5$ kN。

1 m$\leqslant x<5$ m 段,因 $F_A=16.6$ kN($\uparrow$),剪力向上突变 F_A 值,至 11.6 kN;此段 q 图面积为$-4\times4=-16$ kN,剪力降至 $11.6-16=-4.4$ kN,q 为常数($\downarrow$),剪力图呈向下斜直线;在距 A 面 2.9 m 处,剪力 $F_s=0$。

5m$\leqslant x\leqslant$6m 段,集中力偶对剪力无影响,剪力不变;此段 $q=0$,剪力图呈水平线,$F_s=-4.4$ kN;因 $F_B=4.4$ kN($\uparrow$),剪力向上突变 F_B 值,归于零。

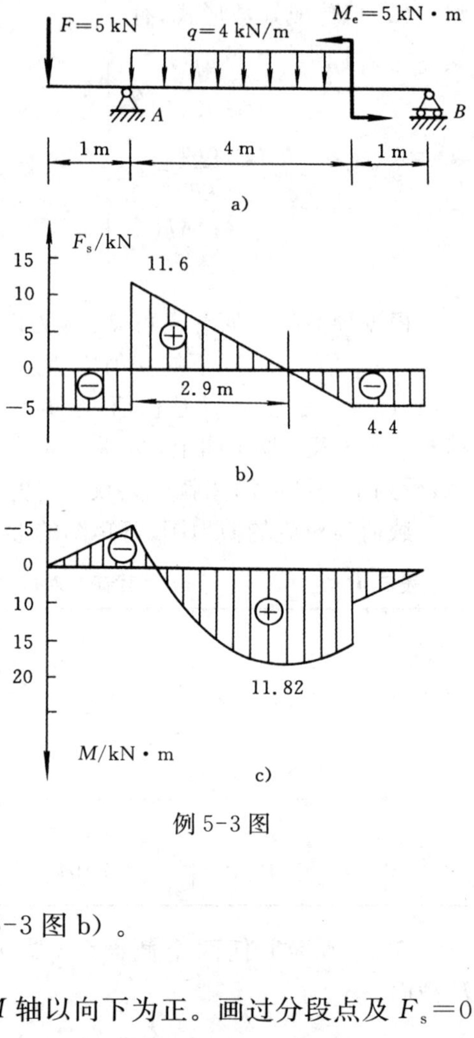

例 5-3 图

最后标上⊕,⊖号,画竖条阴影线,见例 5-3 图 b)。

3. 绘弯矩图

建立坐标系,x 轴与梁轴线平行,对齐;M 轴以向下为正。画过分段点及 $F_s=0$ 的点的垂直线作提示。分段绘制弯矩图:

$0\leqslant x\leqslant 1$ m 段,梁端无集中力偶,$M(0)=0$;此段剪力图面积为-5 kN·m,$M(1)=0-5=-5$ kN·m;因此段 F_s 图呈水平线,所以 M 图呈斜直线。

1 m$\leqslant x<$5 m 段,此段无集中力偶,M 不突变;所以 F_s 图呈斜直线,因 q 向下,M 图是张口向上的二次曲线;在(1,3.9)段,剪力图面积 16.82 kN·m,$M(13.9)=$

$-5+16.82=11.82\ \text{kN}\cdot\text{m}$；在(3.9,5)段，剪力图面积$-2.41\ \text{kN}\cdot\text{m}$，$M(5)=11.82-2.42=9.4\ \text{kN}\cdot\text{m}$。

5 m$\leqslant x\leqslant$6 m 段，有外力偶 M_e（作为负），M 突变为 4.4 kN·m；F_s 图呈水平线，M 图呈斜直线；此段剪力图面积$-4.4\ \text{kN}\cdot\text{m}$，故 $M(6)=4.4-4.4=0$。

最后标上⊕、⊖号，画竖条阴影线，见例 5-3 图 c)。

若 M 图能自动返回零点，表示 F_s，M 图无误，反之必有错，应检查。

例 5-4 绘例 5-4 图 a)所示梁的内力图。

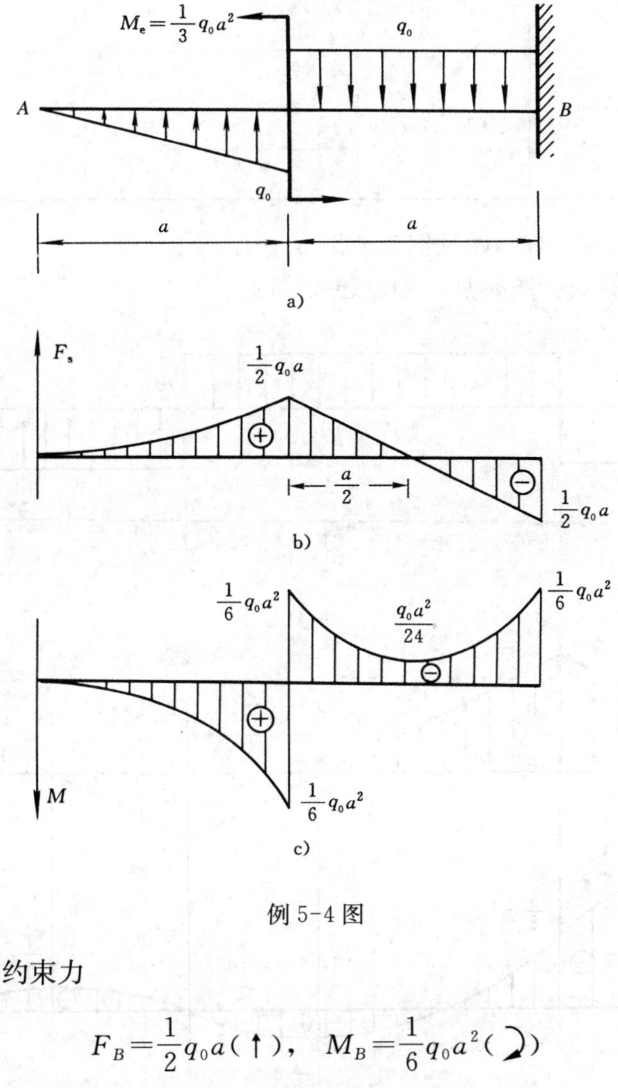

例 5-4 图

解 1.计算约束力

$$F_B=\frac{1}{2}q_0a(\uparrow),\quad M_B=\frac{1}{6}q_0a^2(\curvearrowright)$$

2. 绘内力图 各段载荷及对应的剪力图、弯矩图曲线形状和数值列于例表 5-1，表中 A_q，A_{F_s} 分别表示分布载荷 q，剪力 F_s 在该段的面积。

例表 5-1　　各段载荷及对应的剪力图、弯矩图曲线形状和数值

	$0<x<a$	$x=a$	$a<x<2a$	$x=2a$
载荷	$q\uparrow$ 一次　$A_q=\frac{1}{2}q_0a$	$M_e=-q_0a^2/3$	$q\downarrow$ 常数 $A_q=-q_0a$	$F_B=\frac{1}{2}qa\uparrow$ $M_B=+qa^2/6$
剪力	二次 $0\to0+A_q=\frac{1}{2}q_0a$ $A_{F_s}=\frac{1}{6}q_0a^2$	不变	一次　$\frac{1}{2}q_0a\to-\frac{1}{2}q_0a$ $A_{F_s}=0$；$x=3a/2, F_s=0$	突变至 0
弯矩	三次 $0\to0+A_{F_s}=\frac{q_0}{6}a^2$	突变至 $-q_0a^2/6$	二次 $-\frac{q_0a^2}{6}\to\frac{-q_0a^2}{24}\to\frac{-q_0a^2}{6}$	突变至 0

剪力(F_s)图、弯矩(M)图见例 5-4 图 b),c)。

例 5-5　绘例 5-5 图 a)所示静定连续梁内力图。

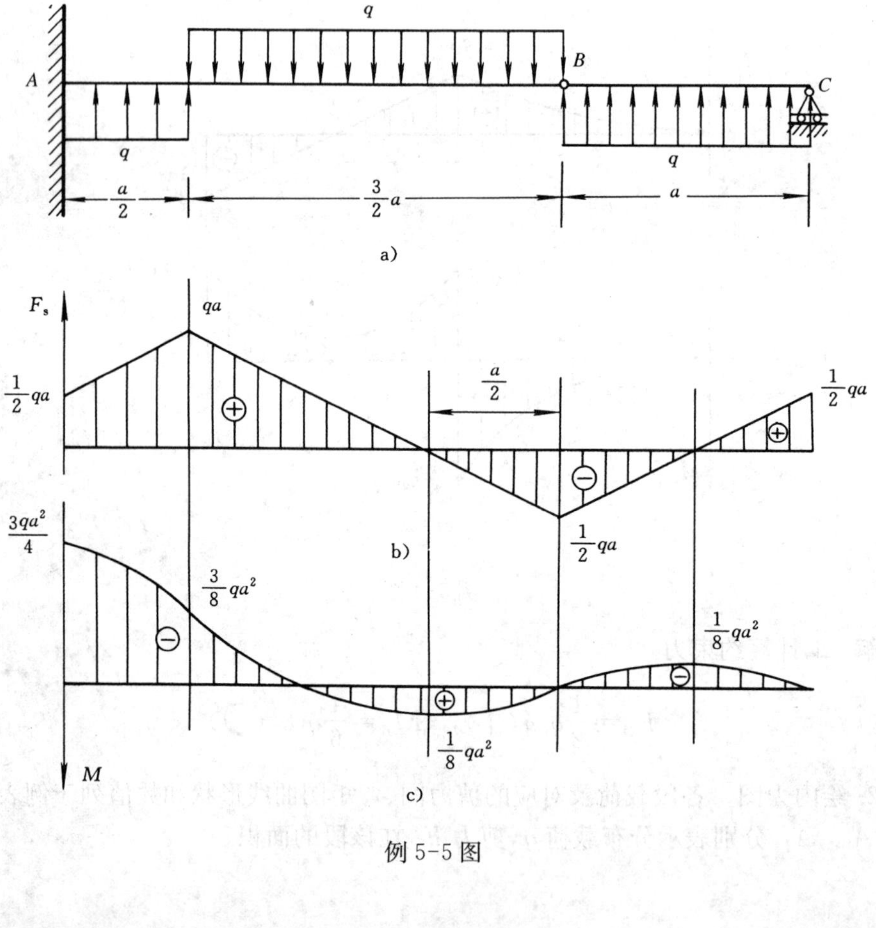

例 5-5 图

解 1. 计算约束力

由 BC 梁的平衡条件得 $\quad F_B=F_C=\frac{1}{2}qa(\downarrow)$

由 AB 梁的平衡条件得 $\quad F_A=\frac{1}{2}qa(\uparrow)$, $\quad M_A=\frac{3}{4}qa^2$(↻)

2. 绘内力图 各段载荷及对应的剪力图、弯矩图曲线形状和数值列于例表5-2中。

例表 5-2 各段载荷及对应的剪力图、弯矩图曲线形状和数值

	$x=0$	$0<x<a/2$	$a/2<x<2a$	$2a<x<3a$
载荷	$F_A\uparrow$ M_A ↻	q 常数$\uparrow$ $A_q=qa/2$	q 常数$\downarrow$ $A_q=-3qa/2$	q 常数$\uparrow$ $A_q=qa$
剪力	向上突变至$\frac{1}{2}qa$	一次 $\frac{1}{2}qa\to qa$ $A_{F_s}=3qa^2/8$	一次 $qa\to-\frac{1}{2}qa$ $A_{F_s}=3qa^2/8$ $x=1.5a$, $F_s=0$	一次 $-\frac{1}{2}qa\to\frac{1}{2}qa$, $A_{F_s}=0$ $x=2.5a$, $F_s=0$
弯矩	向上突变至$-\frac{3}{4}qa^2$	二次 $-\frac{3}{4}qa^2\to-\frac{3}{8}qa^2$	二次 $-\frac{3}{8}qa^2\to\frac{qa^2}{8}\to0$	二次 $0\to\frac{-qa^2}{8}\to0$

剪力 F_s 图、弯矩 M 图见例 5-5 图 b),c)。

由多根杆件,通过杆端相互刚性连接组成的结构,称为**刚架**。刚性连接是指变形时杆件在连接点的位移相同,相交的角度保持不变。连接处称为刚节点;刚架中的横杆一般称横梁,竖杆一般称为立柱。立柱弯曲时,拉压发生在左右侧,弯矩的符号规定不再适用,因此,对刚架各杆件的弯矩不再区分正负,判定拉压侧后,**弯矩图画在受拉一侧**。载荷集度 q、剪力 F_s、弯矩 M 之间的微分关系依然成立,故绘内力图方法不变,弯矩图开口方向仍与分布载荷 q 的方向相反;轴力、剪力的符号规则依然适用,故绘图时可绘在杆的任一侧,但需注明⊕或⊖。

例 5-6 绘制例 5-6 图 a)所示刚架的内力图。

解 1. 计算约束力,刚架受力图见例 5-6 图 b)。

由平衡方程 $\sum F_{ix}=0$, $\sum M_A=0$, $\sum F_{iy}=0$ 分别求出 $F_{Ax}=qa$, $F_{Dy}=qa/2$, $F_{Ay}=3qa/2$。

2. 绘内力图 画与原刚架平行的三个"刚架",分别绘 F_N, F_s, M 图。C 是刚节点,它能承受、传递水平力、垂直力和力偶,所以,可以把它看作是固定端,见例 5-6 图 c)。由例 5-6 图 c)计算立柱 ABC 的内力和判定拉压侧。CD 段的内力图绘制同前两个例子。各段载荷及对应的内力图曲线形状和数值列于例表 5-3 中。

CD 杆与 ABC 杆垂直,ABC 杆 C 面轴力与剪力传递到 CD 杆时,分别成为 CD 杆 C 面的剪力和轴力;ABC 杆 C 面的弯矩传到 CD 杆时,仍是 CD 杆 C 面的弯

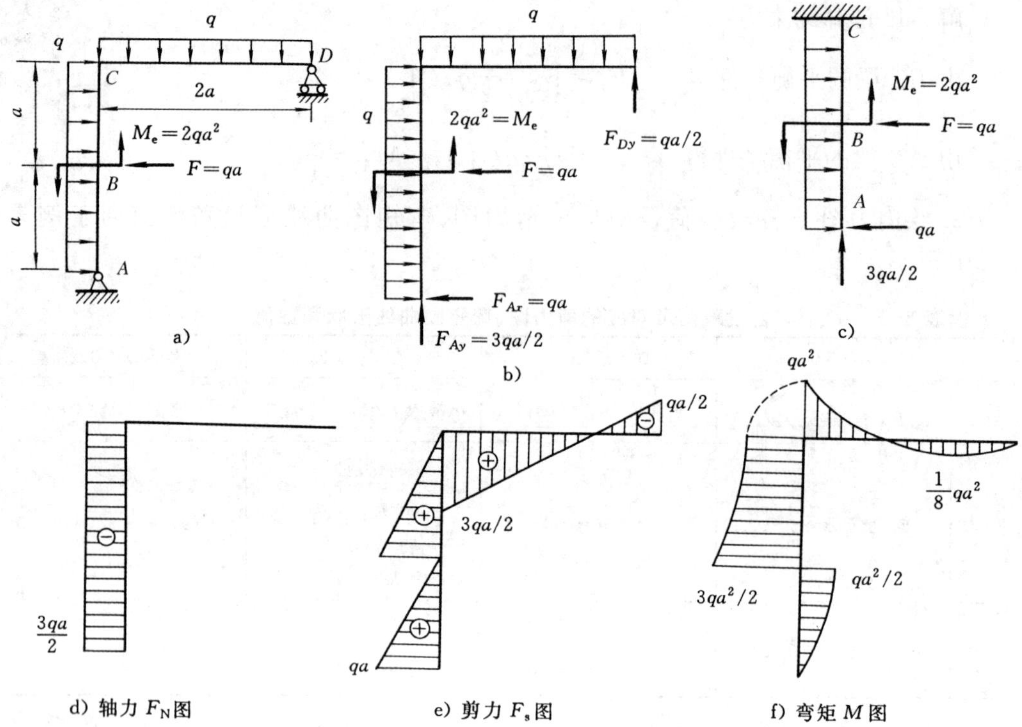

例 5-6 图

矩,且保持同侧受拉,因此,CD 杆 C 面的轴力为 0,剪力为$\frac{3}{2}qa$,弯矩为$-qa^2$。轴力图、剪力图和弯矩图分别见例 5-6 图 d),e),f)。

例表 5-3　　各段载荷及对应的内力图曲线和数值

	A	AB 段	B	BC 段	CD 段
载荷	$F_{Ay}=3qa/2(\uparrow)$ $F_{Ax}=qa(\leftarrow)$	q 常数(→) $A_q=-qa$	$F_B=qa(\leftarrow)$ $M_e=2qa^2(\uparrow)$	q 常数(→) $A_q=-qa$	q 常数(↓) $A_q=-2qa$
轴力	突变至$-3qa/2$	不变	不变	不变	0
剪力	突变至 qa	直线 $qa\to 0$ $A_{F_s}=qa^2/2$	突变至 qa	直线 $qa\to 0$ $A_{F_s}=qa^2/a$	直线$\frac{3}{2}qa\to\frac{-qa}{2}$ $A_{F_s}=qa^2$; $x=\frac{3}{2}a, F_s=0$
弯矩	0	内侧拉 $0\to\frac{qa^2}{2}$	突变至$\frac{3}{2}qa^2$ 外侧拉	外侧拉 $\frac{3}{2}qa^2\to qa^2$	$qa^2(-)\to$ $\frac{1}{8}qa^2(+)\to 0$

式(5-3)、式(5-4)、式(5-5)对于曲杆不成立，故绘制曲杆的内力图仍需从内力方程出发。曲杆的弯矩常以使曲杆的曲率增大为正。

例 5-7 半径为 R 的半圆曲杆，计算简图如例 5-7 图 a)所示。列内力方程，并绘内力图。

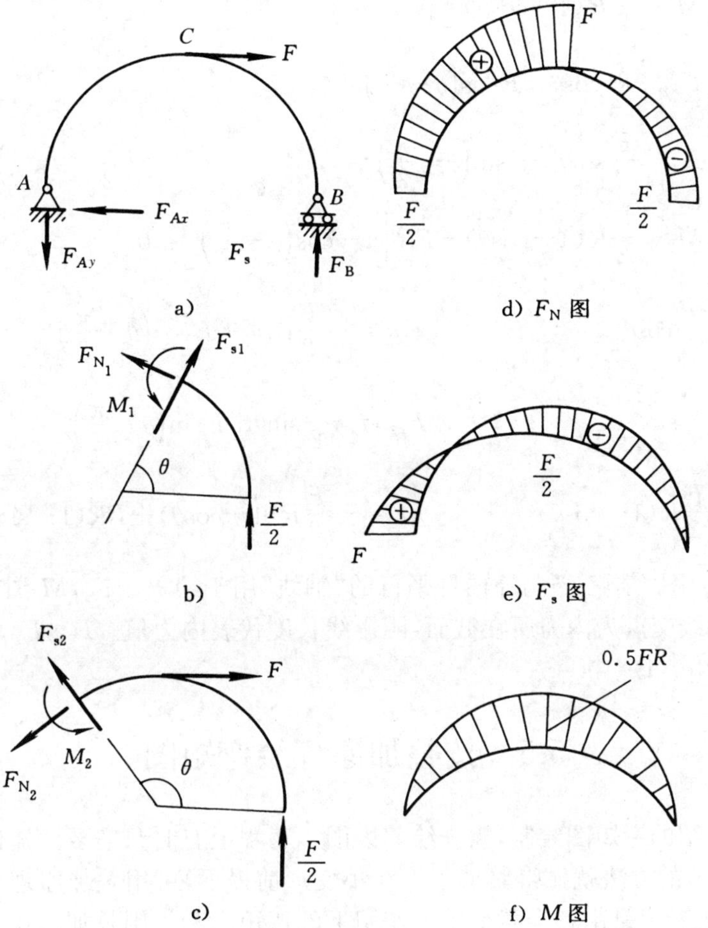

例 5-7 图

解 1. 计算约束力

根据平衡方程可知：

$$F_B=\frac{F}{2}(\uparrow),\quad F_{Ax}=F(\leftarrow),\quad F_{Ay}=\frac{F}{2}(\downarrow)$$

2. 截面法计算内力

内力方程需分 BC 段和 AC 段两段，在 BC，AC 段各取一个面截开，右脱离体受力图分别为图 b)，c)(假定外侧受拉)。平衡方程为

$$\begin{cases} F_{N1}+\dfrac{F}{2}\cos\theta=0 \\ F_{s1}+\dfrac{F}{2}\sin\theta=0, \qquad \left(0<\theta<\dfrac{\pi}{2}\right) \\ M_1+\dfrac{F}{2}R(1-\cos\theta)=0 \end{cases}$$

$$\begin{cases} F_{N2}+\dfrac{F}{2}\cos\theta-F\cos\left(\theta-\dfrac{\pi}{2}\right)=0 \\ F_{s2}+\dfrac{F}{2}\sin\theta-F\sin\left(\theta-\dfrac{\pi}{2}\right)=0, \qquad \left(\dfrac{\pi}{2}<\theta<\pi\right) \\ M_2+\dfrac{F}{2}R(1-\cos\theta)-FR\left[1-\cos\left(\theta-\dfrac{\pi}{2}\right)\right]=0 \end{cases}$$

$$F_{N1}=-\frac{F}{2}\cos\theta \qquad F_{N2}=-\frac{F}{2}\cos\theta+F\cos\left(\theta-\frac{\pi}{2}\right)$$

$$F_{s1}=-\frac{F}{2}\sin\theta \qquad F_{s2}=-\frac{F}{2}\sin\theta+F\sin\left(\theta-\frac{\pi}{2}\right)$$

$$M_1=-\frac{F}{2}R(1-\cos\theta) \qquad M_2=-\frac{F}{2}R(1-\cos\theta)+FR(1-\sin\theta)$$

3. 绘内力图　画三条与原曲杆平行的“轴线”用于绘 F_N,F_s,M 图。阴影线(垂直轴线)与轴线交点为内力所在截面,阴影线长度代表内力值。F_N,F_s,M 图分别见例 5-7 图 d),e),f)。

5.5　按叠加原理绘弯矩图

5.4 节介绍的弯矩图绘制,需先绘剪力图。工程上有时只需要弯矩图,不需要剪力图,用 5.4 节的方法就显得繁琐了。在小变形前提下,可用叠加原理,把多个载荷作用下的弯矩看成是由各个载荷单独作用下的弯矩之和。用叠加法作弯矩图,就是根据单个载荷下的弯矩图,得各分段点的弯矩值,各载荷在同分段点弯矩值相加,就是该分段点在诸载荷共同作用下的弯矩值。得诸载荷共同作用下的各分段点的弯矩值后,就可连成诸载荷共同作用下的弯矩图。同一段内,各载荷单独作用下的弯矩方程的阶次不同,在共同作用下的弯矩方程阶次是各载荷单独作用下的阶次中的最高次,连成 M 图时就按最高次画曲线。

运用叠加法需熟知基本梁(悬臂梁、简支梁、外伸梁)在三种基本载荷(集中力、集中力偶、均布载荷)作用下的弯矩图形状及最大弯矩所在面和值,如图 5-10 所示。这不仅是叠加法的需要,也是工程实际的需要,因为这几种情况是经常出现的。

可利用 q,F_s,M 的微分关系,把握图 5-10 给出的弯矩图,从图 5-10g),h),i)可

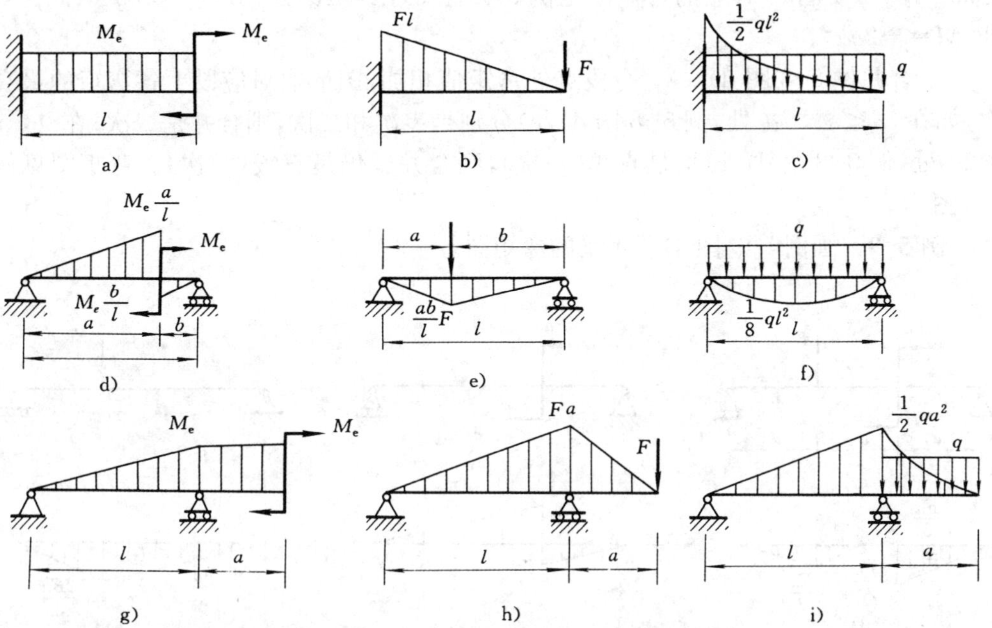

图 5-10　三种基本梁在三种基本载荷下的弯矩图

看出外伸梁的弯矩图是由悬臂梁弯矩图 5-10a)，b)，c)及简支梁弯矩图 5-10d)($b=0$ 时)组合而成，因此需记的只是图 5-10a)～f)。

例 5-8　画例 5-8 图 a)所示梁的弯矩图。

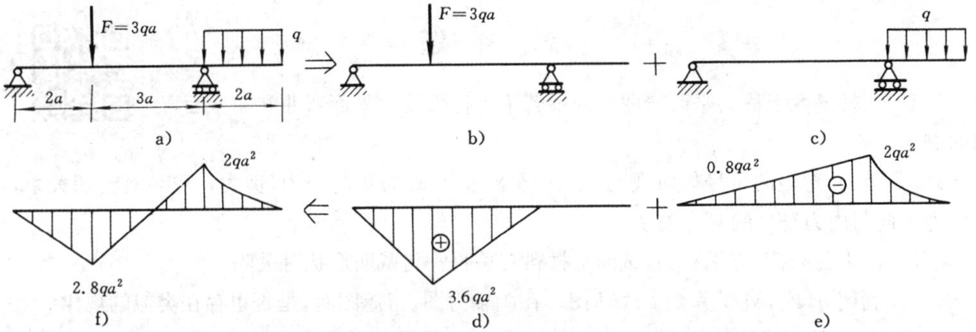

例 5-8 图

解　1. 将例 5-8 图 a)所示梁的计算简图拆为例 5-8 图 b)和例 5-8 图 c)所示计算简图。

2. 例 5-8 图 b)对应的弯矩图见例 5-8 图 d)，$x=2a$ 处，$M=\dfrac{2a\times 3a}{5a}\times 3qa=$

$3.6qa^2$;例 5-8 图 c)对应的弯矩图见例 5-8 图 e),$x=2a$ 处,$M=-0.8qa^2$;$x=5a$ 处,$M=-2qa^2$。

3. 合并例 5-8 图 d),e)。分段点处弯矩值相加,图形取对应段上各弯矩的最高次,如在 $5a<x<7a$ 处,例 5-8 图 d),e)分别是零次和二次,则合并是二次;在 $0<x<2a$ 处,例 5-8 图 d),e)均是直线(一次),则合并后仍是直线(一次)。弯矩图见例 5-8图 f)。

例 5-9 画例 5-9 图 a)所示梁的弯矩图。

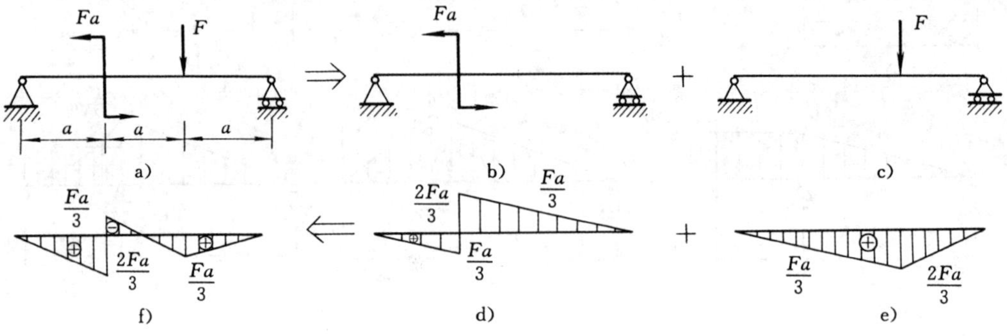

例 5-9 图

解 1. 将例 5-9 图 a)所示梁的计算简图拆为例 5-9 图 b)和例 5-9 图 c)所示梁的计算简图。

2. 绘出例 5-9 图 b),例 5-9 图 c)梁所示的弯矩图例 5-9 例 5-9 图 d),e)。

3. 合并例 5-9 图 d),e)得弯矩图例 5-9 图 f)。

思 考 题

本章小结

5-1 怎样的变形称为平面弯曲?列举若干个杆件发生平面弯曲和非平面弯曲的例子。

5-2 剪力、弯矩的符号如何规定?脱离体上外力、外力矩与内力(剪力,弯矩)有密切关系,讨论外力方向与内力符号的对应关系。

5-3 内力与载荷、支承有关,试问与材料有关吗?与截面形状有关吗?

5-4 利用 q,F_s,M 关系画 F_s,M 图。在画轴力图、扭矩图时,是否也存在类似的规律?

5-5 在 q,F_s,M 关系中,若 x 轴改为从右往左,导数关系和积分关系有何变化?利用 q,F_s,M 关系画图时,若从右画到左的话,应作如何修改?

5-6 用叠加法画弯矩图可不必计算约束反力,不画剪力图,很方便,但必须具备什么条件?叠加法绘制弯矩图时,存在什么不足?

习 题

5-1 列出题 5-1 图示各梁的剪力方程和弯矩方程。

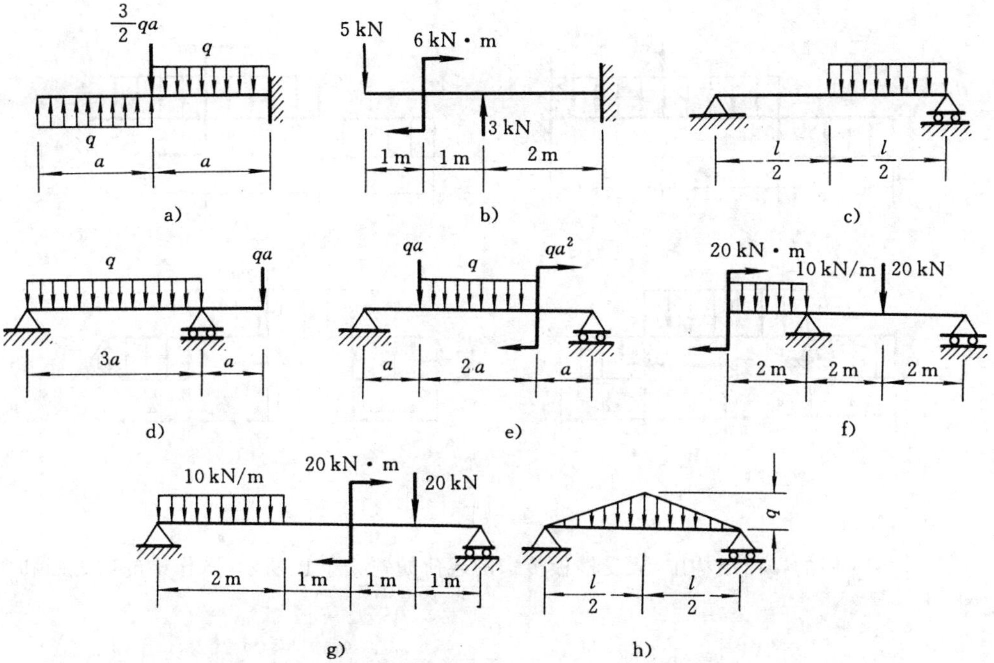

题 5-1 图

5-2 根据载荷集度、剪力、弯矩间的关系作题 5-1 图示梁的剪力图和弯矩图。

5-3 作题 5-3 图示静定连续梁(多跨静定梁)的剪力图和弯矩图。

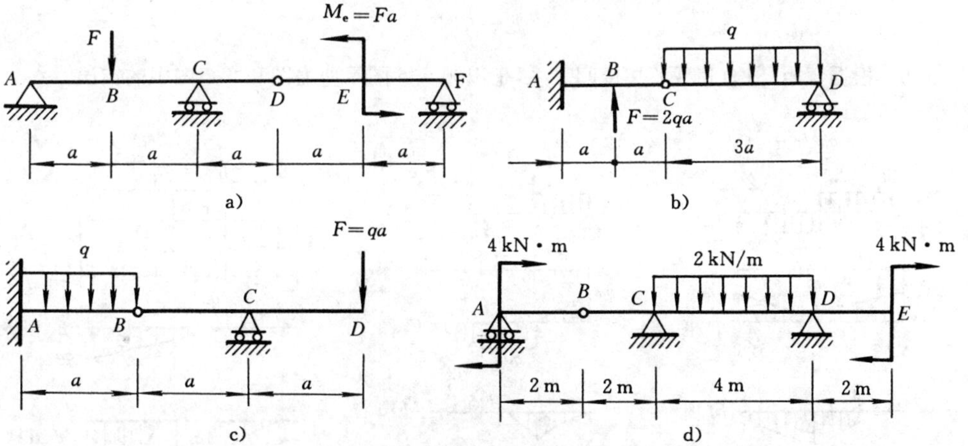

题 5-3 图

5-4　作题 5-4 图示梁的剪力图和弯矩图。

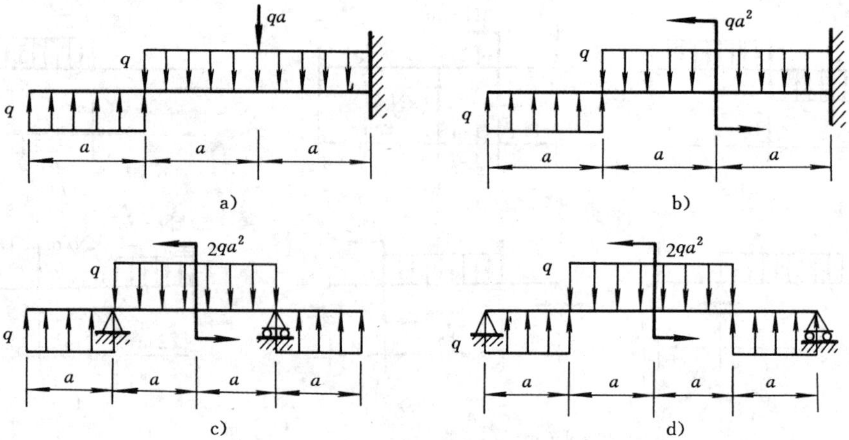

题 5-4 图

5-5　在房屋的楼面结构中，梁受楼板传来的载荷如题 5-5 图所示，试作梁的剪力图和弯矩图。

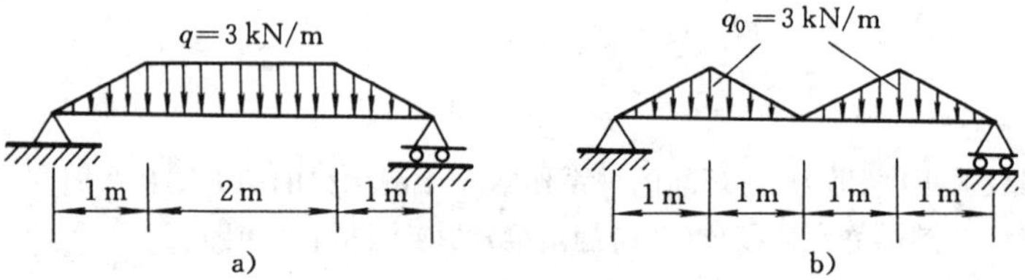

题 5-5 图

5-6　根据弯矩、剪力和载荷集度间关系，指出题 5-6 图示剪力图和弯矩图中的错误。

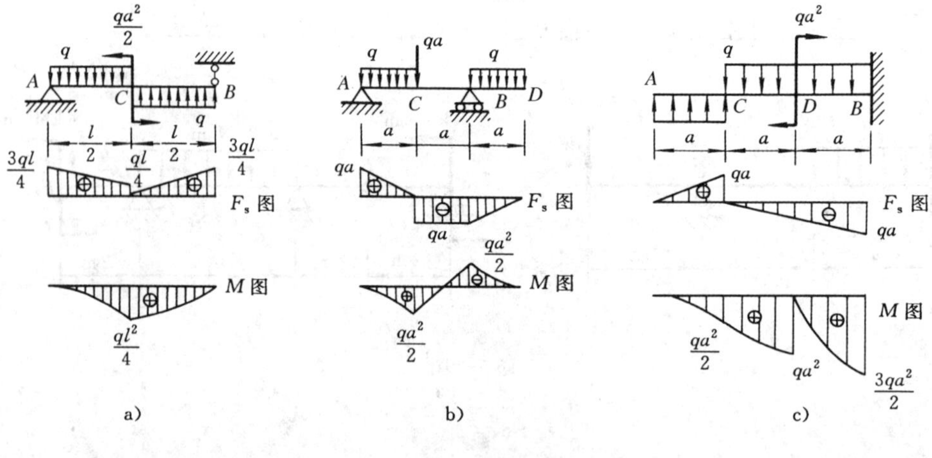

题 5-6 图

5-7 已知梁的剪力图如题 5-7 图所示，梁上无集中力偶作用，试作梁的弯矩图和载荷图。

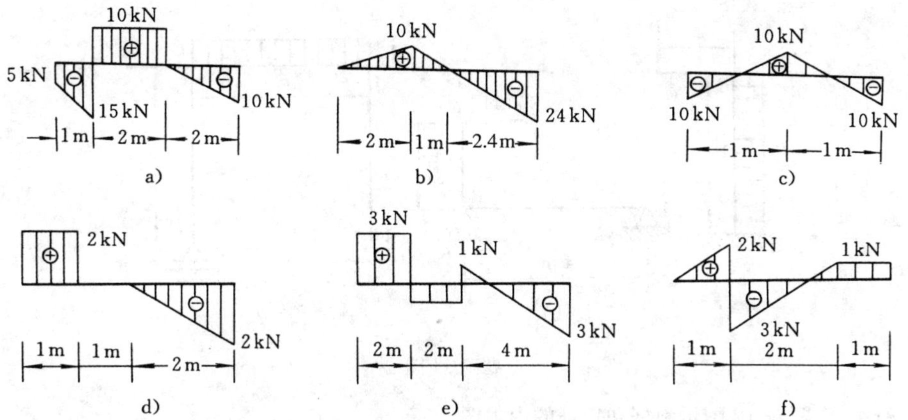

题 5-7 图

5-8 已知梁的弯矩图如题 5-8 图所示，试作梁的载荷图和剪力图。

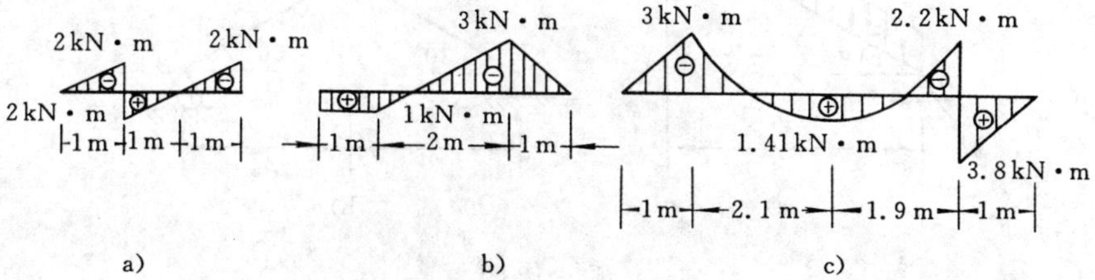

题 5-8 图

5-9 用铁扁担起吊一根等截面上下对称的混凝土梁，如题 5-9 图所示。起吊时吊点的位置 x 应为多少才最合理？

提示：使杆在起吊时最大正负弯矩的绝对值相等。

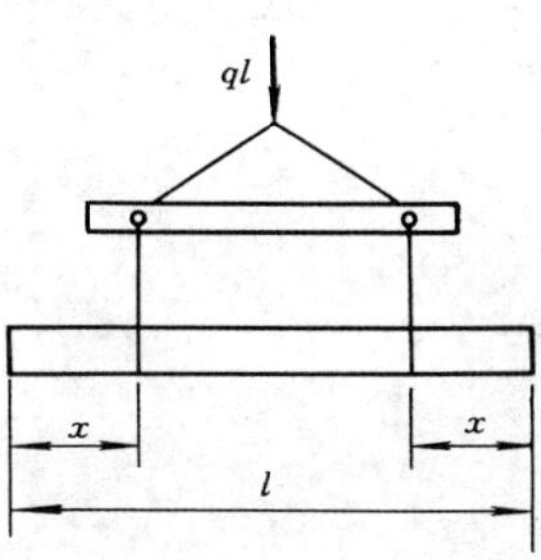

题 5-9 图

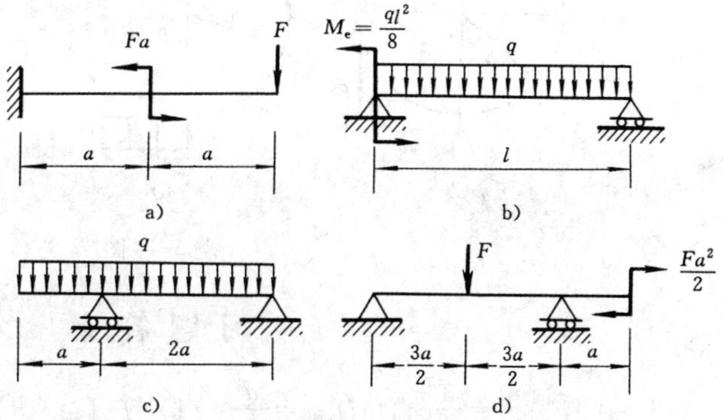

题 5-10 图

5-10 用叠加法画题 5-10 图示梁的弯矩图。

5-11 作题5-11图示刚架的内力图。

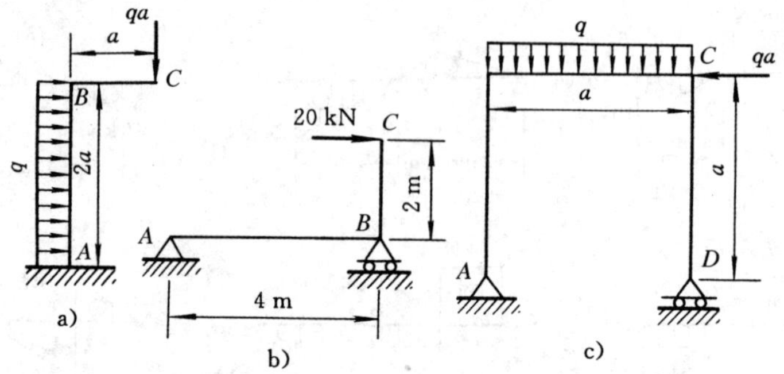

题5-11图

5-12 作题5-12图示斜杆和折杆的内力图。

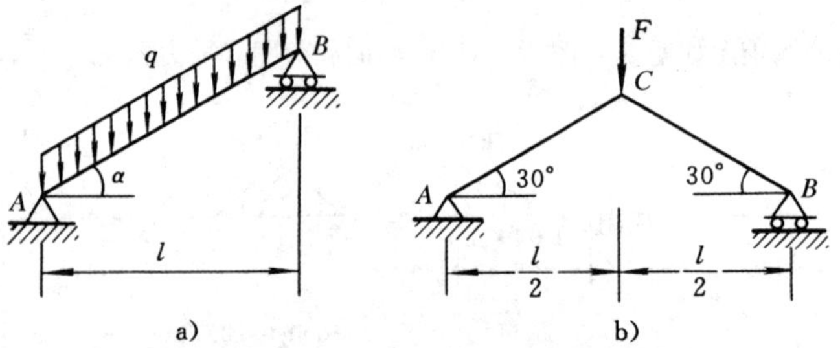

题5-12图

5-13 列出题5-13图示曲杆的轴力方程、剪力方程和弯矩方程,并画弯矩图。

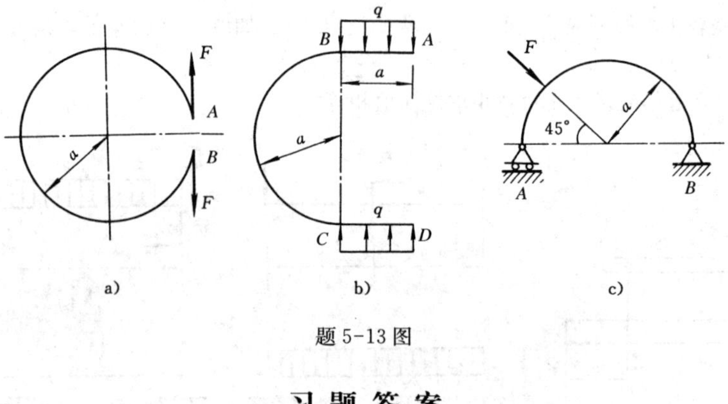

题5-13图

习题答案

5-2 a) $|F_s|_{max}=\dfrac{3}{2}qa$, $|M|_{max}=\dfrac{qa^2}{2}$; b) $|F_s|_{max}=5\ \text{kN}$, $|M|_{max}=8\ \text{kN}\cdot\text{m}$;

c) $|F_s|_{max}=\dfrac{3}{8}ql$, $|M|_{max}=\dfrac{9}{128}ql^2$; d) $|F_s|_{max}=\dfrac{11}{6}qa$, $|M|_{max}=qa^2$;

e) $|F_s|_{max}=\frac{3}{2}qa$, $|M|_{max}=\frac{13}{8}qa^2$； f) $|F_s|_{max}=20$ kN, $|M|_{max}=20$ kN·m；

g) $|F_s|_{max}=24$ kN, $|M|_{max}=28$ kN·m； h) $|F_s|_{max}=\frac{ql}{4}$, $|M|_{max}=\frac{ql^2}{12}$。

5-3 a) $|F_s|_{max}=\frac{3}{4}F$, $|M|_{max}=\frac{Fa}{2}$； b) $|F_s|_{max}=\frac{3}{2}qa$, $|M|_{max}=\frac{3qa^2}{2}$；

c) $|F_s|_{max}=qa$, $|M|_{max}=qa^2$； d) $|F_s|_{max}=4$ kN, $|M|_{max}=4$ kN·m。

5-5 a) $|F_s|_{max}=4.5$ kN, $|M|_{max}=5.5$ kN·m

b) $|F_s|_{max}=3$ kN, $|M|_{max}=3$ kN·m。

5-9 $x=\frac{\sqrt{2}-1}{2}l\approx 0.207l$。

5-10 a) $|M|_{max}=Fa$； b) $|M|_{max}=\frac{1}{8}ql^2$，跨中点$|M|=\frac{1}{16}ql^2$；

c) $|M|_{max}=\frac{1}{2}qa^2$，跨中点$|M|=\frac{1}{4}qa^2$； d) $|M|_{max}=\frac{Fa}{2}$。

5-11 a) $|F_N|_{max}=qa$, $|F_s|_{max}=2qa$, $|M|_{max}=3qa^2$；

b) $|F_N|_{max}=20$ kN, $|F_s|_{max}=20$ kN, $|M|_{max}=40$ kN·m；

c) $|F_N|_{max}=\frac{3qa}{2}$, $|F_s|_{max}=\frac{3}{2}qa$, $|M|_{max}=qa^2$。

5-12 a) $|F_N|_{max}=\frac{ql}{2}\tan\alpha$, $|F_s|_{max}=\frac{1}{2}ql$, $|M|_{max}=\frac{1}{8}\frac{ql^2}{\cos\alpha}$；

b) $|F_N|_{max}=\frac{F}{4}$, $|F_s|_{max}=\frac{\sqrt{3}F}{4}$, $|M|_{max}=\frac{1}{4}Fl$。

5-13 a) $|F_N|_{max}=F$, $|F_s|_{max}=F$, $|M|_{max}=2Fa$；

b) $|F_N|_{max}=qa$, $|F_s|_{max}=qa$, $|M|_{max}=\frac{3}{2}qa^2$；

c) $|F_N|_{max}=0.79F$, $|F_s|_{max}=0.75F$, $|M|_{max}=0.437Fa$。

6　梁的应力

本章将推导控制梁强度的主要指标——正应力的计算公式，并利用切应力互等定理将计算横截面切应力改为计算纵截面切应力（这是研究切应力的重要手段），从而导出弯曲切应力的计算公式。切应力计算公式的推导过程反映了切应力分布的复杂性、计算公式的近似性和局限性。对薄壁截面梁弯曲切应力作进一步的讨论，得到更完善的结果；介绍弯曲中心概念，并给出横向力作用下，仅发生平面弯曲变形的充要条件。

知识点
重点
难点

6.1　梁横截面的正应力和正应力强度条件

在拉压、扭转变形的计算中，得到应力与内力成正比，与截面的某个几何性质成反比，应力分布有一定的规律。在平面弯曲变形时，梁内应力是否也有上述性质；若有的话，与哪项内力成正比，与截面的什么性质成反比，分布规律怎么样。这些正是本节要解决的问题。

梁内力有两项，弯矩 M 和剪力 F_s。先讨论仅有弯矩 M（剪力 $F_s=0$）的情况，称为纯弯曲。如图 6-1a）和 b）所示，梁的 CD 段，即是纯弯曲。

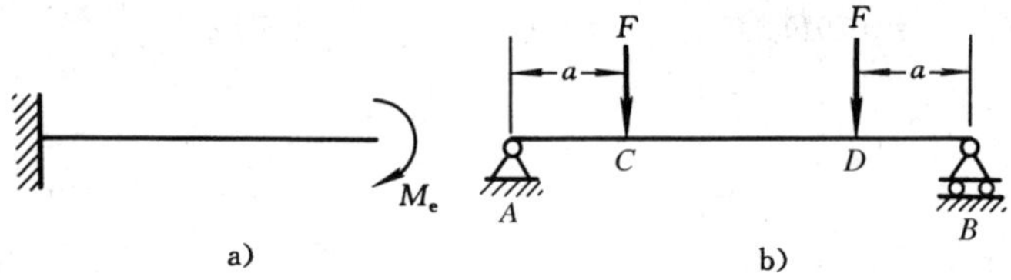

图 6-1　梁的纯弯曲

纯弯曲时，梁横截面上应力公式的推导过程仍遵循第 1.5 节指出的基本方法，如同圆轴扭转横截面应力公式推导。

纯弯曲时梁横截面上的正应力计算公式推导

6.1.1　梁横截面的正应力公式

1. 几何关系

为了便于观察，在梁上画出与轴线平行的纵向线及垂直轴线的横向线（以矩形截面梁为例，见图 6-2）。施加外力偶后梁发生变形，可见下述现象：

纵向线　（1）由直线变成曲线，仍保持平行；

（2）梁上、下部分的纵向线分别缩短和伸长。

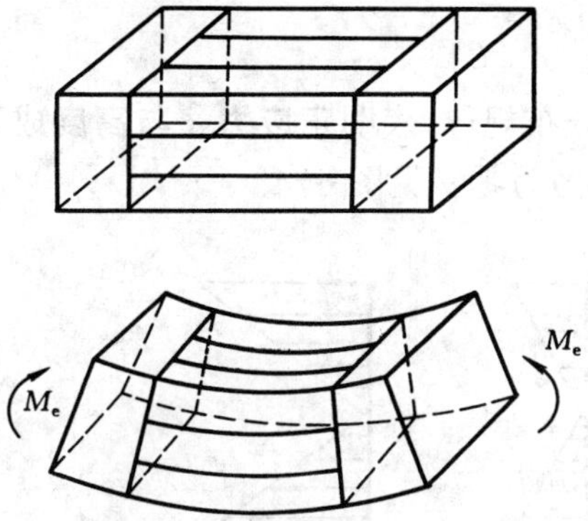

图 6-2 纯弯曲梁变形

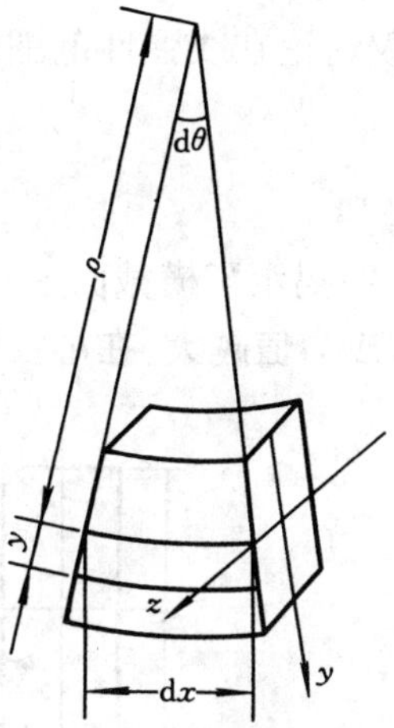

图 6-3 微段梁变形

横向线 (1) 依然与纵向线保持垂直,转动一个角度 θ;

(2) 保持直线,且梁横截面四边的四条横向线变形后仍是一个平面内的直线。

根据上述现象,设想梁内部的变形与外表看到的现象一致,提出下面假设:

(1) 平面假设 横截面变形后仍是平面,转动一个角度,仍垂直于变形后的纵向线。

(2) 中性层假设 梁内存在一个纵向层,变形时,层内的纵向纤维既不伸长也不缩短,称为中性层。

由平面假设可知,横截面上切应力 $\tau=0$。讨论正应力需研究纵向线段长度的变化规律,即纵向线应变 ε 规律。取长为 dx 的微段梁进行研究(图 6-3),记中性层与横截面的交线为 z 轴(具体位置待定),轴线方向为 x 轴,y 轴与 x 轴及 z 轴垂直,取向下为正向。设中性层的曲率半径为 ρ,微段梁左右两截面的相对转角为 $d\theta$,因中性层长度不变,故有

$$dx=\rho d\theta$$

距中性层为 y 处的纵向线,原长 dx,变形后为 $(\rho+y)d\theta$,伸长量为 $yd\theta$,因此,距中性层为 y 处的纵向线应变

$$\varepsilon=\frac{\Delta l}{l}=\frac{y d\theta}{\rho d\theta}=\frac{y}{\rho} \tag{6-1}$$

式(6-1)揭示了纵向线应变 ε 在横截面上的分布规律,表明**纵向线应变 ε 与高度成正比,距中性层越远,ε 越大。**

2. 物理关系

本节仅讨论在线弹性范围内拉压性质相同的匀质材料，因此，胡克定律成立：

$$\sigma=E\varepsilon=\frac{Ey}{\rho} \tag{6-2}$$

式(6-2)揭示了横截面上正应力的分布规律，表明**正应力 σ 与高度成正比，距中性轴越远，应力值越大，在中性轴处正应力为零**。见图 6-4。

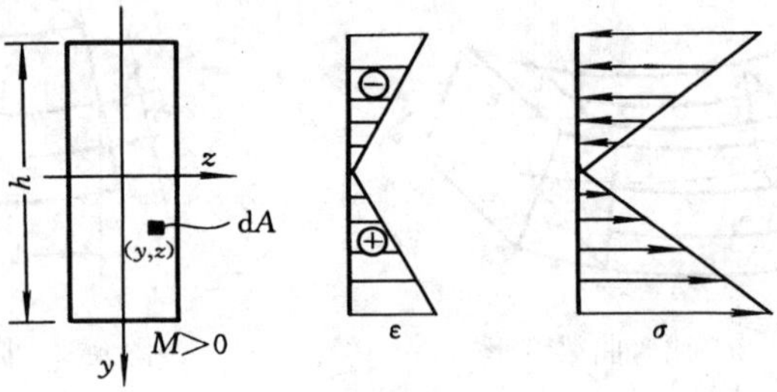

图 6-4 梁横截面应变、应力分布图

3. 静力学关系

在此段讨论中，可确定 z 轴的位置(不然，y 无定义)和曲率半径 ρ 值。

梁上内力已知，即 $F_N=0, M_y=0, M_z\neq 0$。横截面上的正应力简化结果应满足上述条件。①

$$F_N=\int_A \sigma\,\mathrm{d}A=\int_A \frac{E}{\rho}y\,\mathrm{d}A=\frac{E}{\rho}\int_A y\,\mathrm{d}A=\frac{E}{\rho}S_z=0$$

$$S_z=0$$

静矩为零，表示 z 轴过形心，z 轴是形心轴。

$$M_y=\int_A z\sigma\,\mathrm{d}A=\frac{E}{\rho}\int_A yz\,\mathrm{d}A=\frac{E}{\rho}I_{yz}=0$$

$$I_{yz}=0$$

惯积为零，表示 y,z 轴是主轴，所以 z,y 轴是形心主轴。

$$M_z=\int_A y\sigma\,\mathrm{d}A=\frac{E}{\rho}\int_A y^2\,\mathrm{d}A=\frac{E}{\rho}I_z$$

得

①17 世纪，科学家研究梁内横截面应力分布时，已认识到平面假设，但直到 1826 年才由纳维(Navier)应用静力学三个平衡方程，确定中性轴通过形心，才导出梁横截面应力的正确计算公式，历时 100 多年。

$$\frac{1}{\rho}=\frac{M_z}{EI_z} \tag{6-3}$$

曲率$\boldsymbol{\frac{1}{\rho}}$**表示梁变形剧烈的程度**，曲率越大，变形越严重。式(6-3)表明梁的变形剧烈程度，与弯矩 M_z 成正比，与 EI_z 成反比，EI_z 称为**抗弯刚度**。

将式(6-3)代入式(6-2)得

$$\sigma=\frac{M_z y}{I_z} \tag{6-4}$$

式(6-4)表明**横截面内正应力 $\boldsymbol{\sigma}$ 随高度 $\boldsymbol{y}$ 呈线性分布；正应力正比于弯矩 $\boldsymbol{M}$，反比于截面的形心主惯矩 $\boldsymbol{I_z}$；梁弯曲时中性层两侧的正应力一拉一压，总是同时存在。**

在推导式(6-4)的过程中，虽以矩形截面梁作为观察对象，但在分析过程中，并未用过矩形的性质，因此，式(6-4)可用于任意横截面形状的梁。在使用式(6-4)计算梁正应力时，需注意以下两点：

(1) 坐标轴 y,z 必须是形心主轴，弯矩的矩矢与形心主轴一致。

(2) 只能用于 $\sigma<\sigma_p$ 的线弹性范围。若计算出的 σ 大于 σ_p，则计算无效。这是由于公式推导中运用了胡克定律。

工程中常见的平面弯曲不是纯弯曲，而是横力弯曲(由横向力引起的弯曲，梁内力除弯矩 M 外，还有剪力 F_s)，但在变形观察时，一般看不出纯弯曲与横力弯曲的明显区别，实验和弹性理论的研究都表明，只要梁的跨高比大于5的话，式(6-4)计算的正应力已足够精确。因此，式(6-4)可用于一般横力弯曲的梁。对于小曲率梁(曲率半径大于5倍梁截面高度的曲杆)，理论和实验也都表明，用式(6-4)计算梁内正应力是够精确的。因此，由纯弯曲直梁推导出的梁横截面上正应力计算**式(6-4)可推广用于横力弯曲和小曲率梁**，这一推广提高了式(6-4)的实用价值。

梁横截面上，正应力以中性轴为界，一边拉一边压，必须辨清梁的拉压侧。在具体计算正应力值前，先根据载荷或弯矩图判定计算点的应力是拉还是压，在计算中 M 和 y 均可以绝对值代入，这样比较方便。对脆性材料梁(如混凝土梁)，抗拉性能远弱于抗压性能，若搞错拉压侧，将发生严重后果。

梁横截面上最大正应力发生在距中性轴最远的点：

$$\sigma_{\max}=\frac{M_z y_{\max}}{I_z}$$

记 $I_z/y_{\max}$ 为 $\boldsymbol{W_z}$，**称抗弯截面系数**，因此，横截面上最大正应力可表示为

$$\sigma_{\max}=\frac{M_z}{W_z} \tag{6-5}$$

6.1.2 正应力强度条件

对于工程中常用的型钢,其惯矩 I 及抗弯截面系数 W 均可查型钢表(附录C)。

梁的弯曲正应力强度条件:

塑性材料
$$\sigma_{\max}=\frac{M_z}{W_z}\leqslant[\sigma]$$
脆性材料
$$\sigma_{\text{tmax}}\leqslant[\sigma_{\text{t}}],\quad \sigma_{\text{cmax}}\leqslant[\sigma_{\text{c}}] \tag{6-6}$$

对于塑性材料制的梁,危险截面在 $|M|_{\max}$ 面及 $I_{z\min}$ 面;对于脆性材料制的梁,梁横截面往往设计成上、下不对称,$I_{z\min}$ 面及 $M_{\max}^{+}$ 和 $M_{\max}^{-}$ 所在面都是危险截面。

吊运重物的缆绳,常需绕过滑轮转向,不仅需承受较大的拉力,而且需有良好的弯曲性能,缆绳由许多根细钢丝缠绕而成,因钢丝直径小(即 $y_{\max}$ 小),由式(6-2)知,弯曲应力小,具有良好的弯曲性能,可安全地在滑轮上打弯。

例 6-1 把一根圆截面钢丝弯成直径 0.4m 的圆环,钢丝内最大应力不得超过 200 MPa,问钢丝最大直径 d 为多少(钢的弹性模量 $E=2\times10^5$ MPa)?

解 弯曲后的曲率半径 $\rho\approx0.2$ m,钢丝横截面上距中心轴最远点的 $y_{\max}=\dfrac{d}{2}$。

$$\sigma_{\max}=\frac{Ey_{\max}}{\rho}\leqslant[\sigma]$$
$$y_{\max}=\frac{d}{2}\leqslant\frac{\rho[\sigma]}{E}=\frac{200\times200}{2\times10^5}=0.2\text{ mm}$$
$$d\leqslant0.4\text{ mm}$$

钢丝直径 d 不能超过 0.4 mm。

例 6-2 例 6-2 图所示 No.40c 工字钢制的简支梁,跨距 $l=5$ m,受集中力 F 作用。在梁中点顶面测得纵向线应变 $\varepsilon=-200\mu\varepsilon$。已知钢的弹性模量 $E=2\times10^5$ MPa,求:

(1) 梁上最大拉应力及所在位置;

(2) 力 F 作用面上腹板与翼板交界点 a 的正应力值。

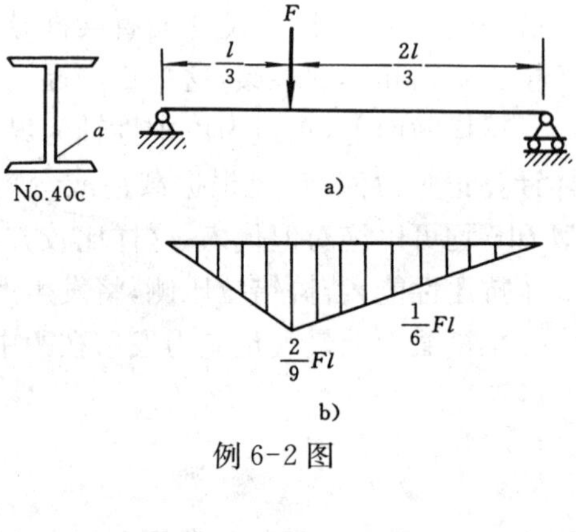

例 6-2 图

解 1. 画梁的弯矩图[例 6-2 图 b)]

由于梁上、下对称,故最大拉应力发生在 F 作用面的下边缘。

2. 方法一:根据 ε 值计算 F,再由 F 确定 M 值,用式(6-4)计算 σ 值。

梁跨中截面上边缘处应力

$$|\sigma|=E|\varepsilon|=\frac{M\left(\frac{l}{2}\right)}{W_z}=\frac{Fl}{6W_z}$$

$$F=6E|\varepsilon|\frac{W_z}{l}$$

查型钢表，$W_z=1\,190\ \text{cm}^3$，代入 E，ε，l 数值，

$$F=6\times2\times10^5\times200\times10^{-6}\times\frac{1\,190\times10^3}{5\,000}=57\,120\ \text{N}$$

$$M_{\max}=\frac{2}{9}Fl=\frac{2}{9}\times57\,120\times5\,000=6.35\times10^7\ \text{N}\cdot\text{mm}$$

$$\sigma_{\max}=\frac{M_{\max}}{W_z}=\frac{6.35\times10^7}{1\,190\times10^3}=53.3\ \text{MPa}$$

由型钢表查得 $h=400\ \text{mm}$，$t=16.5\ \text{mm}$，$I_z=23\,900\times10^4\ \text{mm}^4$，$a$ 点坐标 y_a：

$$y_{\text{a}}=\frac{h}{2}-t=200-16.5=183.5\ \text{mm}$$

$$\sigma_{\text{a}}=\frac{M_{\max}y_a}{I_z}=\frac{6.35\times10^7\times183.5}{23\,900\times10^4}=49\ \text{MPa}$$

方法二：利用比例计算 $\sigma_{\max}$，σ_a。

中点顶面的 $|y|$ 与最大拉应力点的 y 相等，所以应力之比即弯矩之比。中点截面上边缘正应力 σ，$|\sigma|=E|\varepsilon|=2\times10^5\times200\times10^{-6}=40\ \text{MPa}$

$$\frac{|\sigma|}{\sigma_{\max}}=\frac{M\left(\frac{l}{2}\right)}{M_{\max}}$$

$$\sigma_{\max}=\frac{M_{\max}}{M\left(\frac{l}{2}\right)}|\sigma|=\frac{\frac{2}{9}Fl}{\frac{1}{6}Fl}\times40=53.3\ \text{MPa}$$

a 点与 $\sigma_{\max}$ 所在点位于同一横截面上，M 相同，应力之比等于坐标 y 之比

$$\frac{\sigma_a}{\sigma_{\max}}=\frac{y_a}{y_{\max}}$$

$$\sigma_a=\frac{y_a}{y_{\max}}\sigma_{\max}=\frac{183.5}{200}\times53.3=49\ \text{MPa}$$

例 6-3　由 No.40c 工字钢制的简支梁，跨距 $l=5\ \text{m}$。为了提高梁的承载能力，在

梁中间段上、下面焊上宽$b=146$ mm,厚$\delta=10$ mm,长$l_1=2.5$ m的钢板,钢板材质与工字钢相同,许用应力$[\sigma]=160$ MPa,梁上若作用均布载荷$q=85$ kN/m,请校核该梁正应力强度。

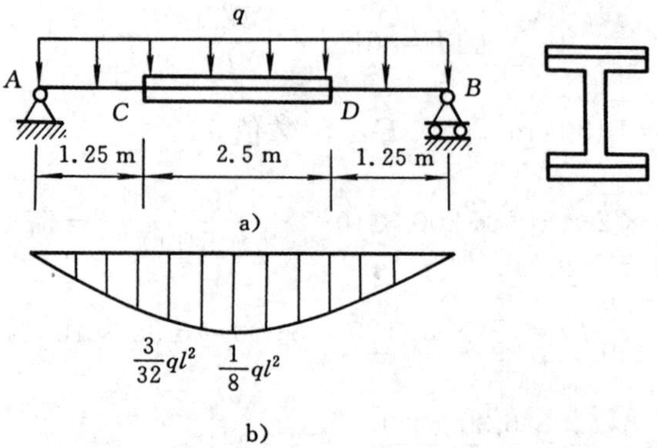

例6-3图

解 1. 画梁的弯矩图,见例6-3图b)。

2. 计算梁截面的惯矩和抗弯截面系数。

在$x\leqslant 1.25$ m和$x\geqslant 3.75$ m处,查型钢表得:

$$I_z=23\,900\times 10^4\ \text{mm}^4,\quad W_z=1\,190\times 10^3\ \text{mm}^3$$

在1.25 m$<x<$3.75 m处,截面是两矩形条与工字形的组合图形,用叠加法计算,薄矩形条对自身水平轴的惯矩很小,可略。

$$I_z=23\,900\times 10^4+2\times\left[146\times 10\times\left(200+\frac{10}{2}\right)^2\right]$$

$$=3.62\times 10^8\ \text{mm}^4$$

$$W_z=I_z/y_{\max}=\frac{3.62\times 10^8}{200+10}=1.72\times 10^6\ \text{mm}^3$$

3. 确定危险面和危险点应力,作校核。

危险面在$M_{\max}$面及$I_{\min}$面(即$x=2.5$ m和$x=1.25$ m或$x=3.75$ m处),危险点均在危险面的上、下边缘处。

$x=2.5$ m处, $M_{\max}=\frac{1}{8}ql^2=\frac{1}{8}\times 85\times 10^3\times 5^2=2.66\times 10^5\ \text{N}\cdot\text{m}$

$$\sigma_{\max}=\frac{M_{\max}}{W}=\frac{2.66\times 10^5}{1.72\times 10^{-3}}=155\ \text{MPa}<[\sigma]$$

在$x=1.25$ m处, $M=\frac{3}{32}ql^2=\frac{3}{4}M_{\max}=\frac{3}{4}\times 2.66\times 10^5\ \text{N}\cdot\text{m}$

$$=2\times10^{5}\ \mathrm{N\cdot m}$$

$$\sigma_{\max}=\frac{M}{W}=\frac{2\times10^{5}}{1.19\times10^{-3}}=168\ \mathrm{MPa}\approx[\sigma]$$

虽然在 $x=1.25$ m 处,最大应力超过$[\sigma]$,但未超过 1.05$[\sigma]$,工程上仍许可,此梁安全。

例 6-4 小车在外伸梁 ABC 上行走,梁为 T 形截面,尺寸如例 6-4 图所示。$l=3$ m,$a=1$ m,梁的许用拉应力$[\sigma_t]=5$ MPa,许用压应力$[\sigma_c]=10$ MPa。求:

(1) 小车的许用重力$[F]$;

(2) 若梁按 ⊥ 形放置,承载能力有何变化?

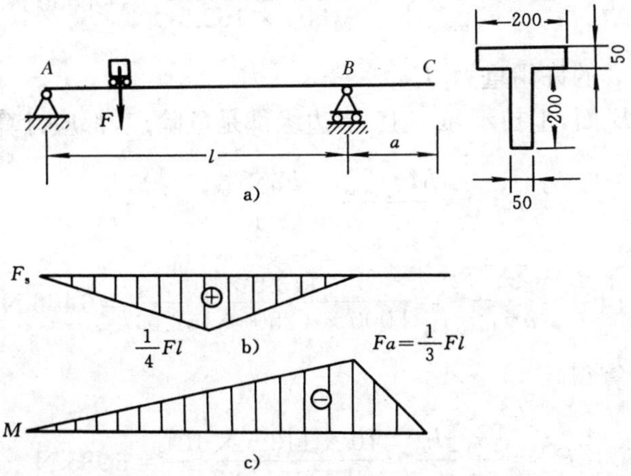

例 6-4

解 (1) ① 根据危险工况,画 M 图,判定危险面:

工况 1 小车行驶在 AB 段中点,弯矩图见例 6-4 图 b),$M_{\max}=\frac{Fl}{4}$(下拉上压);

工况 2 小车行驶在外伸端 C,弯矩图见例 6-4 图 c),$M_{\max}=Fa$(上拉下压)。

② 计算形心及形心主惯矩 I_z

图形对底边的静矩 S

$$S=200\times50\times100+200\times50\times(200+25)$$
$$=325\times10^{4}\ \mathrm{mm}^{3}$$

$$y_c=\frac{S}{A}=\frac{325\times10^{4}}{2\times200\times50}=162.5\ \mathrm{mm}$$

$$I_z=\frac{50}{12}\times200^{3}+50\times200\times(162.5-100)^{2}+$$

$$\frac{200}{12}\times50^{3}+200\times50\times(225-162.5)^{2}$$

$$I_z = 113.5 \times 10^6 \text{ mm}^4$$

③ 计算工况1的许用重力[F]

危险面在AB中点,上压下拉。因为$y_{上\max} < y_{下\max}$,故$[\sigma_上] < [\sigma_下]$,且$[\sigma_c] > [\sigma_t]$,所以上边缘不危险,只需考虑下边缘拉应力:

$$\sigma_{t\max} = \frac{My_{下\max}}{I_z} = \frac{\frac{1}{4}Fly_{下\max}}{I_z} \leqslant [\sigma_t]$$

$$[F] = \frac{4[\sigma_t]I_z}{ly_{下\max}} = \frac{4 \times 5 \times 113.5 \times 10^6}{3000 \times 162.5} = 4\,656 \text{ N}$$

④ 计算工况2的许用重力[F]

危险截面在B面,上拉下压。上、下边缘都是危险点,都应计算。对于上边缘

$$\sigma_{t\max} = \frac{My_{上\max}}{I_z} = \frac{Fay_{上\max}}{I_z} \leqslant [\sigma_t]$$

$$[F] = \frac{[\sigma_t]I_z}{ay_{上\max}} = \frac{5 \times 113.5 \times 10^6}{1000 \times (250 - 162.5)} = 6\,486 \text{ N}$$

对于下边缘,可计算得

$$[F] = \frac{[\sigma_c]I_z}{ay_{下\max}} = \frac{10 \times 113.5 \times 10^6}{1000 \times 162.5} = 6\,985 \text{ N}$$

综合工况1和工况2,许用载荷$[F] = 4\,656$ N

(2) B面弯矩$|M|$最大,且上拉下压;若梁按“⊥”放置,B面上缘的拉应力成为全梁绝对值最大的正应力,使梁处于最不利位置,势必降低梁的承载能力。只需根据B面上边缘应力确定[F],即

$$[F] = \frac{[\sigma_t]I_z}{ay_{\max}} = \frac{5 \times 113.5 \times 10^6}{1000 \times 162.5} = 3\,492 \text{ N}$$

[F]值只有按“T”放置时的75%。

对于脆性材料梁,应保证$|M|_{\max}$面上$|y|_{\max}$点是受压的。

例6-5 外伸梁受力情况如例6-5图a)所示,已知$F = 20$ kN,$q = 10$ kN/m,$a = 1$ m,梁的许用拉应力$[\sigma_t] = 40$ MPa,许用压应力$[\sigma_c] = 100$ MPa。试校核该梁的强度。

解 1. 画梁的内力图,见例6-5图b),c)。

最大正弯矩在截面C上,$M_C = 10$ kN·m。最大负弯矩在截面B上,$M_B = 20$ kN·m。

2. 计算梁横截面的形心和形心主惯性矩

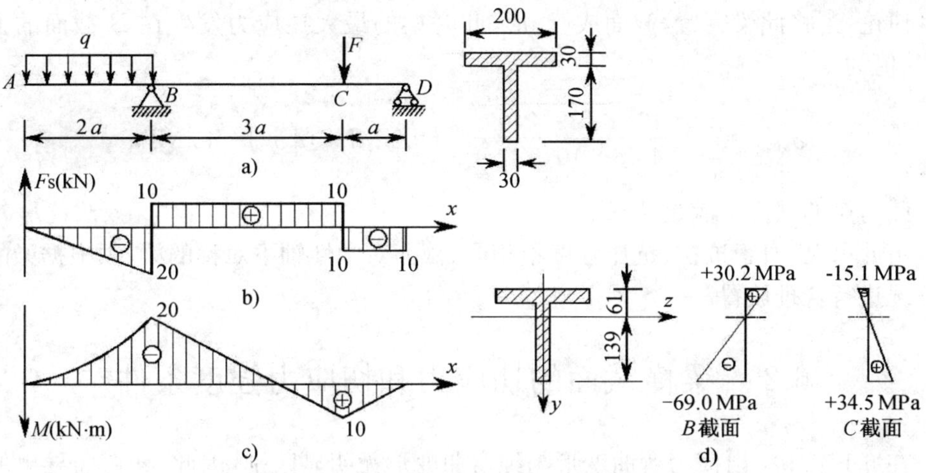

例 6-5 图

截面形心距底边为

$$y_C=\frac{30\times170\times85+30\times200\times185}{30\times170+30\times200}=139\ \text{mm}$$

通过截面形心与纵向对称轴垂直的形心主惯性轴 z 即为中性轴[见例 6-5 图 d)]。截面对中性轴的惯性矩

$$I_z=\frac{200\times30^3}{12}+200\times30\times46^2+\frac{30\times170^3}{12}+30\times170\times54^2=40.3\times10^{64}\ \text{mm}^4$$

3. 确定危险截面和危险点的应力,校核梁的强度

因为梁的许用拉、压应力不同,且梁的截面对中性轴不对称,因此最大正、负弯矩所在截面(C 截面、B 截面)都是可能的危险截面。

B 截面,$M_B=-20\ \text{kN}\cdot\text{m}$(上拉下压):

$$\sigma_{\text{tmax}}=\frac{20\times10^3\times61\times10^{-3}}{40.3\times10^{-6}}=30.2\ \text{MPa}<[\sigma_{\text{t}}]$$

$$\sigma_{\text{cmax}}=\frac{20\times10^3\times139\times10^{-3}}{40.3\times10^{-6}}=69.0\ \text{MPa}<[\sigma_{\text{c}}]$$

C 截面,$M_C=10\ \text{kN}\cdot\text{m}$(下拉上压):

$$\sigma_{\text{tmax}}=\frac{10\times10^3\times139\times10^{-3}}{40.3\times10^{-6}}=34.5\ \text{MPa}<[\sigma_{\text{t}}]$$

$$\sigma_{\text{cmax}}=\frac{10\times10^3\times61\times10^{-3}}{40.3\times10^{-6}}=15.1\ \text{MPa}<[\sigma_{\text{c}}]$$

计算结果表明,该外伸梁的最大拉应力发生在 C 截面的下边缘,值为 34.5 MPa;最大压应力发生在 B 截面的下边缘,值为 69 MPa。显然,该外伸梁的强度满足要求。

讨论:若将此梁倒置,截面成 ⊥ 形,此时梁的最大拉应力发生在 B 截面的上边缘,其值为

$$\sigma_{\mathrm{tmax}}=\frac{20\times10^3\times139\times10^{-3}}{40.3\times10^{-6}}=69.0\ \mathrm{MPa}>[\sigma_\mathrm{t}]=40\ \mathrm{MPa}$$

此时梁的强度不满足要求。

由此可见,对于抗拉、抗压强度不相同、截面对中性轴不对称的梁,须根据梁的受力情况进行合理放置。

6.2 梁横截面的切应力和切应力强度条件

在 6.1 节中指出横力弯曲变形与纯弯曲变形无明显区别,因此,纯弯曲导出的正应力计算公式可用于横力弯曲,但同时也表示看不出弯曲切应力产生的变形特征,无法由此发现切应变的分布规律。这现象给出启示,研究弯曲切应力分布规律不能采用 1.5 节给出的基本方法,需改变思路。

材料力学中研究切应力,大多应用切应力互等定理及其推论(横截面近边界处的切应力与边界平行),先判定切应力的方向,再研究切应力的数值。判定横截面上切应力的方向依据有三条:第一,近边界处的切应力与边界平行;第二,切应力的方向必须与对应内力一致;第三,切应力的方向、大小应是连续变化的。图 6-5 给出各类截面的弯曲切应力方向分布图。

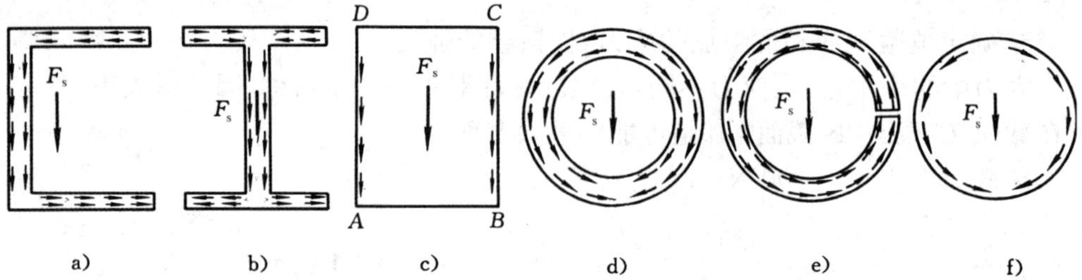

图 6-5 不同截面的切应力方向

对于图 6-5 中的薄壁截面[图 6-5a),b),d),e)],截面上各点的切应力方向都能判定;图 6-5c) 所示矩形截面,近 AD,BC 边的切应力垂直向下,在近 AB,CD 边处的切应力应是水平的,但方向无法判定;图 6-5f) 所示圆截面,在近外圆周处的切应力与圆周一致。但图 6-5c),f) 所示截面内部各点的切应力方向均不能判定,可见薄壁截面梁的弯曲切应力计算较简单,可先解决,然后再研究其他截面梁。

6.2.1 薄壁截面梁

取长 dx 的微段梁(以槽钢为例) 作受力分析,如图 6-6a) 所示。左截面上内力

M,F_s,应力σ,τ;右截面上内力$M+\mathrm{d}M,F_s$,应力$\sigma+\mathrm{d}\sigma,\tau$。截面上各点轴线方向的应力$\sigma$均已清楚,但横向力$\tau$仅知方向。切应力互等定理提示:横截面上切应力$\tau$等于纵截面上的纵向切应力$\tau'$,可利用纵向力的平衡方程解出纵向力中的唯一未知力$\tau'$,从而得出$\tau$。

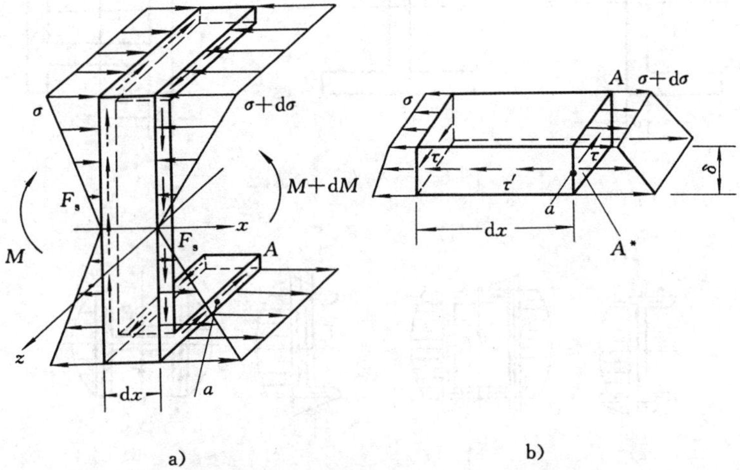

图 6-6 微段梁受力分析

根据应力的连续性和薄壁条件,**可假定切应力 τ 沿壁厚均匀分布**。若欲计算图 6-6a) 中 a 点的切应力,过 a 点沿壁厚纵向截开,取 Aa 部分作受力分析,如图 6-6b) 所示,记 Aa 间横截面积为A^*,a 点处壁厚δ,列纵向力平衡方程:

$$\sum F_{ix}=0,\quad \int_{A^*}\sigma\mathrm{d}A+\tau'(\delta\mathrm{d}x)-\int_{A^*}(\sigma+\mathrm{d}\sigma)\mathrm{d}A=0$$

$$\tau'\delta\mathrm{d}x=\int_{A^*}(\mathrm{d}\sigma)\mathrm{d}A=\int_{A^*}\frac{(\mathrm{d}M)y}{I_z}\mathrm{d}A=\frac{\mathrm{d}M}{I_z}\int_{A^*}y\mathrm{d}A=\frac{\mathrm{d}M}{I_z}S_z^*$$

这里的 S_z^* 是面积A^* 对 z 轴的静矩。

$$\tau'=\frac{\mathrm{d}MS_z^*}{\delta\mathrm{d}xI_z}=\frac{F_sS_z^*}{\delta I_z}$$

$$\tau=\frac{F_sS_z^*}{\delta I_z}\tag{6-7}$$

这里的**δ 是欲求切应力值的点所在位置的壁厚,A^* 是欲计算切应力的点到截面端部($\tau=0$ 处)这部分横截面的面积,S_z^* 是A^* 对 z 的静矩**。对于等厚度的薄壁截面,式(6-7)表明最大切应力发生在中性轴处。图 6-7 标出计算图中 a 点切应力时对应的δ和A^*。图 6-8 给出若干种薄壁截面弯曲切应力分布图。

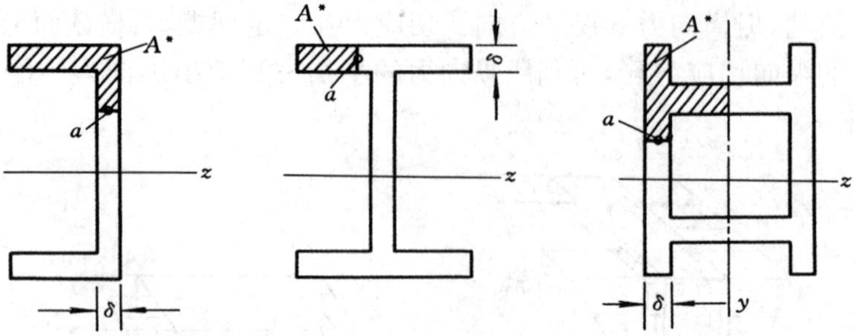

图 6-7 δ,A^* 示意图

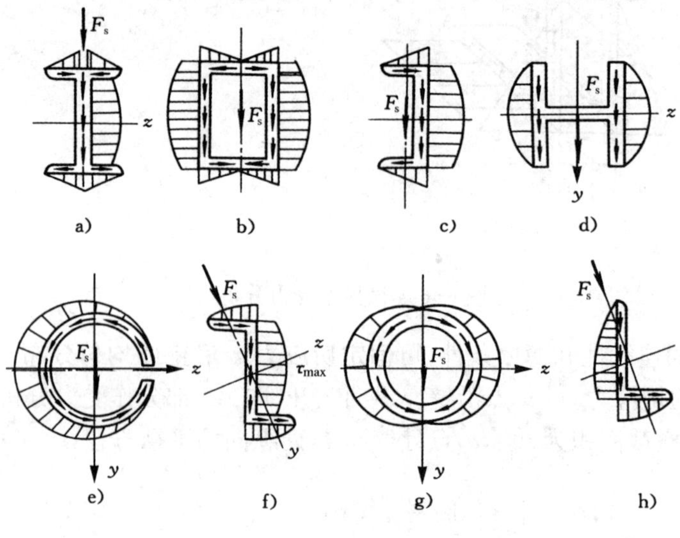

图 6-8 薄壁截面弯曲切应力分布图

图 6-8e),g) 所示的有缝管和无缝管最大弯曲切应力分别为 $4\bar{\tau}$ 和 $2\bar{\tau}$ $\left(\bar{\tau}=\dfrac{F_s}{A}\right)$;图 6-8a),c) 所示为工字钢、槽钢的切应力 $\tau_{max} \approx \dfrac{F_s}{A_0}$,$A_0$ 是腹板面积。

6.2.2 矩形截面梁

矩形截面梁的切应力方向不能判定,需分解为 τ_y 和 τ_z。对于 $h > b$ 的矩形截面,可忽略 τ_z,$\tau \approx \tau_y$,且**假定 τ 沿宽度均匀分布**,仿薄壁截面梁切应力公式推导,得

$$\tau = \frac{F_s S_z^*(y)}{b I_z} \tag{6-7}'$$

欲计算横截面上距 z 轴 y 处的点的切应力,可过该点作 z 轴平行线,此线在截面上的长度即式(6-7)′中的 b,此线以下截面面积即 A^*,A^* 对 z 轴的静矩就是式(6-7)′中的 S_z^*。

$$S_z^*(y)=A^*y_c^*=b\left(\frac{h}{2}-y\right)\times\frac{1}{2}\left(\frac{h}{2}+y\right)$$

$$=\frac{b}{2}\left[\left(\frac{h}{2}\right)^2-y^2\right]$$

$$\tau(y)=\frac{F_s\dfrac{b}{2}\left[\left(\dfrac{h}{2}\right)^2-y^2\right]}{b\,I_z}=\frac{6F_s\left[\left(\dfrac{h}{2}\right)^2-y^2\right]}{bh^3}$$

切应力 τ 沿高度呈抛物线分布,当 $y\pm h/2$ 时,$\tau=0$;当 $y=0$,即在中性轴处,$\tau=\tau_{\max}=\frac{3}{2}\cdot\frac{F_s}{bh}=\frac{3}{2}\bar{\tau}$,见图 6-9。

弹性力学给出了矩形截面切应力的精确解,对于 $b>h$ 的扁梁(如地板),τ_z 剧增,τ_y 沿宽度变化加剧,$\tau_{\max}$ 将是 $\frac{3}{2}\bar{\tau}$ 的几倍、几十倍,式(6-7)′不适用。

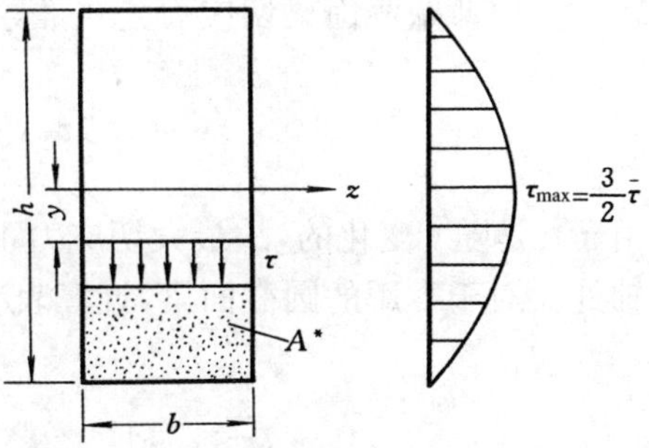

图 6-9　矩形截面 τ 分布图

对于截面由矩形组合而成的梁(不包括壁截面梁),用式(6-7)′算出的切应力值沿高度分布图见图 6-10。在此提醒两点:① 图中1—1线附近的切应力是名义的;② 最大切应力不再是 $\frac{3}{2}\bar{\tau}$。

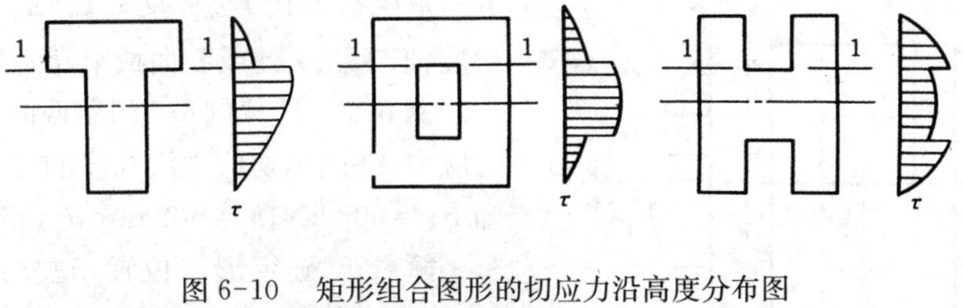

图 6-10　矩形组合图形的切应力沿高度分布图

6.2.3　非矩形截面(不包括薄壁截面)梁

非矩形截面,如圆截面、梯形或三角形截面等,截面两侧边界不平行。假设如下:

假设 1　同一层上的切应力 τ 作用线通过这层两端边界的切线的交点,切应力的方向与 F_s 方向谐调。

假设2 同一层上的切应力在 F_s 方向上的分量 τ_y 相等。由上述假设表示的切应力如图6-11所示。

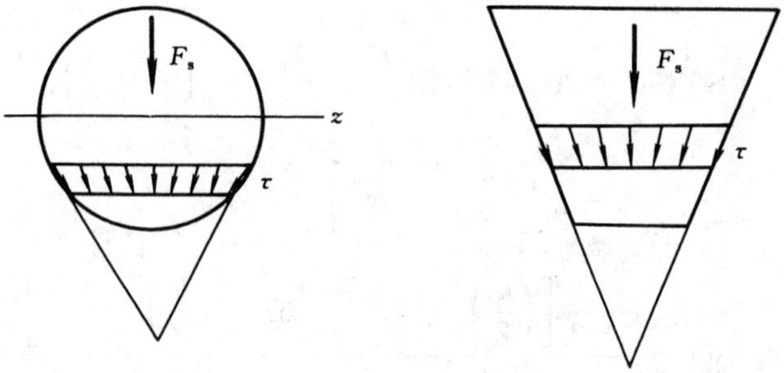

图6-11 同一层上切应力分布

仿照薄壁截面梁切应力公式推导过程可得 τ 在 y 方向分量为

$$\tau_y(y)=\frac{F_s S_z^*(y)}{b(y)I_z} \tag{6-8}$$

由于 b 是随 y 变化的,故最大切应力不一定在 $S_z^*(y)$ 极大值的位置,即不一定是中性轴处。对于常用的圆截面梁,计算表明最大切应力 $\tau_{\max}$ 仍发生在中性轴,值为

$$\tau_{\max}=\frac{4F_s}{3A}=\frac{4}{3}\bar{\tau}$$

6.2.4 切应力强度条件

$$\tau=\frac{F_s S_z^*(y)}{bI_z}\leqslant[\tau] \tag{6-9}$$

危险截面在 $F_{s\max}$ 及 $I_{z\min}$ 面,危险点在中性轴($S_{z\max}^*$)处或截面最窄($b_{\min}$)处。

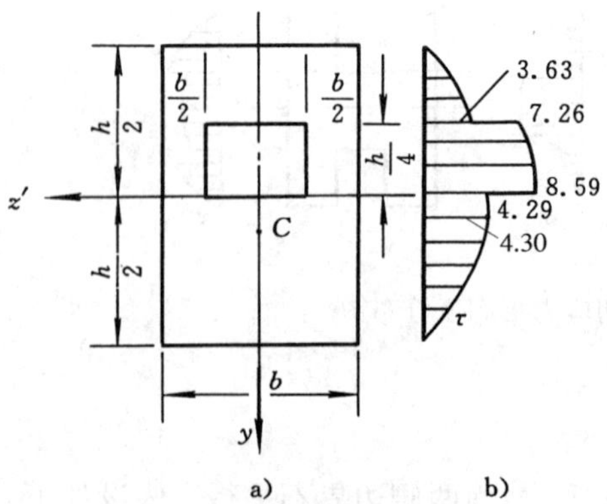

单位:MPa

例6-6图

例6-6 计算例6-6图示截面梁的最大切应力,并画出切应力沿高度的分布图。已知 $F_s=600\text{ kN}$, $h=560\text{ mm}$, $b=360\text{ mm}$。

解 1. 确定形心位置,建立过形心的 z_C 轴,计算形心主惯矩 I_{zC}[z', y 轴见图6-6a)]

$$y_C=\frac{S_{z'}}{A}=\frac{bh\times 0+\left(-\frac{bh}{8}\right)\left(-\frac{h}{8}\right)}{bh+\left(-\frac{bh}{8}\right)}=\frac{h}{56}$$

$=10\ \text{mm}$

$$I_{zC}=\frac{1}{12}bh^3+bh\left(\frac{h}{56}\right)^2-\left[\frac{1}{12}\times\frac{b}{2}\times\left(\frac{h}{4}\right)^3+\frac{bh}{8}\times\left(\frac{h}{8}+\frac{h}{56}\right)^2\right]=0.08045bh^3$$

$$=5086\times10^6\ \text{mm}^4$$

2. 利用式(6-7)′计算切应力

在$-\frac{h}{56}<y<\frac{27}{56}h$，$b=360\ \text{mm}$，$S_z^*=A^*\cdot y_C^*=\frac{b}{2}\left(\frac{27}{56}h-y\right)\left(\frac{27}{56}h+y\right)$

$$\tau=\frac{F_sS_z^*}{bI_z}=\frac{F_s}{2I_z}\left[\left(\frac{27}{56}h\right)^2-y^2\right]=\frac{6\times10^5}{2\times5086\times10^6}[270^2-y^2] \tag{a}$$

$y=0$ 处，$\tau=4.30\ \text{MPa}$。

在$-\frac{29h}{56}<y<-\frac{15h}{56}$，$b=360\ \text{mm}$，$S_z^*=\frac{b}{2}\left[\left(\frac{29h}{56}\right)^2-y^2\right]$

$$\tau=\frac{F_sS_z^*}{bI_z}=\frac{6\times10^5}{2\times5086\times10^6}(290^2-y^2) \tag{b}$$

在$-\frac{15h}{56}<y<-\frac{h}{56}$，$b=180\ \text{mm}$。在$y=-\frac{15h}{56}$及$y=-\frac{h}{56}$处，$\tau$应力值突变，为式(a)，(b)计算结果的两倍，利用式(a)，(b)计算结果画出的切应力沿高度分布图见例6-6图b)。

例 6-7 薄壁槽形梁，截面壁厚δ，宽b，高h，见例6-7图a)。$\delta\ll b,h$，剪力为F_s，计算截面上各点的切应力τ。

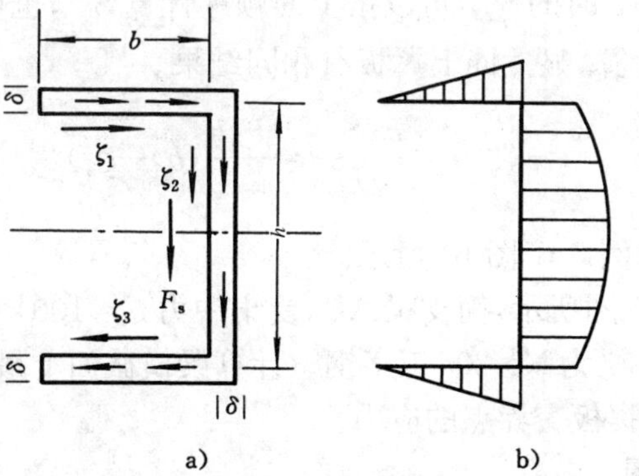

例 6-7 图

解 需先计算截面的惯矩I_z，静矩S_z^*，然后才计算切应力τ。

$$I_z=\frac{(b+\delta)}{12}(h+\delta)^3-\frac{b}{12}(h-\delta)^3=\frac{b\delta h^2}{2}+\frac{\delta h^3}{12}+\frac{h^2\delta^2}{4}+\frac{h\delta^3}{4}+\frac{b\delta^3}{6}+\frac{\delta^4}{12}$$

上翼板 ζ_1 处的静矩：

$$S_z^* = \frac{h}{2}\delta\zeta_1$$

$$\tau(\zeta_1) = \frac{F_s \dfrac{h}{2}\delta\zeta_1}{\delta I_z} = \frac{F_s h}{2I_z}\zeta_1$$

上翼板上切应力与 ζ_1 成正比，线性分布。

腹板 ζ_2 处的静矩 S_z^* 是上翼板的静矩 $\frac{h}{2}\delta b$ 与长为 $(\zeta_2+\delta)$ 的腹板的静矩之和。

$$S_z^* = \delta b\,\frac{h}{2} + \delta(\zeta_2+\delta)\left(\frac{h}{2} - \frac{\zeta_2}{2}\right)$$

$$\tau(\zeta_2) = \frac{F_s\left[\delta b\,\dfrac{h}{2} + \dfrac{\delta(\zeta_2+\delta)(h-\zeta_2)}{2}\right]}{\delta I_z}$$

$$\tau(\zeta_2) = \frac{F_s h}{2I_z}\left(b + \zeta_2 - \frac{\zeta_2^2}{h} + \delta - \frac{\delta\zeta_2}{h}\right)$$

此式说明腹板上切应力是抛物线分布，当 $\zeta_2 = \dfrac{h}{2}$ 时，即在中性轴处，τ 达极值：

$$\tau_{\max} = \frac{F_s h^2}{2I_z}\left(\frac{b}{h} + \frac{1}{4} + \frac{\delta}{2h}\right)$$

对下翼板计算切应力 τ 时的 S_z^*，可以按上面顺序计算 S_z^*，也可以从下翼板左端为起点计算 S_z^*，按后者计算，显然同上翼板有相同结果。

$$\tau(\zeta_3) = \frac{F_s S_z^*}{bI_z} = \frac{F_s h}{2I_z}(b-\zeta_3)$$

切应力沿壁分布图如例 6-7 图 b) 所示。

例 6-8 如例 6-8 图所示，简支梁 AB，受集中力 $F=100$ kN 作用，梁长 $l=2$ m，力 F 距支座 A 为 0.5 m，梁为 No.20a 工字钢。计算梁横截面上最大正应力，最大切应力及力 F 作用面翼板、腹板交界点的应力。

解 1. 画内力图

见例 6-8 图 b)。

2. 查型钢表得截面几何性质

$$I_z = 2\,370\times10^4\ \text{mm}^4,\ W_z = 237\times10^3\ \text{mm}^3$$

$$I_z/S_{z\max}^* = 172\ \text{mm},\ \delta = 7\ \text{mm},\ b = 100\ \text{mm},\ t = 11.4\ \text{mm}$$

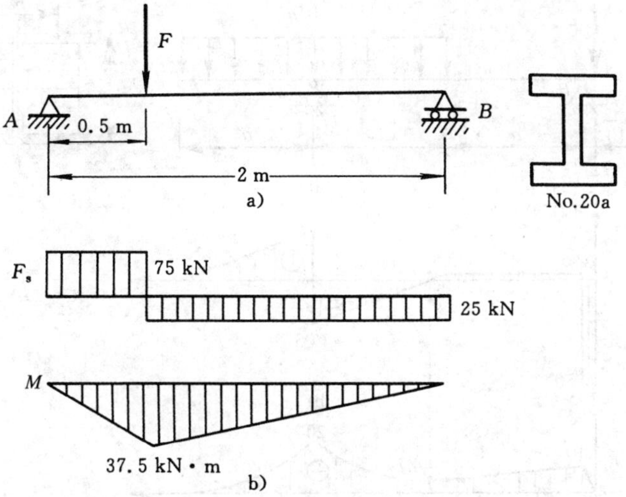

例 6-8 图

3. 计算应力

最大正应力

$$\sigma_{\max}=\frac{M_{\max}}{W_z}=\frac{37.5\times10^6}{237\times10^3}=158\ \text{MPa}$$

最大切应力发生在力 F 作用面左边梁的中性轴处：

$$\tau_{\max}=\frac{F_s S_z^*}{\delta I_z}=\frac{75\times10^3}{7\times172}=62.3\ \text{MPa}$$

翼板、腹板交界处的正应力为

$$\sigma=\sigma_{\max}\cdot\frac{\frac{h}{2}-t}{\frac{h}{2}}=158\times\frac{100-11.4}{100}=140\ \text{MPa}$$

计算该点切应力

$$S_z^*=bt\left(\frac{h-t}{2}\right)=100\times11.4\times\frac{200-11.4}{2}=108\times10^3\ \text{mm}^3$$

$$\tau=\frac{F_s S_z^*}{\delta I_z}=\frac{75\times10^3\times108\times10^3}{7\times2370\times10^4}=48.8\ \text{MPa}$$

翼板、腹板交界点的正应力为 140 MPa，切应力为 48.8 MPa。

例 6-9 由工字钢制成的外伸梁，受力如例 6-9 图 a）所示。已知：$F=50\ \text{kN}$，$q=10\ \text{kN/m}$，$a=2\text{m}$，材料的许用应力$[\sigma]=160\ \text{MPa}$，$[\tau]=100\ \text{MPa}$，试选择工字钢的型号。

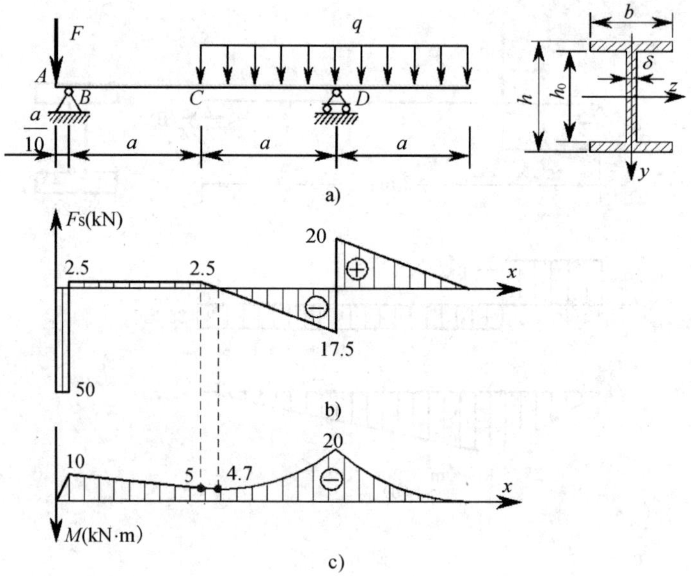

例 6-9 图

解 1. 画内力图,见例 6-9 图 b)、c)。

2. 按弯曲正应力强度条件选择工字钢的型号。

由弯矩图可知,最大弯矩 $M_{\max}=20\ \text{kN}\cdot\text{m}$。弯曲正应力强度条件:

$$\sigma_{\max}=\frac{M_{\max}}{W_z}\leqslant[\sigma]$$

得
$$W_z\geqslant\frac{M_{\max}}{[\sigma]}=\frac{20\times10^6}{160}=125\times10^3\ \text{mm}^3$$

查型钢表,选用 No.16 工字钢,其抗弯截面系数 $W_z=141\times10^3\ \text{mm}^3$(大于 $125\times10^3\ \text{mm}^3$)。

3. 校核梁的切应力强度。

查型钢表得,No.16 工字钢截面的 $I_z/S^*_{z\max}=0.138\ \text{m}$,腹板厚度 $\delta=6\ \text{mm}$。由剪力图可知,最大剪力 $F_{S\max}=50\ \text{kN}$。代入切应力强度条件,可得

$$\tau_{\max}=\frac{F_{S\max}}{\dfrac{I_z}{S^*_{z\max}}\delta}=\frac{50\times10^3}{0.138\times6\times10^{-3}}=60.4\ \text{MPa}<[\tau]$$

因此,选择 No.16 工字钢作梁,能够同时满足弯曲正应力和切应力强度条件。

讨论:对于一般加载条件下的实心截面梁或轧制型钢梁,控制因素通常是弯曲正应力,满足弯曲正应力强度条件的梁,一般情况下都能满足切应力的强度条件。但对于下述情形的梁,除进行梁的弯曲正应力强度计算外,还应进行梁的弯曲切应力强度

校核：

(1) 梁的跨度较短，支座载荷较大，弯矩较小而剪力较大情形；

(2) 自制(铆接、焊接或粘接)的薄壁截面梁，如铆接或焊接的工字梁，当腹板较薄而截面高度较大，厚度与高度的比值小于型钢的相应比值，则对腹板应进行切应力强度校核；

(3) 通过铆接、焊接或胶合而成的梁，对铆钉、焊缝或胶合面也要进行剪切强度校核；

(4) 纵向平面抗剪切强度差的木梁等，也应考虑其弯曲切应力强度。

6.3 薄壁截面梁弯曲切应力的进一步研究

弯曲切应力是根据纵向力的平衡，依赖弯曲正应力 σ 而计算得到的，没有考虑横截面切应力合成结果应是剪力 F_s 这一静力学关系，对例 6-7 所示槽形薄壁截面梁的弯曲切应力作进一步研究。

6.3.1 弯曲切应力的主矢

例 6-7 图 b) 和上、下翼板切应力表达式表明上、下翼板的水平切应力大小相等方向相反，合成为一个力偶，只需计算腹板上垂直切应力的合力

$$\int_0^{h-\delta}\tau(\zeta_2)\mathrm{d}A=\int_0^{h-\delta}\frac{F_s h}{2I_z}\left(b+\zeta_2-\frac{\zeta_2^2}{h}+\delta-\frac{\delta\zeta^2}{h}\right)\delta\,\mathrm{d}\zeta_2$$

$$=\frac{F_s}{I_z}\left(\frac{b\delta h^2}{2}+\frac{\delta h^3}{12}+\frac{h^2\delta^2}{4}-\frac{h\delta^3}{4}-\frac{bh\delta^2}{2}-\frac{\delta^4}{12}\right)$$

略小于剪力 F_s。这说明切应力的主矢是一个垂直力，剪力基本上全由腹板承担，但水平翼板上仍存在垂直切应力。仿例 6-7，假定上、下翼板垂直切应力 τ 沿宽度均匀分布，由式(6-7)′不难得垂直切应力 τ 沿高度的分布图，见图 6-12a)。此时整个截面上垂直切应力之和等于剪力 F_s。

6.3.2 水平翼板上 τ_y 的真实解

在图 6-12a) 的 1—1 线上切应力发生突变，这不符合应力是连续函数的基本假设；在上(下)翼板的下(上)边缘，根据切应力互等定理，垂直切应力必须为零，例 6-7 图 a) τ_y 的分布也违背了切应力互等定理，所以例 6-7 图 a) 显示的上、下翼板 τ_y 分布规律是不正确的，它是整个宽度 $(b+\delta)$ 上 τ_y 的平均值 $\bar{\tau}_y$。为了正确计算翼板上的垂直切应力 τ_y，在微段梁的下翼板上取宽 $\mathrm{d}\zeta_3$，高 ξ，长 $\mathrm{d}x$ 一小块脱离体[见图 6-12a)] 分析，受力图见图 6-12b)，列纵向力平衡方程

$$\sum F_{ix}=0,\quad \tau'(\zeta_3+\mathrm{d}\zeta_3)\xi\mathrm{d}x+\int_{\frac{h+\delta}{2}-\xi}^{\frac{h+\delta}{2}}(\sigma+\mathrm{d}\sigma)\mathrm{d}\zeta_3\mathrm{d}y-\tau'(\zeta_3)\xi\mathrm{d}x$$

$$-\int_{\frac{h+\delta}{2}-\xi}^{\frac{h+\delta}{2}}\sigma\mathrm{d}\zeta_3\mathrm{d}y-\tau_y'\mathrm{d}\zeta_3\mathrm{d}x=0$$

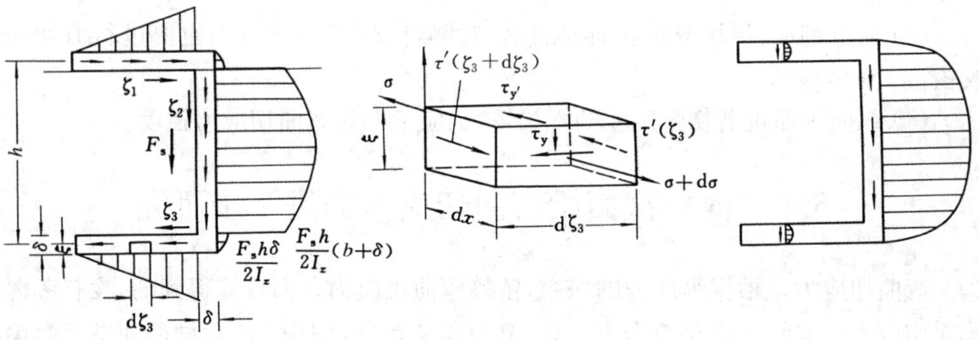

图 6-12 薄壁截面梁弯曲切应力分布图

将$\tau'(\zeta_3)=\dfrac{F_sh}{2I_z}(b-\zeta_3)$，$\tau'(\zeta_3+\mathrm{d}\zeta_3)=\dfrac{F_sh}{2I_z}(b-\zeta_3-\mathrm{d}\zeta_3)$代入，约去$\mathrm{d}\zeta_3$，利用$\dfrac{\mathrm{d}M}{\mathrm{d}x}=F_s$，可解得

$$\tau_y(\xi)=\tau_y'(\xi)=\frac{F_s}{2I_z}\xi(\delta-\xi) \tag{6-10}$$

表明垂直切应力$\tau_y(\xi)$在翼板内呈抛物线，在翼板上、下缘($\xi=\delta$，$\xi=0$)为零，满足切应力互等定理，在翼板同一层高上τ_y均匀分布。

在腹板上下两端，与翼板相连处的垂直切应力$\tau_y'(\xi)$可由下式计算：

$$\tau_y'(\xi)=\frac{(b+\delta)\bar{\tau}_y(y)-b\tau_y(\xi)}{\delta}$$

这里的$\bar{\tau}_y$是翼板上的平均垂直应力，$\bar{\tau}_y=\dfrac{F_sS_z^*(y)}{(b+\delta)I_z}$，$S_z^*(y)=\displaystyle\int_{\frac{h+\delta}{2}-\xi}^{\frac{h+\delta}{2}}y(b+\delta)\mathrm{d}y$

可解得
$$\tau_y'(\xi)=\frac{F_s\xi}{2I_z}\left[\frac{bh}{\delta}+(h+\delta-\xi)\right] \tag{6-11}$$

在$\xi=0$处，$\tau=0$，符合切应力互等定理；在$\xi=\delta$时，$\tau_y'=\dfrac{F_sh}{2I_z}(b+\delta)$，它与式(6-7)计算得到的结果一致，表明腹板上的垂直切应力是连续分布的，垂直切应力分布图见图6-12c)。

6.3.3 弯曲中心　平面弯曲充要条件

弯曲中心
平面弯曲
充要条件

弯曲切应力合力数值上等于 F_s，但作用点在何处？仍以例 6-7 槽形截面为例讨论，记形心 C 至腹板中线的距离为 a，切应力 τ 对形心之矩

$$
\begin{aligned}
M_x &= \int_0^b \frac{h}{2}\tau(\zeta_1)\delta\,\mathrm{d}\zeta_1 + \int_0^b \frac{h}{2}\tau(\zeta_3)\delta\,\mathrm{d}\zeta_3 + F_s a \\
&= 2\int_0^b \frac{F_s h^2}{4I_z}\zeta_1\delta\,\mathrm{d}\zeta_1 + F_s a = F_s\left(\frac{\delta b^2 h^2}{4I_z} + a\right)
\end{aligned}
$$

表示切应力合力不通过形心 C，合力至形心 C 的距离为 $\dfrac{M_x}{F_s} = \dfrac{\delta b^2 h^2}{4I_z} + a$（在腹板中线外侧 $\dfrac{\delta b^2 h^2}{4I_z}$ 处）。记切应力合力作用点为 $\boldsymbol{S}$，称为**弯曲中心**，S 位置与 F_s 无关，取决于截面形状，是截面的几何性质。对一般薄壁截面，S 距形心 C 在 z 方向的距离 $\overline{SC}$ 为

$$
\overline{SC} = \frac{M_x}{F_s} = \frac{\int_l \boldsymbol{\rho} \times \boldsymbol{\tau}\,\mathrm{d}A}{F_s} = \int_l \boldsymbol{\rho} \times \frac{F_s}{\delta}\frac{S_z^*(S)}{I_z}\delta\frac{\mathrm{d}\boldsymbol{\zeta}}{F_s} = \int_l \boldsymbol{\rho} \times S_z^*(\zeta)\frac{\mathrm{d}\boldsymbol{\zeta}}{I_z}
$$

这里的 $\mathrm{d}\boldsymbol{\zeta}$ 是薄壁截面周长的微元，$\boldsymbol{\rho}$ 是形心 C 到 $\mathrm{d}\zeta$ 的矢径（图 6-13）。

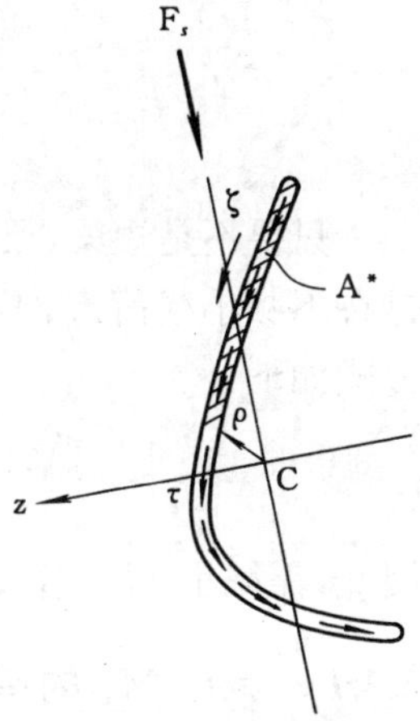

图 6-13　弯曲中心 S 计算示意图

槽形悬臂梁在过形心的横向垂直力作用下的变形，见图 6-14a)。梁不仅发生弯曲，横截面还绕轴线转动，发生扭转变形。为解释此现象，在梁上截取一段，受力分析见图 6-14b)，弯矩 M（正应力的合力），剪力 F_s（弯曲切应力的合力）没能与外力 F 平衡，必须存在扭矩 $T = F \cdot \overline{SC}$ 才能保持平衡。事实上是平衡的，T 确实存在，所以观察到扭转发生，此时，梁内还有扭转切应力。若垂直横向力 F 不是通过 C 而是通过 S，则图 6-14b) 就能平衡，不存在扭矩，不发生扭转变形。因此，横向力作用下，仅发生**平面弯曲的充要条件是：横向力必须与形心主轴平行且通过弯曲中心**。若不与形心主轴平行，两个方向的弯曲同时发生；若不通过弯曲中心，扭转变形伴随而生。

开口薄壁杆件的抗扭能力很差，因此，开口薄壁截面梁横力弯曲时横向力必须通过弯曲中心 S。弯曲中心 S 的位置有下述规律：

(1) S 一定在对称轴上；

(2) 中心对称的图形，对称中心就是形心、弯曲中心，三心合而为一；

(3) 不对称有开口的截面，如槽钢、开口圆环等，开口与弯曲中心分别在形心两侧；

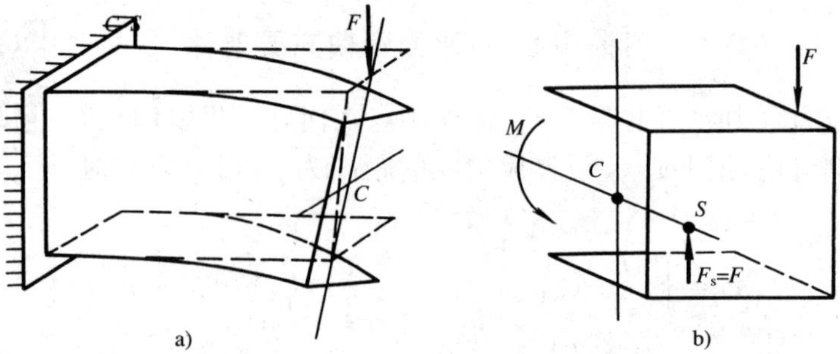

图 6-14 弯曲中心的概念

(4) 由两个矩形条组成的截面,如角钢、T 型钢,弯曲中心必在矩形条的交点。图 6-15 给出若干种薄壁截面的弯曲中心 S 的大致位置。

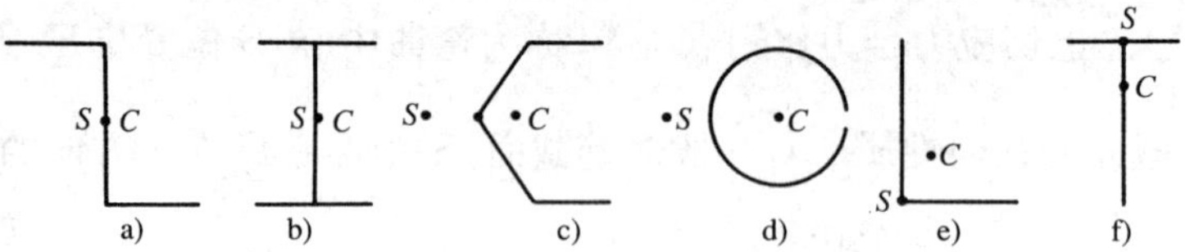

图 6-15 各种薄壁图形的弯曲中心

6.4 提高梁承载能力的措施

只要不是短梁,梁的强度主要由正应力控制,所以,提高梁的承载能力的出发点是在不减小载荷值、不增加材料的前提下,尽可能降低梁内正应力。梁内正应力计算公式如下:

$$\sigma=\frac{M_z y}{I_z}$$

因此,需减小 M_z,增大 I_z。

6.4.1 减小 M_z 的措施

(1) 合理安排载荷,常把集中力化为分散力,让力作用于近支座处,如图 6-16 所示。

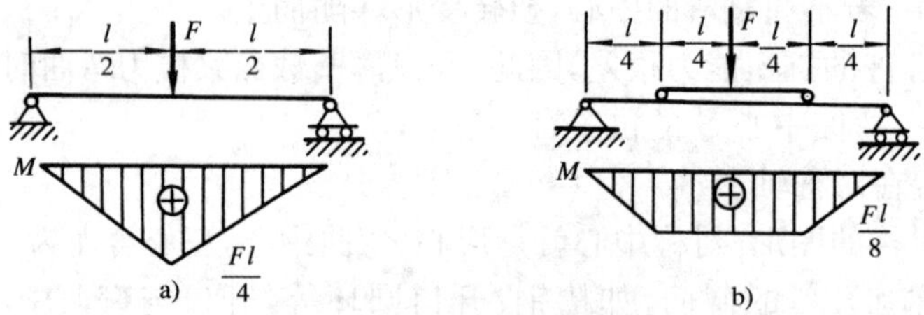

图 6-16 加载的不同形式

(2) 改变梁的形式,尽量用小跨度梁,把简支梁改为外伸梁,如图 6-17 所示梁。在同样的截面、同样的 q 值作用下,图 6-17a)$[q]$ 小于图 6-17b),c) 的$[q]$。悬臂梁强度差,尽可能不采用。

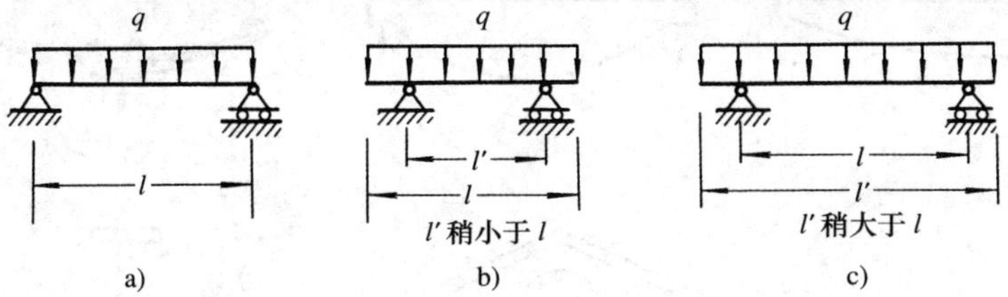

图 6-17　梁的不同形式

(3) 增加支座(约束),改静定梁为超静定梁。

6.4.2　采用合理截面,提高 $W_z(I_z/y_{max})$

在同样的用材量(重量)时,薄壁截面的惯性矩 I_z 较高,所以,工程上大量使用型钢。梁截面的中部应尽量薄或空,使材料集中于上下面。对于塑性材料梁,常采用上、下对称的截面(如工字形截面);对于脆性材料梁,常采用上、下不对称截面,并让中性轴靠近受拉侧(图 6-18),这类截面如能使 y_1 和 y_2 之比接近下列关系:

$$\frac{\sigma_{tmax}}{\sigma_{cmax}}=\frac{y_1}{y_2}=\frac{[\sigma_t]}{[\sigma_c]}$$

截面上的最大拉、压应力便可同时接近各自的许用应力。

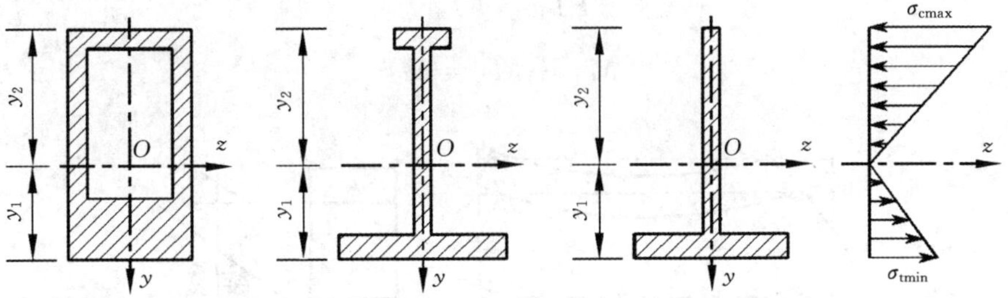

图 6-18　合理截面形式

6.4.3　使用变截面梁

梁截面的尺寸按截面的 M 值设计。如图 6-19 所示梁,图 6-19b) 是吊车的鱼腹梁,图 6-19d) 是混凝土屋架。车辆轮轴上安置变截面的板弹簧[图 6-19c)],不仅省材且可减震;生活中常见的扁担也是变截面梁,小扁担两头尖,中间宽且厚,尽管如此,破坏依然发生在最宽最厚的中间。若 $W_z(x)$ 满足条件

$$W_z(x)=\frac{M(x)}{[\sigma]}$$

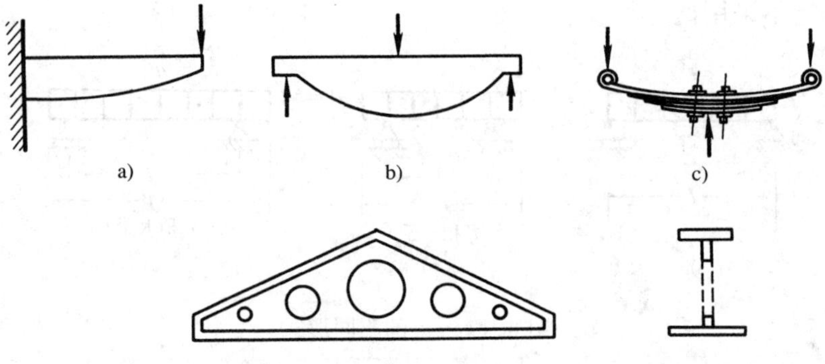

图 6-19　变截面梁

此时,梁上每个截面的最大正应力都刚好达到$[\sigma]$,称为**等强度梁**。

6.4.4　把叠梁固定成单根整梁

在跳板上搬运重物时,担心一块跳板强度不足,往往再摞上一块跳板,两块跳板叠在一起组成叠梁。叠梁变形时,上、下梁各有自己的中性层,如图 6-20a) 所示。在小变形,曲率半径ρ远大于梁高度h时,工程上常假定$\rho_{上}=\rho_{下}$,又两根梁各自承担的弯矩之和$M_{上}+M_{下}$就是外力对叠梁的弯矩,故有方程组

$$\frac{M_{上}}{EI_{上}}=\frac{M_{下}}{EI_{下}}$$

$$M_{上}+M_{下}=M$$

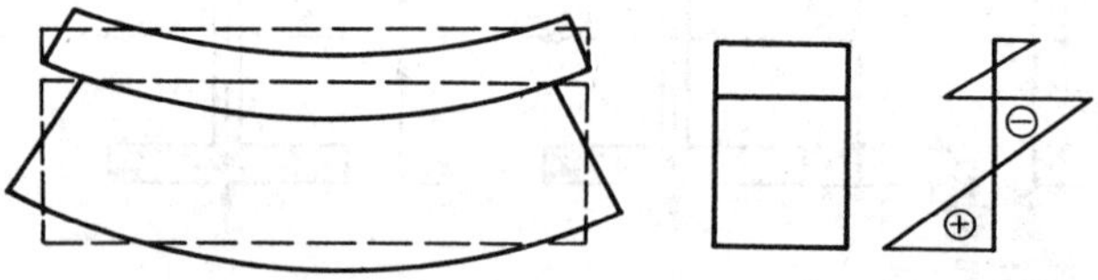

图 6-20　叠梁的正应力分布

解出$M_{上}$,$M_{下}$,可计算上、下梁的正应力,正应力分布图见图 6-20b)。叠梁上的应力大于把两根梁固定成单梁时的应力,这是由于叠梁有两个中性层,材料未得以充分利用;单梁的水平纵截面上存在切应力,使梁成整体,只有一个中性层,材料得以较充分利用。把叠梁改造成单梁,可采用焊接、黏合或用螺栓把上下梁栓紧等方法。若用黏合的办法,则在黏合层上的黏合剂必须要能承受黏合层处的切应力;若用螺栓(或铆

钉）固定上、下梁，工程上通常假定上、下梁交界面上应承受的切应力，由螺栓（或铆钉）受到的剪力代替，螺栓需能承受这剪力，工程上根据这条件设计螺栓的直径和间距。

例 6-10 例 6-10 图所示叠梁，两根梁材料相同，许用正应力$[\sigma]$，求：

(1) 梁的许用载荷$[F]$（无螺栓固定）；

(2) 两根梁用螺栓固定后的许用载荷$[F]$；

(3) 若螺栓直径为 d，螺栓的许用剪切切应力$[\tau]$，螺栓间距 S 应为多大？

解 (1) 画梁的 F_s, M 图，见例 6-10 图 b)。危险面在梁中点。

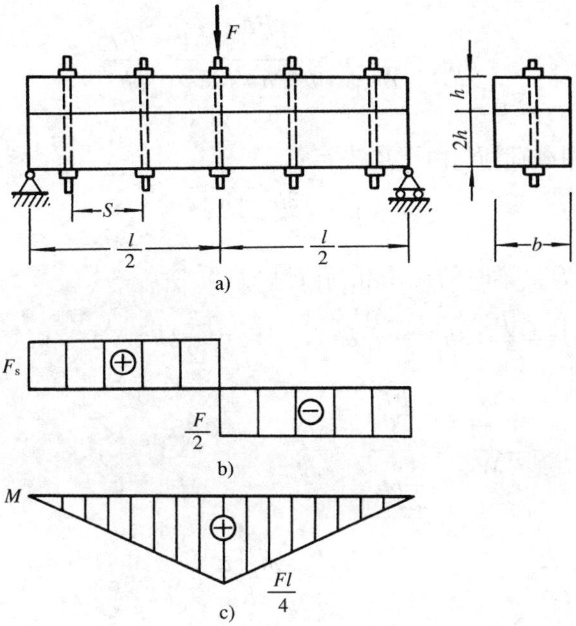

例 6-10 图

$$M_{上}+M_{下}=\frac{Fl}{4} \tag{a}$$

$$\frac{M_{上}}{EI_{上}}=\frac{M_{下}}{EI_{下}} \tag{b}$$

计算 $I_{上}$, $I_{下}$

$$I_{上}=\frac{bh^3}{12}, \quad I_{下}=\frac{b(2h)^3}{12}=8I_{上}$$

代入式(b) 得

$$M_{下}=8M_{上}$$

代入式(a)得

$$M_{上}=\frac{1}{9}\times\frac{Fl}{4}=\frac{Fl}{36},\quad M_{下}=\frac{2}{9}Fl$$

计算应力

$$\sigma_{\max}^{上}=\frac{M_{上}}{W_{z上}}=\frac{\frac{Fl}{36}}{\frac{bh^2}{6}}=\frac{1}{6}\cdot\frac{Fl}{bh^2}$$

$$\sigma_{\max}^{下}=\frac{M_{下}}{W_{z下}}=\frac{\frac{2}{9}Fl}{\frac{b(2h)^2}{6}}=\frac{1}{3}\cdot\frac{Fl}{bh^2}$$

下梁的应力大,许用载荷$[F]$由下梁决定:

$$[F]=\frac{3bh^2[\sigma]}{l}$$

(2) 计算固定为整梁时的许用载荷$[F]$

整梁惯性矩 $I_z=\frac{b}{12}(3h)^3=\frac{9}{4}bh^3$, $W_z=\frac{3}{2}bh^2$

整梁最大应力 $\sigma=\frac{M}{W_z}=\frac{\frac{Fl}{4}}{\frac{3}{2}bh^2}=\frac{Fl}{6bh^2}$

$$[F]=\frac{6bh^2[\sigma]}{l}$$

整梁的许用载荷$[F]$是叠梁的许用载荷的2倍。

(3) 计算螺栓之间的距离S

整梁在$2h$高度处的剪应力应为

$$\tau=\frac{F_sS_z^*}{bI_z}=\frac{\frac{[F]}{2}\left(2bh\times\frac{h}{2}\right)}{b\,\frac{9}{4}bh^3}=\frac{2[F]}{9bh}=\frac{4}{3}\cdot\frac{h}{l}[\sigma]$$

在长S、宽b的交界面上剪力应为

$$F_s=Sb\tau=\frac{4}{3}\cdot\frac{hSb}{l}[\sigma]$$

螺栓应能承受此剪力,螺栓的许用剪力为$\frac{\pi}{4}d^2[\tau]$,应有

$$\frac{\pi}{4}d^2[\tau]\geqslant\frac{4}{3}\ \frac{hsb}{l}[\sigma]$$

故

$$S\leqslant\frac{3\pi d^2 l[\tau]}{16hb[\sigma]}$$

*6.5 梁的弹塑性弯曲

与圆轴扭转相似,梁横截面上的弯曲正应力也是非均匀分布的。对于理想弹塑性材料制成的梁,采用塑性极限设计思想进行强度计算,同样,可以显著提高承载能力。本节将讨论考虑材料塑性变形时梁的塑性极限弯矩。仍从纯弯曲变形着手分析。

首先研究工程中常用的横截面具有水平对称轴的梁,以图 6-21 的矩形截面梁发生纯弯曲变形为例。按照许用应力法的观点,当横截面上的最大正应力达到材料的屈服应力 σ_s 时[图 6-21a)],梁即处于危险状态,此时梁承受的弯矩称为弹性极限弯矩,也称屈服弯矩,用 M_e表示,其值为

$$M_e=\sigma_s W_z=\frac{1}{6}bh^2\sigma_s \tag{6-12}$$

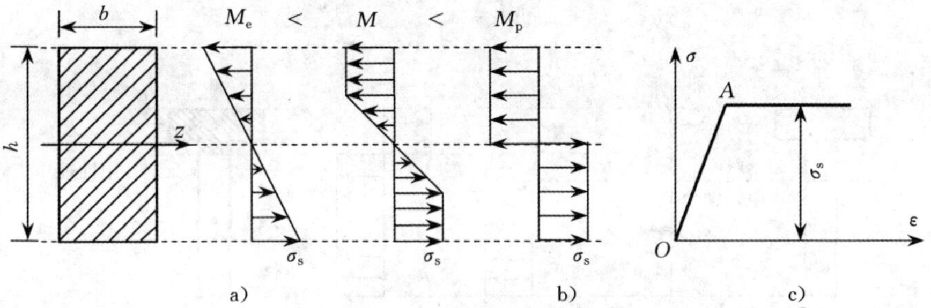

图 6-21 矩形截面梁的极限弯矩

弯矩达到屈服弯矩时,梁横截面上除危险点(上下边缘各点)的正应力达到屈服应力 σ_s外,其他各点处的材料仍处于弹性状态,仍可承担继续增大的载荷。

当弯矩继续增大时,按照理想弹塑性模型假设[材料的 σ-ε 曲线如图 6-21b)所示],横截面上正应力达到 σ_s的区域(塑性区)将逐渐向中性轴扩展,应力分布如图 6-21c)所示。当载荷增大到使横截面上各点处的正应力都达到屈服极限 σ_s[图 6-21d)]时,整个截面屈服,梁即处于极限状态,此时对应的弯矩称为塑性极限弯矩,也称极限弯矩,用 M_p表示,其值为

$$M_p=2\sigma_s\left(\frac{1}{2}bh\right)\left(\frac{1}{4}h\right)=\frac{bh^2}{4}\sigma_s \tag{6-13}$$

矩形截面梁塑性极限弯矩与弹性极限弯矩之比为

$$f=\frac{M_{p}}{M_{e}}=\frac{\frac{bh^{2}}{4}\cdot\sigma_{s}}{\frac{bh^{2}}{6}\cdot\sigma_{s}}=1.5 \tag{6-14}$$

上述计算结果表明,考虑材料的塑性后,矩形截面梁的承载力提高了 50%。系数 f 与横截面的形状有关,称为形状系数。几种常用截面的形状系数 f 如表 6-1 所示。

表 6-1

截面形状	工字形	矩形	实心圆形	菱形
f	1.16~1.17	1.5	1.7	2.0

对于无水平对称轴的横截面,以图 6-22a)所示的 T 形截面梁为例,同样假设为理想弹塑性体。当弯矩 M 逐渐增大时,梁横截面上应力分布的演化过程如图 6-22b),c),d)所示,对应的弯矩也依次由屈服弯矩 M_e 逐渐增大到塑性极限弯矩 M_p。容易算出 M_e 的大小为

$$M_{e}=\frac{\sigma_{s}I_{z}}{y_{\max}} \tag{6-15}$$

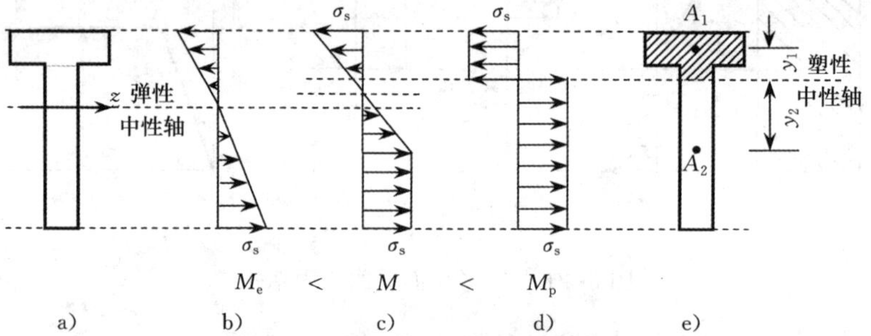

图 6-22 非对称截面梁的弹性中性轴和塑性中性轴

由图 6-22 可知,弯矩从弹性极限弯矩 M_e 增大到极限弯矩 M_p 的过程中,横截面上中性轴的位置不断地上移,当弯矩达到塑性极限弯矩 M_p 时,整个截面屈服,此时中性轴为塑性中性轴[图 6-22e)]。以 A_1 和 A_2 分别表示塑性中性轴两侧的受压和受拉区面积,由于纯弯曲梁横截面上的轴力等于零,故有

$$\int_{A_2}\sigma_{s}\mathrm{d}A-\int_{A_1}\sigma\mathrm{d}A=\sigma_{s}(A_{2}-A_{1})=0$$

由上式可得

$$A_1 = A_2$$

上式表明，当梁处于极限状态时，塑性中性轴将整个横截面分成面积相等的两部分，对于上下不对称的截面，中性轴不再通过截面的形心。

塑性中性轴位置确定后，梁截面的极限弯矩为

$$M_p = \int_A y\sigma_s \mathrm{d}A = \sigma_s\left(\int_{A_1} y\mathrm{d}A + \int_{A_2} y\mathrm{d}A\right) = \sigma_s(S_1 + S_2) \tag{6-16}$$

式中，S_1 和 S_2 分别是受压和受拉区面积对塑性中性轴的静矩。

对于横力弯曲梁，可以根据最大弯矩所在截面的极限弯矩进行计算。当载荷增大到使梁的最大弯矩达到极限弯矩时，最大弯矩所在截面将全面进入塑性状态，该截面形成塑性铰，梁即达到极限状态，产生明显塑性变形而丧失承载能力。

显然，考虑材料的塑性，按照极限载荷设计法进行梁的强度设计，能更充分地发挥材料的承载潜能。

思 考 题

本章小结

6-1 梁弯曲时，纵向线应变 ε 与高度 y 成正比，它是在什么条件下推出的？与胡克定律有无关系？横截面上的正应力与高度成正比，又是在什么条件下推出的？若某材料的 $\sigma_s = 240$ MPa，而由弯曲正应力公式计算得出的 $\sigma = 300$ MPa，此时计算结果可信吗？是偏高还是偏低？

6-2 有的梁上下对称，有的梁上下不对称，为什么？取决于载荷还是取决于材料？

6-3 试比较弯曲正应力公式、圆轴扭转切应力公式、轴向拉压正应力公式、弯曲切应力公式，举出它们的相同之处。

6-4 弯曲切应力公式推导过程中没有用过表达应力—应变关系的物理方程，如剪切胡克定律。弯曲切应力公式使用时是否存在材性的限制？

6-5 弹性模量分别为 E_1 和 E_2 的两种材料组成的杆（如钢筋混凝土、光纤电缆等）受弯曲时平面假设成立，试参照梁纯弯曲正应力公式推导过程，推定组合梁横截面上中性轴位置、曲率和正应力计算公式（两种材料在横截面上的位置和面积均为已知）。

6-6 拉压弹性模量不同的材料制成的梁，弯曲变形时由观察可知，平面假设成立，试推导中性轴位置和正应力计算公式。

6-7 直梁的正应力计算公式亦可用于小曲率曲杆弯曲正应力计算。但对非小曲率杆，虽然平面假设仍可用，但弯曲正应力公式和中性轴位置都与直梁不同，试推导之。

6-8 基于圣维南原理，可知材料力学中关于基本变形应力计算公式只可用于距载荷作用点较远处。图示悬壁梁，受均布载荷作用，用弯曲应力公式计算 C 面应力时，得到的是名义应力，与真实应力误差较大，但用弯曲应力公式计算 A 面应力时得到的应力具有足够的精度，为什么？

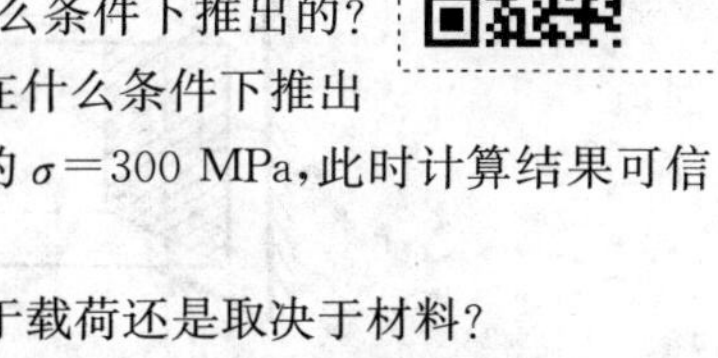

思考题 6-8 图

6-9 思考题 6-9 图 a）所示梁 m—m 面上正应力和切应力分布是否如思考题 6-9 图 b）所示？

为什么？试定性画出 m—m 面上正应力、切应力分布图，并研究此面正应力、切应力的正确解。

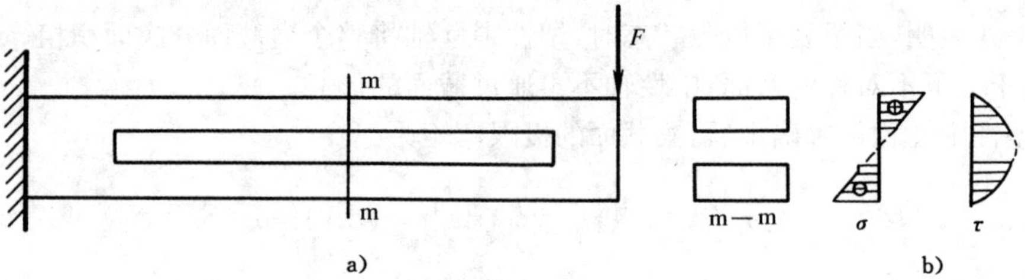

思考题 6-9 图

习　题

6-1　矩形截面的悬臂梁，受集中力和集中力偶作用，如题 6-1 图所示。试分别求Ⅰ—Ⅰ截面和固定端Ⅱ—Ⅱ截面处 A,B,C,D 点的正应力。

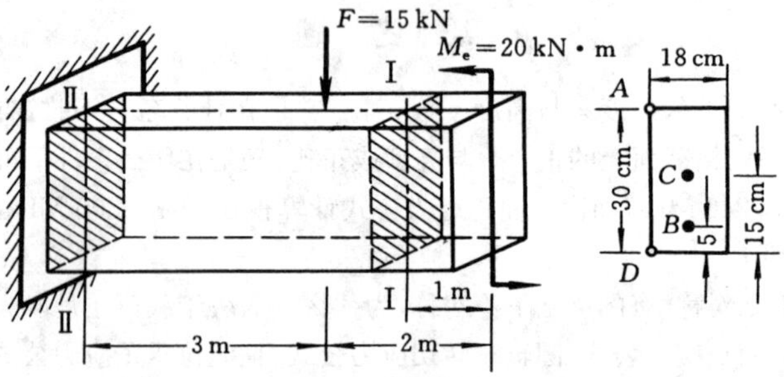

题 6-1 图

6-2　No.25c 的槽钢，在对称平面内受弯矩 $M=5\ \mathrm{kN\cdot m}$ 作用，如题 6-2 图 a)所示。试求截面上 A,B,C,D 点的正应力。若弯矩作用方向不变，而将槽钢绕杆轴转 90°时，如题 6-2 图 b)所示，这四点上的正应力又如何？

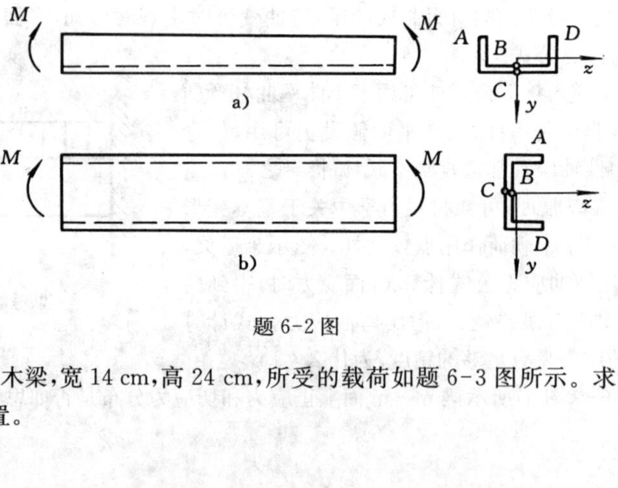

题 6-2 图

6-3　矩形截面木梁，宽 14 cm，高 24 cm，所受的载荷如题 6-3 图所示。求最大拉、压正应力的数值及其所在位置。

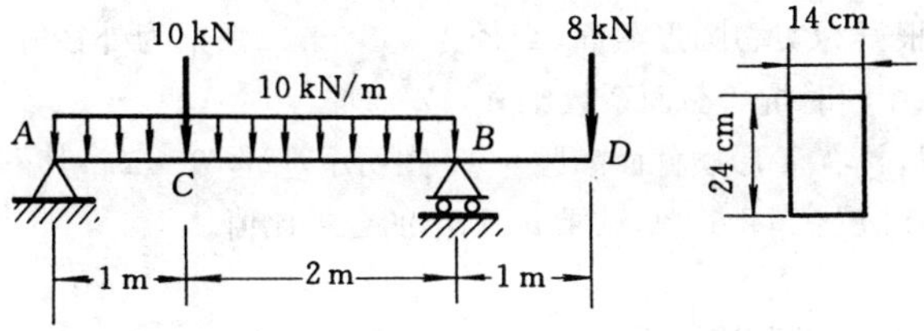

题 6-3 图

6-4 一外径为 25 cm、壁厚 1 cm、长 $l=12$ m 的铸铁水管，两端搁在支座上，管中充满着水，铸铁的密度 $\rho=7\,960$ kg/m^3。求最大拉、压正应力的数值（$g=9.8$ m/s^2）。

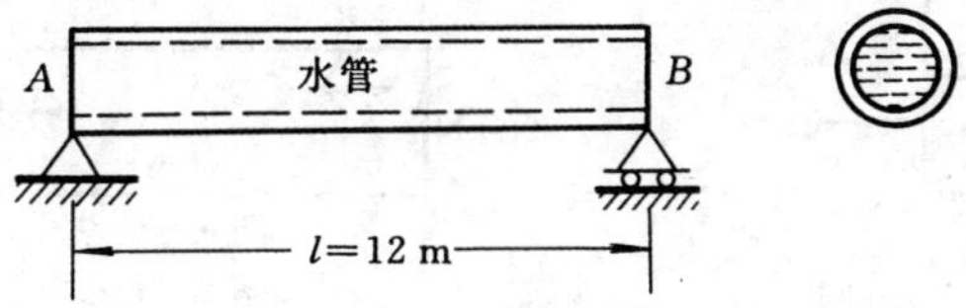

题 6-4 图

6-5 当直径 $d=0.8$ mm 的钢丝绕过直径为 50 cm 的滑轮时，确定该钢丝中产生的最大正应力（$E=2.1\times10^5$ MPa）。

6-6 有一横截面尺寸为 0.8 mm×25 mm，长为 $L=25$ cm 的薄钢尺（$E=2.1\times10^5$ MPa），由于尺端受力偶作用弯成圆心角为 60°的圆弧。试问尺中最大正应力是多少？

6-7 一根直径为 d 的钢丝绕于直径为 D 的圆轴上。求：

(1) 钢丝由于弹性弯曲而产生之最大弯曲正应力；

(2) 若 $d=1$ mm，屈服极限 $\sigma_s=700$ MPa，弹性模量 $E=2.1\times10^5$ MPa，不使钢丝产生残余变形时的圆轴直径 D。

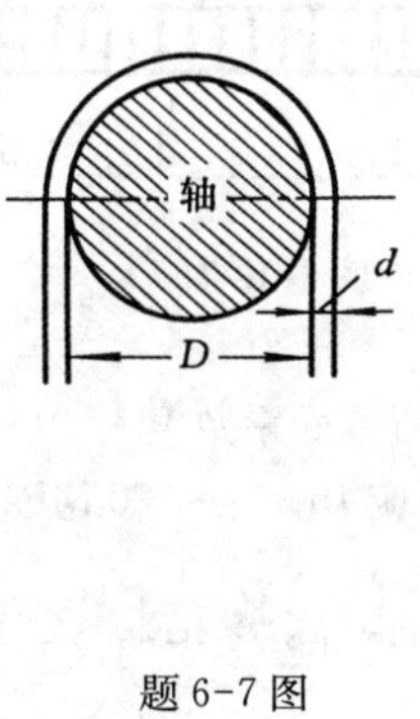

题 6-7 图

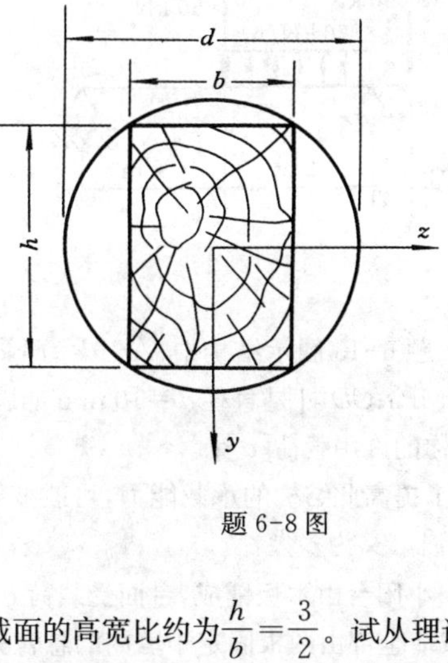

题 6-8 图

6-8 从我国晋朝的营造法式中，已可以看出梁截面的高宽比约为 $\dfrac{h}{b}=\dfrac{3}{2}$。试从理论上证明这

是由直径为 d 的圆木中锯出一个强度最大的矩形截面梁的最佳比值。

6-9 假如第一根梁为实心圆形截面,直径为 d_1。第二根梁为外径等于 d_2 的圆管。试确定这两根梁横截面面积相同时抗弯截面系数比 W_2/W_1。

6-10 纯弯曲梁,具有T形横截面如题6-10图所示,壁厚 $\delta=\alpha b_1$,其下部受压,许用拉应力和许用压应力之比为 $[\sigma_t]:[\sigma_c]=\beta:1$,试求 $b_2:b_1$ 的合理比值。

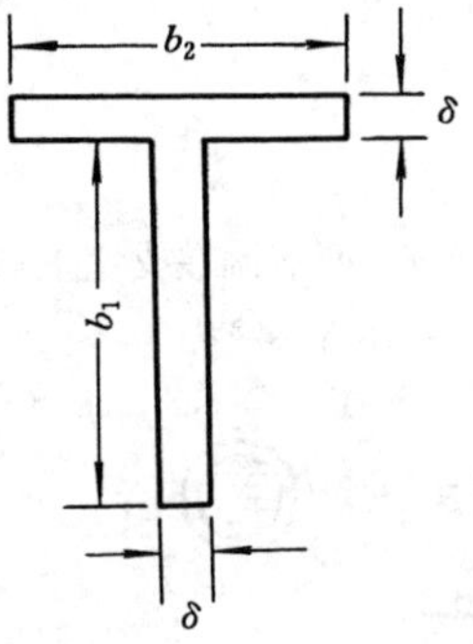

题6-10图

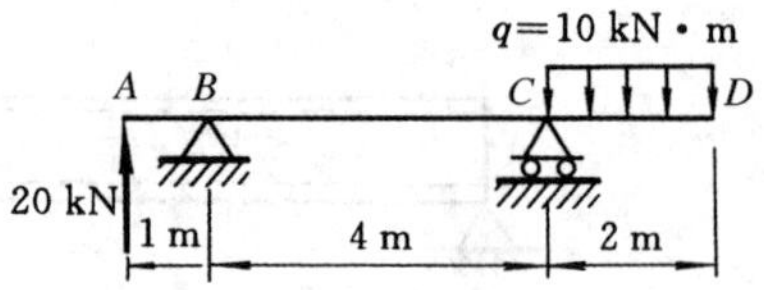

题6-11图

6-11 一木梁受载荷情况如题6-11图所示。许用应力 $[\sigma]=10$ MPa,试设计如下三种截面尺寸 b,并比较其用料数量:

(1) 高 $h=2b$ 的矩形;

(2) 高 $h=b$ 的正方形;

(3) 直径 $d=b$ 的圆形。

6-12 一钢梁承受载荷如图所示。材料的许用应力 $[\sigma]=150$ MPa。试选择如下两种型钢的型号:(1) 一个工字钢;(2) 两个槽钢([ ])。

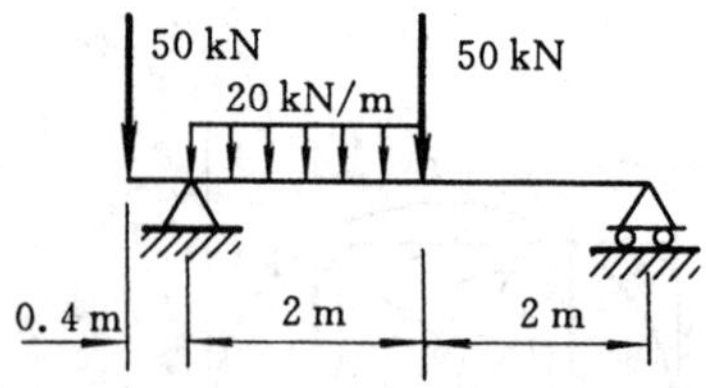

题6-12图

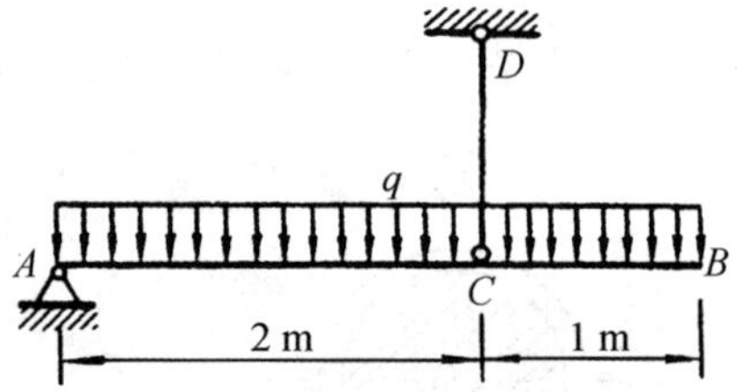

题6-13图

6-13 题6-13图示结构中,AB 梁为No.10工字钢,其抗弯截面系数 $W=49\ \text{cm}^3$,许用应力 $[\sigma]_1=160$ MPa;CD 杆是直径 $d=10$ mm的圆截面钢杆,其许用应力 $[\sigma]_2=120$ MPa。试求:

(1)结构的许用载荷 $[q]$;

(2)为了提高此结构的承载能力,可改变哪一根杆件的截面尺寸?多大的尺寸为宜?此时的许用载荷 $[q]_{max}$ 又为多大?

6-14 小阳台由木板铺成,台面受载荷 $q=2\ \text{kN/m}^2$,在 B,D 角上受柱传来的压力 $F=2$ kN。阳台上的载荷全部由两根固定于墙内的悬臂梁 AB 和 CD 承担,尺寸如题6-14图所示。设木材许用应力$[\sigma]=10$ MPa。求：

(1) 木板所需厚度δ；

(2) 画出AB梁的受力图；

(3) 木梁AB为矩形截面，已知$h/b=2$，设计截面尺寸。

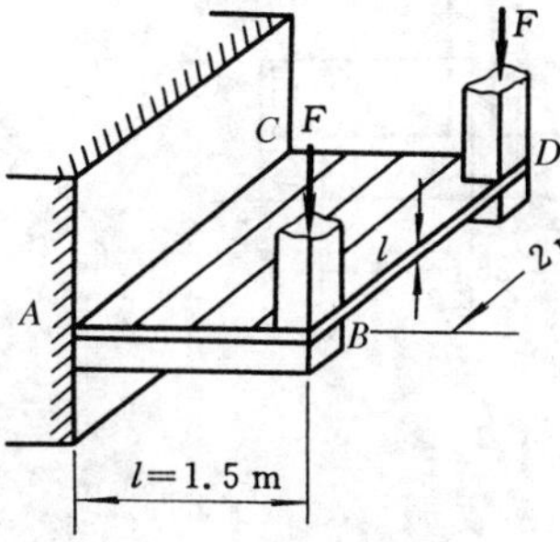

题 6-14 图

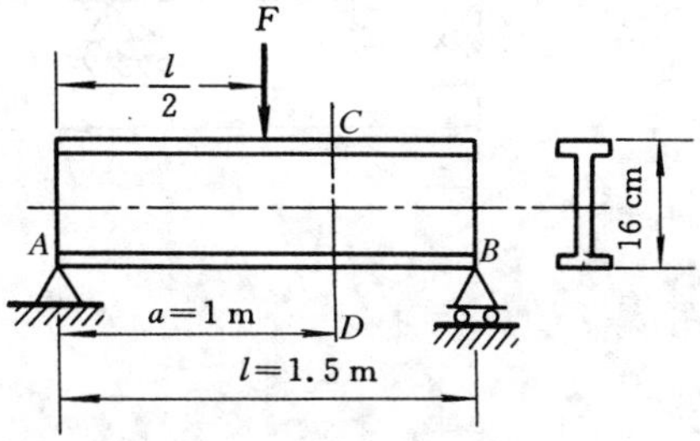

题 6-15 图

6-15　No.16 工字钢制成的简支梁上作用着集中力F，在截面C—C离中性轴距离为$y=8$ cm的外层纤维上，用标距$s=20$ mm的应变计量得伸长$\Delta s=0.008$ mm。若梁的跨度$l=1.5$ m，弹性模量$E=2\times10^5$ MPa，求力F的值。

6-16　铸铁梁截面如题6-16图所示。其形心主惯矩$I_y=8\,560\ \text{cm}^4$，$I_z=589\ \text{cm}^4$，载荷作用在截面的对称平面xy内，材料的许用拉应力$[\sigma_t]=25$ MPa，许用压应力$[\sigma_c]=100$ MPa，弹性模量$E=1.2\times10^5$ MPa。

(1) 问该截面能承受的正、负弯矩值。

(2) 在槽口A点处沿着x轴方向装上杠杆引伸仪，其标距$s=20$ mm，放大倍数$k=1\,200$(即读数每一格代表$\frac{1}{1\,200}$mm)，测得伸长的读数为2格，试绘出1—1，2—2处的正应力的分布图。A点所在截面的弯矩是正还是负？计算M值。

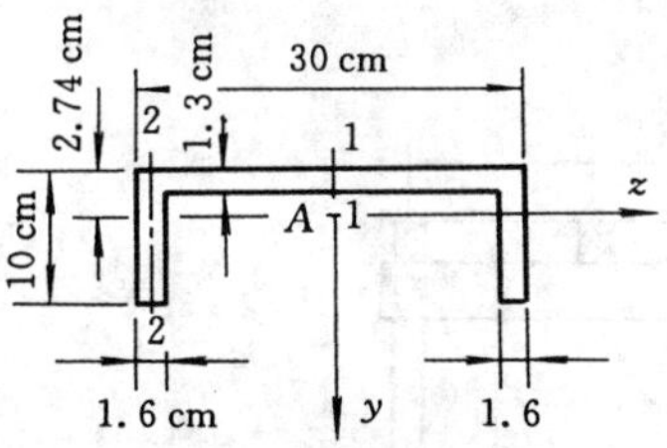

题 6-16

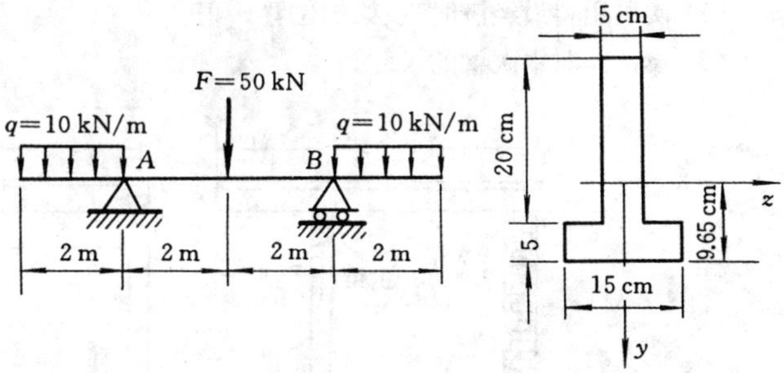

题 6-17 图

6-17　梁的受载情况及截面尺寸如题6-17图所示。若惯矩$I_z=10\,170\ \text{cm}^4$，试求最大拉应力和最大压应力的数值，并指出最大拉应力和最大压应力所在的截面及其在截面上的位置。

6-18　铸铁外伸梁受载情况和截面的形状尺寸如题6-18图所示。材料的许用拉应力$[\sigma_t]=30$ MPa，许用压应力$[\sigma_c]=80$ MPa。试按正应力强度条件校核梁的强度($I_z=254.7\times10^{-6}\ \text{m}^4$)。

6-19　铸铁梁受载荷情况和横截面尺寸如题6-19图所示。已知铸铁的抗拉强度极限$(\sigma_b)_t=$

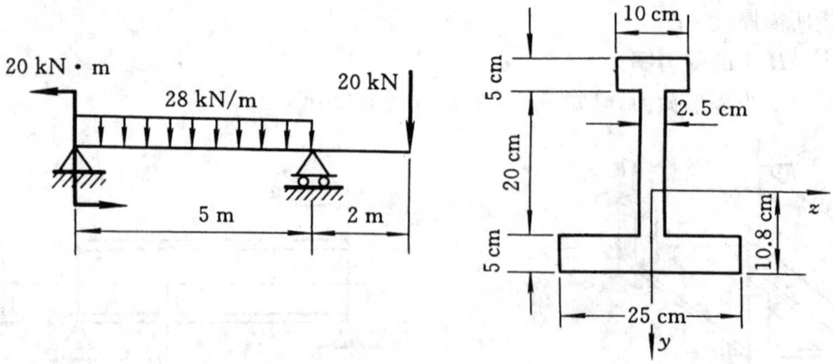

题 6-18 图

150 MPa,抗压强度极限$(\sigma_b)_c=630$ MPa。试求铸铁梁的工作安全系数 n_w。

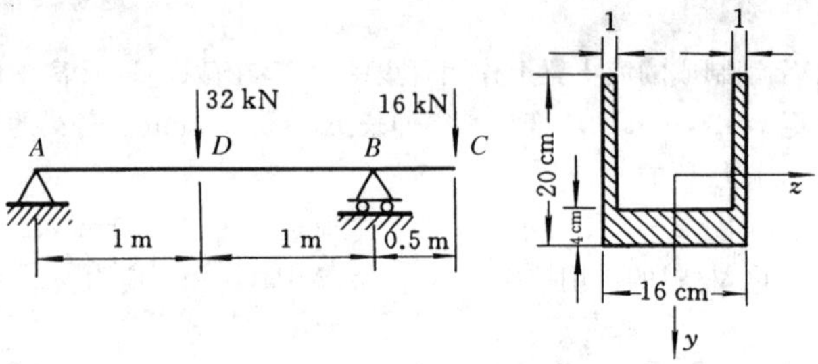

题 6-19 图

6-20　平顶凉台宽 $l=6$ m,顶面载荷 $q=2$ kN/m^2,由间距为 $s=1$ m 的矩形截面木次梁 AB 支持,木梁的许用应力$[\sigma]=10$ MPa,已知$\dfrac{h}{b}=2$。求:

(1) 次梁用料最经济时,主梁的位置 x 值;

(2) 设计此时木次梁的尺寸。

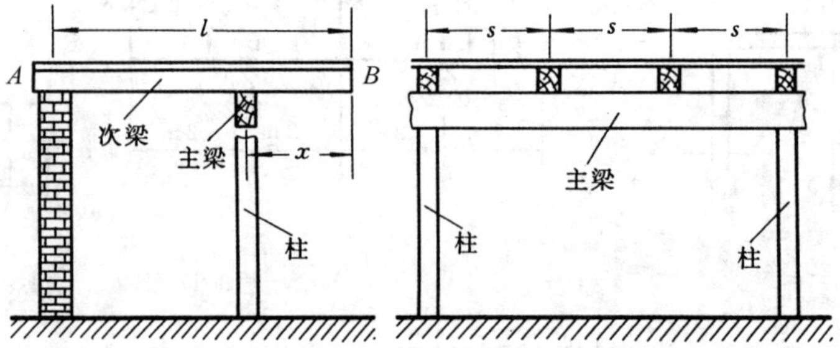

题 6-20 图

6-21　由下端嵌固的竖直梁 B 与被它所支承的水平板 A 组成的水坝如题 6-21 图所示。已知水深 $h=1.8$ m,梁的间距 $s=0.9$ m,许用应力$[\sigma]=3.5$ MPa 时,试确定竖直方形截面梁所需尺寸 b。

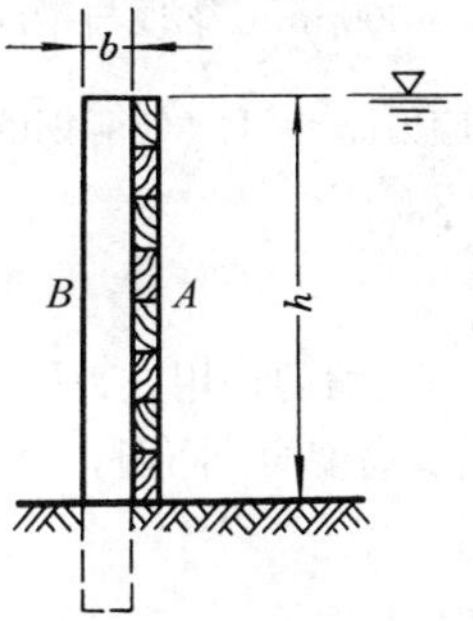

题 6-21 图

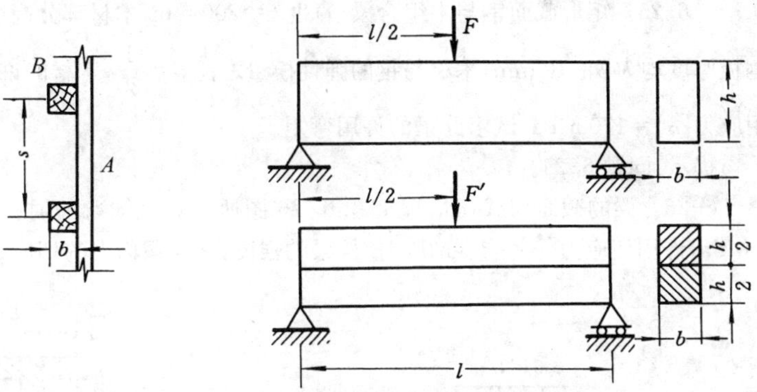

题 6-22 图

6-22 两根材料相同、横截面面积相等的简支梁，一根为整体矩形截面梁，另一根为高度相等的矩形截面叠合梁。当在跨度中央分别受集中力 F 和 F' 作用时，若不计叠合梁之间摩擦力的影响，而考虑为光滑接触，问：

(1) 两种梁的截面上正应力是怎样分布的?

(2) 两种梁能承担的载荷 F 和 F' 相差多少?

6-23 材料相同、宽度相等，而厚度不等的两块板，互相叠合后简支于两端，承受均布载荷如题 6-23 图所示。试求两块板内最大正应力之比。

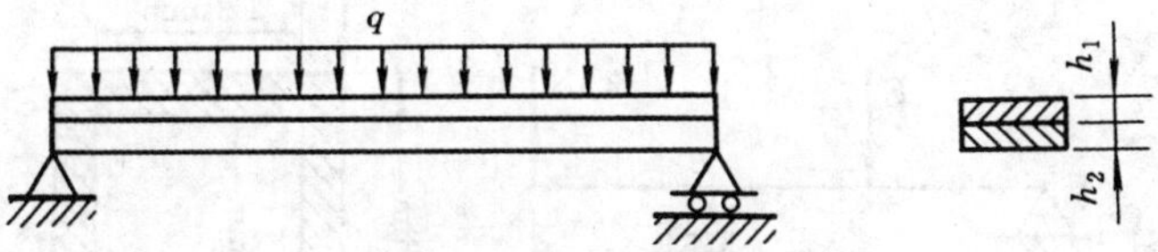

题 6-23 图

*6-24 简支梁，中间为木材，两侧各用一块钢板加强，其截面如题 6-24 图所示。此梁跨长 $L=3$ m，全梁受均布载荷 $q=10$ kN/m 作用，已知木材的弹性模量 $E_1=1.0\times10^4$ MPa，钢材的弹性模量 $E_2=2.1\times10^5$ MPa。试求木材和钢板中最大正应力。

提示：根据平面假设推导正应力公式，钢板和木材各承受的弯矩之和为总弯矩。

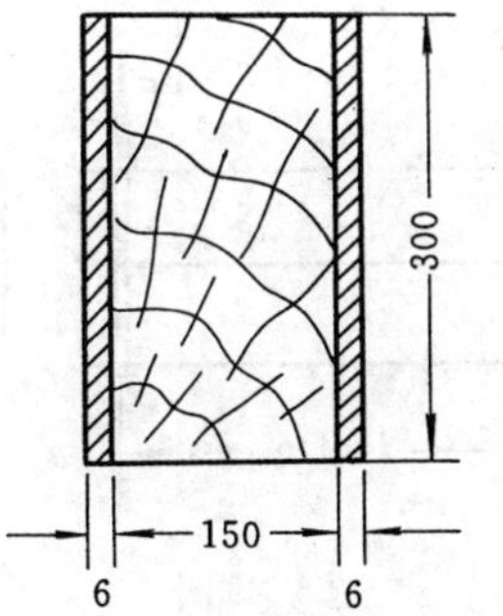

题 6-24 图

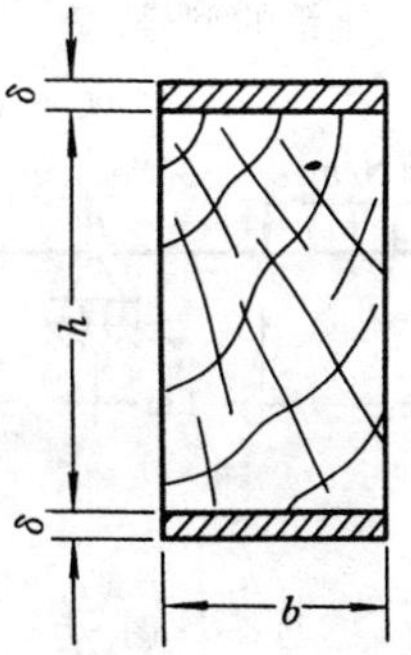

题 6-25 图

*6-25 矩形截面钢与木组合梁，宽度 $b=200$ mm，木材部分高度 $h=300$ mm，梁顶与梁底的钢板厚度均为 $\delta=10$ mm，木材与钢的弹性模量之比 $n=\frac{1}{20}$，木材的许用应力$[\sigma]=10$ MPa，钢的许用应力$[\sigma]=170$ MPa，试求此梁的许用弯矩。

提示：同题 6-24。

6-26 梁的截面和载荷情况如题 6-26 图所示。已知弯曲时拉伸和压缩的许用应力$[\sigma]=$ 7 MPa，许用切应力$[\tau]=3.5$ MPa，校核梁的强度，并作截面上的切应力沿着高度的分布图。

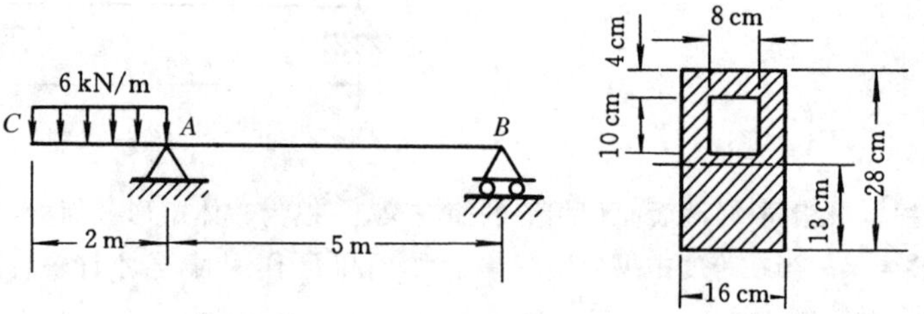

题 6-26 图

6-27 一盒形梁承受载荷和截面尺寸如题 6-27 图所示。若梁的两支座间横截面上的弯曲正应力不能超过 8 MPa，切应力不能超过1.2 MPa。试确定作用在梁上的许用集中力 F 值。

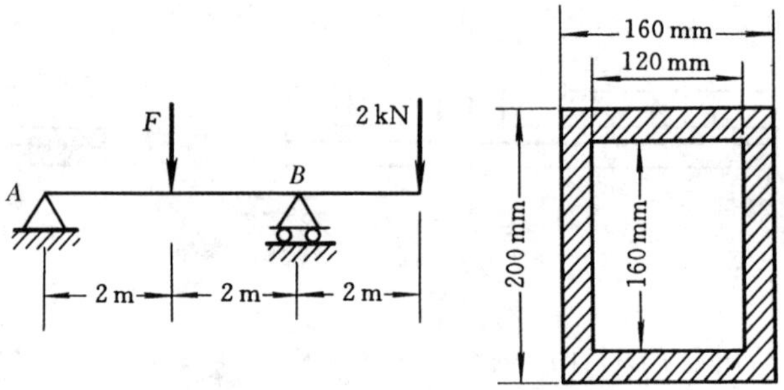

题 6-27 图

6-28 一工字钢梁承受载荷如题 6-28 图所示。材料的许用应力$[\sigma]=160$ MPa，$[\tau]=$ 100 MPa，选择工字钢的型号。

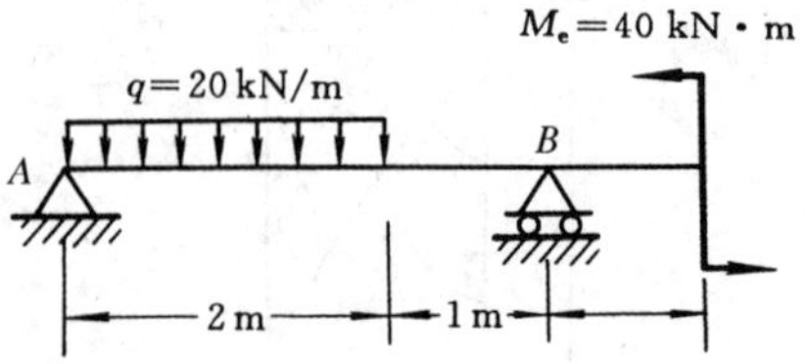

题 6-28 图

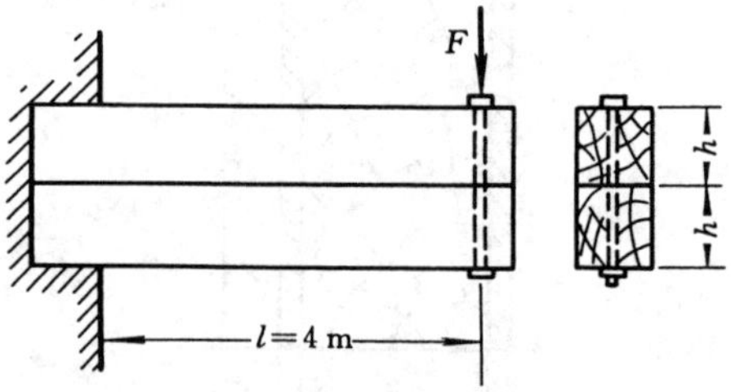

题 6-29 图

6-29 两根截面尺寸为 $b=20$ cm，$h=20$ cm 的木梁互相叠置，左端固定，右端自由。受集中

载荷 $F=15$ kN，如题 6-29 图所示。求：

(1) 两根梁黏结成整体时，梁接缝上的切应力 τ 及剪力 F_s 等于多少？

(2) 若两根梁用螺栓连接，螺栓的许用切应力$[\tau]=80$ MPa。试求所需螺栓的截面积 A。

6-30 一根由三块 5 cm×10 cm 的木板胶合成横截面为 10 cm×15 cm 的实心木梁，如题 6-30图所示。其胶合处的许用切应力为 0.35 MPa，如果它为 0.9m 长的悬臂梁，试问自由端处的许用载荷为多少？相应的最大弯曲正应力为多少？

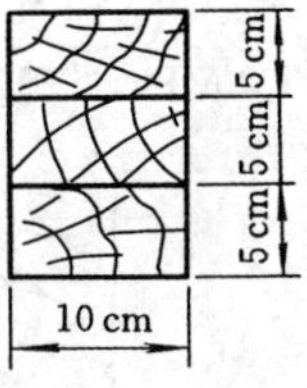

题 6-30 图

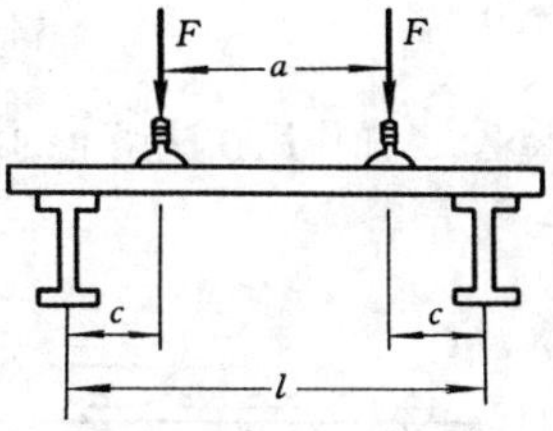

题 6-31 图

6-31 铺设在铁路桥梁上的枕木，跨度 $l=2$ m，轨距 a 为1.435m，车轮通过轨道传给枕木的压力为 $F=98$ kN，设枕木截面的高宽比$\dfrac{h}{b}=\dfrac{4}{3}$，许用应力$[\sigma]=10$ MPa，$[\tau]=2.5$ MPa，试选择枕木的矩形截面尺寸。

6-32 用两根钢轨铆接成的组合梁，每根钢轨之截面积 $A=80\ \text{cm}^2$，形心离底面高度 $h=8$ cm，截面对形心轴之惯性矩 $I_z=1600\ \text{cm}^4$，铆钉间距 $s=15$ cm，梁内剪力 $F_s=50$ kN，铆钉直径 $d=2$ cm，许用剪切切应力$[\tau]=100$ MPa。求：

(1) 导出钉距 s 的公式；

(2) 校核铆钉强度。

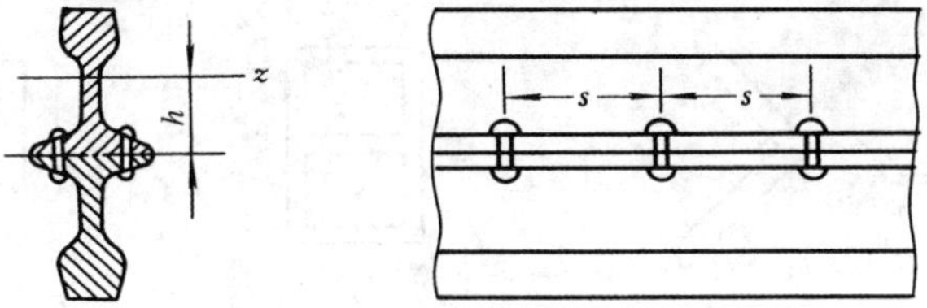

题 6-32 图

6-33 简支梁在跨度中央受集中力 $F=40$ kN 的作用，梁的跨度为 $l=4$ m，此梁系由两根截面为 15 cm×20 cm 的木杆在中间插入横键 5 cm×10 cm×20 cm 所组成，已知横键的许用切应力$[\tau]=1$ MPa，试计算：

(1) 所需横键的个数；

(2) 横键所受的挤压应力值。

注：假定螺栓对剪切的抵抗作用是可忽略不计的。

6-34 三块 80 mm×200 mm 板用螺栓组成一宽翼缘 I 字形截面梁，如题 6-34 图所示。每个

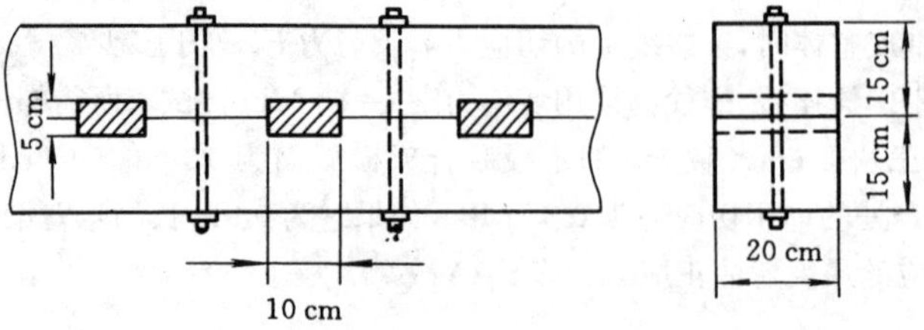

题 6-33

螺栓能承受剪力为 8 kN。已知作用在该梁上的最大切应力为 1.2 MPa,试确定螺栓的间距 e。

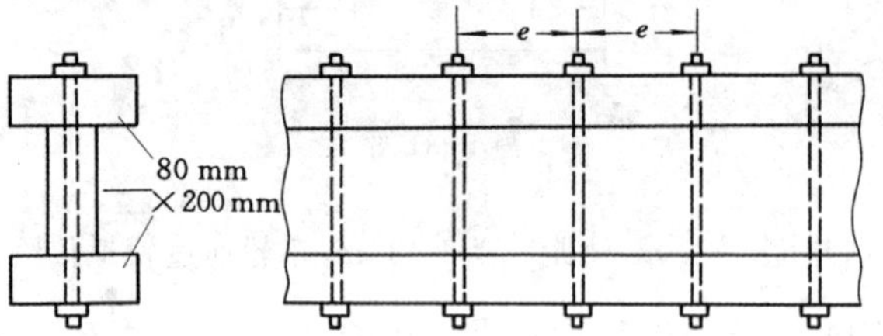

题 6-34 图

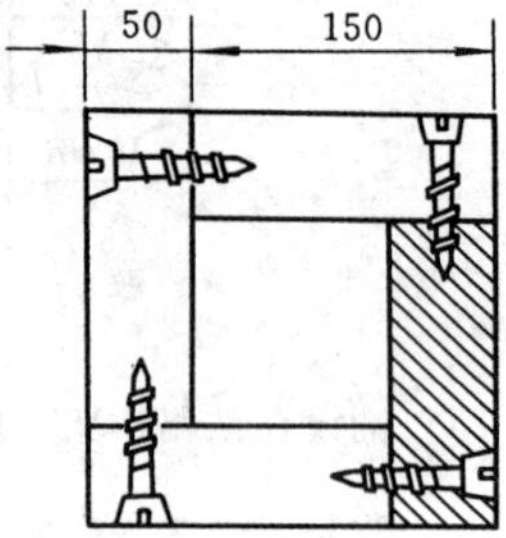

题 6-35 图

6-35 由 4 块截面为 50 mm×150 mm 的木板用螺钉把它们拧在一起成盒形梁如题 6-35 图所示。已知盒形梁上最大弯曲正应力为 8 MPa,试确定:图示阴影面积上作用的轴向力 F_N 和该力对中性轴的力矩 M。

6-36 判断题 6-36 图示各截面的弯曲中心的大致位置。假如图示横截面上的剪力 F_s 指向向下,试画出截面上的剪力流的指向。

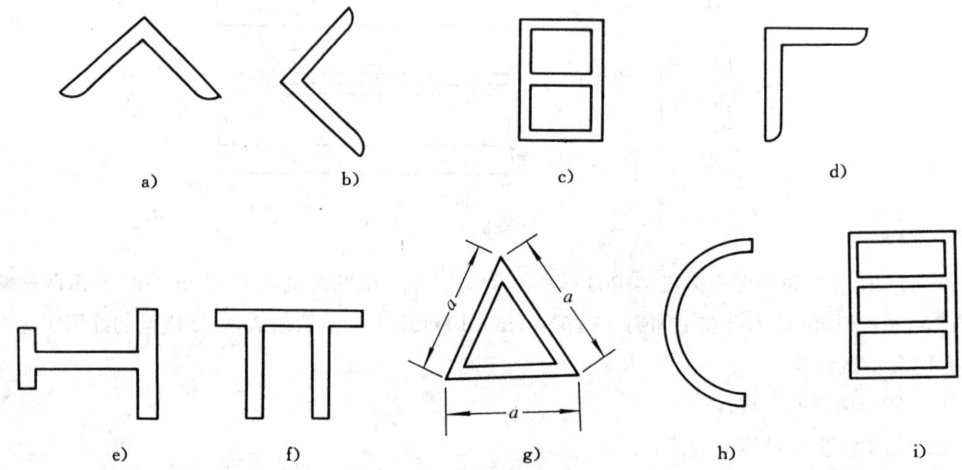

题 6-36 图

*6-37 一工字形截面梁，尺寸如题 6-37 图所示。已知截面的惯性距 $I_z=85\times10^{-6}\text{m}^4$，材料的屈服极限 $\sigma_s=250$ MPa。试计算该截面的极限弯矩 M_p 及形状系数 f。

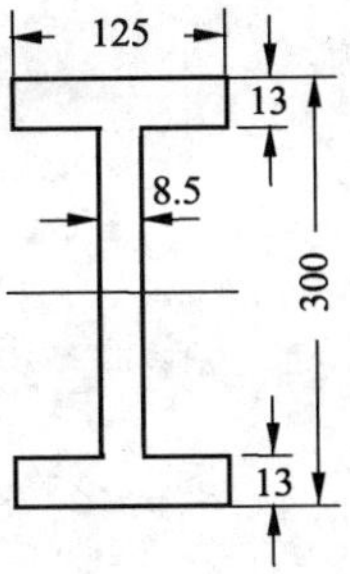

题 6-37 图

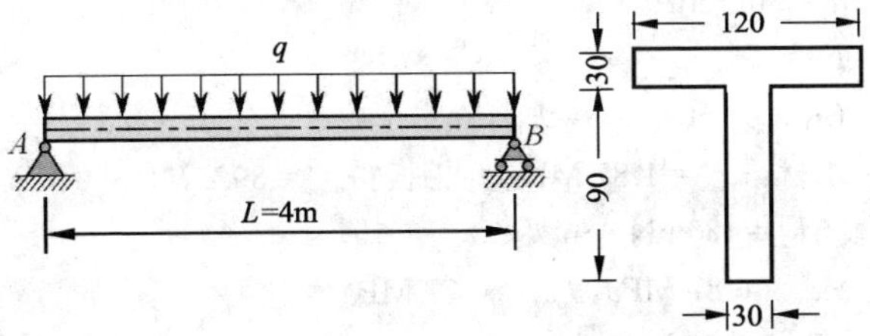

题 6-38 图

*6-38 T 形截面简支梁受均布载荷作用，已知材料的屈服极限 $\sigma_s=240$ MPa，试求梁所能承受的极限载荷 q_p。

习题答案

6-1 Ⅰ—Ⅰ截面：$\sigma_A=-7.41$ MPa，$\sigma_B=4.94$ MPa，$\sigma_D=-\sigma_A$，$\sigma_C=0$；

Ⅱ—Ⅱ截面：$\sigma_A=9.26$ MPa，$\sigma_B=-6.17$ MPa，$\sigma_D=-\sigma_A$，$\sigma_C=0$。

6-2 (a) $\sigma_A=\sigma_D=139$ MPa，$\sigma_B=18.8$ MPa，$\sigma_C=44.0$ MPa；

(b) $\sigma_A=-\sigma_D=-16.9$ MPa，$\sigma_B=\sigma_C=0$。

6-3 C 面上拉下压，10.4 MPa。

6-4 $\sigma=\pm41.4$ MPa。

6-5 $\sigma_{max}=336$ MPa。

6-6 $\sigma_{max}=352$ MPa。

6-7 $\sigma_{max}=E\dfrac{d}{D+d}$，$D=300$ mm。

6-8 $\dfrac{h}{b}=\sqrt{3}\approx\dfrac{3}{2}$。

6-9 $\dfrac{W_2}{W_1}=\dfrac{2d_2}{d_1}-\dfrac{d_1}{d_2}$。

6-10 $\dfrac{b_1}{b_2}=\dfrac{1-\beta+2\alpha}{2\beta+\beta\alpha-\alpha}$。

6-11 (1) $b=145$ mm；(2) $b=229$ mm；(3) $b=273$ mm。

6-12 (1) Ⅰ No25a； (2) 2[No22a。

6-13 (1) $[q]=4.18$ kN/m；(2) $D=19.4$ mm，$[q]=15.7$ kN/m。

6-14 (1) $\delta=25$ mm；(3) $b\times h=86$ mm×172 mm。

6-15 $F=45.1$ kN。

6-16 (1) $[M]_+=2.03$ kN·m，$[M]_-=5.38$ kN·m；

(2) $\sigma_A=10$ MPa，$M=-4.09$ kN·m。

6-17 $(\sigma_c)_{max}=45.3$ MPa,$(\sigma_t)_{max}=30.2$ MPa。

6-18 $(\sigma_t)_{max}=30.1$ MPa,$(\sigma_c)_{max}=43.7$ MPa。

6-19 $n_w=3.71$。

6-20 (1) $x=1.76$ m;(2) $b=78$ mm,$h=156$ mm。

6-21 $b=245$ mm。

6-22 $F=2F'$。

6-23 $(\sigma_1)_{max}:(\sigma_2)_{max}=h_1:h_2$。

6-24 木材:$\sigma_{max}=1.87$ MPa, 钢板:$\sigma_{max}=39.2$ MPa。

6-25 $[M]=126$ kN·m。

6-26 $\sigma_{max}=6.87$ MPa,$\tau_{max}=0.77$ MPa。

6-27 $[F]=7.26$ kN。

6-28 No20b 工字钢。

6-29 (1) $F_s=225$ kN;(2) $A=2\,810$ mm^2。

6-30 $[F]=3.94$ kN, $\sigma_{max}=9.5$ MPa。

6-31 $b=211$ mm,$h=281$ mm。

6-32 (1) $s\leqslant\dfrac{\pi d^2[\tau]I_z}{2F_sAc}$;(2) 安全。

6-33 (1) $n=20$ 个;(2) $\sigma_c=4$ MPa。

6-34 $e=98.2$ mm。

6-35 $F_N=15$ kN,$M=1.5$ kN·m。

6-36 $\sigma=-100$ MPa,$\tau=-6$ MPa,$M=-30.4$ kN·m,$F_s=-11.2$ kN。

*6-37 $M_e=141$ kN·m, $M_p=156$ kN·m, $f=1.1$。

*6-38 $q_u=20.76$ kN/m。

7 梁的变形

本章介绍梁变形时横截面的位移——挠度和转角，讲述计算挠度、转角的两种基本方法——积分法和叠加法；给出工程上为保证梁正常使用的刚度条件；最后介绍简单超静定梁。

知识点
重点
难点

7.1 梁变形的基本概念 转角和挠度

梁变形的
基本概念
转角和
挠度

前两章讨论了梁的内力、应力，并对梁进行强度计算，以保证梁在载荷作用下有足够的强度不致破坏。梁在载荷作用下会发生变形，若变形过大，也会影响梁的正常使用。例如，屋架上的檩条变形过大，会引起屋面漏水；楼面梁变形过大，会引起抹灰脱落；转轴变形过大[图 7-1a)]，会使轴与轴承之间摩擦剧增，导致磨损严重，运转不灵；车床切削工件，若工件较细长[图 7-1b)]，则其在切削力作用下的过大变形，会使加工后的工件成为一端粗，另一端细的圆锥杆，成为废品。因此，在工程中还需要对梁的弹性变形加以限制，使其不超过许用值，即进行刚度校核。此外，在求解超静定梁及计算梁的动载荷问题时，也都离不开梁变形的计算。

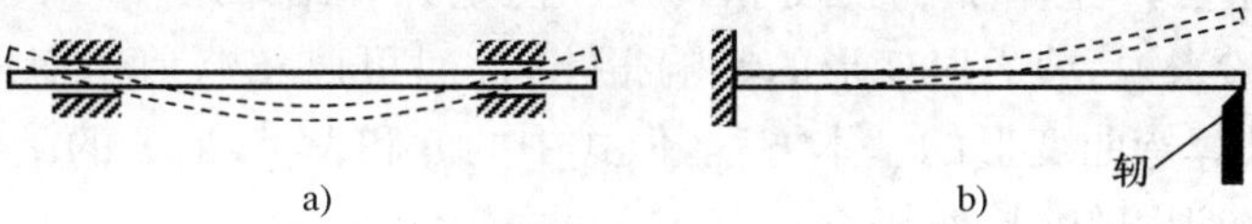

图 7-1 变形影响杆件正常工作

直梁发生平面弯曲时，梁的轴线由原来的直线变为一条平面曲线，此曲线称为挠度曲线，简称挠曲线，挠曲线所在的平面与载荷作用的纵向平面平行。以图 7-2 所示的悬臂梁为例，轴线 AB 为 x 轴，y 轴是截面的形心主轴，变形后的挠曲线为一条 xy 平面内的曲线。梁横截面产生两个位移：一个是横截面的形心沿垂直于轴线方向的线位移，称为挠度，记为 y；另一个是横截面绕中性轴的转动角度，称为转角，记为 θ，一般用弧度表示。小变形时横截面的轴向线位移是高阶小量，可以忽略。在图 7-2 直角坐标下，挠度以向下为正，θ 以顺时针转向为正。

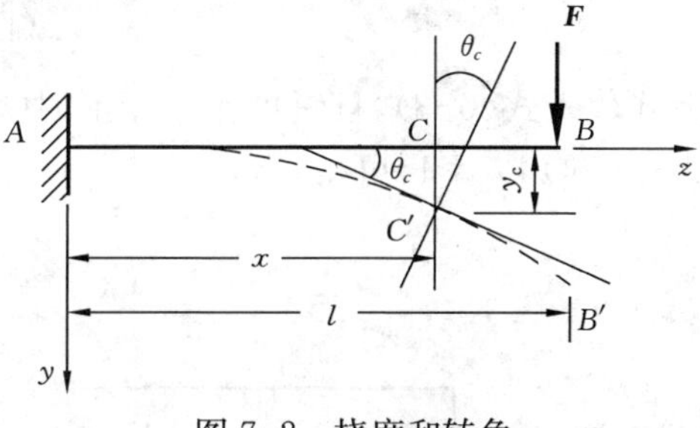

图 7-2 挠度和转角

从图 7-2 中可以看到，梁的挠度随截面位置而变化，可以记为

$$y=f(x) \tag{7-1}$$

这就是挠曲线的方程。由平面假设,变形前与轴线(x 轴)垂直的横截面在变形后仍与轴线(挠曲线)垂直,因此,挠曲线的切线与 x 轴的夹角等于相应横截面的转角 θ。对于梁的弹性小变形而言,挠曲线是一条非常平坦的曲线,转角很小,因此梁的转角可以用挠曲线的斜率近似代替:

$$y'(x)=\frac{\mathrm{d}y}{\mathrm{d}x}=\tan\theta\approx\theta(x) \tag{7-2}$$

式(7-2)表明挠曲线方程的一阶导数就是转角方程。

挠度和转角是度量梁弯曲变形的两个基本参数,只要得到梁的挠曲线方程,就可确定梁上任意截面的挠度和转角。

7.2 挠曲线近似微分方程

第6章推导弯曲正应力公式时已得到直梁纯弯曲时挠曲线的曲率公式(6-3),即

$$\frac{1}{\rho}=\frac{M}{EI}$$

对于等截面直梁的纯弯曲而言,ρ 是常数,挠曲线为圆弧。对于横力弯曲梁,由剪力引起的剪切变形会产生附加的挠度和转角。但是计算结果表明,对于跨高比(l/h)大于5的细长梁来说,剪力对变形的影响很小,此时可以忽略剪切变形的影响,仍用式(6-3)作为计算弯曲变形的基本方程,但式中的 ρ 和 M 都是 x 的函数。

由微分学知识可知,挠曲线 $y=f(x)$ 的曲率表达式为

$$\frac{1}{\rho(x)}=\pm\frac{y''(x)}{\sqrt{[1+y'^2(x)]^3}}$$

将上式代入式(6-3),且考虑到小变形时挠曲线是一条光滑平坦的曲线,$y'(x)\ll1$,$[1+y'^2(x)]^{3/2}\approx1$,可得

$$y''(x)=\pm\frac{M(x)}{EI(x)}$$

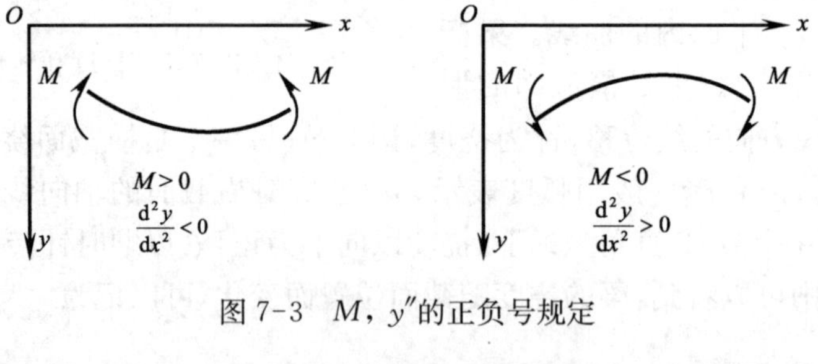

图7-3 M, y''的正负号规定

对于图 7-3 所示的坐标系和弯矩的正负号规定，上式右端应选择“－”，得

$$y''=-\frac{M(x)}{EI(x)} \tag{7-3}$$

式(7-3)称为梁的挠曲线近似微分方程。所谓“近似”是因为在公式推导的过程中略去了剪力 F_s 对变形的影响；同时在$[1+y'^2(x)]^{3/2}$中略去了 $y'^2(x)$这一项。对于工程中变形较小的梁，其精度是足够的。

对于等截面直梁，EI 为一常数，式(7-3)常写成

$$EIy''(x)=-M(x) \tag{7-3$'$}$$

本章主要研究直梁的变形，因此，将以式(7-3)为基础进行计算，通过解这一微分方程，求得梁上任意截面的挠度和转角。

7.3 积分法计算梁的变形

对挠曲线近似微分方程式(7-3)积分两次可得到：

$$\begin{aligned}&\text{转角方程} \qquad \theta(x)=y'(x)=\int -\frac{M(x)}{EI(x)}\mathrm{d}x+C\\ &\text{挠曲线方程} \qquad y(x)=\int\left[\int -\frac{M(x)}{EI(x)}\mathrm{d}x\right]\mathrm{d}x+Cx+D\end{aligned} \tag{7-4}$$

这就是求挠度和转角的积分法。**式(7-4)中的积分部分体现了梁的变形，积分常数 C，D 分别表示支承对杆件刚体转动量和平动量的限定值。**以图 7-4 为例，图 7-4a)，b)所示梁的 EI，l，M_e相同，两梁的变形是相同的，但位移不同。图 7-4b)的约束是铰支座，允许梁发生转动，若把图 7-4b)逆时针转 θ_A，就能和图 7-4a)重叠。

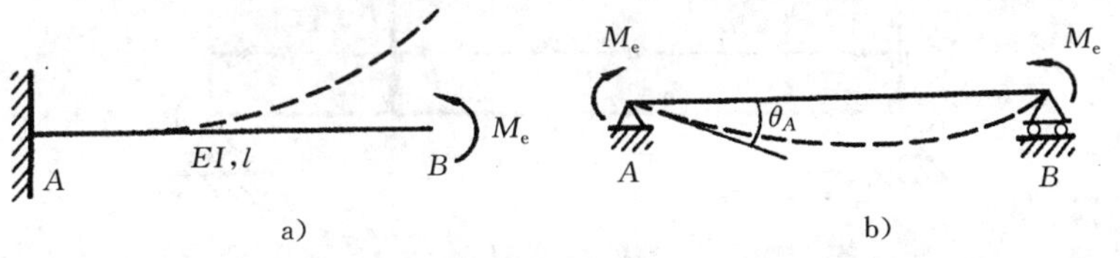

图 7-4 变形相同，位移不同的梁

当全梁各横截面上的弯矩可用一个函数表示时，积分法求解过程中得到的两个积分常数，可以利用给定的支承条件确定；当梁上的载荷不连续，弯矩方程必须分段写出时，由于各段梁的挠曲线近似微分方程不同，因此用积分法求解时，每一个梁段都将出现两个积分常数，此时除利用支承条件外，还需利用分段处挠度和转角的连续条件才能确定所有常数。梁的支承条件和连续条件统称为梁的边界条件。

下面通过例子来说明积分法计算梁的变形问题。

例 7-1 已知图 7-4 所示梁的抗弯刚度为 EI,长 l,外力偶 M_e,计算梁的转角方程、挠曲线方程、最大挠度 f。

解 $M(x)=M_e$。由式(7-4)得

$$\theta(x)=-\frac{M_e}{EI}x+C$$

$$y(x)=-\frac{M_e}{2EI}x^2+Cx+D$$

图 7-4a),b)的梁的支承条件及由支承条件确定的积分常数,转角方程、挠曲线方程和最大挠度列于例表 7-1,以资对比。

例表 7-1　　图 7-4a),b)中梁的支承条件、积分常数、位移对照表

图 7-4a)梁		图 7-4b)梁
支承条件	$x=0$, $\theta=0$;得 $C=0$	$x=0$, $y=0$;得 $D=0$
	$x=0$, $y=0$;得 $D=0$	$x=l$, $y=0$;得 $C=\frac{M_e l}{2EI}$
转角方程	$\theta(x)=-\frac{M_e}{EI}x$	$\theta(x)=-\frac{M_e}{EI}x+\frac{M_e l}{2EI}$
挠曲线方程	$y(x)=-\frac{M_e}{2EI}x^2$	$y(x)=-\frac{M_e}{2EI}x^2+\frac{M_e l}{2EI}x$
最大挠度	$y_{max}=-\frac{M_e l^2}{2EI}$	$y_{max}=y\left(\frac{l}{2}\right)=\frac{M_e l^2}{8EI}$ (发生在 $\theta=0$ 处)

例 7-2 等截面简支梁 AB,抗弯刚度 EI,长 l。集中力 F 作用于 C 面,$AC=a$,$CB=b(a\geqslant b)$。试列出梁的挠曲线方程和转角方程,并比较梁的中点挠度 $y\left(\frac{l}{2}\right)$ 及最大挠度 f。

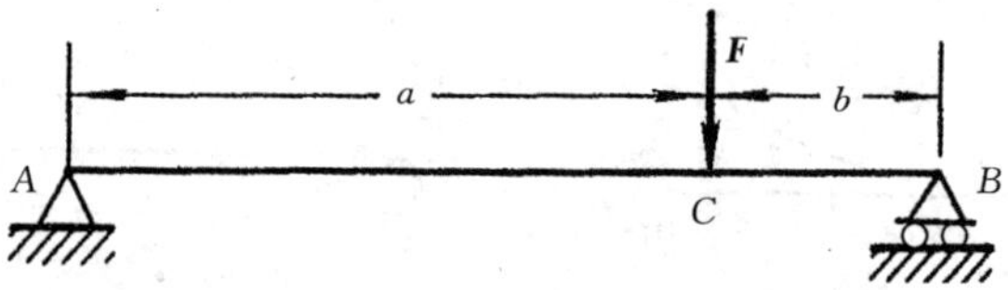

例 7-2 图

解 由于梁在 C 截面受集中力 F 作用,所以必须分段列出弯矩方程,分段建立挠曲线近似微分方程。

1. 列弯矩方程

梁在 A,B 处的约束反力 F_A 和 F_B 分别为 $\frac{Fb}{l}$,$\frac{Fa}{l}$。弯矩方程为

AC 段　　$$M(x)=\frac{Fb}{l}x \quad (0\leqslant x\leqslant a)$$

CB 段 $$M(x)=\frac{Fb}{l}x-F(x-a) \qquad (a\leqslant x\leqslant l)$$

2. 写出挠曲线近似微分方程并积分

AC 段($0\leqslant x\leqslant a$)：

$$EIy_1''=-\frac{Fb}{l}x$$

$$EI\theta_1=EIy_1'=-\frac{Fb}{2l}x^2+C_1 \tag{a_1}$$

$$EIy_1=-\frac{Fb}{6l}x^3+C_1x+D_1 \tag{b_1}$$

CB 段($a\leqslant x\leqslant l$)：

$$EIy_2''=-\frac{Fb}{l}x+F(x-a)$$

$$EI\theta_2=EIy_2'=-\frac{Fb}{2l}x^2+\frac{F}{2}(x-a)^2+C_2 \tag{a_2}$$

$$EIy_2=-\frac{Fb}{6l}x^3+\frac{F}{6}(x-a)^3+C_2x+D_2 \tag{b_2}$$

3. 确定积分常数

弯矩方程分两段,得四个积分常数 C_1，D_1，C_2，D_2,梁的支承条件与例 7-1b)图相同,仅两个,因为挠曲线是一条光滑连续的曲线,因此可利用分段点的两个连续条件:分段点上挠度和转角保持相等(否则表示梁已断裂)。分段点的两个连续条件加上两个支承条件正好确定四个积分常数。

连续条件：$x=a$ 处，$\theta_1(a)=\theta_2(a)$，$y_1(a)=y_2(a)$

得 $$C_1=C_2,\quad D_1=D_2$$

支承条件：$x=0$ 处，$y_1=0$；$x=l$ 处，$y_2=0$

得 $$D_1=D_2=0,\quad C_1=C_2=\frac{Fb}{6l}(l^2-b^2)$$

将上面四个积分常数代入式(a_1),(b_1),(a_2),(b_2),可得梁的挠曲线方程和转角方程如下

AC 段

$$\theta_1=\frac{Fb}{2lEI}\left[\frac{1}{3}(l^2-b^2)-x^2\right]$$

$$y_1=\frac{Fbx}{6lEI}[l^2-b^2-x^2]$$

CB 段

$$\theta_2=\frac{Fb}{2lEI}\left[\frac{l}{b}(x-a)^2-x^2+\frac{1}{3}(l^2-b^2)\right]$$

$$y_2=\frac{Fb}{6lEI}\left[\frac{l}{b}(x-a)^3-x^3+(l^2-b^2)x\right]$$

4. 计算梁中点挠度及最大挠度 f

$a>b$,所以梁中点在 AC 段,$y\left(\frac{l}{2}\right)=y_1\left(\frac{l}{2}\right)=\frac{Fb}{12EI}\left(\frac{3}{4}l^2-b^2\right)$

最大挠度应在 $\theta=0$ 处,$\theta_A=\theta_1(0)>0$,$\theta_C=\theta_1(a)=\frac{Fab(b-a)}{3lEI}<0$

所以,$\theta=0$ 发生在 AC 段,解得在 $x=\sqrt{\frac{l^2-b^2}{3}}$ 处。代入 y_1 表达式得

$$f=y_{\max}=\frac{\sqrt{3}\,Fb}{27lEI}\sqrt{(l^2-b^2)^3}$$

$$f:y\left(\frac{l}{2}\right)=\frac{\sqrt{3}\,Fb}{27lEI}\sqrt{(l^2-b^2)^3}:\frac{Fb}{12EI}\left(\frac{3}{4}l^2-b^2\right)=\frac{\sqrt{3}}{9l}\sqrt{(l^2-b^2)^3}:\frac{1}{4}\left(\frac{3}{4}l^2-b^2\right)$$

当 $b=a=\frac{l}{2}$ 时,$f:y\left(\frac{l}{2}\right)=1:1$

当 $b\to0$ 时,$f:y\left(\frac{l}{2}\right)=\frac{\sqrt{3}}{9}:\frac{3}{16}\approx1:1$

说明简支梁中,只要弯矩不变号,梁上最大挠度都可以用梁中点挠度代替。

由积分法计算梁截面位移的过程表明,**两段梁只要它们的 EI,$M(x)$ 相同,它们的变形就相同;若它们的约束也相同,它们的挠曲线就相同。**图 7-5a),b)中上、下梁 AB 段的挠曲线是相同的,BC 段的挠曲线是不同的。

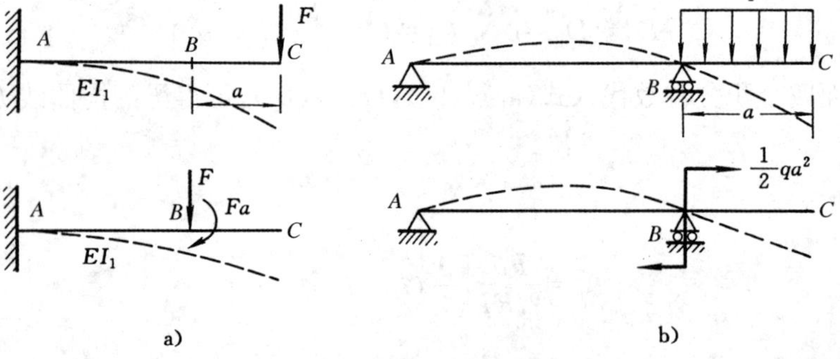

图 7-5　挠曲线比较

根据梁的约束及弯矩图可以画出挠曲线的大致形状，挠曲线需满足支承条件且与弯矩对应(即 $M>0$ 段呈⌣；$M<0$ 段呈⌢形)。

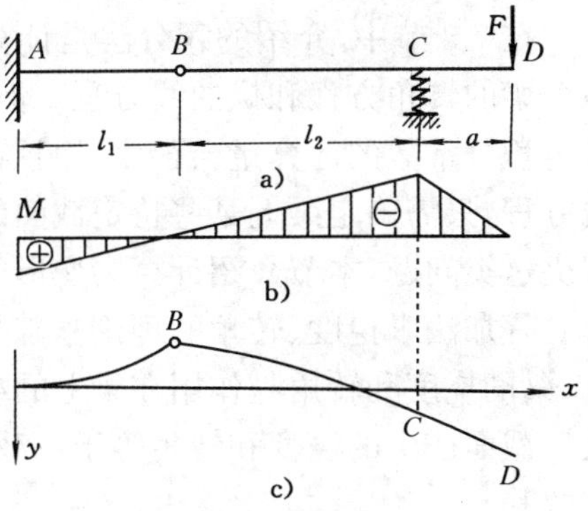

例 7-3 图

例 7-3 静定连续梁由梁 AB 和 BCD 组成，抗弯刚度 EI，C 为弹性支座，弹簧系数 k。

(1) 列出弯矩方程；

(2) 用积分法计算梁变形时，共有几个不定积分常数？列出确定积分常数需要的支承条件和连续条件；

(3) 画出梁的挠曲线大致形状。

解 (1) 由 BCD 梁的平衡方程可得约束反力

$$F_B=\frac{a}{l_2}F(\downarrow),\quad F_C=\frac{l_2+a}{l_2}F(\uparrow)$$

由 AB 梁得 $F_A=\dfrac{a}{l_2}F(\downarrow)$，$M_A=\dfrac{a}{l_2}Fl_1(\curvearrowright)$

列弯矩方程：

$$M_1=\frac{a}{l_2}Fl_1-\frac{a}{l_2}Fx,\qquad (0<x<l_1)$$

$$M_2=\frac{a}{l_2}Fl_1-\frac{a}{l_2}Fx,\qquad (l_1<x<l_1+l_2)$$

$$M_3=\frac{a}{l_2}Fl_1-\frac{a}{l_2}Fx+\frac{l_2+a}{l_2}F(x-l_1-l_2),\qquad (l_1+l_2<x<l_1+l_2+a)$$

弯矩图见例 7-3 图 b)。

(2) 弯矩方程分三段，出现六个积分常数，六个积分常数可利用三个支承条件、铰链 B 处的挠度连续条件以及 C 截面的挠度、转角连续条件确定。

支承条件：$x=0$，$\theta_1=0$，$y_1=0$； $x=l_1+l_2$，$y_2=\dfrac{F_C}{k}=\dfrac{(l_2+a)F}{l_2k}$；

连续条件：$x=l_1$，$y_1=y_2$； $x=l_1+l_2$，$\theta_2=\theta_3$，$y_2=y_3$。

(3) A 为固定端，挠度转角为零，挠曲线在 A 点与原轴线相切；AB 段 $M>0$，挠曲线呈⌣；BCD 段 $M<0$，挠曲线呈⌢形，B 点与 AB 相连(B 是中间铰，两侧转角不等)，C 点挠度为 F_C/k，挠曲线见例 7-3 图 c)。

7.4 叠加法计算梁的变形

在 7.3 节中,介绍的积分法是计算梁变形的最基本的方法。用积分法可以得到整个梁的转角方程和挠曲线方程。但是,如果梁上作用的载荷情况较复杂,则积分及确定积分常数的运算量会很大,而且在工程实际中有时并不需要求出整个梁的挠曲线方程,只需确定梁上某些特定截面的挠度和转角,此时用积分法无法直接求得。为解决这类问题,本节介绍计算梁变形的另一种方法——叠加法。

叠加法求挠度、转角的理论基础是:材料变形处于线弹性阶段时,在小变形前提下,梁的挠度和转角与作用在梁上的载荷呈线性关系,此时,多个载荷作用时在梁上任一截面产生的挠度和转角等于各载荷单独作用时在同一截面产生的挠度和转角的代数和。

表 7-1 给出了利用积分法求得的静定梁(简支梁、悬臂梁和外伸梁)在各种基本载荷作用下的挠曲线方程、最大挠度和梁端转角,叠加法正是利用这些结果来计算梁的变形。

表 7-1　　几种常用梁在各种简单载荷作用下的变形

序号	支承和载荷作用情况	梁端截面转角	挠曲线方程	最大挠度
1	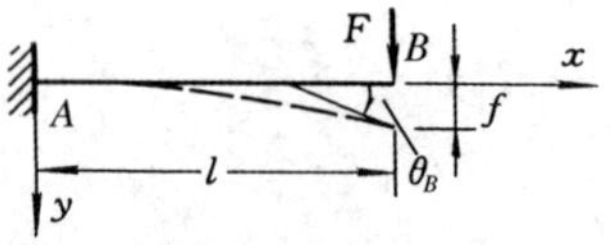	$\theta_B=\dfrac{Fl^2}{2EI}$	$y=\dfrac{Fx^2}{6EI}(3l-x)$	$f=\dfrac{Fl^3}{3EI}$
2	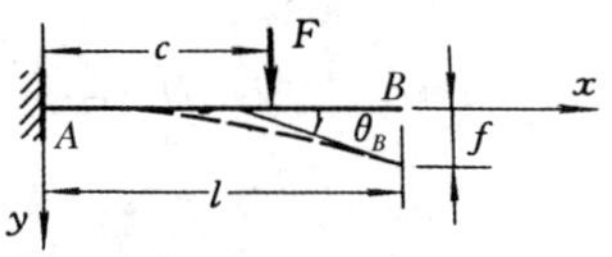	$\theta_B=\dfrac{Fc^2}{2EI}$	当 $0\leqslant x\leqslant c$ $y=\dfrac{Fx^2}{6EI}(3c-x)$ 当 $c\leqslant x\leqslant l$ $y=\dfrac{Fc^2}{6EI}(3x-c)$	$f=\dfrac{Fc^2}{6EI}(3l-c)$
3	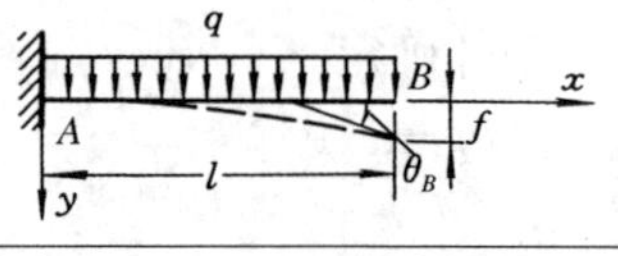	$\theta_B=\dfrac{ql^3}{6EI}$	$y=\dfrac{qx^2}{24EI}(x^2+6l^2-4lx)$	$f=\dfrac{ql^4}{8EI}$
4	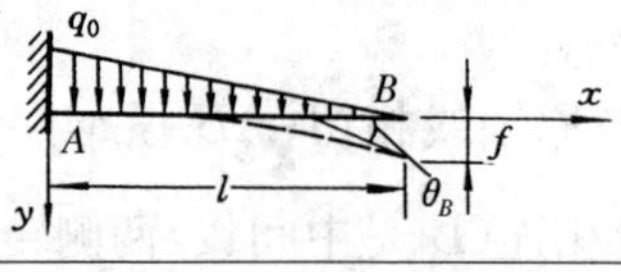	$\theta_B=\dfrac{q_0l^3}{24EI}$	$y=\dfrac{q_0x^2}{120lEI}(10l^3-10l^2x+$ $5lx^2-x^3)$	$f=\dfrac{q_0l^4}{30EI}$
5	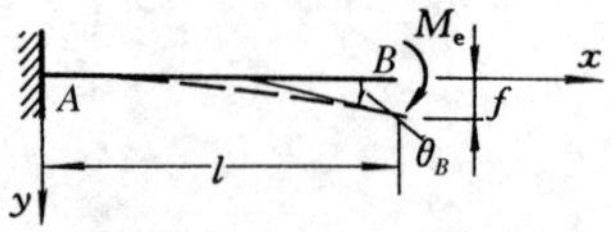	$\theta_B=\dfrac{M_el}{EI}$	$y=\dfrac{M_ex^2}{2EI}$	$f=\dfrac{M_el^2}{2EI}$

续表

序号	支承和载荷作用情况	梁端截面转角	挠曲线方程	最大挠度
6	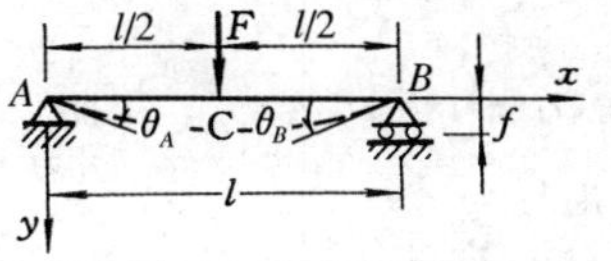	$\theta_A=-\theta_B$ $=\dfrac{Fl^2}{16EI}$	当 $0\leqslant x\leqslant l/2$ $y=\dfrac{Fx}{12EI}\left(\dfrac{3l^2}{4}-x^2\right)$	$f=\dfrac{Fl^3}{48EI}$
7	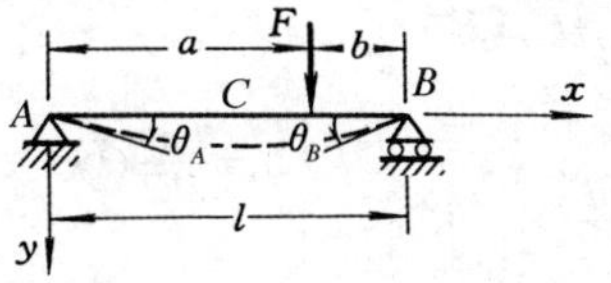	$\theta_A=\dfrac{Fab(l+b)}{6lEI}$ $\theta_B=$ $-\dfrac{Fab(l+a)}{6lEI}$	当 $0\leqslant x\leqslant a$ $y=\dfrac{Fbx}{6lEI}(l^2-x^2-b^2)$ 当 $a\leqslant x\leqslant l$ $y=\dfrac{Fa(l-x)}{6lEI}(2lx-$ $x^2-a^2)$	在 $x=\sqrt{(l^2-b^2)/3}$ 处 $f=\dfrac{\sqrt{3}Fb}{27lEI}\times$ $(l^2-b^2)^{3/2}$ $y\|_{x=\frac{l}{2}}=\dfrac{Fb}{48EI}\times$ $(3l^2-4b^2)$ （设 $a>b$）
8	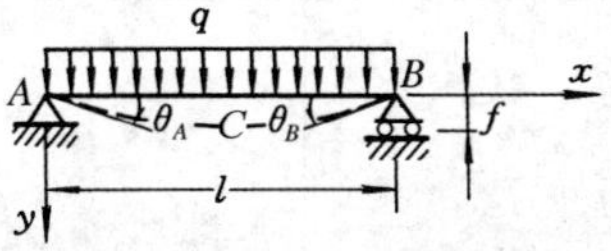	$\theta_A=-\theta_B$ $=\dfrac{ql^3}{24EI}$	$y=\dfrac{qx}{24EI}(l^3-2lx^2+x^3)$	$f=\dfrac{5ql^4}{384EI}$
9	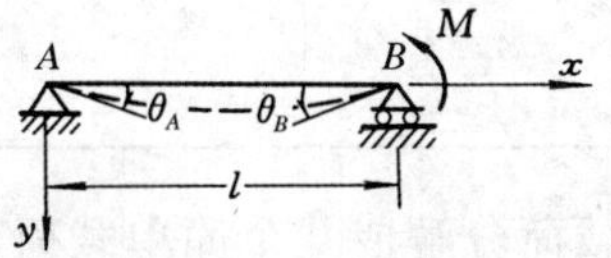	$\theta_A=\dfrac{M_e l}{6EI}$ $\theta_B=-\dfrac{M_e l}{3EI}$	$y=\dfrac{M_e x}{6lEI}(l^2-x^2)$	在 $x=l/\sqrt{3}$ 处 $f=\dfrac{M_e l^2}{9\sqrt{3}EI}$ $y\|_{x=\frac{l}{2}}=\dfrac{M_e l^2}{16EI}$
10	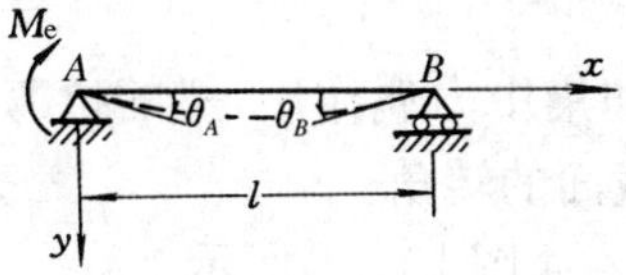	$\theta_A=\dfrac{M_e l}{3EI}$ $\theta_B=-\dfrac{M_e l}{6EI}$	$y=\dfrac{M_e x}{6lEI}(l-x)(2l-x)$	在 $x=(1-1/\sqrt{3})$ l 处 $f=\dfrac{M_e l^2}{9\sqrt{3}EI}$ $y\|_{x=\frac{l}{2}}=\dfrac{M_e l^2}{16EI}$
11	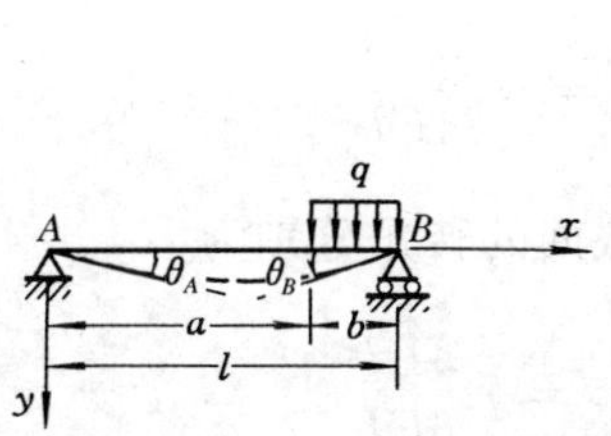	$\theta_A=$ $\dfrac{qb^2(2l^2-b^2)}{24lEI}$ $\theta_B=$ $-\dfrac{qb^2(2l-b)^2}{24lEI}$	当 $0\leqslant x\leqslant a$ $y=\dfrac{qb^5}{24lEI}$ $\left[2\dfrac{x^3}{b^3}-\dfrac{x}{b}\left(2\dfrac{l^2}{b^2}-1\right)\right]$ 当 $a\leqslant x\leqslant l$ $y=\dfrac{q}{24EI}\left[2\dfrac{b^2x^3}{l}-\dfrac{b^2x}{l}\times\right.$ $\left.(2l^2-b^2)-(x-a)^4\right]$	当 $a>b$ $y\|_{x=\frac{l}{2}}=\dfrac{qb^5}{24lEI}\times$ $\left(\dfrac{3}{4}\cdot\dfrac{l^3}{b^3}-\dfrac{1}{2}\cdot\dfrac{l}{b}\right)$ 当 $a<b$ $y\|_{x=\frac{l}{2}}=\dfrac{qb^5}{24lEI}\times$ $\left[\dfrac{3}{4}\cdot\dfrac{l^3}{b^3}-\dfrac{1}{2}\cdot\dfrac{l}{b}\right.$ $\left.+\dfrac{1}{16}\cdot\dfrac{l^5}{b^5}\left(1-\dfrac{2a}{l}\right)^4\right]$

续表

序号	支承和载荷作用情况	梁端截面转角	挠曲线方程	最大挠度
12	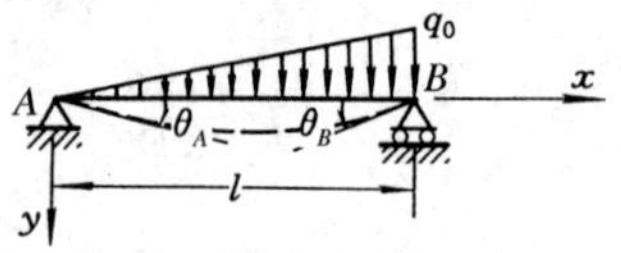	$\theta_A=\dfrac{7q_0l^3}{360EI}$ $\theta_B=-\dfrac{q_0l^3}{45EI}$	$y=\dfrac{q_0x}{360lEI}(7l^4-10l^2x^2+3x^4)$	$y\|_{x=\frac{l}{2}}=\dfrac{5q_0l^4}{768EI}$
13	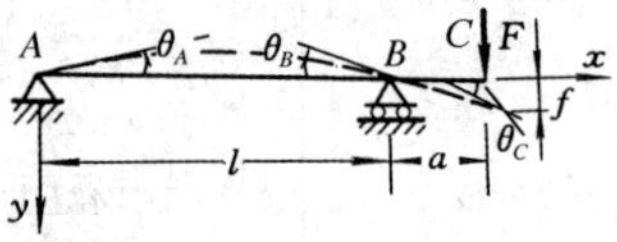	$\theta_A=-\dfrac{1}{2}\theta_B=-\dfrac{Fal}{6EI}$ $\theta_C=\dfrac{Fa}{6EI}(2l+3a)$	当 $0\leqslant x\leqslant l$ $y=-\dfrac{Fax}{6lEI}(l^2-x^2)$ 当 $l\leqslant x\leqslant l+a$ $y=\dfrac{F(x-l)}{6EI}\times[a(3x-l)-(x-l)^2]$	$f=\dfrac{Fa^2}{3EI}(l+a)$
14	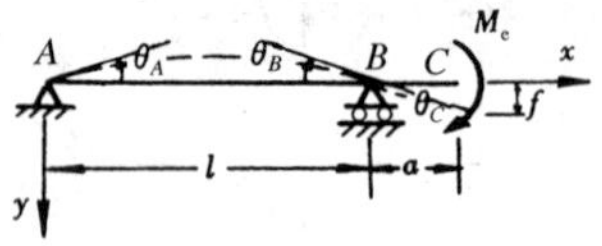	$\theta_A=-\dfrac{1}{2}\theta_B=-\dfrac{M_el}{6EI}$ $\theta_C=\dfrac{M_e}{3EI}(l+3a)$	当 $0\leqslant x\leqslant l$ $y=-\dfrac{M_0x}{6lEI}(l^2-x^2)$ 当 $l\leqslant x\leqslant l+a$ $y=\dfrac{M_e}{6EI}(3x^2-4xl+l^2)$	$f=\dfrac{M_ea}{6EI}(2l+3a)$

在具体用叠加法计算梁的变形时，只要把梁上的载荷分解成几个简单载荷，查表 7-1 得到指定截面在各简单载荷作用下的挠度和转角，按照代数和叠加，即可得到梁在实际载荷作用下指定截面的挠度和转角。

例 7-4 例 7-4 图所示简支梁 AB，受均布载荷和集中力偶作用，梁的抗弯刚度为 EI，试用叠加法求梁跨中 C 面的挠度值和 A，B 截面的转角。

解 此梁上的载荷可分解为两种简单载荷，如例 7-4 图 b)，c)所示。

由表 7-1 可查得，均布载荷 q 单独作用时，跨中 C 面的挠度和 A，B 截面的转角分别为

$$y_{Cq}=\frac{5ql^4}{384EI},\quad \theta_{Aq}=\frac{ql^3}{24EI},\quad \theta_{Bq}=-\frac{ql^3}{24EI}$$

集中力偶 M_e 单独作用时，跨中 C 面的挠度和 A，B 截面的转角分别为

$$y_{CM_e}=\frac{M_el^2}{16EI},\quad \theta_{AM_e}=\frac{M_el}{3EI},\quad \theta_{BM_e}=-\frac{M_el}{6EI}$$

将同一截面的挠度和转角按代数和叠加，得

$$y_C=y_{Cq}+y_{CM_e}=\frac{5ql^4}{384EI}+\frac{M_el^2}{16EI}$$

$$\theta_A=\frac{ql^3}{24EI}+\frac{M_e l}{3EI},\quad \theta_B=-\frac{ql^3}{24EI}-\frac{M_e l}{6EI}$$

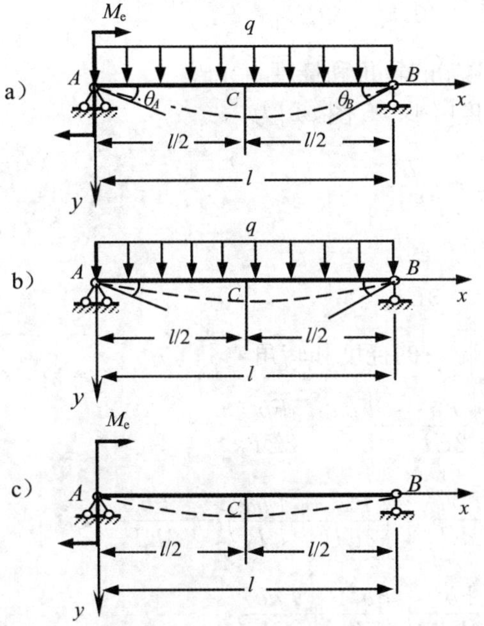

例 7-4 图

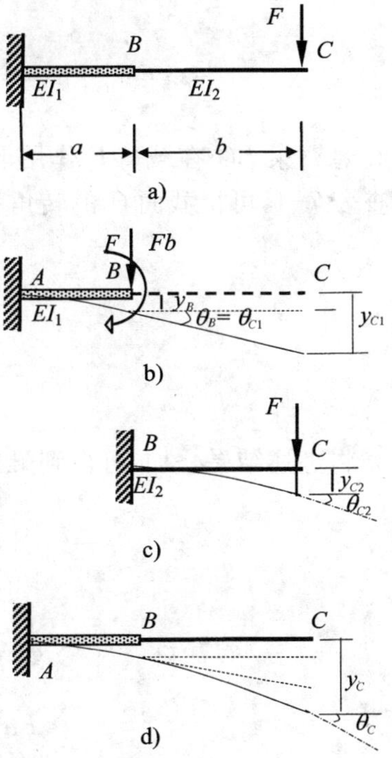

例 7-5 图

例 7-5 变截面悬臂梁 ABC 如例 7-5 图 a)所示，试用叠加法计算梁自由端 C 的转角 θ_C 和挠度 y_C。

解 本例为变截面悬臂梁，无法直接查表应用叠加法，可采取逐段分析求和的方法求解。将该梁看作是由悬臂梁 AB 与固定在横截面 B 的悬臂梁 BC 所组成，如例 7-5 图 b)，c)所示。两段梁 B 截面上的相互作用力为 F 和力偶矩 Fb，它们就是截面 B 的剪力和弯矩值。当悬臂梁 AB 与悬臂梁 BC 分别变形时，均在截面 C 引起转角和挠度，叠加其结果可得截面 C 的总挠度和总转角。

1. 分析悬臂梁 AB 的变形

查表 7-1 可得 B 截面的转角和挠度[例 7-5 图 b)]为

$$\theta_B=\frac{Fa^2}{2EI_1}+\frac{Fba}{EI_1}$$

$$y_B=\frac{Fa^3}{3EI_1}+\frac{Fba^2}{2EI_1}$$

B 截面的位移(B 截面并未固定)带动 BC 梁段产生刚体位移，在 C 截面引起转

角和挠度分别为

$$\theta_{C1}=\theta_B=\frac{Fa^2}{2EI_1}+\frac{Fba}{EI_1}$$

$$y_{C1}=y_B+\theta_B b=\frac{Fa^3}{3EI_1}+\frac{Fba^2}{2EI_1}+\left(\frac{Fa^2}{2EI_1}+\frac{Fba}{EI_1}\right)b$$

2. 悬臂梁 BC 在载荷 F 作用下自由端的转角和挠度

查表 7-1,可得截面 C 的转角和挠度[例 7-5 图 c)]为

$$\theta_{C2}=\frac{Fb^2}{2EI_2}$$

$$y_{C2}=\frac{Fb^3}{3EI_2}$$

3. 将上述结果叠加,可得到梁自由端 C 的挠度和转角

$$\theta_C=\theta_{C1}+\theta_{C2}=\frac{Fa^2}{2EI_1}+\frac{Fba}{EI_1}+\frac{Fb^2}{2EI_2}$$

$$y_C=y_{C1}+y_{C2}=\frac{Fa^3}{3EI_1}+\frac{Fba^2}{2EI_1}+\left(\frac{Fa^2}{2EI_1}+\frac{Fba}{EI_1}\right)b+\frac{Fb^3}{3EI_2}$$

$$=\frac{Fa^3}{3EI_1}+\frac{Fb^3}{3EI_2}+\frac{Fa^2b}{EI_1}+\frac{Fab^2}{EI_1}$$

本例采用的逐段分析求和方法的理论依据是梁段的局部变形和梁总体位移间的几何关系,也是叠加法的一种。

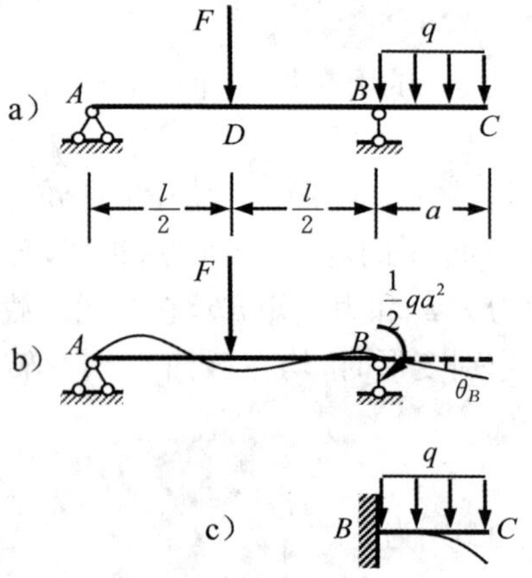

例 7-6 图

例 7-6 外伸梁抗弯刚度 EI 如例 7-6 图 a)所示,试计算跨中 D 面挠度 y_D,B 面转角 θ_B 以及外伸端 C 处的转角 θ_C 和挠度 y_C。

解 将该梁看作由简支梁 AB 与固定在截面 B 的悬臂梁 BC 这两部分所组成。

为分析简支梁 AB 的变形,将 BC 段的均布载荷平移到截面 B,可得作用在该截面的集中力 qa 和矩为 $\frac{1}{2}qa^2$ 的附加力偶[例 7-6 图 b)],由于集中力 qa 不引起 AB 段的弯矩,与 AB 段变形无关,因此在例 7-6 图 b)中已被略去。悬臂梁 BC 受均布载荷作用,如例 7-6 图 c)所示。

1. 计算 D 面的挠度 y_D 和 B 面转角 θ_B

由例 7-6 图 b),利用表 7-1 中序号 6 和 9 的结果叠加,可得 y_D,θ_B

$$y_D=\frac{Fl^3}{48EI}-\frac{\left(\frac{1}{2}qa^2\right)l^2}{16EI}=\frac{Fl^3}{48EI}-\frac{qa^2l^2}{32EI}$$

$$\theta_B=-\frac{Fl^2}{16EI}+\frac{\left(\frac{qa^2}{2}\right)l}{3EI}=-\frac{Fl^2}{16EI}+\frac{qa^2l}{6EI}$$

2. 计算外伸端 C 处的转角 θ_C 和挠度 y_C

外伸端 C 截面的挠度除 BC 梁自由端的挠度外，还应包含由于 B 截面的转角引起 BC 梁转动产生的刚体位移[例 7-6 图 b), c)]，利用表 7-1 中序号 3 及上面的计算结果，可得

$$\theta_C=\frac{qa^3}{6EI}+\theta_B=\frac{qa^3}{6EI}-\frac{Fl^2}{16EI}+\frac{qa^2l}{6EI}$$

$$y_C=\frac{qa^4}{8EI}+\theta_Ba=\frac{qa^4}{8EI}-\frac{Fl^2a}{16EI}+\frac{qa^3l}{6EI}$$

例 7-7 例 7-7 图所示悬臂梁 ABC，抗弯刚度 EI，AB 段长 l_1，BC 段长 l_2，在 BC 段上作用均布载荷 q，试计算自由端 C 的挠度 y_C。

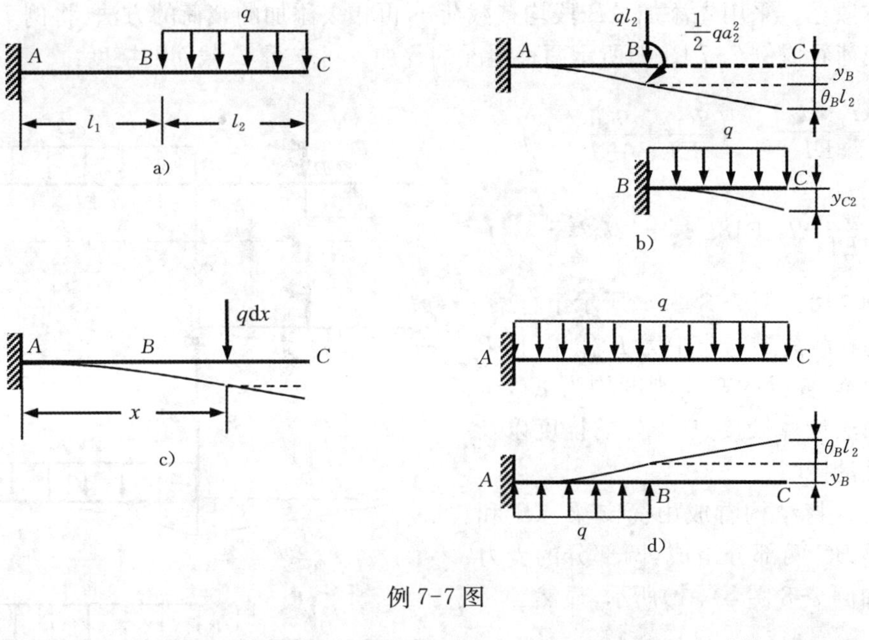

例 7-7 图

解 方法一 将梁看作两部分组成，如例 7-7 图 b)所示。先计算 AB 梁段 B 截面的位移，再分析 BC 梁段的变形，然后将两部分变形叠加，求得 C 截面的挠度：

$$y_C=y_B+\theta_Bl_2+y_{C2}$$

$$=\left[\frac{ql_2l_1^3}{3EI}+\frac{\left(\frac{1}{2}ql_2^2\right)l_1^2}{2EI}\right]+\left[\frac{ql_2l_1^2}{2EI}+\frac{\left(\frac{1}{2}ql_2^2\right)l_1}{EI}\right]l_2+\frac{ql_2^4}{8EI}$$

$$=\frac{ql_2}{24EI}(8l_1^3+18l_1^2l_2+12l_1l_2^2+3l_2^3)$$

方法二　把均布载荷 q 视为一系列集中力 $q\mathrm{d}x$ 的集合，如例 7-7 图 c)所示。距 A 端为 x 的集中力 $q\mathrm{d}x$ 引起 C 截面的挠度 $\mathrm{d}y_C$ 可利用表 7-1 序号 2 的结果求得

$$\mathrm{d}y_C=\left[\frac{q(l_1+l_2)x^2}{2EI}-\frac{qx^3}{6EI}\right]\mathrm{d}x$$

全部均布载荷在 C 截面处引起的挠度：

$$y_C=\int_{l_1}^{l_1+l_2}\left[\frac{q(l_1+l_2)x^2}{2EI}-\frac{qx^3}{6EI}\right]\mathrm{d}x$$

$$=\frac{q(l_1+l_2)}{6EI}[(l_1+l_2)^3-l_1^3]-\frac{q}{24EI}[(l_1+l_2)^4-l_1^4]$$

$$=\frac{ql_2}{24EI}(8l_1^3+18l_1^2l_2+12l_1l_2^2+3l_2^3)$$

方法三　采用先添加 AB 段均布载荷 q，再扣去添加的载荷的方法，将例 7-7 图 a)的载荷看成例 7-7 图 d)所示两种情况的叠加。可求得 C 截面的挠度：

$$y_C=\frac{q(l_1+l_2)^4}{8EI}-\left(\frac{ql_1^4}{8EI}+\frac{ql_1^3}{6EI}\cdot l_2\right)$$

$$=\frac{ql_2}{24EI}(8l_1^3+18l_1^2l_2+12l_1l_2^2+3l_2^3)$$

例 7-8　例 7-8 图 a)所示组合梁，承受均布载荷 q 与集中力 F 作用，且 $F=2qa$。设各梁的弯曲刚度均为 EI，试用叠加法计算铰接点 B 处的挠度以及 D 截面的挠度。

解　将结构看成由简支梁 AB 和悬臂梁 BC 两部分组成，两部分的受力分别如例 7-8 图 b)，c)所示，显然

$$F_B'=F_B=\frac{F}{2}=qa$$

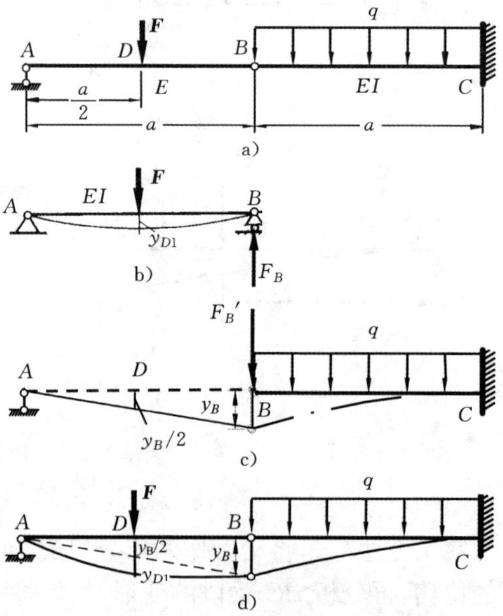

例 7-8 图

简支梁 AB 在集中力 F 作用下[例

7-8 图 b)]，D 截面的挠度

$$y_{D1}=\frac{2qa^4}{48EI}$$

悬臂梁 BC 在均布载荷 q 及 F'_B 作用下 [例 7-8 图 c)]，B 截面的挠度为

$$y_B=\frac{qa^4}{3EI}+\frac{qa^4}{8EI}=\frac{11qa^4}{24EI}$$

由此引起 D 截面的相应挠度为$\frac{1}{2}y_B$。

将例 7-8 图 b)，c)两部分的变形叠加[例 7-8 图 d)]，可得 D 截面的总挠度

$$y_D=y_{D1}+\frac{1}{2}y_B=\frac{2qa^4}{48EI}+\frac{11qa^4}{48EI}=\frac{13qa^4}{48EI}$$

7.5 梁的刚度条件

当梁的变形超过一定限度时，梁的正常工作将得不到保证，因此，设计截面时应满足刚度的要求。梁的刚度条件为

$$f\leqslant[f] \tag{7-5}$$

$$\theta_{\max}\leqslant[\theta] \tag{7-6}$$

在各类工程设计中，对梁位移许用值的规定相差很大。如上海东方明珠电视塔，塔高 465 m，最上一段是发射天线，无人在上面工作，无须考虑舒适感，只要信号正常即可，所以许用挠度值约为塔高的 1/100。通常土建工程中，许用挠度值$[f]$为梁计算跨度 l 的$\frac{1}{800}$～$\frac{1}{200}$之间，在机械制造工程中，一般传动轴的许用挠度值$[f]$为计算跨度 l 的 3/10000～5/10000，对刚度要求较高的传动轴，$[f]$ 为跨度 l 的 1/10000～2/10000；传动轴在轴承处的许用的转角$[\theta]$通常在 0.001～0.005 rad 之间。

例 7-9 悬臂梁自由端受集中力 $F=10$ kN，如例 7-9 图所示。已知许用应力$[\sigma]=170$ MPa，许用挠度$[f]=\frac{l}{400}$，若梁由工字钢制成，选择工字钢型号。

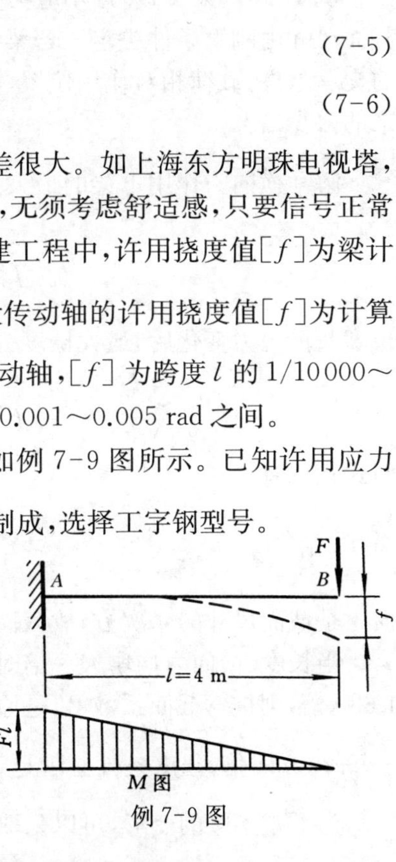

例 7-9 图

解 1. 按照强度条件选择截面

$$M_{\max}=Fl=40\ \text{kN}\cdot\text{m}$$

故

$$W=\frac{M_{\max}}{[\sigma]}=\frac{40\times10^3}{170\times10^6}=0.235\times10^{-3}\ \text{m}^3=235\ \text{cm}^3$$

查表选用 No.20a 工字钢，其 $W=237\ \text{cm}^3$，$I=2\,370\ \text{cm}^4$。

2. 按照刚度条件选择截面

由刚度条件
$$f=\frac{Fl^3}{3EI}\leqslant[f]=\frac{l}{400}$$

得
$$I\geqslant\frac{400Fl^2}{3E}=\frac{400\times10\times10^3\times4\,000^2}{3\times2.1\times10^5}$$

$$I=1.016\times10^8=10\,160\ \text{cm}^4$$

查表选用 No.32a，$I=11\,100\ \text{cm}^4$，$W=692\ \text{cm}^3$。综合强度条件和刚度条件，应选用 No.32a 工字钢，最大挠度 f 和最大应力为

$$f=\frac{10\times10^3\times4\,000^3}{3\times2.1\times10^5\times1.11\times10^8}=9.15\ \text{mm}<[f]=10\ \text{mm}$$

$$\sigma_{\max}=\frac{40\times10^6}{692\times10^3}=57.8\ \text{MPa}<[\sigma]=170\ \text{MPa}$$

例 7-10 梁长 l_1，许用应力$[\sigma]$，许用挠度$[f]=l/600$，在横向力 F_1 作用下，梁截面尺寸由刚度条件决定。若梁的长度增为 $l_2=2l_1$，横向力 F_1 增为 $F_2=2F_1$，梁的支承条件、载荷相对作用位置、材料均不变，截面形状保持相似，问截面尺寸应为原来的多少倍?

解 横向力作用下梁的最大挠度 $f=\dfrac{Fl^3}{kEI}$，对原梁有

$$f_1=\frac{F_1l_1^3}{kEI_1}=[f]=\frac{l_1}{600}$$

长度及横向力变化后，最大挠度为 f_2

$$f_2=\frac{F_2l_2^3}{kEI_2}=[f]=\frac{l_2}{600}$$

两式相比有

$$\frac{I_2}{I_1}=\frac{F_2l_2^2}{F_1l_1^2}=8$$

惯矩是截面尺寸的 4 次方，故截面尺寸应是原尺寸的$\sqrt[4]{8}\approx1.682$ 倍。

当长度、横向力均增大一倍时，梁上弯矩是原来的 4 倍，而截面尺寸为原尺寸的 1.682 倍，则抗弯截面系数 W 是原梁的 4.776(即 1.682^3)倍，因此，最大应力是原来的 $\dfrac{4}{4.776}=0.84$ 倍，强度条件必满足。

为了减小梁的变形，可以采取下列措施：

(1) 增大梁的抗弯刚度 EI　这里包含着 E 和 I 两个因素。应该指出，拿钢材来说，采用高强度钢可以大大提高梁的强度，然而却不能增大梁的刚度，因高强度钢与普通钢的 E 值相差不大。增大梁的抗弯刚度 EI，主要应考虑增大 I 值。在截面面积不变的情况下，采用使截面面积分布在距中性轴较远处的截面形状，以增大截面的惯性矩 I，这样不但可以减小应力，同时还能减小变形。所以工程上常采用工字形、槽形、箱形及 H 形等截面形状。

(2) 调整跨长和改变结构　梁的挠度和转角值与梁的跨长的 n 次幂成正比，因此，如果能设法减小梁的跨长，将能显著地减小它的挠度和转角值，这是提高梁刚度的一个卓有成效的措施。通常采用两端外伸的梁[图 7-6a)]，不仅因为缩短跨长从而减小梁的最大挠度值，还由于梁的外伸部分的载荷作用，使梁的 AB 跨产生向上的挠度[图 7-6b)]，以使 AB 跨的向下挠度能够被抵消一部分，再度减小梁的挠度值。此外，增加梁的支座也可减小梁的挠度，例如，在图 7-6c)所示简支梁的跨中增设一个支座 C，就能使梁的挠度显著地减小[图 7-6d)]。但采取这种措施后，原来的静定梁(即简支梁 AB)就变成为超静定梁 ACB 了。下节就讨论简单超静定梁的解法。

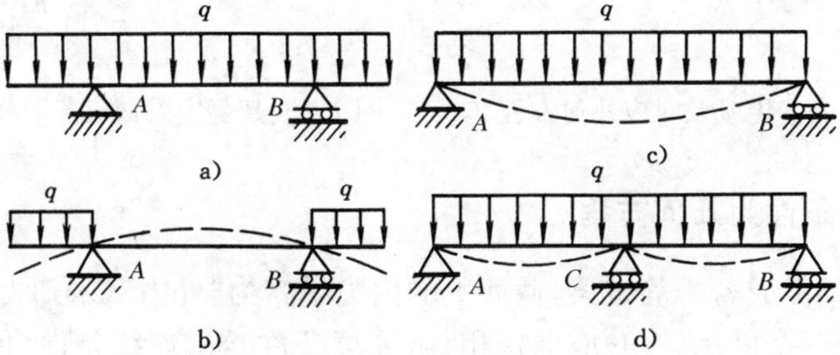

图 7-6　梁跨长与结构的改变

7.6　简单超静定梁

图 7-6c)所示简支梁改成图 7-6d)所示超静定梁后，不仅刚度提高，而且强度也提高了。超静定梁是工程中广泛使用的梁。材料力学解超静定梁常用的是变形比较法，即以力为未知数，以变形条件(支承条件或连续条件)为几何方程。

7.6.1　以支承条件为几何方程

超静定梁是在静定梁的基础上，增加“多余”约束而形成的，若去掉“多余”约束，还之以约束的作用——约束反力和支承条件，则梁在形式上还是静定梁，称为静定基，但载荷中多了未知的约束反力，利用对应的支承条件(几何方程)解出此约束反力后，静定基就等同于静定梁，可进而计算内力、应力和变形。如图 7-7a)所示超静定梁，把支座 B 视为多余约束去掉，代之以约束反力 F_B 及支承条件 $y_B=0$，如图7-7b)

所示,就可解出约束反力 F_B。静定基的形式不是唯一的,固定端 A 可看作是两个约束,一个提供约束反力并限制挠度,另一个提供约束反力偶并限制转角,若把限制转角的约束去掉,代之以约束反力偶 M_A 及支承条件 $\theta_A=0$,如图 7-7c)所示,也能解此超静定梁。

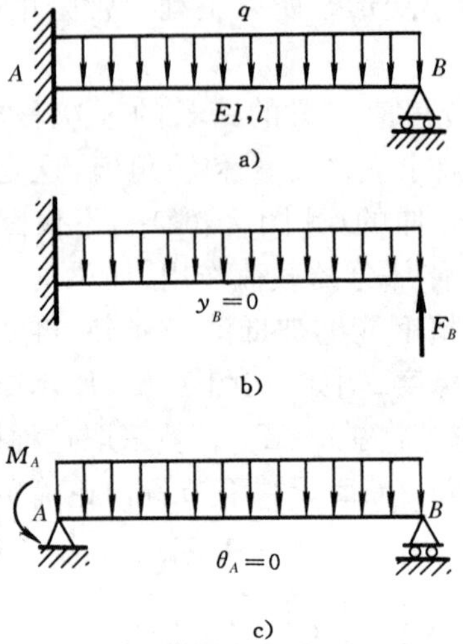

图 7-7　静定基及对应几何方程

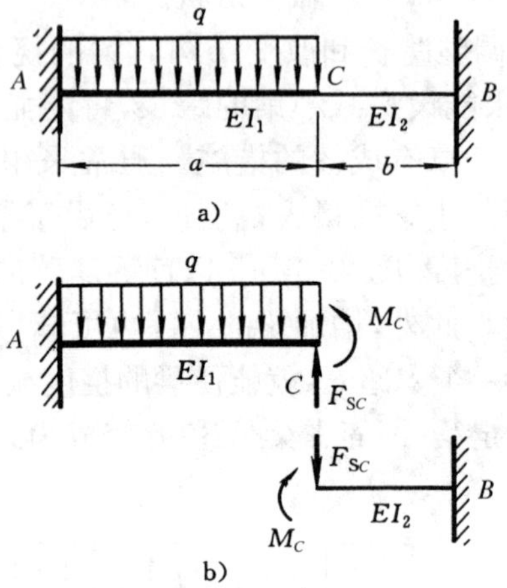

图 7-8　超静定梁截成若干静定梁

7.6.2　以连续条件为几何方程

把超静定梁截成若干静定梁,截面上的内力暴露为“外力”(未知力),截面两侧梁在该截面的位移(挠度和转角)应保持相等(连续条件),由连续条件可解出作用在截面上的“外力”。图 7-8a)所示超静定梁,在 C 面截开后,C 面的剪力 F_{SC},弯矩 M_C 分别作用于 AC, BC 梁的 C 面[图7-8b)],几何方程(即连续条件)为

$$y_C^{AC}=y_C^{CB}$$

$$\theta_C^{AC}=\theta_C^{CB}$$

把 y_C^{AC}, y_C^{CB}, θ_C^{AC}, θ_C^{CB} 用 q, F_{sC}, M_C 表达,代入方程可解出两个未知内力 F_{sC} 和 M_C,进而可计算内力、应力、位移。

例 7-11　梁 ACB[例 7-11 图 a)],抗弯刚度 EI,受均布载荷 q 作用。A, B 为铰支座,中点 C 处支承为弹簧,弹簧系数 $k=\dfrac{36EI}{l^3}$。画梁的内力图和挠曲线大致形状。

解　1. 解超静定

视弹簧 C 为多余约束[静定基见例7-11 图 b)]代之以约束反力 F_C 和支承条件

$$y_C=\frac{F_C}{k}$$

用叠加法计算 y_C $$y_C=\frac{5q(2l)^4}{384EI}-\frac{F_C(2l)^3}{48EI}=\frac{F_Cl^3}{36EI}$$

解得 $$F_C=\frac{15}{14}ql$$

2. 画内力图

$$F_A=F_B=ql-\frac{1}{2}F_C=\frac{13}{28}ql$$

F_s，M 图见例 7-11 图 c)。

3. 画挠曲线大致形状

见例 7-11 图 d)。

$$y_A=y_B=0,\quad y_C=\frac{F_Cl^3}{36EI}=\frac{5}{168}\frac{ql^4}{EI}$$

在$\frac{13}{14}l<x<\frac{15}{14}l$ 段，因 $M<0$，挠曲线呈凸形；

在 $x<\frac{13}{14}l$ 及 $x>\frac{15}{14}l$ 段，因 $M>0$，挠曲线呈凹形。

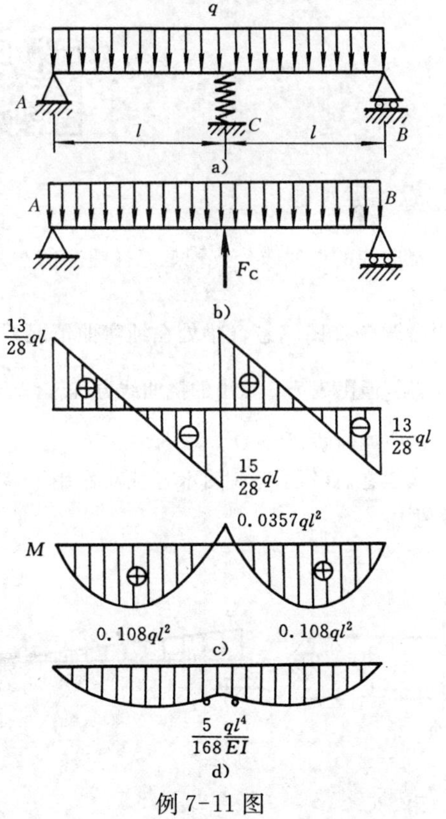

例 7-11 图

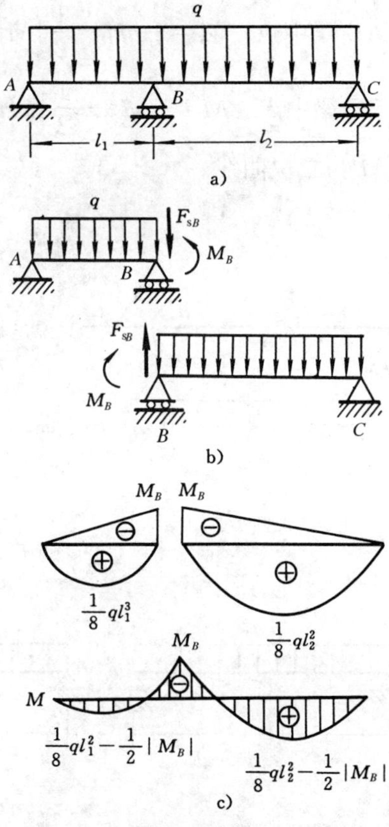

例 7-12 图

例 7-12 超静定梁 ABC[例 7-12 图 a)],抗弯刚度 EI,画梁的弯矩图。

解 1. 解超静定

在 B 面截开,分成 AB,BC 梁,内力 F_{sB},M_B(未知)以外力形式作用于梁,见例 7-12 图 b)。由于 F_{sB} 对变形不起作用,同时 B 点挠度为零,连续条件自然保证,所以 F_{sB} 可以略去。连续条件(几何方程)为

$$\theta_B^{AB}=\theta_B^{BC}$$

用叠加法计算 θ_B 有

$$\theta_B^{AB}=-\frac{ql_1^3}{24EI}-\frac{M_Bl_1}{3EI}$$

$$\theta_B^{BC}=\frac{ql_2^3}{24EI}+\frac{M_Bl_2}{3EI}$$

代入几何方程,解得

$$M_B=-\frac{q}{8}(l_1^2-l_1l_2+l_2^2)$$

2. 叠加法画 M 图,见例 7-12 图 c)

AB 梁中点 $M=\frac{1}{8}ql_1^2-\frac{1}{2}|M_B|$

BC 梁中点 $M=\frac{1}{8}ql_2^2-\frac{1}{2}|M_B|$

M 为二次曲线。

本章小结

思 考 题

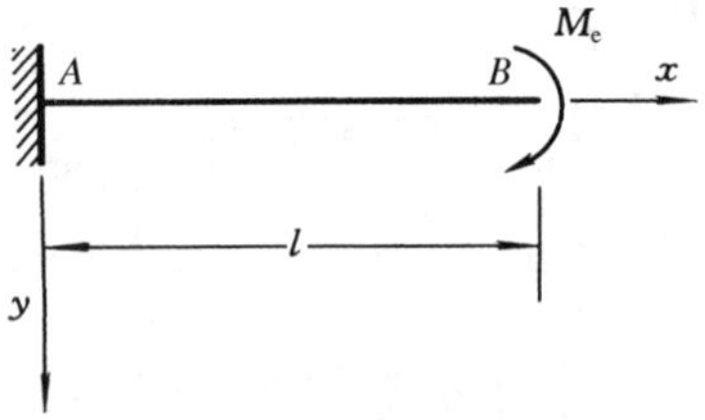

思考题 7-2 图

7-1 梁挠曲线的近似微分方程是怎样建立的?为什么说是近似的呢?

7-2 思考题 7-2 图示悬臂梁处在纯弯曲情况下,其挠曲线应为一圆弧,但由表 7-3 给出的挠曲线方程 $y=\frac{M_0x^2}{2EI}$ 却为二次抛物线,应如何解释?

7-3 比较梁在思考题 7-3 图示各载荷作用下,跨度中点 C 的挠度值。

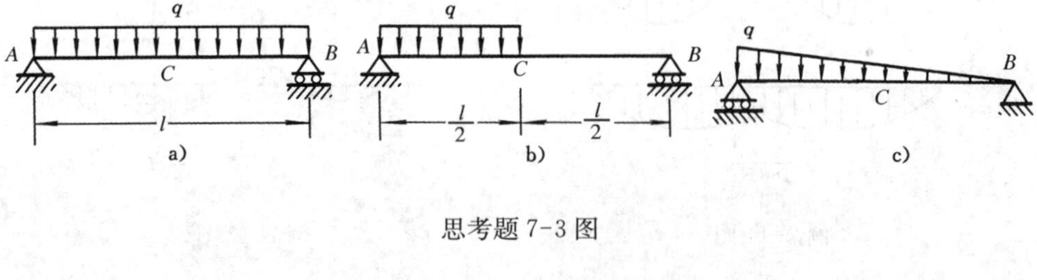

思考题 7-3 图

7-4 如果将思考题 7-4 图示简支梁的所有尺寸均增加到原来尺寸的 n 倍时（载荷 q 值不变），试问此时(1)最大应力是原来的几倍？(2) 最大挠度、A（或 B）面转角是原来的几倍？

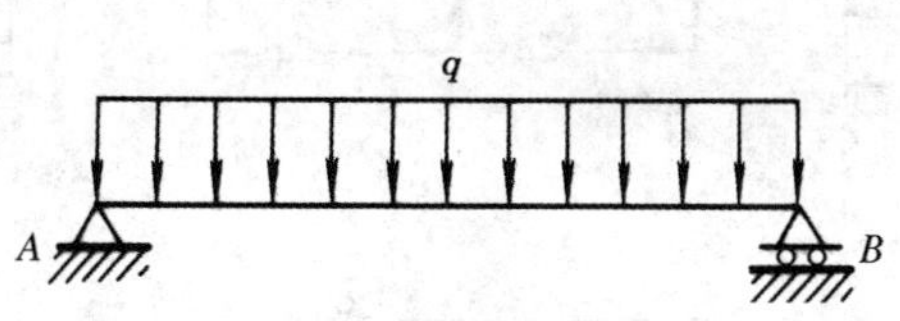

思考题 7-4 图

7-5 思考题 7-5 图示各梁的抗弯刚度 EI 相同，若思考题 7-5 图 a)梁 A 面转角为 θ_0，思考题 7-5 图 b)，c)，d)梁的 A 面、B 面转角为多大？

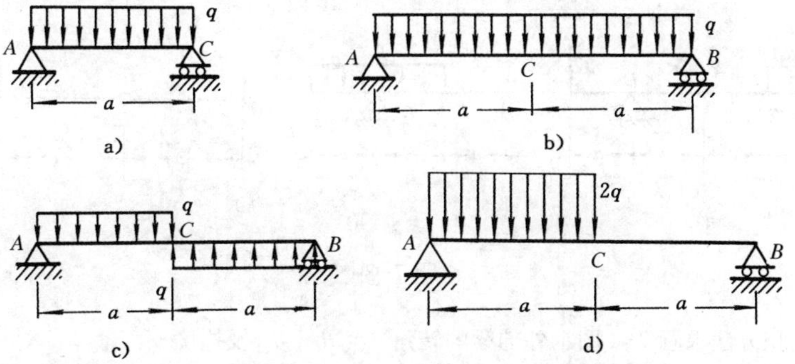

思考题 7-5 图

7-6 用叠加法分析思考题 7-6 图示折杆在 C 点的位移。

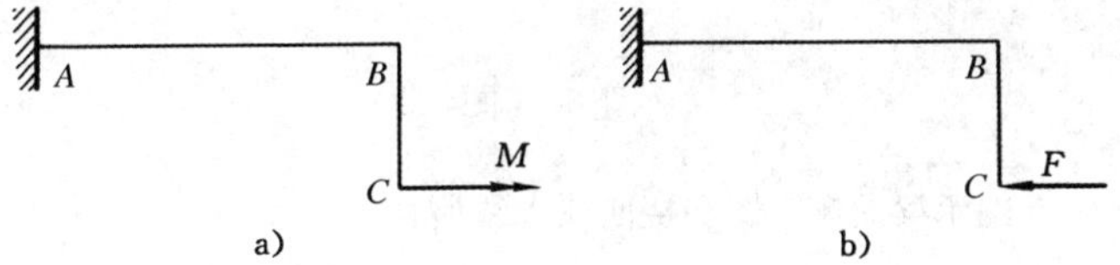

思考题 7-6 图

7-7 说明静定梁与静定基的异同。

习 题

7-1 梁 AB，抗弯刚度 $EI(x)$，长 l，在弯矩 $M(x)$作用下产生平面弯曲。求：(1)梁内距中性层距离 a 的纵向线段的伸长量；(2) 梁两端面的相对转角 θ_{AB}。

7-2 试用积分法验算表 7-1 中各梁的挠曲线方程、最大挠度、梁端截面转角的表达式。

7-3 用积分法计算题 7-3 图示梁的挠度时，弯矩方程应分几段？共有多少个积分常数？列出弯矩方程和决定这些积分常数时，所必须的支承条件和连续条件。

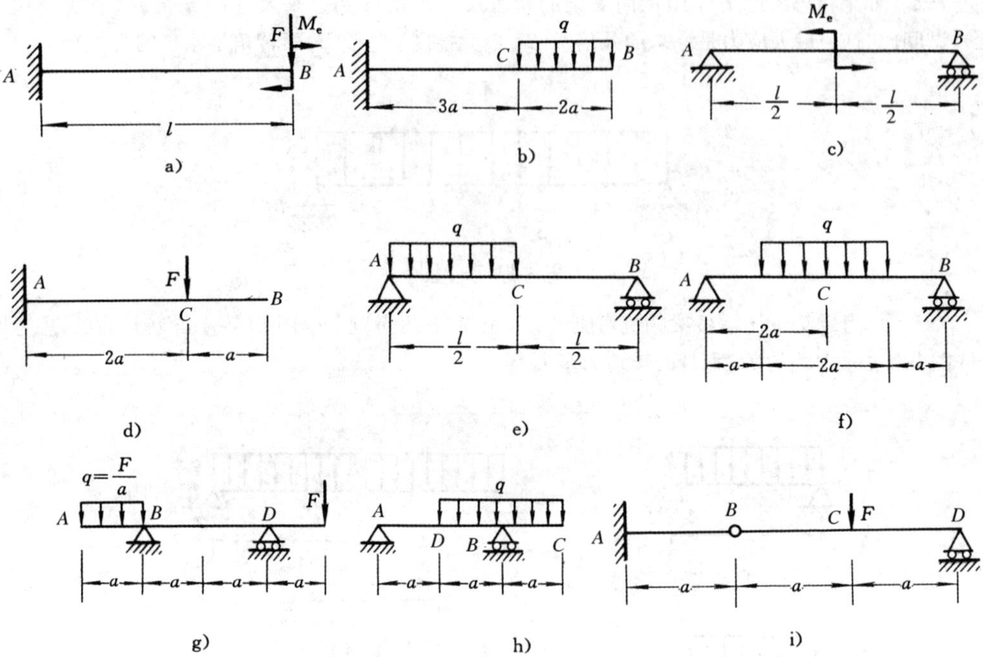

题 7-3 图

7-4 用积分法求题 7-4 图示外伸梁的转角 θ_A，θ_B，θ_C 及挠度 y_C，y_D。

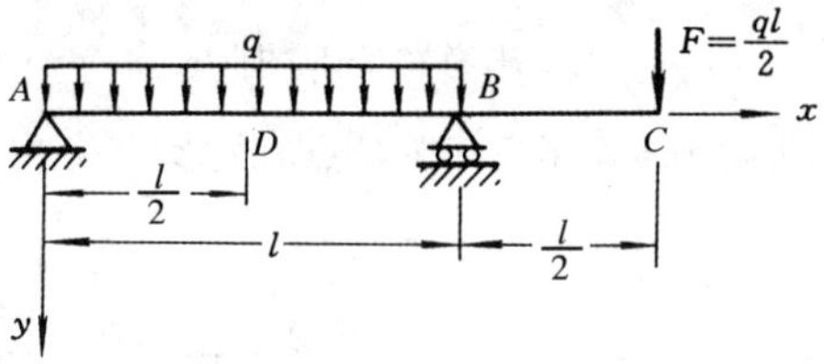

题 7-4 图

7-5 绘制题 7-5 图示梁的弯矩图和挠曲线大致形状。

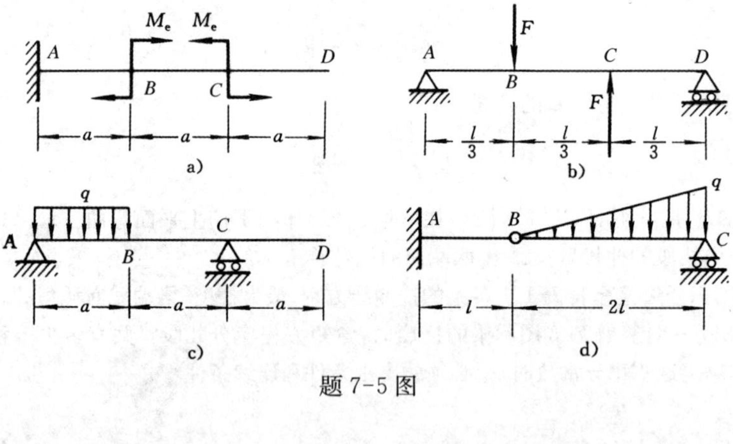

题 7-5 图

7-6 门(或窗)框上方过梁的计算简图如题 7-6 图所示,试求 θ_A,θ_B 及最大挠度 f。

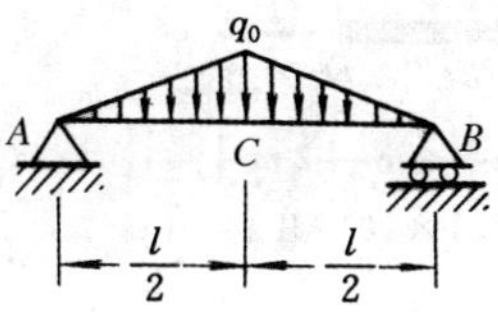

题 7-6 图

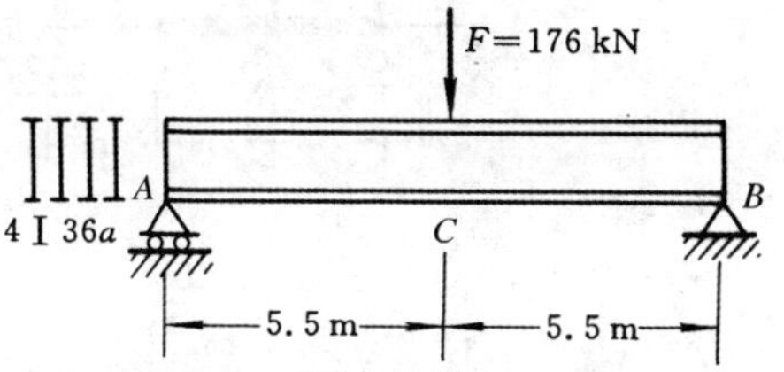

题 7-7 图

7-7 当集中载荷 $F=176$ kN 作用在简支钢梁的跨中,并考虑钢梁自重时,试求跨中截面 C 的挠度 f。设横梁由四根 No.36a 工字钢组成如题 7-7 图所示,钢的弹性模量 $E=2.1\times10^5$ MPa。

7-8 试用叠加法求图示各梁指定截面的位移。

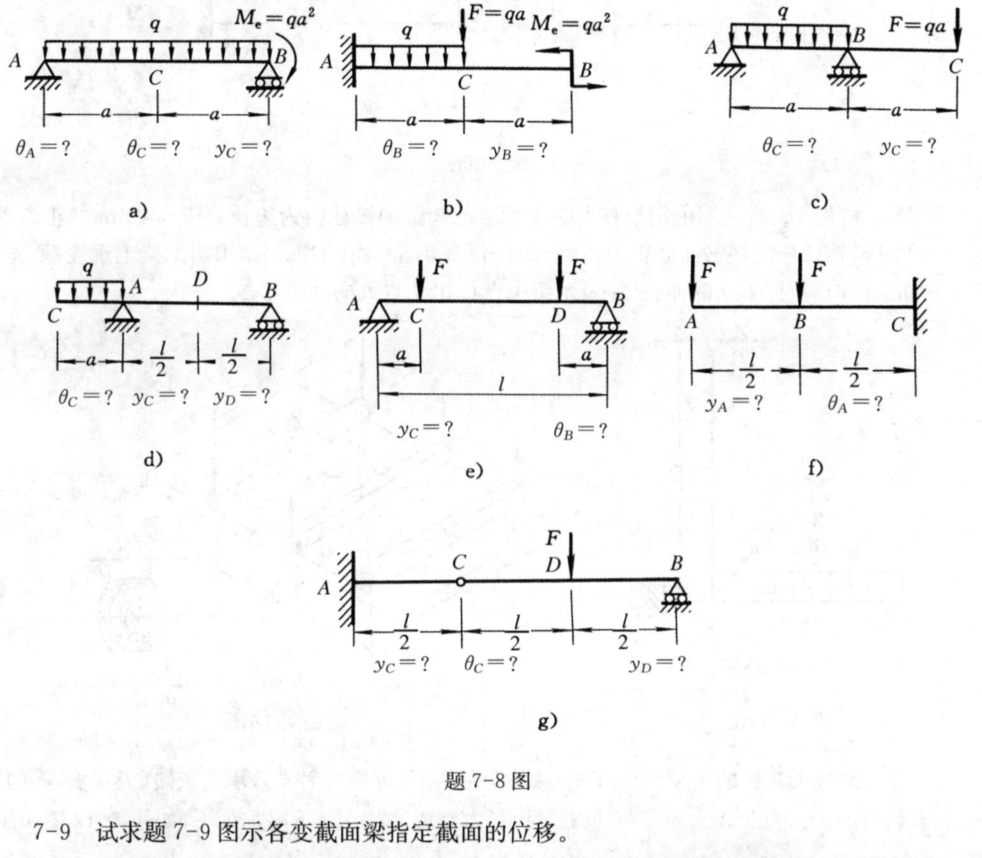

题 7-8 图

7-9 试求题 7-9 图示各变截面梁指定截面的位移。

7-10 松木桁条的横截面为圆形,跨长为 4 m,两端可视为简支,全跨上作用有集度为 $q=1.82$ kN/m 的均布载荷。已知松木的许用应力$[\sigma]=10$ MPa,弹性模量 $E=1.0\times10^4$ MPa。此桁条的许用相对挠度 $\left[\frac{f}{l}\right]=\frac{1}{200}$。试求桁条横截面所需的直径(桁条可作为等直圆木梁计算,直径以跨中为准)。

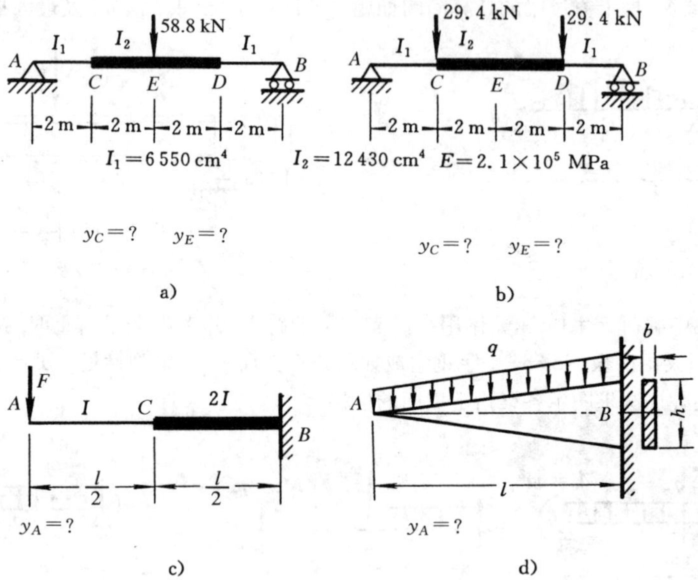

题 7-9 图

7-11 木梁 AB 的右端由钢拉杆 BD 支承。已知梁的横截面为边长等于 0.20 m 的正方形，$E_木=10$ GPa;钢拉杆的横截面面积为 $A_钢=250\ mm^2$，$E_钢=210$ GPa。试求当木梁上承受题 7-11 图示均布载荷时，拉杆 BD 的伸长 Δl 及木梁中点 C 沿铅直方向的位移 Δ。

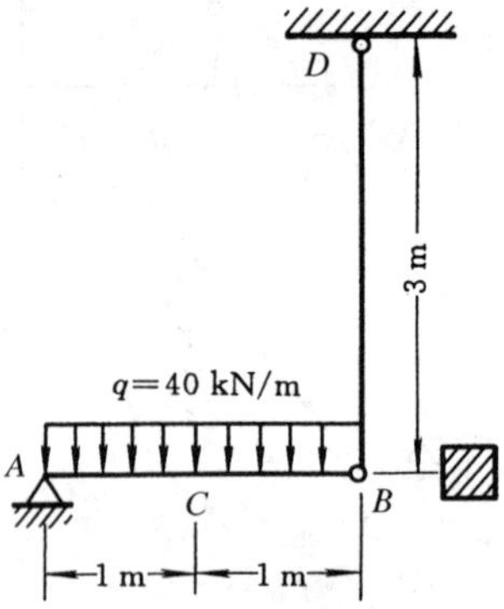

题 7-11 图

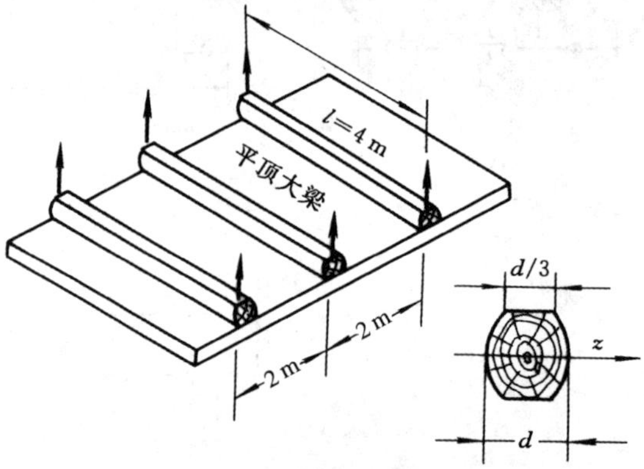

题 7-12 图

7-12 悬挂天花板的平顶大梁，两端悬吊于屋架下(可视为简支)，承受灰幔(天花板)等的重力，设灰幔等的重力为 550 N/m²。平顶大梁由杉木制成，截面上、下略加削平，如题 7-12 图所示。惯矩 $I_z=0.0461d^4$，弹性模量 $E=1.0\times10^4$ MPa，梁的许用挠度$[f]=\dfrac{l}{300}$，木材的许用应力$[\sigma]=$ 8 MPa。试根据刚度要求，求出大梁截面的直径，并作梁的强度校核。

7-13 梁长为 l，两端各受集中力 F 作用如题 7-13 图所示。求在下列两种情况时两个对称支座的位置 a:(1) 中点挠度 y_C 为最大值;(2) 中点挠度 y_C 与端点挠度 y_A 绝对值相等。

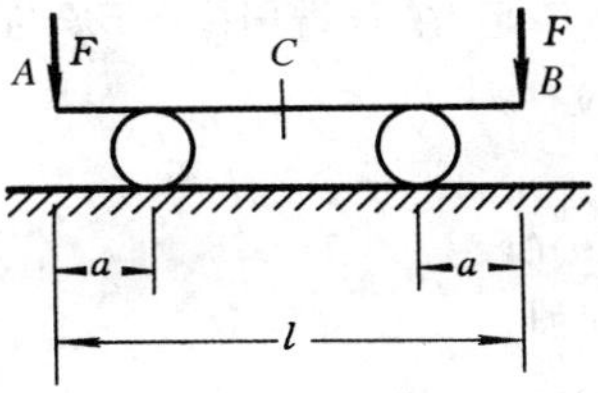

题 7-13 图

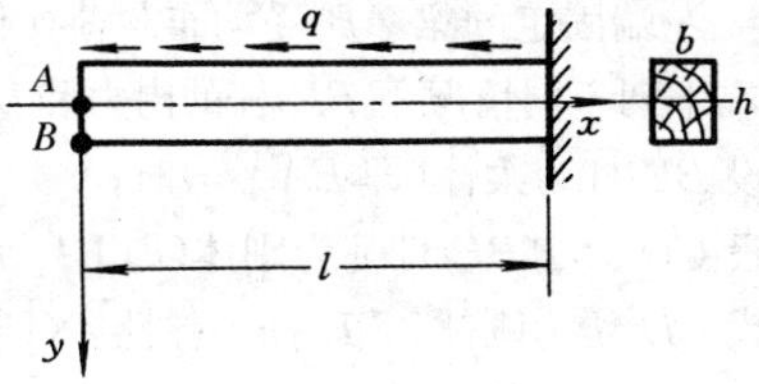

题 7-14 图

7-14 在截面为矩形的悬臂木梁的顶面上，作用着水平方向的均布力 q，求左端截面上 A 点及 B 点的位移（不计切应力对变形的影响）。

7-15 试求题 7-15 图示各超静定梁的支座反力，并作梁的内力图和变形图。

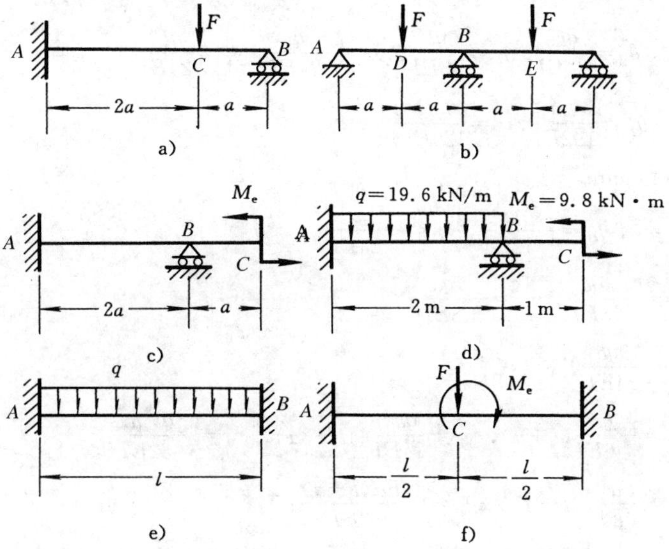

题 7-15 图

7-16 长度分别为 l_1，l_2 的两根交叉梁，在中点处作用力 F，梁截面的惯矩分别为 I_1，I_2，两根梁材料、截面相同。试问在两根梁间的载荷是怎样分配的？

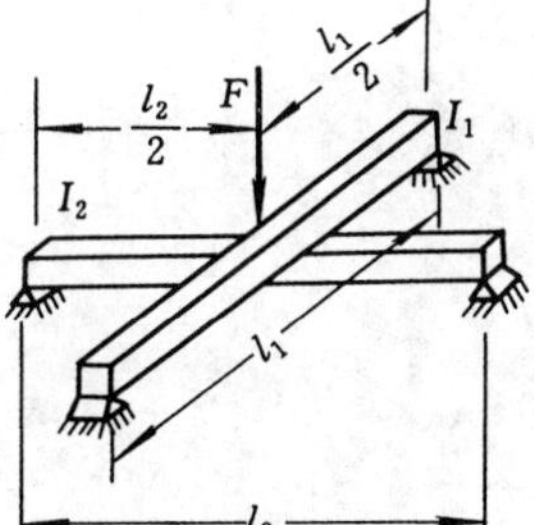

题 7-16 图

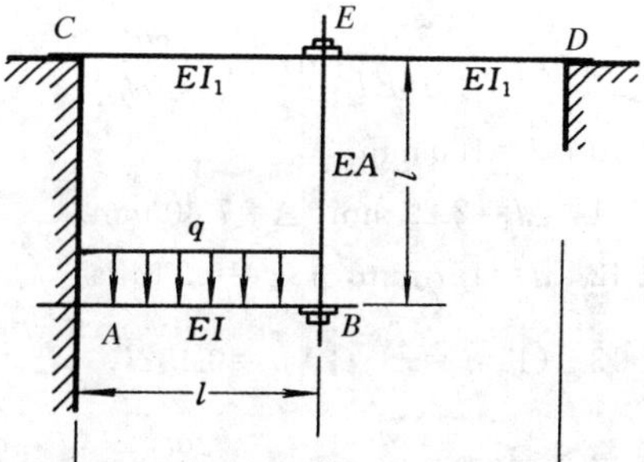

题 7-17 图

7-17 左端固定的梁 AB 受均布载荷 q 作用，因刚度不足，在 B 端用拉杆 BE 与 CD 梁相连接。试求在下列不同情况下 BE 杆的内力和 B 点的竖直位移：

(1) 设 BE 杆为柔体(即 $EA=0$)时；

(2) 设 CD 梁和 BE 杆都为刚体(即 $EI_1=\infty, EA=\infty$)时；

(3) 设 CD 梁为刚体，BE 杆为弹性体(即 $EA=$常数)时；

(4) 设 CD 梁为弹性体($EI_1=EI$)，BE 杆为刚体($EA=\infty$)时；

(5) 设 CD 梁和 BE 杆均为弹性体($EI_1=EI$，$EA=$常数)时。

习题答案

7-1 (1) $\Delta l_{AB}=\int_0^l \dfrac{M(x)}{EI(x)}a\,\mathrm{d}x$； (2) $\theta_{AB}=\int_0^l \dfrac{M(x)}{EI(x)}\mathrm{d}x$。

7-4 $\theta_A=0$，$\theta_B=\dfrac{ql^3}{24EI}$，$\theta_C=\dfrac{5ql^3}{48EI}$，$y_D=\dfrac{-ql^4}{384EI}$，$y_C=\dfrac{ql^4}{24EI}$。

7-6 $\theta_A=-\theta_B=\dfrac{5q_0l^3}{192EI}$，$f=\dfrac{q_0l^4}{120EI}$。

7-7 $f=40.3\ \mathrm{mm}$。

7-8 a) $\theta_A=0$，$\theta_C=-\dfrac{qa^3}{12EI}$，$y_C=-\dfrac{qa^4}{24EI}$；

b) $\theta_B=-\dfrac{4qa^3}{3EI}$，$y_B=-\dfrac{7qa^4}{8EI}$；

c) $\theta_C=\dfrac{19qa^3}{24EI}$，$y_C=\dfrac{5qa^4}{8EI}$；

d) $\theta_C=-\dfrac{qa^2}{6EI}(l+a)$，$y_C=\dfrac{qa^3}{24EI}(4l+3a)$，$y_D=-\dfrac{ql^2a^2}{32EI}$；

e) $y_C=\dfrac{Fa^2}{6EI}(3l-4a)$，$\theta_B=-\dfrac{Fa(l-a)}{2EI}$；

f) $\theta_A=-\dfrac{5Fl^2}{8EI}$，$y_A=\dfrac{7Fl^2}{16EI}$；

g) $y_C=\dfrac{Fl^3}{48EI}$，$y_D=\dfrac{Fl^3}{32EI}$，$\theta_{C左}=\dfrac{Fl^2}{16EI}$，$\theta_{C右}=\dfrac{Fl^2}{24EI}$。

7-9 a) $y_C=2.06\ \mathrm{cm}$，$y_E=2.87\ \mathrm{cm}$； b) $y_C=14.7\ \mathrm{mm}$，$y_E=19.2\ \mathrm{mm}$；

c) $y_A=\dfrac{3Fl^3}{16EI}$；d) $y_A=\dfrac{6ql^4}{Ebh^3}$。

7-10 $d=160\ \mathrm{mm}$。

7-11 $\Delta l=2.29\ \mathrm{mm}$，$\Delta=7.40\ \mathrm{mm}$。

7-12 $d=157\ \mathrm{mm}$，$\sigma_{\max}=6.2\ \mathrm{MPa}$。

7-13 (1) $a=\dfrac{l}{6}$；(2) $a=0.152l$。

7-14 $x_A=-\dfrac{ql^2}{2Ebh}$，$y_A=\dfrac{2ql^3}{Ebh^2}$；$x_B=\dfrac{ql^2}{Ebh}$，$y_B=\dfrac{2ql^3}{Ebh^2}$。

7-15 a) $F_B=\dfrac{14}{27}F$； b) $F_A=F_C=\dfrac{5}{16}F$，$F_B=\dfrac{11}{8}F$；

c) $F_B=\dfrac{3M_e}{4a}$(↓)；d) $F_B=7.35\ \text{kN}$；

e) $M_A=\dfrac{ql^2}{12}$(↿)，$F_A=\dfrac{ql}{2}$；f) $M_B=\dfrac{M_e}{4}+\dfrac{1}{8}Fl$(⇃)。

7-16 $F_1=\dfrac{l_2^3I_1}{l_2^3I_1+l_1^3I_2}F$。

7-17 (1) $F_{NBE}=0$，$y_B=\dfrac{ql^4}{8EI}$；(2) $F_{NBE}=\dfrac{3}{8}ql$，$y_B=0$；

(3) $F_{NBE}=\dfrac{ql^3}{8I\left(\dfrac{l^2}{3I}+\dfrac{1}{A}\right)}$，$y_B=\dfrac{ql^4}{8EAI\left(\dfrac{l^2}{3I}+\dfrac{1}{A}\right)}$；

(4) $F_{NBE}=\dfrac{ql}{4}$，$y_B=\dfrac{ql^4}{24EI}$；

(5) $F_{NBE}=\dfrac{ql^3}{8I\left(\dfrac{l^2}{2I}+\dfrac{1}{A}\right)}$，$y_B=\dfrac{ql^4}{8EI}-\dfrac{ql^6}{24EI^2\left(\dfrac{l^2}{2I}+\dfrac{1}{A}\right)}$。

8 应力状态分析　强度理论

知识点 重点 难点

本章主要介绍应力状态、主应力、主平面等基本概念，导出斜截面应力公式及主应力表达式，介绍应力分析的图解法——应力圆法；本章给出复杂应力状态下线弹性范围内的应力—应变关系——广义胡克定律，沟通了杆件上一点任一方向的线应变和载荷之间的联系；对破坏形态作了归纳，在此基础上提出破坏假说，建立适用于复杂应力状态下的强度条件。

应力状态的概念

8.1 应力状态的概念

8.1.1 一点的应力状态

各种基本变形的应力公式都建立在计算横截面上的应力的基础上，但构件破坏经常发生于斜截面上，如低碳钢轴向拉（压），因 45°斜面上滑移而失效破坏；铸铁压缩时也是斜面上的切应力导致断裂；铸铁扭转时，断裂发生于 45°斜面上；混凝土梁弯曲破坏也常以出现斜裂缝为标志，如图 8-1 所示，因此，有必要研究斜截面上的应力。同一斜面上各点应力是不同的，所以以点为研究对象，**一点处各方位截面上应力的集合称为一点的应力状态。**研究一点的应力状态，目的在于寻找该点应力的最大值及所在截面，为解决复杂应力状态下杆件的强度问题提供理论依据。

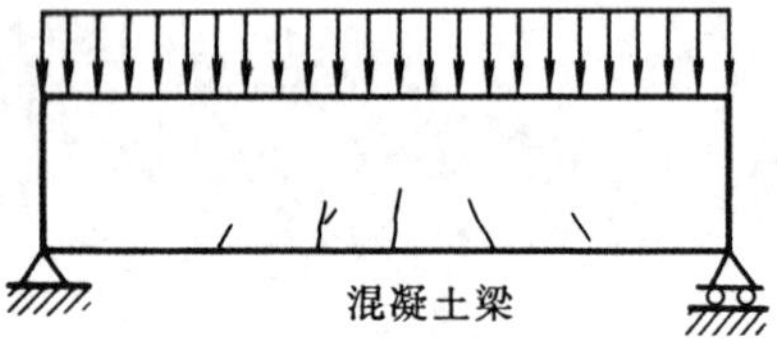

图 8-1　弯曲破坏

研究一点的应力状态，可对一个包围该点的微小体积（通常采用六面体）进行分析，这微小体积称为**单元体**，是三个方向尺寸均趋于零的无穷小量。在单元体的各面上标上应力，称为**应力单元体**，由于应力在构件内是连续的，单元体又是无穷小量，因此，可认为单元体各个面上的应力是均匀分布的；相平行的一对面上的应力值是相等的（因这对面的外法线方向相反，表示应力数值相同而方向相反）。

受扭圆轴中一点的应力单元体

构件中横截面上的应力和纵截面上的应力最容易求得，所以，一般取包围该点的由横截面和纵截面围成的微小六面体为单元体，如图 8-2 所示。

应力单元体最普遍的情况如图 8-3 所示，单元体的面以它的外法线方向命名，图中的三对面分别为 x 面、y 面和 z 面，正应力 σ 的下标表示该正应力所在的面；切应

力 τ 采用双下标表示，第一个下标表示该切应力所在的面，第二个下标指示该切应力的方向，例如，τ_{xy} 表示 x 面上沿 y 轴方向的切应力分量。对过单元体中心且平行于三个坐标轴方向的轴取矩，由力矩平衡方程可验证切应力互等定理：

$$\tau_{xy}=\tau_{yx},\quad \tau_{yz}=\tau_{zy},\quad \tau_{zx}=\tau_{xz}$$

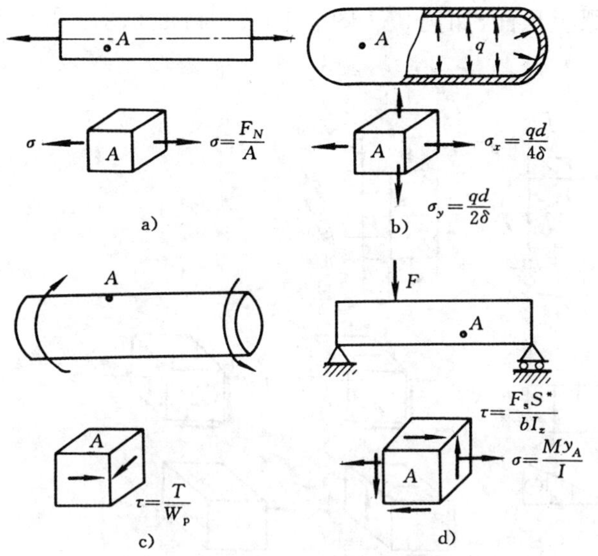

图 8-2　构件中一点的应力单元体

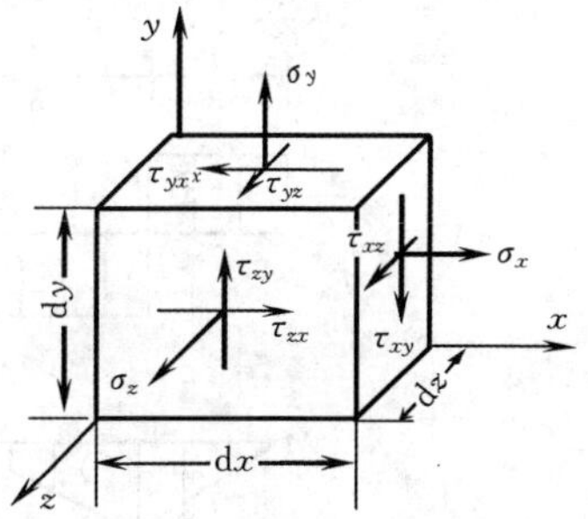

图 8-3　应力单元体

8.1.2　主平面　主应力

主应力、主平面及应力状态的分类

过一点的某个面上无切应力，则此面称为主平面，主平面的法线方向称为主方向，主平面上的正应力称为主应力。图 8-2a)，b)所示单元体的三对面均是主平面；图 8-2c)，d)所示单元体上标着 A 字的面是主平面，该主平面上的主应力为零；图8-3所示单元体的三对面皆非主平面。

8.1.3　应力状态的分类

可以证明：受载荷作用的变形固体内任意一点至少存在三对相互垂直的主平面，即存在三个主方向，对应三个主应力。三对面皆为主平面的单元体称为主应力单元体(简称主单元体)。在应力分析中，三对主平面上的主应力按照代数值排队，分别记为 σ_1、σ_2 和 σ_3，且

$$\sigma_1\geqslant\sigma_2\geqslant\sigma_3 \tag{8-1}$$

一点的**三个主应力皆不为零**，称为**三向应力状态**；若**两个主应力不为零**，称为**二向应力状态**。若只有**一个主应力不为零**，称为**单向应力状态**。图 8-2 中，图 8-2a)的单元

体是单向应力状态，图 8-2b)的单元体是二向应力状态，图 8-2c)，d)的单元体尚有两个主应力值未知，故暂不能判定是二向还是单向。三向或二向应力状态称为复杂应力状态，单向应力状态称简单应力状态。

例 8-1 梁 AB 受集中力 F 及矩为$\frac{Fl}{6}$的集中力偶 M_B 作用，点 1,2 分别在 C 面左，右侧，点 3 在 D 面上，点 4 在梁上顶面，如例 8-1 图 a)所示。画 1,2,3,4 点应力单元体图。

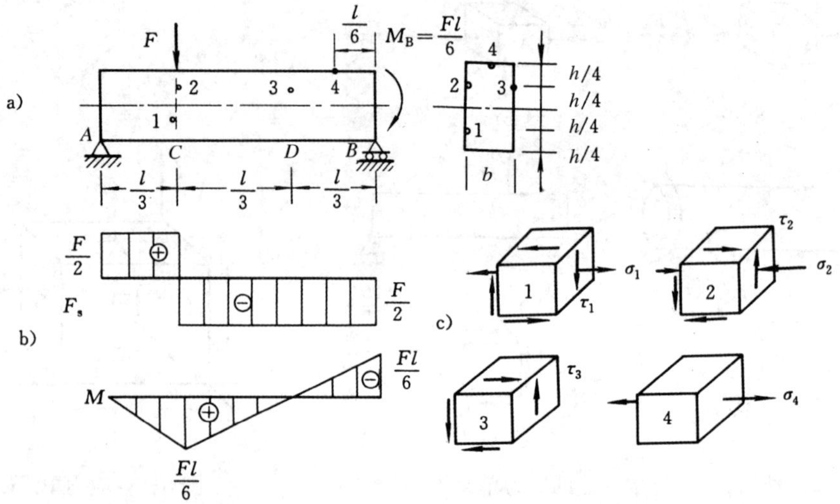

例 8-1 图

解 1. 绘梁的 F_s, M 图

见例 8-1 图 b)。

2. 根据点在面上的位置以及该面的内力，逐点画应力单元体图

应力单元体图见例 8-1 图 c)。点 1 在 C 面左侧，$F_s=\frac{F}{2}>0$，τ_1 与剪力方向一致，方向向下；$M_C=\frac{Fl}{6}>0$，且点 1 在轴线下方，故 σ_1 为拉。

$$\tau_1=\frac{F_sS^*}{bI_z}=\frac{\frac{F}{2}\cdot\frac{bh}{4}\cdot\frac{3h}{8}}{b\cdot\frac{bh^3}{12}}=\frac{9F}{16bh}$$

$$\sigma_1=\frac{M_Cy_1}{I_z}=\frac{\frac{Fl}{6}\cdot\frac{h}{4}}{\frac{bh^3}{12}}=\frac{Fl}{2bh^2}$$

点 2 在 C 面右侧，$F_s=\dfrac{-F}{2}<0$，故 τ_2 方向向上；点 2 在轴线上方，而 $M_C>0$，故 σ_2 为压，在数值上显然有 $\sigma_2=-\sigma_1$，$\tau_2=-\tau_1$。

点 3 在 D 面，$F_s=-\dfrac{F}{2}<0$，故 τ_3 方向向上，数值等于 τ_2；D 面弯矩为零，所以正应力 $\sigma_3=0$。点 4 所在面 $F_s<0$，$M<0$，但点 4 在梁上边缘，故 $\tau_4=0$，$\sigma_4=\dfrac{M}{W}=\dfrac{Fl}{2bh^2}$（+）。

8.2 平面应力的应力状态分析——解析法

若单元体有一个面上既无正应力又无切应力，称为平面应力，如图 8-2 中的各个应力单元体，皆为平面应力。为了简便表示，平面应力单元体可以简化为矩形，矩形所在面即无应力的面，矩形的四条周边代表单元体的四个侧面。图 8-2 的应力单元体可表示为图 8-4 的形式。

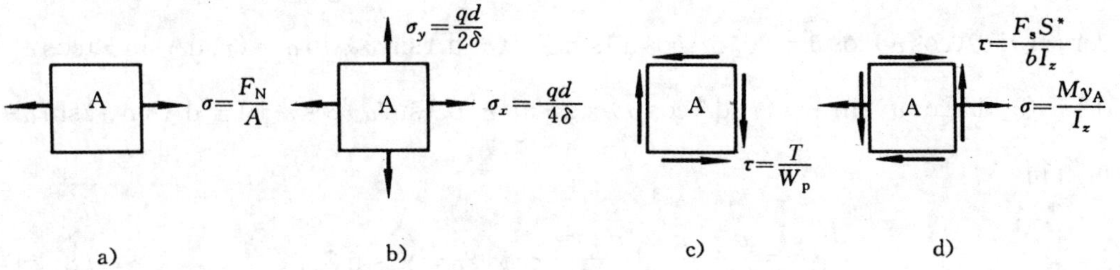

图 8-4 平面应力单元体

8.2.1 斜截面上的应力

一般情况下的平面应力状态单元体如图 8-5a)所示（因面上的切应力只有一个，故表示切应力的第二下标可省略），取主应力为零的主方向为 z 轴，则可在 xy 平面上表示平面应力状态，如图 8-5b)所示。单元体上应力分量的符号规定如下：正应力以拉为正，压为负；切应力则以所在截面的外法线顺时针转动 90°所得到的方向为正，反之为负。图 8-5b)中的 σ_x，τ_x 和 σ_y 均为正值，τ_y 则为负值。由切应力互等定理可得 $\tau_x=-\tau_y$。平面应力状态分析的目的是确定另外两个主方向和主应力。

分析外法线和 x 轴成 α 角的斜截面上的应力[图 8-5b)]，此截面称为 α 斜截面，简称 α 面。α 角以 x 轴的正向逆时针转过的角度为正。采用截面法，假想在 α 面“截开”，取左下部分作为脱离体分析研究，如图 8-5c)所示。设斜截面面积为 dA，分别列出沿斜截面法向和切向的力的投影方程：

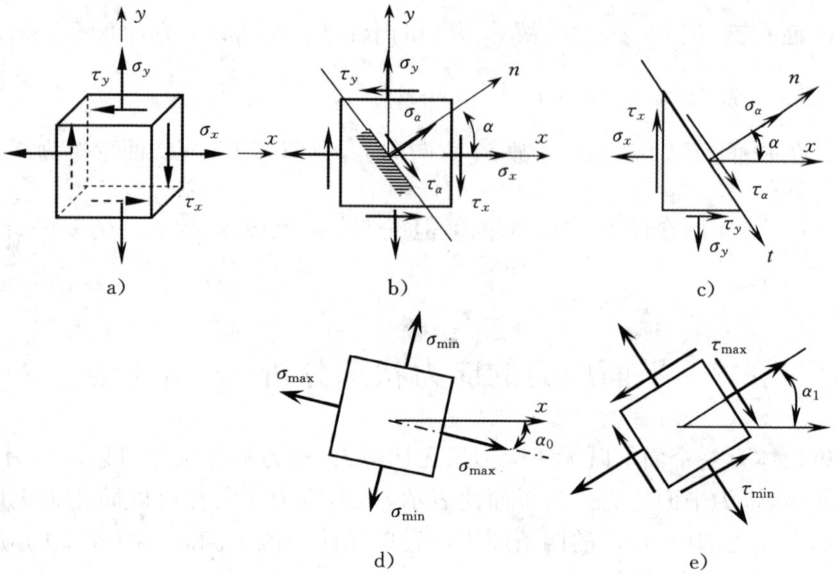

图 8-5 平面应力状态斜截面应力、主应力和极值切应力单元体

$$\sigma_\alpha \mathrm{d}A-(\sigma_x \mathrm{d}A\cos\alpha)\cos\alpha+(\tau_x \mathrm{d}A\cos\alpha)\sin\alpha-(\sigma_y \mathrm{d}A\sin\alpha)\sin\alpha+(\tau_y \mathrm{d}A\sin\alpha)\cos\alpha=0$$

$$\tau_\alpha \mathrm{d}A-(\sigma_x \mathrm{d}A\cos\alpha)\sin\alpha-(\tau_x \mathrm{d}A\cos\alpha)\cos\alpha+(\sigma_y \mathrm{d}A\sin\alpha)\cos\alpha+(\tau_y \mathrm{d}A\sin\alpha)\sin\alpha=0$$

可解得

$$\sigma_\alpha=\frac{\sigma_x+\sigma_y}{2}+\frac{\sigma_x-\sigma_y}{2}\cos 2\alpha-\tau_x\sin 2\alpha \tag{8-2a}$$

$$\tau_\alpha=\frac{\sigma_x-\sigma_y}{2}\sin 2\alpha+\tau_x\cos 2\alpha \tag{8-2b}$$

式(8-2)即为平面应力状态下斜截面上的应力计算公式。由式(8-2a)可知

$$\sigma_\alpha+\sigma_{\alpha+\frac{\pi}{2}}=\sigma_x+\sigma_y \tag{8-3}$$

式(8-3)表明**互相垂直截面上的正应力之和是常数**。

8.2.2 确定主应力和主平面

正应力 σ_α 随 α 角的变化而变化,正应力极值 σ_{max} 所在的面可由 $\frac{\mathrm{d}\sigma_\alpha}{\mathrm{d}\alpha}=0$ 确定:

$$\frac{\mathrm{d}\sigma_\alpha}{\mathrm{d}\alpha}=-(\sigma_x-\sigma_y)\sin 2\alpha-2\tau_x\cos 2\alpha=0$$

记满足上式的角度为 α_0,则上式可表示为

$$\frac{\sigma_x-\sigma_y}{2}\sin 2\alpha_0+\tau_x\cos 2\alpha_0=0 \tag{8-4}$$

比较式(8-4)和式(8-2b)可知，$\tau_{\alpha 0}=0$，这表明正应力极值发生在主平面上，是主应力，α_0 为主方向；反之，令式(8-2b)为零，计算主平面的方位，也可得式(8-4)。因此，主应力、主平面也可定义为**主应力即正应力的极值，主平面即极值正应力所在的面，主平面上切应力必为零**。式(8-4)可写成

$$\tan 2\alpha_0=-\frac{2\tau_x}{\sigma_x-\sigma_y} \tag{8-5}$$

式(8-5)可解出两个相差 90°的主方向 α_0 和 $\alpha_0'=\alpha_0+\frac{\pi}{2}$，确定两个相互垂直的主平面，主应力的大小可通过 $\tan 2\alpha_0$ 求出两组 $\sin 2\alpha_0$ 和 $\cos 2\alpha_0$，代入式(8-2a)解出：

$$\left.\begin{matrix}\sigma_{\max}\\ \sigma_{\min}\end{matrix}\right\}=\frac{\sigma_x+\sigma_y}{2}\pm\sqrt{\left(\frac{\sigma_x-\sigma_y}{2}\right)^2+\tau_x^2} \tag{8-6}$$

在实际计算中，如果只需求出主应力的大小，可直接用式(8-6)计算。若要进一步确定两个主应力所对应的方向，除了将 α_0 和 $\alpha_0+\frac{\pi}{2}$ 代回式(8-2a)确定外，还可根据 σ_x 和 σ_y 的大小来判定：若 $\sigma_x>\sigma_y$，则主方向 α_0 对应最大主应力 $\sigma_{\max}$ 的方向；若 $\sigma_x<\sigma_y$，则主方向 α_0 对应最小主应力 $\sigma_{\min}$ 方向。

求出主平面的方位和主应力的大小后，可画出主应力单元体，如图 8-5d)所示。

8.2.3 极值切应力及所在截面

切应力 τ_α 同样随 α 角的变化而变化，切应力达极值时称为极值切应力，极值切应力所在的面称为极值切应力平面。极值切应力平面与 x 轴的夹角记为 α_1，则由 $\frac{d\tau_\alpha}{d\alpha}=0$，可得

$$\tan 2\alpha_1=\frac{\sigma_x-\sigma_y}{2\tau_x} \tag{8-7}$$

式(8-7)可给出两个相差 90°的角度 α_1 和 $\alpha_1+\frac{\pi}{2}$，确定两个极值切应力所在的平面，同样，由 $\tan 2\alpha_1$ 求出两组 $\sin 2\alpha_1$ 和 $\cos 2\alpha_1$，代入式(8-2)，可求得极值切应力：

$$\left.\begin{matrix}\tau_{\max}\\ \tau_{\min}\end{matrix}\right\}=\pm\sqrt{\left(\frac{\sigma_x-\sigma_y}{2}\right)^2+\tau_x^2} \tag{8-8}$$

极值切应力所在截面的正应力：$\sigma_{\alpha 1}=\sigma_{\alpha 1+90^\circ}=\frac{\sigma_x+\sigma_y}{2}$

比较式(8-7)和式(8-5),可得 $\tan 2\alpha_0 \cdot \tan 2\alpha_1 = -1$,即

$$\alpha_1 = \alpha_0 \pm \frac{\pi}{4} \tag{8-9}$$

上述结果表明:极值切应力平面相互垂直,与主平面成45°角;极值切应力平面上的正应力是正应力 σ_x 和 σ_y 的平均值。由极值切应力平面围成的单元体称为极值切应力单元体,如图 8-5e)所示,若将最大主应力 σ_{max} 对应的主方向记为 α_{0max},则在 $\alpha_{0max}+\frac{\pi}{4}$ 面上极值切应力就是 τ_{max}。

例 8-2 应力单元体如例 8-2 图 a)所示。求:(1) 图示指定斜面上的应力,并标在斜面上;(2) 主应力,绘主应力单元体图;(3) 极值切应力,绘极值切应力单元体图。

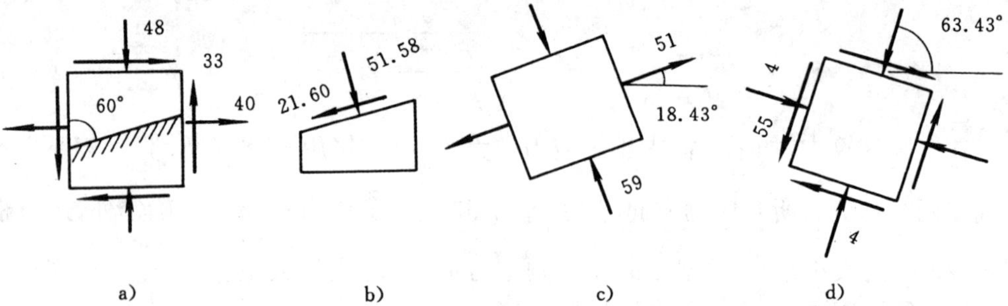

例 8-2 图(单位:MPa)

解 由例 8-2 图 a)及应力符号规定知 $\sigma_x = 40$ MPa, $\sigma_y = -48$ MPa, $\tau_x = -33$ MPa。

1. 指定斜面法线与 x 方向夹角 $\alpha = 120°$,代入式(8-2)得

$$\sigma_{120°} = \frac{40-48}{2} + \frac{40+48}{2}\cos 240° - (-33)\sin 240° = -54.58 \text{ MPa}$$

$$\tau_{120°} = \frac{40+48}{2}\sin 240° + (-33)\cos 240° = -21.6 \text{ MPa}$$

指定斜面上应力见例 8-2 图 b)。

2. 由式(8-6)得

$$\left.\begin{matrix}\sigma_{max}\\ \sigma_{min}\end{matrix}\right\} = \frac{40-48}{2} \pm \sqrt{\left[\frac{40-(-48)}{2}\right]^2 + (-33)^2} = -4 \pm 55 = \begin{matrix}51\\ -59\end{matrix} \text{MPa}$$

$$\sigma_1=51\text{ MPa},\quad \sigma_2=0,\quad \sigma_3=-59\text{ MPa}$$

由式(8-5)可求得

$$\alpha_0=\frac{1}{2}\arctan\frac{-2\times(-33)}{40-(-48)}=18.43^\circ$$

$$\alpha_0'=\alpha_0+90^\circ=108.43^\circ$$

因 $\sigma_x>\sigma_y$，σ_{max}对应 α_0，应力单元体图见例 8-2 图 c)。

3. 极值切应力所在平面的法线 $\alpha_1=\alpha_0+45^\circ$，把例 8-2 图 c)所示主应力单元体转动 45°，即为极值切应力单元体，各面的正应力皆为−4 MPa，切应力值为 55 MPa，在 $\alpha_1=18.43^\circ+45^\circ=63.43^\circ$的面上切应力为正，见例 8-2 图 d)。

例 8-3 如例 8-3 图所示，已知过一点的 oa 面上正应力、切应力分别为50 MPa，30 MPa，ob 面上正应力为 20 MPa，$\angle aob=30^\circ$，求该点的主应力、主方向及 ob 面上切应力 τ。

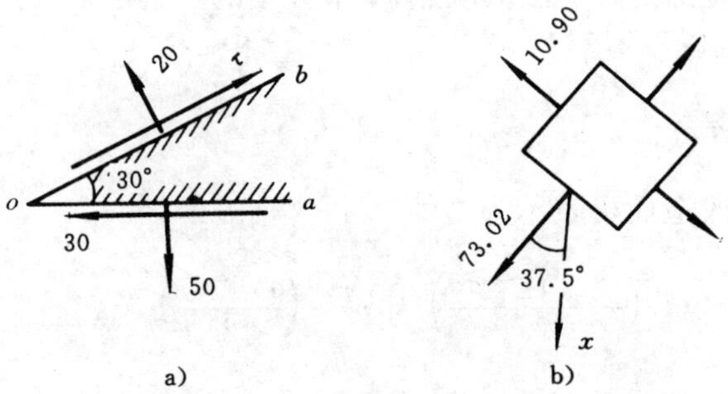

例 8-3 图(单位:MPa)

解 把 oa 面看作为 x 面，ob 面则为 $\alpha=-150^\circ$面。有 $\sigma_x=50$ MPa，$\tau_x=30$ MPa，$\sigma_{-150^\circ}=20$ MPa。利用式(8-2)可解出 σ_y 及 τ_{-150°，然后再计算主应力。

$$\sigma_{-150^\circ}=\frac{\sigma_x+\sigma_y}{2}+\frac{\sigma_x-\sigma_y}{2}\cos(-300^\circ)-\tau_x\sin(-300^\circ)$$

$$=\frac{50+\sigma_y}{2}+\frac{50-\sigma_y}{2}\times\frac{1}{2}-30\times\frac{\sqrt{3}}{2}=20\text{ MPa}$$

$$\tau_{-150^\circ}=\frac{50-\sigma_y}{2}\sin(-300^\circ)+30\cos(-300^\circ)$$

解得

$$\sigma_y=33.9\text{ MPa}$$

$$\tau_{-150^\circ}=22.0\text{ MPa}$$

将 $\sigma_x=50$ MPa，$\sigma_y=33.92$ MPa，$\tau_x=30$ MPa 代入式(8-6)，式(8-5)，计算得主应力和主方向：

$$\left.\begin{matrix}\sigma_{max}\\\sigma_{min}\end{matrix}\right\}=\frac{50+33.9}{2}\pm\sqrt{\left(\frac{50-33.9}{2}\right)^2+30^2}=\left\{\begin{matrix}73.02\\10.9\end{matrix}\right.\quad(\text{MPa})$$

$$\alpha_0=\frac{1}{2}\arctan\left(\frac{-2\times30}{50-33.9}\right)=-37.50°,\quad \alpha_0'=52.50°$$

$\sigma_1=73.02$ MPa，$\sigma_2=10.90$ MPa，$\sigma_3=0$。因 $\sigma_x>\sigma_y$，$\alpha_{0max}=\alpha_0=-37.5°$

主应力单元体图见例 8-3 图 b)。

8.3 平面应力的应力状态分析——图解法(应力圆)

8.2 节用解析法对平面应力状态进行了分析研究，导出了一点处的应力随截面方位角 α 的变化规律。利用解析法进行应力分析时，需要记忆的公式多，代入一个 α 值，只能得到一个面的应力，看不到所有斜截面的应力值，而且主应力与主平面的对应关系不明显，这些都是解析法的缺点，本节介绍的图解法恰好能弥补解析法的不足之处。

8.3.1 应力圆方程

式(8-2)稍加改造后可表示为

$$\left(\sigma_\alpha-\frac{\sigma_x+\sigma_y}{2}\right)^2+\tau_\alpha^2=\left(\frac{\sigma_x-\sigma_y}{2}\right)^2+\tau_x^2 \tag{8-10}$$

对于给定的应力单元体，式(8-10)等号右边是一个常量，表明单元体斜截面上的应力(σ_α，τ_α)在应力平面(坐标系 σ-τ)上的轨迹是圆，该圆的圆心在$\left(\frac{\sigma_x+\sigma_y}{2},0\right)$，半径 $R=\sqrt{\left(\frac{\sigma_x-\sigma_y}{2}\right)^2+\tau_x^2}$，单元体任一斜截面上的应力($\sigma_\alpha$，$\tau_\alpha$)可用圆周上一点的坐标来表示，式(8-10)为应力圆方程，该圆称为应力圆或莫尔圆。有了应力圆，一点所有斜截面上的应力值尽收眼底，主应力值、极值切应力值及其所在面的情况也一目了然。需解决的问题是：①如何画出应力圆；②单元体 α 斜面上的应力值与应力圆上的点之间有怎样的对应关系，明确了对应关系后，欲求单元体 α 斜面的应力，只需在应力圆上找到对应点，量取其坐标即可。

应力圆的画法

8.3.2 应力圆的画法

对于图 8-6a)所示的一般平面应力状态画应力圆的步骤如下：

(1) 建立 σ-τ 直角坐标系，标上刻度或比例；

(2) 在坐标系中确定 $D_x(\sigma_x，\tau_x)$，$D_y(\sigma_y，\tau_y)$点的位置，D_x，D_y 点分别对应

x 面和 y 面；

(3) 连接 D_x 和 D_y 交 σ 轴于 C 点，若 D_x 点和 D_y 点在 σ 轴上，则 C 为 $\overline{D_xD_y}$ 的中点；

(4) 以点 C 为圆心，$\overline{CD_x}$ 或 $\overline{CD_y}$ 为半径作圆，如图 8-6b)所示，很容易证明这个圆就是满足式(8-10)的应力圆。

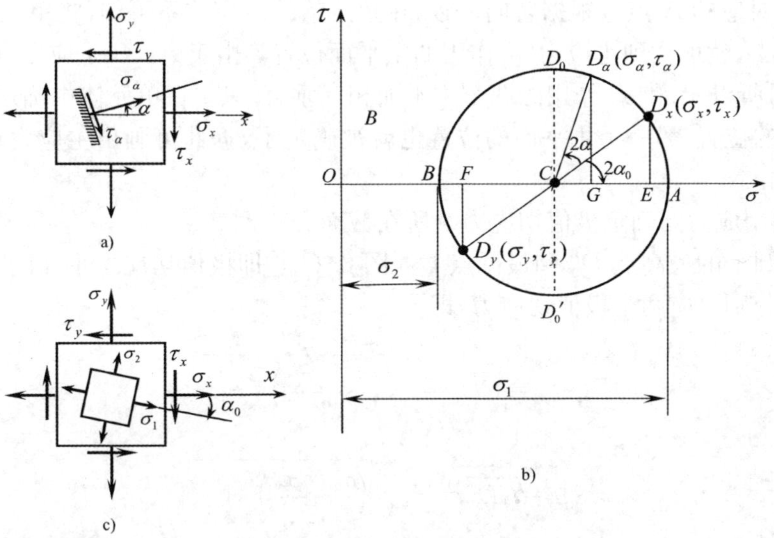

图 8-6 应力圆的画法及其应用

8.3.3 应力圆的应用

应力圆的应用

1. 利用应力圆确定斜截面上的应力

由 σ_α 和 τ_α 的公式可以得到应力圆圆周上点的坐标与单元体斜截面上的应力之间的一一对应关系：由 CD_x 沿圆周逆时针移动圆心角 2α，可得到代表 α 斜面上应力的点 D_α，D_α 点的横坐标、纵坐标即为 α 截面的正应力 σ_α 和切应力 τ_α(证明略)，如图 8-6a)，b)所示。上述对应关系可概括为“点面对应，转向一致，转角两倍”，单元体的 α 角对应应力圆上的 2α 角，单元体的 α 角以 x 轴为起始边，应力圆上的 2α 角以 CD_x 半径为起始边。

2. 利用应力圆确定主应力的大小和主平面的位置

从应力圆中很容易确定两个主应力的大小以及主平面的方位。应力圆和 σ 轴的交点 A，B 处切应力为零[图 8-6b)]，因此 A，B 两点对应单元体的两个主平面，它们的横坐标就是该单元体的两个主应力，即

$$\sigma_{\max}=\overline{OA}=\overline{OC}+\overline{CA}=\frac{\sigma_x+\sigma_y}{2}+\sqrt{\left(\frac{\sigma_x-\sigma_y}{2}\right)^2+\tau_x^2}=\sigma_1$$

$$\sigma_{\min}=\overline{OB}=\overline{OC}-\overline{CA}=\frac{\sigma_x+\sigma_y}{2}-\sqrt{\left(\frac{\sigma_x-\sigma_y}{2}\right)^2+\tau_x^2}=\sigma_2$$

对于图 8-6a)所示平面应力状态单元体，$\sigma_3=0$。

主平面的位置也可以由应力圆来确定。在图 8-6a)，b)所示的单元体和应力圆中，将应力圆上与单元体 x 面对应的 D_x 点顺时针转 $2\alpha_0$，便得到与单元体中主应力 σ_1 作用面对应的 A 点。根据转向一致，转角两倍的对应关系可知，将单元体的 x 面顺时针转 α_0，就可找到主应力 σ_1 作用的主平面位置。由于 A，B 是应力圆直径上的两个端点，所以 σ_1 和 σ_2 作用的两个主平面相互垂直，只要在单元体中确定了其中一个主平面的位置，另一个主平面的位置也就被确定了，据此可画出主应力单元体，见图 8-6c)。

3. 利用应力圆确定极值切应力及所在截面

应力圆上的最高点 D_0 和最低点 D_0'[图 8-6b)]即极值切应力平面的对应点，其纵坐标值分别对应两个极值切应力，即

$$\tau_{\max}=\overline{CD_0}=\sqrt{\left(\frac{\sigma_x-\sigma_y}{2}\right)^2+\tau_x^2}$$

$$\tau_{\min}=\overline{CD_0'}=-\sqrt{\left(\frac{\sigma_x-\sigma_y}{2}\right)^2+\tau_x^2}$$

由于 D_0 和 D_0' 同样是应力圆直径的两端点，如图 8-6b)所示，因此 $\tau_{\max}$和 $\tau_{\min}$的作用面相互垂直。另外，由应力圆可见，因为圆弧 D_0A 所对的圆心角是 90°，且从 A 点到 D_0 点是逆时针转向，因此 D_0 点对应的 $\tau_{\max}$作用面，可以从主应力 σ_1 的作用面逆时针转 45°而得，该结论和解析法得出的结论完全一致。

值得注意的是，在极值切应力所在截面上还有正应力的作用，其大小就是 D_0 点的横坐标(也就是应力圆圆心的横坐标)$\dfrac{\sigma_x+\sigma_y}{2}$。

从上述分析可知，应力圆直观地表示了平面应力状态，平面应力状态分析的所有公式均可从应力圆上推导而得。虽然目前随着计算机技术的飞速发展，各种应力分析的应用程序越来越多，但应力圆仍是人们理解概念和进行定性分析的有用工具。

例 8-4 平面应力状态单元体如例 8-4 图 a)所示。试用应力圆求：

(1) 图示指定斜面上的应力，并表示于单元体中；

(2) 主应力的大小，画主应力单元体图；

(3) 极值切应力及其作用平面。

解 $\sigma_x=-20$ MPa，$\tau_x=-20$ MPa，$\sigma_y=30$ MPa，$\tau_y=20$ MPa，指定斜面法线方向 $\alpha=30°$。建立 σ-τ 直角坐标系，标上刻度或比例。点出 $D_x(-20，-20)$和 D_y

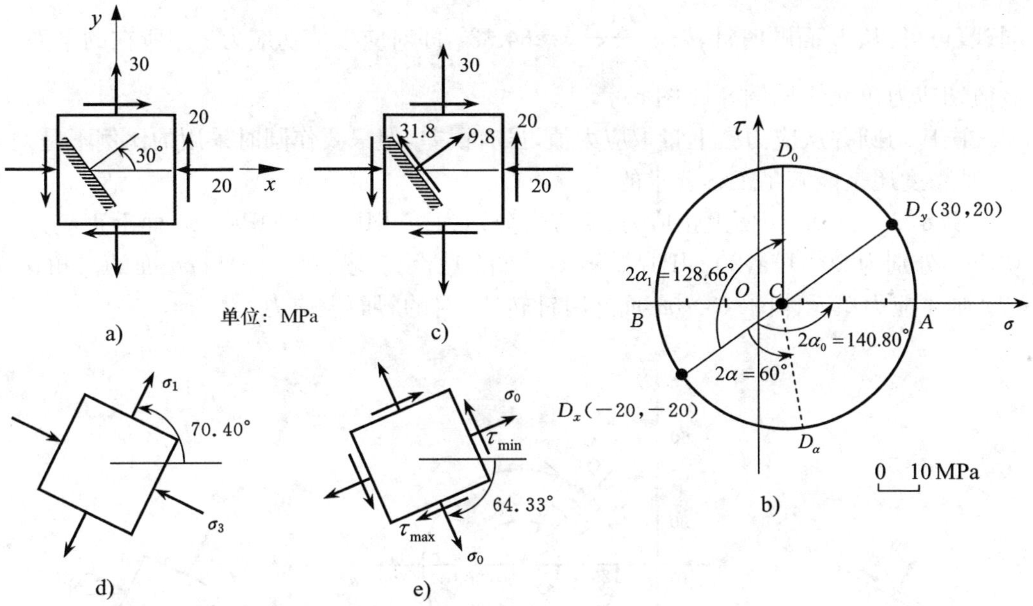

例 8-4 图

(30, 20)点；连接 D_x，D_y 点，交 σ 轴于 C 点；以 C 为圆心，CD_x 或 CD_y 为半径作应力圆，如例 8-4 图 b)所示。

1. 求指定的 30°斜面上的应力

应力圆上由 D_x 点沿圆周逆时针移动圆心角 $2\times\alpha=60°$，得到 D_α 点，D_α 点的坐标即为指定斜面上的应力，按比例量得 $\sigma_{30°}=9.8$ MPa，$\tau_{30°}=-31.8$ MPa，见例 8-4 图 c)。

2. 主应力及主应力单元体

应力圆和 σ 轴相交于 A，B 两点，分别对应主应力 σ_{max}，σ_{min} 的作用面，可量得

$$\sigma_{max}=\sigma_1=\overline{OA}=37\text{ MPa},\quad \sigma_2=0,\quad \sigma_{min}=\sigma_3=\overline{OB}=-27\text{ MPa}$$

从应力圆上量得$\angle D_xCA=2\alpha_0=140.80°$，在圆周上从 D_x 点逆时针转 140.80°到 A，顺时针转 39.20°到 B，则在应力单元体上，从 x 面逆时针转 $\alpha_0=70.40°$即对应 σ_{max} 的主平面，顺时针转 19.60°即对应 σ_{min} 的主平面。据此可画出主应力单元体，见例 8-4 图 d)。

3. 极值切应力及其作用面

应力圆中 D_0 点即极值切应力平面的对应点，按比例量得 D_0 点的纵、横坐标，分别对应极值切应力 τ_{max} 及极值切应力所在平面上的正应力 σ_0：

$$\tau_{max}=\overline{CD_0}=32\text{ MPa},\quad \sigma_0=\overline{OC}=5\text{ MPa}$$

同理,可得:从 x 面顺时针转 $\frac{\angle D_xCD_0}{2}=64.33°$,即对应极值切应力 τ_{max} 所在的平面,极值切应力单元体见例 8-4 图 e)。

画应力圆并从应力圆上量取应力值,虽有误差,但只要作圆时采用的比例不是太小,其精度还是能满足工程要求的。

例 8-5 已知 oa 面上正应力、切应力分别为 40 MPa,40 MPa。ob 面上正应力、切应力分别为 20 MPa,20 MPa,如例 8-5 图 a)所示。求:(1) oa 与 ob 面的夹角 α;(2) 画主应力单元体图;(3) oa 面逆时针转 60°时的斜面上应力。

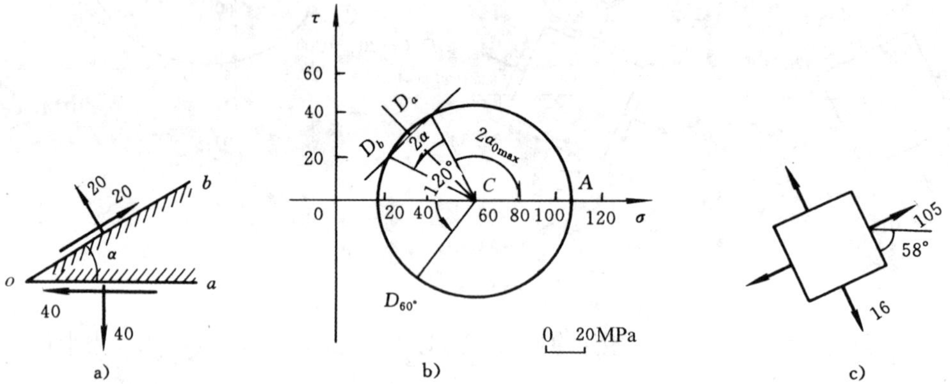

例 8-5 图(单位:MPa)

解 根据 oa,ob 面的应力值,定出对应点 D_a,D_b 就可作出应力圆,有了应力圆,所求的三个问题都迎刃而解。因此首先需作应力圆。

1. 画应力圆

建立应力坐标系,选定比例尺标出 $D_a(40,40)$,$D_b(20,20)$点,连 D_a,D_b 点,作连线的中垂线交 σ 轴于 C 点,即圆心。以 CD_a(或 CD_b)为半径作应力圆,见例 8-5 图 b)。(证明略)

2. 从应力圆上量取各所求值

从应力圆上量得$\angle D_aCD_b=36°$,D_a 逆时针转 36°(或顺时针转 324°)到 D_b,即 $2\alpha=36°$(或$-324°$),oa 与 ob 面的夹角 $\alpha=18°$(或$-162°$);应力圆上量得 $\sigma_1=\sigma_{max}=105$ MPa,$\sigma_2=\sigma_{min}=16$ MPa;量得$\angle D_aCA=116°$,顺时针转,所以 oa 面顺时针转 58°即为 σ_1 作用面,主应力单元体图见例 8-5 图 c);在应力圆上 D_a 点沿圆周逆时针转 2×60°,到达 $D_{60°}$ 点[例 8-5 图 b)],量得 $D_{60°}$ 点坐标 $\sigma_{60°}=37$ MPa,$\tau_{60°}=-37$ MPa,即为 oa 面逆转 60°的斜面应力。

应力圆完整地体现了应力状态。若两个应力单元体的应力圆相同,那么,这两个应力单元体的应力状态是相同的。图 8-7a),b),c)所示的三个单元体外貌虽不同,但它们的应力圆是相同的[图 8-7d)],所以它们是同一个应力状态,且是单向应力状态。

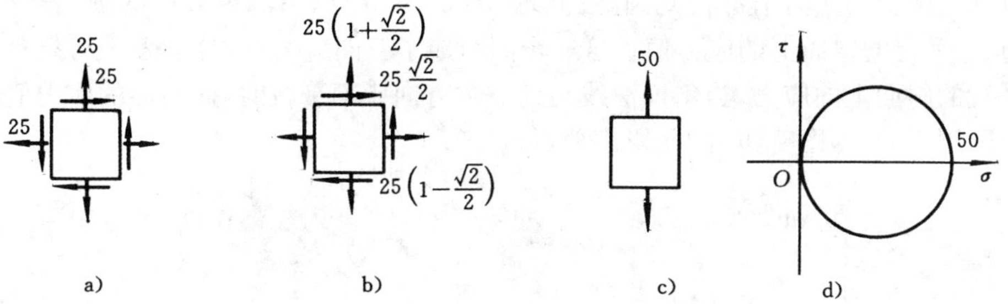

图 8-7 同一应力状态应力单元体(单位:MPa)

平面应力的应力状态分析有数解法和图解法两种,一般说已知两个面上的应力(正应力和切应力),用图解法比较方便。在例 8-3 中,ob 面上应力不全知,直接用图解法就不方便,可用数解法求出 ob 面上的切应力后,再用图解法或仍用数解法计算。图解法源于式(8-2),而式(8-2)至式(8-9)皆可从应力圆中看出,因此,用应力圆可以帮助记忆数解法计算公式。

8.4 空间应力的应力状态分析——一点的最大应力

空间应力的研究也有数解法和图解法两种,但计算较为复杂。材料力学以杆件为主要研究对象,杆件变形时空间应力不常出现,所以,本节不对一般空间应力作研究,只分析较为简单的、特殊的空间应力——有一个面已是主平面的空间应力,如图 8-8a)所示,x 面已是主平面,所有与 x 方向平行的斜截面上的应力与 x 面上的应力无关,仅由 σ_y,σ_z 及 τ_{yz} 决定,因此,可当作平面应力情况处理。从 x 正向看去,如图 8-8b)所示,$\sigma_y=30$ MPa,$\sigma_z=60$ MPa,$\tau_z=40$ MPa,画出应力圆,见图 8-9a)的大圆,所有与 x 方向平行的斜面应力值全在此圆上。A 点对应的 $\sigma_{\max}$ 为 87 MPa,B 点对应的 $\sigma_{\min}$ 为 3 MPa;x 面对应 C 点,应力是 50 MPa,可知 $\sigma_1=87$ MPa,$\sigma_2=50$ MPa,$\sigma_3=3$ MPa,从 x 正向看去,z 面绕 x 轴顺时针转 35°到 σ_1 面(因应力圆上弧 $\overset{\frown}{D_zA}$ 所对的圆心角为 70°),主应力单元体见图 8-9b)。类似地从 σ_1 主方向看去,

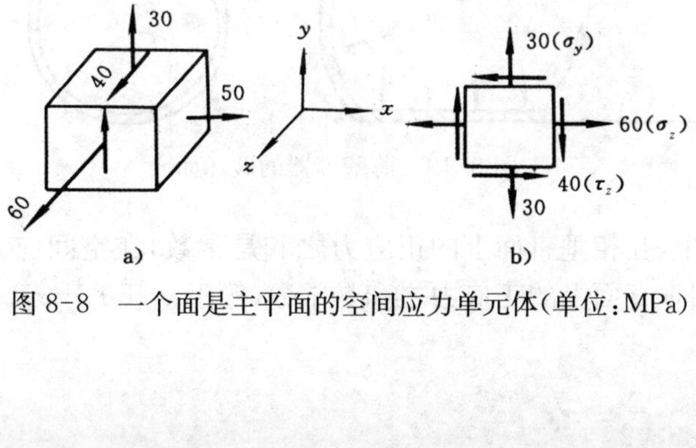

图 8-8 一个面是主平面的空间应力单元体(单位:MPa)

根据 σ_x(即 σ_2)及 σ_3 可作应力圆,即图 8-9a)中以 BC 为直径的圆,所有与 σ_1 主方向平行的斜面上的应力值都在此圆上;同理,图 8-9a)中以 AC 为直径的圆,表示了所有与 σ_3 平行的斜面上的应力值。这三个圆组成了三向应力圆,分别表示与某个主应力平行的斜面上的应力,当斜面法线与任一主方向皆不平行时,此斜面的应力值落在三个圆周之间,即图8-9a)的阴影部分。

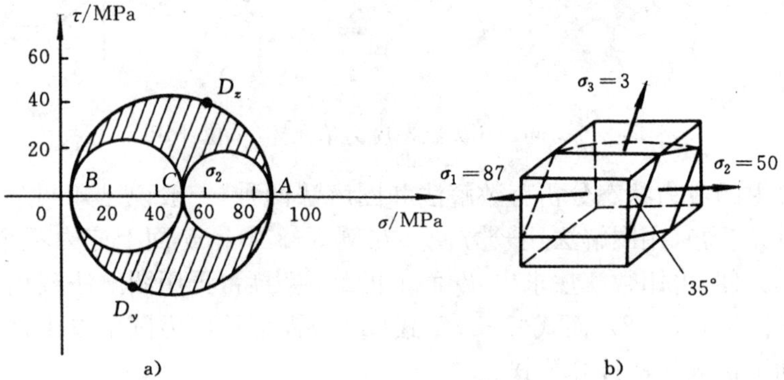

图 8-9 空间应力的三向应力圆(单位:MPa)

从三向应力圆可以看到:一点的最大正应力(即 σ_1)及一点的最大切应力 $\tau_{最大}$,最大切应力发生在与 σ_2 平行,与 σ_1,σ_3 作用面成 45°的斜面上

$$\tau_{最大}=\frac{1}{2}(\sigma_1-\sigma_3) \tag{8-11}$$

平面应力条件下按式(8-8)计算的极值切应力值不一定是最大切应力。如薄壁受内压容器壁上一点的最大切应力等于$\frac{\sigma_y-0}{2}=\frac{qD}{4\delta}$,而不是$\frac{\sigma_y-\sigma_x}{2}=\frac{qD}{8\delta}$,最大切应力发生在与表面成 45°角的纵向平面上,薄壁容器的破坏面证实了这一分析,见图8-10。

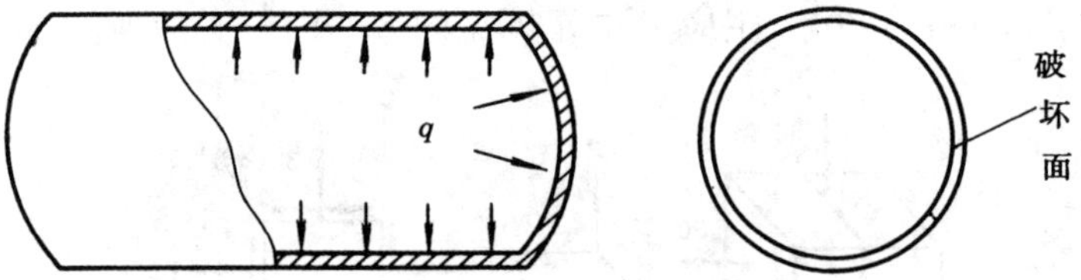

图 8-10 薄壁容器的破坏面

在平面应力中,互相垂直面上的正应力之和是常数,在空间应力中,也有相同的性质,即三个互相垂直面上的正应力之和是常数,等于 $\sigma_1+\sigma_2+\sigma_3$。

8.5 广义胡克定律

胡克定律 $\sigma=E\varepsilon,\varepsilon'=-\nu\varepsilon$ 是基于轴向拉(压)试验得到的,试验是在单向应力状态下进行的,所以,上述结果也只能用于单向应力状态。在三向应力状态下,应力—应变关系又将如何?在小变形前提下,三向应力状态的主应力单元体的变形可以看作是三个单向应力状态变形的叠加,如图 8-11 所示。σ_1 单独作用时,σ_1 方向的线应变 $\varepsilon_1'=\dfrac{\sigma_1}{E}$,$\sigma_2$,$\sigma_3$ 方向的线应变 ε_2',ε_3' 皆为 $-\nu\dfrac{\sigma_1}{E}$;σ_2 单独作用时,σ_2 方向的线应变 $\varepsilon_2''=\dfrac{\sigma_2}{E}$,$\sigma_1$,$\sigma_3$ 方向的线应变 ε_1'',ε_3'' 皆为 $-\nu\dfrac{\sigma_2}{E}$;σ_3 单独作用时,σ_3 方向的线应变 $\varepsilon_3'''=\dfrac{\sigma_3}{E}$,$\sigma_1$,$\sigma_2$ 方向的线应变 ε_1''',ε_2''' 皆为 $-\nu\dfrac{\sigma_3}{E}$。共同作用时,应变为单独作用时的应变之和,因此有

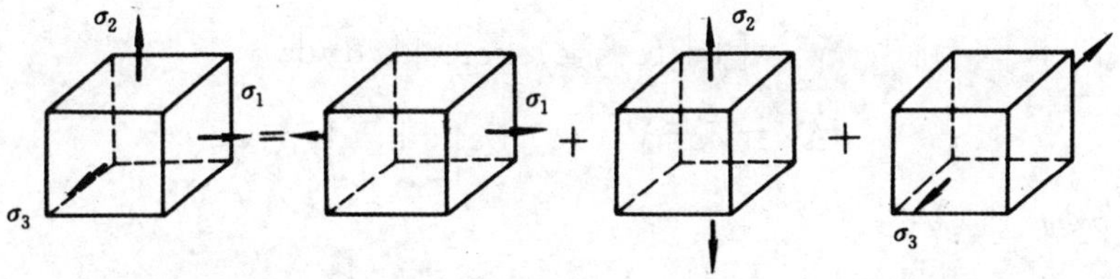

图 8-11 单元体变形叠加

$$
\begin{aligned}
\varepsilon_1&=\varepsilon_1'+\varepsilon_1''+\varepsilon_1'''=\frac{1}{E}[\sigma_1-\nu(\sigma_2+\sigma_3)]\\
\varepsilon_2&=\varepsilon_2'+\varepsilon_2''+\varepsilon_2'''=\frac{1}{E}[\sigma_2-\nu(\sigma_1+\sigma_3)]\\
\varepsilon_3&=\varepsilon_3'+\varepsilon_3''+\varepsilon_3'''=\frac{1}{E}[\sigma_3-\nu(\sigma_1+\sigma_2)]
\end{aligned}
\tag{8-12}
$$

实验和实践证明,变形在线弹性范围内时,式(8-12)表达的应力—应变关系是正确的,上式称为**广义胡克定律**。主方向的线应变称为主应变,式(8-12)表示的是主应力与主应变的关系,显然有 $\varepsilon_1\geqslant\varepsilon_2\geqslant\varepsilon_3$。在小变形范围里,理论计算和实验均证明,切应力对线应变 ε 的影响很小,可以忽略不计,因此,图 8-3 所示的一般空间应力,有

$$
\begin{aligned}
\varepsilon_x&=\frac{1}{E}[\sigma_x-\nu(\sigma_y+\sigma_z)]\\
\varepsilon_y&=\frac{1}{E}[\sigma_y-\nu(\sigma_x+\sigma_z)]\\
\varepsilon_z&=\frac{1}{E}[\sigma_z-\nu(\sigma_x+\sigma_y)]
\end{aligned}
\tag{8-12$'$}
$$

式(8-12)′就是一般形式的广义胡克定律,它比式(8-12)实用,因为不限定于主方向,也不必计算主应力。

在空间应力条件下切应力与切应变的关系(弹性变形范围内)仍同式(1-5)表达的剪切胡克定律

$$\gamma_{xy}=\frac{\tau_{xy}}{G},\quad \gamma_{yz}=\frac{\tau_{yz}}{G},\quad \gamma_{zx}=\frac{\tau_{zx}}{G}$$

广义胡克定律及剪切胡克定律共同完整地表达了线弹性范围内,小变形条件下各向同性材料的应力—应变关系。

单元体的体积变化量与原体积之比,称为**体积应变**,记为θ。设单元体长、宽、高分别为$\mathrm{d}x,\mathrm{d}y,\mathrm{d}z$,变形后三个方向的线应变分别为$\varepsilon_x,\varepsilon_y,\varepsilon_z$。长、宽、高三个方向的长度分别为$(1+\varepsilon_x)\mathrm{d}x,(1+\varepsilon_y)\mathrm{d}y,(1+\varepsilon_z)\mathrm{d}z$,变形后体积$V'$为

$$V'=(1+\varepsilon_x)\mathrm{d}x(1+\varepsilon_y)\mathrm{d}y(1+\varepsilon_z)\mathrm{d}z$$

略去高阶小量后V'为

$$V'=[1+(\varepsilon_x+\varepsilon_y+\varepsilon_z)]\mathrm{d}x\mathrm{d}y\mathrm{d}z$$

$$\Delta V=V'-V=(\varepsilon_x+\varepsilon_y+\varepsilon_z)\mathrm{d}x\mathrm{d}y\mathrm{d}z$$

体积应变θ为

$$\theta=\frac{\Delta V}{V}=\varepsilon_x+\varepsilon_y+\varepsilon_z \tag{8-13}$$

将广义胡克定律代入式(8-12)′,得

$$\theta=\frac{1-2\nu}{E}(\sigma_x+\sigma_y+\sigma_z) \tag{8-13$'$}$$

由于$\sigma_x+\sigma_y+\sigma_z$是个常量,式(8-13)′说明体积应变$\theta$不随单元体的方向变化而改变;体积应变决定于三个方向正应力之和;三个垂直方向的线应变之和也是常数;由于拉应力只会使体积增大,因而式(8-13)′还说明了泊松比ν不能大于0.5。

广义胡克定律是联系应力—应变关系的桥梁,可以从应力求应变,也可从应变求应力,在$\sigma_x,\sigma_y,\sigma_z,\varepsilon_x,\varepsilon_y,\varepsilon_z$这六个量中只要知道其中任意三个,就可求出另三个。

本章叙述的应力状态分析、广义胡克定律是贯穿全书的,不论是基本变形下的构件还是多种变形同时存在的构件均可运用。

例 8-6 证明材料常数E,G,ν之间存在关系$G=\dfrac{E}{2(1+\nu)}$。

证明 考察纯切应力单元体对角线的线应变,从剪切胡克定律和广义胡克定律两个途径去计算。例8-6图a)表示纯剪单元体的变形,对角线ab原长$\sqrt{2}\mathrm{d}s$,伸长量

Δl 为 b 点位移 bb'，在 ab 上投影 $\frac{\sqrt{2}}{2}bb'$。在小变形条件下

$$bb'=\gamma \mathrm{d}s$$

$$\varepsilon_{-45^\circ}=\frac{\Delta l}{l}=\frac{\frac{\sqrt{2}}{2}\cdot\gamma \mathrm{d}s}{\sqrt{2}\,\mathrm{d}s}=\frac{\gamma}{2}$$

将剪切胡克定律代入得

$$\varepsilon_{-45^\circ}=\frac{\tau}{2G} \tag{a}$$

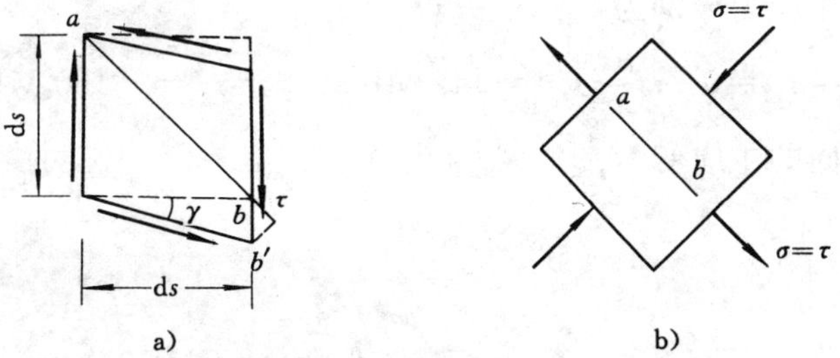

例 8-6 图

纯剪单元体的 ±45°斜面就是主平面，主单元体如例 8-6 图 b)所示，ab 方向的线应变

$$\varepsilon_{-45^\circ}=\frac{1}{E}[\tau-\nu(-\tau)]=\frac{1+\nu}{E}\tau \tag{b}$$

比较式(a)，(b)，得

$$G=\frac{E}{2(1+\nu)}$$

证毕。

例 8-7 每边长均为 10 mm 的钢质立方体块放入宽度为 10 mm 的刚性槽中，承受合力为 $F=15$ kN 的均布压力，如例 8-7 图 a) 所示。钢块材料的弹性模量 $E=200$ GPa，泊松比 $\nu=0.3$。试求钢块的三个主应力、主应变及体积应变(不考虑钢块与槽壁之间的摩擦)。

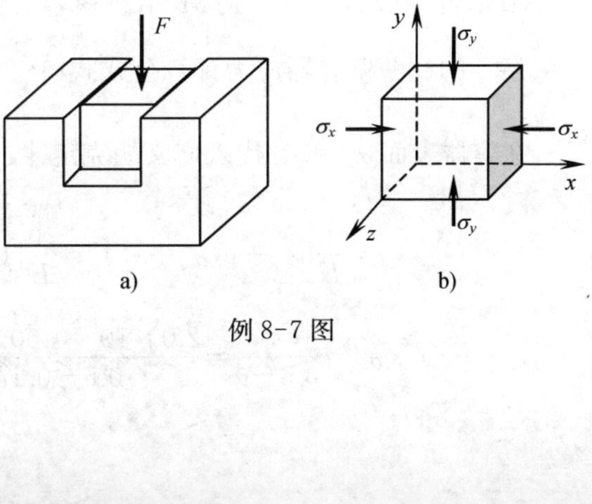

例 8-7 图

解 建立坐标系，画出钢块的应

力单元体[例8-7图b)]。

z 面上无外力作用,所以是主平面,主应力 $\sigma_z=0$。y 面上受力 F 作用,无切应力作用,所以 y 面也是主平面,对应的主应力 σ_y 为

$$\sigma_y=\frac{F}{A}=\frac{-15\times10^3}{10\times10\times10^{-6}}=-150\ \text{MPa}$$

x 方向受刚性槽约束不可伸长,因此 $\varepsilon_x=0$。利用广义胡克定律

$$\varepsilon_x=\frac{1}{E}[\sigma_x-\nu(\sigma_y+\sigma_z)]=0$$

可得
$$\sigma_x=\nu\sigma_y=0.3\times(-150)=-45\ \text{MPa}$$

钢块的三个主应力分别为:

$$\sigma_1=\sigma_z=0,\ \sigma_2=\sigma_x=-45\ \text{MPa},\ \sigma_3=\sigma_y=-150\ \text{MPa}$$

沿三个主应力方向的主应变为

$$\varepsilon_1=\varepsilon_z=\frac{1}{E}[\sigma_1-\nu(\sigma_2+\sigma_3)]$$

$$=\frac{1}{200\times10^9}\times[0-0.3\times(-45\times10^6-150\times10^6)]=292\times10^{-6}$$

$$\varepsilon_2=\varepsilon_x=\frac{1}{E}[\sigma_2-\nu(\sigma_1+\sigma_3)]=0$$

$$\varepsilon_3=\varepsilon_y=\frac{1}{E}[\sigma_3-\nu(\sigma_1+\sigma_2)]$$

$$=\frac{1}{200\times10^9}\times[(-150\times10^6)-0.3\times(-45\times10^6)]=-682\times10^{-6}$$

体积应变 $\theta=\varepsilon_1+\varepsilon_2+\varepsilon_3=(292+0-682)\times10^{-6}=-390\times10^{-6}$。

例8-8 用实验手段测得直径 $D=500$ mm,壁厚 $\delta=20$ mm 的圆柱薄壁容器表面纵向线应变 $\varepsilon_x=150\times10^{-6}$,若容器材料泊松比 $\nu=0.27$,弹性模量 $E=2.0\times10^5$ MPa,许用应力 $[\sigma]=160$ MPa,校核容器强度,确定内压 q。

解 圆柱薄壁容器应力计算公式式(1-2)给出纵向应力 $\sigma_x=\dfrac{qD}{4\delta}$,环向应力 $\sigma_y=\dfrac{qD}{2\delta}$,在容器表面 $\sigma_z=0$。代入广义胡克定律:

$$\varepsilon_x=\frac{1}{E}[\sigma_x-\nu(\sigma_y+\sigma_z)]=\frac{1}{E}[0.5\sigma_y-\nu\sigma_y]=\frac{\sigma_y}{E}(0.5-\nu)$$

$$\sigma_y=\frac{E\varepsilon_x}{0.5-\nu}=\frac{2.0\times10^5\times150\times10^{-6}}{0.5-0.27}=130\ \text{MPa}<[\sigma]$$

$$q=\frac{\sigma_y\times 2\delta}{D}=\frac{130\times 2\times 20}{500}=10.4\ \mathrm{MPa}$$

容器安全,此时内压为 10.4 MPa。

例 8-9 矩形截面简支梁,受集中力 F 作用,如例 8-9 图 a)所示,梁宽 b,高 $h=2b$,长 $l=12b$,弹性模量 E,泊松比 ν。计算 C 面左侧距中性层 $\frac{h}{4}$ 处 a 点在图示方向的线应变 ε。

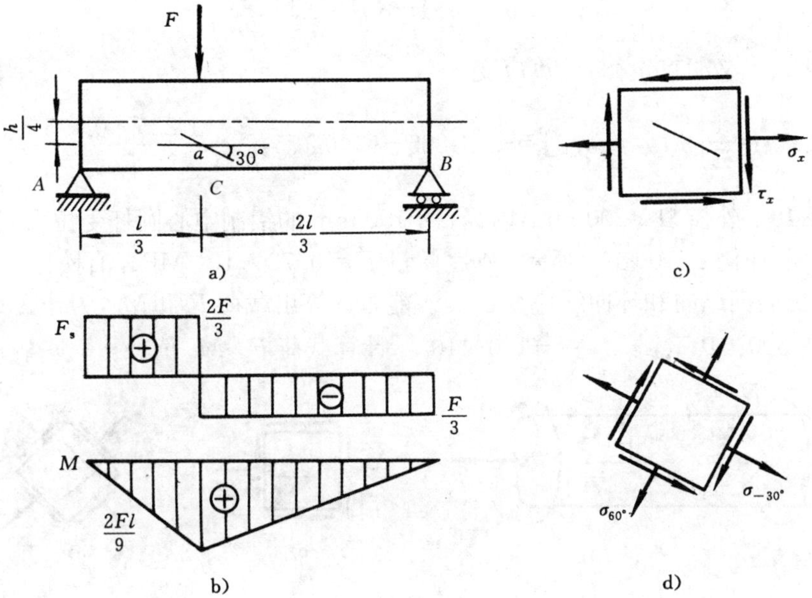

例 8-9 图

解 1. 画 F_s, M 图 得 C 面左侧截面内力 $F=\frac{2}{3}F$, $M=\frac{2}{9}Fl$(皆为正)。

2. 作 a 点应力单元体图 因 F_s 正,故 τ 为正;因 M 正, a 在中性层下方,故 σ 为正。由应力公式知

$$\sigma_x=\sigma=\frac{My_a}{I_z}=\frac{\frac{2Fl}{9}\cdot\frac{h}{4}}{\frac{bh^3}{12}}=\frac{2F}{b^2}$$

$$\tau_x=\frac{F_sS^*}{bI_z}=\frac{2}{3}F\cdot\frac{\frac{bh}{4}\cdot\frac{3h}{8}}{bI_z}=\frac{3F}{8b^2}$$

单元体图见例 8-9 图 c)。

3. 计算与应变对应的应力　应变是$-30°$方向,广义胡克定律表明$\varepsilon_{-30°}$与$\sigma_{-30°}$,$\sigma_{60°}$($\sigma_z=0$)有关,因此需用斜截面应力公式(8-2)计算$\sigma_{-30°}$,$\sigma_{60°}$。

$$\sigma_{-30°}=\frac{\sigma_x}{2}+\frac{\sigma_x}{2}\cos(-60°)-\tau_x\sin(-60°)=\frac{F}{b^2}+\frac{F}{b^2}\cdot\frac{1}{2}+\frac{3F}{8b^2}\cdot\frac{\sqrt{3}}{2}$$

$$=\frac{3F}{2b^2}\left(1+\frac{\sqrt{3}}{8}\right)=1.825\frac{F}{b^2}$$

$$\sigma_{60°}=(\sigma_x+\sigma_y)-\sigma_{30°}=0.175\frac{F}{b^2}$$

4. 代入广义胡克定律,计算应变

$$\varepsilon_{-30°}=\frac{1}{E}[\sigma_{-30°}-\nu\sigma_{60°}]=\frac{1}{E}(1.825-\nu\times0.175)\frac{F}{b^2}=\frac{1.825-0.175\nu}{Eb^2}F$$

例 8-10　外径$D=200$ mm,内径$d=150$ mm的铝制空心圆杆受拉力F及外力矩M_e作用,如例8-10图a)所示,弹性模量$E=0.72\times10^5$ MPa,泊松比$\nu=0.33$。(1) 若测出表面纵向和环向线应变ε_x,ε_y,能否计算出载荷F和M_e,为什么?(2) 若测出$\varepsilon_{45°}=300\times10^{-6}$,$\varepsilon_{-45°}=-100\times10^{-6}$,计算载荷$F$,$M_e$值。

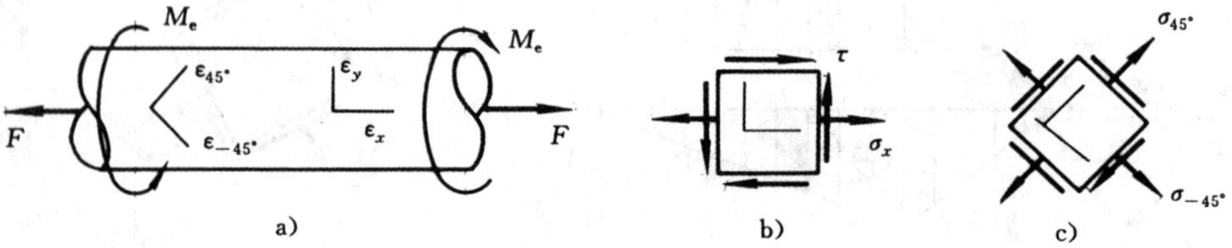

例 8-10 图

解　(1) 画出构件表面上一点的应力单元体图,见例8-10图b)。

$$\sigma_x=\frac{F}{A},\quad \tau_x=-\tau=-\frac{M_e}{W_p}$$

由广义胡克定律知,ε_x,ε_y与τ_x无关,只与σ有关,而σ只与F有关,与M_e无关,故由ε_x,ε_y只能计算F,不能计算M_e。

(2) 计算与$\varepsilon_{45°}$,$\varepsilon_{-45°}$方向对应的正应力$\sigma_{45°}$,$\sigma_{-45°}$。应力单元体图,见例8-10图c),再代入广义胡克定律。

$$\sigma_{45°}=\frac{\sigma_x}{2}+\frac{\sigma_x}{2}\cos90°-\tau_x\sin90°=\frac{\sigma_x}{2}+\tau$$

$$\sigma_{-45°}=\sigma_x+\sigma_y-\sigma_{45°}=\frac{\sigma_x}{2}-\tau$$

$$\varepsilon_{45^\circ}=\frac{1}{E}\left[\left(\frac{\sigma_x}{2}+\tau\right)-\nu\left(\frac{\sigma_x}{2}-\tau\right)\right]=\frac{1}{E}\left[(1-\nu)\frac{\sigma_x}{2}+(1+\nu)\tau\right]$$

$$\varepsilon_{-45^\circ}=\frac{1}{E}\left[\left(\frac{\sigma_x}{2}-\tau\right)-\nu\left(\frac{\sigma_x}{2}+\tau\right)\right]=\frac{1}{E}\left[(1-\nu)\frac{\sigma_x}{2}-(1+\nu)\tau\right]$$

$$\varepsilon_{45^\circ}+\varepsilon_{-45^\circ}=\frac{1-\nu}{E}\sigma_x \tag{a}$$

$$\varepsilon_{45^\circ}-\varepsilon_{-45^\circ}=\frac{2(1+\nu)}{E}\tau \tag{b}$$

解得

$$\sigma_x=\frac{E}{1-\nu}(\varepsilon_{45^\circ}+\varepsilon_{-45^\circ})=\frac{0.72\times10^5}{1-0.33}\times(300-100)\times10^{-6}=21.5\ \text{MPa}$$

$$\tau=\frac{E}{2(1+\nu)}(\varepsilon_{45^\circ}-\varepsilon_{-45^\circ})=\frac{0.72\times10^5}{2(1+0.33)}\times(300+100)\times10^{-6}=10.8\ \text{MPa}$$

$$A=\frac{\pi}{4}D^2(1-\alpha^2)=\frac{\pi}{4}\times200^2\times\left[1-\left(\frac{150}{200}\right)^2\right]=1.374\times10^4\ \text{mm}^2$$

$$W_p=\frac{\pi}{16}D^3(1-\alpha^4)=\frac{\pi}{16}\times200^3\times\left[1-\left(\frac{150}{200}\right)^4\right]=1.074\times10^6\ \text{mm}^3$$

$$F=\sigma_xA=21.5\times1.374\times10^4=29.5\times10^4\ \text{N}=295\ \text{kN}$$

$$M_e=\tau W_p=10.8\times1.074\times10^6=11.6\times10^6\ \text{N}\cdot\text{mm}=11.6\ \text{kN}\cdot\text{m}$$

圆杆受到拉力 F 为 295 kN，外力偶矩 M_e 为 11.6 kN·m。

由式(a)和式(b)可以看到，∓45°方向线应变之和，与横截面上的切应力无关；∓45°方向线应变之差仅与横截面上切应力有关，与正应力无关。用±45°方向线应变计算切应力往往最方便。

8.6 强度理论概念

在第 2 章轴向拉压杆件和第 4 章扭转杆件的应力分析与强度计算中，分别建立了正应力强度条件和切应力强度条件：

$$\sigma\leqslant[\sigma]=\frac{\sigma^\circ}{n} \tag{8-14}$$

$$\tau\leqslant[\tau]=\frac{\tau^\circ}{n} \tag{8-15}$$

式中，σ°，τ° 分别是拉压试验和扭转试验测出的材料破坏或失效时的应力。

在材料的这两个试验中，试件横截面上只有一个应力 σ(或 τ) 作用。梁横力弯曲时，其横截面上的弯曲正应力和弯曲切应力同时存在，第 6 章的应力分析中，把正应力、切应力视为孤立的两个应力,分别以式(8-14)、式(8-15)作为强度条件进行校核,这么处理的依据显然是不足的,实践也证明,特殊情况下,尽管梁的工作应力满足式(8-14)、式(8-15),但破坏仍会发生,这表明对复杂应力状态的危险点必须重建合理的强度条件。如何建立?显然不能沿用建立式(8-14)、式(8-15)的老思路。理由一,对复杂应力状态,同一材料不同的 σ_1, σ_2, σ_3 的比例组合会对应不同的破坏应力 σ°,而且要在试验中完全复现实际中遇到的各种复杂应力状态是困难的,即使试验可以做到这点,一种材料就有做不完的实验。理由二,强度条件式(8-14)、式(8-15)是基于试验的表象建立的,并没有反映材料的破坏原因,如:低碳钢拉压试验测出的破坏应力 $\sigma^\circ=\sigma_s$ 是横截面上的正应力,但破坏却发生在45°斜面上,是由切应力引起的失效;铸铁扭转试验测出的破坏应力 τ° 是横截面上的切应力,但破坏却发生在45°斜面上,是由拉应力引起的断裂。

上述分析表明,建立强度条件不应以应力状态为出发点,应研究材料的破坏规律,探讨破坏原因,建立复杂应力状态下材料的失效判据,由此得出相应的强度条件,这才是解决复杂应力状态下强度计算问题的基本思路。

对材料的破坏现象进行观察与研究,提出种种关于材料破坏或失效规律的假说,称为强度理论。强度理论的观点认为:相同破坏特征的破坏,应有相同的破坏原因,与应力状态无关,当破坏因素(应力或应变,或应力的某种组合)达到材料能承受的极限值(通常认为此值是材料常数,与加载方式无关)时,破坏就发生。也就是说,无论是简单应力状态或是复杂应力状态,某种类型的破坏都是由同一因素导致的,由此便可利用简单应力状态的试验结果建立复杂应力状态下的强度条件。强度研究者对大量的工程实践和实验结果进行归纳、分析,在此基础上提出破坏原因的假设,建立强度条件(不同的破坏原因假设就是不同的强度理论,由此建立的强度条件也不同)。根据强度理论建立的强度条件,其统一的表达式为 $\sigma_r \leqslant [\sigma]$,这里的 σ_r 是一点应力的组合,称为相当应力。

迄今虽已提出许多强度理论,但尚无十全十美的强度理论,研究者还在坚持不懈地研究,提出新的强度理论。强度理论是经过归纳、推理、判断而提出的假说,正确与否,必须经受生产实践和科学实验的检验。在8.7节中介绍工程中常用的四个经典强度理论和莫尔强度理论。

8.7 四个经典强度理论 莫尔强度理论

8.7.1 四个经典强度理论

在长期的实践和研究中,发现静载破坏基本上分成两类:一类是脆性破坏,特征是破坏前无明显变形,断裂突然发生,断面上晶粒清晰;另一类是塑性破坏,特征是材料破坏(失效)时,已发生明显变形,使构件丧失正常工作的能力。人们首先使用的材料大多数是脆性材料,如石料、陶瓷、砖瓦等,现今广泛使用的水泥或混凝土也是脆性材料，发现脆性材料的破坏多是脆性破坏，所以先提出的强度理论是针对脆性破坏的第一和第二强度理论。

第一强度理论 最大拉应力理论

认为拉应力是脆性破坏的原因，**当最大拉应力 $\boldsymbol{\sigma}_1$（$\boldsymbol{\sigma}_1>0$）达到材料能承受的极限值 $\boldsymbol{\sigma}^{\circ}$ 时，破坏发生**。极限值 σ° 由拉伸试验测得为 $(\sigma_b)_t$，破坏条件表达式为

$$\sigma_1=\sigma^{\circ}=(\sigma_b)_t$$

对应的强度条件为

$$\sigma_{r1}=\sigma_1\leqslant[\sigma]=\frac{(\sigma_b)_t}{n} \tag{8-16}$$

第二强度理论 最大拉应变理论

最大拉应力理论虽然能解释许多脆性破坏现象，但显然不能解释材料的受压破坏现象。研究者观察到大理石等脆性材料受压时（试件与试验机压头间有润滑油，使压头基本上只施加压力，不施加横向摩擦力），沿纵向开裂，如图 2-17a）所示，由此认为脆性材料因变形能力差，**当最大拉应变达到材料能承受的极限值 $\boldsymbol{\varepsilon}^{\circ}$ 时发生破坏**。极限值 ε° 是材料性质，应是常数，可由拉伸试验测定得 $\varepsilon^{\circ}=\varepsilon_b=\frac{(\sigma_b)_t}{E}$，破坏条件表达式为：

$$\varepsilon_1=\varepsilon^{\circ}=\frac{(\sigma_b)_t}{E}$$

用广义胡克定律将应变 ε_1 用应力表示，得应力表示的破坏条件为

$$\sigma_1-\nu(\sigma_2+\sigma_3)=(\sigma_b)_t$$

对应的强度条件为

$$\sigma_{r2}=\sigma_1-\nu(\sigma_2+\sigma_3)\leqslant[\sigma]=\frac{(\sigma_b)_t}{n} \tag{8-17}$$

随冶炼轧制技术的发展，金属材料使用日益广泛，大多数金属材料的轴向拉压试验、扭转试验都表明是切应力导致滑移，发生塑性破坏，因此提出关于塑性破坏的假设。

第三强度理论 最大切应力理论

此理论假设切应力是材料发生塑性破坏的原因，**当最大切应力 $\boldsymbol{\tau}_{max}$ 达到材料能承受的极限值 $\boldsymbol{\tau}^{\circ}$ 时，塑性破坏发生**。由拉伸试验测出 $\tau^{\circ}=\frac{\sigma_s}{2}$，破坏条件表达式为

$$\tau_{max}=\tau^{\circ}=\frac{\sigma_s}{2}$$

最大切应力可用主应力表示为 $(\sigma_1-\sigma_3)/2$，因此，破坏条件为

$$\sigma_1-\sigma_3=\sigma_s$$

对应的强度条件为

$$\sigma_{r3}=\sigma_1-\sigma_3\leqslant[\sigma]=\frac{\sigma_s}{n} \tag{8-18}$$

第三强度理论在工程中广泛应用,但实践表明,该理论往往偏于安全,强度研究者继续探寻更精确的强度理论。

第四强度理论　最大形状改变比能理论

研究者起初认为单位体积材料吸收的变形能(变形能计算见第10章),即比能,达到材料能承受的极限值,就会发生塑性破坏,由此建立破坏条件。但实践表明,它与第三强度理论相仿,也偏于保守。联想到深海底,地壳深处,三向均匀受压条件下,材料体积缩小,但形状不变,也不发生破坏。这现象启示:引起体积变化的变形能与塑性破坏无关,**当引起形状变化的比能达到材料能承受的极限值时,发生塑性破坏**。把图8-12a)所示应力单元体拆成图8-12b)和c)。图中,$\sigma_m=\dfrac{1}{3}(\sigma_1+\sigma_2+\sigma_3)$,是平均应力。图8-12a)的应变比能等于图8-12b),c)的应变比能之和,图8-12b)的单元体形状不变,体积变化如图8-12a)所示单元体;图8-12c)的单元体体积不变,仅形状变化。因此,图8-12a)所示单元体的形状改变比能等于图8-12c)单元体的应变比能,由此建立的破坏条件和强度条件分别为

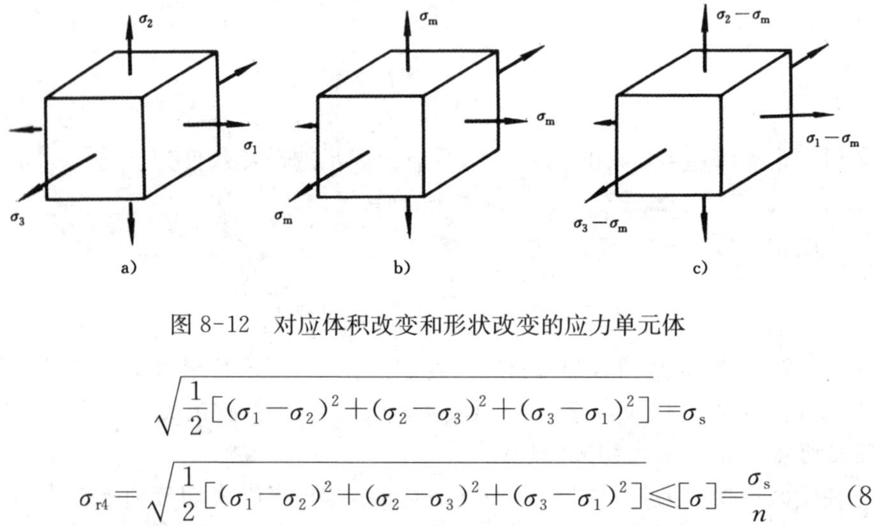

图8-12　对应体积改变和形状改变的应力单元体

$$\sqrt{\frac{1}{2}[(\sigma_1-\sigma_2)^2+(\sigma_2-\sigma_3)^2+(\sigma_3-\sigma_1)^2]}=\sigma_s$$

$$\sigma_{r4}=\sqrt{\frac{1}{2}[(\sigma_1-\sigma_2)^2+(\sigma_2-\sigma_3)^2+(\sigma_3-\sigma_1)^2]}\leqslant[\sigma]=\frac{\sigma_s}{n} \tag{8-19}$$

这一理论较全面地考虑了各个主应力对强度的影响,按该理论计算的结果与试验结果基本相符,它比第三强度理论更接近实际情况。

8.7.2　莫尔强度理论

铸铁压缩是切应力导致破坏,但第三强度理论却不能解释这现象,德国工程师莫尔(Mohr)认为材料沿某截面滑移主要由切应力引起,但又和正应力有关。这好比要推动一个物体A在另一物体上移动时,推动力F_τ不仅与物体接触面的情况和性质有关,而且与接触面上的正压力F有关(图8-13),接触面上的压力愈大,摩擦力也愈

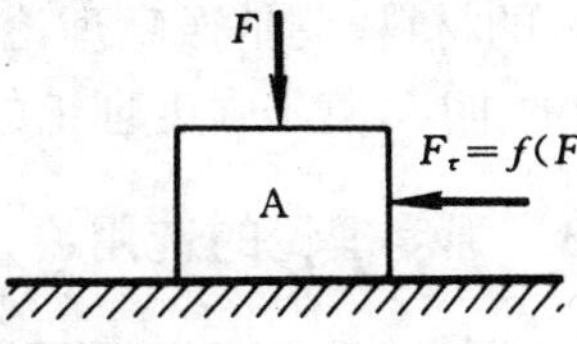

图 8-13 莫尔理论的力学模型

大，物体愈不容易沿接触面滑移。若最大切应力作用面上还存在较大的压应力，材料就不一定在最大切应力面上滑移，滑移发生在切应力与正应力组合最不利的截面上。因此，莫尔认为极限切应力 τ° 不是常数，与 σ 有关，表达为 $\tau^{\circ}=f(\sigma)$。为了测定 τ°，莫尔认为可做轴向拉伸试验、轴向压缩试验、扭转试验等一系列破坏试验，试验应力符合 $\sigma_1 \geqslant 0 \geqslant \sigma_3$ 要求，根据试验结果画出一系列对应破坏值的极限应力圆，绘出这一系列极限应力圆的包络线(图 8-14)，这包络线就是极限切应力 τ° 的轨迹，当应力圆与包络线相切时，发生破坏，切点在应力圆上的位置对应着发生滑移的截面。包络线来之不易(要做大量试验)，却使用不便(无数学表达式)。为了简化和实用，用拉伸试验、压缩试验的极限应力圆的公切线代替包络线，见图 8-15，假定应力圆与公切线相切，如图 8-15 的应力圆 O_2 与公切线切于 A_2 点，就发生破坏(显然简化后，结果偏于保守)。从图 8-15 可推出对应的破坏条件

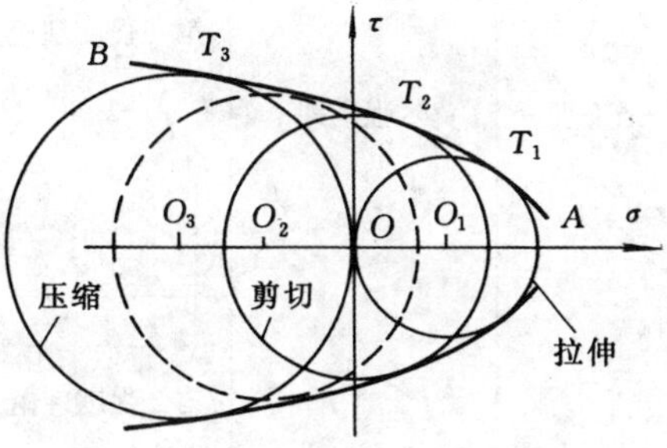

图 8-14 极限应力圆及包络线

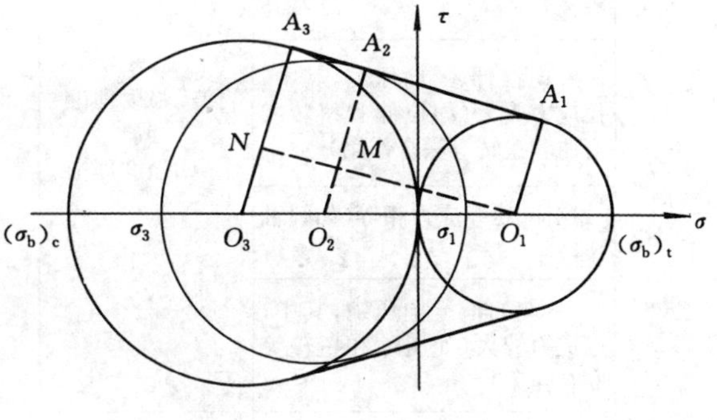

图 8-15 公切线代包络线

$$\frac{\overline{O_2M}}{\overline{O_3N}}=\frac{O_1O_2}{O_1O_3} \tag{8-20}$$

将 $\overline{O_2M}=\overline{O_2A_2}-\overline{A_2M}=\frac{\sigma_1-\sigma_3}{2}-\frac{(\sigma_b)_t}{2}$，$\overline{O_3N}=\frac{(\sigma_b)_c}{2}-\frac{(\sigma_b)_t}{2}$，

$$\overline{O_1O_2}=\frac{(\sigma_b)_t}{2}-\frac{\sigma_1+\sigma_3}{2},\quad \overline{O_1O_3}=\frac{(\sigma_b)_t}{2}+\frac{(\sigma_b)_c}{2}$$

代入式(8-20)化简，得破坏条件

$$\sigma_1-\frac{(\sigma_b)_t}{(\sigma_b)_c}\sigma_3=(\sigma_b)_t$$

引入安全系数后，得强度条件

$$\sigma_{rM}=\sigma_1-\frac{[\sigma_t]}{[\sigma_c]}\sigma_3\leqslant[\sigma_t] \tag{8-21}$$

莫尔强度理论可用于抗拉和抗压强度不等的材料的切应力破坏。对 $(\sigma_b)_t=$

$(\sigma_b)_c$ 的材料,莫尔强度理论等同于第三强度理论,因此,莫尔强度理论是第三强度理论的推广,莫尔强度理论的缺点也是偏于保守。

8.7.3 强度理论的选用

不同类型的破坏适用不同的强度理论,实际工程中构件可能发生的破坏类型与材料性质、受力情况、变形速度、温度等因素有关,在设计或校核时可参考表 8-1 选用。

表 8-1　　选用强度理论的参考范围

<table>
<tr><th colspan="2" rowspan="2">应力状态</th><th rowspan="2">塑性材料(低碳钢、非淬硬中碳钢、退火球墨铸铁、铜、铝等)</th><th rowspan="2">极脆材料(淬硬工具钢、陶瓷等)</th><th colspan="2">抗拉与抗压强度不等的脆性材料或低塑性材料(铸铁、淬硬高强度钢、混凝土等)</th></tr>
<tr><th>精确计算</th><th>简化计算</th></tr>
<tr><td>单向应力状态</td><td>简单拉伸</td><td rowspan="5">第三强度理论或第四强度理论</td><td rowspan="5">第一强度理论</td><td rowspan="5">莫尔强度理论</td><td rowspan="4">第一强度理论</td></tr>
<tr><td rowspan="5">二向应力状态</td><td>二向拉伸应力(如薄壁压力容器)</td></tr>
<tr><td>一向拉伸、一向压缩,其中,拉应力较大(如拉伸和扭转或弯曲和扭转等联合作用)</td></tr>
<tr><td>拉伸、压缩应力相等(如圆轴扭转)</td></tr>
<tr><td>一向拉伸、一向压缩,其中,压应力较大(如压缩和扭转等联合作用)</td><td>近似采用第二强度理论</td></tr>
<tr><td>二向压缩应力(如压配合的被包容件的受力情况)</td><td colspan="4">第三强度理论或第四强度理论</td></tr>
<tr><td rowspan="2">三向应力状态</td><td>三向拉伸应力(如拉伸具有能产生应力集中的尖锐沟槽的杆件)</td><td colspan="4">第一强度理论</td></tr>
<tr><td>三向压缩应力(点接触或线接触的接触应力,如齿轮齿面的接触应力)</td><td colspan="4">第三强度理论或第四强度理论</td></tr>
</table>

注:本表引自《机械工程手册》(第二版)第五篇,北京:机械工业出版社,1996。

在 $\sigma_1 \approx \sigma_2 \approx \sigma_3 > 0$ 时,不论何种材料,总是认为脆性破坏,应用第一强度理论;$0 \geqslant \sigma_1 \approx \sigma_2 \approx \sigma_3$ 时,不论何种材料,总是认为塑性破坏,应用塑性破坏的强度理论。应用强度理论可以解释众多破坏现象。如冬天室外水管因冰冻而爆裂,并非冰的强度高于铁,而是冰处于三向受压状态,σ_{r3} 或 σ_{r4} 相当小,不致发生塑性破坏,而铁制水管的受力如同受内压的薄壁容器,相当应力 σ_{r3}(或 σ_{r4})较大,导致水管爆裂;强度不高的石墨,在三向高压(隔绝空气)下,不仅不破坏,反成硬度最高的金刚石,工业上用此原理制造人造金刚石。

杆件中最常见的应力单元体如图 8-16 所示，由式(8-6)可得 $\sigma_1=\dfrac{\sigma}{2}+\sqrt{\left(\dfrac{\sigma}{2}\right)^2+\tau^2}$，$\sigma_2=0$，$\sigma_3=\dfrac{\sigma}{2}-\sqrt{\left(\dfrac{\sigma}{2}\right)^2+\tau^2}$，代入式(8-18)、式(8-19)得

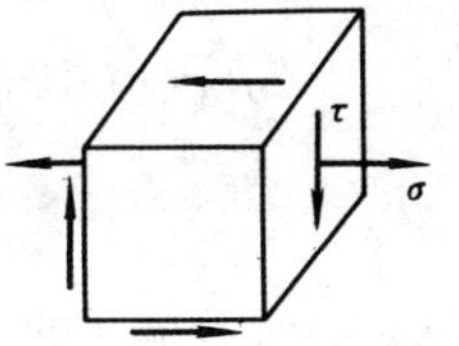

图 8-16 杆中最常见的应力单元体

$$\sigma_{r3}=\sqrt{\sigma^2+4\tau^2} \tag{8-22}$$

$$\sigma_{r4}=\sqrt{\sigma^2+3\tau^2} \tag{8-23}$$

式(8-22)、式(8-23)易记忆(切应力 τ^2 的系数“颠三倒四”)，不必计算主应力，方便实用。当 $\sigma=0$ 时，即为纯剪单元，此时，$\sigma_{r3}=2\tau$，$\sigma_{r4}=\sqrt{3}\tau$(扭转变形时许用切应力[τ]在 0.5～0.577[σ]之间)。

例 8-11 如例 8-11 图 a)，b)所示的应力单元体，$\sigma=\tau$。(1) 若材料为铸铁，许用拉应力[σ_t]＝40 MPa，许用压应力[σ_c]＝180 MPa，确定例 8-11 图 a)，b)所示单元体的许用正应力值[σ]；(2) 若材料为 Q235 钢，许用应力[σ]＝160 MPa，确定许用正应力值。

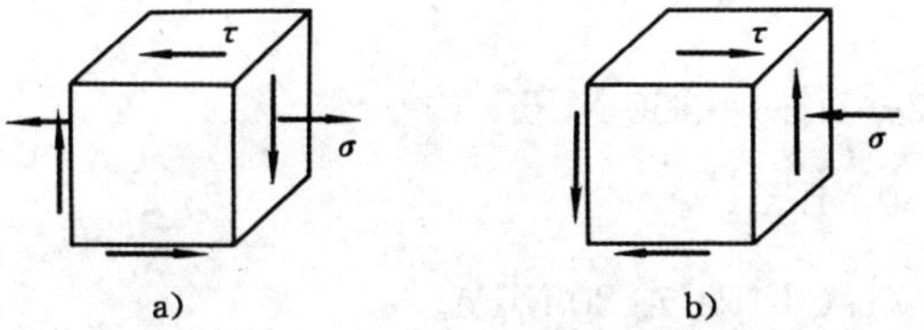

例 8-11 图

解 (1) 对例 8-11 图 a)所示单元体：由式(8-6)得

$$\sigma_1=\frac{\sigma}{2}+\sqrt{\left(\frac{\sigma}{2}\right)^2+\tau^2}=\frac{1+\sqrt{5}}{2}\sigma=1.618\sigma$$

$$\sigma_2=0$$

$$\sigma_3=\frac{\sigma}{2}-\sqrt{\left(\frac{\sigma}{2}\right)^2+\tau^2}=\frac{1-\sqrt{5}}{2}\sigma=-0.618\sigma$$

当 $\sigma_1>|\sigma_3|$ 用第一强度理论或莫尔强度理论，即

若用第一强度理论 $\sigma_{r1}=1.618\sigma\leqslant[\sigma_t]=40$ MPa

若用莫尔强度理论 $[\sigma]=24.7$ MPa

$$\sigma_{rM}=1.618\sigma-\frac{40}{180}(-0.618\sigma)=1.754\sigma\leqslant[\sigma_t]=40\text{ MPa},\quad [\sigma]=22.8\text{ MPa}$$

对例 8-11 图 b)所示单元体：

$$\sigma_1=0.618\sigma,\quad \sigma_2=0,\quad \sigma_3=-1.618\sigma$$

用莫尔强度理论确定许用值

$$\sigma_{rM}=0.618\sigma-\frac{40}{180}(-1.618)\sigma=0.978\sigma\leqslant[\sigma_t]=40\ \text{MPa}$$

$$[\sigma]=40.9\ \text{MPa}$$

例 8-11 图 a)所示单元的许用应力为 24.7 MPa 或 22.8 MPa;例 8-11 图 b)所示单元的许用应力为 40.9 MPa。

(2) 塑性材料且非三向受压,应用第三或第四强度理论校核。用式(8-22)计算相当应力,例 8-11 图 a),b)所示单元体相当应力相同。若用第三强度理论计算许用应力

$$\sigma_{r3}=\sqrt{\sigma^2+4\tau^2}=\sqrt{5}\sigma\leqslant[\sigma]=160\ \text{MPa}$$
$$[\sigma]=71.67\ \text{MPa}$$

若用第四强度理论计算许用应力

$$\sigma_{r4}=\sqrt{\sigma^2+3\tau^2}=2\sigma\leqslant[\sigma]=160\ \text{MPa}$$
$$[\sigma]=80\ \text{MPa}$$

例 8-11 图 a),b)所示单元的许用应力为 71.6 MPa 或 80 MPa。

例 8-12 No.20a 工字钢梁受力如例 8-12 图所示,已知材料的许用应力$[\sigma]=150$ MPa,校核其强度。

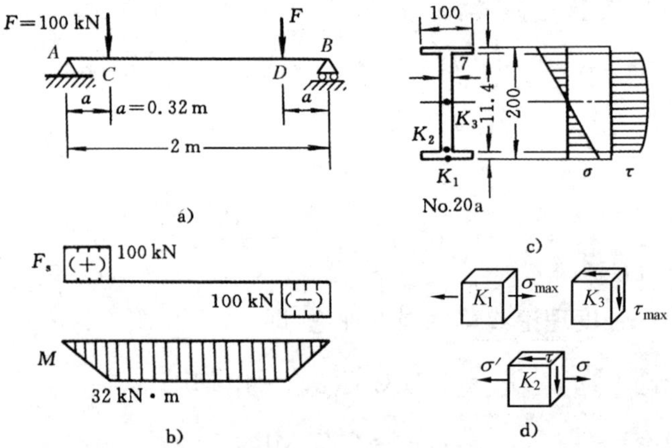

例 8-12 图

解 画出梁的剪力图的弯矩图[例 8-12 图 b)]。因为在 $C_{左}$ 和 $D_{右}$ 截面上不但弯矩最大,而且剪力也很大,所以,这两个截面是危险截面,取 $C_{左}$ 截面进行强度校核。在该截面上的内力:$F_s=100$ kN, $M=32$ kN·m,该截面上的正应力分布图和

切应力分布图如例 8-12 图 c)所示。由此图可以看出：$C_{左}$ 截面上的最大正应力发生在截面的上、下边缘处，例如 K_1 点；最大切应力发生在截面的中性轴上，例如 K_3 点；另外，在腹板与翼缘板交界的 K_2 点处的切应力和正应力也都相当大(K_1、K_2 和 K_3 点处的单元体如例 8-12 图 d)所示)，它们都可能是危险点。因此，对这些可能发生危险的 K_1，K_2，K_3 各点都要进行强度校核。现将各点的强度校核分述如下：

1. K_1 点强度校核

$$\sigma_{\max}=\frac{M_{\max}}{W_z}=\frac{32\times10^3}{237\times10^{-6}}=135\ \mathrm{MPa}<[\sigma]=150\ \mathrm{MPa}$$

$C_{左}$ 截面的上、下边缘处(如 K_1 点)满足强度条件。

2. K_3 点强度校核

$$\tau_{\max}=\frac{F_{\mathrm{smax}}S_z^*}{I_z b}=\frac{F_{\mathrm{s\,max}}}{\dfrac{I_z}{S_z^*}b}=\frac{100\times10^3}{17.2\times10^{-2}\times7\times10^{-3}}=83.1\ \mathrm{MPa}$$

由于没有规定用第三还是第四强度理论，原则上可以任意选用，即

$$\sigma_{\mathrm{r3}}=2\tau=2\times83.1=166.2\ \mathrm{MPa}>[\sigma]=160\ \mathrm{MPa}$$

第三强度理论偏于保守，常可用第四强度理论再校核：

$$\sigma_{\mathrm{r4}}=\sqrt{3}\,\tau=\sqrt{3}\times83.1=143\ \mathrm{MPa}<[\sigma]$$

K_3 点满足强度条件

3. K_2 点强度校核

K_2 点处的正应力

$$\sigma=\frac{My}{I_z}=\frac{32\times10^6\times88.6}{2\,370\times10^4}=120\ \mathrm{MPa}$$

K_2 点处的切应力计算

$$S_z^*=11.4\times100\times\left(88.6+\frac{11.4}{2}\right)=1.08\times10^5\ \mathrm{mm}^3$$

$$\tau=\frac{F_{\mathrm{s}}S_z^*}{bI_z}=\frac{100\times10^3\times1.08\times10^5}{7\times2\,370\times10^4}=65.1\ \mathrm{MPa}$$

$$\sigma_{\mathrm{r4}}=\sqrt{\sigma^2+3\tau^2}=165\ \mathrm{MPa}>[\sigma]$$

K_2 点强度不够，故梁不安全。

本章小结

思 考 题

8-1 x 面和 y 面上应力在 α 方向的分量之和不等于 α 斜截面上的正应力，为什么？

8-2 在单向、双向、三向应力状态中，极值切应力平面各有几对？最大切应力发生在什么面上？

8-3 平面应力一定是双向应力状态，空间应力一定是三向应力状态，对吗？举例说明。

8-4 平面应力分析得到的σ_{max}及σ_{min}就是σ_1和σ_3吗?

8-5 欲确定平面应力情况下一点的应力状态,思考题8-5图示应力单元体的已知条件是否恰当?过多还是过少(凡标上字母的,值为给定)?

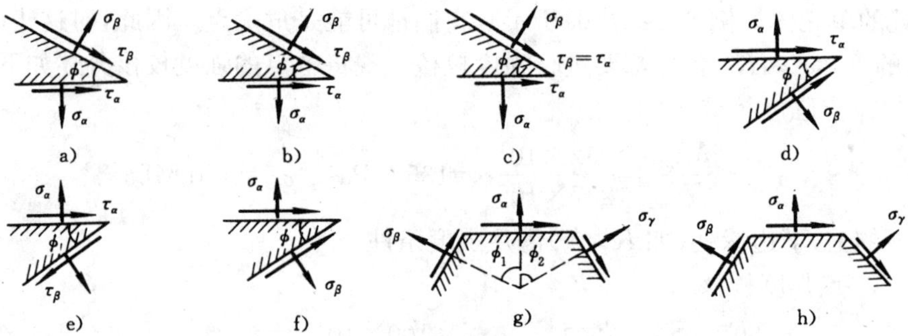

思考题8-5图

8-6 图解法计算斜截面应力,关键在正确把握点面对应。基准点面通常用x面和D_x点,是否也可用其他的面和点作基准?

8-7 $\sigma_\alpha=0$的话ε_α也等于零,一般说是错的,在何种情况下可以成立?

8-8 体积应变θ相同的应力单元体,其应力具有什么共同点?

8-9 线弹性的各向同性材料,在平面应力条件下:(1)若已知σ_x,σ_y,τ_x可以计算任一方向的线应变ε_α;(2)若已知三个方向的线应变$\varepsilon_{0°}$,$\varepsilon_{90°}$,$\varepsilon_{45°}$,也可以计算任一斜面的应力σ_α,τ_α。列出计算步骤。

8-10 应力圆上D_x点坐标(σ_x,τ_x),D_y点坐标(σ_y,$-\tau_x$),D_α是应力圆上一点,弧$\widehat{D_xD_\alpha}$为2α,证明D_α点坐标(σ_α,τ_α)满足式(8-2)。

8-11 什么是强度理论?它是怎样提出和建立的?

8-12 将沸水倒入厚玻璃杯时,杯子会发生破裂,这是什么原因?当杯子破裂时,裂纹是从内壁还是外壁开始形成?为什么?

8-13 试根据第三强度理论,画出题8-13图示单元体的破坏面。

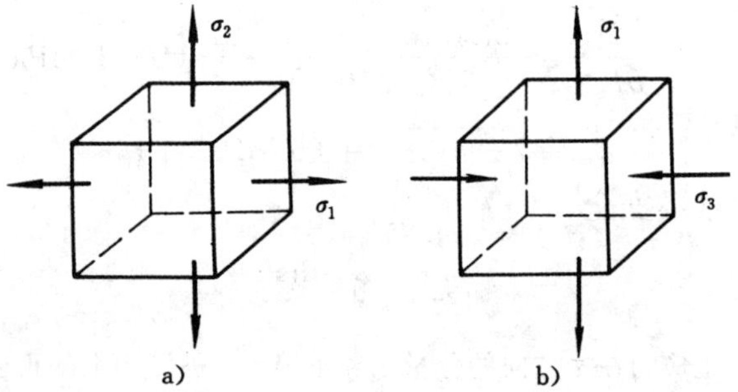

思考题8-13图

8-14 把低温的玻璃球突然放入高温的液体中,将发生怎样的破坏现象?反之,将高温的玻璃球突然放入低温的液体中,又将如何?二者有何区别?

习 题

8-1 绘题 8-1 图示杆件指定点的应力单元体图(标上应力值)。

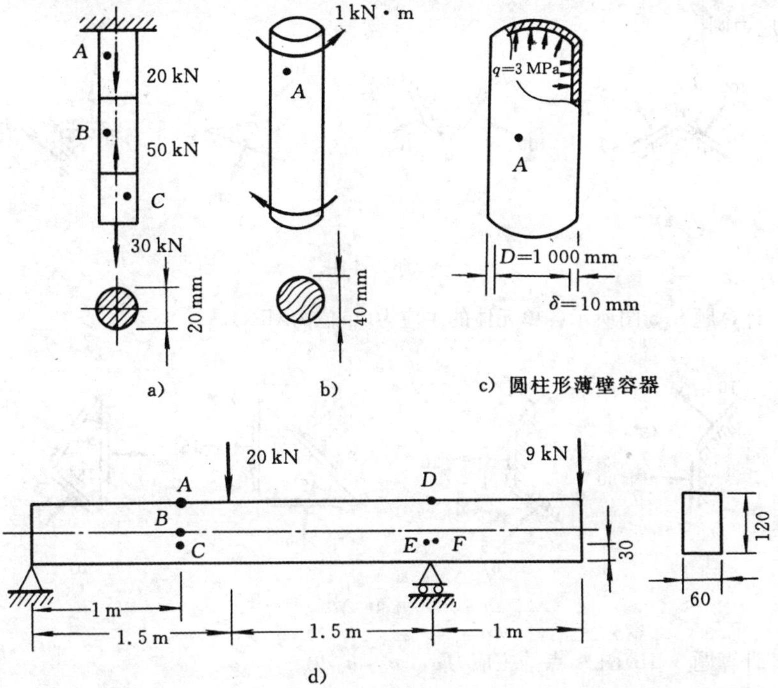

题 8-1 图

8-2 题 8-2 图示各单元体,应力单位为MPa。试用数解法求:

(1) 指定斜面上的应力;

(2) 若有 $\sigma=0$ 的面,写出其法线方向;

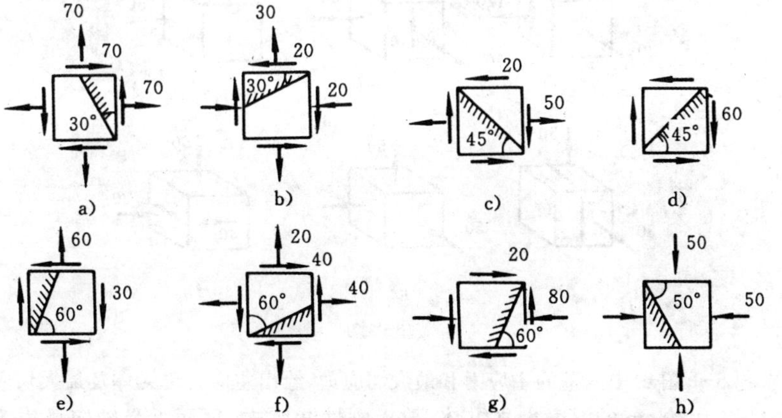

题 8-2 图

(3) 绘主应力单元体图(标出应力值及方位角);

(4) 绘极值切应力单元体图(标出应力值及方位角)。

8-3 将题8-2改为图解法计算。

8-4 已知题8-4图所示各点处两斜面上的应力,应力单位均为MPa。试画出各点应力状态所对应的应力圆。

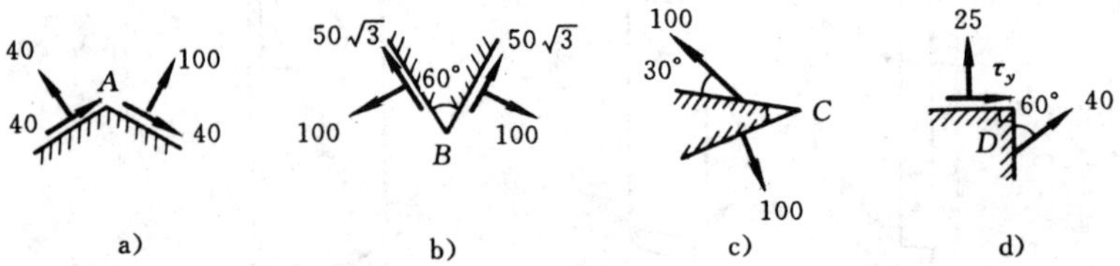

题8-4图

8-5 计算题8-5图所示各单元体的主应力(单位为MPa)。

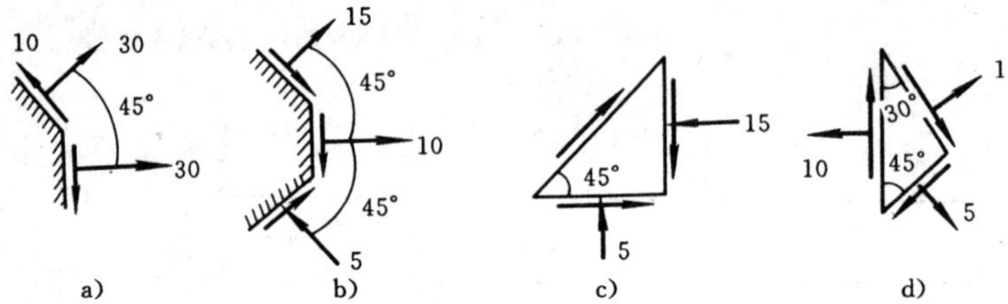

题8-5图

8-6 计算题8-1b)图A点的主应力σ_1, σ_2, σ_3值。

8-7 计算题8-1d)图C,E,F点的主应力σ_1, σ_2, σ_3值。

8-8 一点的应力状态如题8-8图所示,应力单位为MPa。(1) 画三向应力圆;(2) 求一点的最大正应力和最大切应力;(3) 画出主应力单元体及最大切应力作用面。

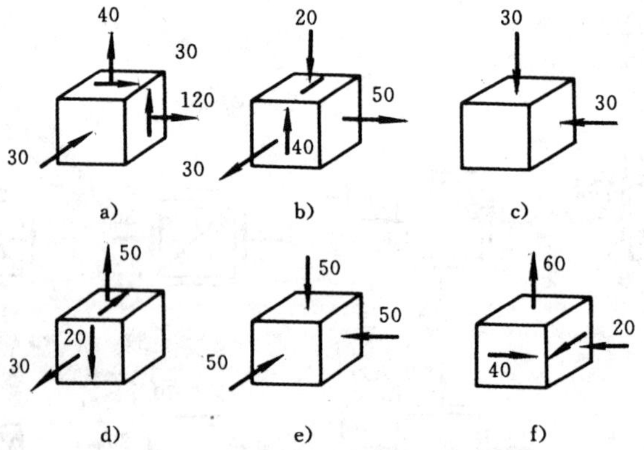

题8-8图

8-9 求题8-1图c)中内壁的主应力和最大切应力,绘出主应力单元体及最大切应力作用面。

8-10 边长为20 cm的混凝土立方体,放入刚性凹座内,顶面承受轴向压力$F=400$ kN作用。若混凝土的$E=2.6\times10^4$ MPa, $\nu=0.18$。试求下列两种情况下混凝土立方体中的应

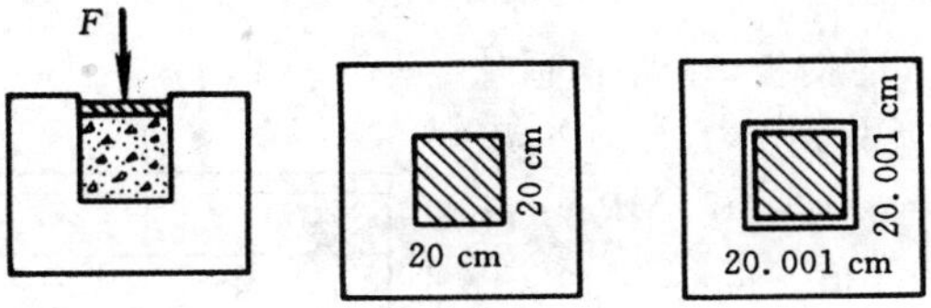

题 8-10 图

力：(1) 凹座的宽度正好是 20 cm；(2) 凹座的宽度均为 20.001 cm。

8-11　判定题 8-11 图示应力单元体为几向应力状态。

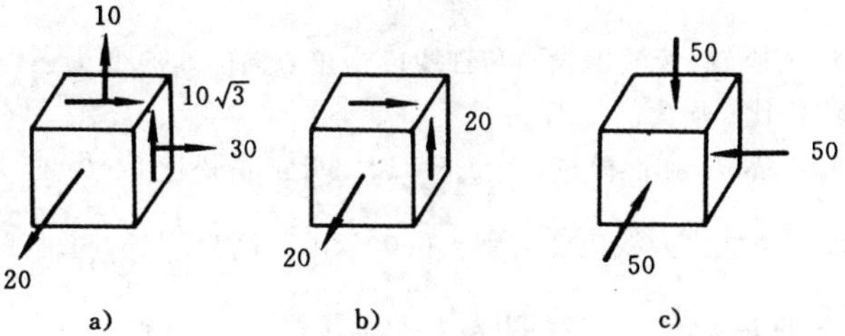

题 8-11 图

8-12　一薄壁圆筒直径为 D，壁厚为 δ，圆筒材料的泊松比为 ν。当筒内无压力时圆筒正好嵌入两刚性壁之间，当筒内压力为 q 时，试证明刚性壁对圆的作用力 $F=\dfrac{\pi D^2}{4}(1-2\nu)q$。

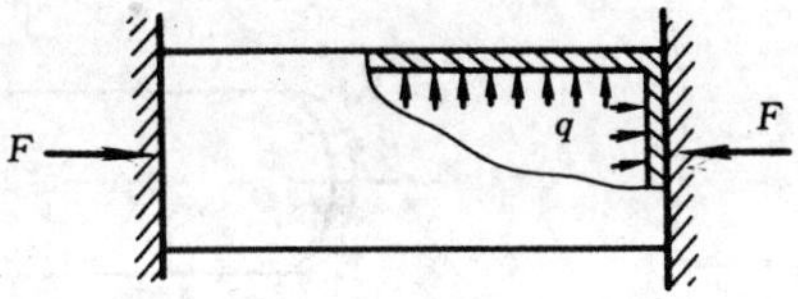

题 8-12 图

8-13　杆内某一点 A 分别在三种载荷作用下的应力单元体图如题 8-13 图 a)，b)，c)所示。点 A 在三种载荷同时作用下，求：

(1) 点 A 在 x，y 面上的应力；

(2) 点 A 的主应力及最大切应力值和方向；

(3) 点 A 在 z 方向有无应力及应变，为多少？设材料的 $E=2.0\times10^5$ MPa，$\nu=0.3$；

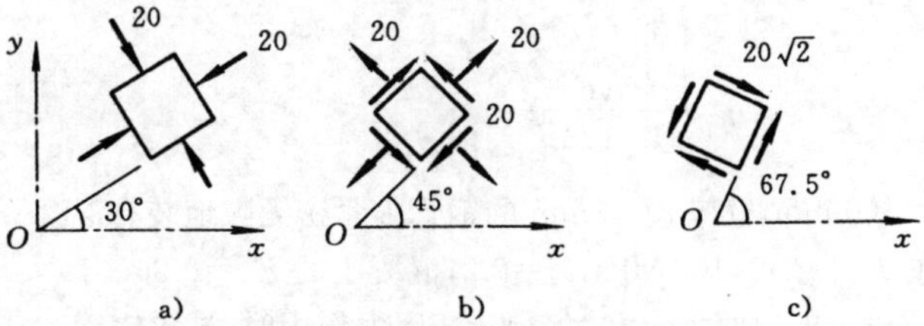

题 8-13 图

(4) 体积应变。

8-14 厚度为 6 mm 的钢板，在两个垂直板厚的方向受拉，拉应力分别为 150 MPa 及 55 MPa。设钢材的 $E=2.1\times10^5$ MPa，$\nu=0.25$，试求钢板厚度的减小值。

8-15 简支梁由 No.14 工字钢制成，受集中力 $F=59.4$ kN 作用如题 8-15 图所示。已知简支梁材料的弹性模量 $E=200$ GPa，泊松比 $\nu=0.3$。求该简支梁上 K 点处沿题 8-15 图示 $-45°$ 方向的线应变。

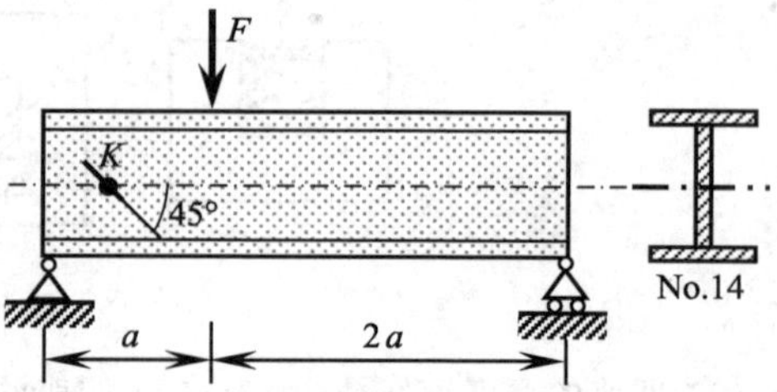

题 8-15 图

8-16 直径为 D 的圆轴，若测出表面与轴线成 α 角方向的线应变为 ε_α，计算轴的扭矩 T。材料的弹性模量 E 和泊松比 ν 均为已知。

8-17 T 形截面梁，高 h，弹性模量 $E=1.5\times10^5$ MPa，泊松比 $\nu=0.25$，测得某截面上顶纵向线应变 $\varepsilon_a=200\times10^{-6}$，下底纵向线应变 $\varepsilon_b=-600\times10^{-6}$，高为 $\frac{h}{2}$ 处，与轴线成 45° 的线应变 $\varepsilon_c=-60\times10^{-6}$。计算横截面上 a，b，c 三点的应力。

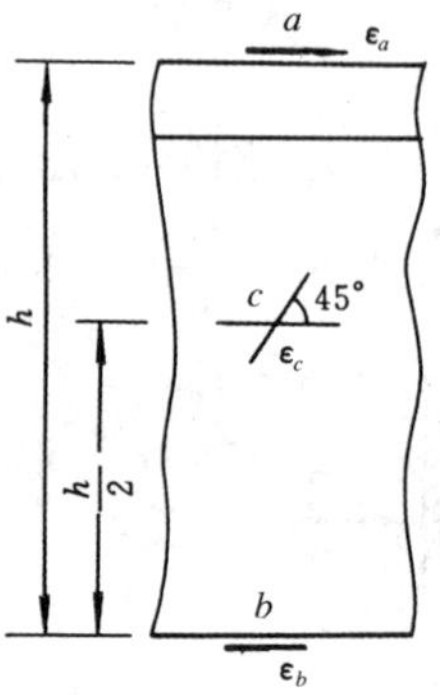

题 8-17 图

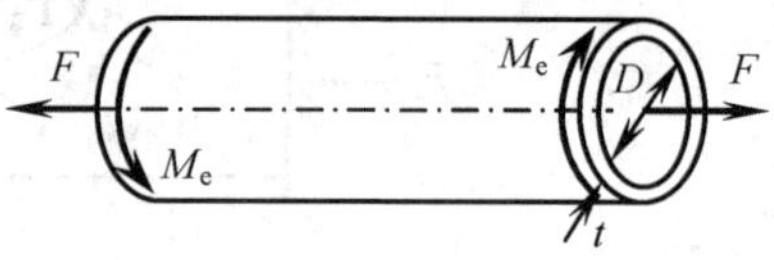

题 8-18 图

8-18 内径为 D、壁厚为 t 的钢质薄壁圆管如题 8-18 图所示。已知钢管材料的弹性模量为 E，泊松比为 ν。若钢管承受轴向拉力 F 和扭力偶矩 M_e 作用，试求该钢管壁厚的改变量 Δt。

8-19 材料为 E，ν 的钢圆柱，正好紧密无隙地嵌入刚性圆筒模具内。如在圆柱顶面加压力 F，设圆筒和圆柱接触面上无摩擦，试证明圆柱与圆筒间相互作用的压力为

$$q=\frac{4\nu F}{(1-\nu)\pi d^2}$$

8-20 内径 $d=100$ mm，壁厚 $\delta=5$ mm 的钢管内紧密无隙地装有混凝土圆柱体。设钢管的 $E_s=2.1\times10^5$ MPa，$\nu_s=0.2$；混凝土的 $E_c=0.26\times10^5$ MPa，$\nu_c=0.18$。当混凝土的顶面承受 $F=89.8$ kN 压力作用时，试求钢管和混凝土之间相互作用的压力 q，并求混凝土内产生的最大切应力。

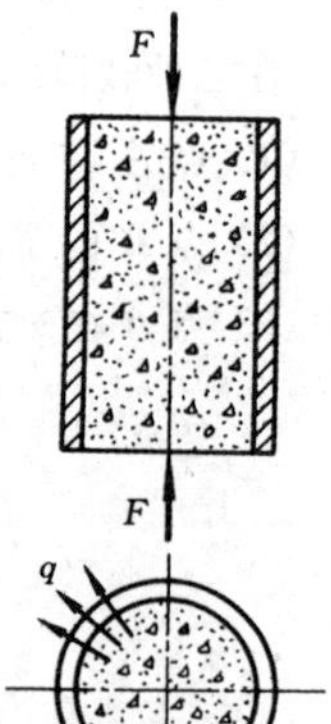

题 8-20 图

8-21 有一铸铁零件，已知其危险点的主应力为 $\sigma_1=24$ MPa，$\sigma_2=0$，$\sigma_3=-36$ MPa，设材料的许用拉应力$[\sigma_t]=35$ MPa，许用压应力$[\sigma_c]=120$ MPa，泊松比 $\nu=0.3$，试用第二强度理论和莫尔强度理论校核其强度。

8-22 有一铸铁构件，其危险点的应力状态如题 8-22 图所示。设材料的$[\sigma_t]=35$ MPa，$[\sigma_c]=120$ MPa，泊松比 $\nu=0.3$，试校核此构件的强度。

8-23 从低碳钢制成的零件某处取出一单元体，已知 $\sigma_x=40$ MPa，$\sigma_y=40$ MPa，$\tau_x=60$ MPa，材料的许用应力$[\sigma]=140$ MPa，试按第三强度理论和第四强度理论分别对其进行强度校核。

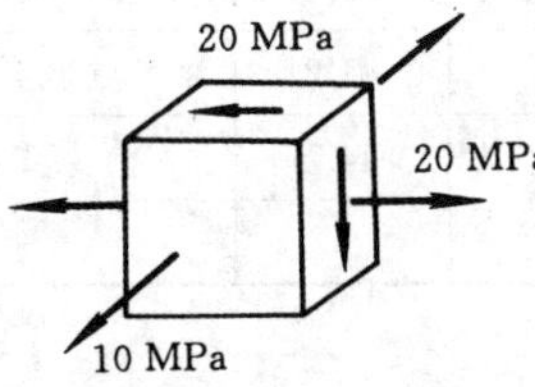

题 8-22 图

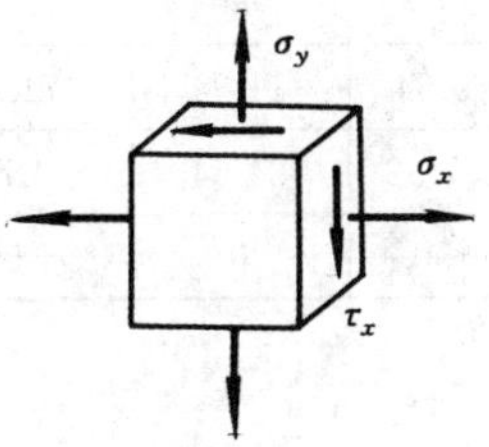

题 8-23 图

8-24 火车车轮与钢轨接触点处的主应力为 $\sigma_1=-650$ MPa，$\sigma_2=-700$ MPa，$\sigma_3=-900$ MPa，若钢轨的许用应力$[\sigma]=250$ MPa，校核其强度。

8-25 有一简支钢板梁受载荷如题 8-25 图所示。已知材料的许用应力$[\sigma]=180$ MPa。按第四强度理论作梁的强度全面校核。

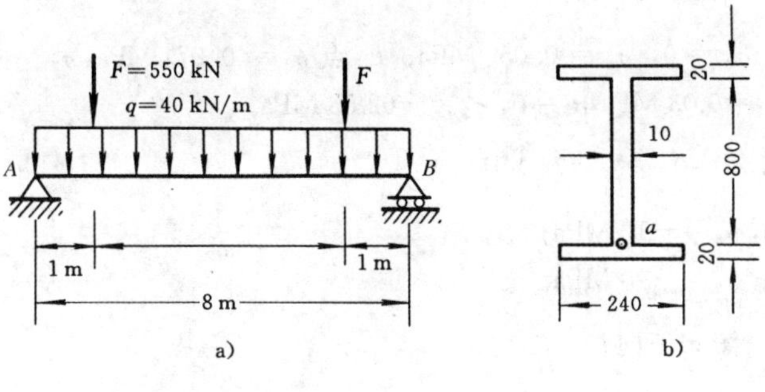

题 8-25 图

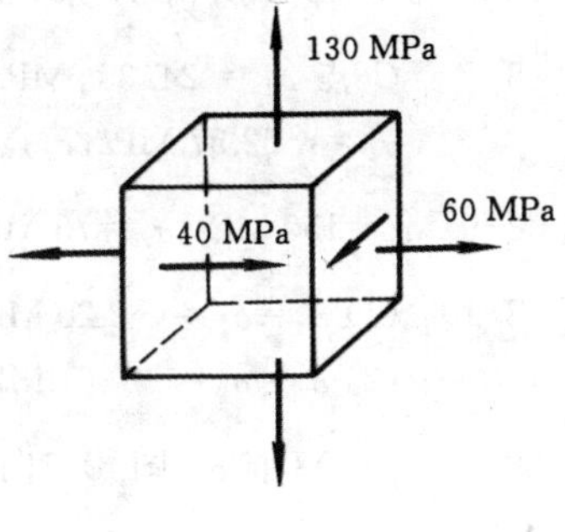

题 8-26 图

8-26 钢制构件，危险点单元体如题 8-26 图所示，材料的 $\sigma_s=240$ MPa，试按第三强度理论计算构件的工作安全系数 n_w。

8-27 测得铸铁构件表面危险点线应变 $\varepsilon_{0^\circ}=100\times10^{-6}$，$\varepsilon_{90^\circ}=-300\times10^{-6}$，$\varepsilon_{45^\circ}=150\times10^{-6}$，已知材料弹性模量 $E=1.5\times10^5$ MPa，泊松比 $\nu=0.25$，许用拉应力$[\sigma_t]=30$ MPa，许用压应力$[\sigma_c]=90$ MPa，校核该点强度。

习题答案

8-1 a) $\sigma_A=0$，$\sigma_B=-63.7$ MPa，$\sigma_C=95.5$ MPa； b) $\sigma=0$，$\tau=79.6$ MPa；
c) $\sigma_{环}=150$ MPa，$\sigma_{轴}=75$ MPa； d) $\sigma_A=48.6$ MPa(−)，$\tau_A=0$；$\sigma_B=0$，
$\tau_B=1.46$ MPa；$\sigma_C=24.3$ MPa，$\tau_C=1.1$ MPa；$\sigma_D=62.5$ MPa，$\tau_D=0$；

$\sigma_E=\sigma_F=31.25$ MPa(—)，$\tau_E=2.02$ MPa(—)，$\tau_F=1.40$ MPa。

8-2

图号	σ_α	τ_α	σ_{max}	σ_{min}	α_{0max}	τ_{max}	$\sigma=0$ 的面
a)	130.6	−35	140	0	45°	70	−45°
b)	34.8	11.7	37.0	−27.0	109.3°	32	59.8°，−21.2°
c)	5	25	57	−7.0	−19.3°	32	90°,51.3°
d)	60	0	60	−60	135°	60	0°,90°
e)	41	41	72.4	−12.4	112.5°	42.4	0°,45°
f)	−9.64	11.34	71.2	−11.2	38°	41.2	−30.4°，−73.7°
g)	−77.32	24.64	4.7	−84.7	76.7°	44.7	90°,63.4°
h)	−50	0	−50	−50	任意	0	无

8-3 同 8-2。

8-5 a) $\sigma_{max}=54.14$ MPa,$\sigma_{min}=25.86$ MPa,$\alpha_{0max}=112.5°$；

b) $\sigma_{max}=16.18$ MPa，$\sigma_{min}=-6.18$ MPa,$\alpha_{0max}=31.7°$；

c) $\sigma_{max}=1.18$ MPa，$\sigma_{min}=-21.18$ MPa，$\alpha_{0max}=-58.3°$；

d) $\sigma_{max}=16.01$ MPa，$\sigma_{min}=4.97$ MPa，$\alpha_{0max}=47.6°$。

8-6 $\sigma_1=79.6$ MPa，$\sigma_2=0$，$\sigma_3=-79.6$ MPa。

8-7 C 点 $\sigma_1=24.35$ MPa，$\sigma_2=0$，$\sigma_3=0.05$ MPa；E 点 $\sigma_1=0.07$ MPa,$\sigma_2=0$，$\sigma_3=-62.57$ MPa,F 点 $\sigma_1=0.03$ MPa,$\sigma_2=0$，$\sigma_3=-62.53$ MPa。

8-9 $\sigma_1=150$ MPa,$\sigma_2=75$ MPa,$\sigma_3=0$，$\tau_{max}=75$ MPa。

8-10 (1) $\sigma_1=\sigma_2=-2.20$ MPa，$\sigma_3=-10$ MPa；
(2) $\sigma_1=\sigma_2=-0.61$ MPa，$\sigma_3=-10$ MPa。

8-11 图 a)双向； 图 b)三向； 图 c)三向。

8-13 (1) $\sigma_x=0$，$\tau_x=-20$ MPa，$\sigma_y=0$；
(2) $\sigma_1=20$ MPa，$\alpha_{0max}=45°$，$\sigma_2=0$，$\sigma_3=-20$ MPa，$\tau_{max}=20$ MPa，$\alpha_1=90°$；
(3) $\sigma_z=\sigma_2=0$，$\varepsilon_z=0$； (4) $\theta=0$。

8-14 $\Delta\delta=1.46\times10^{-3}$ mm。

8-15 $\varepsilon_{45°}=390\times10^{-6}$ 。

8-16 $T=\dfrac{\pi d^3 E\varepsilon_\alpha}{16(1+\nu)\sin 2\alpha}$。

8-17 $\sigma_a=30$ MPa，$\tau_a=0$； $\sigma_b=-90$ MPa，$\tau_b=0$； $\sigma_c=-30$ MPa，$\tau_c=-1.8$ MPa。

8-18 $\Delta t=\varepsilon t=-\dfrac{\nu F}{\pi ED}$。

8-20 $q=1$ MPa， $\tau_{max}=5.22$ MPa。

8-21 $\sigma_{r2}=34.8$ MPa，$\sigma_{rM}=34.5$ MPa。

8-22 $\sigma_{r1}=32.4$ MPa，$\sigma_{rM}=36$ MPa。

8-23 $\sigma_{r3}=120$ MPa，$\sigma_{r4}=111$ MPa。

8-24 $\sigma_{r3}=250$ MPa，$\sigma_{r4}=229$ MPa。

8-25 $\sigma_{r4}=175$ MPa。

8-26 $n_w=1.6$。

8-27 $\sigma_{rM}=37.9$ MPa，$\sigma_{r2}=33$ MPa,不安全。

9 组合变形

本章内容是应用叠加法计算工程中常见的杆件组合变形问题。前面介绍的各种基本变形的内力、应力、位移计算是本章的基础。通过本章学习，不只是解决组合变形问题，也是对前面各章的整理和复习。

知识点
重点
难点

组合变形
概念和求
解方法

9.1 组合变形概念和工程实例

前面讨论了构件在轴向拉(压)、剪切、扭转以及平面弯曲四种基本变形条件下的强度和刚度计算问题。但工程实际中，构件只发生基本变形的情况是有限的，由于受力情况复杂，构件常会发生包含两种或多种基本变形的复杂变形，由两种或两种以上基本变形组成的复杂变形称为组合变形。

组合变形的工程实例很多，例如，图 9-1a)所示的烟囱，除因自重所引起的轴向压缩外，还有因水平方向风力作用而引起的弯曲变形；图 9-1b)所示的厂房支柱的变形也都属于压缩与弯曲的组合变形；图 9-1c)所示的屋架檩条，在屋面载荷(垂直作用力)作用下，发生由两个形心主惯性平面内的弯曲变形组合而成的斜弯曲；工程中常见的轴(如齿轮轴、电动机轴、曲柄轴等)，大多在发生扭转变形的同时，还伴有弯曲变形，如图 9-1d)所示机轴 AB，同时发生弯曲和扭转变形。

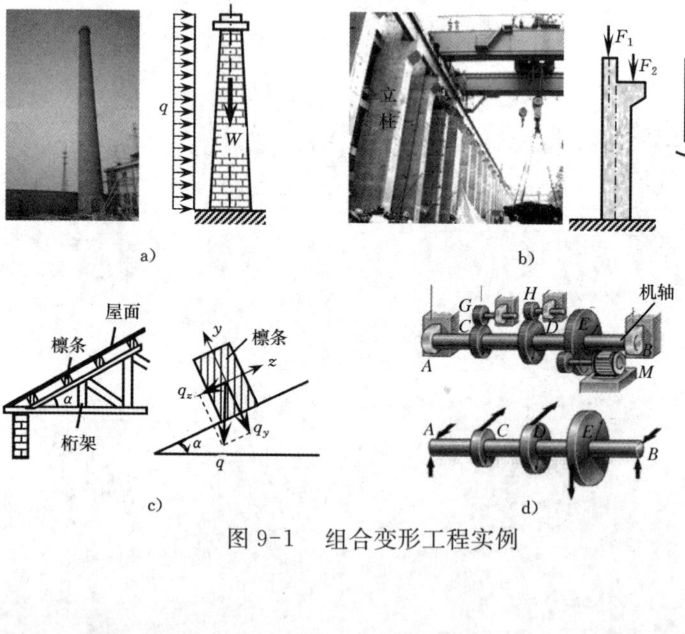

图 9-1　组合变形工程实例

在小变形和材料服从胡克定律的前提下，组合变形中每一种基本变形所引起的应力和变形都是各自独立、互不影响的，因此，解决组合变形问题的基本方法是叠加法。这种叠加包含以下三个过程：

(1) 载荷的分解和简化。通过载荷的分解或移动，将产生同种基本变形的载荷归为一组，形成若干组载荷，一组载荷对应一种基本变形，将组合变形转化成若干种基本变形。

(2) 基本变形计算。对各种基本变形逐个计算内力，判断危险截面及危险点，计算应力和位移。

(3) 叠加求解。将各基本变形在同一点上产生的应力叠加，对危险点依据强度理论作强度计算；将各基本变形在同一截面上产生的位移合成，据此对构件进行刚度校核。

以图 9-2a)所示杆为例说明叠加法过程(假定对于 BC 段 q 及力 F 均符合平面弯曲条件)。对 BC 段，均布载荷 q 产生以 x 轴为中性轴上拉下压的平面弯曲，B 是危险面；力 F 产生以 y 轴为中性轴左拉右压的平面弯曲，B 也是危险面。综合两个变形，可知危险面仍是 B 面，危险点在左上方(或右下方)。对 AB 段，把均布载荷 q 和力 F 移到 B，化成集中力 qa，F 及附加力偶矩 $M_1=\frac{1}{2}qa^2$，$M_2=Fa$，见图 9-2b)，在集中力 qa 作用下，产生以 z 为中性轴上拉下压的平面弯曲，危险面在固定端 A；在集中力 F 作用下，产生轴向拉伸变形；在力偶矩 M_1 作用下，产生扭转变形；在 M_2 作用下，产生以 y 为中性轴、z 正向拉反向压的平面弯曲，后三种变形任一横截面都可能是危险面。综合四种基本变形，可知危险面在 A 面，危险点在截面的第一象限边界上。

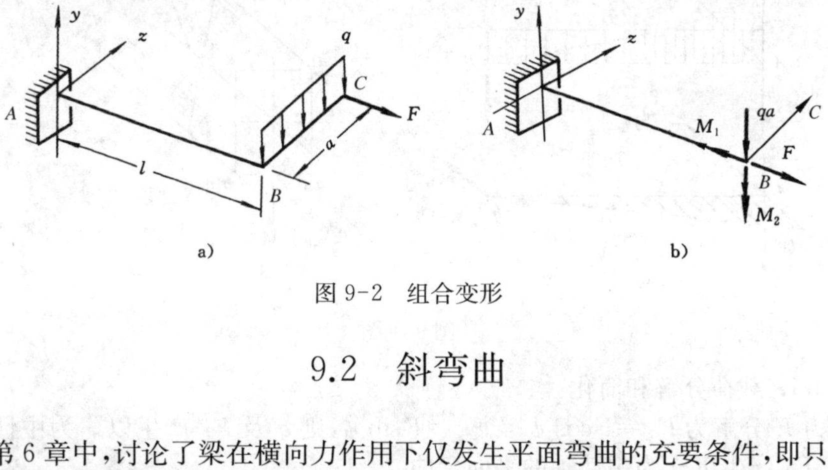

图 9-2 组合变形

9.2 斜弯曲

在第 6 章中，讨论了梁在横向力作用下仅发生平面弯曲的充要条件，即只有当横向力过截面的弯曲中心且平行形心主轴时，梁才发生平面弯曲。这时梁的挠曲线是形心主惯性平面内的一条平面曲线。

当横向外力通过弯曲中心，但与形心主轴不平行或外力偶矩矢与形心主轴不一致时，则梁发生由两个形心主惯性平面内的弯曲变形组合而成的斜弯曲。如图 9-3

所示屋架上的檩条梁发生的变形就是斜弯曲。在这种情况下,梁变形后的挠曲线可以是一条空间曲线,不在载荷与轴线构成的平面内。

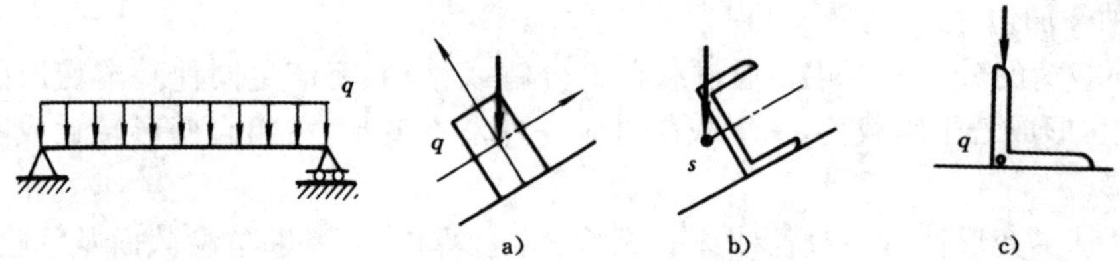

图 9-3　斜弯曲梁

例 9-1　如例 9-1 图所示,矩形截面梁 AB,长 l、宽 b、高 h,全梁受垂直均布载荷 q 及位于自由端面上的集中力 F 作用,F 与垂直线的夹角 ϕ,计算梁上各点应力,危险点应力及自由端面的位移 f_B 。

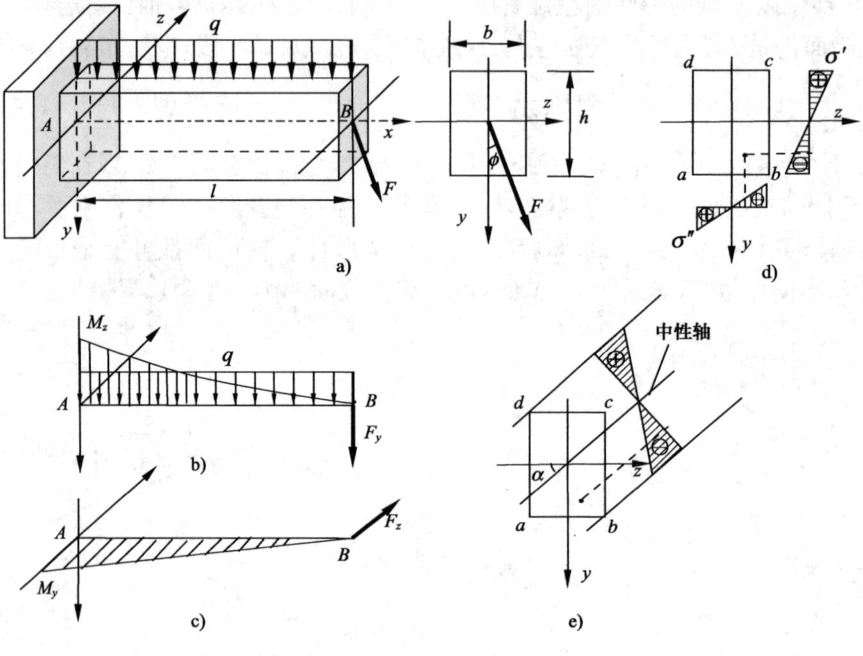

例 9-1 图

解　1. 载荷分解和简化

将力 F 分解为 $F_y=F\cos\phi$ 及 $F_z=F\sin\phi$,则 q 及 F_y 产生以 z 为中性轴的平面弯曲,F_z 产生以 y 为中性轴的平面弯曲。

2. 基本变形计算

载荷图和弯矩图见例 9-1 图 b)和 c)。对于实腹梁,弯曲切应力常远小于正应力,可以略去,因此在进行内力分析时,主要是计算弯矩。此时弯矩不再定正负,弯矩图画在受拉一侧。

q 及 F_y 产生以 z 为中性轴的平面弯曲，梁上拉下压：

$$M_z(x)=\frac{q}{2}(l-x)^2+F\cos\phi(l-x)$$

$$I_z=\frac{bh^3}{12},\ W_z=\frac{bh^2}{6}$$

弯矩 M_z 引起的应力记为 $\sigma'(x,\ y)$，$\sigma'(x,\ y)=-\frac{M_z(x)}{I_z}y$（因正 y 方向是压应力，故添加“－”号），危险面是固定端截面 A，σ' 沿截面高度的分布图见例 9-1 图 d)，危险点在上下边缘处 $\left(y=\pm\frac{h}{2}\right)$，危险点应力 $|\sigma'|_{\max}=\frac{M_{z\max}}{W_z}=\frac{\frac{q}{2}l^2+Fl\cos\phi}{W_z}$。

B 截面的挠度（向下）

$$f_{By}=\frac{ql^4}{8EI_z}+\frac{Fl^3\cos\phi}{3EI_z}$$

F_z 产生以 y 为中性轴的平面弯曲，梁正 z 方向受压：

$$M_y(x)=F\sin\phi(l-x)$$

$$I_y=\frac{hb^3}{12},\quad W_y=\frac{hb^2}{6}$$

弯矩 M_y 引起的应力记为 $\sigma''(x,\ z)$，$\sigma''(x,\ z)=-\frac{M_y(x)}{I_y}z$，危险面是固定端截面 A，σ'' 沿截面宽度的分布图见例 9-1 图 d)，危险点应力 $|\sigma''|_{\max}=\frac{M_{y\max}}{W_y}=\frac{Fl\sin\phi}{W_y}$。

此时 B 截面的挠度（正 z 方向）

$$f_{Bz}=\frac{Fl^3\sin\phi}{3EI_y}$$

3. 叠加

将上述基本变形在同一点上产生的应力进行叠加，可得应力计算式：

$$\sigma(x,\ y,\ z)=\sigma'+\sigma''=-\frac{M_z(x)}{I_z}y-\frac{M_y(x)}{I_y}z$$

$$=-\frac{\left[\frac{q}{2}(l-x)^2+F\cos\phi(l-x)\right]}{I_z}y-\frac{F\sin\phi(l-x)}{I_y}z \qquad \text{(a)}$$

最大拉应力在 A 面的 d 点，最大压应力在 A 面的 b 点，大小为

$$|\sigma|_{\max}=|\sigma'|_{\max}+|\sigma''|_{\max}=\frac{M_{z\max}}{W_z}+\frac{M_{y\max}}{W_y}$$

$$=\frac{\frac{q}{2}l^2+Fl\cos\phi}{W_z}+\frac{Fl\sin\phi}{W_y}$$

对 B 截面的位移进行合成,可得 B 截面的挠度为

$$f_B=\sqrt{f_{By}^2+f_{Bz}^2}=\frac{\sqrt{\left(\frac{ql^4}{8}+\frac{Fl^3\cos\phi}{3}\right)^2+\left(\frac{Fl^3\sin\phi}{3}\cdot\frac{I_z}{I_y}\right)^2}}{EI_z}$$

由应力表达式(a)可知,横截面上正应力是线性分布的,形心处应力为零,中性轴(截面上正应力等于零的各点之连线)方程为

$$-\frac{M_z(x)}{I_z}y-\frac{M_y(x)}{I_y}z=0 \tag{b}$$

式(b)表明中性轴是通过截面形心的一条直线,设中性轴与 z 轴的夹角为 α,由式(b)可得

$$\tan\alpha=\left|\frac{y}{z}\right|=\frac{M_y(x)}{M_z(x)}\cdot\frac{I_z}{I_y} \tag{b$'$}$$

式(b′)表明中性轴与 z 轴的夹角 α 随截面位置而变化,中性轴是过形心的直线,但不是形心主轴,应力分布图见例 9-1 图 e)。从例 9-1 图 e)中可见,横截面上的最大正应力发生在离中性轴最远的各点上。

值得注意的是,式(a)不是斜弯曲应力计算的固定公式,其中各项的符号取决于坐标。

例 9-2 例 9-1 图所示梁的截面改为例 9-2 图 a),图 b)所示的 T 形或圆形截面时,危险点在何处?写出危险点应力表达式。

解 弯矩方程 M_z,M_y 不变,危险面不变,同例 9-1。T 形截面在 M_z,M_y 分别作用下的应力分布图见例 9-2 图 c),最大拉应力发生在截面左上角 a 点,即

$$\sigma_a=\frac{M_z|y_a|}{I_z}+\frac{M_y}{W_y}$$

最大压应力发生在 b 点或 c 点,即

$$\sigma_b=-\frac{M_z|y_b|}{I_z}-\frac{M_y|z_b|}{I_y}$$

$$\sigma_c=\frac{M_z|y_c|}{I_z}-\frac{M_y}{W_y}$$

在 M_z,M_y 共同作用下截面应力分布图见例 9-2 图 d)。

对于圆截面,在 M_z,M_y 分别作用下的应力分布图如例 9-1 图 e)所示,最大拉

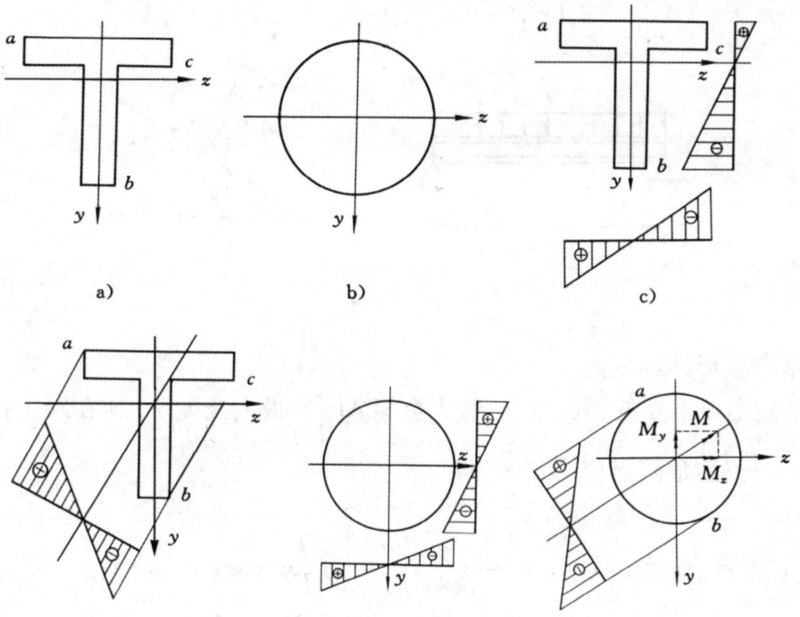

例 9-2 图

(压)应力应在截面边界的左上(右下)弧段上,具体位置在例 9-1 图 e)中难以确定。若把 M_z, M_y 矢量合成为 $\boldsymbol{M}$, $M=\sqrt{M_y^2+M_z^2}$,如例 9-1 图 f)所示,由于圆截面过形心任一直线都是形心主轴,因此,$\boldsymbol{M}$ 与形心主轴一致,可作平面弯曲处理,得危险点 a, b。应力分布图见例 9-1 图 f)。

$$\sigma_a=-\sigma_b=|\sigma|_{\max}=\frac{\sqrt{M_z^2+M_y^2}}{W}$$

对于截面具有三根或三根以上对称轴的梁,整体变形可能是斜弯曲,但对每个截面的应力计算可作平面弯曲处理。

例 9-3 屋架的间距为 4 m,上弦杆的坡度 $\varphi=20°$,架于两屋架间的工字钢檩条所受屋面传来的载荷(屋面材料如瓦、板的重力)$q=3.5$ kN/m,钢材的弹性模量 $E=2\times10^5$ MPa,许用应力$[\sigma]=160$ MPa。(1) 试选择工字钢檩的截面号码,并求出其最大挠度值及其方向;(2) 若用窄翼缘 H 钢(H198×99×4.5)校核强度,并计算与工字钢的截面面积比。

解 檩条梁为支承于两个屋架上的简支梁,长 $l=4$ m,受力如例 9-3 图所示。

1. 载荷的分解和简化

$$q_y=q\cos 20°,\quad q_z=q\sin 20°$$

分别产生以 z 轴与 y 轴为中性轴的平面弯曲。

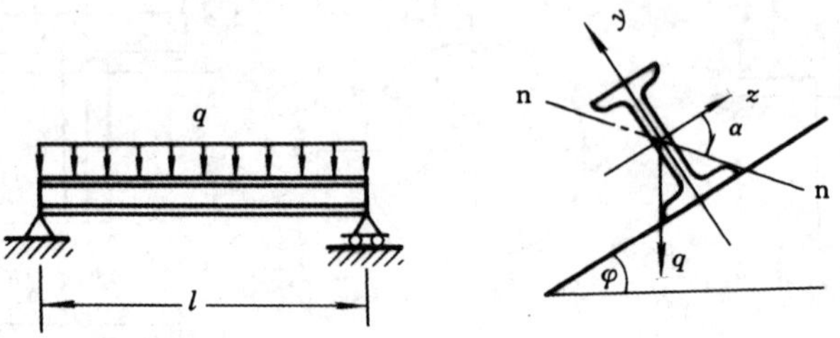

例9-3图

2. 基本变形计算

q_y 产生上压下拉的平面弯曲，最大弯矩 M_z 和最大挠度 f_y 均在跨中截面，危险点在 $y=\pm\dfrac{h}{2}$ 处，危险点应力记 σ'，即

$$M_z=\frac{1}{8}q_y l^2=\frac{1}{8}ql^2\cos\varphi,\quad f_y=\frac{5q_y l^4}{384EI_z}=\frac{5ql^4}{384EI_z}\cos\varphi,\quad \sigma'=\frac{M_z}{W_z}=\frac{1}{8}ql^2\ \frac{\cos\varphi}{W_z}$$

q_z 产生左拉右压的平面弯曲，最大弯矩 M_y 和最大挠度 f_z 也在跨中截面，危险点在 $z=\pm\dfrac{b}{2}$ 处，危险点记 σ''，即

$$M_y=\frac{1}{8}q_z l^2=\frac{1}{8}ql^2\sin\varphi,\quad f_z=\frac{5q_z l^4}{384EI_y}=\frac{5ql^4}{384EI_y}\sin\varphi,\quad \sigma''=\frac{M_y}{W_y}=\frac{1}{8}ql^2\ \frac{\sin\varphi}{W_y}$$

3. 叠加

最大拉(压)应力在左下(右上)角点，即

$$\sigma_{\max}=\sigma'+\sigma''=\frac{1}{8}ql^2\left(\frac{\cos\varphi}{W_z}+\frac{\sin\varphi}{W_y}\right)=\frac{1}{8W_z}ql^2\left(\cos\varphi+\frac{W_z}{W_y}\sin\varphi\right)$$

工字钢的$\dfrac{W_z}{W_y}$值通常在5～15之间，若取$\dfrac{W_z}{W_y}=10$试算，代入强度条件：

$$\sigma_{\max}=\frac{ql^2}{8W_z}(\cos\varphi+10\sin\varphi)\leqslant[\sigma]$$

$$W_z=\frac{ql^2}{8[\sigma]}(\cos\varphi+10\sin\varphi)$$

$$\frac{ql^2}{8}=\frac{1}{8}\times 3.5\times 4\ 000^2=7\times 10^6\ \text{N}\cdot\text{mm}$$

$$W_z=\frac{7\times 10^6}{160}\times(0.94+10\times 0.342)=191\times 10^3\ \text{mm}^3$$

查型钢表，No.18 工字钢的 W_z 与之最接近，用 No.18 工字钢计算其应力：

$$W_z=185\times10^3\ \text{mm}^3,\quad W_y=26\times10^3\ \text{mm}^3,\quad \frac{W_z}{W_y}=7.12$$

$$\sigma=\frac{7\times10^6}{185\times10^3}\times(0.94+7.12\times0.342)=127.7\ \text{MPa}$$

与许用应力$[\sigma]$比较小得多，可再选小一些的工字钢试算。取 No.16 工字钢，查得 $W_z=141\times10^3\ \text{mm}^3$，$W_y=21.2\times10^3\ \text{mm}^3$

$$\sigma_{\max}=\frac{M_z}{W_z}+\frac{M_y}{W_y}=\frac{1}{8}ql^2\left(\frac{\cos\varphi}{W_z}+\frac{\sin\varphi}{W_y}\right)$$

$$=7\times10^6\times\left(\frac{0.940}{141\times10^3}+\frac{0.342}{21.2\times10^3}\right)=159.6\ \text{MPa}\approx[\sigma]$$

确定选用 No.16 工字钢。

4. 最大挠度值及方向

梁最大挠度发生在梁中点，$f_y=\dfrac{5q\cos\varphi l^4}{384EI_z}$，　$f_z=\dfrac{5q\sin\varphi l^4}{384EI_y}$

$$f=\sqrt{f_y^2+f_z^2}=\frac{5ql^4}{384EI_z}\sqrt{(\cos\varphi)^2+\left(\frac{I_z\sin\varphi}{I_y}\right)^2}$$

$$\theta=\arctan\left(\frac{f_z}{f_y}\right)=\arctan\left(\frac{\sin\varphi}{\cos\varphi}\cdot\frac{I_z}{I_y}\right)$$

查型钢表得 $I_z=1\,130\times10^4\ \text{mm}^4$，$I_y=93.1\times10^4\ \text{mm}^4$，$\dfrac{I_z}{I_y}=12.14$

$$\frac{5ql^4}{384EI_z}=\frac{5\times3.5\times4\,000^4}{384\times2\times10^5\times1\,130\times10^4}=5.16\ \text{mm}$$

$$f=5.16\times\sqrt{(0.94)^2+(12.14\times0.342)^2}=22.0\ \text{mm}$$

$$\alpha=\arctan\left(\frac{0.342}{0.94}\times12.14\right)=77^\circ$$

载荷虽偏于竖向，但挠度却近于横向，表明狭长截面梁要防止侧向弯曲。

5. 采用窄翼缘 H 钢(H198×99×4.5)

查得 H198×99×4.5 钢，$A_H=2\,268\ \text{mm}^2$，$W_z=156\times10^3\ \text{mm}^3$，$W_y=22.9\times10^3\ \text{mm}^3$

$$\sigma_{\max}=7\times10^6\times\left(\frac{0.94}{156\times10^3}+\frac{0.342}{22.9\times10^3}\right)=146.7\ \text{MPa}\leqslant[\sigma]$$

强度足够。

No.16 工字钢面积 $A_{\mathrm{I}}=2\,611\ \mathrm{mm}^2$， $A_{\mathrm{H}}:A_{\mathrm{I}}=2\,268:2\,611=0.87:1$

把 No.16 工字钢改用 198×99×4.5H 钢后，应力和重量都减小了。

9.3 轴向拉伸(压缩)与弯曲组合　偏心拉伸(压缩)

轴向拉伸(压缩)变形与弯曲变形组合，简称拉(压)弯组合，是工程构件常见的组合变形形式之一，如图 9-1a)所示烟囱，它的重力和横向风力分别导致轴向压缩变形和平面弯曲变形；图 9-4a)所示悬臂式起重机横梁 AB，图 9-4b)所示斜杆 AB，及图 9-4c)所示折梁 ABC 均发生拉(压)弯组合变形。此时杆的内力有轴力 F_{N} 和弯矩 M，横截面上应力由轴向拉(压)应力 $\sigma=\dfrac{F_{\mathrm{N}}}{A}$ 及弯曲应力 $\sigma=\dfrac{M_z y}{I_z}\left(\text{或}\ \sigma=\dfrac{M_y z}{I_y}\right)$ 两部分组成，中性轴不再通过截面形心。

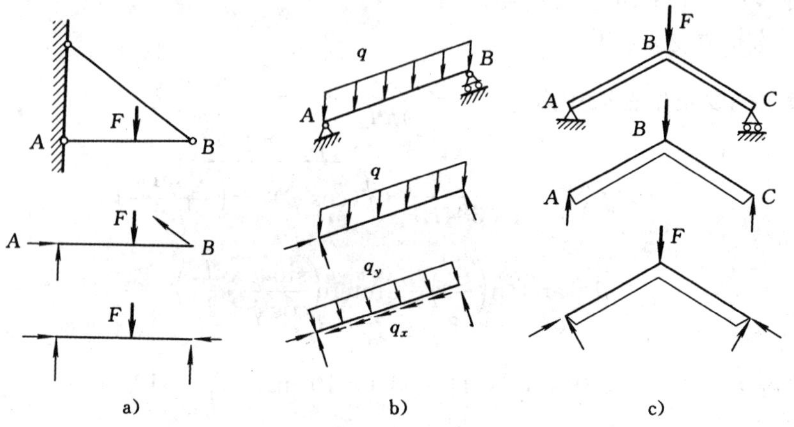

图 9-4

当外力与轴线平行但不重合时，发生的拉(压)弯组合变形称为偏心拉伸(压缩)，统称偏心拉压。图 9-1b)所示厂房立柱、桥墩、钻床或汽锤的机架都是偏心拉压构件。图 9-5 所示受压柱，y 和 z 是形心主轴，力 F 作用于(z_F，y_F)，应用叠加法，把力 F 平移到形心，并添上附加力偶矩 $M_z=Fy_F$ 及 $M_y=Fz_F$，见图 9-5b)。在 M_z 作用下，柱底正 y 部分受压；在 M_y 作用下，柱底正 z 部分受压，底面应力

$$\sigma=-\frac{F}{A}-\frac{M_z y}{I_z}-\frac{M_y z}{I_y}=-\frac{F}{A}-\frac{Fy_F y}{I_z}-\frac{Fz_F z}{I_y} \tag{9-1}$$

若用 $I_z=Ai_z^2$，$I_y=Ai_y^2$(i_z，i_y 为惯性半径)代入式(9-1)，得

$$\sigma=-\frac{F}{A}\left(1+\frac{y_F y}{i_z^2}+\frac{z_F z}{i_y^2}\right) \tag{9-1$'$}$$

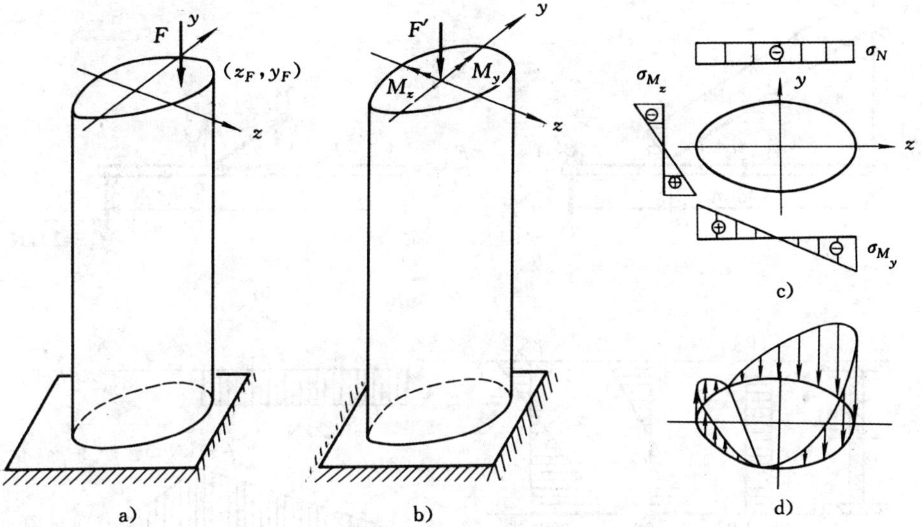

图 9-5 偏心压缩柱

式(9-1)表明正应力在横截面上分布呈斜平面,如图 9-5d)所示。令 $\sigma=0$ 就是中性轴方程,即

$$1+\frac{y_F y}{i_z^2}+\frac{z_F z}{i_y^2}=0 \tag{9-2}$$

由中性轴方程可知,中性轴在截面上的位置与偏心力 F 作用点的坐标 y_F, z_F 有关,是一条不通过形心的斜直线。将 $y=0$ 和 $z=0$ 分别代入中性轴方程式(9-2),可得到中性轴在坐标轴上的截距

$$a_y=-\frac{i_z^2}{y_F},\quad a_z=-\frac{i_y^2}{z_F} \tag{9-2$'$}$$

式(9-2)′表明:a_y 与 y_F, a_z 与 z_F 符号相反,说明中性轴与偏心力的作用点分别位于截面形心(坐标原点)的两侧,如图 9-5d)所示。

中性轴的位置确定后,截面上距中性轴最远的点应力绝对值最大,此点总在力 F 作用点所在象限的边界上,若边界上有角点的话,则应力(绝对值)最大点就在角点。应注意,式(9-1)给出的横截面正应力计算式只能用于距力 F 作用点较远的横截面。

例 9-4 简易吊车结构的简图如例 9-4 图 a)所示。吊车的横梁 AD 为 No.22a 工字钢,材料的许用应力 $[\sigma]=160$ MPa。起吊物(连同电动滑车)重 $F=20$ kN。当电动滑车行走到梁端 D 处时,试校核横梁 AD 的强度。

解 1. 外力的分解和简化

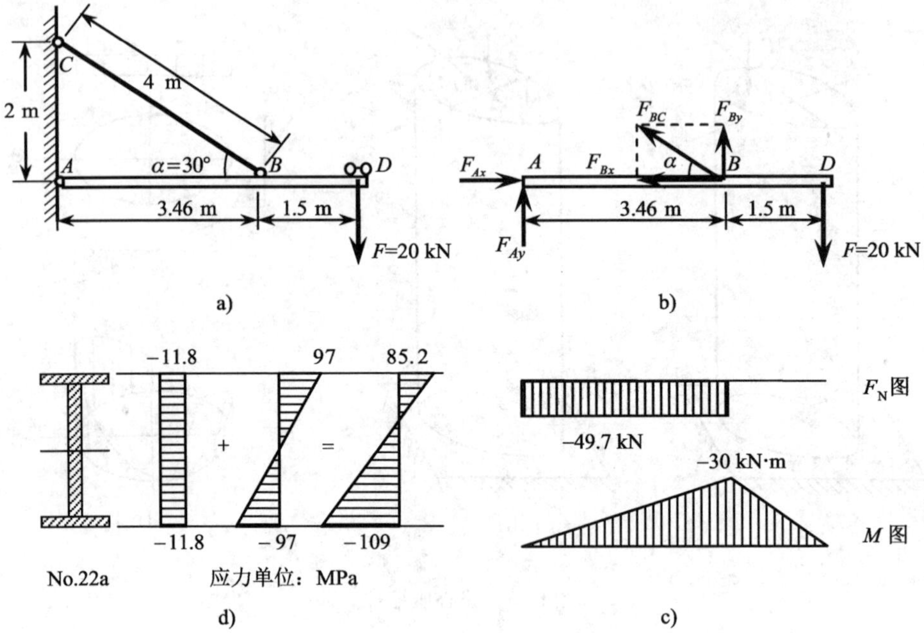

例 9-4 图

分析横梁 AD 的受力，画受力图如例 9-4 图 b) 所示。由静力平衡条件可求得

$$F_{Ax}=49.7\ \mathrm{kN},\ F_{Ay}=-8.7\ \mathrm{kN}$$
$$F_{Bx}=49.7\ \mathrm{kN},\ F_{By}=28.7\ \mathrm{kN}$$

横梁的 AB 段发生压缩和弯曲组合变形。

2. 计算内力，判断危险截面

画横梁 AD 的轴力图和弯矩图，如例 9-4 图 c) 所示。由轴力图和弯矩图可判断：横梁 AD 的 $B_{左}$ 截面是危险截面。该截面上的轴力和弯矩分别为

$$F_N=-49.7\ \mathrm{kN}$$
$$M=30\ \mathrm{kN\cdot m}。$$

3. 叠加法计算应力，进行强度校核

查型钢表，可得 No.22a 工字钢横截面面积 $A=42.10\ \mathrm{cm^2}$，抗弯截面系数 $W_z=309\ \mathrm{cm^3}$ 。

由轴向力 F_N 引起的正应力为

$$\sigma_N=\frac{F_N}{A}=-\frac{49.7\times10^3}{42.1\times10^{-4}}=-11.8\ \mathrm{MPa}$$

由弯矩 M 引起的最大拉应力和最大压应力分别发生在该截面的上、下边缘处，其值为

$$\sigma_w = \pm \frac{M}{W} = \pm \frac{30 \times 10^3}{309 \times 10^{-6}} = \pm 97\ \text{MPa}\left(\frac{\text{上}}{\text{下}}\right)$$

利用叠加法，得出 $B_{左}$ 截面上的正应力分布规律如例 9-4 图 d) 所示。显然，横梁 AD 中的最大压应力发生在 $B_{左}$ 截面的下边缘，其值为

$$|\sigma_{\max}| = \left|\frac{F_N}{A} - \frac{M}{W}\right| = |-11.8 - 97| = 108.8\ \text{MPa} < [\sigma] = 160\ \text{MPa}$$

计算结果表明，横梁 AD 的强度足够。

例 9-5 压力机铸铁机架如例 9-5 图 a)所示。已知材料的许用拉应力 $[\sigma_t] = 30\ \text{MPa}$，许用压应力 $[\sigma_c] = 120\ \text{MPa}$，试根据机架柱强度确定压力机的最大许可载荷 $[F]$。

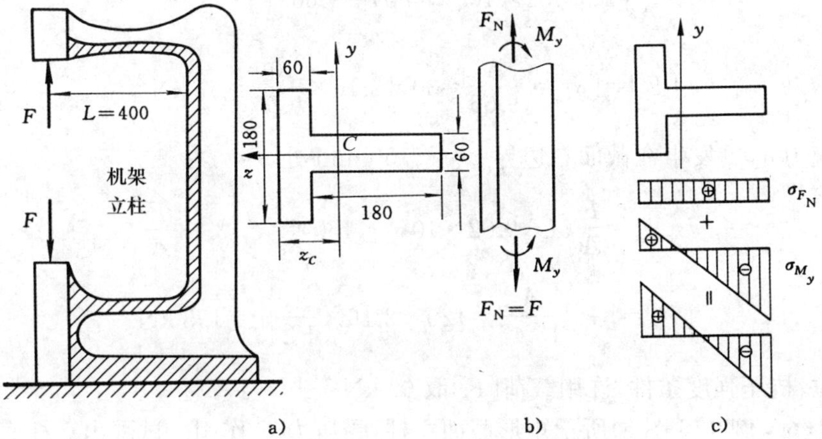

例 9-5 图(单位：mm)

解 1. 确定机架立柱横截面形心的位置 z_C 及有关截面几何性质。取截面对称轴为 z 轴，截面可分成 2 块 60 mm×180 mm 的矩形，整个截面的形心在两个矩形形心连线的中点，即形心至截面左边界 $z_C = 90$ mm，见例 9-5 图 a)。截面面积 A 及形心主惯矩 I_y 为

$$A = 2 \times 180 \times 60 = 2.16 \times 10^4\ \text{mm}^2$$

$$I_y = \frac{60}{12} \times 180^3 + \frac{180}{12} \times 60^3 + 2 \times 180 \times 60 \times 60^2$$

$$= 110 \times 10^6\ \text{mm}^4$$

2. 计算内力、应力

力 F 未与柱轴线重合，柱发生偏心拉伸，将力 F 移至轴线产生附加力偶矩 $M_y = F \times (L + z_C)$[例 9-5 图 b)]。横截面应力

$$\sigma=\sigma_{\rm N}+\sigma_{M_y}=\frac{F}{A}+\frac{M_y z}{I_y}=\frac{F}{A}\left[1+\frac{(L+z_C)A}{I_y}\cdot z\right]$$

在截面上分布图见例 9-5 图 c)。

3. 根据强度条件确定[F]

$$\frac{(L+z_C)A}{I_y}=\frac{400+90\times 2.16\times 10^4}{110\times 10^6}=9.62\times 10^{-2}\,\mathrm{mm}^{-1}$$

最大拉应力 $\sigma_{\rm t\,max}$ 发生在截面左边界 $z=90$ mm 处,

$$\sigma_{\rm t\,max}=\frac{F}{A}\left[1+\frac{(L+z_C)A}{I_z}z_C\right]$$

$$=\frac{F}{A}(1+9.62\times 10^{-2}\times 90)=9.66\,\frac{F}{A}$$

$$[F]=[\sigma_{\rm t}]\cdot\frac{A}{9.66}=30\times 2.16\times\frac{10^4}{9.66}=67\ \mathrm{kN}$$

最大压应力 $\sigma_{\rm c\,max}$ 发生在截面右边界 $z=-150$ mm 处

$$\sigma_{\rm c\,max}=\frac{F}{A}(1-9.62\times 10^{-2}\times 150)=-13.43\,\frac{F}{A}$$

$$[F]=[\sigma_{\rm c}]\frac{A}{13.43}=120\times 2.16\times\frac{10^4}{13.43}=193\ \mathrm{kN}$$

综合抗拉、抗压强度条件,许用载荷[F]取 67 kN。

例 9-6 例 9-6 图 a)所示矩形截面立柱,受压力 F 作用。试画出立柱底面上的正应力分布图;确定中性轴的位置。已知 $F=100$ kN, $a=0.2$ m, $b=0.4$ m,力 F 作用点的坐标为 $z_F=0.05$ m, $y_F=0.2$ m。

解 1. 外力的简化

将偏心力 F 平移到形心[例 9-6 图 b)],产生附加力偶矩:

$$m_y=Fz_F=100\times 0.05=5\ \mathrm{kN\cdot m},\ m_z=Fy_F=100\times 0.2=20\ \mathrm{kN\cdot m}$$

2. 基本变形计算

F'产生轴向压缩变形,m_y产生左拉右压的弯曲变形,m_z产生 y 轴正向拉、负向压的弯曲变形。底截面上的内力有轴力和弯矩[例 9-6 图 c)]

$$F_{\rm N}=F_x=100\ \mathrm{kN},\quad M_y=m_y=5\ \mathrm{kN\cdot m},\quad M_z=m_z=20\ \mathrm{kN\cdot m}$$

由轴力引起的底截面的应力 $\sigma=-\dfrac{F_{\rm N}}{A}$,由弯矩 M_y, M_z 引起的底截面的应力分别为 $\sigma_{M_y}=-\dfrac{M_y z}{I_y}$和$\sigma_{M_z}=-\dfrac{M_z y}{I_z}$(因正 y 方向和正 z 方向均为压应力,故添加“—”

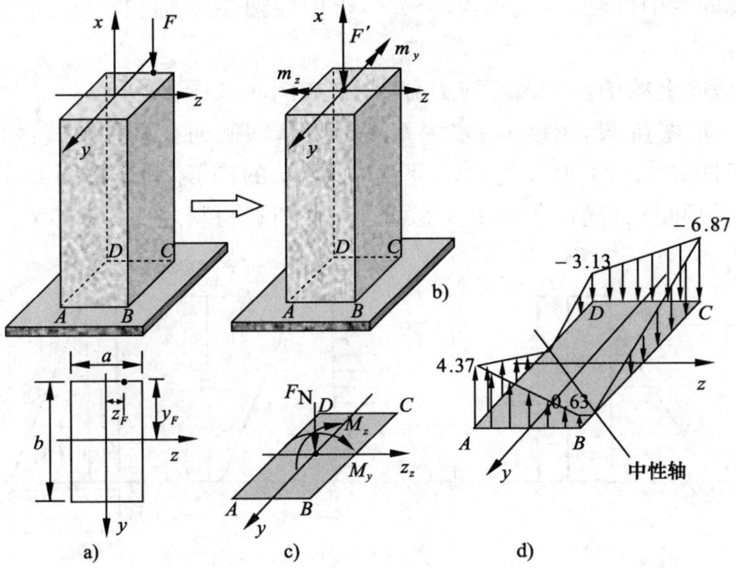

例 9-6 图(应力单位:MPa)

号),截面相关的几何性质 $A=ab$,$I_y=\dfrac{ba^3}{12}$,$I_z=\dfrac{ab^3}{12}$。

3. 叠加法计算应力

各基本变形在底截面产生的应力

$$\sigma=-\frac{F_N}{A}-\frac{M_y z}{I_y}-\frac{M_z y}{I_z}=-1.25-18.75z-18.75y \text{ MPa}$$

由上式可知,应力在截面上线性分布。底截面上四个角点的应力

$$\sigma_A=-\frac{F_N}{A}+\frac{M_z}{W_z}+\frac{M_y}{W_y}=(-1.25+3.75+1.87)=4.37 \text{ MPa}$$

$$\sigma_B=-\frac{F_N}{A}+\frac{M_z}{W_z}-\frac{M_y}{W_y}=(-1.25+3.75-1.87)=0.63 \text{ MPa}$$

$$\sigma_C=-\frac{F_N}{A}-\frac{M_z}{W_z}-\frac{M_y}{W_y}=(-1.25-3.75-1.87)=-6.87 \text{ MPa}$$

$$\sigma_D=-\frac{F_N}{A}-\frac{M_z}{W_z}+\frac{M_y}{W_y}=(-1.25-3.75+1.87)=-3.13 \text{ MPa}$$

4. 确定中性轴的位置

中性轴的位置可由 $\sigma=0$ 确定,即 $1.25+18.75z+18.75y=0$,化简后可得

$$1+15z+15y=0$$

也可根据 BC, AD 边上应力线性分布的规律,确定 BC, AD 边上应力为零的

点,两点连线即为中性轴,或利用式(9-2)′,求中性轴在 y 轴和 z 轴上的截距 a_y, a_z 来确定其位置。

画出底截面上的中性轴及正应力分布图,如例 9-6 图 d)所示。

例 9-7 水坝高 H,密度 ρ_1;水深 h,密度 ρ_2,坝截面有两种形式:(1)宽为 a 的矩形[例 9-7 图 a)];(2) 上顶宽为 a、下底宽为 $3a$ 的梯形[例 9-7 图 b)]。欲坝底不出现拉应力,两种截面宽 a 各为多少? 两种截面所耗材料之比为多少?

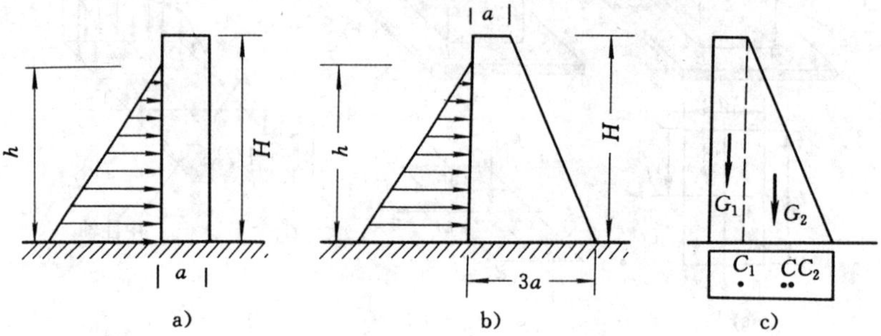

例 9-7 图

解 取单位宽度考虑。

1. 矩形截面

坝发生压弯组合变形。

轴力
$$F_N=\rho_1 gaH\cdot 1$$

底面弯矩
$$M=\left(\frac{1}{2}\rho_2 gh^2\times 1\right)\times\frac{h}{3}=\frac{1}{6}\rho_2 gh^3$$

在 M 作用下,坝底面右压左拉,坝底左边缘应力:

$$\sigma=-\frac{F_N}{A}+\frac{M}{W}=-\frac{\rho_1 gaH\times 1}{a\times 1}+\frac{\frac{1}{6}\rho_2 gh^3}{\frac{1}{6}a^2\times 1}=-\rho_1 gH+\frac{\rho_2 gh^3}{a^2}$$

由 $\sigma=0$ 得
$$a=\sqrt{\frac{\rho_2 gh^3}{\rho_1 gH}}=\sqrt{\frac{\rho_2 h}{\rho_1 H}}\cdot h$$

2. 梯形截面

水坝重力不通过底面形心,重力产生偏心压缩。因此,坝是弯曲变形和偏心压缩的组合。

把梯形截面分为矩形和三角形两部分,见例 9-7 图 c)。矩形部分重力 $G_1=\rho_1 gaH\times 1$,产生附加力偶矩 $M_1=G_1\left(\frac{3}{2}a-\frac{a}{2}\right)=\frac{1}{2}\rho_1 ga^2H$, M_1 使底面左压右拉;

三角形部分重力 $G_2=\rho_1 g\times\frac{1}{2}(2a)H\times 1=\rho_1 gaH$，产生附加力偶矩 $M_2=G_2\left(a+\frac{2a}{3}-\frac{3}{2}a\right)=G_2\frac{a}{6}=\frac{1}{6}\rho_1 ga^2H$，$M_2$ 使底面左拉右压。底面的轴向压力 $F_N=G_1+G_2$，底面受到弯矩为水压产生的弯矩及 M_1，M_2 之和为

$$M=\frac{1}{6}\rho_2 gh^3-\frac{1}{2}\rho_1 ga^2H+\frac{1}{6}\rho_1 ga^2H=\frac{1}{6}\rho_2 gh^3-\frac{1}{3}\rho_1 ga^2H$$

M 使底面左拉右压。底面左边缘应力为

$$\sigma=-\frac{F_N}{A}+\frac{M}{W}=-\frac{2\rho_1 gaH}{3a}+\frac{\frac{1}{6}\rho_2 gh^3-\frac{1}{3}\rho_1 ga^2H}{\frac{1}{6}(3a)^2}$$

$$\sigma=-\frac{8}{9}\rho_1 gH+\frac{\rho_2 gh^3}{9a^2}$$

由拉应力 $\sigma=0$ 解得

$$a=\sqrt{\frac{\rho_2 h^3}{8\rho_1 H}}=\sqrt{\frac{\rho_2 h}{8\rho_1 H}}\cdot h$$

3. 两种截面所耗材料之比

即面积之比：

$$A_1:A_2=\sqrt{\frac{\rho_2 h}{\rho_1 H}}hH:\frac{1}{2}\left(\sqrt{\frac{\rho_2 h}{8\rho_1 H}}+3\sqrt{\frac{\rho_2 h}{8\rho_1 H}}\right)hH=\sqrt{2}:1$$

梯形截面所耗材料少于矩形截面，为矩形截面的 0.707 倍。

截面核心

9.4 截面核心

轴向力不偏心时，横截面均匀受拉(压)，无异号正应力。在偏心拉压时，弯曲正应力存在，截面上可能出现异号正应力，力偏离形心越远，弯曲正应力越大，越可能出现异号正应力。在土木工程中，常不允许受压构件出现拉应力，如地基、砖墙、桥墩等，这就要求对力作用点偏离形心的距离加以限制。在横截面上存在一个包围形心的区域，当轴向力作用点在此区域内，则横截面上不会出现异号正应力，此区域称为**截面核心**。显然，当力作用点在截面核心边界上时，中性轴是截面边界的切线(截面在中性轴一侧，就无异号应力)。式(9-2)给出中性轴与力作用点(z_F，y_F)的关系，可用于计算截面核心。

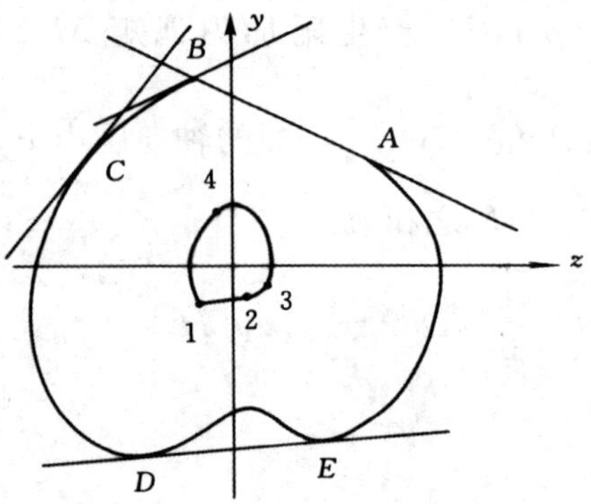

图 9-6 截面核心

图 9-6 所示截面，直线段边界 AB 及延长线作为中性轴，在 z，y 轴上截矩为 a_z，a_y。由式(9-2)′可解出对应的偏心力作用点(图中标为点 1)的坐标

$$z_F = -\frac{i_y^2}{a_z}, \quad y_F = -\frac{i_z^2}{a_y}$$

若分别以 B，C 点切线为中性轴，同理，可得对应的力作用点(图中标为 2,3)坐标。当中性轴由 AB 线绕 B 点转到 B 点的切线时，力作用点 z_F，y_F 应满足式(9-2)

$$1 + \frac{z_F z_B}{i_y^2} + \frac{y_F y_B}{i_z^2} = 0$$

这是直线方程，表明力作用点沿直线从点 1 移到点 2。

当截面出现凹处时(图 9-6DE 处)，需用公切线 DE 代替$\overset{\frown}{DE}$段边界，由 DE 为中性轴确定对应的力作用点 4。截面形状与截面核心的对应关系归纳如下：

截面边界		核心边界
凹边界应化成直线	↔	恒为凸图形
角点	↔	直线，直线与点共占四个象限
直线	↔	角点，直线与点共占四个象限
曲线	↔	曲线

例 9-8 确定 No.20b 槽钢的截面核心(例 9-8 图)。

解 查型钢表得 $h = 200$ mm，$b = 75$ mm，$z_C = 19.5$ mm，$i_z = 76.4$ mm，$i_y = 20.9$ mm

以 $y \equiv \frac{h}{2} = 100$ 为中性轴，对应的力作用点记 1，坐标(z_{F_1}，y_{F_1})代入式(9-2)，得

$$1 + \frac{z_{F_1} z}{i_y^2} + \frac{y_{F_1} \times \frac{h}{2}}{i_z^2} = 0$$

不论 z 为何值均需满足上述方程，必须使 $z_{F_1} = 0$

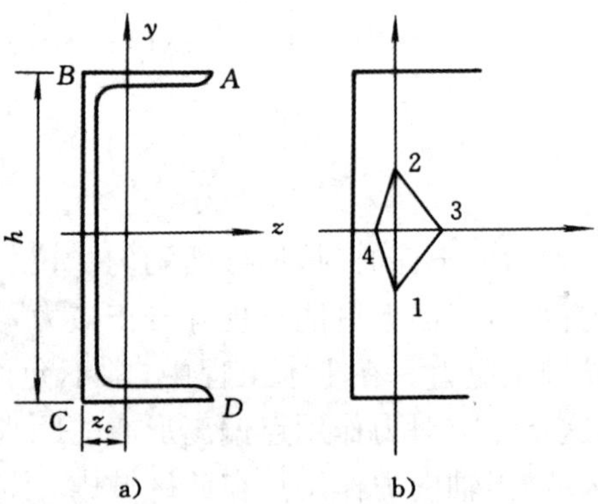

例 9-8 图

$$y_{F_1}=-\frac{i_z^2}{\frac{h}{2}}=-\frac{76.4^2}{100}=-58.4\text{ mm}$$

同理，以 CD 为中性轴，对应的力作用点 2 坐标为

$$z_{F_2}=0,\quad y_{F_2}=58.4\text{ mm}$$

以 BC 为中性轴，即 $z\equiv -z_C=-19.5$ mm

对应的力作用点 3，坐标(z_{F_3}, y_{F_3})

代入式(9-2)，得

$$1+\frac{z_{F_3}(-z_c)}{i_y^2}+\frac{y_{F_3}y}{i_z^2}=0$$

得 $$y_{F_3}=0$$

$$z_{F_3}=\frac{i_y^2}{z_C}=\frac{20.9^2}{19.5}=22.4\text{ mm}$$

以 AD 线为中性轴，即 $z\equiv b-z_C=75-19.5=55.5$ mm

代入式(9-2)

$$1+\frac{z_{F_4}(b-z_C)}{i_y^2}+\frac{y_{F_4}y}{i_z^2}=0$$

得 $$y_{F_4}=0,\quad z_{F_4}=-\frac{i_y^2}{b-z_c}=-\frac{20.9^2}{55.5}=-7.87\text{ mm}$$

当中性轴由 AB 线绕 B 点逆时针转为 BC 线时，力作用点由点 1 沿直线移动到点 3，B 点对应核心边界 1—3 线。同理，A，C，D 点对应 1—4 线，3—2 线，2—4 线，截面核心见例 9-8 图 b)。

9.5 弯扭组合变形

飞机、轮船上的螺旋桨轴，钻探用的钻杆在工作时发生拉(压)与扭转的组合变形；机械中连接齿轮，皮带轮的传动轴在工作时发生弯曲与扭转的组合变形。拉(压)扭及弯扭组合变形的分析方法、计算过程与前面介绍的组合变形相同，区别仅在于拉(压)扭或弯扭变形的构件，其横截面上正应力与切应力同时存在，必须用强度理论设计或校核。工程上的转轴基本上都是圆轴，所以，本节讨论圆截面构件的弯扭组合变形问题。

图 9-7a)所示拖动皮带轮的电机转轴，可简化为一端固定，另一端受力的计算模

型[图 9-7b)],在动平衡时可作为静力问题计算,将 F_1,F_2 移到形心,化成一个集中力 F 和附加力偶矩 M_e[图 9-7c)]

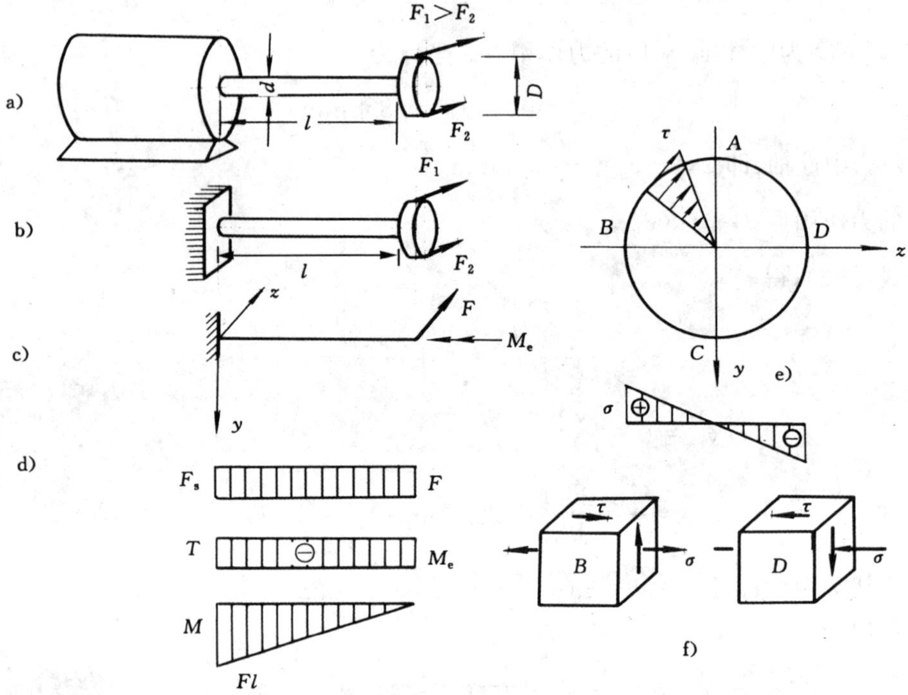

图 9-7 弯扭组合实例

$$F=F_1+F_2$$

$$M_e=(F_1-F_2)\frac{D}{2}$$

内力图见图 9-7d)。显然,转轴的危险面在固定端[图 9-7e)]。对剪力而言,危险点在 AC 线上;对弯矩而言,危险点在 B(拉应力),D(压应力);对扭矩而言,危险点在截面的外圆周上。通常弯曲切应力数值不大,且在弯曲正应力为零的中性轴上,故不致形成危险,常可不考虑。综合弯扭,确定危险点在 B 或 D,危险点应力单元体图见图 9-7f)。

$$\sigma_B=-\sigma_D=\frac{M}{W}\quad\left(W=\frac{\pi}{32}D^3\right)$$

$$\tau_B=\tau_D=\frac{T}{W_p}\quad\left(W_p=\frac{\pi}{16}D^3\right)$$

工程中的轴大多是钢轴,用第三或第四强度理论作强度计算。B(或 D)点的应力单

元体图表明 B(或 D)点可用式(8-22)或式(8-23)计算相当应力 σ_{r3} 或 σ_{r4},

$$\sigma_{r3}=\sqrt{\sigma^2+4\tau^2}=\sqrt{\left(\frac{M}{W}\right)^2+4\left(\frac{T}{W_p}\right)^2}=\frac{1}{W}\sqrt{M^2+T^2} \tag{9-3}$$

$$\sigma_{r4}=\sqrt{\sigma^2+3\tau^2}=\frac{1}{W}\sqrt{M^2+0.75T^2} \tag{9-4}$$

式(9-3)、式(9-4)是圆轴弯扭组合变形时危险点的相当应力 σ_{r3},σ_{r4} 表达式,用此式作圆轴的设计或校核时,计算出内力后,就可直接使用,较方便。

当圆轴除受弯曲、扭转变形外,还受轴向拉伸(压缩)变形时,弯曲正应力与拉(压)正应力需叠加,然后用式(8-22)或式(8-23)计算相当应力,此时式(9-3)、式(9-4)不可用。

例 9-9 齿轮轴长 0.7 m 如例 9-9 图 a)所示。齿轮 C 上作用铅直切向力为 5 kN,径向力为 1.83 kN;齿轮 D 上作用有水平切向力为 10 kN,径向力为 3.64 kN。齿轮 C 的直径 d_C=400 mm,齿轮 D 的直径 d_D=200 mm。齿轮轴的许用应力[σ]=100 MPa。试按第四强度理论设计轴的直径 d。

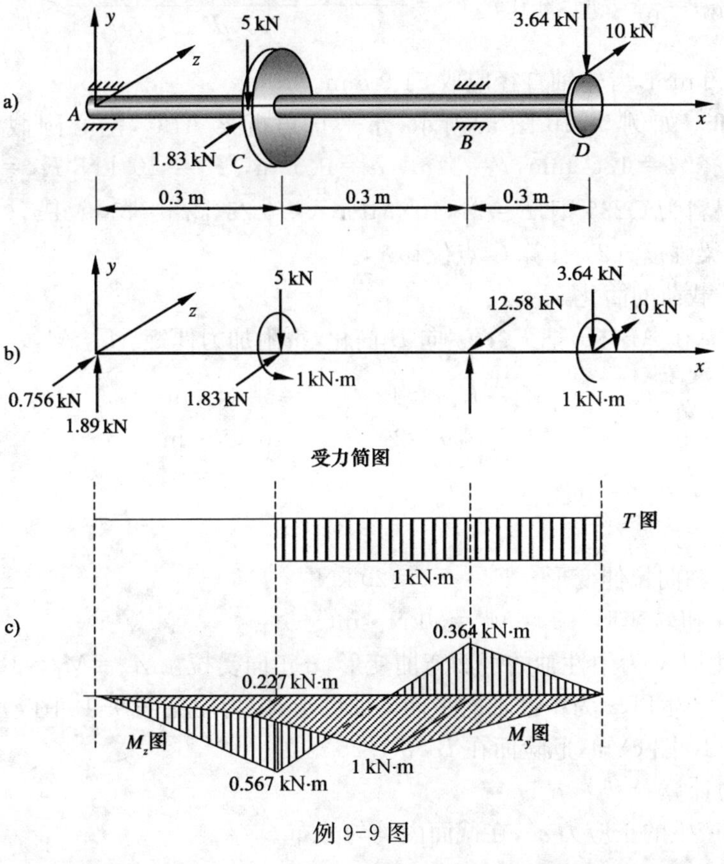

例 9-9 图

解 1. 载荷的分解和简化

将各力向齿轮轴的截面形心简化,利用平衡条件确定轴承 A,B 处的约束反力,画出齿轮轴的受力简图如例 9-9 图 b)所示。

2. 基本变形分析——内力分析

画轴的内力图[例 9-9 图 c)]。由内力图可知,M_z 在 C 截面达最大值,M_y 在 B 截面达最大值,$M_{zC}=0.567\ \text{kN}\cdot\text{m}$,$M_{yC}=0.227\ \text{kN}\cdot\text{m}$;$M_{zB}=0.364\ \text{kN}\cdot\text{m}$,$M_{yB}=1\ \text{kN}\cdot\text{m}$;$CD$ 段扭矩 $T=1\ \text{kN}\cdot\text{m}$。显然,合成弯矩最大的面是危险面,因 CB 段 M_z,M_y 均为线性分布,则 CB 段内不存在弯矩极值点,最大合成弯矩不在 C 就在 B。

$$M_C=\sqrt{M_{zC}^2+M_{yC}^2}=0.611\ \text{kN}\cdot\text{m}$$

$$M_B=\sqrt{M_{zB}^2+M_{yB}^2}=1.06\ \text{kN}\cdot\text{m}$$

所以,B 截面是危险截面。

3. 按第四强度理论设计轴的直径

由
$$\sigma_{r4}=\frac{1}{W}\sqrt{M_B^2+0.75T^2}=\frac{32\times\sqrt{1.06^2+0.75\times1^2}\times10^3}{\pi\times d^3}\leqslant[\sigma]$$

解得 $d=51.9\ \text{mm}$,齿轮轴直径应取 51.9 mm。

例 9-10 如例 9-10 图 a)所示,水平直角折梁 ABC,空心圆截面外径 $D=150\ \text{mm}$,内径 $d=135\ \text{mm}$,$l=3\ \text{m}$,$a=0.5\ \text{m}$,$F_1=10\ \text{kN}$,$F_2=20\ \text{kN}$,$q=8\ \text{kN/m}$。材料为 Q235 钢,$E=2\times10^5\ \text{MPa}$,$\nu=0.25$,$[\sigma]=150\ \text{MPa}$,(1) 用第三强度理论校核梁强度;(2) 计算 C 点位移 δ_C。

解 1. 载荷的简化

危险面总在 AB 杆,把 F_1,F_2 向 B 简化,得附加力偶矩 M_1,M_2,

$$M_1=F_1a=10\times0.5=5\ \text{kN}\cdot\text{m}$$
$$M_2=F_2a=20\times0.5=10\ \text{kN}\cdot\text{m}$$

AB 段受力图见例 9-10 图 b)。

2. 内力计算

F_2 产生轴向拉伸变形 $F_N=F_2=20\ \text{kN}$

M_1 产生扭转变形 $T=M_1=5\ \text{kN}\cdot\text{m}(-)$

M_2 产生以 y 为中性轴的平面弯曲变形,z 正向受拉 $M_y=M_2=10\ \text{kN}\cdot\text{m}$

q 与 F_1 产生以 z 为中性轴的平面弯曲变形,内力图见例 9-10 图 c)。

由例 9-10 图 c)知,危险面在 B 左 1.25 m 处。

3. 应力计算

由轴力产生的正应力 σ',在截面内均匀分布

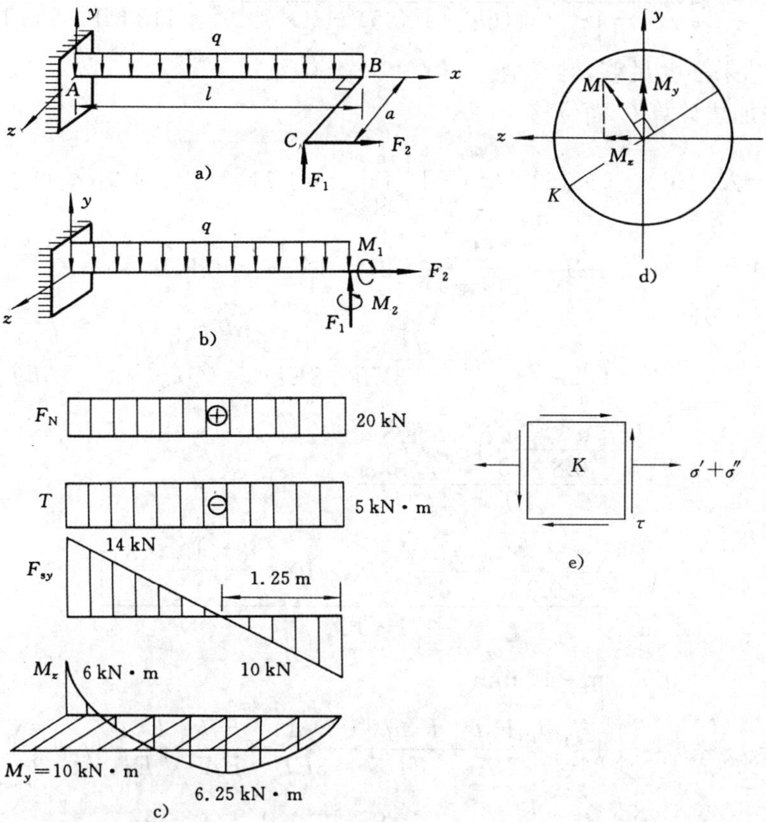

例 9-10 图

$$\sigma' = \frac{F_N}{A} = \frac{20\times10^3}{\frac{\pi}{4}(150^2-135^2)} = 6.0\ \text{MPa}$$

合成弯矩 $M=\sqrt{M_y^2+M_z^2}=\sqrt{10^2+6.25^2}=11.8\ \text{kN}\cdot\text{m}$

弯矩 M 产生的最大拉应力 σ'' 发生在 K 点，见例 9-10 图 d)

$$\sigma''=\frac{M}{W}=\frac{11.8\times10^6}{\frac{\pi}{32}\times150^3\times\left[1-\left(\frac{135}{150}\right)^4\right]}=103.5\ \text{MPa}$$

扭矩产生的最大切应力 τ 发生在圆周上，

$$\tau=\frac{T}{W_p}=\frac{5\times10^6}{\frac{\pi}{16}\times150^3\times\left[1-\left(\frac{135}{150}\right)^4\right]}=21.9\ \text{MPa}$$

综合拉、扭、弯，危险点为 K 点，画 K 点的应力单元体，如例 9-10 图 e)所示。

$$\sigma_{r3}=\sqrt{\sigma^2+4\tau^2}=\sqrt{(6.0+103.5)^2+4\times21.9^2}=118\ \text{MPa}<[\sigma]$$

校核结果强度足够,梁安全。

4. 叠加法计算 C 面位移

$$EI=2\times10^5\times\frac{\pi}{64}\times150^4\times\left[1-\left(\frac{135}{150}\right)^4\right]=1.71\times10^{12}=1.71\times10^6\ \text{N}\cdot\text{m}^2$$

$$GI_p=\frac{E}{2(1+\nu)}\times2I=\frac{EI}{(1+\nu)}=0.8EI$$

$$\delta_{Cy}=\delta_{By}+\phi_{AB}\cdot a+\delta_{Cy}^{BC}=\left(\frac{F_1l^3}{3EI}-\frac{ql^4}{8EI}\right)+\frac{(F_1a)l}{GI_p}\cdot a+\frac{F_1a^3}{3EI}$$

$$=\frac{\left[\left(\frac{l^3}{3}+\frac{a^2l}{0.8}+\frac{a^3}{3}\right)F_1-\frac{ql^4}{8}\right]}{EI}$$

$$=\frac{\left[\left(\frac{3^3}{3}+\frac{0.5^2\times3}{0.8}+\frac{0.5^3}{3}\right)\times10\times10^3-\frac{8\times10^3\times3^4}{8}\right]}{1.71\times10^6}$$

$$=0.011\ \text{m}=11\ \text{mm}$$

$$\delta_{Cx}=\delta_{Bx}+\theta_B\cdot a+\delta_{Cx}^{BC}=\frac{F_2l}{EA}+\frac{F_2al}{EI}a+\frac{F_2a^3}{3EI}=\frac{F_2l}{EA}+\frac{F_2a^2}{EI}\left(l+\frac{a}{3}\right)$$

$$=\frac{20\times10^3\times3}{2\times10^{11}\times\frac{\pi}{4}\times4.275\times10^{-6}}+\frac{20\times10^3\times0.5^2\times3.167}{1.71\times10^6}$$

$$=9\times10^{-5}+9.26\times10^{-3}=9.35\times10^{-3}\text{m}=9.35\ \text{mm}$$

$$\delta_{Cz}=\delta_{Bz}=-\frac{(F_2a)l^2}{2EI}=-\frac{20\times10^3\times0.5\times3^2}{2\times1.71\times10^6}=26.3\ \text{mm}$$

$$\delta_C=\sqrt{\delta_{Cx}^2+\delta_{Cy}^2+\delta_{Cz}^2}=\sqrt{9.35^2+11^2+26.3^2}=30\ \text{mm}$$

C 点位移为 30 mm。

本章小结

思 考 题

9-1 解组合变形的基本方法是什么?它有什么前提?

9-2 在最一般情况下,杆件截面上有几个内力?其中,哪几个力在强度计算时常可略去?

9-3 求解斜弯曲强度问题时,弯矩 M 矩矢的方向,若为 z' 方向,为什么不能直接用 $\sigma=\frac{M}{I_{z'}}y'$ 计算应力(y' 与 z' 垂直),而将外力(或内力)分解到两个形心主轴上再进行计算?能否导出用一般形心轴的应力计算公式?

9-4 思考题 9-4 图示为 Z 字形截面悬臂梁及其受载情况，试述对其进行强度计算的具体步骤。

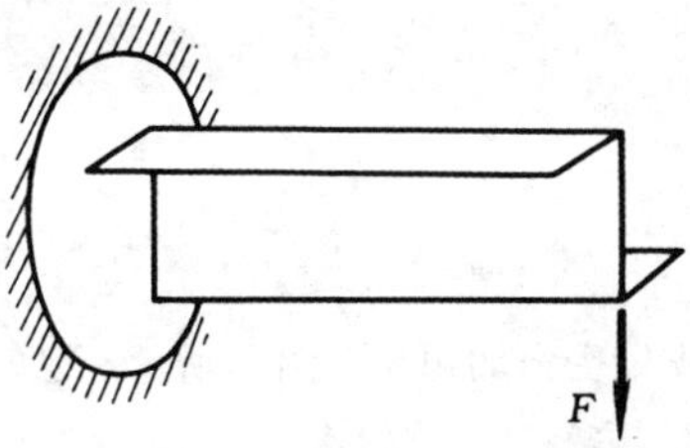

思考题 9-4 图

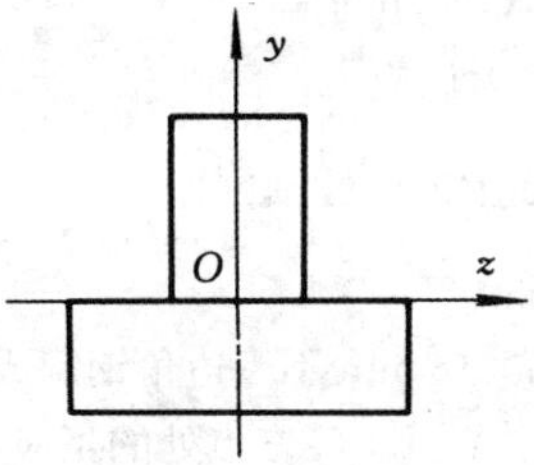

思考题 9-5 图

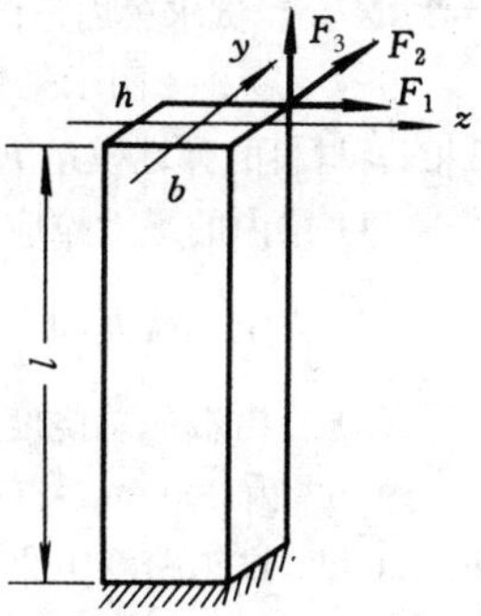

思考题 9-6 图

9-5 什么是截面核心？试述确定截面核心周界的方法与步骤。计算思考题 9-5 图示 T 形截面的截面核心时，中性轴应考虑哪几条？并定性地绘出其核心周界。

9-6 柱体受力如思考题 9-6 图所示，画出危险截面上的内力素，列出危险点的应力计算式。

习 题

9-1 矩形截面檩条梁长 $L=3$ m，受集度为 $q=800$ N/m 的均布载荷作用，檩条材料为杉木，$[\sigma]=12$ MPa，许可挠度为$\dfrac{L}{200}$，$E=9\times10^3$ MPa。试选择其截面尺寸(设高宽比 $h/b=1.5$)。

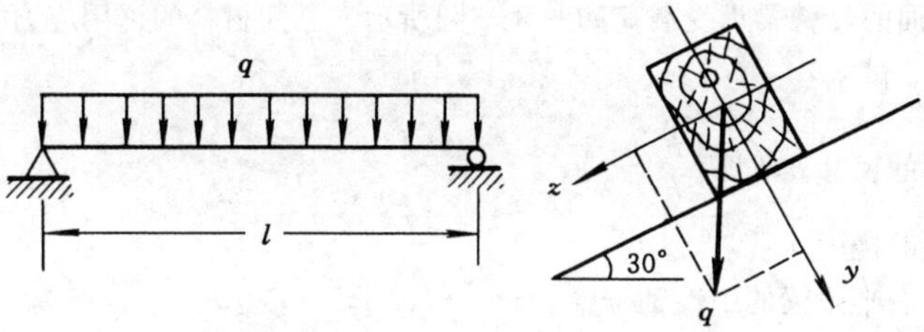

题 9-1 图

9-2 简支于屋架上的檩条承受均布载荷 $q=14$ kN/m，如题 9-2 图所示。檩条跨长为 $L=4$ m，采用工字钢，其许用应力$[\sigma]=160$ MPa，试选择：(1)工字钢型号；(2)H 钢型号，并比较选用的工字钢和 H 钢面积比。

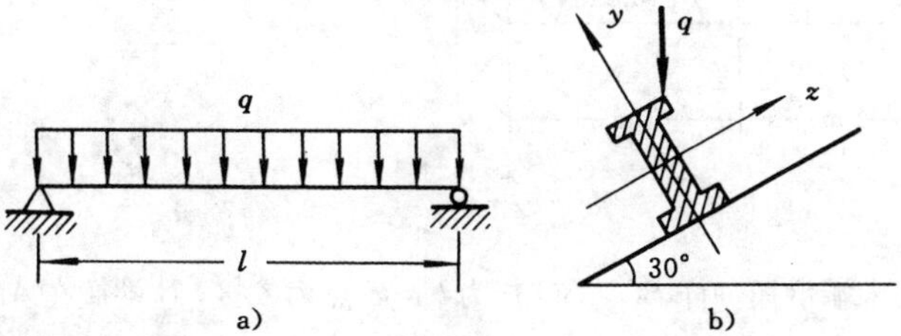

题 9-2 图

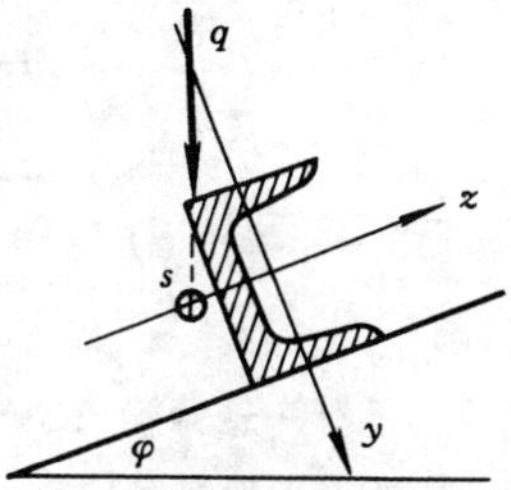

题 9-3 图

9-3 No.16a 槽钢两端铰支,安置在 $\varphi=20°$ 的斜面上,跨长为 $L=4.2$ m,受竖直的均布载荷 $q=2$ kN/m。试求梁内危险截面上最大正应力的数值及其作用位置。

9-4 题 9-4 图示悬臂梁采用 No.25b 工字钢,长 $L=3$ m,承受均布载荷 $q=5$ kN/m 及力 $F=2$ kN。材料的弹性模量 $E=200$ GPa,试求:

(1) 梁内的最大拉应力和最大压应力;

(2) 固定端截面和 $\dfrac{l}{2}$ 处截面上的中性轴位置;

(3) 自由端的总挠度。

9-5 由 200 mm×125 mm×18 mm 不等边角钢制成的简支梁受力如题 9-5 图 a)所示。已知 $F=20$ kN,试求跨度中央截面上 A, B, C 三点处的正应力。

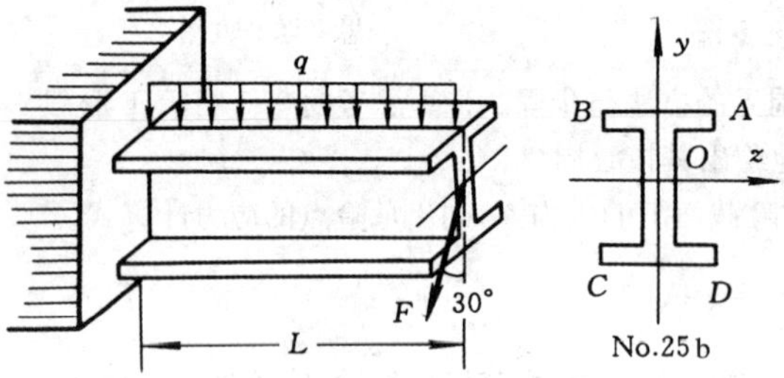

题 9-4 图

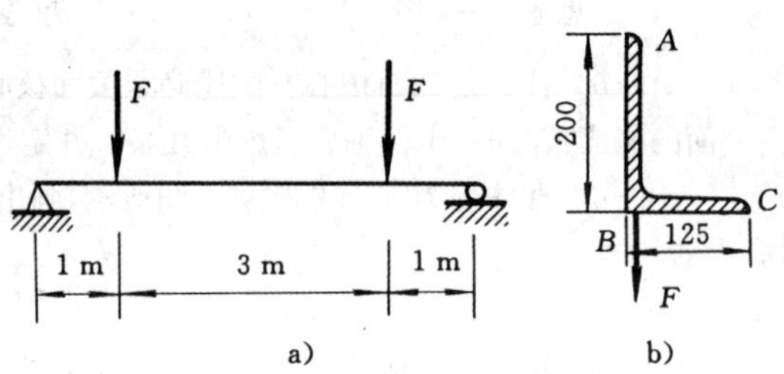

题 9-5 图

9-6 矩形截面的悬臂梁承受载荷如题 9-6 图所示。已知材料的许用应力 $[\sigma]=10$ MPa,弹性模量 $E=10^4$ MPa。试求:

(1) 矩形截面的尺寸 $b, h\left(设\dfrac{h}{b}=2\right)$;

(2) 求自由端的挠度 f_C;

(3) 左半段和右半段梁的中性轴位置。

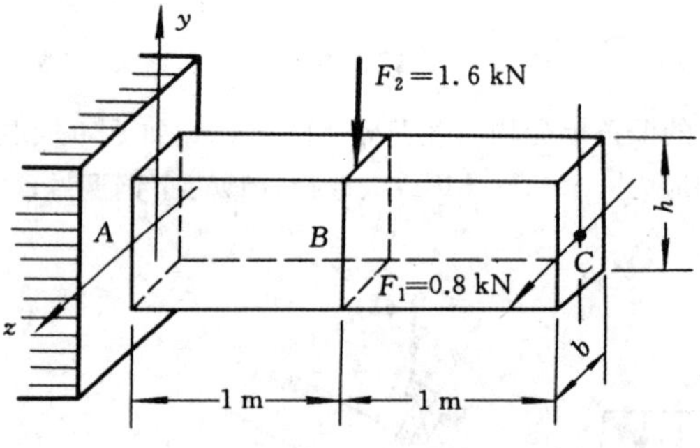

题 9-6 图

9-7 有一悬臂梁 AB,长为 l_1,在末端承托一杆 BC, BC 长为 l_2, C 点为铰接, B 端搁在 AB 梁上(B 处为光滑接触),在 BC 中点受有垂直载荷 F(题 9-7 图)。试求 AB 及 BC 两杆横截面中的最大拉压应力值及其作用点位置。梁截面为边长 a 的正方形。

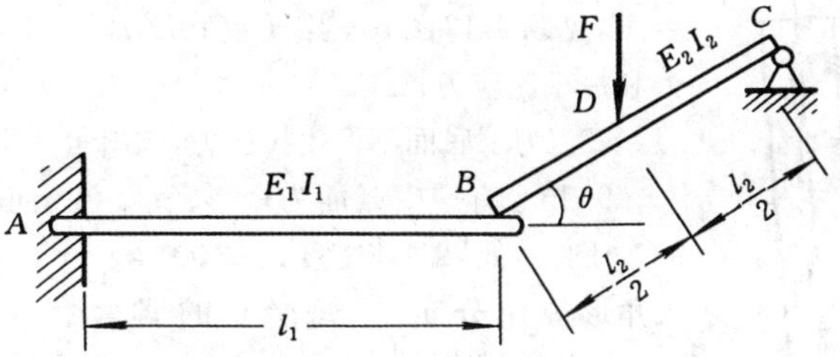

题 9-7 图

9-8 力 F 通过 BC 梁将压力传给矩形截面挂钩的端点(题 9-8 图)。挂钩的横截面积 $A=42\ \text{cm}^2$，其抗弯截面系数 $W=420\ \text{cm}^3$。试求挂钩固定端处 A 点的最大应力 σ 等于 100 MPa 时所受的力 F。

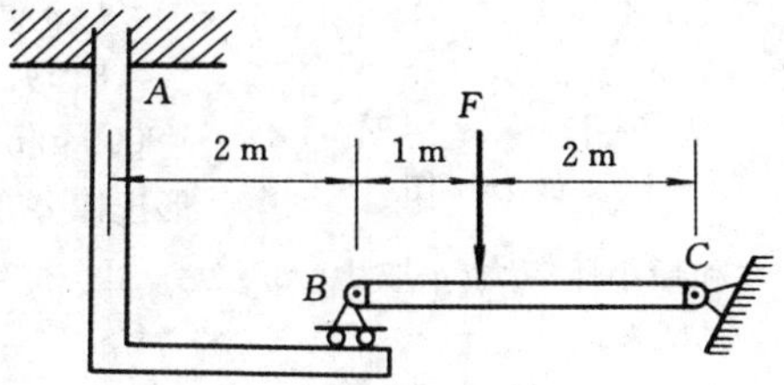

题 9-8 图

9-9 设屋面与水平面成倾角 φ。试证明屋架上矩形截面的纵梁($b\times h$)用料最经济时的高宽比为 $h/b=\cot\varphi$(由强度条件决定)。

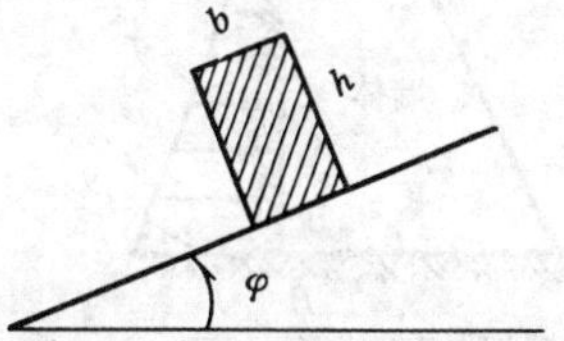

题 9-9 图

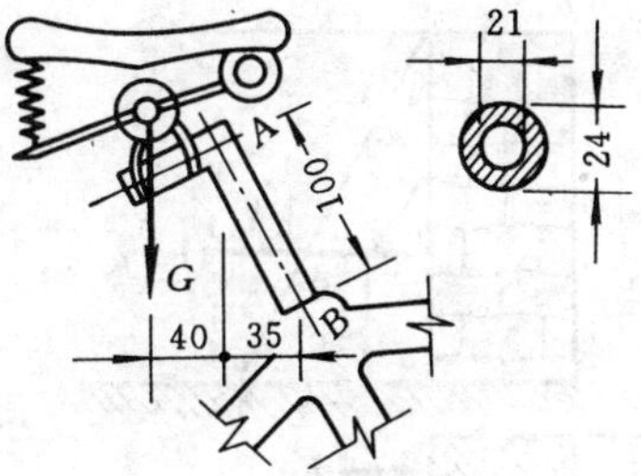

题 9-10 图

9-10 自行车的坐垫,用钢管 AB 与车身连接。设钢管的$[\sigma]=120$ MPa,截面如题 9-10 图所示,人重力 $G=800$ N,校核钢管的强度。

9-11 砖砌烟囱高 $H=30$ m,底截面 1—1 的外径 $d_1=3$ m,内径 $d_2=2$ m,重力 $G_1=2\,000$ kN,受 $q=1$ kN/m 的风力作用。试求:

(1) 烟囱底截面上的最大压应力;

(2) 若烟囱的基础埋深 $h=4$ m,基础及填土重力按 $G_2=1\,000$ kN 计算,土壤的许用压应力$[\sigma]=0.3$ MPa,圆形基础的直径 D 应为多大?

注:计算风力时,可略去烟囱直径的变化,把它看作是等截面的。

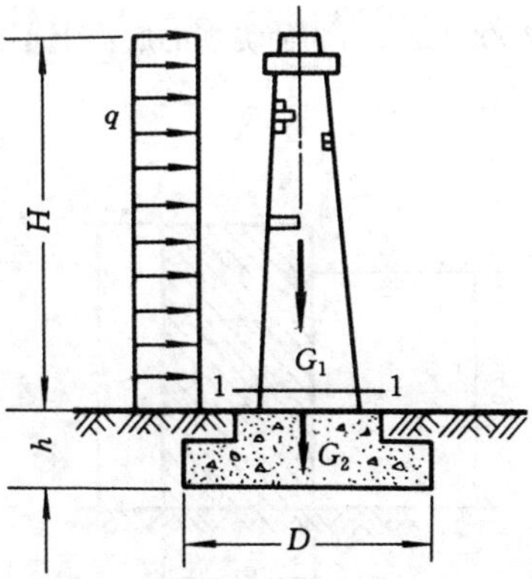

题 9-11 图

9-12 等截面烟囱如题 9-12 图 a) 所示。已知截面外径 D,内外径之比 α,高 H,密度 ρ。

(1) 计算烟囱底部应力 σ_0;

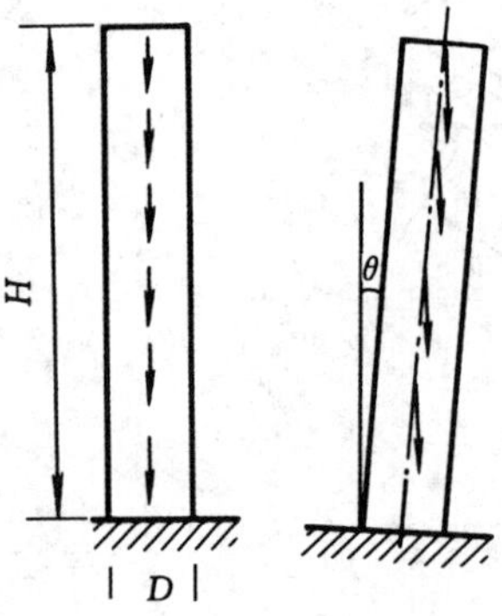

a)　　b)

题 9-12 图

(2) 若因地基发生不均匀沉陷，致使烟囱产生倾斜，倾斜角 $\theta = 1°$，见题 9-12 图 b)，当 $H = 10D$，$\alpha = 0.8$ 时，计算此时底面得最大和最小压应力；

(3) 为了底面不产生拉应力，倾斜角 θ 不得超过多少？

9-13　有一横截面为矩形、支承沙土填方的砖砌挡土墙(题 9-13 图)。如果墙体密度 $\rho = 2\,000\ \text{kg/m}^3$，填土给墙的水平压力按三角形规律分布，且每米长的墙承受压力 $F = 50\ \text{kN}$($g = 10\ \text{m/s}^2$)。试求：

(1) 墙基平面上的最大拉应力和最大压应力；

(2) 欲使此墙不受拉应力，则其厚度 x 应需多少？

9-14　挡住泥土的土墙如题 9-14 图所示。墙体的密度 $\rho = 1\,800\ \text{kg/m}^3$，泥土的压力 q 是水平方向的，并且沿墙的高度按三角形规律分布，在墙根的最大的压力 $q_{max} = 15\ \text{kN/m}^2$。试求墙底的最大和最小压应力($g$ 取 $10\ \text{m/s}^2$)。

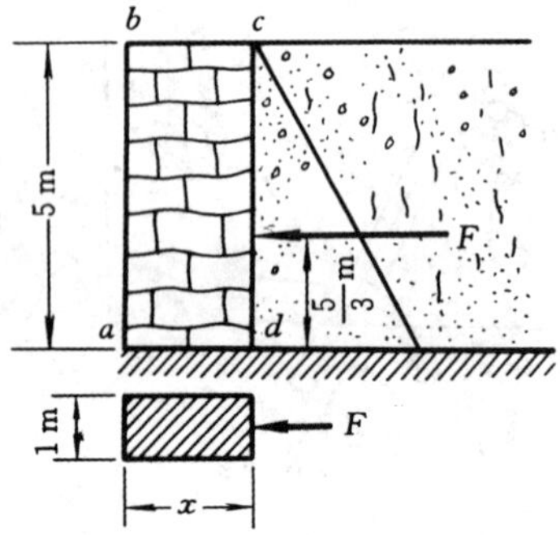

题 9-13 图

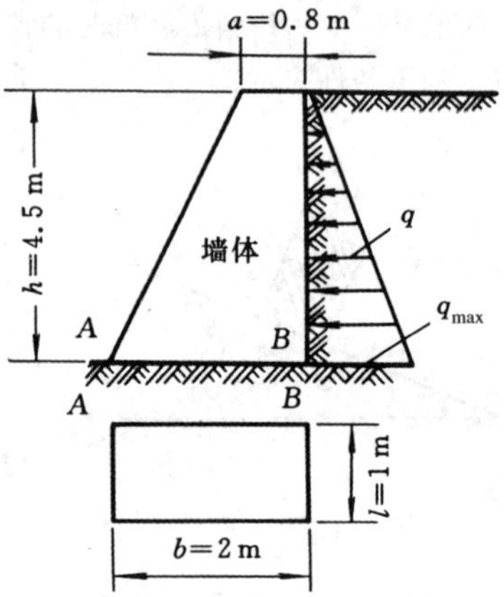

题 9-14 图

9-15　题 9-15 图示两种高为 $H = 7\ \text{m}$ 的混凝土堤坝的横截面。若混凝土密度 $\rho = 2\,000\ \text{kg/m}^3$，为使堤坝的底面上不出现拉应力，试求坝所必需的宽度 a_1 和 a_2 及所耗材料体积之比。

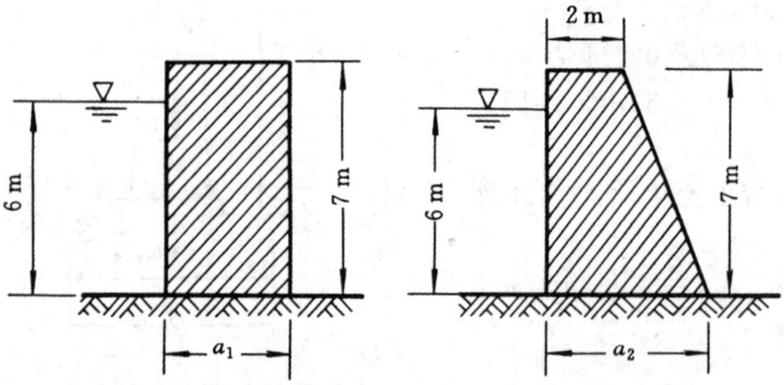

题 9-15 图

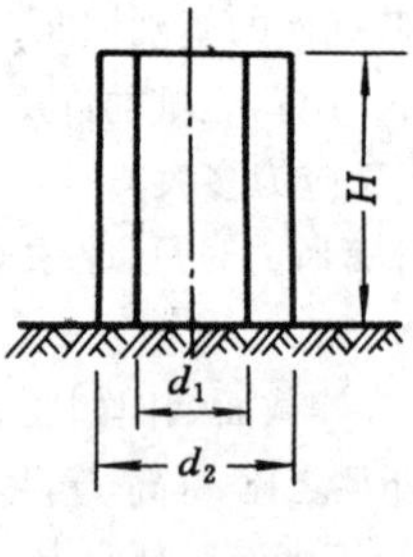

题 9-16 图

9-16 有一圆柱形塔，高为 H，内径为 d_1，外径为 d_2，并有微小倾斜。试问塔与竖直线所成倾角 α 最大为多少时，才使塔中不产生拉应力（仅考虑塔的自身重力）？

9-17 试确定题 9-17 图示箱形、槽形、十字形基础截面的截面核心。

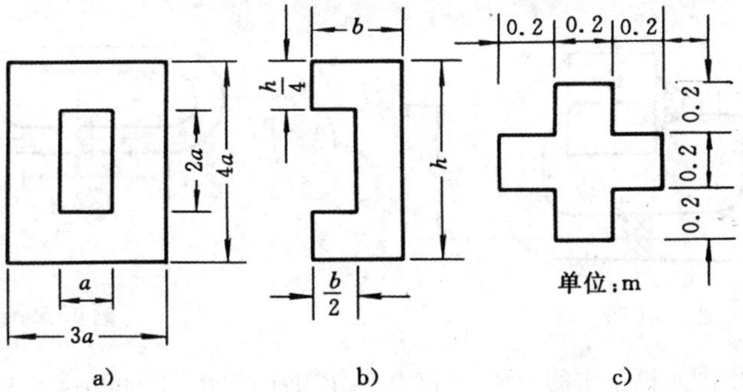

题 9-17 图

9-18 砖墙和基础如题 9-18 图所示。设在 1 m 长的墙上有偏心力 $F=40$ kN的作用，偏心距 $e=0.05$ m。试绘 1—1，2—2，3—3 截面上的正应力分布图（自重不计）。

9-19 横截面为 25 cm×5 cm 的矩形截面钢杆受拉后，测得左、右两侧边缘的正应力各为 $\sigma_{左}=+20$ MPa，$\sigma_{右}=+80$ MPa。试求：

(1) 绘出截面上的正应力分布图；

(2) 求拉力 F；

(3) 求偏心距 e。

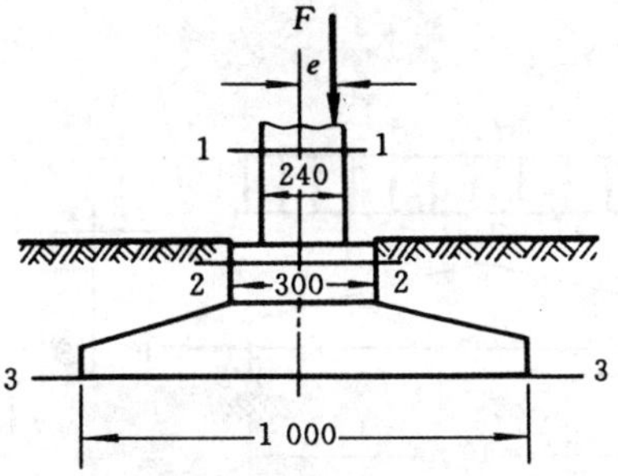

题 9-18 图

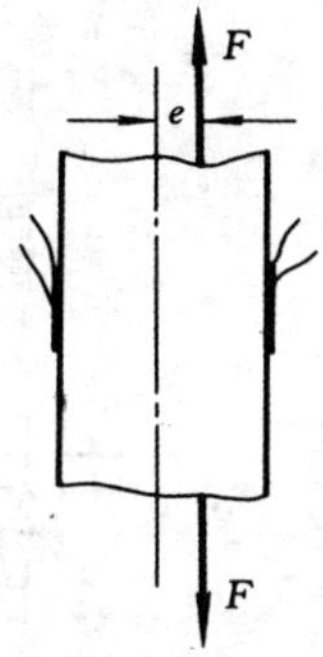

题 9-19 图

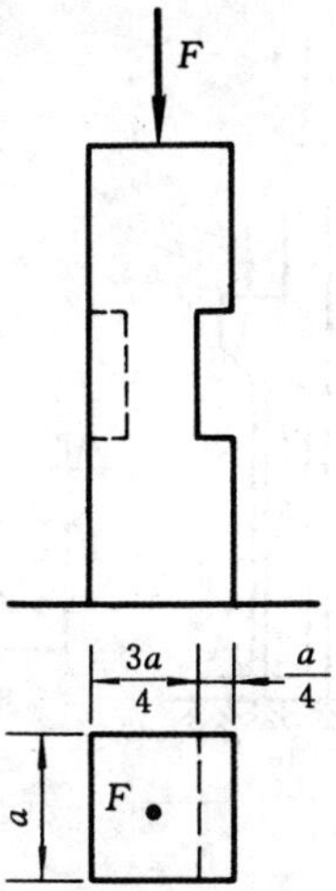

题 9-20 图

9-20 立柱的横截面为正方形，边长为 a，顶端受轴向压力 F 作用，在右侧的中部挖有一槽，槽深 $\frac{a}{4}$，如题 9-20 图所示。求：

(1) 开槽前后,杆内最大压应力的数值及所在位置;

(2) 若在槽的对侧再挖一个相同的槽,则应力有何变化?

9-21 题9-21图示一夹具,夹紧时的力 $F=2$ kN,材料的许用应力$[\sigma]=160$ MPa,夹具的弓背截面为矩形,若宽 $a=10$ mm, $c=60$ mm,求 b。

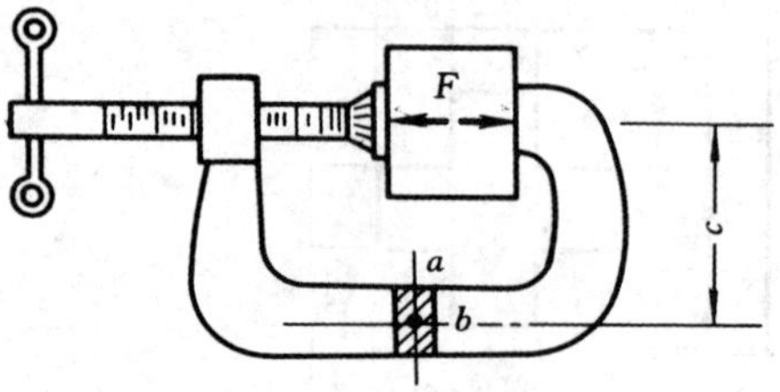

题9-21图

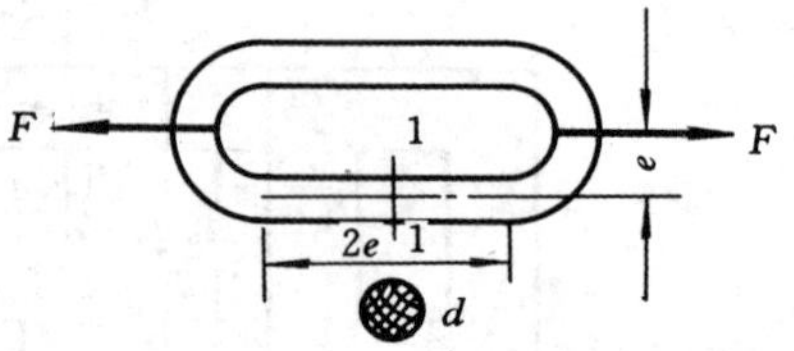

题9-22图

9-22 题9-22图示链条中的一环,受拉力 F 作用,已知 $d=10$ mm,$e=60$ mm,材料的许用应力$[\sigma]=120$ MPa。求:

(1) 链条完好时的最大许用拉力$[F_1]$;

(2) 链条一侧断裂时的最大许用拉力$[F_2]$及$[F_1]/[F_2]$的比值。

提示:链条完好时,1—1截面存在弯矩 $M=\dfrac{\pi-2}{2(\pi+2)}Fe$,$F$ 作用面 $M=\dfrac{2}{\pi+2}Fe$。

9-23 厂房的边柱,受屋顶传来的载荷 $F_1=120$ kN 及吊车传来的载荷 $F_2=100$ kN 作用,柱的重力 $G=77$ kN,底截面如题9-23图所示。求:

(1) 底截面上的正应力分布图;

(2) 若在柱的左侧又受墙壁传来的向右风力 $q=1$ kN/m 作用,求底截面上的正应力分布图。

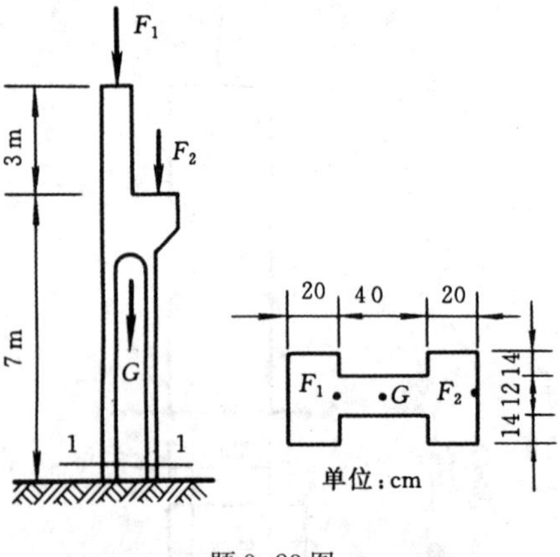

题9-23图

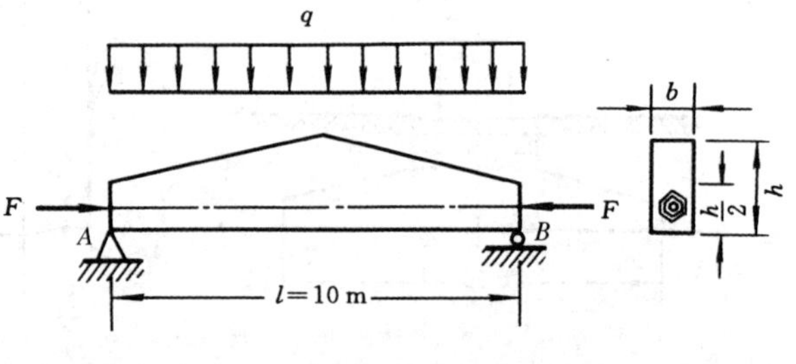

题9-24图

9-24 为了使混凝土的变截面梁 AB 在受弯曲时横截面上不出现拉应力,先在梁端 A, B 截面的中心,加上轴向压力 $F=1\,000$ kN(用穿在梁内的钢筋张拉后回弹,使两端受压,称为预加应力),然后使梁在两端简支时,承受屋面均布载荷 $q=20$ kN/m。已知 $l=10$ m,$h=0.6$ m, $b=0.3$ m。求:

(1) 只有在 A, B 两端受轴向压力 F 时,梁的跨度中点截面上的正应力分布图;

(2) 在 F 及 q 共同作用下(梁正常工作时),梁跨中点截面上的正应力分布图。

注:钢筋孔的面积比梁的截面积小得多,孔对梁截面的削弱可以略去不计。

9-25 偏心受压短柱的横截面如题 9-25 图所示。已知压力作用在对称轴 y 上,今欲使 A 点的正应力为零,试求压力作用点的位置。

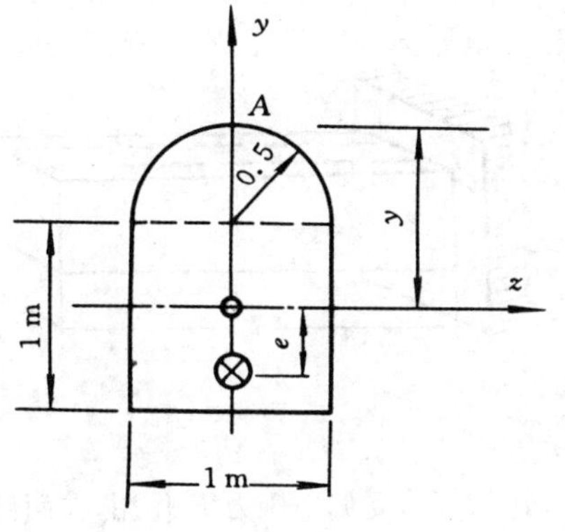

题 9-25 图

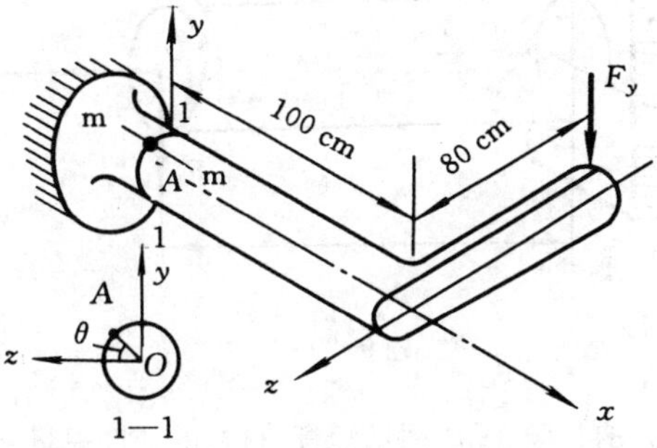

题 9-26 图

9-26 曲柄轴的端点受有竖直力 F_y,在 1—1 截面边缘上取一点 A(OA 与 z 轴夹角 $\theta=30°$),过 A 点作与 x 轴平行的母线m—m,测得 A 点表面处与 m—m 成 $\alpha=45°$方向的应变 $\varepsilon_{45°}=70\times10^{-5}$,试求载荷 F_y(计算时不考虑弯曲切应力)。已知圆轴直径 $d=20$ cm,横向变形系数 $\nu=0.33$,弹性模量 $E=2\times10^5$ MPa。

9-27 一圆形等截面钢折杆位于水平面内,AA 为固定端,BB 中点作用垂直力 $F=2$ kN,如题 9-27 图所示,试按第三强度理论设计直径 d。许用应力$[\sigma]=140$ MPa,切变模量 $G=0.4E$。

提示:利用对称性,以连续条件为几何方程。

9-28 结构受力如题 9-28 图所示,各杆均为钢杆,其直径 $d=2$ cm,$l=1$ m,$F=270$ N,已知材料的 $G=0.4E$,$[\sigma]=300$ MPa,试校核 A, D 两截面的强度。

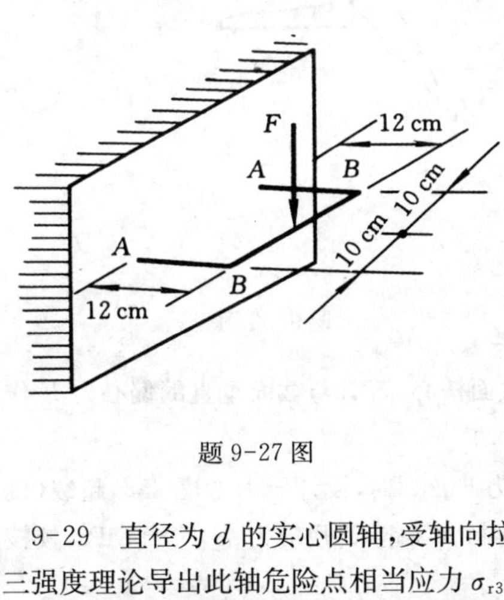

题 9-27 图

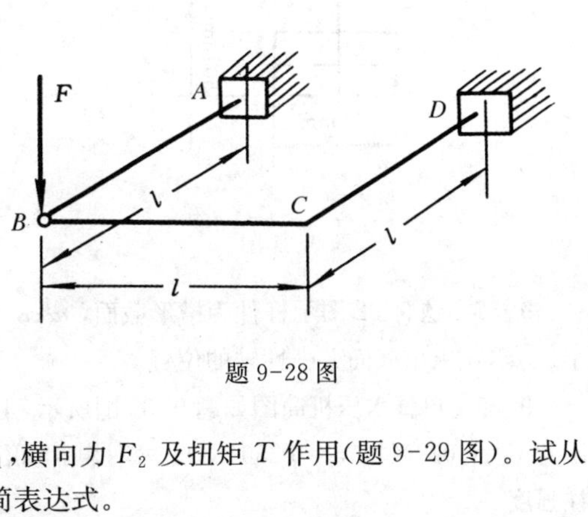

题 9-28 图

9-29 直径为 d 的实心圆轴,受轴向拉力 F_1,横向力 F_2 及扭矩 T 作用(题 9-29 图)。试从第三强度理论导出此轴危险点相当应力 σ_{r3}的最简表达式。

9-30 矩形截面($b\times h$)悬臂梁,梁上顶作用纵向均布载荷 q,计算固定端横截面上的正应力和切应力,画 σ, τ 沿高度的分布图。

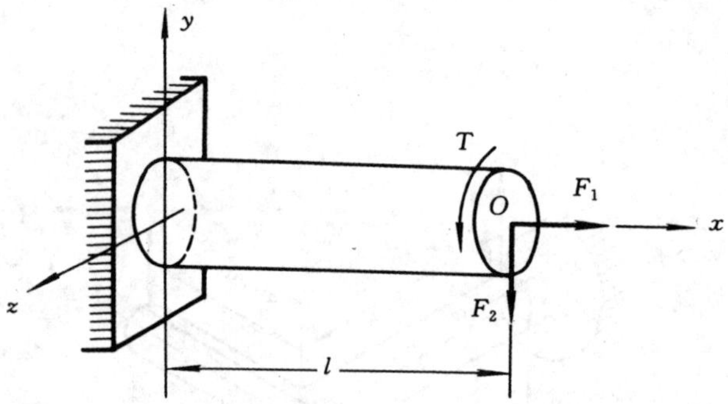

题 9-29 图

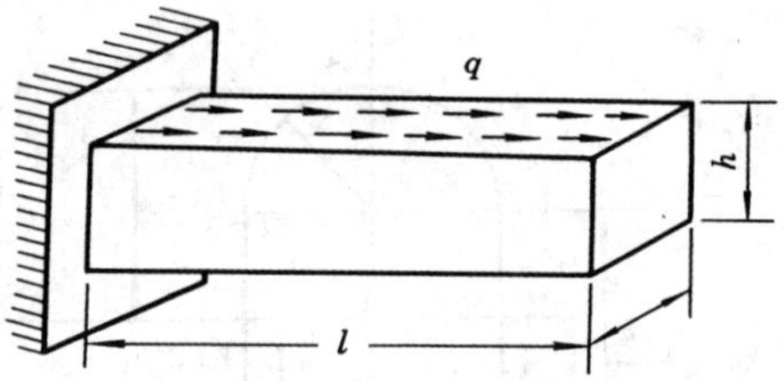

题 9-30 图

9-31 题 9-31 图示短杆,材料的弹性模量 $E=2.1\times10^5$ MPa,受偏心压力 F 作用,在两侧用应变片测得轴向应变:$\varepsilon_a=-0.4\times10^{-3}$, $\varepsilon_b=-1\times10^{-3}$,试求:

(1) 绘横截面上正应力分布图;

(2) 压力 F 及偏心距 e 的值。

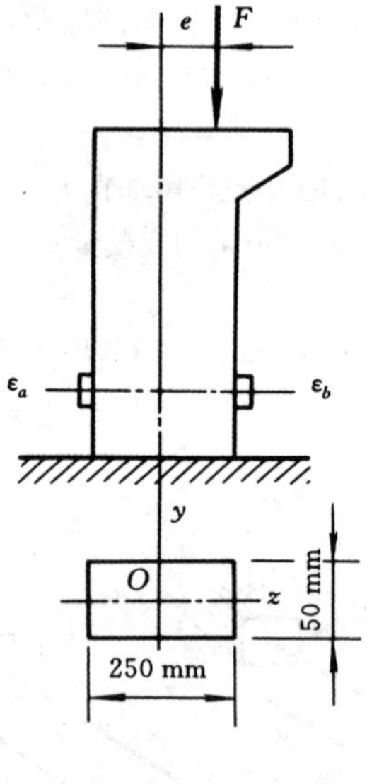

题 9-31 图

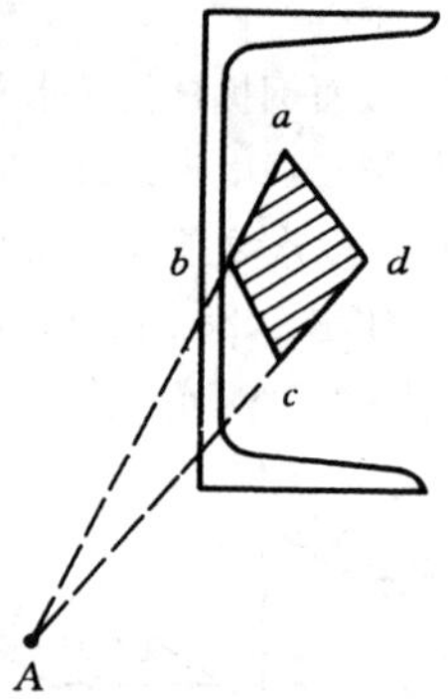

题 9-32 图

9-32 题 9-32 图示杆件为槽形截面, $abcd$ 为其截面核心,若有与截面垂直的偏心力 F 作用于 A 点,试求出截面上中性轴的位置。

9-33 单臂水压机简图如题 9-33 图所示,工作压力 5 000 kN,设计压力考虑 25%超载(设计压力 $F=5\,000\times1.25=6\,250$ kN)。立柱截面如图示,材料为铸钢,许用应力$[\sigma]=80$ MPa,校核立柱强度。

9-34 传动轴 AB 受力如题 9-34 图所示，已知 $F_1=100$ N，$D_1=0.5$ m，$D_2=0.7$ m，轴的许用应力$[\sigma]=100$ MPa，设计轴直径 d。

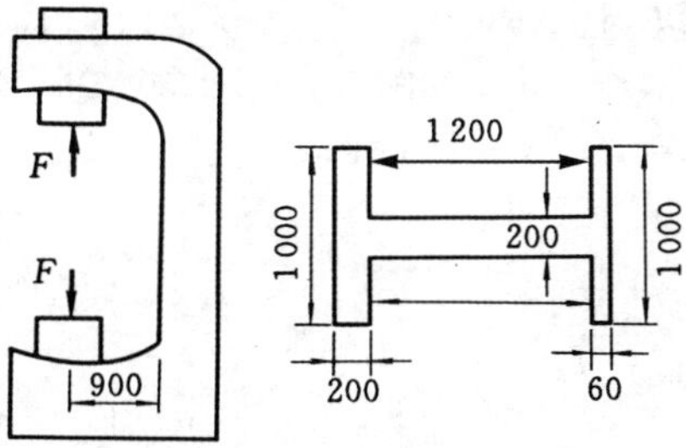

题 9-33 图

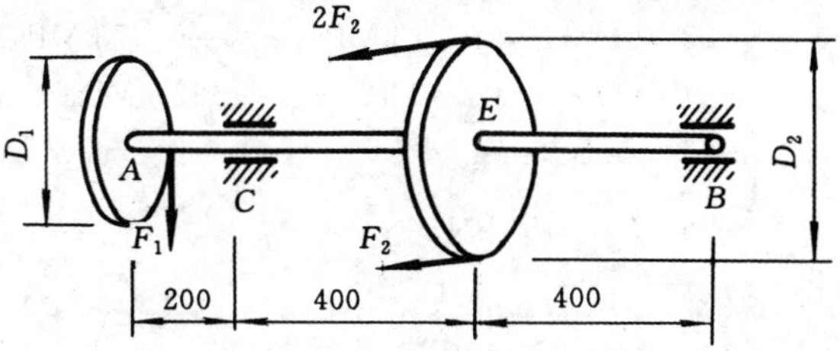

题 9-34 图

习题答案

9-1 $b=75$ mm，$h=113$ mm。

9-2 (1) I No 40c； (2) H200×200×8，$A_I : A_H=1.61:1$。

9-3 $\sigma_{max}=75$ MPa，$\sigma_{min}=-131$ MPa。

9-4 (1) $\sigma_A=123$ MPa，$\sigma_C=-123$ MPa；(2) 固定端 $\alpha=-61.6°$，$\dfrac{l}{2}$处 $\alpha=-72.2°$；

(3) $f=15.8$ mm。

9-5 $\sigma_A=-134$ MPa，$\sigma_B=133$ MPa，$\sigma_C=-41$ MPa。

9-6 (1) $b=90$ mm，$h=180$ mm，$f_C=19.7$ mm；

(2) 左半段 $\alpha=\arctan\dfrac{2(2-x)}{1-x}$，右半段 $\alpha=90°$。

9-7 AB 杆：上拉下压，$|\sigma|_{max}=\dfrac{3Fl_1}{a^2}$； BC 杆：D 面右侧底部达 $\sigma_{t\,max}$，D 面左侧顶部达 $\sigma_{c\,max}$，$\sigma_{t\,max}=\sigma_{c\,max}=\dfrac{F}{2a^2}\left(\dfrac{3l_2\cos\theta}{a}+\sin\theta\right)$。

9-8 $F=30$ kN。

9-10 $\sigma_{min}=-114$ MPa。

9-11 $\sigma_{min}=-0.721$ MPa，$D=4.17$ m。

9-12 (1) $\sigma_0=\rho gH$；(2) 底面最大和最小压应力：$\sigma_{c\,max}=1.426\sigma_0$，$\sigma_{c\,min}=0.574\sigma_0$；(3) 倾斜角 θ 不得超过 2.3°。

9-13 (1) $\sigma_{t\,max}=\left(\dfrac{0.5}{x^2}-0.1\right)$MPa，$\sigma_{c\,max}=\left(\dfrac{0.5}{x^2}+0.1\right)$MPa；(2) $x=2.24$ m。

9-14 $\sigma_A=-88.9$ kPa，$\sigma_B=-24.5$ kPa。

9-15 $a_1=3.89$ m，$a_2=3.50$ m，$V_1/V_2=1.41$。

9-16 $\alpha=\dfrac{d_1^2+d_2^2}{4Hd_2}$。

9-19 $F=625$ kN，$e=25$ mm。

9-20 (1) 开槽前:$\sigma_{c\max}=\dfrac{F}{a^2}$ 开槽后:$\sigma_{c\max}=2.67\dfrac{F}{a^2}$; (2) $\sigma_{c\max}=\dfrac{2F}{a^2}$。

9-21 $b=22$ mm。

9-22 (1) $[F_1]=505$ N; (2) $[F_2]=192$ N, $[F_1]/[F_2]=2.63$。

9-23 (1) $\sigma_{左}=-1.13$ MPa, $\sigma_{右}=-1.73$ MPa; (2) $\sigma_{左}=-0.36$ MPa, $\sigma_{右}=-2.50$ MPa。

9-24 (1) $\sigma_{\max}=2.78$ MPa, $\sigma_{\min}=-13.9$ MPa; (2) $\sigma_{\max}=0$, $\sigma_{\min}=-11.1$ MPa。

9-25 $e=9.3$ mm。

9-26 $F_y=157$ kN。

9-27 $d=20$ mm。

9-28 A 面:$\sigma_{\max}=293$ MPa;D 面:$\sigma_{r3}=72$ MPa, $\sigma_{r4}=67.5$ MPa。

9-30 $\sigma=\dfrac{ql}{h}-\dfrac{6ql}{h}y$, $\tau=q-\dfrac{3q}{h^2}\left(\dfrac{h^2}{4}-y^2\right)-\dfrac{q}{h}\left(\dfrac{h}{2}+y\right)$。

9-31 (2) $F=1\,837.5$ kN, $e=17.86$ mm。

9-33 $\sigma_{t\max}=56.3$ MPa, $\sigma_{c\max}=-51.4$ MPa。

9-34 $d=17.3$ mm。

10 能量法

知识点
重点
难点

能量法是一种重要的计算方法,该方法不受构件材料、形状以及变形类型的限制。既可解静定问题,也可解超静定问题;既适用于线弹性结构,也适用于非线性弹性结构,甚至可推广用于弹塑性体,许多大型结构的力学计算均用能量法。在后续课程如结构力学、弹性力学课程中,也常用能量法计算应力、应变或位移,能量法还是计算力学的重要基础之一。

本章先介绍外力功、应变能和余能的概念及计算方法,再介绍利用变形能计算杆或杆系结构位移的卡氏定理和单位载荷法。

能量法
概念

10.1 能量法概念

保持平衡状态的弹性体在载荷作用下都要发生变形,载荷作用点会随之产生相应的位移。因此,在弹性体的变形过程中,一方面,载荷在相应的位移上作功,称其为外力功,用符号 W 表示;另一方面,弹性体将由于变形(这里设弹性体处于完全弹性阶段,只产生弹性变形)而储存能量,称其为**应变能**,用符号 U 表示。当外力消除时,应变能将释放作功,弹性体的变形得以恢复。如:拧紧钟表或儿童玩具的发条(使之变形储存变形能),松开后,发条在恢复原状的过程中,释放应变能作功,使钟表行走,玩具活动。

根据能量守恒原理,当所加的载荷为静载荷,且忽略变形过程中产生的声能、热能等其他能量损耗时,则可认为外力作的功全部转化为储存在弹性体内的应变能,即

$$W=U \tag{10-1}$$

通常将式(10-1)表达的原理称为**功能原理**,根据这一原理求解变形体的内力、应力、变形以及结构的位移和有关未知力的方法,统称为**能量法**。

10.2 应变能与余能的计算

弹性体的应变能可以利用式(10-1)通过外力功来计算,也可以用应力、应变或内力来计算,两种不同方法计算的应变能,就成为沟通外力、位移与内力、应力、应变之间的桥梁。

10.2.1 外力功及弹性应变能的一般公式

设作用于弹性体上的外力为 F_i($i=1,2,\cdots$),弹性体在约束下只有变形引起的位移,而无刚性位移,如图 10-1 所示。δ_i($i=1,2,\cdots$)表示外力 F_i 的作用点沿该外力方向的位移。这里的外力 F_i 和位移 δ_i 泛指广义力和广义位移,代表力或力偶和相应的线位移或角位移。根据弹性体的应变能只决定于外力和位移的最终值,与加载次序无关这一性质(若有关,则按不同次序加载,弹性体内储存的能量将发生变化,这与能量守恒原理矛盾),在计算应变能时,可选择各外力等比例加载方式,将各力 F_i 从零起按相同的比例逐渐增加,同时达到最终值。对线弹性体,在小变形的条件下,弹性位移与外力的关系是线性的,各位移 δ_i 也同时与外力按相同的比例增加到最终值。引进一个在 0 ~ 1 之间变化的参数 β,对外力的中间值 βP_i 必有与之对应的位移 $\beta\delta_i$。图 10-2 给出了线弹性体的 F_i-δ_i 关系曲线。在加载过程中,如给 β 一个增量 $\mathrm{d}\beta$,则外力和位移分别有相应的增量 $F_i\mathrm{d}\beta$ 和 $\delta_i\mathrm{d}\beta$。这时,外力在位移增量上作的功为

$$\mathrm{d}W=\sum\left(\beta F_i\delta_i\mathrm{d}\beta+\frac{1}{2}F_i\mathrm{d}\beta\delta_i\mathrm{d}\beta\right)$$

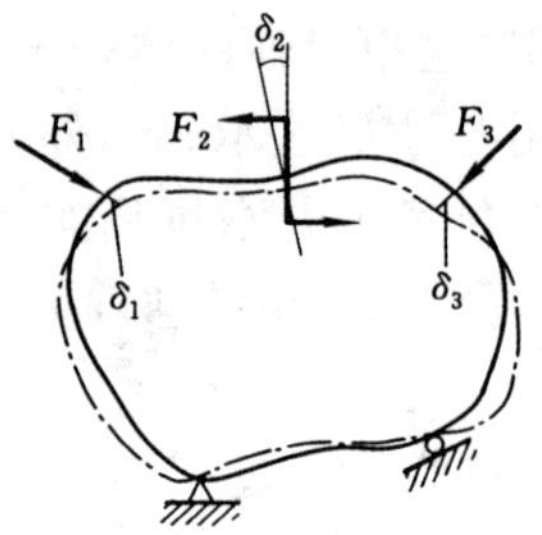

图 10-1　广义力与广义位移

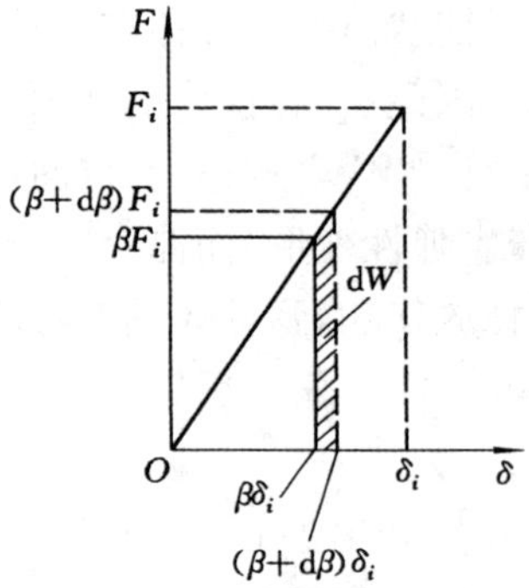

图 10-2　线弹性体的 F_i-δ_i 关系曲线

即为图 10-2 中的阴影部分面积。略去二阶微量的影响,上式可化简成为

$$\mathrm{d}W=\sum(F_i\delta_i)\beta\mathrm{d}\beta$$

积分上式可得外力功为

$$W=\sum(F_i\delta_i)\int_0^1\beta\mathrm{d}\beta=\sum\frac{1}{2}F_i\delta_i$$

由功能原理,可得弹性体的应变能为

$$U=W=\sum\frac{1}{2}F_i\delta_i \tag{10-2}$$

式(10-2)表明，**线弹性体的应变能等于每一个外力与其相应位移乘积的二分之一的总和**，这一结论称为**克拉贝依隆**(Clapeyron)**原理**。值得注意的是，δ_i 是指在所有载荷共同作用下，载荷 F_i 的作用点沿 F_i 方向位移的最终值。

10.2.2 应变能密度

设固体微体积 dV 内储存的应变能为 dU，定义单位体积储存的应变能为**应变能密度** u，即 $\frac{\mathrm{d}U}{\mathrm{d}V}=u$，整个杆件的应变能即为应变能密度对体积的积分：

$$U=\int_V u\mathrm{d}V \tag{10-3}$$

根据材料的应力—应变关系曲线，计算应力单元体的应变能，可得微体积的应变能 dU、应变能密度 u，以图 10-3 给出的应力单元体和应力—应变关系曲线为例，计算 dU 和 u。

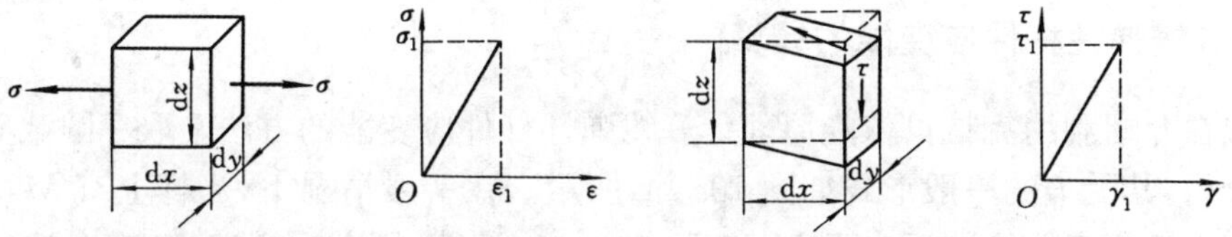

a) 单向应力状态下的 σ-ε 关系曲线　　b) 纯剪切应力状态下的 τ-γ 关系曲线

图 10-3　应力—应变曲线

对图 10-3a)所示单向应力状态下的应力单元体，当应力为 σ 时，拉力为 $\sigma\mathrm{d}y\mathrm{d}z$，在拉力作用下单元体伸长 $\mathrm{d}\delta=(\mathrm{d}\varepsilon)\mathrm{d}x$，拉力作的功为

$$(\sigma\mathrm{d}y\mathrm{d}z)(\mathrm{d}\varepsilon\mathrm{d}x)=\sigma\mathrm{d}\varepsilon\mathrm{d}x\mathrm{d}y\mathrm{d}z$$

当 σ 从零缓缓增加到最终值 σ_1，相应的应变由零增加到 ε_1，此过程中应力对单元体作的功即为单元体的应变能，即

$$\mathrm{d}U=\mathrm{d}W=\int_0^{\varepsilon 1}\sigma\mathrm{d}\varepsilon(\mathrm{d}x\mathrm{d}y\mathrm{d}z)=\left(\int_0^{\varepsilon 1}\sigma\mathrm{d}\varepsilon\right)\mathrm{d}V$$

由此可得单向正应力 σ 作用下的应变能密度的表达式

$$u=\frac{\mathrm{d}U}{\mathrm{d}V}=\int_0^{\varepsilon 1}\sigma\mathrm{d}\varepsilon \tag{10-4}$$

对线弹性体，应力、应变满足胡克定律，将 $\sigma=E\varepsilon$ 代入式(10-4)可得

$$u=\int_0^{\varepsilon 1}E\varepsilon\mathrm{d}\varepsilon=\frac{1}{2}E\varepsilon_1^2=\frac{1}{2}\sigma_1\varepsilon_1 \tag{10-4a}$$

对图 10-3b)所示的纯剪切应力状态下的单元体,当切应力和切应变满足剪切胡克定律 $\tau=G\gamma$ 时,则有

$$u=\int_0^{\gamma_1} G\gamma \mathrm{d}\gamma=\frac{1}{2}G\gamma_1^2=\frac{1}{2}\tau_1\gamma_1 \tag{10-4b}$$

同理,可以推出在复杂应力状态下,线弹性体内一点处的应变能密度 u 的表达式为

$$u=\frac{1}{2}(\sigma_1\varepsilon_1+\sigma_2\varepsilon_2+\sigma_3\varepsilon_3) \tag{10-4c}$$

或

$$u=\frac{1}{2}(\sigma_x\varepsilon_x+\sigma_y\varepsilon_y+\sigma_z\varepsilon_z+\tau_{xy}\gamma_{xy}+\tau_{yz}\gamma_{yz}+\tau_{zx}\gamma_{zx}) \tag{10-4d}$$

以上分析表明,线弹性体的应变能可以利用式(10-2)通过计算外力功来求出,也可利用式(10-3)通过应变能密度在体积上的积分来求出。

10.2.3 线弹性杆件应变能的计算

现在介绍利用克拉贝依隆原理计算线弹性杆件应变能的方法。取一圆截面杆的微段分析,其受力的一般形式如图 10-4a)所示。在一般情况下,当杆上有 M,T 时,剪力产生的应变能往往远小于 M 和 T 产生的应变能,因此可以略去,有时连轴力产生的应变能也可忽略。在忽略剪力影响的情况下,由克拉贝依隆原理及功能原理,可得该微段的应变能为

$$\mathrm{d}U=\mathrm{d}W=\frac{1}{2}F_{\mathrm{N}}(x)\mathrm{d}\delta+\frac{1}{2}M(x)\mathrm{d}\theta+\frac{1}{2}T(x)\mathrm{d}\varphi$$

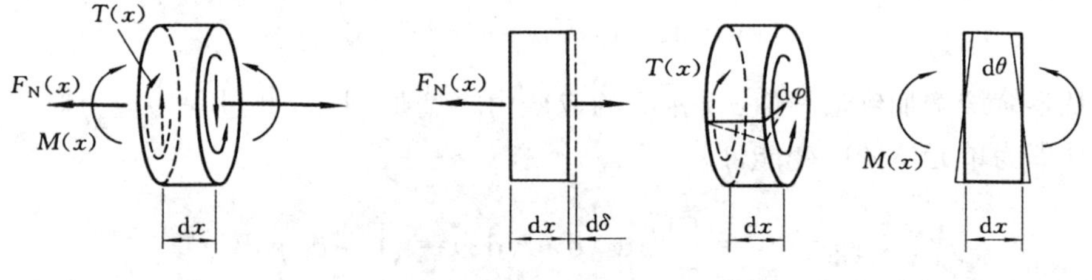

图 10-4

因轴力 $F_{\mathrm{N}}(x)$仅引起轴向变形 $\mathrm{d}\delta$,扭矩 $T(x)$ 、弯矩 $M(x)$各自也仅引起扭转变形 $\mathrm{d}\varphi$ 和弯曲变形 $\mathrm{d}\theta$,如图 10-4b) 所示。显然各力共同作用引起的位移就是各自单独作用产生的位移,各力作功相互独立,因此

$$\mathrm{d}U=\mathrm{d}W=\frac{F_{\mathrm{N}}^2(x)}{2EA}\mathrm{d}x+\frac{M^2(x)}{2EI}\mathrm{d}x+\frac{T^2(x)}{2GI_{\mathrm{p}}}\mathrm{d}x$$

积分上式,可得整根杆件的应变能为

$$U=\int_l \frac{F_N^2(x)}{2EA}dx+\int_l \frac{M^2(x)}{2EI}dx+\int_l \frac{T^2(x)}{2GI_p}dx \tag{10-5}$$

式(10-5)只适用于圆截面杆。对任意截面杆,可将弯矩沿截面的形心主惯性轴 y 和 z 分解为 $M_y(x)$ 和 $M_z(x)$,另外将上式中的 I_p 改为 I_T,于是可得

$$U=\int_l \frac{F_N^2(x)}{2EA}dx+\int_l \frac{M_y^2(x)}{2EI_y}dx+\int_l \frac{M_z^2(x)}{2EI_z}dx+\int_l \frac{T^2(x)}{2GI_T}dx \tag{10-6}$$

根据上述分析可知,等截面轴向拉压杆的应变能为

$$U=\int_l \frac{F_N^2(x)dx}{2EA} \tag{10-7}$$

若轴力沿轴线不变,则有

$$U=\frac{F_N^2 l}{2EA} \tag{10-8}$$

受扭圆轴的应变能为

$$U=\int_l \frac{T^2(x)dx}{2GI_p} \tag{10-9}$$

若扭矩及轴的直径沿轴线不变,则有

$$U=\frac{T^2 l}{2GI_p} \tag{10-10}$$

梁在平面弯曲时的应变能则为

$$U=\int_l \frac{M^2(x)dx}{2EI} \tag{10-11}$$

以上线弹性杆件的应变能计算式也可通过应变能密度对体积的积分,即由式(10-3)推得。例如,对轴向拉压杆件,在线弹性范围内,其应变能密度为

$$u=\frac{1}{2}\sigma\varepsilon=\frac{1}{2}\times\frac{F_N(x)}{A}\times\frac{F_N(x)}{EA}=\frac{1}{2}\times\frac{F_N^2(x)}{EA^2}$$

代入式(10-3),得

$$U=\int_V u\,dV=\int_V \frac{1}{2}\times\frac{F_N^2(x)}{EA^2}dA\,dx=\int_l \frac{1}{2}\times\frac{F_N^2(x)}{EA}dx$$

以上讨论了线弹性体应变能的计算。对于非线弹性固体,应变能在数值上仍与外力所作的功相等,但此时力和位移的关系以及应力与应变的关系已不再是线性的,

其关系曲线如图 10-5a)，b)所示。

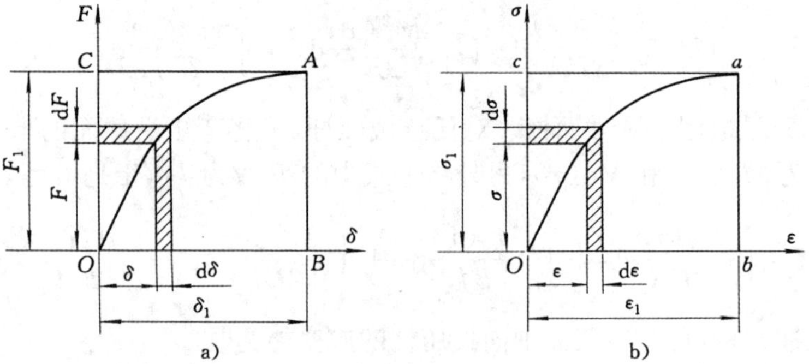

图 10-5 非线性弹性体载荷—位移和应力—应变关系

设载荷从零缓慢增大到终止值 F_1，相应的位移由零增大到最终值 δ_1，在这一过程中，外力所作的功即为载荷—位移曲线下的面积[如图 10-5a)所示的曲边三角形 OAB 的面积]。因此，外力功可按式(10-12)计算

$$W=\int_0^{\delta_1} F\mathrm{d}\delta=U \tag{10-12}$$

此时应变能密度

$$u=\frac{\mathrm{d}U}{\mathrm{d}V}=\int_0^{\varepsilon_1}\sigma\mathrm{d}\varepsilon$$

在数值上等于图 10-5b)所示的曲边三角形 Oab 的面积。

10.2.4 余功、余能及余能密度

定义载荷对位移的积分为功，而位移对载荷的积分则定义为**余功**，记为 W^*，即

$$W^*=\int_0^{F_1}\delta\mathrm{d}F$$

其数值等于图 10-5a)所示的曲边三角形 OAC 的面积。仿照功与应变能的关系，就将与余功对应的能量称为**余能**，用符号 U^* 表示，即

$$U^*=W^*=\int_0^{F_1}\delta\mathrm{d}F \tag{10-13}$$

余能是弹性体的另一个能量参数。

同样地，应力对应变的积分定义为应变能密度，而应变对应力的积分则定义为**余能密度**，用符号 u^* 表示，即

$$u^*=\int_0^{\sigma_1}\varepsilon\mathrm{d}\sigma \tag{10-14}$$

其数值等于图 10-5b)所示的曲边三角形 Oac 的面积。显然，将余能密度对体积积分可得到余能，即

$$U^{*}=\int_{V}u^{*}\,\mathrm{d}V \tag{10-15}$$

余功、余能及余能密度虽无实际的物理意义，但对计算是有用的。对线弹性体，由于载荷与位移之间、应力与应变之间为线性关系，因此余能与应变能在数值上相等。

例 10-1 例 10-1 图所示悬臂梁，承受集中力 F 和集中力偶矩 M_e 的作用。试计算梁的应变能。设弯曲刚度为 EI。

解 方法一 通过计算外力功计算应变能

截面 A 与 F，M_e 相对应的挠度和转角分别为

$$y_A=y_A^F+y_A^{M_e}=\frac{Fl^3}{3EI}-\frac{M_el^2}{2EI}$$

$$\theta_A=\theta_A^F+\theta_A^{M_e}=-\frac{Fl^2}{2EI}+\frac{M_el}{EI}$$

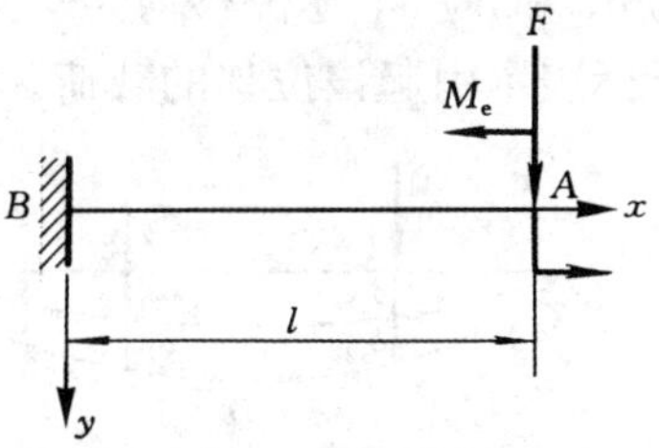

例 10-1 图

由式(10-2)可得

$$U=W=\frac{Fy_A}{2}+\frac{M_e\theta_A}{2}=\frac{F^2l^3}{6EI}-\frac{FM_el^2}{2EI}+\frac{M_e^2l}{2EI}$$

方法二 利用内力计算应变能

梁的弯矩方程为

$$M(x)=M_e-Fx$$

由式(10-11)得

$$U=W=\int_0^l\frac{M^2(x)\,\mathrm{d}x}{2EI}=\int_0^l\frac{(M_e-Fx)^2}{2EI}\mathrm{d}x=\frac{F^2l^3}{6EI}-\frac{FM_el^2}{2EI}+\frac{M_e^2l}{2EI}$$

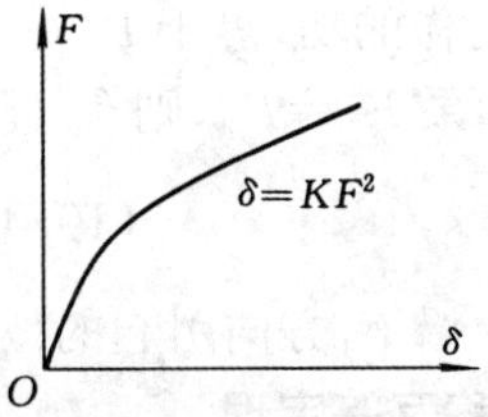

例 10-2 图

例 10-2 某一结构承受载荷 F，载荷作用点的相应位移为 $\delta=KF^2$（F-δ 关系曲线如例 10-2 图所示)，式中 K 为常数。试计算此结构在力 F 作用下的应变能及余能。

解 对非线弹性情况，应变能按式(10-12)计算，即

$$U=W=\int_0^{\delta}F\,\mathrm{d}\delta=\int_0^{\delta}\sqrt{\frac{\delta}{K}}\,\mathrm{d}\delta=\frac{2}{3}\sqrt{\frac{\delta^3}{K}}=\frac{2}{3}F\delta$$

由定义式(10-13)可求得余能为

$$U=W=\int_0^{F}\delta\,\mathrm{d}F=\int_0^{F}KF^2\,\mathrm{d}F=\frac{1}{3}KF^3=\frac{1}{3}F\delta$$

10.3 互等定理

本节将根据弹性体的应变能与载荷的加载次序无关的特点,导出关于线弹性体的两个重要定理——功的互等定理和位移互等定理,这两个定理在结构分析和求解超静定结构等问题中均有重要作用。

以图10-6所示的简支梁为例推导。梁上1,2处分别承受载荷F_1和F_2作用(F_1和F_2为广义力)。当F_1单独作用时,在1点和2点处产生的对应于F_1和F_2的位移分别为δ_{11}和δ_{21};当F_2单独作用时,在1点和2点产生的对应于F_1和F_2的位移分别为δ_{12}和δ_{22},上述位移均为广义位移,位移第一个下标表示发生位移的位置,第二个下标表示引起该位移的载荷。现在分析两种不同的加载方式:

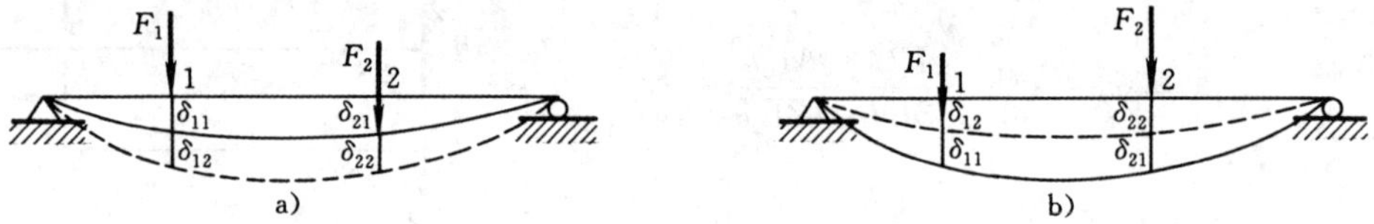

图10-6 两种不同的加载顺序

(1) 先加F_1再加F_2,如图10-6a)所示。此时梁的应变能为

$$U_1=\frac{1}{2}F_1\delta_{11}+\frac{1}{2}F_2\delta_{22}+F_1\delta_{12} \tag{10-16}$$

(2) 先加F_2再加F_1,如图10-6b)所示。此时梁的应变能为

$$U_2=\frac{1}{2}F_2\delta_{22}+\frac{1}{2}F_1\delta_{11}+F_2\delta_{21} \tag{10-17}$$

如前所述,弹性体的应变能与外力的加载次序无关,则$U_1=U_2$,可得到

$$F_1\delta_{12}=F_2\delta_{21} \tag{10-18}$$

式(10-18)表明,对于线弹性体,F_1在F_2所引起的位移δ_{12}上所作的功,等于F_2在F_1所引起的位移δ_{21}上所作的功。该定理称为**功的互等定理**。如果$F_1=F_2$,则有

$$\delta_{12}=\delta_{21} \tag{10-19}$$

这表明,对于线弹性体,若载荷F_1和F_2数值相等,则F_2在点1沿F_1方向引起的位移δ_{12},等于F_1在点2沿F_2方向引起的位移δ_{21}。该定理称为**位移互等定理**。

上述功的互等定理,不仅存在于F_1和F_2两个外力之间,而且存在于两组外力之间。功的互等定理的一般论述为:**对于线弹性体,第一组外力在第二组外力引起的位移上所作的功,等于第二组外力在第一组外力引起的位移上所作的功。**

例10-3 利用互等定理求例10-3图所示超静定梁的约束力F_A。设梁的抗弯刚

度为 EI。

解 首先解除支座 A，得到例 10-3 图 b)所示的悬臂梁。把力 F 和约束力 F_A 作为第一组力。

设想在同一悬臂梁的右端作用一个 $F_0=1$ 的单位力，如例 10-3 图 c)所示。把 $F_0=1$ 作为第二组力。在力 $F_0=1$ 作用下，力 F 和 F_A 作用点的相应位移为

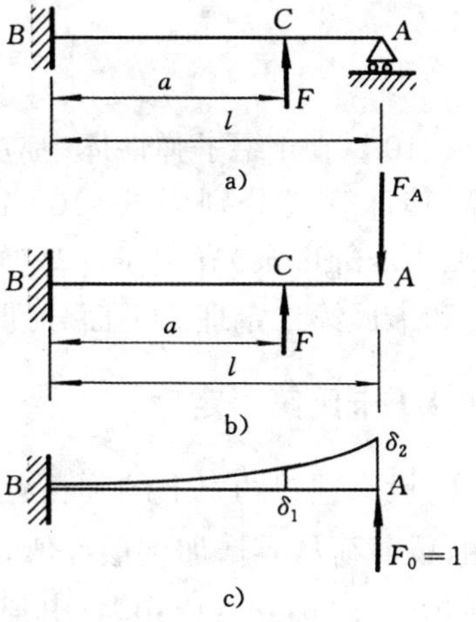

例 10-3 图

$$\delta_{C2}=\frac{a^2}{6EI}(3l-a),\quad \delta_{A2}=\frac{l^3}{3EI}$$

第一组力在第二组力引起的位移上所做的功为

$$F\delta_{C2}-F_A\delta_{A2}=\frac{Fa^2}{6EI}(3l-a)-\frac{F_Al^3}{3EI}$$

在第一组力作用下，由于梁的右端 A 实际上是铰支座，它沿 $F_0=1$ 方向的位移应等于零，因此，第二组力在第一组力引起的位移上所做的功等于零。由功的互等定理：

$$F\delta_{C2}-F_A\delta_{A2}=\frac{Fa^2}{6EI}(3l-a)-\frac{F_Al^3}{3EI}=0$$

由此可解出

$$F_A=\frac{F}{2}\cdot\frac{a^2}{l^3}(3l-a)$$

例 10-4 抗弯刚度为 EI 的等截面简支梁，在跨度中点受一集中力 F 作用，如例 10-4a)图所示。试计算梁变形后的挠曲线与水平轴线包围的面积 S。

解 把力 F 作为第一组力，把与面积 S 对应的载荷——布满全梁的横向均布载荷 q 设为第二组力，如例 10-4 图 b)所示。

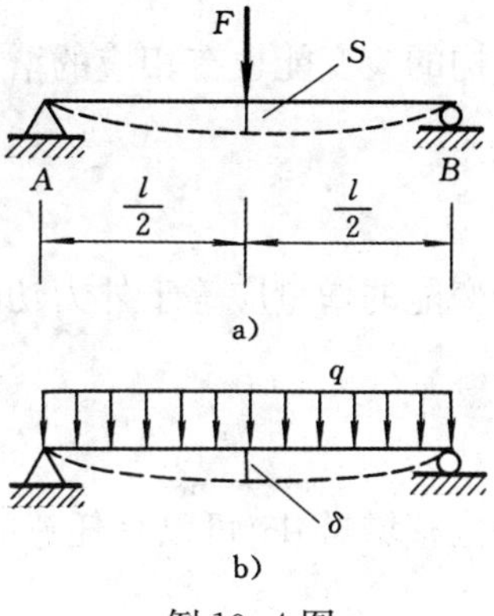

例 10-4 图

第一组力在第二组力引起的位移上做的功为

$$F\delta=F\,\frac{5ql^4}{384EI}$$

第二组力在第一组力引起的位移上做的功等于 q 与第一组力作用下梁的挠曲线与水平轴线包围的面积 S 的乘积，即 qS。由互等定理可知：

$$qS=F\,\frac{5ql^4}{384EI},\quad S=\frac{5Fl^4}{384EI}$$

10.4 卡氏定理

10.2 节介绍了弹性体中应变能和余能的概念,它们可以通过外力功和余功来计算,其计算式分别为式(10-12)和式(10-13)。利用这两个公式,卡斯蒂利亚诺(A. Castigliano)导出了计算弹性结构的力和位移的两个定理,分别称为卡氏第一定理和卡氏第二定理。下面分别介绍这两个定理。

10.4.1 卡氏第一定理

设一理想约束下的弹性结构,受 n 个独立载荷(力或力偶)$F_1, F_2, \cdots, F_n$ 的作用,设载荷从零增加到最终值,各载荷作用点沿载荷作用方向的位移(线位移或角位移)分别为 $\delta_1, \delta_2, \cdots, \delta_n$。由弹性结构的应变能 U 等于外力功 W,可得

$$U=W=\sum_{i=1}^{n}\int_0^{\delta_i} F_i \mathrm{d}\delta_i = U(\delta_1, \delta_2, \cdots, \delta_n)$$

设想仅在第 i 个载荷 F_i 的作用点上产生一个 δ_i 方向位移的微小增量 $\mathrm{d}\delta_i$,其他载荷作用点无位移变化,则外力功的增量仅由 F_i 产生,可表示为

$$\mathrm{d}W = F_i \mathrm{d}\delta_i$$

结构的应变能也有相应的增量:

$$\mathrm{d}U = \frac{\partial U}{\partial \delta_i}\mathrm{d}\delta_i$$

应变能的增量应等于外力功的增量,即

$$\frac{\partial U}{\partial \delta_i}\mathrm{d}\delta_i = F_i \mathrm{d}\delta_i$$

因位移增量 $\mathrm{d}\delta_i$ 可以是任意的,因此,可得

$$\frac{\partial U}{\partial \delta_i} = F_i \tag{10-20}$$

式(10-20)所代表的关系是一个普遍规律,称为**卡氏第一定理**。它表明:**弹性结构的应变能对于结构上与某个载荷 F_i 相对应的位移 δ_i 的偏导数,就等于该载荷的数值。** 在卡氏定理的推导过程中,没有用到线弹性的条件,因此,该定理适用于一切理想约束下的线性和非线性弹性结构。具体应用时,应变能 U 必须用各载荷作用点的位移来表示。

例 10-5 例 10-5 图所示原为水平位置的杆系(不计自重),在载荷 F 作用下变形如例 10-5 图 a)所示。设两杆长均为 a,横截面积均为 A,材料相同,材料的

应力—应变关系为 $\sigma=E\varepsilon^n$。试求力 F 作用点的垂直位移 δ。

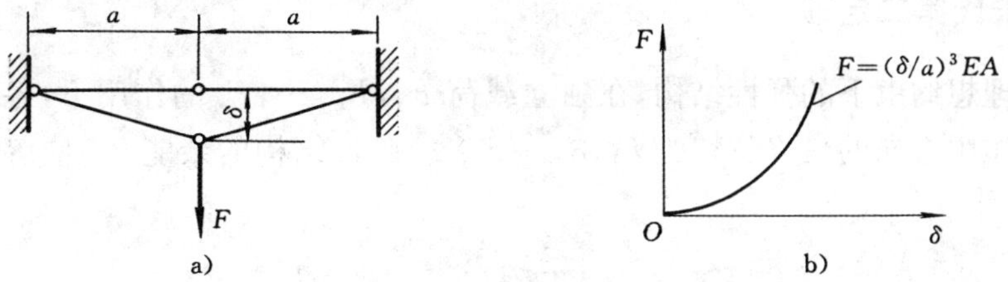

例 10-5 图

解 1. 导出以位移 δ 表示的应变能 U 表达式

先求出两杆的应变能密度 u，由式(10-4)可得

$$u=\int\sigma\mathrm{d}\varepsilon=\int E\varepsilon^n\mathrm{d}\varepsilon=E\frac{\varepsilon^{n+1}}{n+1} \tag{a}$$

由例 10-5 图 a)的几何关系可知，杆的线应变

$$\varepsilon=\frac{\sqrt{a^2+\delta^2}-a}{a}=\sqrt{1+\left(\frac{\delta}{a}\right)^2}-1\approx\frac{1}{2}\left(\frac{\delta}{a}\right)^2 \tag{b}$$

将式(b)代入式(a)可得

$$u=E\frac{\varepsilon^{n+1}}{n+1}=\frac{E}{2^{n+1}(n+1)}\left(\frac{\delta}{a}\right)^{2n+2} \tag{c}$$

由于轴向拉伸杆件内各点的应变状态均相同，因此，将应变能密度乘以两杆的体积 $V=2Aa$，便可得结构的应变能

$$U=u(2Aa)=\frac{EAa}{2^n(n+1)}\left(\frac{\delta}{a}\right)^{2n+2}$$

2. 利用卡氏第一定理计算位移

$$F=\frac{\partial U}{\partial\delta}=\frac{EA}{2^{n-1}}\left(\frac{\delta}{a}\right)^{2n+1}$$

因此，可求得位移 δ 的表达式为

$$\delta=2^{\frac{n-1}{2n+1}}a\left(\frac{F}{EA}\right)^{\frac{1}{2n+1}}$$

讨论 $n=1$ 时，材料为线弹性材料，此时 $\delta=a\sqrt[3]{\dfrac{F}{EA}}$。此结果表明，材料虽为线弹性的，但 δ 与载荷 F 之间的关系却是非线性的。这种非线性弹性问题，称为几何非线性弹性问题。例 10-5 图 b)绘出了本例在 $n=1$ 时，δ 与 F 之间的非线性关系

曲线。

10.4.2 卡氏第二定理

设一理想约束下的弹性结构,在独立载荷 $F_1, F_2, \cdots, F_n$ 的作用下,各载荷作用点沿载荷作用方向的最终位移为 $\delta_1, \delta_2, \cdots, \delta_n$。弹性结构的余能 U^* 应等于外力的余功 W^*,即

$$U^*(F_1, F_2, \cdots, F_n) = W^* = \sum_{i=1}^{n} \int_0^{F_i} \delta_i \mathrm{d}F_i$$

设想第 i 个载荷 F_i 产生一个微小增量 $\mathrm{d}F_i$,其他载荷值不变,则余功的增量为

$$\mathrm{d}W^* = \delta_i \mathrm{d}F_i$$

相应地,结构的余能也有一个增量

$$\mathrm{d}U^* = \frac{\partial U}{\partial F_i} \mathrm{d}F_i$$

余能的增量应等于余功的增量,即

$$\frac{\partial U^*}{\partial F_i} \mathrm{d}F_i = \delta_i \mathrm{d}F_i$$

由增量 $\mathrm{d}F_i$ 的任意性,可得

$$\delta_i = \frac{\partial U^*}{\partial F_i} \tag{10-21}$$

式(10-21)也是一个普遍定理,称为**克劳迪—恩格塞定理**(Crotti-Engesser theorem),也称为**余能定理**。它表明:**弹性结构的余能对作用在结构上的某个载荷 F_i 的偏导数,就等于该载荷作用点沿该载荷作用方向的位移 δ_i**。余能定理同样适用于一切理想约束下的线性和非线性弹性结构。

当结构为线弹性结构时,如前所述,结构的应变能和余能在数值上相等,可用应变能代替余能,则式(10-21)也可表达为

$$\delta_i = \frac{\partial U}{\partial F_i} \tag{10-22}$$

式(10-22)称为**卡氏第二定理**。它表明:**线弹性结构的应变能 U 对作用在结构上的某个载荷 F_i 的偏导数,就等于该载荷作用点沿该载荷作用方向的位移 δ_i**。具体应用时,应变能 U 必须表示为载荷的函数。

由于杆件的应变能一般是用内力的积分式[式(10-5)]表达的,而内力又是外力的函数,因此,在使用卡氏第二定理时,应变能是外力的复合函数。在计算 $\dfrac{\partial U}{\partial F_i}$ 时,可

先求导后积分，使计算简便。对式(10-5)利用复合函数求导法，可得到

$$\delta_i=\frac{\partial U}{\partial F_i}=\int\frac{F_{\mathrm{N}}(x)}{EA}\cdot\frac{\partial F_{\mathrm{N}}(x)}{\partial F_i}\mathrm{d}x+\int_l\frac{M(x)}{EI}\cdot\frac{\partial M(x)}{\partial F_i}\mathrm{d}x+\int_l\frac{T(x)}{GI_{\mathrm{p}}}\cdot\frac{\partial T(x)}{\partial F_i}\mathrm{d}x \tag{10-23}$$

式(10-23)在使用中应根据实际问题取对应的项数。如对受扭圆轴

$$\delta_i=\int_l\frac{T(x)}{GI_{\mathrm{p}}}\cdot\frac{\partial T(x)}{\partial F_i}\mathrm{d}x \tag{10-24}$$

对弯曲梁(忽略剪力的影响)

$$\delta_i=\int_l\frac{M(x)}{EI}\cdot\frac{\partial M(x)}{\partial F_i}\mathrm{d}x \tag{10-25}$$

对于拉压杆

$$\delta_i=\int_l\frac{F_{\mathrm{N}}(x)}{EI}\cdot\frac{\partial F_{\mathrm{N}}(x)}{\partial F_i}\mathrm{d}x \tag{10-26}$$

对桁架结构(各杆均为等截面时)

$$\delta_i=\sum_{j=1}^{n}\frac{F_{\mathrm{N}j}(x)l_j}{E_jA_j}\cdot\frac{\partial F_{\mathrm{N}j}(x)}{\partial F_i} \tag{10-27}$$

按卡氏定理计算所得的位移为正，表示该位移与载荷同向；反之，二者反向，与坐标系无关。

这里要注意，卡氏第一定理和余能定理既适用于线弹性结构，也适用于非线性弹性结构，而卡氏第二定理只适用于线弹性结构。由于工程中的结构基本上都是线弹性结构，因此，卡氏第二定理被广泛用于计算结构的位移以及求解超静定问题。

例 10-6 试用卡氏第二定理计算例 10-6 图所示结构 C 点的垂直位移和水平位移。

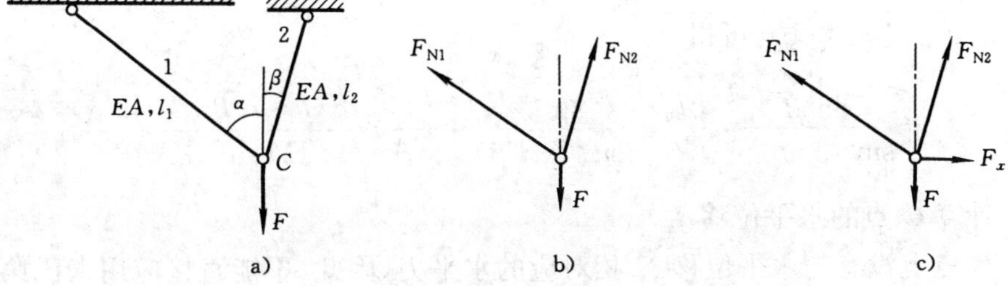

例 10-6 图

解 1. 计算 C 点的垂直位移 δ_y

C 点的垂直位移 δ_y 为载荷 F 的相应位移,因此,可用卡氏第二定理或直接利用功能原理求 δ_y。

方法一:利用卡氏第二定理计算

(1) 计算内力与内力对 F 的偏导

由结点 C 的平衡条件[受力图见例 10-6 图 b)],可得

$$F_{N1}=\frac{\sin\beta}{\sin(\alpha+\beta)}F,\quad \frac{\partial F_{N1}}{\partial F}=\frac{\sin\beta}{\sin(\alpha+\beta)}$$
$$F_{N2}=\frac{\sin\alpha}{\sin(\alpha+\beta)}F,\quad \frac{\partial F_{N2}}{\partial F}=\frac{\sin\alpha}{\sin(\alpha+\beta)} \tag{a}$$

(2) 由卡氏第二定理式(10-27)可得

$$\delta_y=\frac{\partial U}{\partial F}=\frac{F_{N1}l_1}{EA}\cdot\frac{\partial F_{N1}}{\partial F}+\frac{F_{N2}l_2}{EA}\cdot\frac{\partial F_{N2}}{\partial F} \tag{b}$$

(3) 将式(a)代入式(b),于是得 C 点的垂直位移

$$\delta_y=\frac{\sin^2\beta}{\sin^2(\alpha+\beta)}\cdot\frac{Fl_1}{EA}+\frac{\sin^2\alpha}{\sin^2(\alpha+\beta)}\cdot\frac{Fl_2}{EA}=\frac{F(l_1\sin^2\beta+l_2\sin^2\alpha)}{EA\sin^2(\alpha+\beta)}$$

方法二:利用功能原理计算

结构的外力功 $$W=\frac{1}{2}F\delta_y$$

结构的应变能 $$U=\frac{1}{2}\cdot\frac{F_{N1}^2 l_1}{EA}+\frac{1}{2}\cdot\frac{F_{N2}^2 l_2}{EA}$$

由功能原理可得 $$\frac{1}{2}\cdot\frac{F_{N1}^2 l_1}{EA}+\frac{1}{2}\cdot\frac{F_{N2}^2 l_2}{EA}=\frac{1}{2}F\delta_y \tag{c}$$

根据结点 C 的平衡条件求出: $$F_{N1}=\frac{\sin\beta}{\sin(\alpha+\beta)}F,\quad F_{N1}=\frac{\sin\alpha}{\sin(\alpha+\beta)}F$$

将 F_{N1} 和 F_{N2} 代入式(b),可得

$$\delta_y=\frac{\sin^2\beta}{\sin^2(\alpha+\beta)}\cdot\frac{Fl_1}{EA}+\frac{\sin^2\alpha}{\sin^2(\alpha+\beta)}\cdot\frac{Fl_2}{EA}=\frac{F(l_1\sin^2\beta+l_2\sin^2\alpha)}{EA\sin^2(\alpha+\beta)}$$

2. 计算 C 点的水平位移 δ_x

因 C 点上没有与水平位移 δ_x 相对应的水平力,因此,不能直接应用卡氏第二定理求解。对此类问题可以采用附加力法,在需求位移处沿位移方向加一对应的附加力,求得位移后再令附加力为零。本例中,可先在 C 点加一个水平附加力 F_x,求出 C 点在 F 和 F_x 共同作用下的水平位移,最后令 $F_x=0$,即可得出 F 单独作用时的水平

位移 δ_x。

(1) 计算内力和内力对 F_x 的偏导

由 C 点的平衡方程[受力图见例 10-6 图 c)]

$$F_{N1}\cos\alpha+F_{N2}\cos\alpha-F=0$$

$$F_{N1}\sin\alpha-F_{N2}\sin\alpha-F_x=0$$

可得

$$\begin{aligned}F_{N1}&=\frac{F\sin\beta+F_x\cos\beta}{\sin(\alpha+\beta)},\quad \frac{\partial F_{N1}}{\partial F_x}=\frac{\cos\beta}{\sin(\alpha+\beta)}\\F_{N2}&=\frac{F\sin\alpha-F_x\cos\beta}{\sin(\alpha+\beta)},\quad \frac{\partial F_{N2}}{\partial F_x}=\frac{-\cos\beta}{\sin(\alpha+\beta)}\end{aligned}\tag{d}$$

(2) 由卡氏第二定理式(10-27)得

$$\delta_x=\frac{\partial U}{\partial F_x}=\frac{F_{N1}l_1}{EA}\cdot\frac{\partial F_{N1}}{\partial F_x}+\frac{F_{N2}l_2}{EA}\cdot\frac{\partial F_{N2}}{\partial F_x}\tag{e}$$

(3) 将式(d)代入式(e),并令 $F_x=0$ 可得 C 点的水平位移

$$\delta_x=\left[\frac{F_{N1}l_1}{EA}\cdot\frac{\partial F_{N1}}{\partial F_x}+\frac{F_{N2}l_2}{EA}\cdot\frac{\partial F_{N2}}{\partial F_x}\right]\Bigg|_{F_x=0}=\frac{l_1\cos\beta\sin\beta-l_2\cos\alpha\sin\alpha}{EA\sin^2(\alpha+\beta)}F$$

例 10-7 例 10-7 图 a)所示梁右端支承弹簧的刚性系数为 k,梁上受均布载荷 q 的作用。试用卡氏第二定理计算横截面 A 的转角。设梁的弯曲刚度 EI 为常数,不计剪力对应变能的影响。

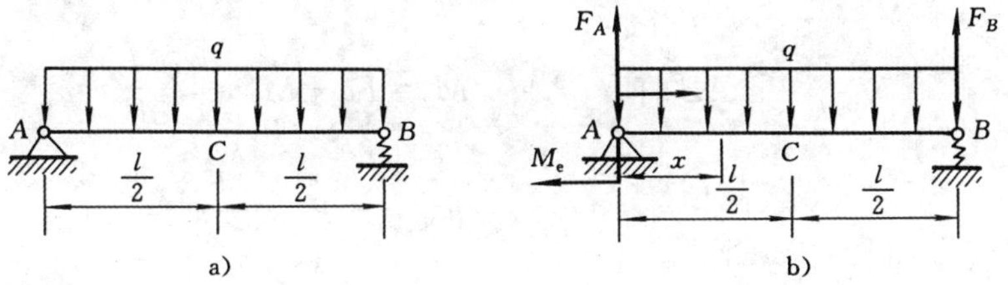

例 10-7 图

解 本例中,系统的应变能应是梁 AB 和弹簧 B 共同的应变能。由于截面 A 处无外力偶作用,可用附加力法求解。首先在截面 A 处附加一个矩为 M_e 的力偶[如例 10-7 图 b)所示]。在均布载荷 q 与 M_e 共同作用下,约束力及杆件内力为

$$F_A=\frac{ql}{2}-\frac{M_e}{l},\quad F_B=\frac{ql}{2}+\frac{M_e}{l}$$

梁 AB: $$M(x)=\left(\frac{ql}{2}-\frac{M_e}{l}\right)x+M_e-\frac{q}{2}x^2,\quad \frac{\partial M(x)}{\partial M_e}=-\frac{x}{l}+1$$

弹簧 B：
$$F_B=\frac{ql}{2}+\frac{M_e}{l},\quad \frac{\partial F_B}{\partial M_e}=\frac{1}{l}$$

系统的应变能

$$U=U_{AB}+U_B=\int_0^l\frac{M^2(x)}{2EI}dx+\frac{1}{2}\cdot\frac{F_B^2}{k}$$

则

$$\theta_A=\left.\frac{\partial U}{\partial M_e}\right|_{M_e=0}=\int_0^l\frac{M(x)}{EI}\cdot\left.\frac{\partial M(x)}{\partial M_e}\right|_{M_e=0}dx+\frac{F_B}{k}\cdot\left.\frac{\partial F_B}{\partial M_e}\right|_{M_e=0}$$

$$=\int_0^l\frac{\left(\frac{qlx}{2}-\frac{qx^2}{2}\right)\left(-\frac{x}{l}+1\right)}{EI}dx+\frac{\frac{q}{2}l}{k}\cdot\frac{1}{l}=\frac{ql^3}{24EI}+\frac{q}{2k}$$

所得的 θ_A 为正，表明横截面 A 的转角与附加力偶的方向相同。

例 10-8 用卡氏第二定理计算例 10-8 图所示折梁 C 点的垂直位移 δ_{Cy}，不计剪力的影响。

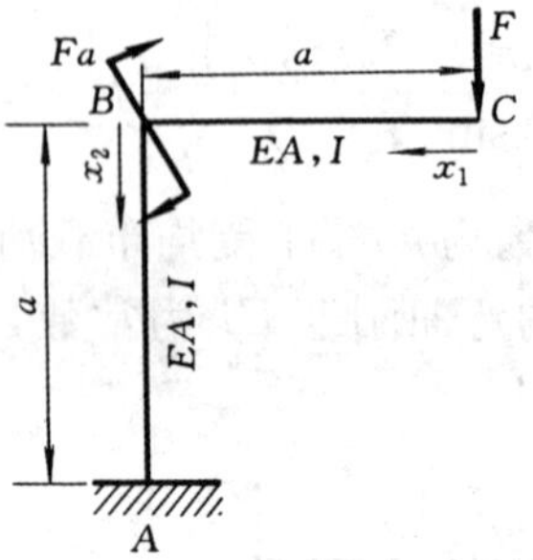

例 10-8 图

解 1. 将同名载荷重新命名

把作用于 B 截面的矩为 Fa 的外力偶用 M_B 表示，以避免与作用在 C 截面上的力 F 同名。

2. 列各杆的内力方程及其对力 F 的偏导数

BC 杆：
$$M_1=Fx_1,\quad \frac{\partial M_1}{\partial F}=x_1$$

AB 杆：
$$M_2=Fa+M_B,\quad \frac{\partial M_2}{\partial F}=a$$

$$F_{N2}=-F,\quad \frac{\partial F_{N2}}{\partial F}=-1$$

3. 代入式(10-23)，计算 δ_{Cy}

$$\delta_{Cy}=\frac{\partial U}{\partial F_i}=\int_0^a\frac{M_1}{EI}\cdot\frac{\partial M_1}{\partial F}dx_1+\int_0^a\frac{M_2}{EI}\cdot\frac{\partial M_2}{\partial F}dx_2+\int_0^a\frac{F_{N2}}{EA}\cdot\frac{\partial F_{N2}}{\partial F}dx_2$$

$$=\int_0^a\frac{Fx_1^2}{EI}dx_1+\int_0^a\frac{(Fa+Fa)a}{EI}dx_2+\int_0^a\frac{-F(-1)}{EA}dx_2$$

$$=\frac{7Fa^3}{3EI}+\frac{Fa}{EA}$$

本例中若不将 B 截面矩为 Fa 的外力偶记为 M_B，则应变能 $U=U(Fa,F)$。对

F 求偏导数时，$\frac{\partial U}{\partial F}$实际上等于$\frac{\partial U}{\partial F}+\frac{\partial U}{\partial (Fa)}a$，得到的是 $\delta_{Cy}+\theta_B a$。因此，在运用卡氏第二定理解题时，需先将同名的载荷重新命名，加以区分，直至偏导后才可恢复原名。

例 10-9 抗弯刚度为 EI 的等截面开口薄壁圆环，在开口 A，B 处受一对集中力 F 的作用，如例 10-9 图 a)所示。材料为线弹性，圆环直径 D 远大于圆环横截面的尺寸，不计圆环内剪力对位移的影响。试用卡氏第二定理求圆环的张开位移。

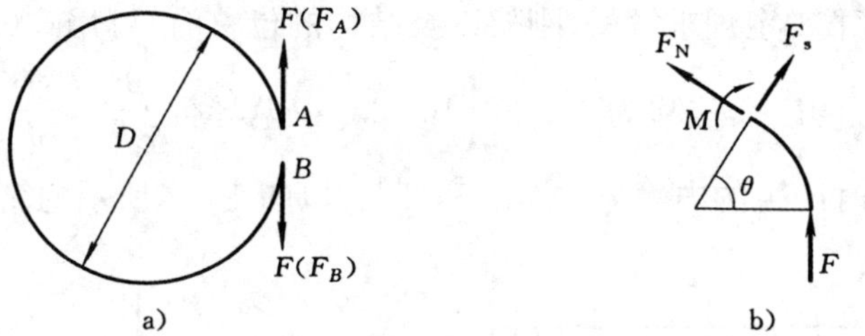

例 10-9 图

解 1. 求 AB 面的相对位移

将作用在 A，B 处的集中力分别记为 F_A 和 F_B，$\frac{\partial U}{\partial F_A}$和$\frac{\partial U}{\partial F_B}$分别表示 A 截面和 B 截面沿 F_A 和 F_B 方向的位移 δ_A 和 δ_B。AB 面的相对位移

$$\delta_{AB}=\delta_A+\delta_B=\frac{\partial U}{\partial F_A}+\frac{\partial U}{\partial F_B}=\frac{\partial U}{\partial F}$$

由上式可知，**把一对大小相等，方向相反的集中力看作广义力，相应的广义位移即为两力作用面沿两力方向的相对位移。**

2. 求 θ 截面上的内力及其对 F 的偏导数

由受力图[例 10-9 图 b)]可求得，θ 截面上的内力及其对 F 的偏导数为

$$F_N=-F\cos\theta,\quad \frac{\partial F_N}{\partial F}=-\cos\theta$$

$$M=\frac{D}{2}(1-\cos\theta)F,\quad \frac{\partial M}{\partial F}=\frac{D}{2}(1-\cos\theta)$$

3. 计算 δ_{AB}

若不计剪力的影响，代入式(10-23)，计算 δ_{AB} 得

$$\delta_{AB}=\frac{\partial U}{\partial F}=\int_s \frac{F_N(s)}{EA}\cdot\frac{\partial F_N(s)}{\partial F}ds+\int_s \frac{M(s)}{EI}\cdot\frac{\partial M(s)}{\partial F}ds$$

$$=\int_0^{2\pi}\frac{F\cos^2\theta}{EA}\cdot\frac{D}{2}d\theta+\int_0^{2\pi}\frac{F(1-\cos\theta)^2}{EI}\left(\frac{D}{2}\right)^3 d\theta$$

$$=\frac{\pi D}{2EA}F+\frac{3\pi D^3}{8EI}F=\frac{\pi D^3 F}{8EI}\left(\frac{4I}{AD^2}+3\right)$$

所得的位移为正,说明广义位移与对应的广义力指向上是一致的,为相对张开的位移。

10.5　单位载荷法

在利用卡氏第二定理求解梁、刚架以及结构的位移时,可用式(10-23)计算与某一广义力 F_i 相应的广义位移为 δ_i。式(10-23)中偏导数 $\frac{\partial F_N}{\partial F_i}$,$\frac{\partial M}{\partial F_i}$ 和 $\frac{\partial T}{\partial F_i}$ 分别等于 $F_i=1$ 单独作用时产生的内力 F_N^0,M^0 和 T^0。以图 10-7 所示的简支梁为例。

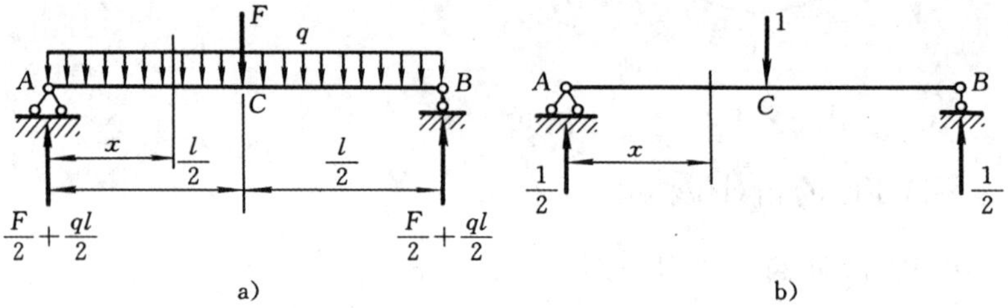

图 10-7

图 10-7a)中,梁 AC 段的弯矩及其对力 F 的偏导数为

$$M(x)=\frac{Fx}{2}+\frac{ql}{2}x-\frac{qx^2}{2},\quad \frac{\partial M}{\partial F}=\frac{x}{2}=\frac{1}{2}x$$

图 10-7b)中,梁 AC 段的弯矩

$$M^0=\frac{1}{2}x$$

BC 段也有同样结果。利用式(10-23),该简支梁 C 点位移可写成

$$\delta_C=\frac{\partial U}{\partial F}=\int_l \frac{M}{EI}\cdot\frac{\partial M}{\partial F}\mathrm{d}x=\int_l \frac{MM^0}{EI}\mathrm{d}x$$

因此,卡氏第二定理(不计剪力影响时)可表示为

$$\delta_i=\frac{\partial U}{\partial F_i}=\int_l \frac{F_N F_N^0}{EA}\mathrm{d}x+\int_l \frac{MM^0}{EI}\mathrm{d}x+\int_l \frac{TT^0}{GI_p}\mathrm{d}x \tag{10-28}$$

上述关系是马克斯威尔(J. C. Maxwell)在 1864 年提出的,由莫尔在 1874 年应用于实际计算中,因此称为**马克斯威尔—莫尔定理**。因 M^0(或 F_N^0,T^0)是由单位载荷引起的内力,上述方法也称为**单位载荷法**。应用单位载荷法求位移,比卡氏第二定理

简便。

同样地,用单位载荷法求出的位移为正,表示所求位移与所加单位载荷同向;反之,则表示所求位移与所加单位载荷反向。

例 10-10 试求例 10-10 图 a)所示梁在外伸端的挠度 y_D。设梁的抗弯刚度为 EI,且忽略剪力对位移的影响。

解 1. 方法一:用卡氏第二定理求解

(1) 把作用在跨中截面以及外伸端的力 F 分别记为 F_1,F_2,如例 10-10 图 b)所示。求出两个支座反力

$$F_A=\frac{F_1}{2}-\frac{F_2}{2},\quad F_B=\frac{F_1}{2}+\frac{3F_2}{2}$$

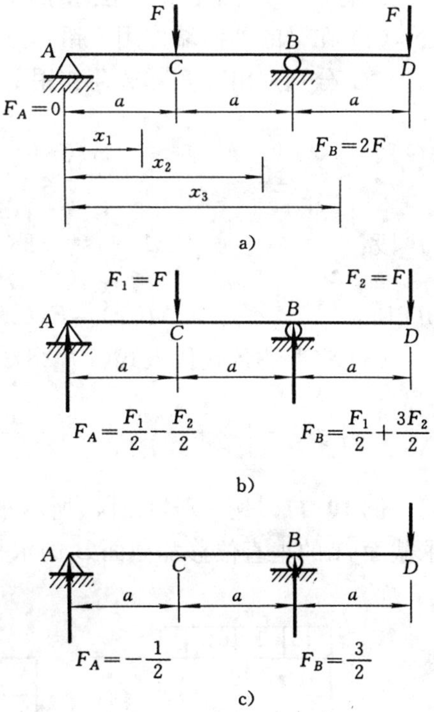

例 10-10 图

(2) 分段列出弯矩方程,并对 F_2 求偏导数,可得

AC 段:

$$M(x)=\left(\frac{F_1}{2}-\frac{F_2}{2}\right)x,\quad \frac{\partial M(x)}{\partial F_2}=-\frac{x}{2}$$

CB 段:

$$M(x)=\left(\frac{F_1}{2}-\frac{F_2}{2}\right)x-F_1(x-a),$$

$$\frac{\partial M(x)}{\partial F_2}=-\frac{x}{2}$$

BD 段:

$$M(x)=-F_2(3a-x),\quad \frac{\partial M(x)}{\partial F_2}=x-3a$$

(3) 代入式(10-23),计算 y_D

$$y_D=\delta_D=\frac{\partial U}{\partial F_2}=\int_l \frac{M(x)}{EI}\cdot\frac{\partial M(x)}{\partial F_2}\cdot \mathrm{d}x$$

$$=\int_0^a \frac{\left(\frac{F_1}{2}-\frac{F_2}{2}\right)x}{EI}\left(-\frac{x}{2}\right)\mathrm{d}x+\int_a^{2a}\frac{\left(\frac{F_1}{2}-\frac{F_2}{2}\right)x-F_1(x-a)}{EI}\left(-\frac{x}{2}\right)\mathrm{d}x$$

$$+\int_{2a}^{3a}\frac{F_2}{EI}(x-3a)^2\mathrm{d}x$$

将 $F_1=F_2=F$ 代入以上计算式,得

$$y_D=0+\int_a^{2a}\frac{-F(x-a)}{EI}\left(-\frac{x}{2}\right)\mathrm{d}x+\int_{2a}^{3a}\frac{F(x-3a)^2}{EI}\mathrm{d}x=\frac{3Fa^3}{4EI}$$

正号表示位移与力 F_2 的作用方向一致,即 D 截面向下位移。

2. 方法二:用单位载荷法求解

(1) 在梁的外伸端作用一铅垂方向的单位力,如例 10-10 图 c)所示。

(2) 分别列出在实际载荷作用下和单位力单独作用下的内力方程:

AC 段: $$M(x)=0,\quad M^0(x)=-\frac{x}{2}$$

CB 段: $$M(x)=-F(x-a),\quad M^0(x)=-\frac{x}{2}$$

BD 段: $$M(x)=F(x-3a),\quad M^0(x)=x-3a$$

(3) 将上述各式代入式(10-28)(不考虑剪力的影响),可得

$$y_D=0+\int_a^{2a}\frac{-F(x-a)}{EI}\left(-\frac{x}{2}\right)\mathrm{d}x+\int_{2a}^{3a}\frac{F(x-3a)}{EI}(x-3a)\mathrm{d}x=\frac{3Fa^3}{4EI}$$

例 10-11 例 10-11 图 a)所示刚架,承受均布载荷 q 作用,各杆的 EI 相等,试求截面 A 的垂直位移和截面 B 的水平位移(不考虑轴力的影响)。

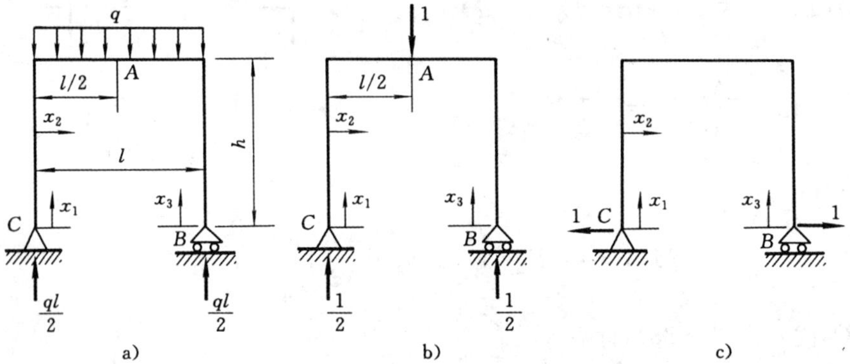

例 10-11 图

解 1. 计算截面 A 的铅垂位移 δ_{Ay}

(1) 在 A 截面加一铅垂方向的单位力,如例 10-11 图 b)所示。

(2) 分别求出在实际载荷和单位力单独作用下刚架的约束力[例 10-11 图 a),b)],实际载荷及单位力在刚架各段所产生的内力分别为

$$M(x_1)=0,\quad M^0(x_1)=0$$

$$M(x_2)=\frac{ql}{2}x_2-\frac{q}{2}x_2^2,\quad M^0(x_2)=\frac{1}{2}x_2 \qquad \left(0<x_2<\frac{l}{2}\right)$$

$$M^0(x_2)=\frac{1}{2}x_2-1\times\left(x_2-\frac{l}{2}\right) \qquad \left(\frac{l}{2}<x_2<l\right)$$

$$M(x_3)=0,\quad M^0(x_3)=0$$

(3) 将上述各式代入式(10-28),可得 A 的垂直位移(由弯矩的对称性,沿 x_2 在 $\left(\frac{l}{2},l\right)$ 段积分与 $\left(0,\frac{l}{2}\right)$ 段积分相等)。

$$\delta_{Ay}=\frac{2}{EI}\int_0^{\frac{l}{2}}\left(\frac{ql}{2}x_2-\frac{q}{2}x_2^2\right)\left(\frac{1}{2}x_2\right)\mathrm{d}x_2=\frac{5ql^4}{384EI}$$

2. 计算截面 B 的水平位移 δ_{Bx}

(1) 在 B 截面加一水平方向的单位力,如例 10-11 图 c)所示。

(2) 单位力单独作用下刚架的约束力见例 10-11 图 c),各段内力为

$$M^0(x_1)=x_1,\quad M^0(x_2)=h,\quad M^0(x_3)=x_3$$

(3) 代入式(10-28),得

$$\delta_{Bx}=\frac{1}{EI}\int_0^l\left(\frac{ql}{2}x_2-\frac{q}{2}x_2^2\right)h\,\mathrm{d}x_2=\frac{5ql^3h}{12EI}$$

求出的结果为正,表示位移与所加的单位力方向相同。

例 10-12 如例 10-12 图所示,用单位载荷法求例 10-9 中圆环开口处的张开位移以及相对转角。

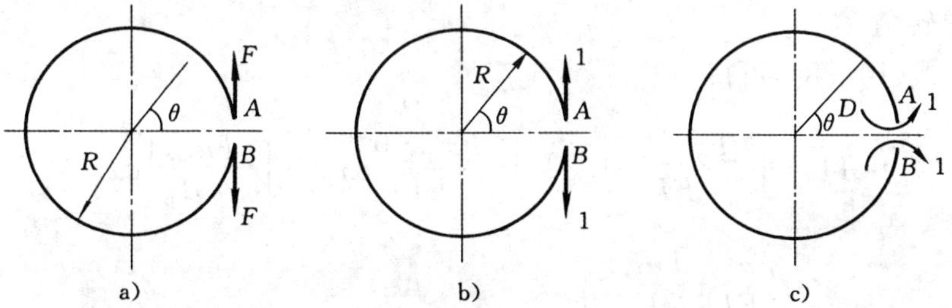

例 10-12 图

解 为求圆环开口处的张开位移以及相对转角,在 A,B 的两截面上分别作用一对大小相等、方向相反的单位力和单位力偶,如例 10-12 图 b),c)所示。在实际载荷以及单位载荷作用下,θ 截面上的内力分量分别为

在实际载荷作用下 $\qquad M(\theta)=FR(1-\cos\theta)$

在单位力作用下 $M_1^0(\theta)=R(1-\cos\theta)$

在单位力偶作用下 $M_2^0(\theta)=1$

由单位载荷法可得

张开位移 $\delta_{AB}=\int_s \frac{M(\theta)M_1^0(\theta)}{EI}\mathrm{d}s=\int_0^{2\pi}\frac{FR^3(1-\cos\theta)^2}{EI}\mathrm{d}\theta=\frac{3\pi FR^3}{EI}$

相对转角 $\varphi_{AB}=\int_s \frac{M(\theta)M_2^0(\theta)}{EI}\mathrm{d}s=\int_0^{2\pi}\frac{FR^2(1-\cos\theta)}{EI}\mathrm{d}\theta=\frac{2\pi FR^2}{EI}$

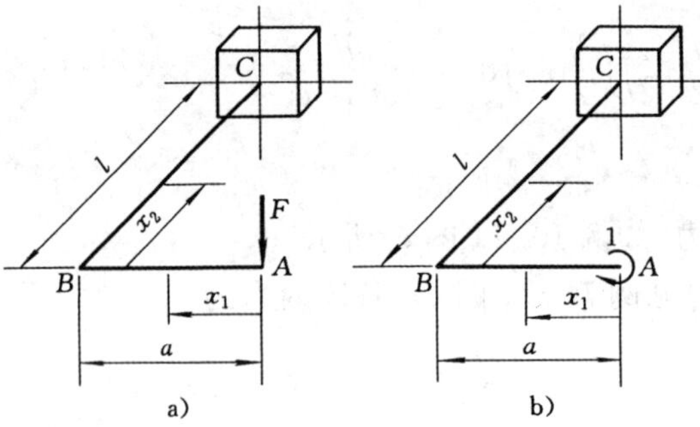

例10-13图

例 10-13 例 10-13 图 a)所示刚架,承受载荷 F 的作用。试利用单位载荷法计算截面 A 绕水平轴 BC 的转角 θ_A。已知刚架各部分的抗弯刚度为 EI,扭转刚度为 GI_p。

解 1. 作用单位力偶矩

为计算截面 A 的转角 θ_A,在该截面作用矩矢为 BC 方向的单位力偶矩,如例10-13图 b)所示。

2. 分别列出载荷以及单位力作用下刚架各段的内力方程

AB 段: $M(x_1)=Fx_1$, $M^0(x_1)=1$

BC 段: $M(x_2)=Fx_2$, $M^0(x_0)=0$

$T(x_2)=Fa$, $T^0(x_2)=1$

3. 求转角 θ_A

代入式(10-28),可得

$$\theta_A=\int_0^a \frac{Fx_1\times 1}{EI}\mathrm{d}x_1+\int_0^l \frac{Fx_2\times 0}{EI}\mathrm{d}x_2+\int_0^l \frac{Fa\times 1}{GI_p}\mathrm{d}x_2$$

$$=\frac{Fa^2}{2EI}+\frac{Fal}{GI_p}$$

例 10-14 例 10-14 图 a)所示桁架各杆材料相同,截面面积相等。在载荷 F 的作用下,试求节点 B 与 D 间的相对位移。

解 为求节点 B 与 D 间的相对位移,沿 BD 施加一对单位力如例 10-14 图 b)所示。分别求出各杆在载荷 F 及这一对单位力作用下的内力 F_{Ni} 及 F_{Ni}^0,列于例表 10-1。

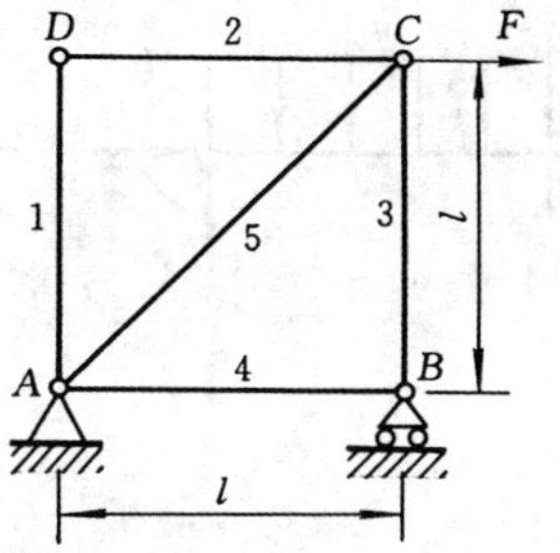

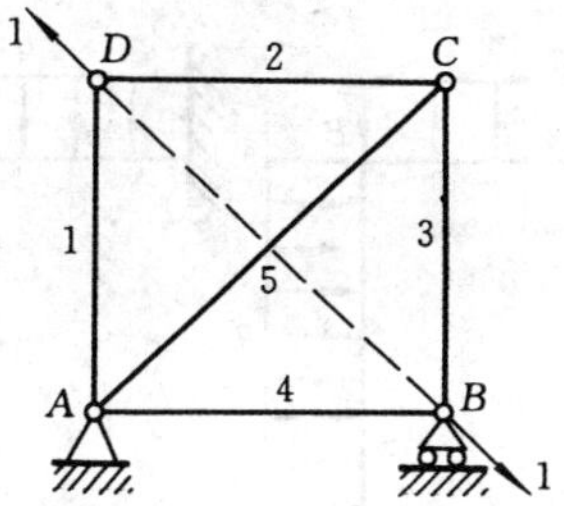

例 10-14 图

例表 10-1 **杆件内力、单位内力和长度**

杆件编号	F_{Ni}	F_{Ni}^0	l_i	$F_{Ni}F_{Ni}^0 l_i$
1	0	$\sqrt{2}/2$	l	0
2	0	$\sqrt{2}/2$	l	0
3	$-F$	$\sqrt{2}/2$	l	$-\sqrt{2}Fl/2$
4	0	$\sqrt{2}/2$	l	0
5	$\sqrt{2}F$	-1	$\sqrt{2}l$	$-2Fl$

B，D 间的相对位移为 $\delta_{BD}=-\dfrac{\sqrt{2}Fl}{2EA}-\dfrac{2Fl}{EA}=-\dfrac{Fl}{2EA}(4+\sqrt{2})=-2.71\dfrac{Fl}{EA}$

10.6 运用卡氏第二定理(单位载荷法)解超静定问题

前面已讨论过拉压超静定杆系和超静定梁的求解，其方法是：除列出静力学平衡方程外，还需根据变形的协调条件列出几何方程，根据力与变形的物理关系列出物理方程，物理方程代入几何方程得补充方程，方可求出全部未知力。对几何关系比较复杂的超静定问题，运用卡氏第二定理可以较方便地建立与变形协调条件相应的补充方程，使求解过程简便许多。变形协调条件通常有边界条件(约束条件)和连续条件两种形式。

例如，图 10-8a)所示的折杆属于三次超静定问题。以约束条件为变形协调条件时，首先去掉 C 端“多余”的固定端约束，代之以未知约束力 F_{X_C}，F_{Y_C} 和 M_C，其静定基如图 10-8b)所示。写出包含未知约束力的应变能 U，运用卡氏第二定理(或单位载荷法)可得出 C 处的约束条件为

$$\frac{\partial U}{\partial F_{X_C}}=0,(\delta_{Cx}=0);\quad \frac{\partial U}{\partial F_{Y_C}}=0,(\delta_{Cy}=0);\quad \frac{\partial U}{\partial M_C}=0,(\theta_C=0)$$

求解以上三式可得出未知约束力 F_{X_C}，F_{Y_C} 和 M_C。

以连续条件为变形协调条件时，可先在 B 面截开成图 10-8c)所示的两个静定梁

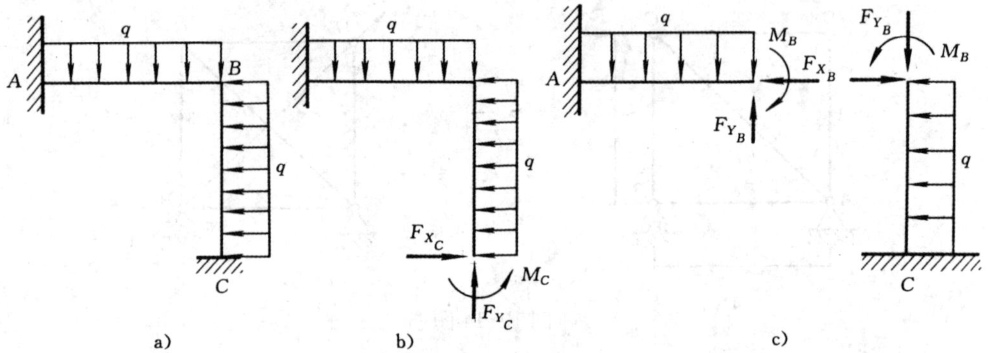

图 10-8　两类静定基

(截面两侧脱离体截面上的成对内力则以外力的形式出现),结构的应变能 $U=U_{AB}+U_{BC}$,因在 B 点处折梁是连续的,因此,AB 梁的 B 截面和 BC 梁的 B 截面之间的相对位移为零。运用卡氏第二定理(或单位载荷法)可得连续性条件为

$$\frac{\partial U}{\partial F_{X_B}}=0,\quad \frac{\partial U}{\partial F_{Y_B}}=0,\quad \frac{\partial U}{\partial M_B}=0$$

例 10-15　试画出例 10-15 图所示折杆 ABC 的弯矩图(不考虑剪力和轴力引起的应变能)。

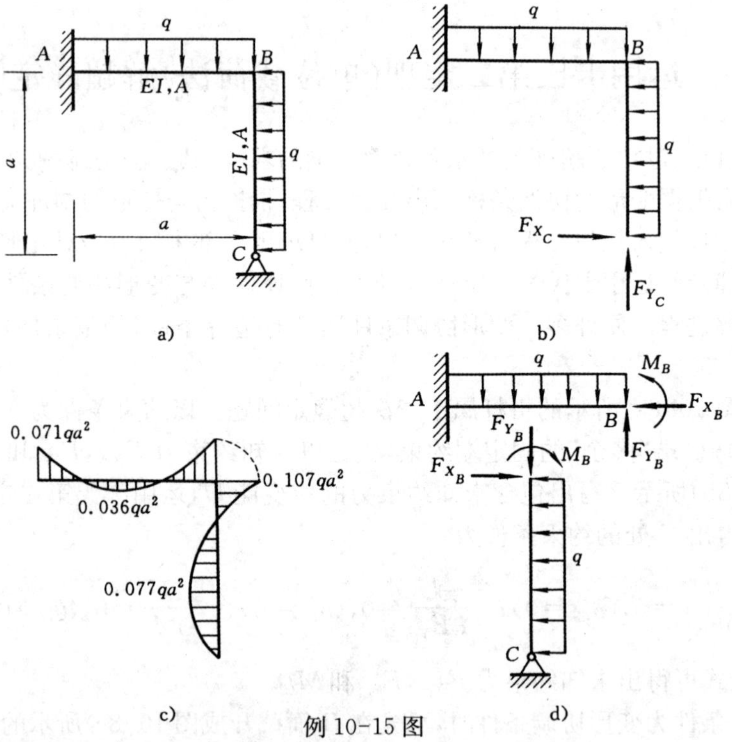

例 10-15 图

解 本例属于二次超静定问题。

方法一：解除 C 点的约束，作用 F_{X_C}，F_{Y_C}，得到例 10-15 图 b）所示的静定基，用卡氏第二定理表达的变形协调条件为

$$\frac{\partial U}{\partial F_{X_C}}=0, \quad \frac{\partial U}{\partial F_{Y_C}}=0$$

在静定基上

$$M_{BC}=F_{X_C}x_1-\frac{1}{2}qx_1^2, \quad \frac{\partial M_{BC}}{\partial F_{X_C}}=x_1, \quad \frac{\partial M_{BC}}{\partial F_{Y_C}}=0$$

$$M_{AB}=F_{X_C}a-\frac{1}{2}qa^2-\frac{1}{2}qx_2^2+F_{Y_C}x_2, \quad \frac{\partial M_{AB}}{\partial F_{X_C}}=a, \quad \frac{\partial M_{AB}}{\partial F_{Y_C}}=x_2$$

$$\frac{\partial U}{\partial F_{X_C}}=\int_0^a \frac{\left(F_{X_C}x_1-\frac{1}{2}qx_1^2\right)x_1\mathrm{d}x_1}{EI}+\int_0^a \frac{\left(F_{X_C}a-\frac{1}{2}qa^2-\frac{1}{2}qx_2^2+F_{Y_C}x_2\right)a\,\mathrm{d}x_2}{EI}=0$$

$$\frac{\partial U}{\partial F_{Y_C}}=\int_0^a \frac{\left(F_{X_C}x_1-\frac{1}{2}qx_1^2\right)\times 0}{EI}\mathrm{d}x_1+\int_0^a \frac{\left(F_{X_C}a-\frac{1}{2}qa^2-\frac{1}{2}qx_2^2+F_{Y_C}x_2\right)x_2\mathrm{d}x_2}{EI}=0$$

积分以上两式并化简，可得

$$\frac{4}{3}F_{X_C}+\frac{1}{2}F_{Y_C}-\frac{19}{24}qa=0$$

$$\frac{1}{2}F_{X_C}+\frac{1}{3}F_{Y_C}-\frac{3}{8}qa=0$$

由上述方程可解得：$F_{X_C}=\frac{11}{28}qa=0.393qa$，$F_{Y_C}=\frac{15}{28}qa=0.536qa$。弯矩图见例 10-15图 c）。

方法二：将折杆在 B 截面截开，见例 10-15 图 d）。因 B 截面处折梁是连续的，其连续性条件就是变形协调条件，即

$$\frac{\partial U}{\partial F_{X_B}}=0, \quad \frac{\partial U}{\partial F_{Y_B}}=0 \tag{a}$$

由 BC 部分的平衡，利用方程 $M_C=0$，$F_{X_B}a+M_B-\frac{1}{2}qa^2=0$，可得

$$M_B=\frac{1}{2}qa^2-F_{X_B}a \tag{b}$$

写出 BC 部分和 AB 部分的弯矩方程并计算其对 F_{X_B}，F_{Y_B} 的偏导数，可得

$$M_{BC}=F_{X_B}x_1+\left(\frac{1}{2}qa^2-F_{X_B}a\right)-\frac{1}{2}qx_1^2,\quad \frac{\partial M_{BC}}{\partial F_{X_B}}=x_1-a,\quad \frac{\partial M_{BC}}{\partial F_{Y_B}}=0$$

$$M_{AB}=F_{Y_B}x_2+\left(\frac{1}{2}qa^2-F_{X_B}a\right)-\frac{1}{2}qx_2^2,\quad \frac{\partial M_{BC}}{\partial F_{X_B}}=-a,\quad \frac{\partial M_{BC}}{\partial F_{Y_B}}=x_2$$

由式(a)的连续性条件可得

$$\frac{\partial U}{\partial F_{X_B}}=\int_0^a\frac{\left[F_{X_B}x_1+\left(\frac{1}{2}qa^2-F_{X_B}a\right)-\frac{1}{2}qx_1^2\right](x_1-a)}{EI}\mathrm{d}x_1$$

$$+\int_0^a\frac{\left[F_{Y_B}x_2+\left(\frac{1}{2}qa^2-F_{X_B}a\right)-\frac{1}{2}qx_2^2\right](-a)\mathrm{d}x_2}{EI}=0$$

$$\frac{\partial U}{\partial F_{Y_B}}=\int_0^a\frac{\left[F_{Y_B}x_2+\left(\frac{1}{2}qa^2-F_{X_B}a\right)-\frac{1}{2}qx_2^2\right]x_2\mathrm{d}x_2}{EI}=0$$

将以上两式积分并化简,可得

$$\frac{4}{3}F_{X_B}-\frac{1}{2}F_{Y_B}-\frac{13}{14}qa=0 \tag{c}$$

$$-\frac{1}{2}F_{X_B}+\frac{1}{3}F_{Y_B}+\frac{1}{8}qa=0 \tag{d}$$

由方程式(c),(d),(b)可解得 $F_{X_B}=\frac{17}{28}qa$,$F_{Y_B}=\frac{15}{28}qa$, $M_B=-\frac{3}{28}qa^2$。弯矩图见例10-15图c)。

例 10-16 例 10-16 图 a) 所示桁架,各杆的材料相同,截面面积相等,抗拉(压)刚度为 EA。试用卡氏第二定理求各杆内力。

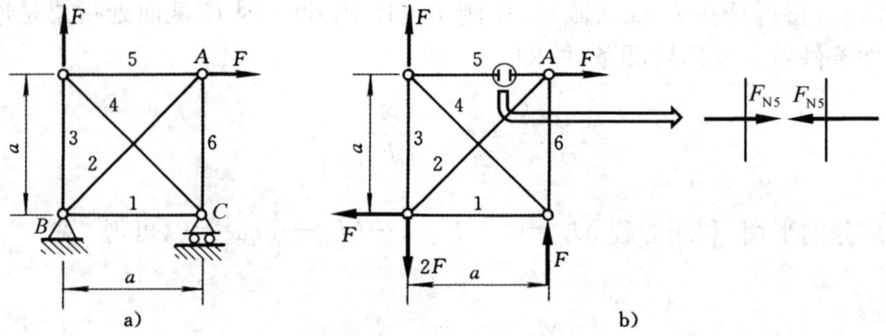

例 10-16 图

解 本例为一次超静定问题。

首先计算 B、C 处的约束力，见例 10-16 图 b)。

将结构中的杆 5 从中间截开，以其内力 F_{N5} 代替截开面上的受力[例 10-16 图 b)]。两个截开面的实际相对位移为零，用卡氏第二定理表达的连续条件为

$$\frac{\partial U}{\partial F_{N5}}=0$$

计算结构中各杆的内力 F_{Ni}、偏导数$\frac{\partial F_{Ni}}{\partial F_{N5}}$，列于例表 10-2。

例表 10-2 **杆件的内力 F_{Ni}、偏导数$\frac{\partial F_{Ni}}{\partial F_{N5}}$和长度**

杆件编号	F_{Ni}	$\frac{\partial F_{Ni}}{\partial F_{N5}}$	l_i	$F_{Ni}\frac{\partial F_{Ni}}{\partial F_{N5}}l_i$
1	F_{N5}	1	a	$F_{N5}a$
2	$\sqrt{2}(F-F_{N5})$	$-\sqrt{2}$	$\sqrt{2}a$	$-2\sqrt{2}(F-F_{N5})a$
3	$F+F_{N5}$	1	a	$(F+F_{N5})a$
4	$-\sqrt{2}F_{N5}$	$-\sqrt{2}$	$\sqrt{2}a$	$2\sqrt{2}F_{N5}a$
5	F_{N5}	1	a	$F_{N5}a$
6	$F_{N5}-F$	1	a	$(F_{N5}-F)a$

由连续条件 $\frac{\partial U}{\partial F_{N5}}=\sum_{i=1}^{6}\frac{1}{EA}\left(F_{Ni}\frac{\partial F_{Ni}}{\partial F_{N5}}l_i\right)=0$，可得

$$\frac{1}{EA}[F_{N5}\cdot a-2\sqrt{2}(F-F_{N5})a+(F+F_{N5})a+2\sqrt{2}F_{N5}a+F_{N5}a+(F_{N5}-F)a]=0$$

由上式可得

$$F_{N5}=\frac{2-\sqrt{2}}{2}F$$

由 F_{N5} 可求得结构中其余各杆的内力

$$F_{N1}=\frac{2-\sqrt{2}}{2}F,\ F_{N2}=F,\ F_{N3}=\frac{4-\sqrt{2}}{2}F,\ F_{N4}=(1-\sqrt{2})F,\ F_{N6}=-\frac{\sqrt{2}}{2}F$$

工程实际中常遇到对称结构的超静定问题，利用结构的对称性可使计算工作大

为简化,这对于需要大量计算工作的超静定系统分析意义重大。

对称结构是指几何形状、支承情况以及各杆的刚度都对称于某一轴的结构,如图 10-9 所示结构。在对称结构上,若载荷的作用位置、大小和方向也都对称于结构的对称轴,则这种载荷称为对称载荷,如图 10-9a),b),d)所示;若载荷的作用位置和大小虽对称,但方向反对称,则这种载荷称为反对称载荷,如图 10-9c)所示。

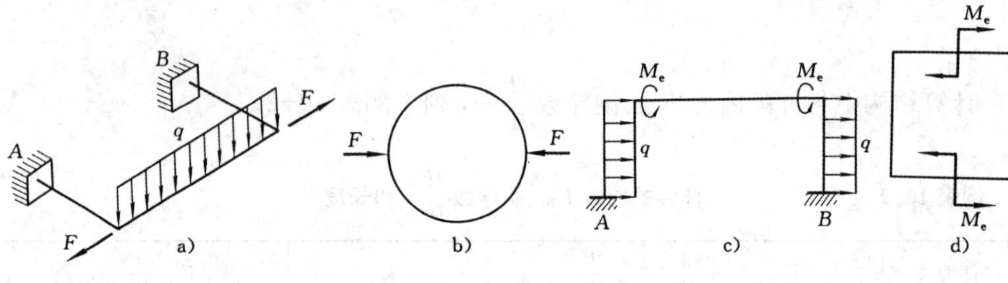

图 10-9 对称结构

对称结构在对称载荷作用下,变形后仍应是对称的,因此,结构对称面的轴向位移、对形心主轴的转角都为零;而对称结构在反对称载荷的作用下,对称面上挠度和扭转角为零。杆件的内力也可分为对称内力(轴力和弯矩)和反对称内力(剪力和扭矩)。可以证明:对称结构上作用对称载荷时,在对称截面上只有对称的内力(轴力、弯矩);对称结构上作用反对称载荷时,在对称截面上只有反对称的内力(剪力、扭矩)。

例 10-17 如例 10-17 图所示,半径为 R 的小曲率圆环,抗弯刚度为 EI,横截面积为 A,在直径两端 A, B 有一对 F 力的作用,试计算 A, B 两点的相对位移(不考虑剪力对应变能的影响)。

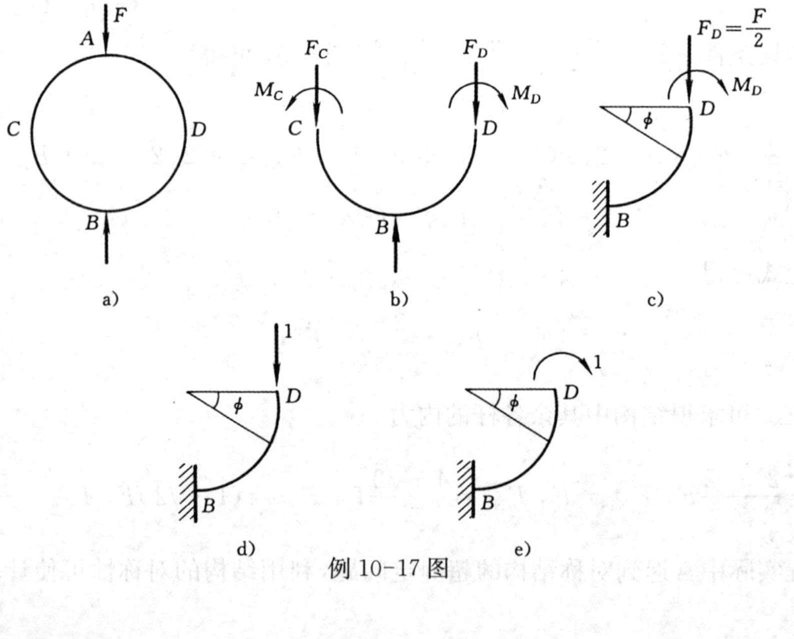

例 10-17 图

解 沿对称轴 CD 截开，如例 10-17 图 b)所示。由结构对称，载荷对称，可知结构的对称面 C，D 上只有对称内力(轴力 F_N 和弯矩 M)。因 AB 也是对称轴，故 $F_C = F_D = \dfrac{F}{2}$，且 $M_C = M_D$。由于例 10-17 图 b)结构仍为承受对称载荷的对称结构，其对称面 B 的轴向位移和转角为零，因此可沿 B 面截开，把 B 面作为固定端，只取$\dfrac{1}{4}$圆环分析，如例 10-17 图 c)所示。由对称性可知 D 截面的转角为零，即

$$\theta_D = 0 \tag{a}$$

利用式(a)可计算出 M_D 值。

B 截面的垂直位移可用 D 截面相对于 B 截面的位移 δ_D 表示，A 和 B 两点的相对位移就是 $2\delta_D$，即

$$\delta_{AB} = 2\delta_D \tag{b}$$

下面由单位载荷法计算 θ_D 和 δ_D。在 1/4 圆环的 D 截面分别作用铅垂方向的单位力和单位力偶如例 10-17 图 d)，e)所示。实际载荷、单位力和单位力偶在 1/4 圆环所产生的内力分别为

$$F_N(\phi) = F_D \cos\phi,\quad F_N^0(\phi) = \cos\phi,\quad F_N^0(\phi) = 0$$

$$M(\phi) = F_D R(1-\cos\phi) + M_D,\quad M^0(\phi) = R(1-\cos\phi),\quad M^0(\phi) = 1$$

则利用单位载荷法，式(a)可写成

$$\theta_D = \int_0^{\frac{\pi}{2}} \frac{F_D R(1-\cos\phi) + M_D}{EI} \times 1 \times R\,\mathrm{d}\phi = 0$$

将上式积分且 $F_D = \dfrac{F}{2}$代入可得

$$M_D = -\frac{FR}{2}\left(1 - \frac{2}{\pi}\right) \tag{c}$$

将式(c)代入式(b)，计算 δ_{AB} 得

$$\delta_{AB} = 2\delta_D = 2\left[\int_0^{\frac{\pi}{2}} \frac{F_D \cos^2\phi}{EA} R\,\mathrm{d}\phi + \int_0^{\frac{\pi}{2}} \frac{F_D R(1-\cos\phi) + M_D}{EI} R(1-\cos\phi) R\,\mathrm{d}\phi\right]$$

$$= \frac{F_D R}{EA}\cdot\frac{\pi}{2} + \frac{F_D R^2}{EI}\left(\frac{\pi}{2} - \frac{4}{\pi}\right) = \frac{\pi FR}{4EA} + \frac{(\pi^2-8)FR^3}{4\pi EI}$$

例 10-18 计算例 10-18 图所示刚架的内力。设抗弯刚度 EI 与抗扭刚度 GI_p 之比为 1.25，忽略轴力和剪力对应变能的影响。

解 因结构对称，载荷反对称，故在对称面 C 上，只有反对称内力 F_{ZC}，F_{YC}，

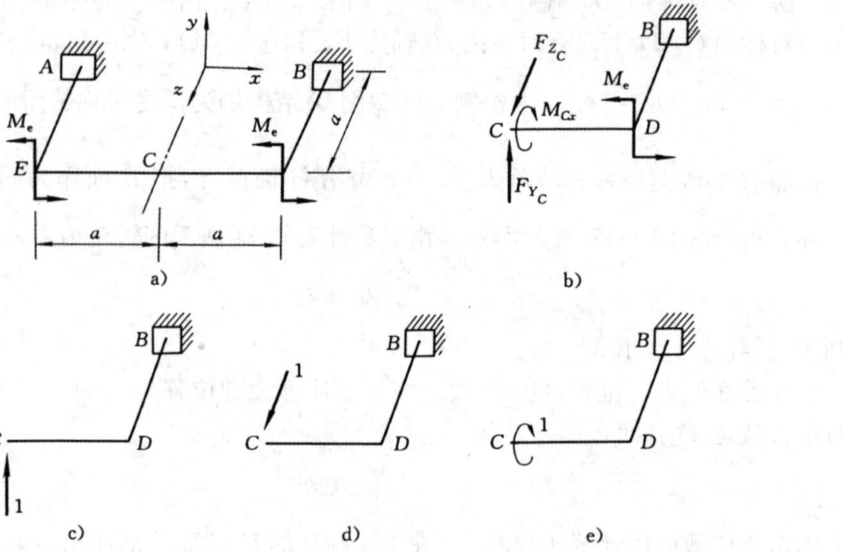

例 10-18 图

M_{Cx},对称内力均为零,且 C 截面沿 y,z 方向的挠度以及扭转角为零,即

$$f_{Cy}=0,\quad f_{Cz}=0,\quad \Phi_{Cx}=0 \tag{a}$$

取刚架的右半部分研究,如例 10-18 图 b)所示。在 C 截面上分别作用 y,z 方向的单位力和单位力偶,如例 10-18 图 c),d),e)所示。在载荷、y 向单位力、z 向单位力以及单位力偶作用下,刚架 BCD 各段内力分别为

CD 段: $T=M_x(x)=M_{Cx}$, $M_x^0(x)=0$, $M_x^0(x)=0$, $M_x^0(x)=1$

$$M_y(x)=F_{Z_C}x,\quad M_y^0(x)=0,\quad M_y^0(x)=x,\quad M_y^0(x)=0$$

$$M_z(x)=F_{Y_C}x,\quad M_z^0(x)=x,\quad M_z^0(x)=0,\quad M_z^0(x)=0$$

BD 段: $M_x(z)=M_{Cx}+F_{Y_C}z$, $M_x^0(z)=z$, $M_x^0(z)=0$, $M_x^0(z)=1$

$$M_y(z)=F_{Z_C}a,\quad M_y^0(z)=0,\quad M_y^0(z)=a,\quad M_y^0(z)=0$$

$$T=M_z(z)=M_e-F_{Y_C}a,\quad M_z^0(z)=-a,\quad M_z^0(z)=0,\quad M_z^0(z)=0$$

分别计算式(a),即

$$f_{Cy}=\int_0^a \frac{F_{Y_C}xx}{EI}\mathrm{d}x+\int_0^a\left[\frac{(F_{Y_C}a-M_e)a}{GI_p}+\frac{(M_{Cx}+F_{Y_C}z)z}{EI}\right]\mathrm{d}z=0$$

$$f_{Cz}=\int_0^a \frac{F_{Z_C}xx}{EI}\mathrm{d}x+\int_0^a \frac{F_{Z_C}aa}{EI}\mathrm{d}z=0$$

$$\Phi_{Cx}=\int_0^a \frac{M_{Cx}\times 1}{GI_p}\mathrm{d}x+\int_0^a \frac{(M_{Cx}+F_{YC}z)\times 1}{EI}\mathrm{d}z=0$$

计算积分并求解以上三个方程组成的方程组，且利用 $EI/GI_p=1.25$，可得

$$M_{Cx}=-0.154M_e,\quad F_{YC}=0.692\frac{M_e}{a},\quad F_{ZC}=0$$

由此可得内力方程

CD 段： $F_N=0,\quad F_{sy}=F_{YC}=0.692\dfrac{M_e}{a},\quad F_{sz}=F_{ZC}=0$

$$T(x)=-0.154M_e,\quad M_z(x)=0.692\frac{M_e}{a}x$$

BD 段： $F_N=F_{ZC}=0,\quad F_{sy}=F_{YC}=0.692\dfrac{M_e}{a},\quad F_{sx}=0$

$$M_x(z)=0.692\frac{M_e}{a}(a-z)-0.154M_e,\quad T(z)=M_z(z)=0.308M_e$$

本章小结

思 考 题

10-1 运用卡氏定理时，所考察的系统应是平衡的，不发生刚体位移的，为什么不平衡时不可用？

10-2 卡氏第二定理 $\dfrac{\partial U}{\partial F_i}=\delta_i$，当 F_i 代表集中力偶时，δ_i 是什么？$\dfrac{\partial U}{\partial q}$ 的量纲是什么？它的物理意义是什么？

10-3 欲求思考题 10-3 图示折杆 *A* 点的垂直位移 δ_A，用 $\dfrac{\partial U}{\partial F}\sin 60^\circ$ 可否？为什么？

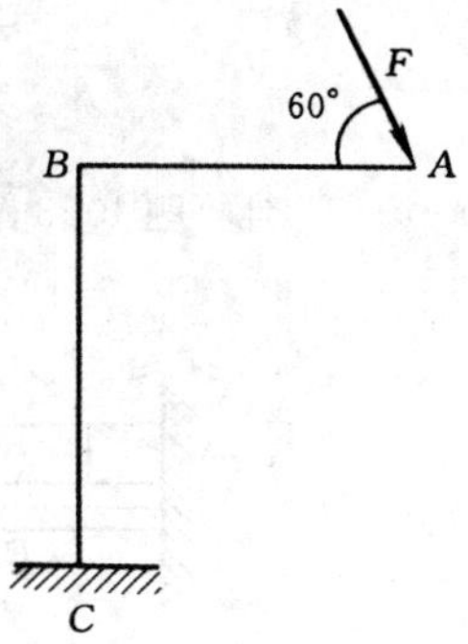

思考题 10-3 图

10-4 为了简化计算，当梁上有弯矩、扭矩时，常略去剪力、轴力对应变能的影响，此时计算式中用的应变能比真实应变能小一些，由此计算得到的位移或转角是偏大还是偏小？

10-5 计算多个外力作功时是否可用叠加原理？是否是每个外力单独作的功之和？在线弹性条件下，思考题 10-5 图 a)的 $W=\dfrac{1}{2}F_1\delta_1+\dfrac{1}{2}F_2\delta_2$ 对不对？思考题 10-5 图 a)的外力功是否等于思考题 10-5 图 b)和思考题 10-5 图 c)的外力功之和？

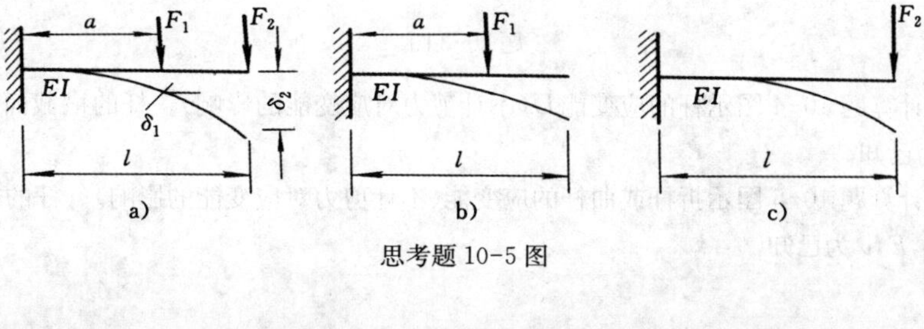

思考题 10-5 图

习　题

10-1　题 10-1 图示阶梯形直杆，AC 段直径 d，BC 段直径 $2d$。材料弹性模量 E，泊松比 ν。$l_{AC}=l_{CB}=l$。分别计算下列情况时，杆 ACB 的应变能并比较两段应变能之比。

(1) A 面作用轴向力 F；

(2) A 面作用矩为 M_x，矩矢与轴线一致的力偶；

(3) A 面作用矩为 M_e，矩矢与轴线垂直的力偶。

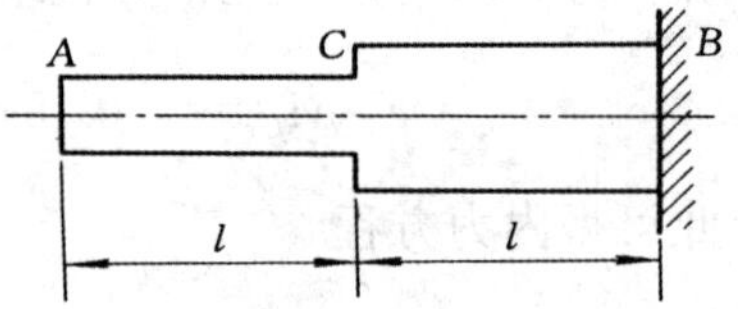

题 10-1 图

10-2　计算题 10-2 图示杆的应变能 U（材料的弹性模量为 E，不计剪力对变形的影响）。

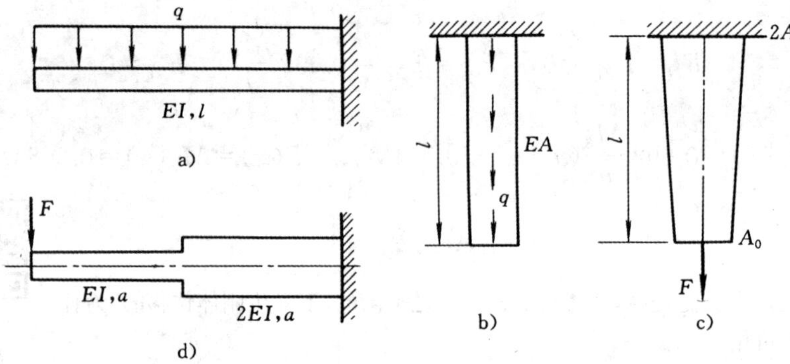

题 10-2 图

10-3　计算题 10-3 图示各杆的应变能 U。泊松比 ν，弹性模量 E 已知（不计剪力对变形的影响）。

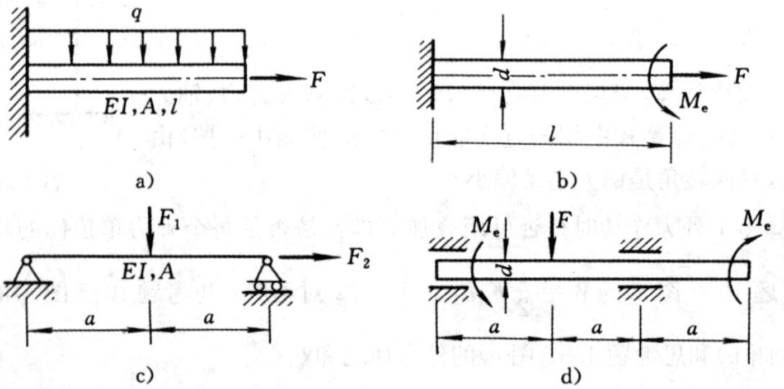

题 10-3 图

10-4　计算题 10-4 图示杆的应变能 U（不计剪力对应变能的影响）。杆的横截面皆为直径 d 的圆，E，ν 为已知。

10-5　计算题 10-5 图示折杆或曲杆的应变能（不计剪力对应变能的影响）。杆的横截面皆为直径 d 的圆，E，ν 为已知。

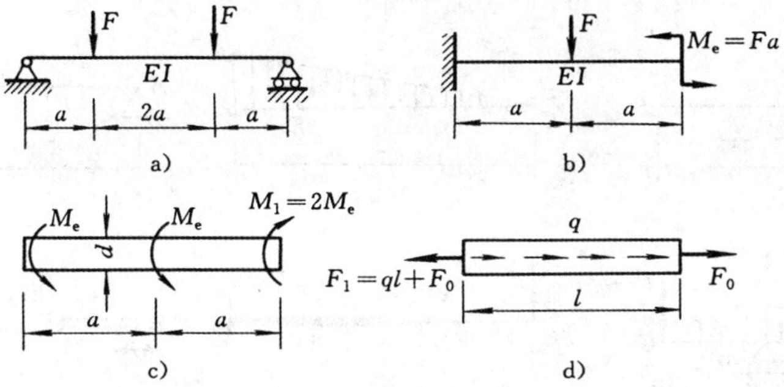

题 10-4 图

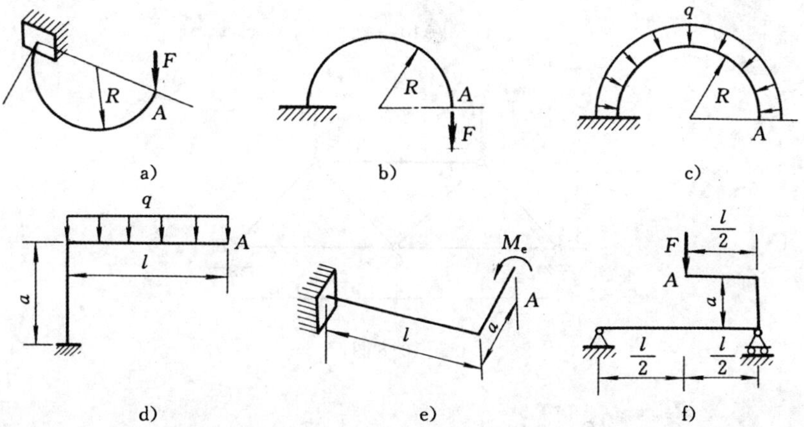

题 10-5 图

10-6　题 10-6 图示外伸梁的自由端作用力偶矩 M_e，试用互等定理求 AB 跨中点 C 的挠度。

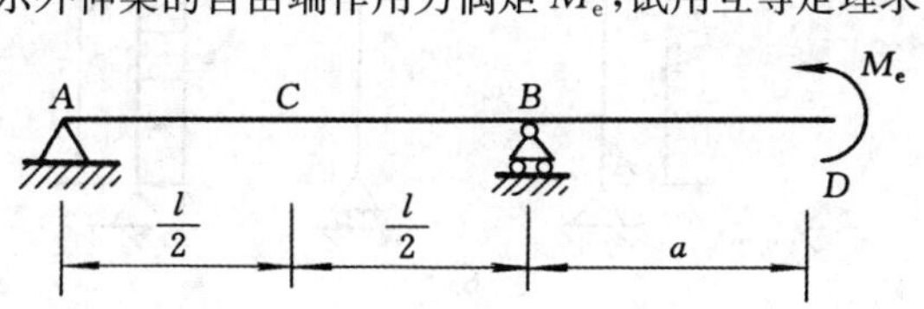

题 10-6 图

10-7　计算各题 10-7 图中 C 面的挠度 y_C 和 B 面的转角 θ_B(不计剪力对应变能的影响)。

10-8　题 10-8 图示桁架各杆的抗拉(压)刚度 EA 相同，试用卡氏第二定理计算节点 C 的铅垂位移和节点 B 的水平位移。

10-9　题 10-9 图示折杆，抗弯刚度 EI，不计轴力、剪力产生的应变能，计算 B 截面的垂直位移与水平位移以及 C 截面的转角。

10-10　题 10-10 图示折杆的抗弯刚度 EI，抗拉刚度 EA，忽略剪力对应变能的影响，用卡氏第二定理计算 A，B 面在载荷方向上的相对位移。

10-11　求题 10-11 图示刚架 A，B 两截面的相对转角(不计剪力、轴力对应变能的影响)，刚架抗弯刚度为 EI。

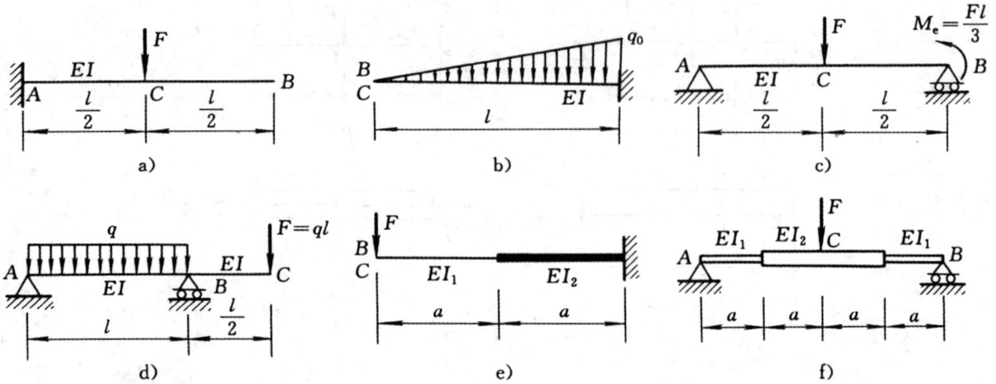

题 10-7 图

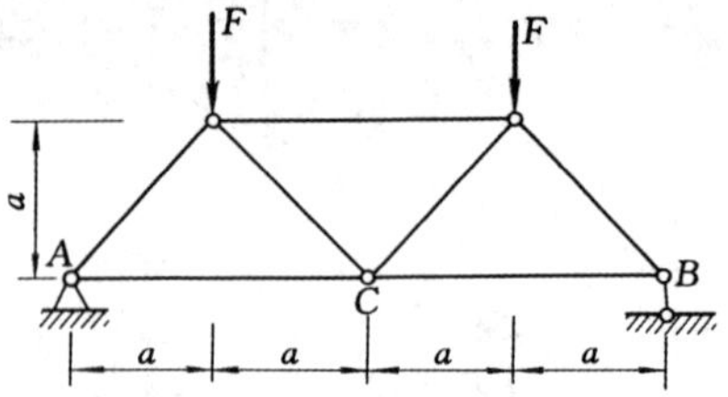

题 10-8 图

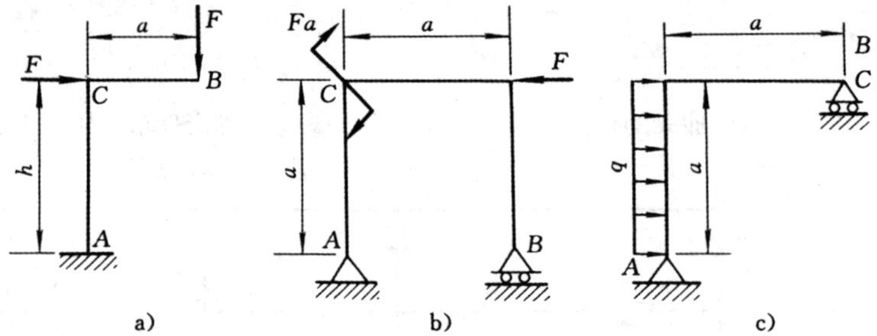

题 10-9 图

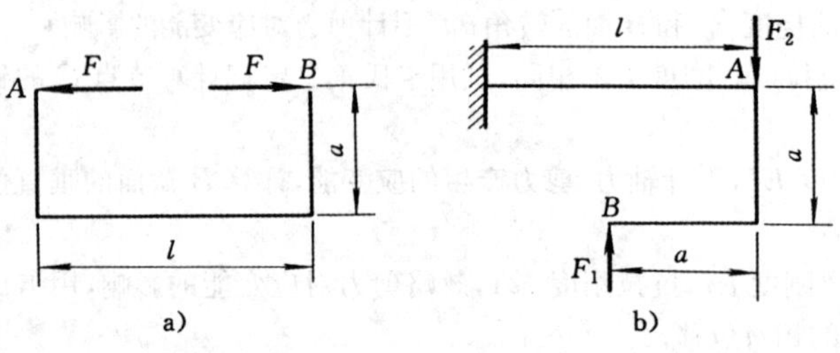

题 10-10 图

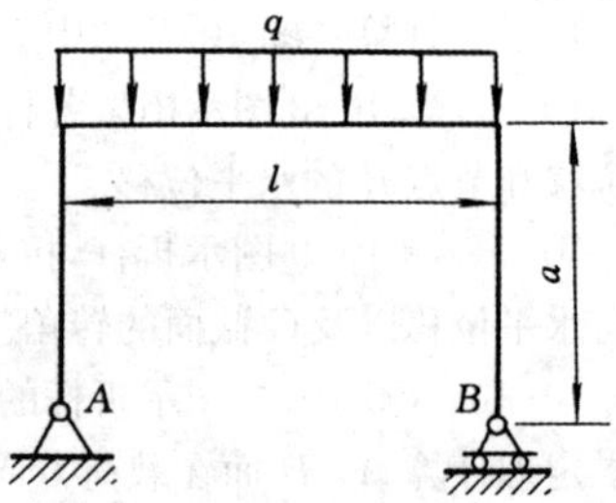

题 10-11 图

10-12 题 10-12 图示小曲率曲杆的抗弯刚度为 EI，试用卡氏第二定理计算截面 A 的垂直位移、水平位移和转角，以及 B 截面的垂直位移(剪力和轴力对弯曲变形的影响忽略不计)。

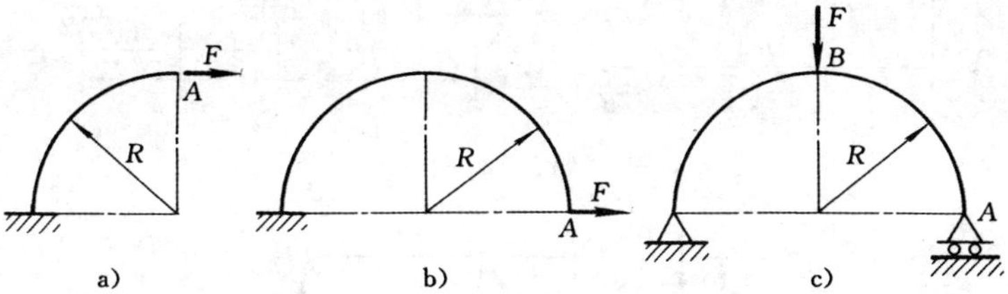

a) b) c)

题 10-12 图

10-13 用单位载荷法解题 10-8。

10-14 用单位载荷法解题 10-9。

10-15 用单位载荷法解题 10-10。

10-16 用单位载荷法解题 10-11。

10-17 宽为 b 的矩形截面梁，受均布荷载 q 作用，如题 10-17 图示。试计算：

(1) 梁横截面上最大正应力、最大切应力；

(2) 自由端挠度 f；

(3) 自由端的转角，问应如何改进此梁？

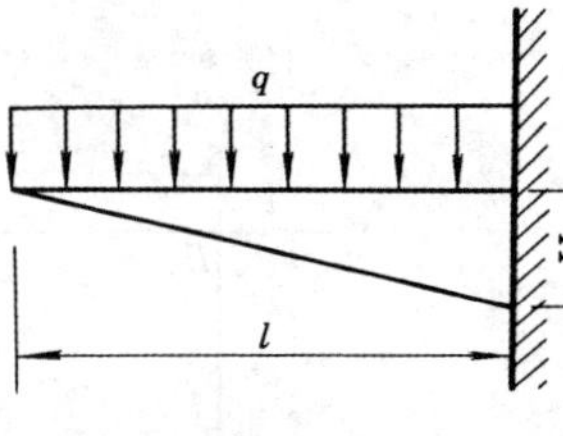

题 10-17 图

10-18 题 10-18 图示折杆各段均为抗弯刚度 EI，抗扭刚度 GI_p，试计算 C 和 A 的水平位移 δ_{Cz} 和 δ_{Az}。

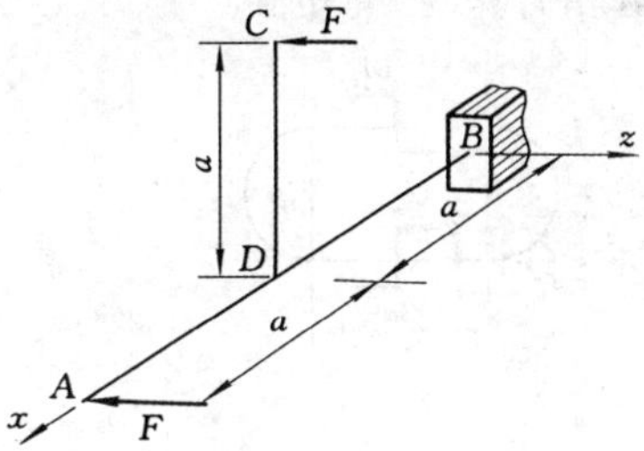

题 10-18 图

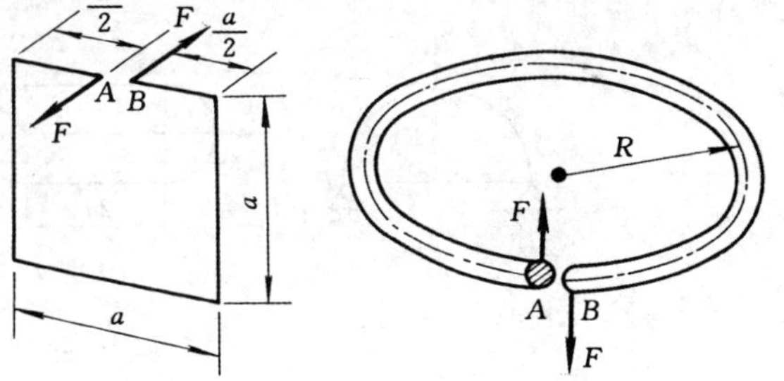

a) b)

题 10-19 图

10-19 题 10-19 图示刚架和圆环，皆由直径为 d 的圆钢构成，计算 A，B 两面在力作用方向的相对线位移 δ_{AB}。材料的弹性模量 E，泊松比 ν(不计剪力和轴力的影响)。

10-20 题 10-20 图示超静定梁抗弯刚度 EI 为常量，用卡氏第二定理或单位载荷法解此超静定梁，并作梁的弯矩图。已知 $M_e=\dfrac{Fl}{4}$。

10-21 题 10-21 图示桁架，各杆抗拉(压)刚度 EA 相同，用卡氏第二定理或单位载荷法求各杆内力。

10-22 解题 10-22 图示超静定刚架，并绘出内力图。已知刚架各杆 EI 相同。

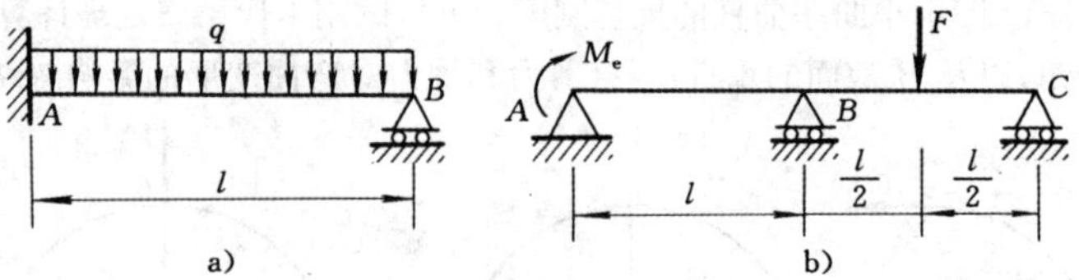

题 10-20 图

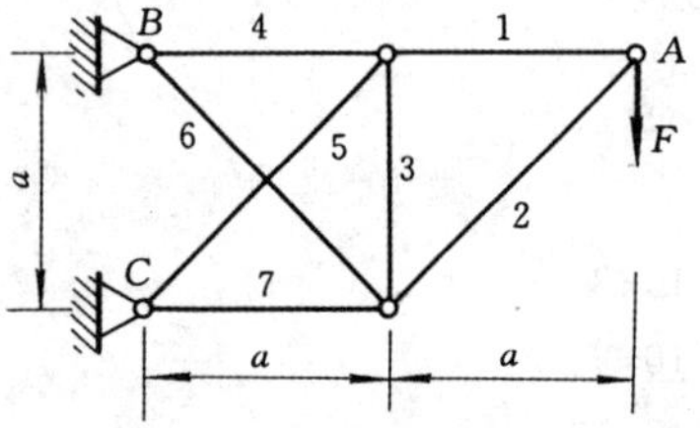

题 10-21 图

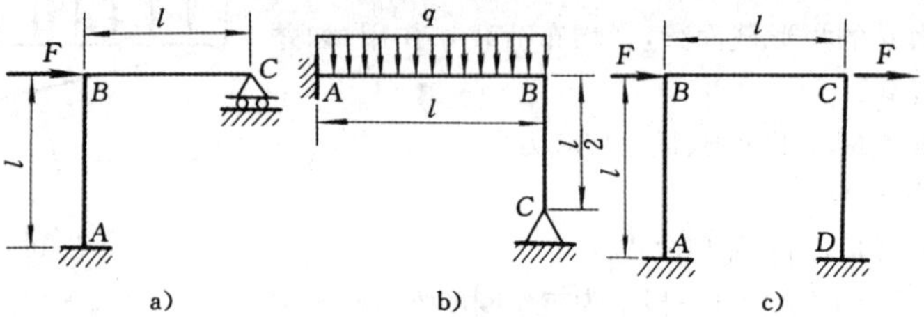

题 10-22 图

10-23　小曲率曲杆,各部分 EI 相等,试求此超静定问题,并计算最大弯矩值。

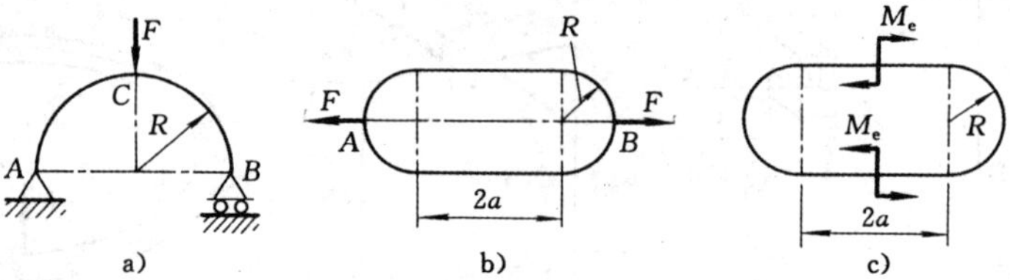

题 10-23 图

10-24　试作题 10-24 图示封闭刚架的弯矩图。设刚架各部分的 EI 相等。

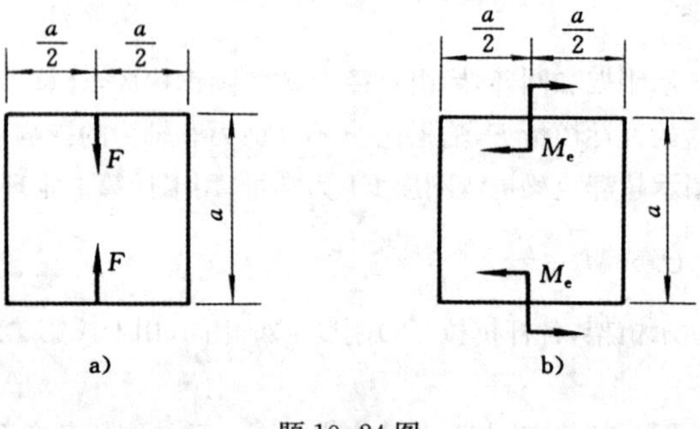

题 10-24 图

习题答案

10-1 (1) $U=\dfrac{5F^2l}{2\pi Ed^2}$； (2) $U=\dfrac{34(1+\nu)M_x^2l}{\pi Ed^4}$； (3) $U=\dfrac{34M^2l}{E\pi d^4}$。

10-2 a) $U=\dfrac{q^2l^5}{40EI}$； b) $U=\dfrac{q^2l^3}{6EA}$； c) $U=\dfrac{F^2l}{2EA_0}\ln 2$； d) $U=\dfrac{3F^2a^3}{4EI}$。

10-3 a) $U=\dfrac{q^2l^5}{40EI}+\dfrac{F^2l}{2EA}$； b) $U=\dfrac{32(1+\nu)M_x^2l}{\pi Ed^4}+\dfrac{2F^2l}{\pi Ed^2}$；

c) $U=\dfrac{F_1^2a^3}{12EI}+\dfrac{F_2^2a}{2EA}$； d) $U=\dfrac{8F^2a^3}{3\pi Ed^4}+\dfrac{96(1+\nu)M_x^2a}{\pi Ed^4}$。

10-4 a) $U=\dfrac{4F^2a^3}{3EI}$； b) $U=\dfrac{2F^2a^3}{3EI}$；

c) $U=\dfrac{160M_e^2a(1+\nu)}{\pi Ed^4}$； d) $U=\dfrac{(3F_0^2+3F_0ql+q^2l^2)l}{6EA}$。

10-5 a) $U=\dfrac{64F^2R^3(1+\nu)}{Ed^4}$； b) $U=\dfrac{F^2R}{Ed^2}\left(1+\dfrac{16R^2}{d^2}\right)$；

c) $U=\dfrac{3q^2R^3}{Ed^2}\left(1+\dfrac{16R^2}{d^2}\right)$； d) $U=\left(\dfrac{8l^3}{5d^2}+\dfrac{8l^2a}{d^2}+2a\right)\dfrac{q^2l^2}{\pi Ed^2}$；

e) $U=32[(1+\nu)a+l]\dfrac{M_e^2}{\pi Ed^4}$； f) $U=\dfrac{4F^2l^2(l+2a)}{\pi Ed^4}+\dfrac{2F^2a}{\pi Ed^2}$。

10-6 $y_C=\dfrac{M_el^2}{24EI}$。

10-7 a) $y_C=\dfrac{Fl^3}{24EI}(\downarrow)$，$\theta_B=\dfrac{Fl^2}{8EI}(\curvearrowright)$； b) $y_C=\dfrac{q_0l^4}{30EI}(\downarrow)$，$\theta_B=\dfrac{q_0l^3}{24EI}(\curvearrowleft)$；

c) $y_C=\dfrac{Fl^3}{24EI}(\downarrow)$，$\theta_B=\dfrac{25Fl^2}{144EI}(\curvearrowleft)$； d) $y_C=\dfrac{5ql^4}{48EI}(\downarrow)$，$\theta_B=\dfrac{ql^3}{8EI}(\curvearrowright)$；

e) $y_C=\dfrac{Fa^3}{3EI_1}\left(1+7\dfrac{I_1}{I_2}\right)(\downarrow)$，$\theta_B=\dfrac{Fa^2}{2EI_1}\left(1+3\dfrac{I_1}{I_2}\right)(\curvearrowleft)$；

f) $y_C=\dfrac{Fa^3}{6EI_1}\left(1+7\dfrac{I_1}{I_2}\right)(\downarrow)$，$\theta_B=\dfrac{Fa^2}{4EI_1}\left(1+3\dfrac{I_1}{I_2}\right)(\curvearrowleft)$。

10-8 $\delta_{Cy}=\dfrac{2Fa}{EA}(2+\sqrt{2})(\downarrow)$， $\delta_{Bx}=\dfrac{4Fa}{EA}(\rightarrow)$。

10-9 a) $\delta_{By}=\left(2+3\dfrac{h^2}{a^2}+6\dfrac{h}{a}\right)\dfrac{Fa^3}{6EI}(\downarrow)$， $\delta_{Bx}=\left(2+3\dfrac{a}{h}\right)\dfrac{Fh^3}{6EI}(\rightarrow)$，

$\theta_C=\left(\dfrac{1}{2}+\dfrac{a}{h}\right)\dfrac{Fh^2}{EI}(\curvearrowright)$；

b) $\delta_{Bx}=\dfrac{Fa^3}{3EI}(\leftarrow)$， $\delta_{By}=0$， $\theta_C=0$；

c) $\delta_{Bx}=\dfrac{3qa^4}{8EI}(\rightarrow)$， $\delta_{By}=0$， $\theta_C=\dfrac{qa^3}{12EI}(\curvearrowleft)$。

10-10 a) $\delta_{AB}=\left(2+3\dfrac{l}{a}\right)\dfrac{Pa^3}{3EI}+\dfrac{Pl}{EA}$ (增大)；

b) $\delta_{AB}\,|_y=\dfrac{F_2al^2}{2EI}+\dfrac{F_1a^3}{6EI}\left(8+6\dfrac{l}{a}-3\dfrac{l^2}{a^2}\right)$ (减小)。

10-11 $\theta_{AB}=\dfrac{ql^3}{12EI}$。

10-12 a) $\delta_{Ay}=\dfrac{FR^3}{2EI}(\downarrow)$， $\delta_{Ax}=\left(\dfrac{3}{4}\pi-2\right)\dfrac{FR^3}{EI}(\rightarrow)$，$\theta_A=\left(\dfrac{\pi}{2}-1\right)\dfrac{FR^2}{EI}(\downarrow)$；

b) $\delta_{Ay}=\dfrac{2FR^3}{EI}(\uparrow)$， $\delta_{Ax}=\dfrac{\pi FR^3}{2EI}(\rightarrow)$， $\theta_A=\dfrac{2FR^2}{EI}(\uparrow)$；

c) $\delta_{Ax}=\dfrac{FR^3}{2EI}(\rightarrow)$， $\theta_A=\left(\dfrac{\pi}{4}-\dfrac{1}{2}\right)\dfrac{FR^2}{EI}(\uparrow)$， $\delta_{Ay}=0$，

$\delta_{By}=\left(\dfrac{3\pi}{8}-1\right)\dfrac{Fa^3}{EI}(\downarrow)$。

10-17 (1) $\sigma_{\max}=\dfrac{3ql^2}{2bH^2}$， $\tau_{\max}=\dfrac{3ql}{2bH}$； (2) $y_{\max}=\dfrac{6ql^4}{EbH^3}$； (3) $\theta_{\max}=\infty$。

10-18 $\delta_{Cz}=\dfrac{3Fa^3}{2EI}+\dfrac{Fa^3}{GI_p}(\leftarrow)$， $\delta_{Az}=\dfrac{7Fa^3}{2EI}(\leftarrow)$。

10-19 a) $\delta_{AB}=\dfrac{5Fa^3}{6EI}+\dfrac{3Fa^3}{2GI_p}=32(14+9\nu)\dfrac{Fa^3}{3\pi Ed^4}$；b) $\delta_{AB}=(4+3\nu)\dfrac{64FR^3}{Ed^4}$。

10-20 a) $F_B=\dfrac{3}{8}ql$， $M_A=\dfrac{ql^2}{8}(\uparrow)$， $F_A=\dfrac{5}{8}ql$；

b) $F_A=\dfrac{13}{32}F(\downarrow)$，$F_B=\dfrac{34}{32}F(\uparrow)$， $F_C=\dfrac{11}{32}F(\uparrow)$，

$M_B=-\dfrac{5}{32}Fl$，$M_{\max}=\dfrac{Fl}{4}$。

10-21 $F_{N1}=F$， $F_{N2}=-\sqrt{2}F$， $F_{N3}=\dfrac{1+2\sqrt{2}}{3+4\sqrt{2}}F$， $F_{N4}=\dfrac{4+6\sqrt{2}}{3+4\sqrt{2}}F$，

$F_{N5}=-\sqrt{2}F_{N3}$， $F_{N6}=\dfrac{4+2\sqrt{2}}{3+4\sqrt{2}}F$， $F_{N7}=\dfrac{5+6\sqrt{2}}{3+4\sqrt{2}}F$。

10-22 a) $F_C=\dfrac{3}{8}F(\uparrow)$， $M_A=\dfrac{5}{8}Fl(\uparrow)$；

b) $F_{Cy}=\dfrac{9}{20}ql(\uparrow)$， $F_{Cx}=\dfrac{ql}{10}(\leftarrow)$， $M_A=\dfrac{ql^2}{10}(\uparrow)$；

c) $F_{Ax}=F(\leftarrow)$，$F_{Ay}=\dfrac{6}{7}F(\downarrow)$， $M_A=\dfrac{4}{7}Fa(\uparrow)$，

$F_{Dx}=F(\leftarrow)$， $F_{DY}=\dfrac{6}{7}F(\uparrow)$， $M_D=\dfrac{4}{7}Fa(\uparrow)$。

10-23 a) $F_{Ax}=\dfrac{F}{\pi}(\rightarrow)$， $M_{\max}=M_C=\left(\dfrac{1}{2}-\dfrac{1}{\pi}\right)FR$；

b) $M_{\max}=|M_A|=|M_B|=\left(\dfrac{R+a}{\pi R+2a}\right)FR$；

c) $M_{\max}=\dfrac{M_e}{2}$，半圆两端和半圆中间 $M=\pm\dfrac{M_eR}{2(2a+R)}$。

10-24 a) $|M|_{\max}=\dfrac{3}{16}Fa$； b) $|M|_{\max}=\dfrac{M_e}{2}$。

11 压杆稳定

构件和结构的安全性大部分取决于构件的强度和刚度。构件可能因强度不足而发生屈服或剪断，或发生脆性断裂；或因刚度不够发生过大的弹性变形而失效。但在工程中还存在另一种失效形式，就是构件丧失稳定性而失去承载能力。构件失稳常导致静定结构突变成可变机构，发生灾难性的坍塌事故。足够的稳定性是保证构件正常工作的必要条件。本章只限于压杆的稳定问题，导出细长压杆的临界力计算公式——欧拉公式，介绍非细长杆临界应力的两种经验公式，给出稳定计算的两种方法(稳定安全系数法和折减系数法)。

知识点
重点
难点

压杆的稳定概念

11.1 压杆的稳定概念

当受拉杆件的应力达到屈服极限或强度极限时，会引起杆件的屈服或断裂。长度较小的受压短柱也有类似现象，如低碳钢短柱被压扁，铸铁短柱受压被剪断。这些都是由于强度不足引起的失效。

然而细长杆件受压时，却表现出与强度失效迥然不同的性质。以一个简单的试验来说明，取一枚铁钉与一根直径相同的长铁丝，铁钉能承受手的压力，但长铁丝稍压即弯，无法承受手的压力。细长压杆表现出的这种与强度、刚度问题完全不同的性质，就是稳定性问题，这类压杆的破坏并非强度不足引起的，而是由于压杆丧失初始平衡构形，即**压杆丧失稳定**(简称**失稳**)引起的。压杆失稳带有突发性，往往是造成结构物破坏倒塌的重要原因，因此，稳定性的研究是材料力学的重要任务之一。

在研究压杆稳定时，通常将压杆抽象为材料均匀、轴线为直线且外加压力与轴线重合的理想压杆——“中心受压直杆模型”。

如图 11-1a)所示，一中心受压直杆在横向干扰力 F_1 作用下，发生微小弯曲变形。试验表明，当轴向压力 F 小于某一界限值时，横向干扰力消除后，压杆将恢复其原来的直线平衡形态，如图 11-1b)所示。此时，称压杆原有的直线平衡

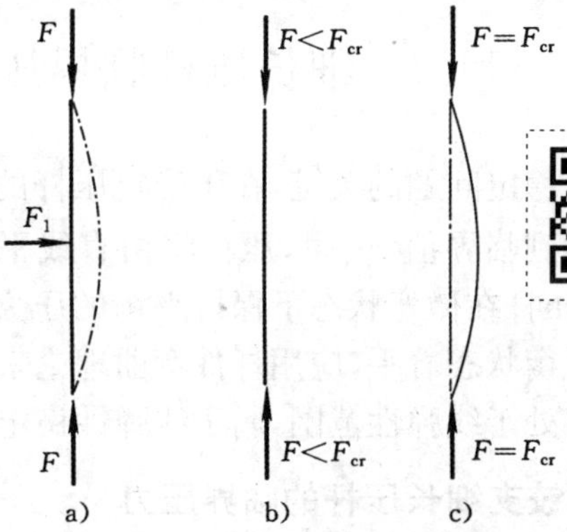

图 11-1 中心受压直杆的稳定性分析

压杆平
衡稳定
性分析

状态是稳定的平衡状态。当轴向压力 F 大于上述界限值时，则一旦受到横向干扰力，压杆就会发生显著的弯曲变形甚至折断，此时，称压杆原有的直线平衡状态是不稳定的平衡状态。当轴向压力等于上述界限值时，即使横向干扰消除，压杆也不能回到其原来的直线平衡形态，而是在微弯的状态下保持平衡，如图 11-1c)所示，此时，称压杆原有的直线平衡状态为介于稳定与不稳定之间的**临界平衡状态**。压杆由直线平衡状态突变到弯曲的曲线平衡状态这一过程，称为**失稳**，也称为**屈曲**，压杆在临界状态所受的轴向压力(上述界限值)称为压杆的**临界压力**或**临界力**，用 F_{cr} 表示。当 $F=F_{cr}$ 时，若压杆不受干扰，则它可在直线位置保持平衡，若稍加干扰，它又可在微弯的曲线位置维持平衡。这种平衡的两重性正是临界平衡的一种特殊表现，也是弹性稳定的重要特点。

应该指出，以上所述压杆的稳定性以及后面将要讨论的压杆临界压力 F_{cr} 的计算都是就理想压杆这一力学模型而言的。实际的压杆不可避免地总存在有缺陷，诸如杆轴不直(存在初曲率)、材料不完全均匀、载荷的微小偏心等。因此，实际压杆通常会在达到理想的临界压力 F_{cr} 之前就自动弯曲而失去进一步的承载能力。基于这一原因，我们在按照 F_{cr} 计算压杆的容许压力时，应该根据实际情况选用较强度安全系数大的安全系数对 F_{cr} 进行折减。

除压杆以外，工程中还有很多其他形式的构件同样存在着稳定性问题。例如，图 11-2a)所示承受径向外压的圆筒形薄壁容器，当外压力 q 达到或超过临界值时，圆筒形截面将突然变成椭圆形；薄拱或起拱的薄板，在临界压力作用下也会变为虚线所示形状，如图 11-2b)所示。

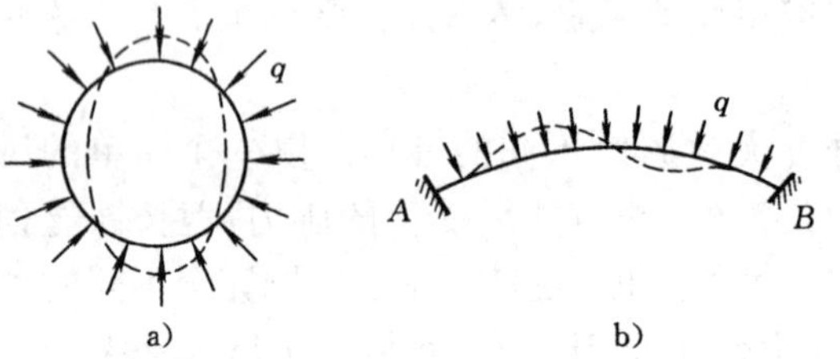

图 11-2 薄壁圆管和薄拱的失稳

本章只讨论压杆的稳定性问题。首先将推导得出压杆临界压力 F_{cr} 的计算公式，然后建立压杆的稳定条件，进行稳定性计算。

11.2 细长压杆临界压力的欧拉公式

解决压杆稳定问题的关键，在于确定压杆的临界压力 F_{cr}。由前面的分析可知，当轴向压力达到临界值 F_{cr} 时，压杆将由直线平衡状态转变为微弯平衡状态。因此可以认为，使压杆在微弯状态下保持平衡的压力即为临界压力。下面我们就从压杆处于微弯的平衡状态着手，应用杆件弯曲理论来推导细长压杆临界压力的计算公式。这里规定材料处于线弹性范围，属于线弹性稳定问题。

两端铰支细长压杆的临界压力

11.2.1 两端铰支细长压杆的临界压力

长度为 l 的细长中心受压直杆 AB，两端铰接支承，假设此压

杆在临界压力 F_{cr} 的作用下，处于微弯的曲线平衡状态，如图 11-3a)所示。设距原点为 x 的截面挠度为 y，则该截面的弯矩为 $M(x)=F_{cr}y$，见图 11-3b)。对微小的弯曲变形，挠曲线满足挠曲线近似微分方程，即

$$EIy''=-M(x)=-F_{cr}y\text{，引用记号}\quad k^2=\frac{F_{cr}}{EI}$$

上式化为 $y''+k^2y=0$

这是一个二阶常系数线性齐次微分方程，其通解为

$$y=A\cos kx+B\sin kx \qquad (11\text{-}1)$$

式中，A，B 为待定的积分常数。由压杆两端的边界条件

$$y|_{x=0}=0,\quad y|_{x=l}=0$$

可得

$$A=0,\quad B\sin kl=0 \qquad (11\text{-}2)$$

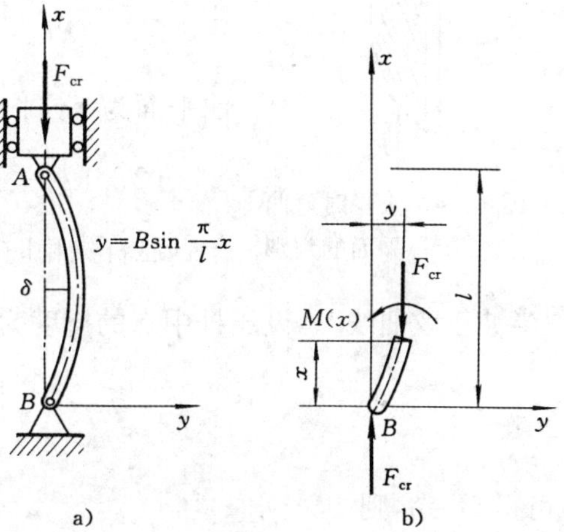

图 11-3 两端铰支细长压杆的临界力

式(11-2)的第二式要求 $B=0$ 或者 $\sin kl=0$。若 $B=0$，由式(11-1)得 $y\equiv0$，表示压杆各截面的挠度均为零，压杆的轴线仍为直线(对应未受干扰时的平衡状态)，这显然与压杆处于微弯曲线平衡状态的前提不符。因此只能是

$$\sin kl=0 \qquad (11\text{-}3)$$

满足该条件的 kl 值应为

$$kl=\sqrt{\frac{F_{cr}}{EI}}l=n\pi \qquad (n=0,1,2,3\ ,\cdots)$$

由此可求得

$$F_{cr}=\frac{n^2\pi^2EI}{l^2} \qquad (n=0,1,2,3,\cdots)$$

上式表明，使杆件处于微弯曲线平衡状态的压力在理论上是多值的(对应压杆的多次失稳)，工程上取其最小值为临界压力。因此取 $n=1$，即得两端铰支细长压杆临界压力的计算公式

$$F_{cr}=\frac{\pi^2EI}{l^2} \qquad (11\text{-}4)$$

式(11-4)最早由欧拉(L.Euler)导出，故又称为**欧拉公式**。它是弹性稳定理论中最基本的一个公式。

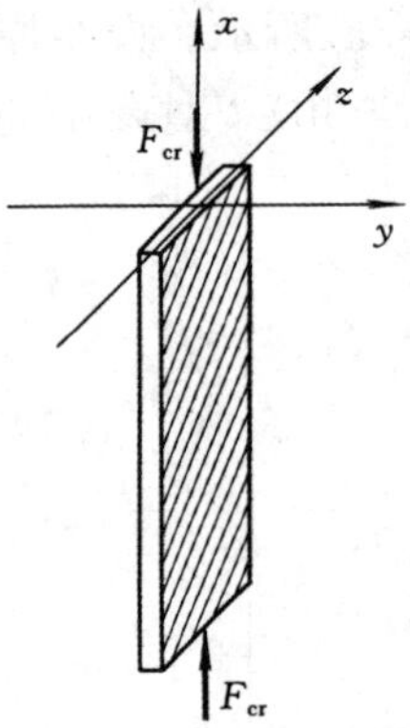

图 11-4　失稳时弯曲平面的判别

讨论　(1) 压杆失稳时弯曲平面的判别。

若压杆两端为球铰支座,则压杆总是先在它抗弯能力最弱的纵向平面内失稳,所以式中的 I 应取压杆横截面的最小形心主惯性矩 I_{min}。例如,图 11-4 所示的矩形截面细长压杆,两端为球铰支座,$I_z=I_{min}$,$I_y=I_{max}$,则当轴向压力 F 达到 $F_{cr}=\dfrac{\pi^2 EI_{min}}{l^2}$时,杆件会在 x-y 平面内失稳,即失稳时的弯曲平面为 xy 平面。此压杆的轴向压力不可能达到$\dfrac{\pi^2 EI_{max}}{l^2}$。

(2) 压杆失稳时的挠曲线。

压杆失稳时的挠曲线表达式为 $y=B\sin\dfrac{\pi}{l}x$,它是一个"半波正弦曲线"。设压杆中点的挠度为 δ,由

$$y\bigg|_{x=\frac{l}{2}}=\delta$$

可得 $B=\delta$,则

$$y=\delta\sin\frac{\pi}{l}x \tag{11-5}$$

这里压杆中点的挠度 δ 是一个任意的微小值,它随干扰的大小而异。当 $F>F_{cr}$ 时(压杆明显弯曲),采用挠曲线的精确微分方程,可导出挠曲线中点挠度 δ 与压力 F 之间的近似关系式为

$$\delta=\frac{2\sqrt{2}\,l}{\pi}\sqrt{\frac{F}{F_{cr}}-1}\left[1-\frac{1}{2}\left(\frac{F}{F_{cr}}-1\right)\right]$$

11.2.2　其他支承条件下细长压杆的临界压力

其他支承条件下的细长压杆,其临界压力仍可以仿照前面所讲的方法导出,彼此仅在挠曲线的弯距方程和相应的边界条件有所不同。该方法的步骤是:列弯矩方程,写出挠曲线的近似微分方程,求方程的通解并应用边界条件求非零解,进而求得临界压力公式。限于篇幅,这里不再作一一推导,表 11-1 给出了各种支承条件下等截面细长压杆临界压力的计算公式。

我们也可以利用两端铰支压杆的欧拉公式,通过比较失稳时的挠曲线形状,采用类比方法导出其他约束条件下压杆临界压力的计算式。两端铰支细长压杆挠曲线的形状为一个半波正弦曲线(两端弯矩为零是拐点)。观察表 11-1 中各种约束条件下压杆的挠曲线形状,若在挠曲线上能找到两个拐点(表示弯矩 $M=0$ 的截面),则可把

表 11-1　　　　各种支承条件下等截面细长压杆临界压力的欧拉公式

支端情况	两端铰支	一端固定 另端铰支	两端固定	一端固定 另端自由	两端固定但可 沿横向相对移动
失稳时挠曲线形状	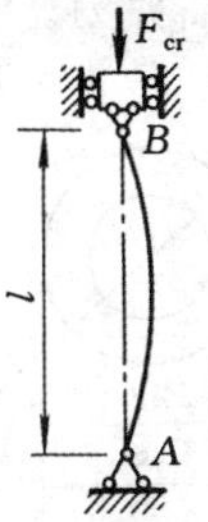	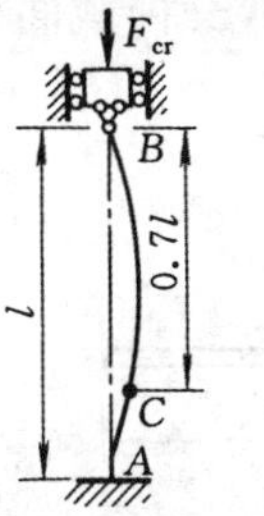 C—挠曲线拐点	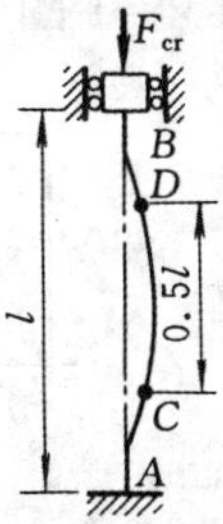 C，D—挠曲线拐点	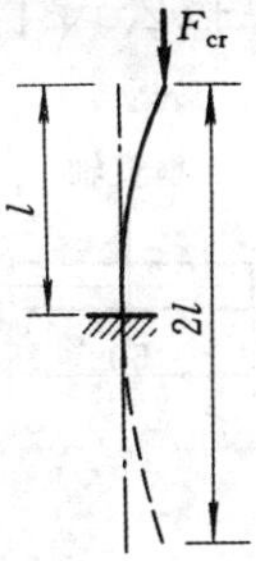	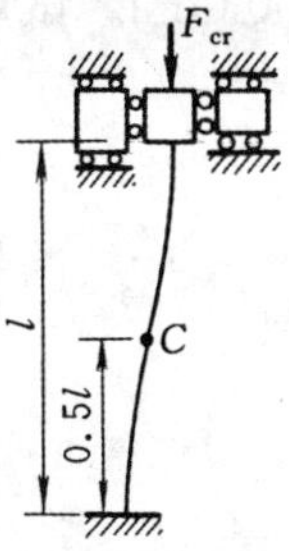 C—挠曲线拐点
临界力 F_{cr} 欧拉公式	$F_{cr}=\frac{\pi^2 EI}{l^2}$	$F_{cr}\approx\frac{\pi^2 EI}{(0.7l)^2}$	$F_{cr}=\frac{\pi^2 EI}{(0.5l)^2}$	$F_{cr}=\frac{\pi^2 EI}{(2l)^2}$	$F_{cr}=\frac{\pi^2 EI}{l^2}$
长度系数 μ	$\mu=1$	$\mu\approx0.7$	$\mu=0.5$	$\mu=2$	$\mu=1$

两截面(拐点)之间的一段杆看作为两端铰支细长压杆，其临界压力与相同长度的两端铰支细长压杆相同。以两端固定的柱为例，其挠曲线在距离两端点 $l/4$ 处各有一个拐点，中间长为 $l/2$ 的一段成一个“半波正弦曲线”，因此，可视为长 $l/2$ 的两端铰支压杆，其临界压力为

$$F_{cr}=\frac{\pi^2 EI}{(0.5l)^2} \tag{11-6}$$

对于悬臂柱，其挠曲线为半个“半波正弦曲线”，若将挠曲线对称地向下延伸，则需要两倍的长度才能完成一个“半波正弦曲线”，因此其临界压力与长为 $2l$ 的两端铰支压杆相同，即

$$F_{cr}=\frac{\pi^2 EI}{(2l)^2} \tag{11-7}$$

将不同约束条件下细长压杆的临界压力计算式写成如下统一的形式：

$$F_{cr}=\frac{\pi^2 EI}{(\mu l)^2} \tag{11-8}$$

式(11-8)为临界压力欧拉公式的普遍形式。式中，μ 称为长度系数，它反映了杆端不同的约束条件对临界力的影响。μl 称为相当长度，或称为有效计算长度，也可理解为把压杆折算成临界压力相等的两端铰支压杆的长度。

必须指出，表 11-1 中的 μ 值是在理想的杆端约束下得出的，工程中压杆的实际情况往往比较复杂，计算时需要根据实际的约束情况进行分析。例如杆端与其他弹性构件固接、压杆上的压力沿轴线分布、压杆受到弹性介质的阻抗力等，均可用不同

的长度系数 μ 来反映，μ 值可查阅相应的设计手册或有关规范。总之，约束越强，μ 越小，越不易失稳，临界压力 F_{cr} 越大。

例 11-1 一端固定、一端自由的中心受压细长杆件，长 $l=1$ m，弹性模量 $E=200$ GPa。试用欧拉公式计算例 11-1 图所示三种截面杆的临界力。

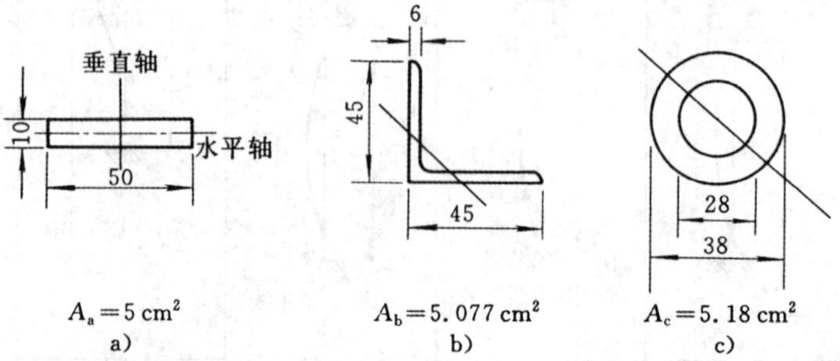

例 11-1 图

解 矩形截面杆 $I_{min}=\dfrac{1}{12}\times50\times10^3\times10^{-12}=0.42\times10^{-8}\ m^4$

$$F_{cr}=\frac{\pi^2\times200\times10^9\times0.42\times10^{-8}}{(2\times1)^2}=2\ 073\ N$$

由型钢表查得 $I_{min}=3.89\times10^{-8}\ m^4$

$$F_{cr}=\frac{\pi^2\times200\times10^9\times3.89\times10^{-8}}{(2\times1)^2}=19\ 200\ N$$

空心圆截面杆 $I_{min}=I=\dfrac{\pi}{64}\times(38^4-28^4)\times10^{-12}=7.22\times10^{-8}\ m^4$

$$F_{cr}=\frac{\pi^2\times200\times10^9\times7.22\times10^{-8}}{(2\times1)^2}=35\ 630\ N$$

计算结果表明，虽本例中三种截面的面积基本相等，但临界压力却相差很大，其中以空心圆截面杆的临界力为最大。造成这种差别的主要原因在于 I_{min} 的不同，对矩形截面而言，材料的分布决定了 $I_{min}=I_{水平轴}$，数值非常小；而对于空心圆截面，由于材料的离散程度在任何直径方向都是相同的，且 I 值较大，因此在稳定性问题中，空心圆截面是一种比较合理的截面形式。

11.3 欧拉公式的使用范围 临界应力总图

11.3.1 临界应力与柔度

用压杆的横截面积 A 除临界压力 F_{cr}，可以得到压杆处于临界状态时横截面上的应力，这一应力称为**临界应力**，用符号 σ_{cr} 表示。由式(11-8)可得 σ_{cr} 为

$$\sigma_{cr}=\frac{F_{cr}}{A}=\frac{\pi^2 EI}{(\mu l)^2 A}=\frac{\pi^2 E}{\left(\frac{\mu l}{i}\right)^2}$$

式中，$i=\sqrt{I/A}$，是截面对失稳弯曲时的中性轴的惯性半径。引用记号

$$\lambda=\frac{\mu l}{i} \tag{11-9}$$

可得

$$\sigma_{cr}=\frac{\pi^2 E}{\lambda^2} \tag{11-10}$$

式(11-10)即为**细长压杆临界应力的欧拉公式**。λ 是一个量纲为一的量，它综合反映了压杆的长度、约束、截面尺寸和形状等因素对临界应力 σ_{cr} 的影响，是描述压杆稳定性能的重要参数，称之为压杆的**柔度**或**长细比**。这里要注意，式中的 λ 应为两个形心主惯性平面内柔度的最大值，也就是压杆失稳时弯曲平面内的柔度。式(11-10)表明，柔度越大，临界应力越低。

11.3.2 欧拉公式的适用范围

由于欧拉公式是根据挠曲线近似微分方程建立的，而该微分方程只在小变形以及材料服从胡克定律的前提下才能成立。因此，使用欧拉公式的前提条件为：杆中应力不超过材料的比例极限 σ_p，即

$$\sigma_{cr}=\frac{\pi^2 E}{\lambda^2}\leqslant\sigma_p$$

或写成

$$\lambda\geqslant\sqrt{\frac{\pi^2 E}{\sigma_p}}=\lambda_p \tag{11-11}$$

$\lambda_p=\sqrt{\frac{\pi^2 E}{\sigma_p}}$ 为适用欧拉公式的最小柔度，其值仅与材料的弹性模量 E 及比例极限 σ_p 有关。显然，只有当杆的柔度 $\lambda\geqslant\lambda_p$，才能使用欧拉公式计算临界压力与临界应力。满足 $\lambda\geqslant\lambda_p$ 条件的压杆称为**细长压杆**或**大柔度压杆**。

不同材料有不同的 λ_p，以 Q235 钢为例，$E=200$ GPa，$\sigma_p=200$ MPa，则 $\lambda_p=\pi\sqrt{\frac{E}{\sigma_p}}=\pi\sqrt{\frac{200\times10^9}{200\times10^6}}\approx100$。因此，对由 Q235 钢制成的压杆，只有当 $\lambda\geqslant100$ 时，欧拉公式才适用。同理，对 $E=70$ GPa，$\sigma_p=175$ MPa 的铝合金，计算得 $\lambda_p=63$。

11.3.3 经验公式　临界应力总图

工程实际中，许多常见压杆的柔度 $\lambda<\lambda_p$，压杆为非细长压杆，欧拉公式不能使用，此时问题属于非弹性稳定问题。此类压杆的临界应力，一般采用以试验结果为依据的经验公式进行计算。下面介绍两种常用的经验公式：机械工程中常用的直线型

经验公式和钢结构中常用的抛物线经验公式。

1. 直线公式

直线公式将非细长压杆某一柔度范围内的临界应力 σ_{cr} 与柔度 λ 表示成如下直线关系

$$\sigma_{cr}=a-b\lambda \tag{11-12}$$

式中，a 和 b 为与材料力学性能有关的常数，单位为MPa。表 11-2 列出了几种常用材料的 a，b 值。

表 11-2　　直线公式的系数 a 和 b

材料(σ_b,σ_s 的单位为MPa)	a/MPa	b/MPa
Q235 钢　$\sigma_b \geqslant 372$　$\sigma_s=235$	304	1.12
优质碳钢　$\sigma_b \geqslant 471$　$\sigma_s=306$	461	2.568
硅钢　$\sigma_b \geqslant 510$　$\sigma_s=353$	578	3.744
铬铝钢	9 807	5.296
铸铁	332.2	1.454
强铝	373	2.15
松木	28.7	0.19

在使用上述直线公式时，柔度 λ 存在一个最低界限值 λ_0，其值与压杆材料的压缩强度极限应力有关。这是因为，压杆的稳定性随柔度的减小而逐渐提高，当柔度小于一定数值 λ_0 时，压杆受压将不会发生失稳弯曲破坏，会因为压应力达到强度问题中的压缩极限应力 σ^0（对于塑性材料是屈服极限 σ_s，对于脆性材料是强度极限 σ_b）而失效。此时强度成为主要问题，杆件的承载能力由抗压强度决定。压缩试验中低碳钢和铸铁短柱的破坏就属于这种情况。这类压杆称为**粗短杆**或**小柔度压杆**，其"临界应力"就是材料的极限应力 σ^0（σ_s 或 σ_b）。在式(11-12)中，令 $\lambda=\lambda_0$，$\sigma_{cr}=\sigma^0$，可得

$$\lambda_0=\frac{a-\sigma^0}{b} \tag{11-13}$$

λ_0 就是压杆可使用直线公式时柔度 λ 的最小值。显然，直线公式的适用范围为柔度介于 λ_0 和 λ_p 之间的压杆，称此类压杆为**中长压杆**或**中柔度压杆**。

仍以 Q235 钢为例，$\sigma_s = 235$ MPa，$a = 304$ MPa，$b = 1.12$ MPa，可得 $\lambda_0 = \frac{304-235}{1.12} = 61.6$。

综上所述，根据压杆的柔度值可将其分为三类，按不同的公式计算临界应力。$\lambda \geqslant \lambda_p$ 的压杆属于**细长压杆**或**大柔度压杆**，按欧拉公式计算其临界应力；$\lambda_0 \leqslant \lambda < \lambda_p$ 的压杆属于中长压杆或中柔度压杆，可按直线公式(11-12)计算临界应力；$\lambda < \lambda_0$ 的压杆属于**粗短压杆**或**小柔度压杆**，应按强度问题计算临界应力。上述三种情况下，临界应力 σ_{cr} 随柔度 λ 变化的关系曲线如图 11-5a)所示，该图称为**临界应力总图**。

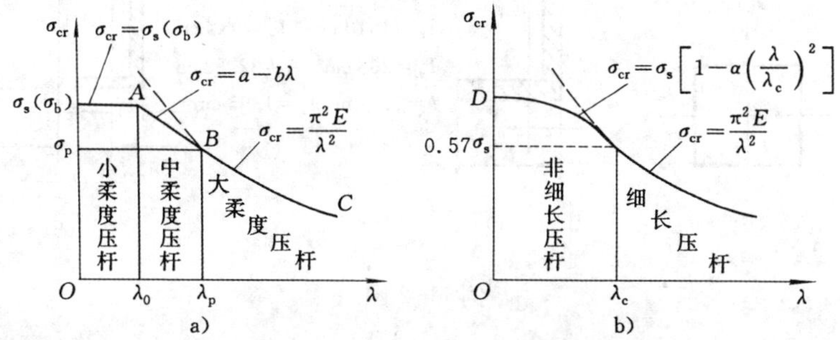

图 11-5 临界应力总图

2. 抛物线公式

在我国钢结构规范中采用抛物线经验公式来计算非细长压杆的临界应力，它将临界应力 σ_{cr} 与柔度 λ 表示为以下的关系：

$$\sigma_{cr} = \sigma_s \left[1 - \alpha\left(\frac{\lambda}{\lambda_c}\right)^2\right], \qquad \lambda \leqslant \lambda_c \tag{11-14}$$

式中，σ_s 为钢材的屈服极限，α 为与材料力学性能有关的系数，$\lambda_c = \sqrt{\frac{\pi^2 E}{0.57\sigma_s}}$ 为细长压杆与非细长压杆柔度的分界值。不同的材料，参数 α 和 λ_c 各不相同。例如，Q235 钢，$\alpha = 0.43$，$\sigma_s = 235$ MPa，$E = 200$ GPa，得 $\lambda_c = 123$。将有关试验数据代入式(11-14)后，可得 Q235 钢非细长压杆简化形式的抛物线公式：

$$\sigma_{cr} = 235 - 0.006\,68\lambda^2, \qquad \lambda \leqslant \lambda_c = 123$$

同样地，根据欧拉公式和上述抛物线公式绘制的临界应力总图，如图 11-5b)所示。根据压杆的柔度值可将其分为两类，按不同的公式计算临界应力。$\lambda > \lambda_c$ 的压杆为细长压杆，采用欧拉公式计算其临界应力；$\lambda < \lambda_c$ 的压杆为非细长压杆，按抛物线经验公式(11-14)计算其临界应力。

例 11-2 如例 11-2 图所示，两端铰支的立柱由两根 No.20b 槽钢组成一个整

体,材料的弹性模量 $E=200$ GPa, $\sigma_p=200$ MPa,试求:

(1) 截面如例 11-2 图 a)布置时立柱的临界压力;

(2) 截面如例 11-2 图 b)布置时立柱的临界压力;

(3) 截面应如何布置,立柱的临界压力最大,其值为多少?

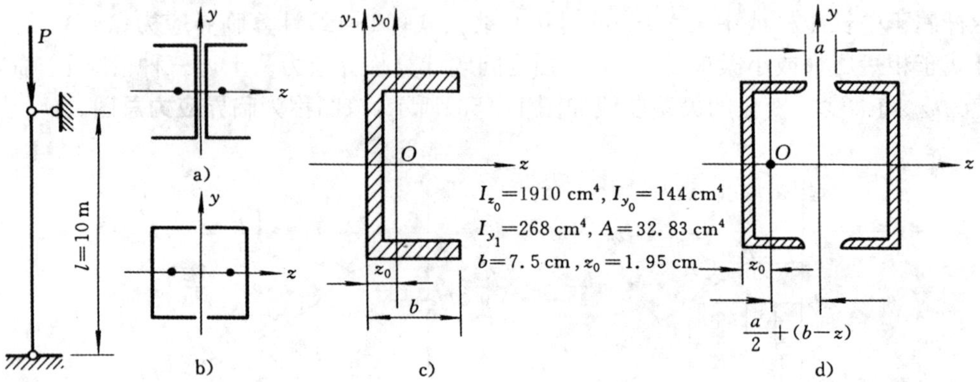

例 11-2 图

解 查型钢表得 No.20b 槽钢的有关数据见例 11-2 图 c),

$$\lambda_p=\sqrt{\frac{\pi^2 E}{\sigma_p}}=\sqrt{\frac{3.14^2\times2\times10^5}{200}}=99$$

1. 求截面如例 11-2 图 a)布置时立柱的临界压力

$$I_z=2I_{z0}=2\times1\,910=3\,820\ \text{cm}^4$$

$$I_y=2I_{y1}=2\times268=536\ \text{cm}^4$$

因为 $I_y<I_z$,所以

$$i_{\min}=\sqrt{\frac{I_y}{2A}}=\sqrt{\frac{536}{2\times32.83}}=2.86\ \text{cm}$$

$$\lambda_{\max}=\frac{\mu l}{i_{\min}}=\frac{1\times10}{0.028\,6}=350>\lambda_p$$

该立柱属细长压杆,应用欧拉公式计算临界压力

$$F_{cr}=\frac{\pi^2 EI_{\min}}{(\mu l)^2}=\frac{\pi^2\times2\times10^{11}\times536\times10^{-8}}{1\times10^2}=106\ \text{kN}$$

2. 求截面如例 11-2 图 b)布置时立柱的临界压力

$$I_z=2I_{z0}=2\times1\,910=3\,820\ \text{cm}^4$$

$$I_y=2[I_{y0}+A(b-z_0)^2]=2\times[144+32.83\times(7.5-1.95)^2]=2\ 310\ \text{cm}^4$$

因为 $I_y<I_z$，所以

$$i_{\min}=\sqrt{\frac{I_y}{2A}}=\sqrt{\frac{2\ 310}{2\times 32.83}}=5.93\ \text{cm}$$

$$\lambda_{\max}=\frac{\mu l}{i_{\min}}=\frac{1\times 10}{0.0593}=169>\lambda_p$$

应用欧拉公式计算临界压力

$$F_{cr}=\frac{\pi^2 EI_{\min}}{(\mu l)^2}=\frac{\pi^2\times 2\times 10^{11}\times 2\ 310\times 10^{-8}}{1\times 10^2}=456\ \text{kN}$$

由上述计算可知，尽管两种情况的面积都一样，但后者的临界压力却是前者的 4.3 倍，显然后一种截面布置较为合理。

3. 求立柱的最大临界压力

若将立柱截面按例 11-2 图 d)布置，并使 $I_y=I_z$，则该立柱将具有最大的临界压力。此时

$$I_z=2I_{z0}=2\times 1\ 910=3\ 820\ \text{cm}^4$$

$$I_y=2\left[I_{y0}+A\left(\frac{a}{2}+b-z_0\right)^2\right]=2\times\left[144+32.83\times\left(\frac{a}{2}+7.5-1.95\right)^2\right]$$

令 $I_y=I_z$，即

$$2\times\left[144+32.83\times\left(\frac{a}{2}+7.5-1.95\right)^2\right]=3\ 820\ \text{cm}^4$$

可解得

$$a=3.57\ \text{cm}$$

所以只要将两个槽钢分开布置，并使 $a\geqslant 3.57$ cm，该立柱具有最大临界压力。由于

$$I_y=I_z=3\ 820\ \text{cm}^4$$

因此

$$i=\sqrt{\frac{I}{2A}}=\sqrt{\frac{3\ 820}{2\times 32.83}}=7.63\ \text{cm}$$

$$\lambda=\frac{\mu l}{i}=\frac{1\times 10}{0.076\ 3}=131>\lambda_p$$

该立柱属于细长压杆，则临界压力

$$F_{cr}=\frac{\pi^2 EI}{(\mu l)^2}=\frac{\pi^2\times 2\times 10^{11}\times 3\ 820\times 10^{-8}}{1\times 10^2}=754\ \text{kN}$$

这就是该立柱所具有的最大临界压力。

例 11-3　一连杆由硅钢制成,两形心主惯性平面内的约束情况如例 11-3 图 a),c)所示。已知连杆的横截面积 $A=720\ mm^2$,惯性矩 $I_z=65\times10^3\ mm^4$,$I_y=38\times10^3\ mm^4$,材料的 $\sigma_p=240$ MPa,$E=210$ GPa。试计算该连杆的临界压力。

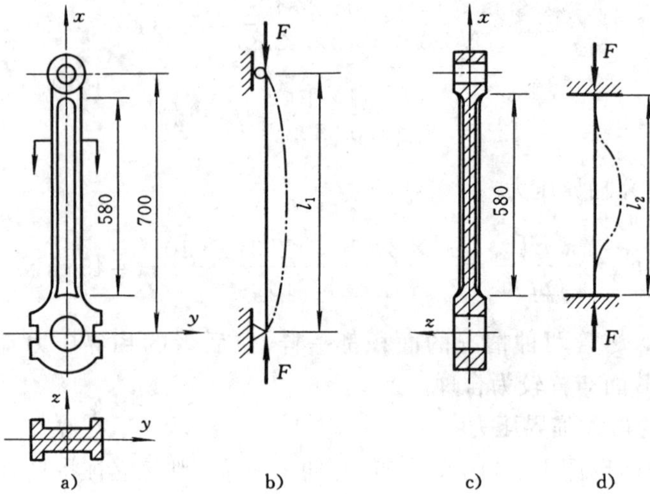

例 11-3 图

解　1. 失稳平面的判别——计算连杆在两个形心主惯性平面内的柔度

若连杆在 xy 平面内失稳(即横截面绕 z 轴转动),连杆的两端可视为两端铰支,则长度系数 $\mu_z=1$,连杆的柔度为

$$\lambda_z=\frac{\mu_z l}{i_z}=\frac{\mu_z l}{\sqrt{\frac{I_z}{A}}}=\frac{1\times700}{\sqrt{\frac{65\times10^3}{720}}}=73.7$$

若连杆在 xz 平面内失稳(即横截面绕 y 轴转动),连杆的两端可视为固定端,则长度系数 $\mu_y=0.5$,连杆的柔度为

$$\lambda_y=\frac{\mu_y l}{i_y}=\frac{\mu_y l}{\sqrt{\frac{I_y}{A}}}=\frac{0.5\times580}{\sqrt{\frac{38\times10^3}{720}}}=39.9$$

因失稳弯曲总是发生在柔度最大的平面内,因此应选最大柔度为计算依据。本例中,$\lambda_{max}=\lambda_z>\lambda_y$,连杆将在 xy 平面内绕 z 轴失稳。

2. 计算 λ_0 和 λ_p 判断压杆类型

已知硅钢 $\sigma_p=240$ MPa,$E=210$ GPa,再由表 11-2 可查得:$a=578$ MPa,$b=3.744$ MPa,$\sigma_s=353$ MPa,可计算

$$\lambda_p=\pi\sqrt{\frac{E}{\sigma_p}}=\pi\sqrt{\frac{210\times10^3}{240}}=92.9,\quad \lambda_0=\frac{a-\sigma_s}{b}=\frac{578-353}{3.744}=60.1$$

因为 $\lambda_z=73.7$,故

$$\lambda_0<\lambda_z<\lambda_p$$

连杆属于中柔度压杆。

3. 计算连杆临界应力、临界压力

临界应力应按直线公式计算

$$\sigma_{cr}=a-b\lambda=578-3.744\times73.7=302.1\ \text{MPa}$$

连杆的临界压力

$$F_{cr}=A\sigma_{cr}=720\times302.1=211.4\ \text{kN}$$

机械传动中的各类连杆，与本例中的连杆情形相似，这类压杆不能单从杆端约束判断失稳方式(弹性失稳或非弹性失稳或是强度问题)，也不能单从截面的抗弯刚度来判断，而应当根据压杆的柔度来判断，因为柔度是约束、截面形状尺寸以及杆长等因素的综合反映。从稳定性的设计角度看，最理想的设计应使 $\lambda_y=\lambda_z$，这样可以达到材尽其用的目的。

压杆临界应力及临界压力的计算方法是本章的重点。

11.4 压杆的稳定计算

工程中常用的压杆稳定计算方法有两种：一种是稳定安全系数法；另一种是折减系数法。本节将分别介绍这两种方法。

11.4.1 稳定安全系数法

由前面的分析可知，临界压力 F_{cr} 是压杆保持稳定平衡的极限压力值，因此，为保证压杆在轴向压力 F 作用下不致失稳，必须满足下列**稳定条件**

$$F\leqslant\frac{F_{cr}}{n_{st}}=[F_{cr}] \tag{11-15}$$

式中 n_{st}——规定的稳定安全系数；

$[F_{cr}]$——压杆的稳定许用压力。

将 F 与 F_{cr} 同除以压杆的横截面面积 A，可得用应力形式表示的稳定条件

$$\sigma\leqslant\frac{\sigma_{cr}}{n_{st}}=[\sigma_{cr}] \tag{11-16}$$

式中，$[\sigma_{cr}]$ 称为稳定许用应力。

确定稳定安全系数 n_{st} 时，除应考虑影响强度的各种因素外，还应考虑影响稳定的因素，如应考虑压杆的初曲率、压力偏心、材料的不均匀性以及支座缺陷等不利因素的影响，因此，稳定安全系数 n_{st} 的取值一般大于强度安全系数。n_{st} 的值可从有关设计规范和手册中查得。例如，钢质压杆的 $n_{st}=1.8\sim3.0$，铸铁压杆的 $n_{st}=5.0\sim5.5$。

工程实际中，也常用实际工作安全系数来表达上述稳定条件，即把稳定条件写成

$$n=\frac{F_{cr}}{F}=\frac{\sigma_{cr}}{\sigma}\geqslant n_{st} \tag{11-17}$$

利用式(11-15)、式(11-16)或式(11-17)对压杆进行稳定性计算的方法称为**稳定安全系数法**,它是压杆稳定计算的基本方法。这里要指出,由于压杆的临界压力是由压杆的整体变形确定的,取决于整根杆的抗弯刚度,因此压杆截面的局部削弱(如铆钉孔等),对临界力的影响很小,可以不必考虑。但要注意,对截面有局部削弱的压杆,在校核稳定性的同时还须作强度校核。

11.4.2 折减系数法

折减系数法是压杆稳定计算的一种实用计算方法。该方法将材料的稳定许用应力$[\sigma_{cr}]$表达成材料的强度许用应力$[\sigma]$乘以一个小于1的系数φ,即

$$[\sigma_{cr}(\lambda)]=\varphi(\lambda)[\sigma]$$

系数φ随压杆的柔度λ的变化而变化,称之为**折减系数**。表11-3列出了几种常用材料对应于不同λ的φ值。

表11-3　折减系数 φ

长细比 $\lambda=\frac{\mu l}{i}$	φ 值			
	Q235钢	16锰钢	铸　铁	木　材
0	1.000	1.000	1.00	1.000
10	0.995	0.993	0.97	0.971
20	0.981	0.973	0.91	0.932
30	0.958	0.940	0.81	0.883
40	0.927	0.895	0.69	0.822
50	0.888	0.840	0.57	0.757
60	0.842	0.776	0.44	0.668
70	0.789	0.705	0.34	0.575
80	0.731	0.627	0.26	0.470
90	0.669	0.546	0.20	0.370
100	0.604	0.462	0.16	0.300
110	0.536	0.384	—	0.248
120	0.466	0.325	—	0.208
130	0.401	0.279	—	0.178
140	0.349	0.242	—	0.153
150	0.306	0.213	—	0.133

续表

长细比 $\lambda=\frac{\mu l}{i}$	φ 值			
	Q235 钢	16 锰钢	铸 铁	木 材
160	0.272	0.188	—	0.117
170	0.243	0.168	—	0.104
180	0.218	0.151	—	0.093
190	0.197	0.136	—	0.083
200	0.180	0.124	—	0.075

引入折减系数后，压杆的稳定性条件为

$$\sigma=\frac{F}{A}\leqslant\varphi[\sigma] \tag{11-18}$$

考虑到局部削弱对整个杆件的稳定性影响不大，式中的 A 为杆件的毛截面面积。利用式(11-18)对压杆进行稳定性计算的方法称为**折减系数法**。

与前面强度条件的应用一样，上述稳定条件可以用来解决三类问题：稳定性校核、选择截面、确定承载能力。

例 11-4 已知例 11-4 图所示千斤顶最大承载量 $F=150$ kN，丝杠的内径 $d_1=52$ mm，长度 $l=50$ cm，材料采用 Q235 钢。丝杠工作时认为下端固定、上端自由。试求千斤顶丝杠的工作安全系数。

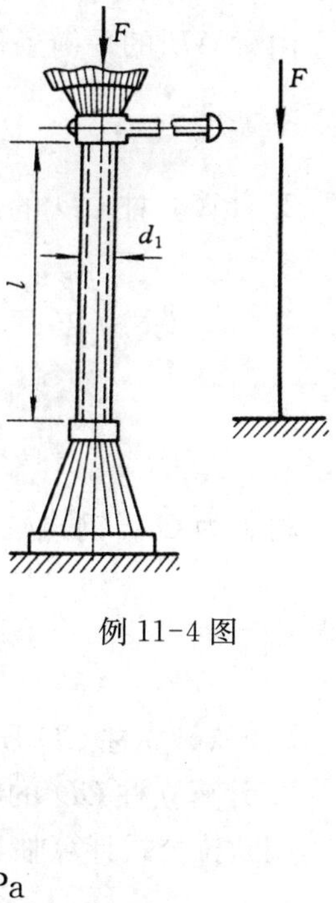

例 11-4 图

解 1. 计算丝杠的柔度

$$\mu=2,\quad i=\sqrt{\frac{I}{A}}=\sqrt{\frac{\frac{\pi}{64}d^4}{\frac{\pi}{4}d^2}}=\frac{d}{4}$$

$$\lambda=\frac{\mu l}{i}=\frac{2\times500}{\frac{52}{4}}=77$$

Q235 钢的 λ_p 和 λ_0 约为 100 和 61，因此，丝杠为中柔度杆。

2. 计算临界应力和临界压力

按直线经验公式计算临界应力

$$\sigma_{cr}=a-b\lambda=304-1.12\times77=218\ \text{MPa}$$

$$F_{cr}=\sigma_{cr}A=218\times10^6\times\frac{\pi}{4}\times0.052^2=463\ \text{kN}$$

3. 计算工作安全系数

$$n=\frac{F_{cr}}{F}=\frac{463}{150}=3.08$$

例 11-5 结构受力如例 11-5 图 a) 所示。立柱 CD 两端铰支，长 $l=3$ m，横截面为正方形，边长 $a=60$ mm，材料为 Q_{235} 钢，弹性模量 $E=200$ GPa，比例极限 $\sigma_p=200$ MPa。(1) 当 $F=40$ kN 时，试求立柱 CD 的稳定安全系数 n；(2) 如设计要求稳定安全系数 $n_{st}=3$，试根据立柱 CD 的安全条件确定结构的许用载荷 $[F]$。

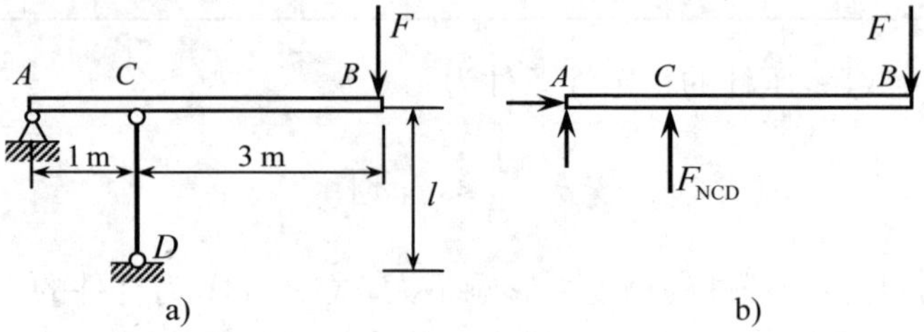

例 11-5 图

解 1. 分析梁 AB 的受力[见例 11-5 图 b)]，计算立柱 CD 的轴向压力 F_{NCD}
由梁 AB 的平衡条件 $\sum M_A=0$，可得

$$F_{NCD}=4F\ (压力)$$

2. 计算立柱 CD 的柔度

$\mu=1$, $i=\sqrt{\frac{I}{A}}=\sqrt{\frac{a^4/12}{a^2}}=\frac{60\times10^{-3}}{\sqrt{12}}=1.73\times10^{-2}$ m，立柱 CD 的柔度

$$\lambda=\frac{\mu l}{i}=\frac{1\times3}{1.73\times10^{-3}}=173$$

材料为 Q_{235} 钢

$$\lambda_p=\pi\sqrt{\frac{E}{\sigma_P}}=\pi\sqrt{\frac{200\times10^9}{200\times10^6}}=99.3$$

$\lambda>\lambda_p$，立柱 CD 属细长压杆。

3. 计算立柱 CD 的临界压力

用欧拉公式计算临界压力

$$F_{cr}=\frac{\pi^2EI}{(\mu l)^2}=\frac{\pi^2\times200\times10^9\times\frac{1}{12}\times60^4\times10^{-12}}{(1\times3)^2}=236.6\ \text{kN}$$

4. 计算立柱 CD 的稳定安全系数($F=40$ kN 时)

$F_{NCD}=4F=160$ kN,可得立柱 CD 的稳定安全系数

$$n=\frac{F_{cr}}{F_{NCD}}=\frac{236.6}{160}=1.48$$

注意:此安全系数为立柱 CD 的实际工作安全系数。

5. 计算结构的许用载荷 \[F\](设计要求 $n_{st}=3$)

由立柱 CD 的稳定条件

$$[F_{NCD}]=\frac{F_{cr}}{n_{st}}=\frac{236.6}{3}=78.9\ \text{kN}$$

由 $F_{NCD}=4F$,可得出结构的许用载荷

$$[F]=\frac{[F_{NCD}]}{4}=\frac{78.9}{4}=19.7\ \text{kN}$$

例 11-6 例 11-6 图所示托架中的 AB 梁采用两根 No.25a 的槽钢组成,CD 杆采用两根∟ 90×90×8的等边角钢组成。已知材料的比例极限 $\sigma_p=200$ MPa,$E=206$ GPa,许用应力$[\sigma]=160$ MPa,取稳定安全系数 $n_{st}=3$。试确定该托架的许可载荷$[F]$。

解 1. 分析梁 AB 和杆 CD 的受力和计算内力

由梁 AB 的平衡条件 $\sum M_A=0$,可得

$$2F_{CD}\sin45°-3F=0$$

$$F_{CD}=\frac{3F}{2\sin45°}=2.12F \quad (\text{压力})$$

F_{CD}与梁AB 的轴线既不重合又不垂直,所以,AB 梁发生拉弯组合变形,杆 CD 是压杆。由 $\sum F_{ix}=0$ 可求得支座 A 的约束反力 $F_{Ax}=F_{CD}\cos45°=1.5F(\leftarrow)$;$\sum F_{iy}=0$,可得 $F_{Ay}=0.5F(\downarrow)$。作 AB 梁的 M,F_N 图及 CD 杆的 F_N 图,如例 11-6 图所示。

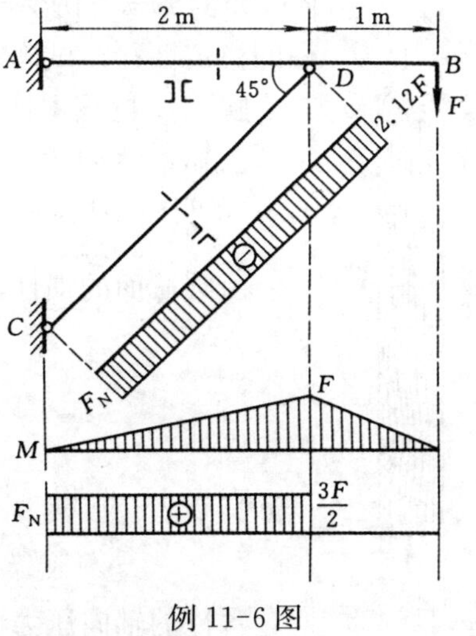

例 11-6 图

2. 由 AB 梁的强度条件确定许可载荷$[F]$

AB 梁中的AD 段为拉伸、弯曲的组合受力情况,由 $D_左$ 截面可以建立强度条件

$$\sigma_{max}=\frac{F_N}{A}+\frac{M}{W}\leqslant[\sigma]$$

查型钢表得

$$\frac{1.5F}{34.91\times10^{2}\times10^{-6}\times2}+\frac{F\times1}{270\times10^{-6}\times2}\leqslant160\times10^{6}\,\text{Pa}$$

$$F\leqslant77\,418\ \text{N}$$

3. 由 CD 杆的稳定条件确定许可载荷$[F]$

查型钢表得： $I_{\min}=2I_x=2\times106\times10^{-8}=212\times10^{-8}\,\text{m}^4$

$$i_{\min}=2.76\times10^{-2}\,\text{m}$$

CD 杆的柔度

$$\lambda_{CD}=\frac{\mu l_{CD}}{i_{\min}}=\frac{1\times2\sqrt{2}}{2.76\times10^{-2}}=102$$

$\lambda_p=\sqrt{\dfrac{\pi^2E}{\sigma_p}}=\sqrt{\dfrac{\pi^2\times2\times10^{11}}{200\times10^6}}\approx100$，可见 $\lambda_{CD}>\lambda_p$，故采用欧拉公式计算临界压力

$$F_{cr}=\frac{\pi^2EI_{\min}}{(\mu l)^2}=\frac{\pi^2\times2\times10^{11}\times212\times10^{-8}}{(1\times2\sqrt{2})^2}=523\,089\ \text{N}$$

由稳定条件$\dfrac{F_{cr}}{F_{CD}}\geqslant n_{st}$，即$\dfrac{523\,089}{2.12F}\geqslant3$，可得

$$F\leqslant82\,247\ \text{N}$$

通过比较可知，许可载荷$[F]=77\,418$ N。

例 11-7 两端铰支圆截面木柱，高为 6 m，直径为 20 cm，承受轴向压力 $F=50$ kN，如例 11-7 图所示。已知木材的许用应力$[\sigma]=10$ MPa。(1)校核木柱的稳定性；(2)试确定该木柱的许可载荷。

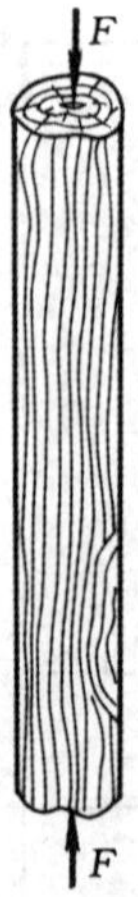

例 11-7 图

解 1. 校核木柱的稳定性

已知条件中没给出规定的稳定安全系数，给出材料的许用应力$[\sigma]$，表明应用折减系数法进行稳定计算。

由圆截面的惯性半径 $i=\dfrac{d}{4}=0.05$ m，可求得该圆木柱的柔度

$$\lambda=\frac{\mu l}{i}=\frac{1\times6}{0.05}=120$$

查表 11-3，得 $\varphi=0.208$

$$\varphi[\sigma]=0.208\times10=2.08\ \text{MPa}$$

木柱的轴向压力 $F=50$ kN，校核其稳定性

$$\sigma=\frac{F}{A}=\frac{50\times10^3}{\frac{\pi}{4}\times0.2^2}=1.59\ \text{MPa}<\varphi[\sigma]$$

显然，$\sigma<\varphi[\sigma]$，木柱的稳定性足够。

2. 确定木柱的许可载荷

根据稳定条件可得

$$[F]=\varphi A[\sigma]$$

则许可载荷 $[F]=0.208\times\frac{\pi\times(0.2)^2}{4}\times10\times10^6=65.6\ \text{kN}$。

例 11-8 例 11-8 图所示下端固定上端自由、长度 $l=2$ m 的工字钢压杆，承受轴向压力 $F=400$ kN。设材料为 Q235 钢，许用应力$[\sigma]=160$ MPa。(1)试选择工字钢的型号；(2)若把工字钢改为面积相近的 HW 钢，试计算杆的许用压力$[F]$。

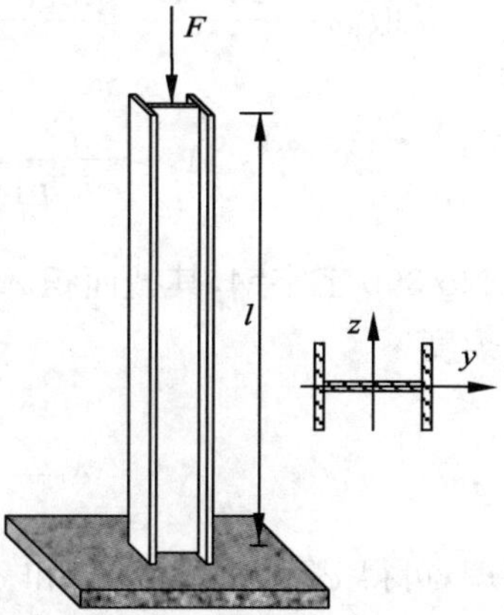

例 11-8 图

解 (1) 按稳定条件选择工字钢的型号

在利用稳定条件 $\sigma=\frac{F}{A}\leqslant\varphi[\sigma]$选择截面尺寸时，由于截面积 A 和折减系数 φ 均属未知，所以须采用逐次渐进的试算方法求解。

① 取 $\varphi_1=0.5$ 进行第一轮试算。由稳定条件可得

$$A_1\geqslant\frac{F}{\varphi_1[\sigma]}=\frac{400\times10^3}{0.5\times160\times10^6}=50\times10^{-4}\ \text{m}^2$$

按 A_1 的数值由型钢表初选 No.25b 工字钢，其截面积 $A_1'=53.51\times10^{-4}\ \text{m}^2$，最小的惯性半径 $i_{\min}=i_y=24$ mm。计算柔度

$$\lambda_{\max}=\lambda_y=\frac{\mu_y l}{i_y}=\frac{2\times2\,000}{24}=166.7$$

由 $\lambda_{\max}$值查表 11-3，并利用直线插入法可得与 No.25b 工字钢相应的折减系数

$$\varphi_1'=0.272-\frac{0.272-0.243}{10}\times6.7=0.253$$

显然，φ_1' 值与 $\varphi_1=0.5$ 相差较大，应重新选取。

② 取 $\varphi_2=\frac{\varphi_1+\varphi_1'}{2}=\frac{0.5+0.253}{2}=0.38$，进行第二轮试算。则

$$A_2 \geqslant \frac{F}{\varphi_2[\sigma]} = \frac{400\times10^3}{0.38\times160\times10^6} = 65.79\times10^{-4}\ \mathrm{m}^2$$

选 No.32a 工字钢,截面积 $A_2'=67.12\times10^{-4}\ \mathrm{m}^2$,最小惯性半径 $i_y=26.2\ \mathrm{mm}$。计算柔度

$$\lambda_{\max}=\lambda_y=\frac{\mu_y l}{i_y}=\frac{2\times2\,000}{26.2}=152.7$$

由 $\lambda_{\max}=152.7$,可查表并计算得相应的折减系数 $\varphi_2'=0.297$。φ_2' 值和 $\varphi_2=0.38$ 相差还是比较大,因此应再次选取。

③ 取 $\varphi_3=\dfrac{\varphi_2+\varphi_2'}{2}=\dfrac{0.38+0.297}{2}=0.34$,进行第三轮试算

$$A_3 \geqslant \frac{F}{\varphi_3[\sigma]} = \frac{400\times10^3}{0.34\times160\times10^6} = 73.53\times10^{-4}\ \mathrm{m}^2$$

选 No.36b 工字钢,其截面积 $A_3'=83.64\times10^{-4}\ \mathrm{m}^2$,最小惯性半径 $i_y=26.4\ \mathrm{mm}$。计算柔度

$$\lambda_{\max}=\lambda_y=\frac{\mu_y l}{i_y}=\frac{2\times2\,000}{26.4}=151.5$$

同理,可得 $\varphi_3'=0.301$,φ_3' 和 $\varphi=0.34$ 接近。则取 $\varphi_3=0.301$ 对压杆进行稳定计算,由

$$[\sigma_{\mathrm{cr}}]=\varphi[\sigma]=0.301\times160=48.16\ \mathrm{MPa}$$

此时

$$\sigma=\frac{F}{A}=\frac{400\times10^3}{83.64\times10^{-4}}=47.8\ \mathrm{MPa}<[\sigma_{\mathrm{cr}}]$$

稳定条件满足,所以,选定 No.36b 工字钢。

(2) 把工字钢改为面积相近的 HW 钢,计算相应的许用压力。

选取面积比 No.36b 工字钢小些的 200×200 HW 钢,面积 $63.53\times10^{-4}\ \mathrm{m}^2$,最小惯性半径 $i_y=50.2\ \mathrm{mm}$,柔度

$$\lambda_{\max}=\lambda_y=\frac{\mu_y l}{i_y}=\frac{2\times2\,000}{50.2}=79.7$$

查表 11-3,并用直线插入法,可得 $\varphi'=0.789-\dfrac{0.789-0.731}{10}\times9.7=0.73$,则

$$[F]=\varphi[\sigma]A=0.73\times160\times6\,353=742\ \mathrm{kN}$$

可见,改用 HW 钢后,面积减小,承载能力却提高了。

11.5 提高压杆稳定性的措施

由以上各节的讨论可知,影响压杆稳定的因素有:压杆的截面形状、压杆的长度和约束条件、材料的力学性质等。因此,提高压杆的稳定性也应从这几方面着手。

11.5.1 选择合理的截面形状

从欧拉公式可以看出,截面的惯性矩 I 越大,临界力 F_{cr} 就越大;从各类计算压杆临界应力的公式中也可看出,柔度 λ 越小,临界应力越大。由公式 $\lambda=\frac{\mu l}{i}$ 可知,提高惯性半径 i 的值就能减少 λ 的数值。因此,在不改变截面面积的情况下,应尽可能把材料布置到离截面形心较远处,以得到较大的惯性矩 I 和惯性半径 i,这样,就等于提高了临界压力。例如,在截面面积相等的前提下,空心的圆环形截面就比实心的圆形截面合理,见图 11-6a)。根据同样的道理,由四根角钢组成的压杆,如起重臂,其四根角钢应分散在截面的四角,而不是集中放置在截面形心的附近,见图 11-6b)。用槽钢组成的桥梁桁架中的压杆或建筑物中的柱,也都是把槽钢分开放置,如图 11-6c)所示。当然,也不能为了获得较大的 I 和 i,无限制地增大环形截面的直径并减小其壁厚,这样做会使其变成薄壁圆管,易引起管壁局部失稳,发生局部折皱。

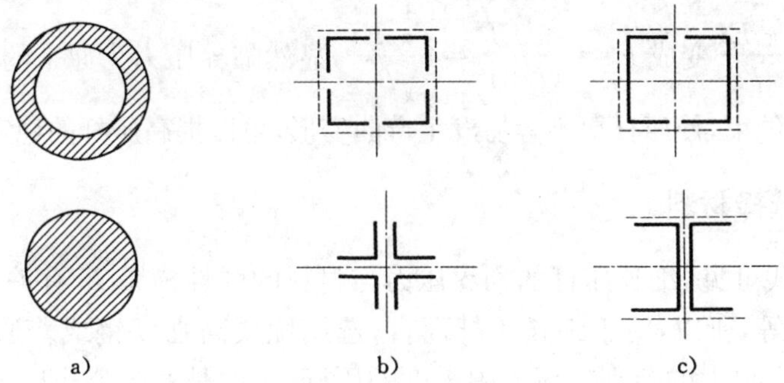

图 11-6 压杆截面形状的合理性

对由型钢组成的组合压杆,需用足够强的缀条或缀板把分开放置的型钢连成一个整体,如图 11-7 所示,否则,各根型钢成为单独受压的杆件,稳定性降低。

若压杆在各个纵向平面内的约束相同,则应使截面对任一形心主轴的惯性半径 i 相等或接近相等,这样,压杆在任一纵向平面内就有相同或接近相同的稳定性。例如,圆形、圆环形、正方形等截面,都能满足这一要求。相反,若某些压杆在不同的纵向平面内具有不同的约束,这就要求所采用的截面对两个形心主惯性轴 y 和 z 具有不同的惯性半径 i_y 和 i_z,以使得压杆在两个形心主惯性平面内的柔度 $\lambda_y=\frac{\mu_y l}{i}$ 和 λ_z

$=\frac{\mu_z l}{i}$仍接近相等,从而使压杆在两个形心主惯性平面内依然具有相等或接近相等的稳定性。

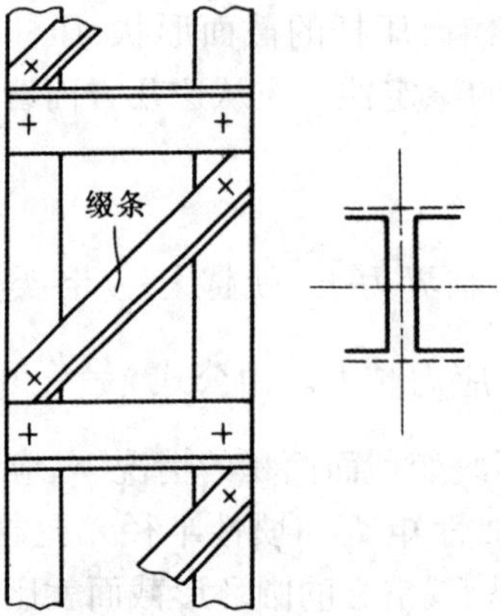

图 11-7 缀条或缀板连接

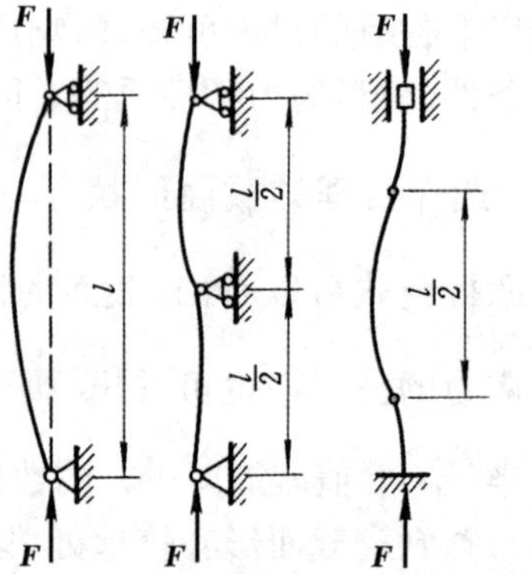

图 11-8 压杆支承条件的改变

11.5.2 改变压杆的支承条件

从欧拉公式可以看出,改变压杆的支承条件直接影响压杆临界压力的大小。例如,长为 l 两端铰支的细长压杆,在其中点增设一个中间支座或把杆的两端改为固定端,如图 11-8 所示,则相当长度就由原来的 $\mu l=l$ 变为 $\mu l=l/2$,于是细长压杆的临界压力也由原来的 $F_{cr}=\frac{\pi^2 EI}{l^2}$变成 $F_{cr}=\frac{\pi^2 EI}{(l/2)^2}=4\frac{\pi^2 EI}{l^2}$,显然临界压力为原来的 4 倍。一般来说,增加压杆的约束,使压杆更不容易发生弯曲变形,可以提高压杆的稳定性。

11.5.3 合理选择材料

由欧拉公式可见,细长压杆的临界压力与材料的弹性模量 E 有关。由于各种钢材的 E 大致相等,所以,对于细长压杆而言,选用优质高强度钢或普通低碳钢,其稳定性并不会产生很大的差别。对于中柔度的压杆,无论是经验公式还是理论分析,都表明临界应力与材料的强度有关,因此选用优质高强度钢材在一定程度上可以提高中柔度压杆临界应力的值。对于柔度很小的粗短杆,本身就属强度破坏问题,选用强度高的优质钢材,其优越性自然是明显的。

例 11-9 移动式起重机的起重臂 AB 为两端中心受压的杆件,由两个不等边角钢∟ 100×80×8,每隔间距 1.3 m 用缀板加固组成。两个角钢的间距为 40 mm,杆长 $l=5.2$ m,如例 11-9 图所示。设材料为 Q235 钢,许用应力$[\sigma]=160$ MPa,弹性模量 $E=2.0\times10^5$ MPa。杆件在纸平面内弯曲时,可视为两端铰支;在垂直于纸的平面内弯曲时,可视为两端固定。试根据杆件的整体稳定和两缀板之间角钢的局部稳定,确定杆件的临界压力及取稳定安全系数 $n_{st}=5$ 时的许用压力。

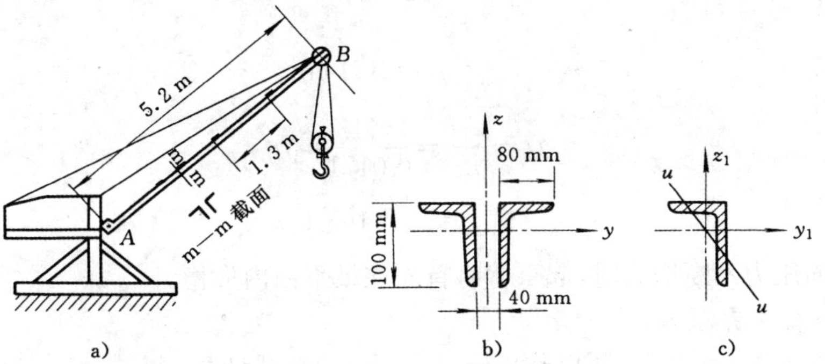

例 11-9 图

解 1. 求起重臂 AB 的临界压力

起重臂 AB 丧失稳定有以下三种可能:① 整个臂在纸平面内丧失稳定;② 整个臂在垂直于纸的平面内丧失稳定;③ 单肢角钢在缀板之间的局部长度内丧失稳定。

由于截面不变,杆的柔度越大,则临界载荷越小,因此,只要比较上述三种情况下杆的柔度,就可决定应由哪一种情况来确定临界载荷。

(1) 计算 λ_{max}

由两个∟100×80×8 角钢的截面布置图[例 11-9 图 b)],可求出截面的形心主惯性矩为

$$I_y = 2\times 138 = 276\ \text{cm}^4$$

$$I_z = 2\times[78.6 + 13.94\times(2.05+2.0)^2] = 614.5\ \text{cm}^4$$

截面面积 $A = 2\times 13.94 = 27.88\ \text{cm}^2$。

若起重臂 AB 在纸平面内丧失整体稳定(绕 y 轴弯曲),此时 $\mu_y = 1$,则

$$i = i_y = \sqrt{\frac{I_y}{A}} = \sqrt{\frac{276}{27.88}} = 3.15\ \text{cm}$$

$$\lambda_y = \frac{\mu_y l}{i_y} = \frac{1\times 5.2}{0.031\,5} = 165.1$$

若起重臂 AB 在垂直于纸的平面内丧失整体稳定(绕 z 轴弯曲),此时 $\mu_z = 0.5$,则

$$i = i_z = \sqrt{\frac{I_z}{A}} = \sqrt{\frac{614.5}{27.88}} = 4.69\ \text{cm}$$

$$\lambda_z = \frac{\mu_z I}{i_z} = \frac{0.5\times 5.2}{0.046\,9} = 55.4$$

若单个角钢在缀板之间的局部长度内丧失稳定[例 11-9 图 c)],绕角钢的最小形心主惯性轴 u 弯曲),此时可把局部长度的两端看作两端铰支,则 $\mu_u = 1$,查型钢表

可得

$$i_{\min}=i_{\mathrm{u}}=1.71\ \mathrm{cm}$$

$$\lambda_{\mathrm{u}}=\frac{\mu_{\mathrm{u}}l}{i_u}=\frac{1\times1.3}{0.0171}=76$$

$$\lambda_{\max}=\lambda_y=165.1$$

可知当轴向压力不断增大时,起重臂将首先在纸平面内失稳。

(2) 计算临界压力

因为$\lambda_y>\lambda_{\mathrm{p}}(\approx100)$,所以临界压力采用欧拉公式计算。

$$F_{\mathrm{cr}}=\frac{\pi^2EI_y}{(\mu_yl)^2}=\frac{3.14^2\times2\times10^5\times10^6\times276\times10^{-8}}{(1\times5.2)^2}=201\ \mathrm{kN}$$

2. 计算起重臂 AB 的许用压力

由稳定条件式(11-15)可得许用压力

$$[F]=\frac{F_{\mathrm{cr}}}{n_{\mathrm{st}}}=\frac{201}{5}=40.2\ \mathrm{kN}$$

本例题中,我们没有按折减系数法来计算许用压力,这是由于题目中对稳定安全系数有具体的要求(要求$n_{\mathrm{st}}=5$,是同时考虑到稳定和动力的因素。折减系数法中,折减系数φ中采用的安全系数是由国家制定的有关规范确定的,不能满足特定的要求,所以,不能用折减系数法确定$[F]$)。若能把起重臂旋转90°安装,则λ_y与λ_z较接近,$\lambda_{\max}=110.9$,此时许用压力可提高至89.6 kN。

本章小结

思 考 题

11-1 试述稳定问题与强度、刚度问题的区别。

11-2 压杆因丧失稳定而产生的弯曲变形与梁在横向力作用下产生的弯曲变形有什么不同?

11-3 欧拉公式在什么范围内适用?如果把中长杆误断为细长杆应用欧拉公式计算临界力,则会导致什么后果?

11-4 思考题11-4图示柱的7种横截面形状,如果各方向的支承条件相同,问柱在丧失稳定时将在哪一个方向弯曲?

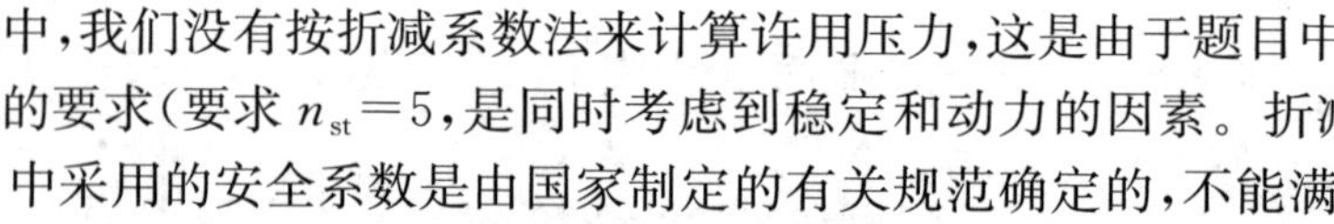

思考题11-4图

11-5 什么是压杆的临界应力总图?塑性材料和脆性材料的临界应力总图有什么不同?

11-6 若两根压杆的材料相同、柔度相等,这两根压杆的临界应力是否一定相等?临界力是否一定相等?为什么?

11-7 压杆的稳定许用应力$[\sigma_{cr}]$是如何确定的？在考虑稳定问题时，为什么不像强度问题那样需要寻找危险截面和危险点进行计算？

11-8 有人说铸铁抗压性能好，它可以用作各种压杆，这种说法对吗？

习 题

11-1 题 11-1 图示为材料和截面积均相同的柱，试问能承受的轴向压力哪一根最大？哪一根最小？

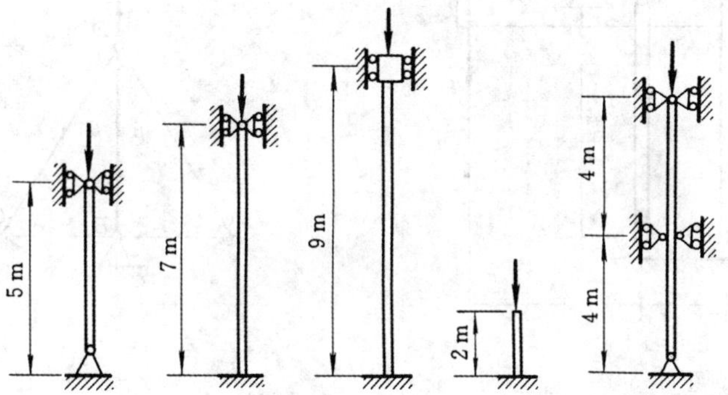

题 11-1 图

11-2 试求可以用欧拉公式计算临界载荷的柱的最小柔度值λ_p，如柱分别由下列材料做成：

(1) 由比例极限σ_p=220 MPa，弹性模量$E=1.9\times10^5$ MPa 的钢所制成；

(2) 由σ_p=490 MPa，$E=2.15\times10^5$ MPa，含镍为 3.5%的镍钢所制成；

(3) 由σ_p=20 MPa，$E=1.1\times10^4$ MPa 的松木所制成。

11-3 两端铰支的压杆，长l=4 m，截面为 No.22a 工字钢，其比例极限σ_p=200 MPa，弹性模量$E=2.0\times10^5$ MPa，试用欧拉公式求压杆的临界荷载。

11-4 试验机架如题 11-4 图所示，两直径为d的立柱上、下两端固定在可视为刚体的横梁和底座上。试问：根据杆端的约束条件，在总压力F的作用下，立柱可能产生几种失稳形态？画出各种失稳形态下的挠曲线形状，分别写出对应的总压力F的临界值，确定最小临界值F_{cr}的算式（设立柱满足欧拉公式的使用条件）。

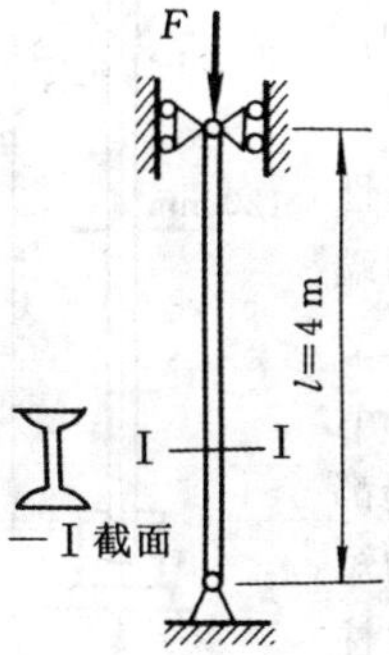

题 11-3 图

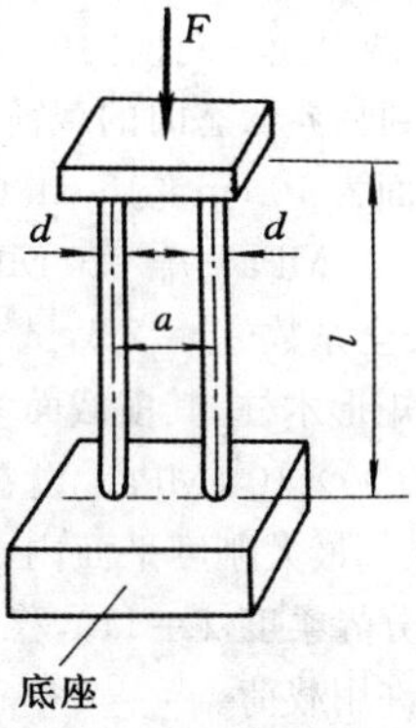

题 11-4 图

11-5 有一刚性杆 AB，A 端为销轴支承，另外销接两根同等细长的柱支承于 C 和 D 处，如题 11-5 图所示，每一柱的弯曲刚度为 EI。试问载荷 F 为多大时，该体系遭到毁坏?

11-6 结构 $ABCD$ 由三根具有同样弯曲刚度 EI 的细长杆所组成(题 11-6 图)。其 B 点和 D 点为铰接，而支点 A 和支点 C 为固定支座，角度 $\beta=30°$。若结构由于杆件屈曲引起毁坏，试确定此时作用于节点 D 处载荷 F 的极限界值。

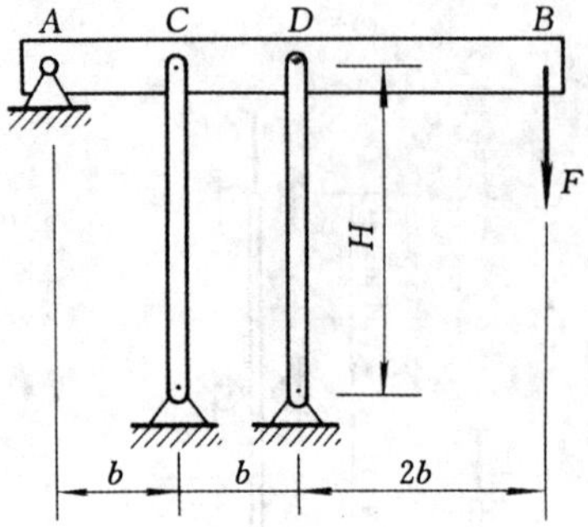

题 11-5 图

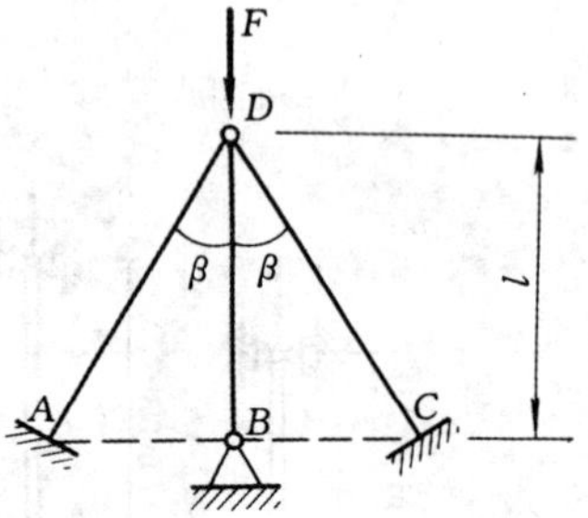

题 11-6 图

11-7 4 根等长杆铰接成正方形 $ABCD$，并在对角线以 BD 杆铰接。各杆的弹性模量 E、截面积 A、截面的惯矩 I 均相等。当

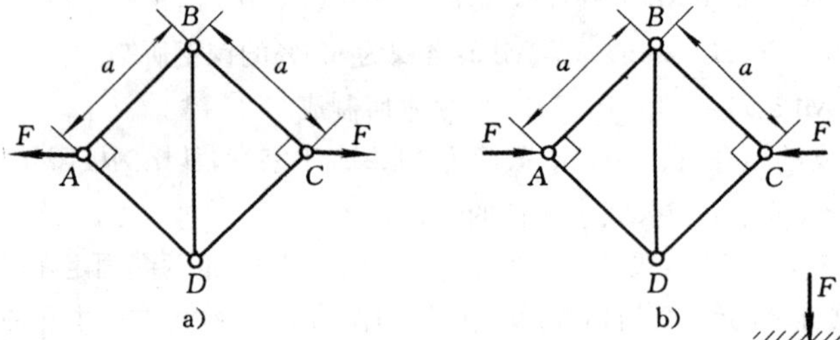

题 11-7 图

(1) A，C 两点受一对向外的拉力 F 时[题 11-7 图 a)]；

(2) A，C 两点受一对向内的压力 F 时[题 11-7 图 b)所示]；

求结构达到临界状态时的载荷 F。

11-8 截面为 10 cm×15 cm 的矩形松木柱，长 $l=4$ m，弹性模量 $E=1.0\times10^4$ MPa，$\sigma_p=20$ MPa。今将此柱的一端固定，另端铰支，设稳定安全系数 $n_{st}=2.5$，试求柱的临界载荷及许用载荷。

11-9 一矩形木柱，其横截面为 12 cm×20 cm，柱长 $l=7$ m，弹性模量 $E=0.90\times10^4$ MPa。设在最小刚度平面内，柱的两端都是固定的；而在其最大刚度平面内，两端都是铰支的。若木材的短柱和细长柱的分界柔度 $\lambda=110$，稳定安全系数 $n_{st}=3$。试求木柱的临界载荷及许用载荷。

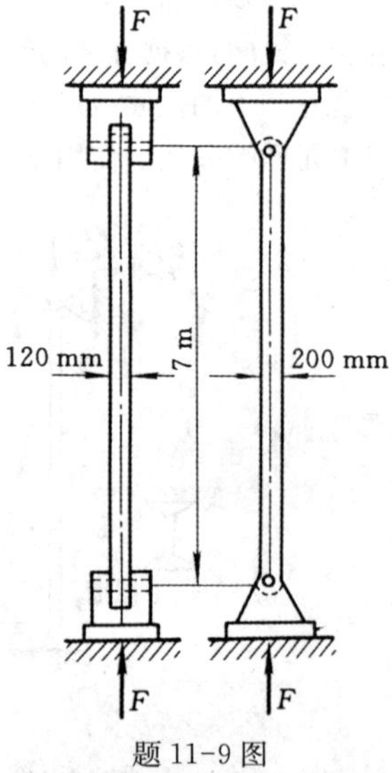

题 11-9 图

11-10 题 11-10 图中所示 Q235 钢杆在温度 $t_1=20℃$时进行

安装，这时杆不受力，(1) 杆为 No.25b 工字钢；(2) 杆为 175×175 HW 钢。试问当温度升高到多少摄氏度时杆将丧失稳定？

11-11 题 11-11 图示焊接组合柱的截面，柱长 $l=7.2$ m，材料为 Q235 钢，许用应力$[\sigma]=160$ MPa，柱的上端可认为是铰支的，下端当截面绕 z 轴弯曲时相当于铰支；而当截面绕 y 轴弯曲时相当于固定，轴向压力 $F=2\ 500$ kN。(1) 试作稳定校核；(2) 与热轧制的工字钢截面比较，此宽翼缘工字形截面有何优点？

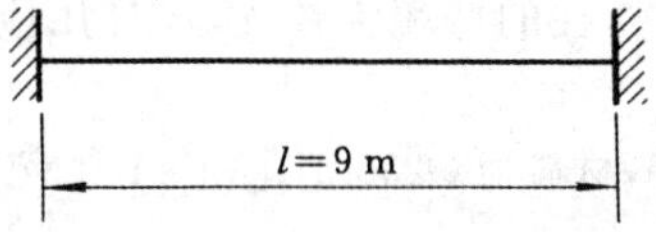

题 11-10 图

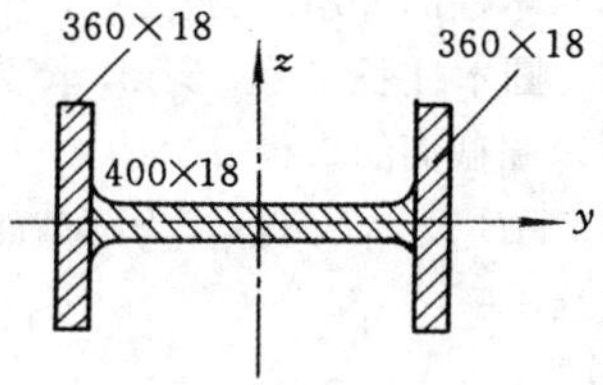

题 11-11 图

11-12 两端为球形铰、中心受压的圆木柱，直径 $d=15$ cm，长度 $l=5$ m，$E=1.0\times10^4$ MPa，稳定安全系数 $n_{st}=4$，求柱的临界载荷 F_{cr} 及许用载荷$[F]$。

11-13 简易起重设备如题 11-13 图所示，AC 杆由两根 50 mm×50 mm×6 mm 的等边角钢组成，AB 杆由两根并排立放的 No.10 工字钢组成。材料均为 Q235 钢，$E=206$ GPa，$\sigma_s=235$ MPa，$[\sigma]=170$ MPa，AB 杆长 $l=3$ m。求此结构的许可载荷$[F]$，AB 杆只考虑 ABC 平面内的稳定性，$n_{st}=8$。

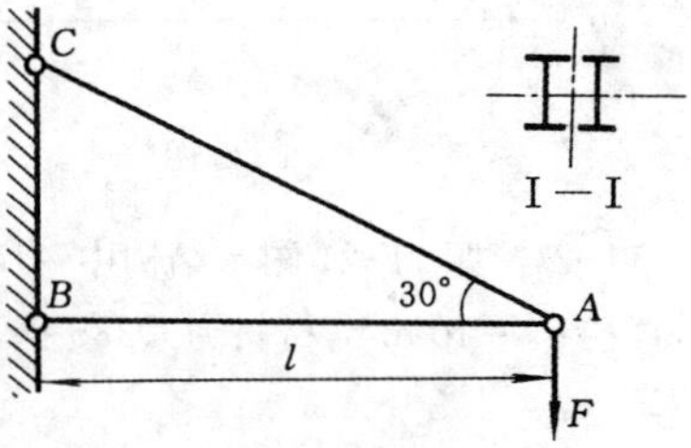

题 11-13 图

11-14 试求中心受压柱的许用载荷$[F]$。已知柱的上端为铰支，下端为固定，柱的外径 $D=200$ mm，内径 $d=100$ mm，长度 $l=9$ m，材料为 Q235 钢，$[\sigma]=160$ MPa。

11-15 题 11-15 图示为一标语牌，其立柱的撑杆 AC 为直径 $d=12$ cm 的圆形木材，弹性模量 $E=10^4$ MPa，稳定安全系数 $n_{st}=3$。试根据撑杆的安全条件确定标语牌的板面所能承受的最大风压力 F_{max}。

(提示：立柱和撑杆入土处可视为铰支。)

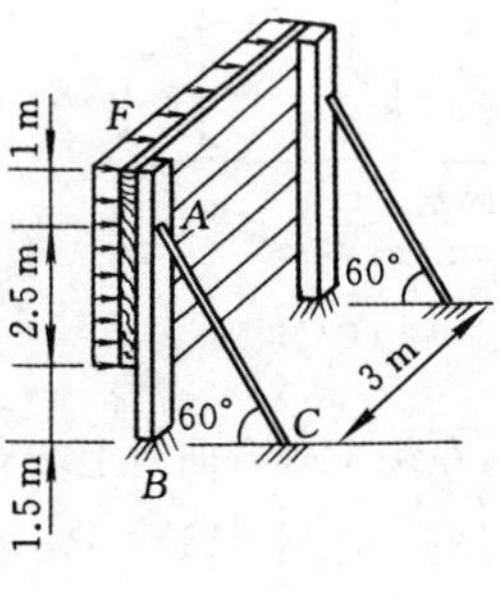

题 11-15 图

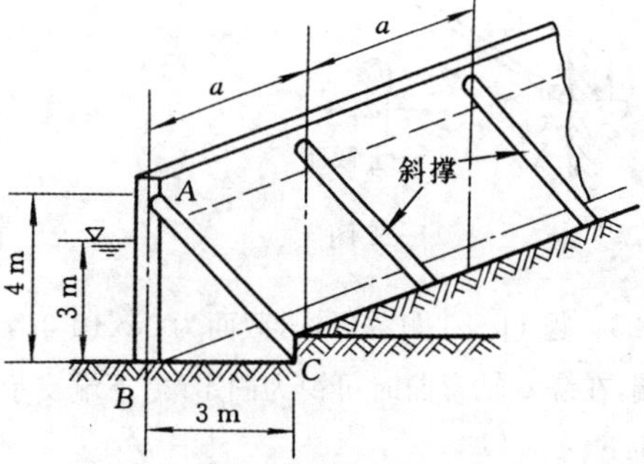

题 11-16 图

11-16　如题11-16图所示的挡水墙,由间距为 a 的圆木斜撑杆撑住面板所组成。斜撑的直径 $d=200$ mm,弹性模量 $E=0.9\times10^4$ MPa,比例极限 $\sigma_p=8$ MPa,若要求稳定安全系数 $n_{st}=5$,求斜撑的最大间距 a。

11-17　两端铰支的压杆,截面为(1) No.25a 的工字钢;(2) 150×150H 钢杆长 $l=2.5$ m,许用应力 $[\sigma]=160$ MPa,试求压杆的许用压力。

11-18　两端铰支的木柱,截面为15 cm×15 cm的正方形,长度 $l=3.5$ m,设许用应力为 $[\sigma]=11$ MPa,求木柱的许用压力。

11-19　圆木柱长 $l=4.5$ m,承受压力 $F=300$ kN,柱的两端为铰支,设许用应力 $[\sigma]=10$ MPa,试求圆截面的直径 d。

11-20　AB 及 AC 两杆皆为圆截面,直径 $d=80$ mm,材料为Q235钢,$[\sigma]=160$ MPa,求此结构的许用载荷 $[F]$。

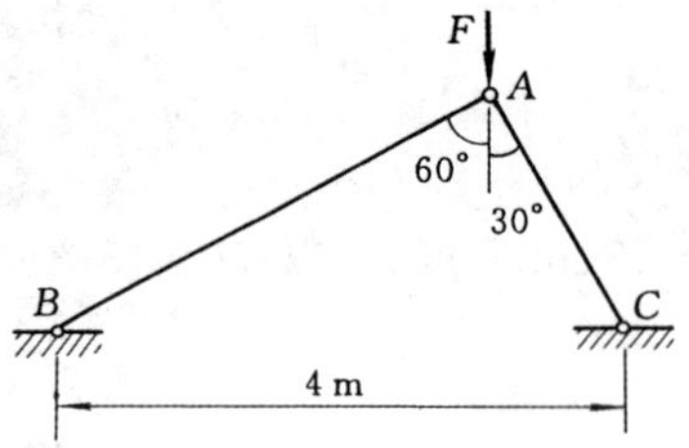

题11-20图

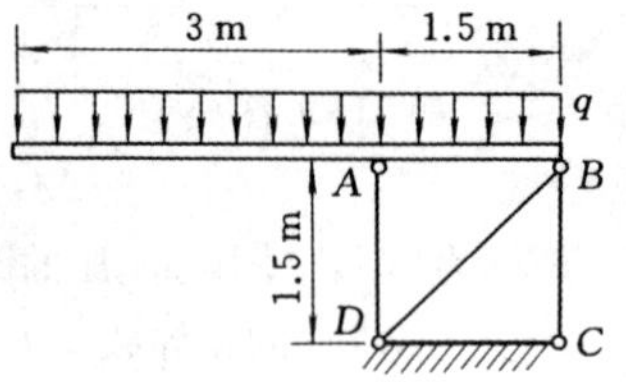

题11-21图

11-21　题11-21图示结构中 AD 为铸铁圆杆,直径 $d_1=60$ mm,$[\sigma_-]=120$ MPa;BC 为钢圆杆,直径 $d_2=10$ mm,材料为Q235钢,$[\sigma]=160$ MPa。如各支承处均为铰链,试求许用分布载荷 $[q]$。

11-22　题11-22图示简单托架,其撑杆 AB 为圆形木材,若架上受均布载荷 $q=50$ kN/m 作用,AB 两端为柱形铰,木材的许用应力 $[\sigma]=11$ MPa,试求撑杆所需的直径 d。

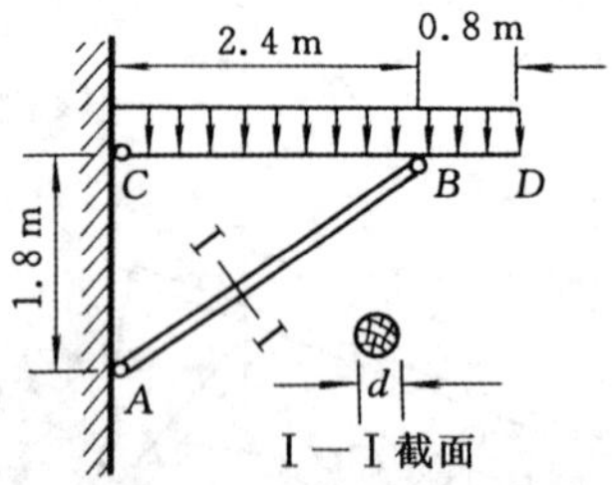

题11-22图

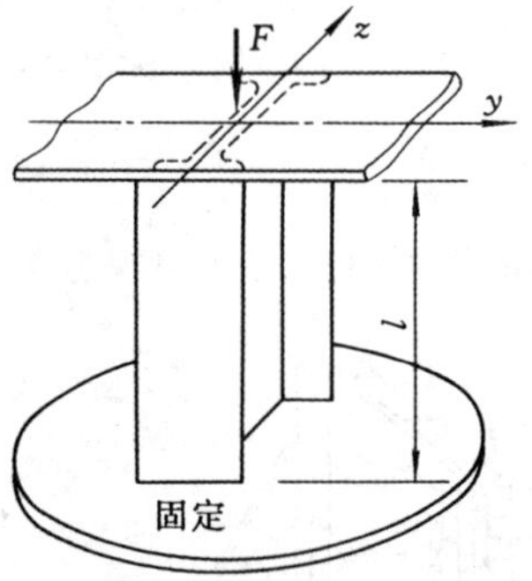

题11-23图

11-23　题11-23图示压杆,截面为No.10工字钢,长 $l=2$ m,在绕 y 轴弯曲时上端支承可视为自由端,在绕 z 轴弯曲时可视为固定端;下端支承为固定。若许用应力 $[\sigma]=160$ MPa,求压杆的安全载荷 F。

11-24　题11-24图示简单构架,杆 AB 为Q235钢制的圆管,其 A 端为柱形铰。杆的平均直

径 D_0=100 mm，壁厚 δ=10 mm，杆长 l=5 m，材料的弹性模量 $E=2.0\times10^5$ MPa。

(1) 当稳定安全系数 $n_{st}=3$ 时，试确定最大的悬吊物的许用重力[G]；

(2) 在保证上述稳定安全度和许用载荷的条件下，求同材料的实心圆截面压杆的直径 d，并对前后二者所耗的材料数量作一比较。

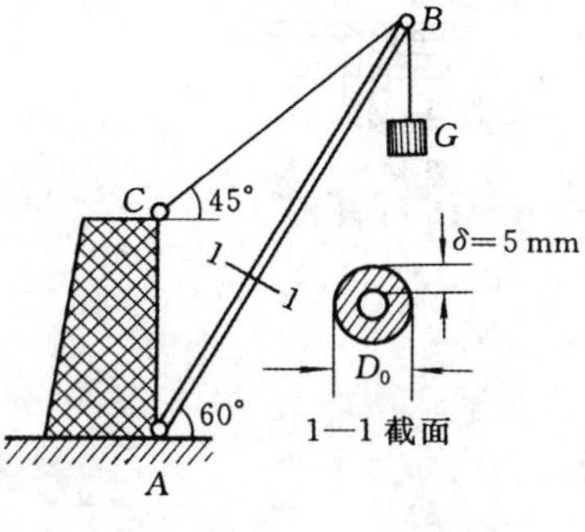

题 11-24 图

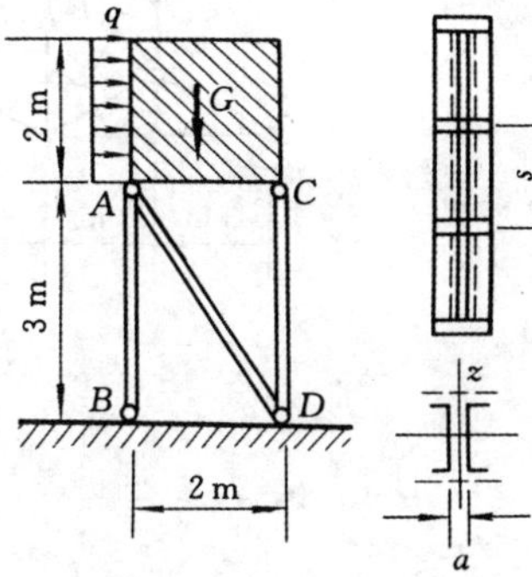

题 11-25 图

11-25　一重力 G=200 kN 的物体由杆系支承如图所示，承受风压力 $q=15\ \text{kN/m}^2$。CD 杆由两个槽钢组成，杆中每隔距离 s 有缀板，连成整体，设许用应力[σ]=160 MPa。求：

(1) CD 杆截面尺寸；

(2) 两槽钢之间最小距离 a；

(3) 在保证缀板间的局部稳定时，s 的最大值。

11-26　图示由截面为∟45×45×5 的四根角钢组成的电杆塔（等截面直杆），角钢材料的许用应力[σ]=150 MPa，顶端受压力 F=154 kN。其计算简图如题 11-26 图 c)所示。试求电杆塔每一节间的最大许可长度 a 及四根角钢间的最小距离 b。

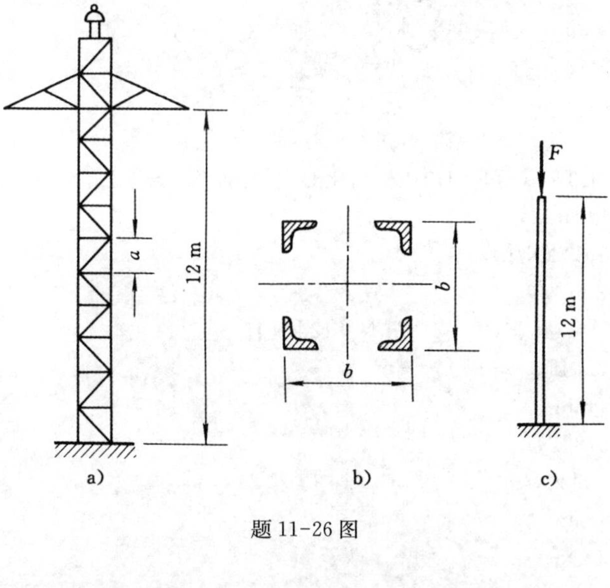

题 11-26 图

11-27　一钢屋架受力如题11-27图所示,屋架的上弦杆是用两个等边角钢所组成(截面1—1图)。连接两角钢的铆钉孔直径$d=23$ mm,材料的许用应力$[\sigma]=160$ MPa,试选择CD杆的截面。

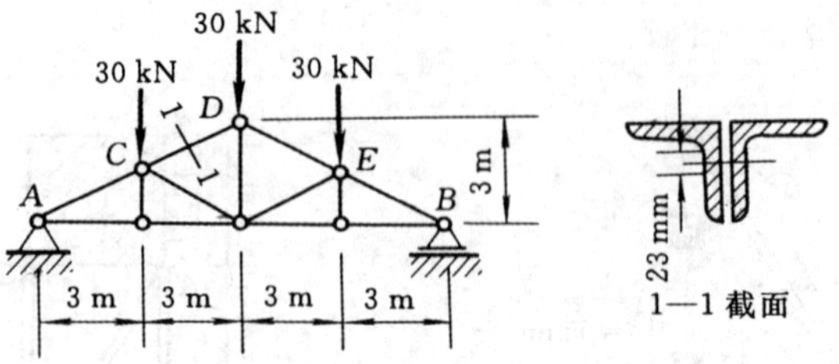

题11-27图

习 题 答 案

11-1　d)和e)为最大,a)为最小。

11-2　(1) 92.5;　(2) 65.8;　(3) 73.7。

11-3　$F_{cr}=278$ kN。

11-4　$F_{cr}=\dfrac{\pi^2 Ed^4}{128l^2}$。

11-5　$F=\dfrac{3\pi^2 EI}{4H^2}$。

11-6　$F_{cr}=36.1\dfrac{EI}{l^2}$。

11-7　(1) $\dfrac{\pi^2 EI}{2a^2}$;　(2) $\dfrac{\sqrt{2}\pi^2 EI}{a^2}$。

11-8　$F_{cr}=157$ kN,　$[F]=62.8$ kN。

11-9　$F_{cr}=145$ kN,　$[F]=48.3$ kN。

11-10　(1) $t_2=42.5$℃;　(2) $t_2=94.6$℃。

11-11　安全。

11-12　$F_{cr}=98$ kN,　$[F]=24.5$ kN。

11-13　$[F]=41.3$ kN(用非细长压杆简化形式的抛物线公式计算)。

11-14　$[F]=1\,948$ kN。

11-15　$F_{max}=1.83$ kN/m^2。

11-16　$a=3.33$ m。

11-17　(1) $[F]=446$ kN;　(2) $[F]=512$ kN。

11-18　$[F]=114$ kN。

11-19　$d=260$ mm。

11-20　$[F]=378$ kN。

11-21　$[q]=5.59$ kN/m。

11-22　$d=180$ mm。

11-23　$F=143$ kN。

11-24 (1) $G=37.8$ kN； (2) $d=95$ mm， $A_{管}:A_{实}=1:2.25$。

11-25 (1) 2[No6.3； (2) $a_{min}=15.7$ mm； (3) $s_{max}=1.45$ m。

11-26 $a_{max}=888$ mm， $b_{min}=500$ mm。

11-27 2∟75×75×5。

12 动载荷

动载荷比相应的静载荷产生的应力大,更易使构件发生破坏,且在动载荷下材料的性能也有所不同。本章先介绍计算惯性力问题的动静法、冲击问题的实用计算(能量法)和提高构件抗冲能力的措施,然后介绍材料在动载荷下的强度、塑性性能和抗冲性能——韧度,冷脆现象。

知识点
重点
难点

12.1 动载荷概念和工程实例

工程结构或构件所承受的载荷,可分成**静载荷**和**动载荷**两类。构件受静载荷作用,即满足:① 构件处于平衡状态,构件内各点的加速度为零;② 载荷由零缓慢、平稳增加到最终值并且保持不变。由静载荷产生的应力称为静应力。前面各章讨论构件的强度、刚度和稳定性时,均假定构件承受的载荷为静载荷。

在实际问题中,许多构件在不满足上述条件的状态下工作,如:高速旋转的部件或加速提升的构件,其内部各点存在明显的加速度;用重锤打桩时,桩柱所受到的冲击载荷远大于锤的重力;地震波会引起建筑物晃动,甚至倒塌;大量的机械零件长期在周期性变化的载荷下工作;等等。这些情况都属于动载荷问题,其特点是:在加载过程中构件内各点的速度发生明显改变,或者构件所受的载荷明显随时间的变化而变化。构件在动载荷作用下产生的应力称为动应力,构件上的动应力有时会达到很高的数值,从而引起构件失效。因此,必须充分重视载荷的动力效应。动载荷作用下的各物理量,如内力、位移、应力和应变等,采用增加下标 d 的方式来表示,如用符号 σ_d 表示动应力。相应地,静载荷下的物理量则采用增加下标 st 的方式来加以区分,如用 σ_{st} 表示静应力。

另外,实验研究表明,在动载荷下,金属和其他具有结晶结构的固体材料在弹性范围内仍服从胡克定律,且弹性模量 E 等于静载荷下的弹性模量。

本章主要讨论以下两类动载荷问题:① 构件有加速度时的惯性力问题;② 冲击。载荷随时间作周期性变化的问题将于下一章交变应力中讨论。

12.2 惯性力问题

高速旋转的部件或以加速度运动的构件,其内部各点存在加速度,此时的载荷与构件的加速度有明显的关系。处理此类问题,我们采用的是**动静法**。首先分析构件的运动，确定其上各点的加速度，运用**达朗贝尔原理**(D'Alembert's Principle)，在构件上加上惯性力，把动力问题化为静力问题来求解。

12.2.1 匀加速直线运动构件的动应力计算

现以起重机匀加速向上提升构件为例，说明构件作匀加速直线运动时的动应力计算方法。设一长为 L 的等直杆在起重机缆绳的牵引下，以等加速度 a 上升如图 12-1a)所示。设杆重力为 G，密度为 ρ，横截面积为 A ，试考察杆的内力、正应力以及缆绳的牵引力。

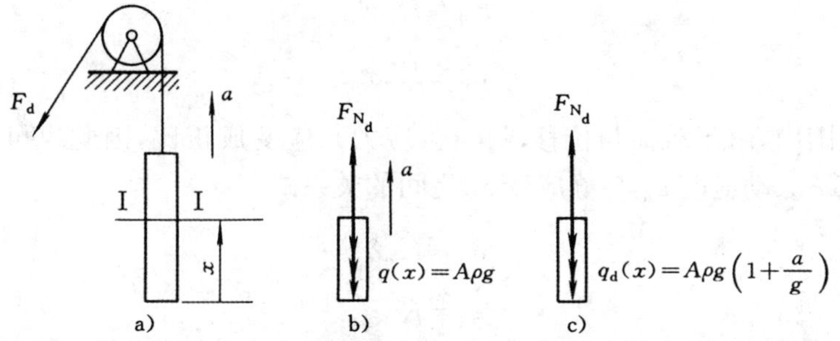

图 12-1 杆匀加速提升时的受力分析

采用截面法，将杆沿 Ⅰ—Ⅰ 截面切开，取长为 x 的下段杆分析。它的受力和运动情况如图 12-1b)所示。根据动静法，在其上加上惯性力——向下的均布轴向力 $\frac{A\rho g}{g}a$，如图 12-1c)所示，则 Ⅰ—Ⅰ 截面的轴力 F_{N_d}(动内力)可通过平衡条件：$\sum F_{ix}=0$ 求得，即

$$F_{N_d}=A\rho g\left(1+\frac{a}{g}\right)x=\left(1+\frac{a}{g}\right)\frac{G}{L}x \tag{12-1}$$

轴力图如图 12-1a)所示。杆内 Ⅰ—Ⅰ 截面的动应力为

$$\sigma_d=\left(1+\frac{a}{g}\right)\rho g x=\left(1+\frac{a}{g}\right)\frac{G}{AL}x \tag{12-2}$$

此时缆绳的动牵引力 F_d 为

$$F_d=\left(1+\frac{a}{g}\right)G \tag{12-3}$$

当加速度 a 为零时，杆受到静载荷的作用，此时对应的静内力、静应力及静牵引力分别是

$$F_{N_{st}}=\frac{G}{L}x,\quad \sigma_{st}=\frac{G}{AL}x,\quad F_{st}=G$$

将上式与式(12-1)、式(12-2)、式(12-3)比较后可知，杆件因加速运动会产生附加内力和附加应力，这就是动载荷引起的动力效应。计算结果表明，杆件的动载荷、动内力和动应力是相应的静载荷、静内力和静应力的若干倍，我们称这一倍数为**动荷系数**，记为 K_d。在匀加速直线运动情况下，动荷系数

$$K_d=1+\frac{a}{g} \tag{12-4}$$

只要把 K_d 分别乘以静载荷、静应力，就可以得到相应的动载荷、动应力，即

$$F_d=K_dF_{st} \tag{12-5}$$

$$\sigma_d=K_d\sigma_{st} \tag{12-6}$$

在线弹性范围内，由于载荷与位移成正比，应力与应变成正比，因此也可推出动位移 δ_d 与静位移 δ_{st}、动应变 ε_d 与静应变 ε_{st} 之间的关系式

$$\delta_d=K_d\delta_{st} \tag{12-7}$$

$$\varepsilon_d=K_d\varepsilon_{st} \tag{12-8}$$

本例中，由式(12-2)可知，杆的最大正应力发生在杆的上端，即 $x=L$ 处

$$\sigma_{dmax}=\left(1+\frac{a}{g}\right)\frac{G}{A}=K_d\sigma_{stmax}$$

在动载荷下，强度条件可写为

$$\sigma_{dmax}=K_d\sigma_{stmax}\leqslant[\sigma] \tag{12-9}$$

或写成

$$\sigma_{stmax}\leqslant\frac{[\sigma]}{K_d} \tag{12-10}$$

这里[σ]是有关规范确定的许用应力值，或者仍用静载荷下的许用应力值。

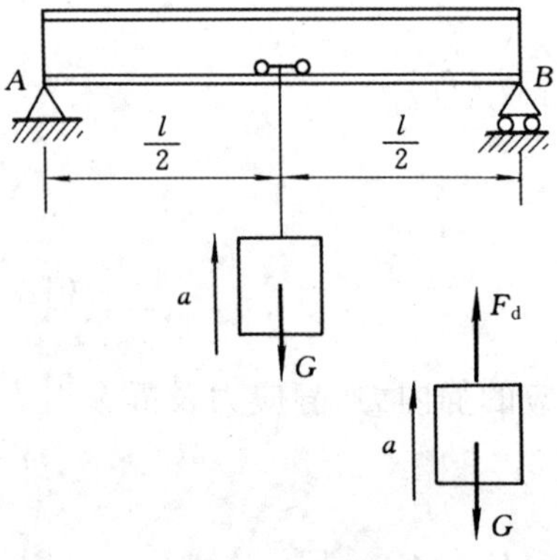

例 12-1 图

例 12-1 桥式起重机以匀加速提升一重物，如例 12-1 图所示。设开始起吊时，重物在 $t=1\text{s}$ 内等加速上升了 $h=2$ m，已知起重机梁为 No.14 工字钢，跨长为 $l=5$ m，材料的许用应力[σ] =160 MPa，重物的重力 $G=8$ kN，吊绳的重量不计。试校核梁的强度。

解 1. 计算动荷系数

重物上升的加速度

$$a=\frac{2h}{t^2}=\frac{2\times2}{1^2}=4\mathrm{m/s^2}$$

动荷系数为

$$K_{\mathrm{d}}=1+\frac{a}{g}=1+\frac{4}{9.8}=1.41$$

2. 计算钢缆绳的动牵引力

钢缆绳的静牵引力为 G，动牵引力为

$$F_{\mathrm{d}}=K_{\mathrm{d}}G=1.41\times8=11.3\ \mathrm{kN}$$

3. 计算梁的动内力及强度计算

查型钢表得 No.14 工字钢自重的载荷集度 $q=16.9\times9.8=165.6\ \mathrm{N/m}$，$W_z=102\ \mathrm{cm^3}$。梁的最大弯矩为

$$M_{\mathrm{dmax}}=\frac{F_{\mathrm{d}}l}{4}+\frac{ql^2}{8}=\frac{11.3\times10^3\times5}{4}+\frac{165.6\times5^2}{8}=14.6\ \mathrm{kN\cdot m}$$

梁的最大动应力

$$\sigma_{\mathrm{dmax}}=\frac{M_{\mathrm{dmax}}}{W_z}=\frac{14.6\times10^3}{102\times10^{-6}}=144\mathrm{MPa}<[\sigma]=160\ \mathrm{MPa}$$

梁的强度足够。

例 12-2 圆轴 AD 以匀角速 ω 旋转，在轴的纵向对称面内轴线两侧有两个重力为 G 的偏心载荷[例 12-2 图 a)]。(1) 试求轴 AD 内的最大弯矩；(2) 若杆 CK、BE 的截面积均为 A，两杆材料的许用应力为$[\sigma]$，试根据两杆的强度条件确定轴的最大容许角速度 $\omega_{\max}$。

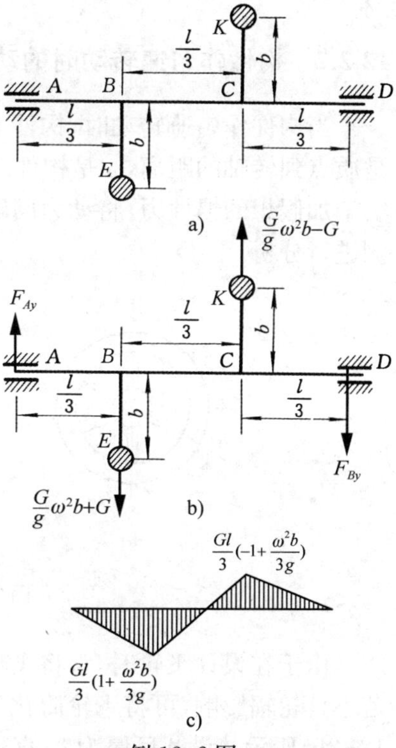

例 12-2 图

解 1. 运动分析，计算两个偏心重物的加速度

$$a=\frac{G}{g}\omega^2b$$

按照动静法，在两个偏心重物上标上惯性力并画出受力图[例 12-2 图 b)]。由平衡条件可得轴 A、D 处的约束力分别为

$$F_{Ay}=G\left(1+\frac{\omega^2b}{3g}\right)\text{（向上）},$$

$$F_{By}=G\left(-1+\frac{\omega^2 b}{3g}\right)（向下）$$

2. 画出 AD 轴的弯矩图[例 12-2 图 c)]

由弯矩图可知，AD 轴内最大弯矩

$$|M|_{\max}=\frac{Gl}{3}\left(1+\frac{\omega^2 b}{3g}\right)$$

3. 由杆 CK、BE 的强度条件确定轴的最大角速度 $\omega_{\max}$

比较 CK、BE 两杆的受力，显然杆 BE 中有最大轴力

$$F_{\mathrm{Nmax}}=G+\frac{G}{g}b\omega^2$$

利用强度条件 $$\sigma_{\max}=\frac{F_{\mathrm{Nmax}}}{A}=\frac{G+\frac{G}{g}b\omega^2}{A}\leqslant[\sigma]$$

可求得轴的最大容许角速度

$$\omega_{\max}=\sqrt{\frac{g}{Gb}(A[\sigma]-G)}$$

12.2.2 构件作匀速转动时的动应力计算

当构件作匀速转动时，构件上各质点有向心加速度，向心加速度的大小为 $r\omega^2$，r 是质点到转轴的距离，ω 是构件的角速度。对这类问题仍可运用动静法，通过在构件上施加假想的惯性力，将动力问题化为静力问题求解。现以图 12-2a)所示的飞轮为例进行分析。

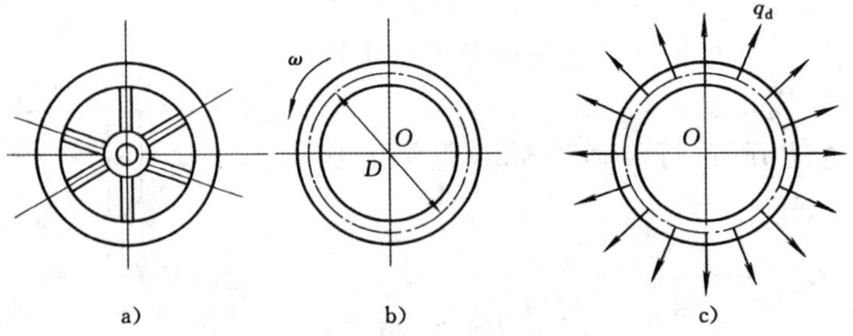

图 12-2 旋转圆环的惯性力

由于在设计飞轮时，常将飞轮质量尽量配置到轮缘处以增大飞轮的惯性。因此，若不计轮辐影响，可将飞轮简化为一个绕飞轮轴以角速度 ω 旋转的薄壁圆环，如图 12-2b)所示。设圆环厚为 δ，直径为 D，宽为 b，密度为 ρ。在单位宽度的微段弧长上

的离心惯性力为

$$dF=(dm)r\omega^2=\rho\delta ds\cdot\frac{D}{2}\omega^2$$

旋转圆环的离心惯性力组成径向的均布载荷，如图 12-3c)所示

$$q_d=\frac{dF}{ds}=\frac{\rho\delta D}{2}\omega^2$$

由此可求出圆环的环向应力

$$\sigma_{yd}=\frac{q_d D}{2\delta}=\frac{\rho}{4}D^2\omega^2=\rho v^2 \tag{12-11}$$

其中，v 为圆环轴线上的点的线速度：

$$v=\frac{D}{2}\omega$$

式(12-11)为旋转圆环动应力的表达式，进一步分析其他形式的旋转构件，我们也可推出类似的应力表达式。这一应力表达式表明：旋转构件横截面上的动应力与角速度的平方成正比，而与圆环的壁厚、环宽以及横截面积无关；高速旋转的构件内存在相当大的拉应力，尤其是半径较大的构件。因此，为保证构件安全工作，必须严格限制构件的转速。

仍以旋转薄壁圆环为例，建立旋转构件的强度条件，其动应力应满足的强度条件为

$$\sigma_{yd}=\frac{\rho}{4}D^2\omega^2\leqslant[\sigma] \tag{12-12}$$

由式(12-12)可推得圆环转速 n 的限制条件：

$$n=\frac{\omega}{2\pi}\leqslant\frac{1}{\pi D}\sqrt{\frac{[\sigma]}{\rho}}$$

以上分析表明，要提高旋转构件的强度，不应采用在静载荷问题中常用的增加横截面尺寸的方法，加宽加厚构件的做法是有害无益的。欲提高构件的强度，应采用轻质材料或改圆环为圆盘型构件，对于圆盘或汽轮机叶片等旋转构件，可以采用外薄内厚的形式，以减小离心惯性力。

对构件作匀速转动时的动应力计算问题而言，由于不存在对应的静载荷、静应力，因此不存在动荷系数。

例 12-3 圆轴 AB 的 B 端安装有一个质量很大的飞轮，另一端 A 装有刹车离合器如例 12-3 图所示。已知飞轮的转速 $n=100$ r/min，对 AB 轴的转动惯量 $J=0.5$ kN·m·s^2。AB 轴的直径 $d=100$ mm。刹车时使轴在 10 s 内均匀减速停止转

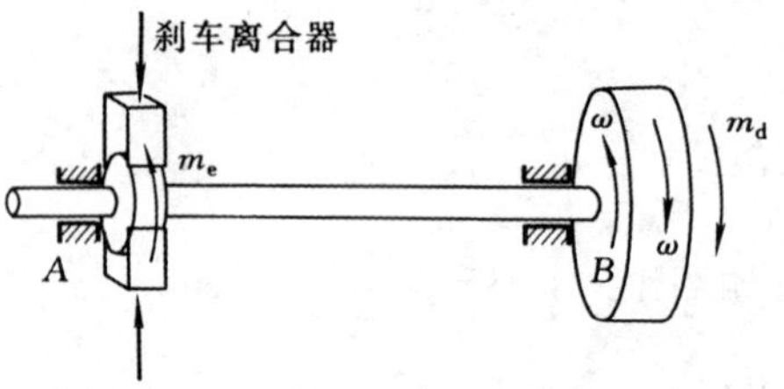

例 12-3 图　旋转圆环的惯性力

动。求轴内最大动应力。

解　刹车前飞轮与轴的转动角速度为

$$\omega_0=\frac{2\pi n}{60}=\frac{2\pi\times100}{60}=\frac{10\pi}{3}$$

刹车时,假设飞轮与轴同时作匀减速转动,角加速度为

$$\dot{\omega}=\frac{\omega-\omega_0}{t}=\frac{0-\frac{10\pi}{3}}{10}=-\frac{\pi}{3}$$

上式中,负号只表示 $\dot{\omega}$ 的方向与 ω_0 的方向相反。按照动静法,在飞轮上添加方向与 $\dot{\omega}$ 方向相反的惯性力偶矩 m_d,且

$$m_d=-J\dot{\omega}=-0.5\times\left(-\frac{\pi}{3}\right)=\frac{0.5\pi}{3}$$

此时 AB 轴在飞轮的惯性力偶矩 m_d 和 A 端的制动力偶矩 m_e 作用下产生扭转,由平衡条件可得

$$m_e=m_d$$

则 AB 轴横截面上的扭矩为

$$T=m_d=\frac{0.5\pi}{3}$$

此时横截面上的最大扭转切应力为

$$\tau_{dmax}=\frac{T}{W_p}=\frac{\frac{0.5\pi}{3}\times10^3}{\frac{\pi}{16}\times(100\times10^{-3})^3}=2.67\ \text{MPa}$$

12.3　构件受冲击时的应力及强度计算

前面已提到落锤打桩的例子,打桩时锤体以很大的速度撞击桩柱,在极短的时间内锤体的速度降低到接近于零,这类现象称为**冲击或撞击**。其中锤体称为冲击物,桩柱称为受冲击构件。工程实际中锻锤锻造工件、冲床冲压零件、铆钉枪铆接钢板、转动的飞轮突然制动或车辆紧急刹车等都属于冲击问题。它们的共同点是:一个物体(冲击物)以一定的速度撞击另一个静止的物体(受冲击构件),静止的物体在极短的时间内(如 1 s/1 000 或更短时间),使运动物体停止运动。这时,冲击物和受冲击构件之间产生很大的相互作用力,称为冲击载荷。在极为短暂的冲击过程中,冲击物的

速度发生很大变化，在受冲击构件内部引起很大的动应力，甚至可导致构件破坏。因此，冲击问题的强度计算是个重要的课题。

由于冲击过程持续的时间极为短暂，且冲击引起的变形以弹性波的形式在弹性体内传播，有时在冲击载荷作用的局部区域内，还会产生较大的塑性变形，因此冲击问题难以用动静法求解。工程中常采用能量法对冲击问题进行简便计算，该方法避开复杂的冲击过程，只考虑冲击过程的开始和终止两个状态的动能、势能以及变形能，通过能量守恒与转换原理计算终止状态时构件的变形能，然后根据终止状态时的变形能换算出动应力。

在冲击问题的工程简便计算中，通常作如下假定：① 冲击物为刚体，受冲击构件为不计质量的变形体，冲击过程中材料服从胡克定律，冲击过程的碰撞系数取为零；② 冲击过程中只有动能、势能和变形能之间的转换，无其他能量损耗；③ 不考虑受冲击构件内应力波的传播，假定在瞬间构件各处同时变形。

下面以自由落体对线弹性杆件的冲击为例，介绍冲击问题的简便计算方法。

根据上述假定，承受各种变形的弹性杆件都可看作是一个不计质量的弹簧，例如，图 12-3 中受轴向拉伸、弯曲和扭转的杆件，其变形量分别为

$$\Delta l=\frac{Fl}{EA}=\frac{F}{\frac{EA}{l}},\quad \Delta=\frac{Fl^3}{48EI}=\frac{F}{\frac{48EI}{l^3}},\quad \varphi=\frac{M_e l}{GI_p}=\frac{M_e}{\frac{GI_p}{l}}$$

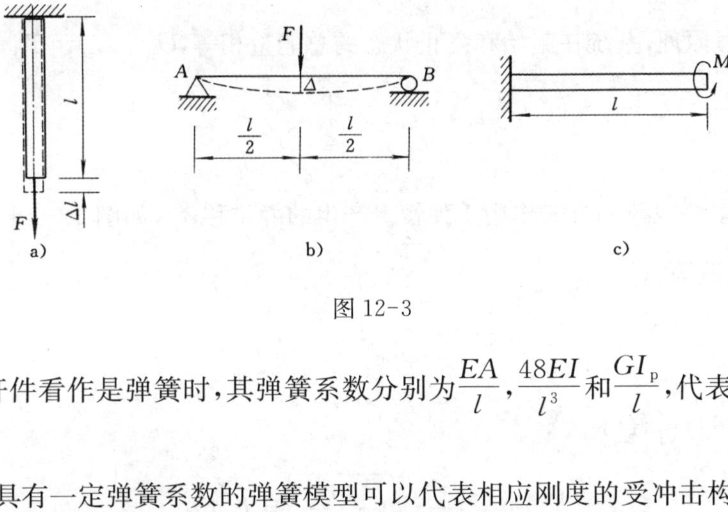

图 12-3

若把这些杆件看作是弹簧时，其弹簧系数分别为$\frac{EA}{l}$，$\frac{48EI}{l^3}$和$\frac{GI_p}{l}$，代表各弹性杆件的刚度。

因此，具有一定弹簧系数的弹簧模型可以代表相应刚度的受冲击构件。设一重力为 G 的物体自高度 H 处自由下落，以速度 v 冲击弹簧，如图 12-4a)，b)所示。

把重物 G 刚接触弹簧的瞬间设为冲击过程的起始状态，设此高度的重力势能为零，因弹簧此时尚未变形，变形能为零，因此在冲击的起始状态，系统的总能量就是物体的动能 $T_0=\frac{1}{2}\cdot\frac{G}{g}v^2$。根据假定，当重物和弹簧接触后，二者附着一起运动，重物

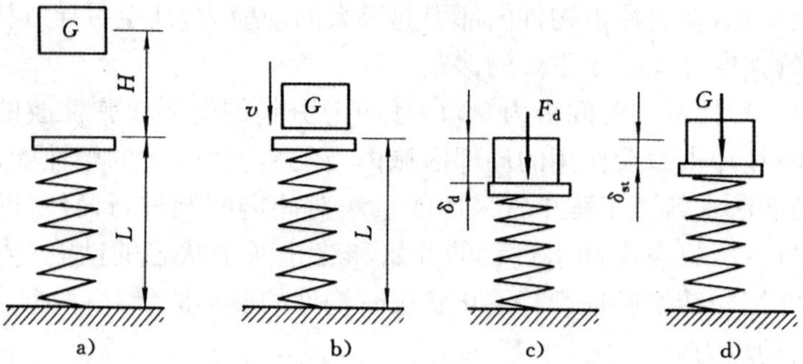

图 12-4 受冲击构件

的速度随弹簧变形的增大而逐渐减小，当弹簧的变形量达到最大值 δ_d 时，重物的速度为零，同时弹簧的受力也由零增大到冲击载荷 F_d，设此时为冲击的终止状态，如图12-4c)所示。在这一状态下，系统的总能量由弹簧的变形能 U_d 和重物的势能 E_p 两部分组成，其中变形能

$$U_d=\frac{1}{2}F_d\delta_d=\frac{1}{2}k\delta_d^2$$

k 为弹簧系数，代表弹性杆件的刚度。而重力势能

$$E_p=-G\delta_d$$

根据能量守恒原理，系统在起始和终止状态的总能量相等，$U_d+E_p=T_0$，即

$$\frac{1}{2}k\delta_d^2-G\delta_d=\frac{1}{2}\cdot\frac{G}{g}v^2 \tag{12-13}$$

$\frac{G}{k}$ 为重力 G 以静载荷的方式作用于弹簧上产生的静位移 δ_{st}，如图 12-4d)所示，则式(12-13)又可改写为

$$\delta_d^2-2\delta_{st}\delta_d-\delta_{st}\frac{v^2}{g}=0 \tag{12-14}$$

由方程(12-14)，可解得

$$\delta_d=\delta_{st}\left(1+\sqrt{1+\frac{v^2}{g\delta_{st}}}\right)=K_d\delta_{st} \tag{12-15}$$

从而可得自由落体冲击的动荷系数 K_d 为

$$K_d=1+\sqrt{1+\frac{v^2}{g\delta_{st}}} \tag{12-16}$$

利用 $GH=\frac{1}{2}\cdot\frac{G}{g}v^2$，可得用重物自由下落高度 H 表示的动荷系数公式

$$K_d=1+\sqrt{1+\frac{2H}{\delta_{st}}} \tag{12-16}'$$

讨论：

(1) 突加载荷(零高度自由落体)问题。

$H=0$ 时，可得 $K_d=2$，此时，构件所产生的应力和位移是静载荷时的 2 倍。由此可以知道，自由落体问题的最小动荷系数 $(K_d)_{min}=2$。

(2) 水平冲击问题。

若质量为 M 的物体以水平速度 v 冲击构件，如图 12-5 所示情况。由于冲击过程中系统的势能不变，因此系统的能量关系式为

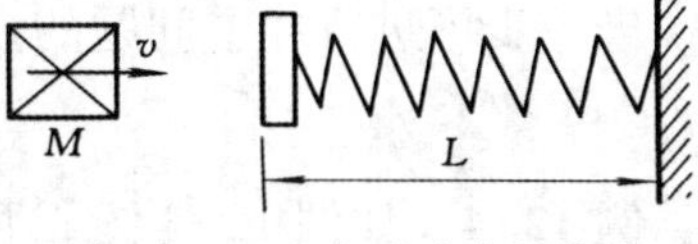

图 12-5 受水平冲击的构件

$$\frac{1}{2}k\delta_d^2=\frac{1}{2}Mv^2 \tag{12-17}$$

仍以 $\delta_{st}=\frac{Mg}{k}$ 表示构件受轴向静载荷时的静位移，解式(12-17)，可得

$$\delta_d=\delta_{st}\sqrt{\frac{v}{g\delta_{st}}} \tag{12-18}$$

因此水平冲击的动荷系数为

$$K_d=\sqrt{\frac{v^2}{g\delta_{st}}} \tag{12-19}$$

式(12-16)、式(12-19)分别适用于所有自由落体冲击问题以及所有水平冲击问题，式中的 δ_{st} 代表把冲击物的重力以静载荷的方式作用于构件或结构时，构件或结构受冲击点沿冲击方向产生的静位移。不同类型、不同结构问题的区别在于静位移 δ_{st} 的计算。

(3) 其他冲击问题。

对其他形式的冲击问题(非自由落体、也非水平冲击)应具体分析，不可直接使用式(12-16)或式(12-19)，这一问题将在例题中加以说明。

由于冲击时材料仍服从胡克定律，其位移、载荷、应力都成比例，因此，只要求出冲击点的静位移 δ_{st}，利用 δ_{st} 计算动荷系数 K_d，就可得到相应的动位移 δ_d、动应力 σ_d 以及动应变 ε_d：

$$\delta_d=K_d\delta_{st} \tag{12-20}$$

$$\sigma_d=K_d\sigma_{st} \tag{12-21}$$

$$\varepsilon_d=K_d\varepsilon_{st} \tag{12-22}$$

值得说明的是,式(12-20)、式(12-21)和式(12-22)中的 δ_{st},σ_{st},ε_{st}是欲求值的点在静载荷下的位移、应力和应变。

以上述受水平冲击的构件为例,其对应的静位移、静应力分别为$\frac{(Mg)l}{EA}$,$\frac{Mg}{A}$,

$$\sigma_d = K_d\sigma_{st} = \sqrt{\frac{v^2}{g\delta_{st}}}\times\frac{Mg}{A} = \frac{v}{\sqrt{\frac{Al}{EM}}} = \frac{v}{\sqrt{\frac{V}{EM}}} \tag{12-23}$$

其中,$V=Al$ 是杆的体积。

进一步可进行冲击问题的强度、刚度计算。冲击时的强度条件为

$$\sigma_{dmax} = K_d\sigma_{stmax} \leqslant [\sigma] \tag{12-24}$$

例 12-4 如例 12-4 图 a)所示,一物重力为 $G=1$ kN,从高 $h=4$ cm 处自由下落,冲击矩形截面简支梁 AB 的 C 处。设梁的跨长 $l=4$ m,横截面尺寸为 $b=10$ cm,$h=20$ cm,材料的弹性模量 $E=100$ GPa,许用应力$[\sigma]=40$ MPa。试校核梁的强度并计算梁跨度中点的挠度。

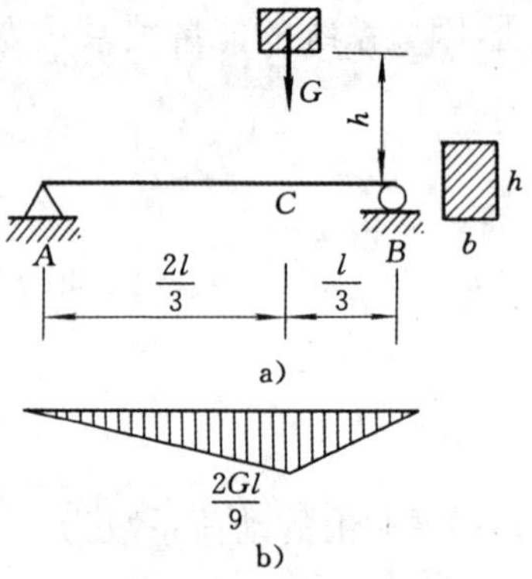

例 12-4 图

解 1. 计算冲击点 C 处的静位移

梁的抗弯刚度

$$EI = 100\times10^9\times\frac{0.1\times0.2^3}{12} = 6.67\times10^6\,\text{N}\cdot\text{m}^2$$

将重力作为静载荷作用于 C 点,C 点的静位移为

$$\delta_{st} = G\cdot\frac{\frac{2l}{3}\cdot\frac{l}{3}}{6EIl}\left(l^2-\frac{4l^2}{9}-\frac{l^2}{9}\right) = \frac{4Gl^3}{243EI} = \frac{4\times1\,000\times4^3}{243\times6.67\times10^6} = 0.158\text{ mm}$$

2. 计算梁的最大静应力以及梁跨度中点的静挠度

在静载荷作用下,梁的弯矩图如例 12-4 图 b)所示,梁的最大静应力及跨度中点的静挠度分别为

$$\sigma_{stmax} = \frac{M_{max}}{W} = \frac{2Gl}{9W} = \frac{2\times1\,000\times4}{9\times\frac{0.1\times0.2^2}{6}} = 1.33\text{ MPa}$$

$$f_{st\frac{l}{2}} = \frac{G\frac{l}{3}}{48EI}\left(3l^2-4\frac{l^2}{9}\right) = \frac{23Gl^3}{1\,296EI} = \frac{23\times1\,000\times4^4}{1\,296\times6.67\times10^6} = 0.170\text{ mm}$$

3. 计算梁的冲击动荷系数

由式(12-16)′,可计算梁的冲击动荷系数

$$K_d=1+\sqrt{1+\frac{2H}{\delta_{st}}}=1+\sqrt{1+\frac{2\times0.04}{0.158\times10^{-3}}}=23.5$$

4. 求梁内的最大冲击应力并校核强度

梁内的最大冲击应力

$$\sigma_{dmax}=K_d\sigma_{stmax}=23.5\times1.33=31.26\ \text{MPa}<[\sigma]$$

故梁是安全的。

5. 求梁跨度中点的动挠度

$$f_{d\frac{l}{2}}=K_d f_{st\frac{l}{2}}=23.5\times0.170=4.0\ \text{mm}$$

另一种解法是:由动荷系数计算动载荷 $F_d=K_dG$,然后计算最大动内力 $M_{dmax}=\frac{F_dl}{4}$,则 $\sigma_{dmax}=\frac{M_{dmax}}{W}=\frac{K_d\frac{Gl}{4}}{W}=31.5$ MPa,动载荷下的跨度中点挠度 $f_{d\frac{l}{2}}=\frac{F_d\frac{l}{3}}{48EI}\left(3l^2-4\frac{l^2}{9}\right)=\frac{23K_dGl^3}{1\,296EI}=4.0$ mm。

例 12-5 边长 $a=10$ cm,正方形截面桩柱 AB,长 $l=2$ m($E=2\times10^5$ MPa),A 端固定,B 端自由。试求以下三种情况下,桩柱内的最大正应力。(1) 重 $G=2$ kN 的物块以速度 $v=1$ m/s,水平撞击桩柱的顶部 B 端[例 12-5 图 a)];(2) B 端装有刚度 $k=100$ kN/m 的弹簧,同样受到上述水平撞击[例 12-5 图 b)];(3) 物块以速度 $v=1$ m/s,水平撞击桩柱的中部[例 12-5 图 c)]。

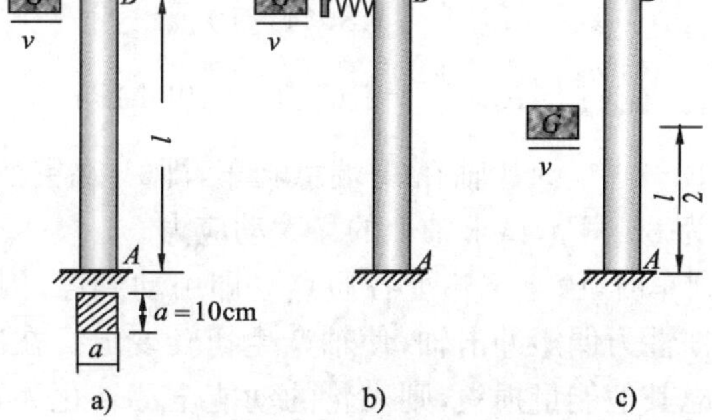

例 12-5 图

解 1. 例 12-5 图 a)所示情况桩柱内的最大正应力

计算冲击点静挠度 $\delta_{st}=\frac{Gl^3}{3EI}=\frac{2\times10^3\times8\times12}{3\times2\times10^{11}\times10^4\times10^{-8}}=32\times10^{-4}\ \mathrm{m}$

最大静应力 $\sigma_{stmax}=\frac{M_{stmax}}{W}=\frac{Gl}{W}=\frac{4\times10^3\times6}{10^3\times10^{-6}}=24\ \mathrm{MPa}$

冲击动载系数 $K_d=\frac{v}{\sqrt{g\delta_{st}}}=\frac{1}{\sqrt{9.8\times32\times10^{-4}}}5.65$

桩柱内的最大动应力 $\sigma_{d\max}=K_d\sigma_{stmax}=5.65\times24=135.6\ \mathrm{MPa}$

2. 例12-5图b)所示情况桩柱内的最大正应力

计算冲击点静挠度 $\delta_{st}=\frac{Gl^3}{3EI}+\frac{G}{k}=32\times10^{-4}+200\times10^{-4}=232\times10^{-4}\ \mathrm{m}$

最大静应力 $\sigma_{stmax}=\frac{M_{stmax}}{W}=24\ \mathrm{MPa}$

动载系数 $K_d=\frac{v}{\sqrt{g\delta_{st}}}=\frac{1}{\sqrt{9.8\times232\times10^{-4}}}=2.1$

最大动应力 $\sigma_{d\max}=K_d\sigma_{stmax}=2.1\times24=50.4\ \mathrm{MPa}$

3. 例12-5图c)所示情况桩柱内的最大正应力

冲击点静位移 $\delta_{st}=\frac{G\left(\frac{l}{2}\right)^3}{3EI}=\frac{2\times10^3\times1\times12}{3\times2\times10^{11}\times10^4\times10^{-8}}=4\times10^{-4}\ \mathrm{m}$

最大静应力 $\sigma_{stmax}=\frac{M_{stmax}}{W}=\frac{Gl}{2W}=12\ \mathrm{MPa}$

动载系数 $K_d=\frac{v}{\sqrt{g\delta_{st}}}=\frac{1}{\sqrt{9.8\times4\times10^{-4}}}=16$

最大动应力 $\sigma_{d\max}=K_d\sigma_{stmax}=16\times12=192\ \mathrm{MPa}$

例12-6 若例12-3中，AB 轴在 A 端急刹车，即 A 端突然停止转动。假定轴长1 m，切变模量 G 为80 GPa，试求轴上的最大动应力。

解 当 A 端急刹车时，由于飞轮上各质点立即由动到停，因此具有相当大的切向惯性力，从而组成惯性力偶矩冲击轴，使轴产生扭转变形。在冲击过程中，飞轮的角速度降为零，不考虑其他能量损失，则飞轮的动能全部转化为轴的变形能，即有如下能量关系式

$$T=\frac{1}{2}J\omega^2=U_d=\frac{1}{2}\cdot\frac{T_d^2 l}{GI_p}$$

式中，T_d 为此时相应的扭矩，I_p 为轴的极惯性矩。由上式可解得

$$T_d=\omega\sqrt{\frac{JGI_p}{l}}$$

轴内最大的冲击切应力为

$$\tau_{dmax}=\frac{T_d}{W_p}=\omega\sqrt{\frac{JGI_p}{lW_p^2}}$$

对于圆轴，$\frac{I_p}{W_p^2}=\frac{\pi d^4}{32}\times\left(\frac{16}{\pi d^3}\right)^2=\frac{2}{\frac{\pi d^2}{4}}=\frac{2}{A}$，代入上式可得

$$\tau_{dmax}=\omega\sqrt{\frac{2GJ}{Al}}=\omega\sqrt{\frac{2GJ}{V}} \tag{12-25}$$

可见轴受到冲击扭转时，轴内最大切应力 τ_{dmax} 与角速度成正比，且与轴的体积 $V=Al$ 有关，体积 V 越大，τ_{dmax} 越小。把本题的已知数据代入，可得

$$\tau_{dmax}=\sqrt{\frac{2\times 80\times 10^9\times 0.5\times 10^3}{\pi\times 0.05^2\times 1}}\times\frac{10\pi}{3}=1\ 057\ \text{MPa}$$

计算结果表明，轴上的最大动切应力 τ_{dmax} 是例 12-3 中求出的最大切应力的 392 倍。对于常用钢材，许用扭转切应力约为 80～100 MPa，显然，此时的 τ_{dmax} 远远超过材料的许用应力。说明高速转动的飞轮应避免急刹车，否则轴会因受到巨大的冲击而破坏。

当构件在静载荷的作用下又受到物体的冲击时，可用叠加法计算，即分别计算出构件在静载荷和冲击载荷单独作用下的位移、应力，然后叠加。

以上所介绍的冲击问题简便算法，由于忽略了冲击物的变形能及其他能量损耗，因此在理论上计算结果是相对保守、偏于安全的。另外，在计算变形能时，我们假定构件的变形遍及整个构件，这个假定在高速冲击时是不成立的，因为高速冲击时，变形通常集中发生在冲击部位附近的局部体积上，来不及传播到整个构件，因此产生很大的局部应力，易造成构件的局部破坏，此时按简便算法得到的计算结果是偏小的，偏不安全的。如高速飞行的子弹，打在玻璃上，玻璃不会粉碎，只是被钻了个孔，这就是局部破坏的结果。又如打桩时，若采用轻锤高落的冲击方式，会造成桩顶局部破坏，出现“开花”现象，若改用重锤，在保证锤头动能不变的条件下(撞击速度减慢)，桩就可以安全工作。

12.4 提高构件抵抗冲击能力的措施

工程上常利用冲击进行锻造、冲压、打桩以及粉碎等，设计时应注意尽量降低机

器构件的冲击应力，提高构件抗冲击的能力。构件受冲击时，最大动应力可表示为

$$\sigma_d = K_d \sigma_{st}$$

式中，K_d体现冲击效应，冲击应力的大小取决于K_d的值。由式(12-16)以及式(12-18)可以看到，静位移δ_{st}越大，则动荷系数K_d越小。静位移δ_{st}大，表示构件柔软，能更多地吸收冲击时的能量，从而降低冲击载荷和冲击应力，因此，工程中常采用增大静位移δ_{st}的方法来提高构件抗冲击的能力。常用的增大静位移δ_{st}的具体措施有以下部分。

1. 改刚性约束为弹性约束或在构件间添置弹性元件

如以大块玻璃为墙的新型建筑物，玻璃墙通过弹性吸盘固定；机器零件之间垫上弹簧垫圈；汽车车梁与轮轴之间安装叠板弹簧；车窗玻璃与窗框之间嵌入橡胶垫圈等，这些弹性元件不仅起了缓震缓冲的作用，还能吸收一部分的冲击动能。

2. 尽量采用等强度杆件

在最大静应力相同的杆件中，等强度杆件的刚度最小，静位移最大。等强度杆各点变形比较均匀，受冲击时杆件吸收的能量能较均匀地分布全杆，使动应力降低。如图12-6 a)，b)所示材料相同的两杆，其危险截面的静应力相等，图12-6b)所示等强度杆的静位移δ_{st}大于图12-6a)杆，因此抗冲击性能优于图12-6a)杆。螺栓如图12-7a) 所示，若改成光杆部分的直径接近于螺纹段的内径[图12-7 b)]或在螺杆内钻孔[图12-7c)]，就成为准等强度杆，抗冲击能力获得提高。

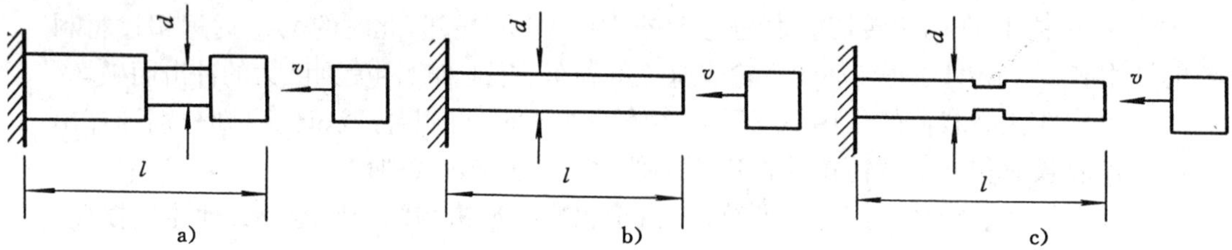

图12-6

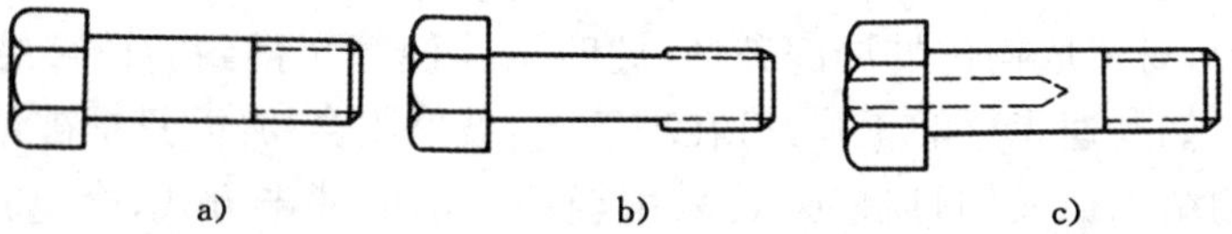

图12-7

3. 增大等强度杆的体积

式(12-22)、式(12-24)给出了等强度拉(压)杆和等强度轴的冲击动应力计算式，表明体积V越大，动应力越小。这是由于变形均匀发生在整个构件内，冲击时的能量转化为变形能平均分散于整个构件，体积越大，则单位体积吸收的变形能越小，

动应力降低。例如:钻孔机的汽缸盖常受活塞强有力的冲击,汽缸盖上的短螺栓容易发生破坏[图 12-8a)],若改用长螺栓[图 12-8b)],就具有较强的抗冲击能力。

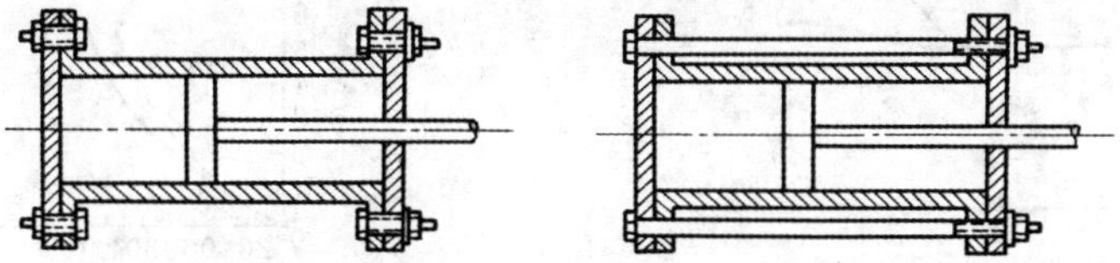

图 12-8　汽缸盖螺栓

4. 选用弹性模量 E 小、塑性性能好的材料

弹性模量小则 δ_{st} 高,可降低动荷系数;塑性性能好的材料能吸收较多的变形能而不破坏。如木结构的抗冲性能可与钢结构媲美;软塑料制的器皿不会跌碎。反之,高碳钢、陶瓷等,静强度虽高,但抗冲性能却很差。

需注意的是,在提高静位移 δ_{st} 时,应避免提高静应力。如图 12-6 c)所示杆,虽静位移 δ_{st} 大于图 12-6 b)所示杆,但 σ_{st} 提高了,变形能集中于削弱段,抗冲能力降低。

12.5　材料的动力强度和冲击韧度

在本章的概述部分,介绍了在动载荷下,金属和结晶固体材料在弹性范围内仍服从胡克定律,且弹性模量与静载荷下的弹性模量相同。本节中将进一步介绍一些材料在动载荷下的性质。

随着变形速度的提高,材料的弹性极限和屈服极限也随之提高,特别是对有明显屈服阶段的材料,这种提高尤为明显。图 12-9 给出优质低碳钢的屈服极限 σ_s 与冲击速度的关系。即使是非金属、非结晶固体也如此,如石蜡,在静载荷作用下的屈服极限是 3.4 MPa,而冲击时的屈服极限在 4.2 ～ 5.0 MPa 之间。

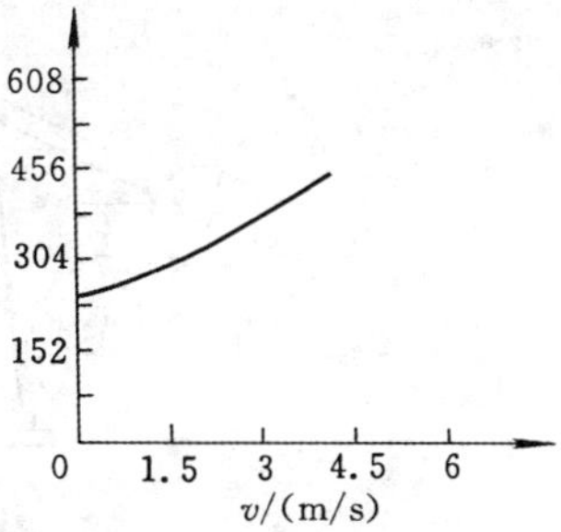

图 12-9　低碳钢的 σ_s-v 图

对金属和结晶固体,在弹性范围内,虽然其应力—应变关系不随变形速度提高而变化,但由于屈服极限的提高,弹性范围扩大了。图 12-10 给出软钢静荷试验和动荷试验的拉伸曲线图。

非结晶固体在动荷下的应力—应变关系不同于静荷。图 12-11 是橡胶在动荷和静荷下的拉伸曲线对比图,从图中可看到动载荷下拉伸曲线高于静载荷下的拉伸曲线,说明动载荷下材料显得比较硬。

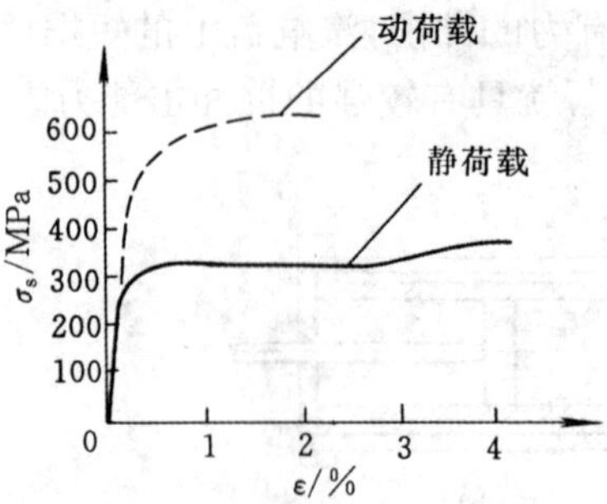

图 12-10　静、动荷下软钢的 σ-ε 图

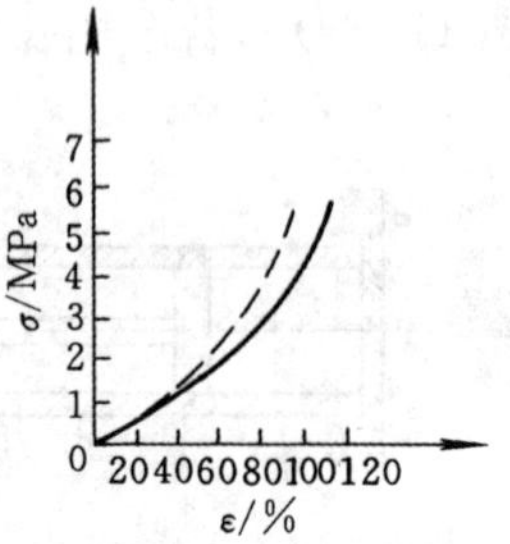

图 12-11　静、动荷下橡胶的 σ-ε 图

从图 12-10 和图 12-11 中还可看到，在动载荷下材料的塑性变形小于静载荷下的塑性变形，这表明材料在动载荷下比较脆，变形速度越大，材料就越脆。因此在动载荷尤其在冲击载荷作用下，材料的塑性性能较静载荷时差。

在建立强度条件时，用静载荷下的许用应力$[\sigma]$作为动载荷下的许用应力。从动荷下材料的屈服极限提高这点来看，似乎保守了，但由于动荷下材料变脆，导致应力集中效应严重，安全系数应取大一些，因此综合起来看，采用静载荷下的许用应力$[\sigma]$作为动载荷下的许用应力并不保守。

由于冲击时材料变脆变硬，σ_s和σ_b随冲击速度的变化而变化，因此工程上不用σ_s和σ_b，而用**冲击韧度**来衡量材料的抗冲击能力。韧度是在冲击试验机上测定的，通常做的是冲击弯曲试验。试验机由机架和重摆组成[图 12-12a)]。

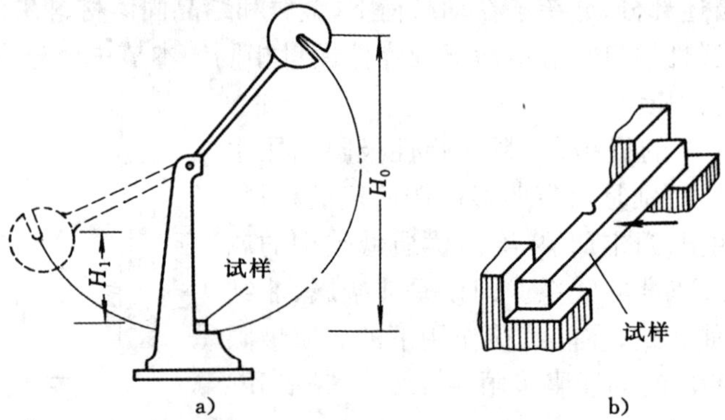

图 12-12　冲击试验机

试验时，将跨中带有切槽的弯曲试样置放于试验机的机架支座上，让切槽位于受拉一侧[图 12-12b)]。当重摆从一定的高度自由落下，冲击试样(简支梁)的中点，将试样冲断时，试样吸收的冲击变形能 A_K 等于重摆所作的功 W。把 W 除以试样切槽处净截面积A，得到冲断时切槽处单位横截面上需消耗的能量——冲击韧度 α_K，其表达式为

$$\alpha_K = \frac{W}{A} = \frac{G(H_0 - H_1)}{A} \tag{12-26}$$

式中，G 是摆锤的重量；H_0 和 H_1 分别为摆的起始高度和冲击后达到最高点的高度；冲击韧度 σ_K 也是材料的性能指标之一，单位为 J/mm^2，α_K 越大表示材料抗冲击能力越强。一般说来，塑性越好的材料，α_K 越高，抗冲击能力越强，脆性材料则较弱，一般不适宜作受冲构件。

标准试样的切槽一般有两种形式，U 形和 V 形，如图 12-13 所示。为避免材料不均匀和切槽不准确的影响，测试时每组试件不得少于四根。试样上开切槽目的是让应变集中于切槽附近区域，从而吸收较多的能量。V 形切槽试件对冲击载荷比 U 形切槽试件更敏感，因应力、应变高度集中于其缺口顶端附近，因此式(12-26)表示的切口横截面能量消耗的平均值已失去意义，所以 V 形切槽试件的抗冲击性能常直接用 A_K 表示，即

$$A_K = W = G(H_0 - H_1)$$

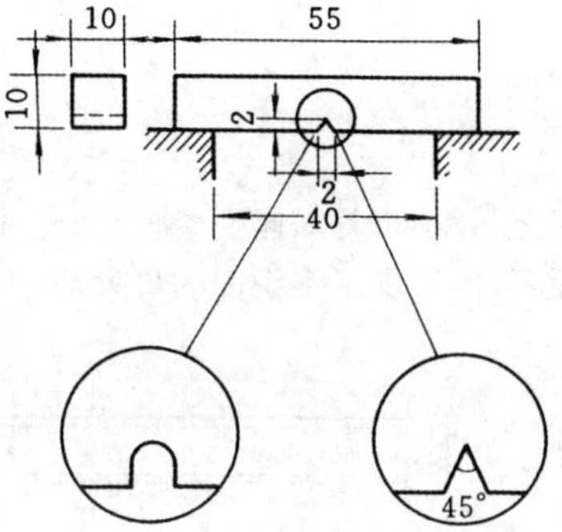

图 12-13　冲击标准试件

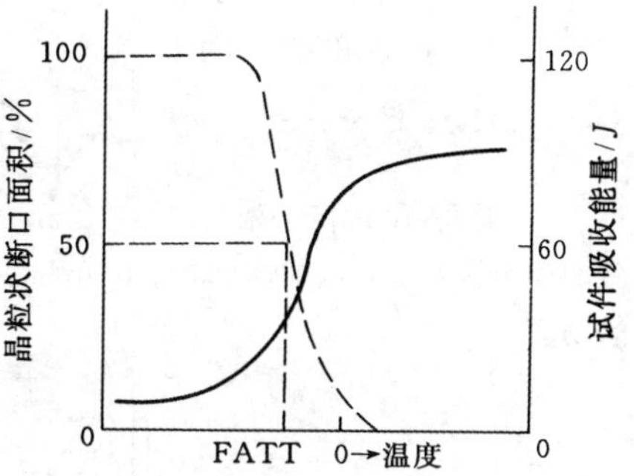

图 12-14　低碳钢的 W-T，FATT 图

试验表明，许多材料的 A_K 数值随着温度的降低而减小，图 12-14 中的实线表示了低碳钢试件在冲断时吸收的能量 A_K 与温度的关系。从图中可以看到，随着温度的降低，在某一个狭窄的温度区间内，温度下降不多，但 A_K 的数值骤然下降，材料变脆，这就是冷脆现象。使 A_K 骤然下降的温度称为转变温度。在转变温度以下，材料的 A_K 值很低，即使是原先塑性很好的材料，在转变温度以下也显得很脆。转变温度是材料性能的转折点，构件在转变温度以下不能工作，因此转变温度的测试是很重要的。

切槽试件被冲断后，切口附近的断面部分呈晶粒状，属脆性断口，另一部分断面呈纤维状，属塑性断口。若采用 V 形切槽试件，则上述断口分区较为明显。用一组同材料的试件，在不同温度下作冲击试验，可以发现各试件的脆性断口面积随温度的降低而增加，见图 12-14 中的虚线。在某一个温度下，呈晶粒状的脆性断口面积占整个断面面积的 50%时，定义这个温度为材料的转变温度，记为 FATT，如图 12-14 所示。

值得一提的是,并不是所有金属都有冷脆现象。例如铜、铝和某些高强度的合金钢,在很大的温度变化范围内,A_K 值的变化很小,没有明显的冷脆现象。

思 考 题

本章小结

12-1 列举在生活中或工程中见到的若干动载荷的例子。

12-2 构件作匀速转动或转轴突然制动时的动应力计算,不能使用动荷系数,为什么?

12-3 在受冲击前构件已有静载荷作用,冲击时杆内的最大应力可如何计算?试根据能量守恒原理推导之。

12-4 悬臂梁上方有重物落下,落于悬臂梁自由端的动荷系数与落于梁中点的动荷系数是否相等?落于中点危险还是落于自由端危险?为什么?若落于悬臂梁的近固定端处,动荷系数、动应力又如何变化?为什么?

12-5 变截面的等强度梁与同强度的等截面梁,哪一种抗冲击能力好?变截面的拉(压)杆或受扭转的轴,其抗冲击能力往往不如同强度的等截面杆(轴)。何时该使用变截面杆,何时不该用变截面杆?

12-6 思考冲击物的冲击问题。

习 题

12-1 用两根吊索将一根长度 $l=12$ m 的 No.14 工字钢吊起,以等加速度 a 上升。已知吊索的横截面积 $A=72\ \text{mm}^2$,加速度 $a=10\ \text{m/s}^2$。若吊索自重不计,试求工字钢内的最大动应力和吊索内的动应力。

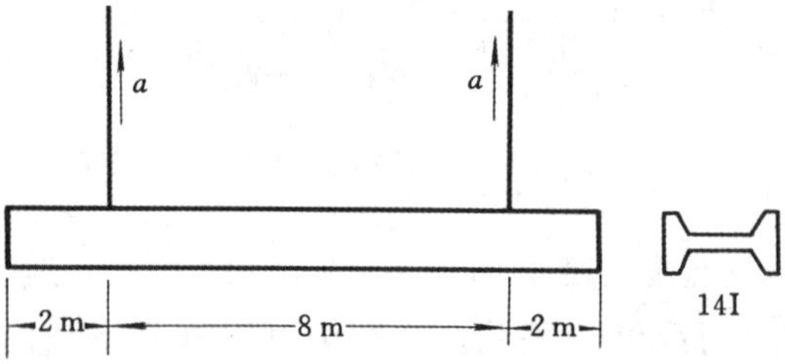

题 12-1 图

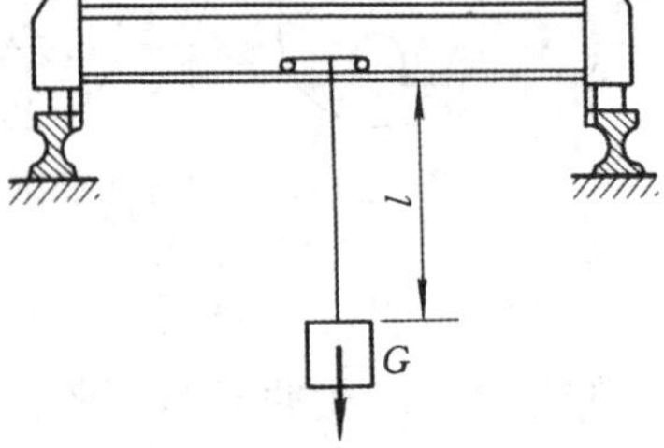

题 12-2 图

12-2 桥式起重机上悬挂物重力 G,匀速向前移,速度为 v(移动方向在图中垂直于纸面)。当起重机突然停止时,重物像单摆一样向前摆动。若吊索长 l,问此时吊索和梁上的应力将增大百分之几(不计吊索质量)?

12-3 某材料密度 $\rho=7\ 410\ \text{kg/m}^3$,许用应力为 20 MPa。用此材料制成飞轮,若不计飞轮轮辐的影响,试求飞轮的最大圆周速度。

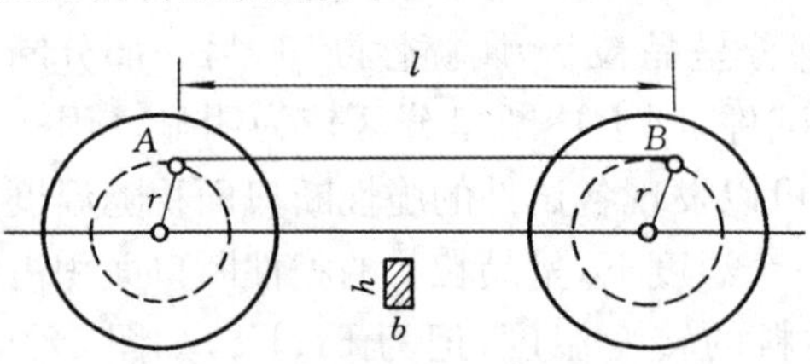

题 12-4 图

12-4 题 12-4 图示机车车轮以 $n=300$ r/min的转速旋转。连杆 AB 的横截面为矩形,$h=5.6$ cm, $b=2.8$ cm,长度 $l=2$ m, r

$=25$ cm，连杆材料的密度 $\rho=7.8\ g/cm^3$。试确定连杆 AB 的最危险位置和杆内最大正应力。

12-5 分叉圆轴 AB（题 12-5 图）。CD 杆的材料密度为 ρ，截面积为 A。当轴 AB 以角速度 ω 旋转时，计算轴 AB 上最大弯矩值（不计轴 AB 及 CD 杆自身重量产生的弯矩）。

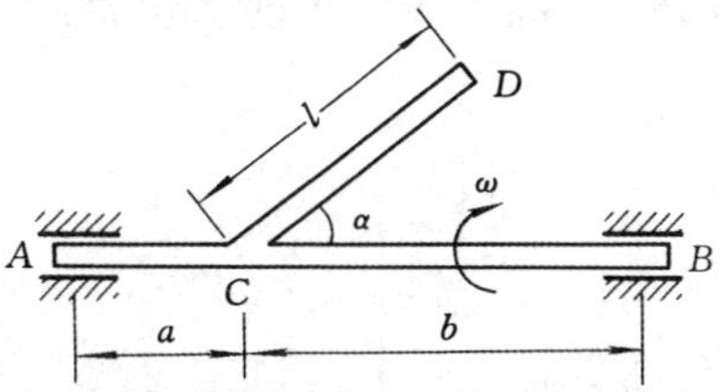

题 12-5 图

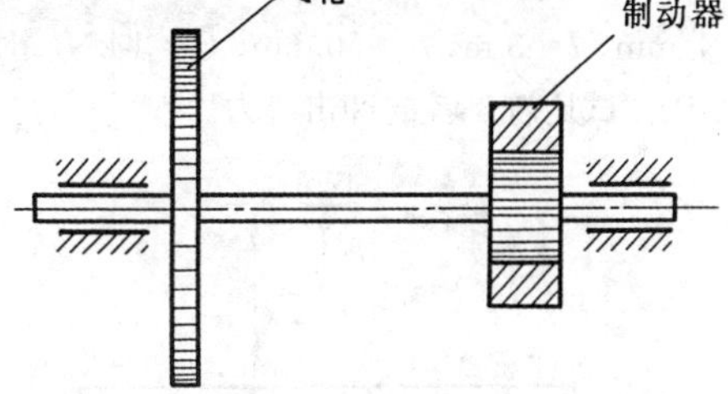

题 12-6 图

12-6 在直径为 100 mm 的轴上装有转动惯量 $J=0.5\ kN\cdot m\cdot s^2$ 的飞轮（题 12-6 图），轴的转速 $n=300$ r/min。设制动器开始作用后，在 20 s 内将飞轮刹停，试求轴内最大切应力（在制动作用前，驱动装置和轴脱开，不计轴承内摩擦力和轴自身的转动惯量）。

12-7 题 12-7 图示圆盘密度 $\rho=7.96\ g/cm^3$ 以 $\omega=50$ rad/s 的等角速旋转，盘上有一圆孔，试求轴内由于这圆孔引起的最大正应力。

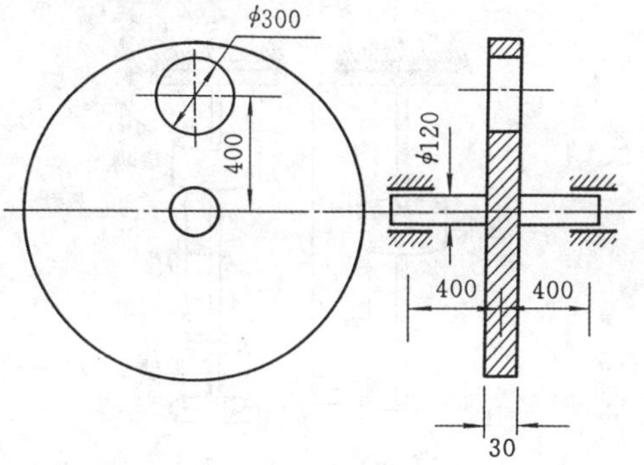

题 12-7 图

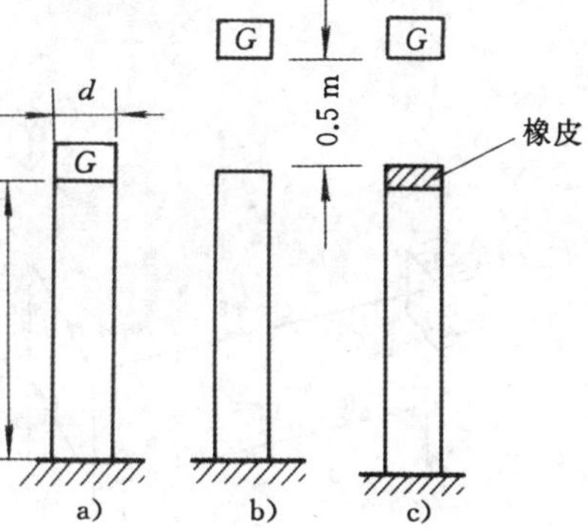

题 12-8 图

12-8 直径 $d=300$ mm，长为 $l=6$ m 的圆桩，下端固定，上端受重力 $G=2$ kN 的物体作用，如图所示。木材的弹性模量 $E_1=10$ GPa。求下列三种[分别如题 12-8 图 a)，b)，c)所示]情况下的木桩的最大正应力。

(1) 物体以静载的方式作用于木桩；

(2) 物体自桩顶上方 0.5 m 处自由下落；

(3) 在桩顶放置直径为 150 mm，厚为 40 mm 的橡皮垫，其弹性模量 $E_2=8$ MPa。物体也从桩顶上方 0.5 m 处自由下落。

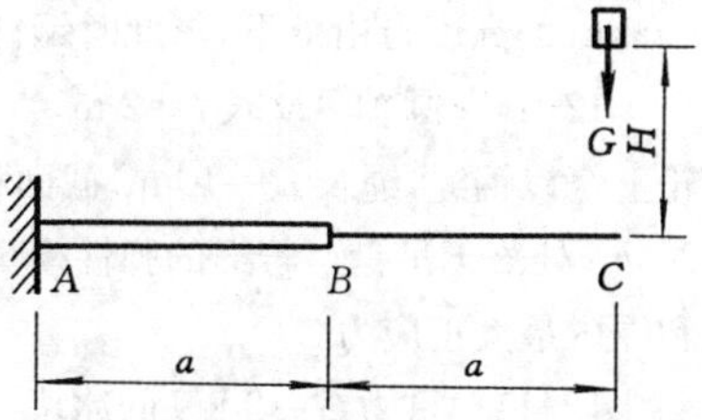

题 12-9 图

12-9 变截面矩形截面梁，宽为 b，AB 段高为 $1.5h$，BC 段高为 h。材料弹性模量为 E，在 C 点上方高为 H 处有一重力为G的物体自由下落，求梁内最大正应力。

12-10 在题12-6中，设飞轮受制动器作用时，立即停止转动，假定轴仍处于弹性阶段的话，试求轴内最大切应力(设轴长为1 m，切变模量$G=80$ GPa)。

12-11 题12-11图示两种不同支承方式的钢梁承受相同重物的冲击，已知弹簧刚度$K=100$ N/mm，$l=3$ m，$h=50$ mm，$G=1$ kN，钢梁$I_z=3.4\times10^7$ mm^4，$W_z=3.09\times10^5$ mm^3，$E=200$ GPa。试比较二者的冲击应力。

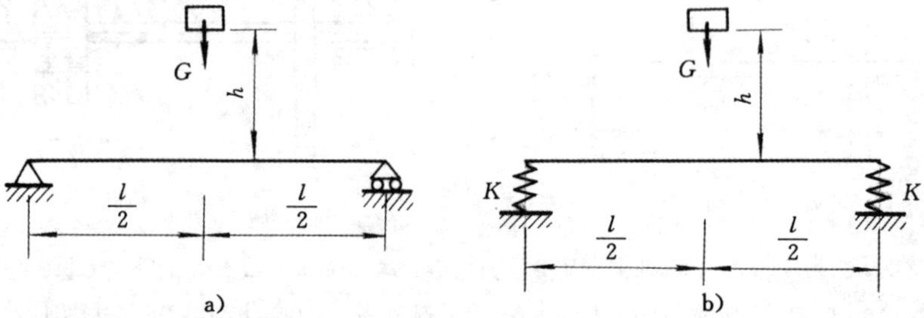

题12-11图

12-12 题12-12图示折杆由直径为d的圆钢制成，抗弯刚度为EI，抗扭刚度为$0.8EI$，$l=2a$，在自由端上方高度为H处有一重力为G的物体落下，计算折杆内最大相当应力σ_{dr3}。

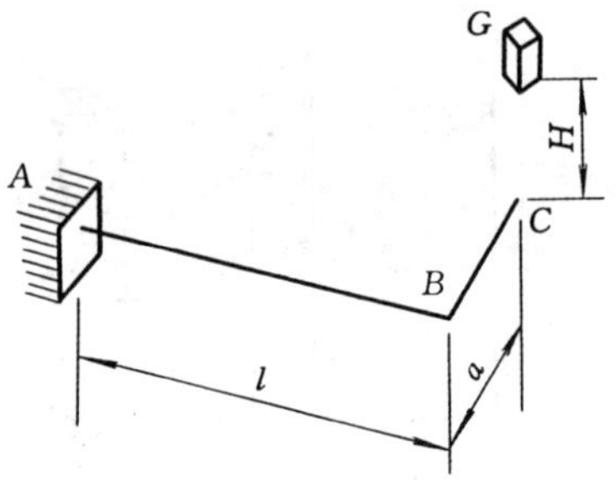

题12-12图

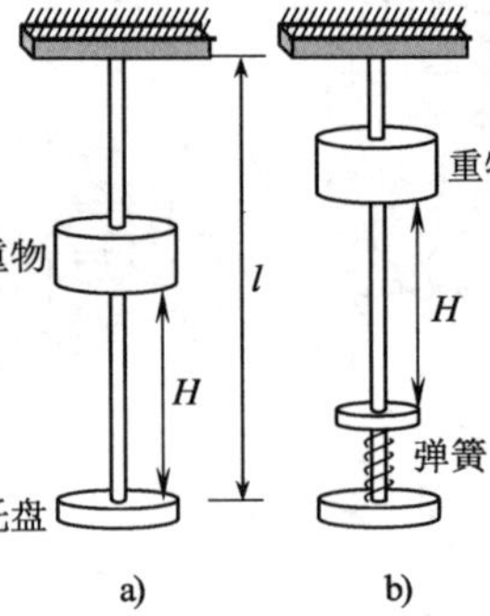

题12-13图

12-13 题12-13图a)所示长$l=4$ m的圆截面钢杆下端有一固定的托盘，有一重5 kN的重物，沿钢杆在托盘上方高为$H=40$ mm处自由落下，求钢杆受冲击引起的最大正应力。若托盘上放置一个弹簧[题12-13图b)]，弹簧刚度$k=100$ kN/m，同一重物沿钢杆从距弹簧顶部$H=40$ mm的高度自由落下，求此时钢杆受冲击引起的最大正应力。

12-14 圆轴AB长$l=2$ m，直径$d=6$ cm。A端固定，B端有一个直径$D=40$ cm的鼓轮。轮上绕以钢绳，绳长$L=10$ m，截面积$A=1.2$ cm^2。绳端C悬挂吊盘，重力$G=800$ N的物体自$h=20$ cm处落于吊盘。若绳的弹性模量$E=200$ GPa，轴的切变模量$G=80$ GPa，求轴内最大切应力和绳内最大正应力。

12-15 重力$G=2$ kN的冰块，以$v=1$ m/s的速度沿水平方向冲击到木桩的上端，如题12-15图所示。木桩长$l=3$ m，直径$d=200$ mm，弹性模量$E=11$ GPa。不计木桩自重，求木桩的最大

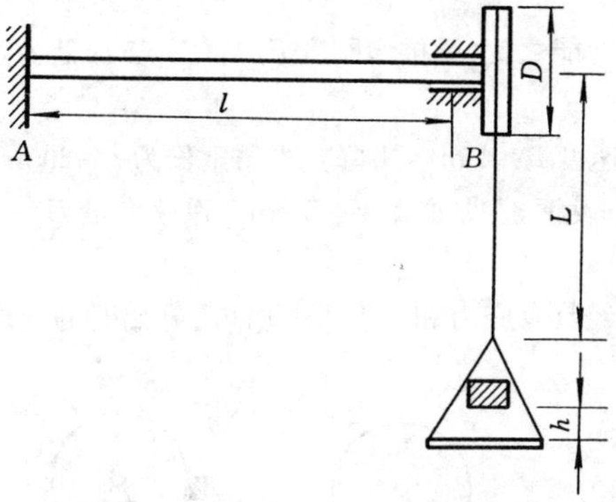

题 12-14 图

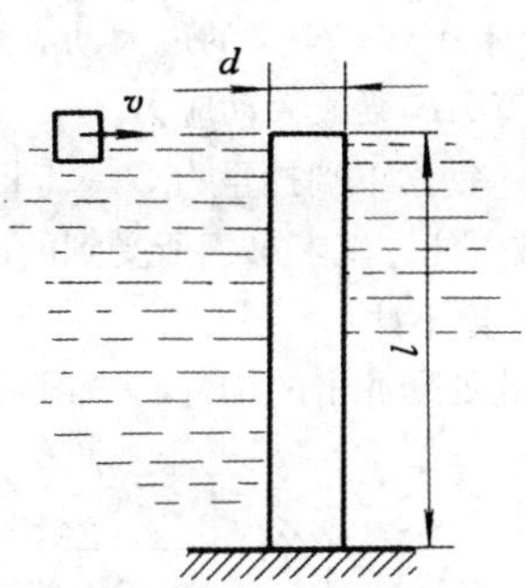

题 12-15 图

冲击应力。

12-16 密度为 ρ，长为 l，宽为 b，高为 H 的矩形截面梁，从高为 H 水平地自由落下，落在刚性支座 A，B 上。求梁的最大应力（忽略梁变形产生的势能变化）。

12-17 AC 杆绕通过 A 的水平轴，以等角速度 ω 旋转，杆的 C 端有重力为 G 的重物。当 AC 杆位于水平状态时，杆上 B 点突然被卡住，致使 AC 杆停止转动。若 AC 杆抗弯刚度 EI，长为 l，AB 段长为 a，求动荷载 F_d（不计 AC 杆自身重量）。

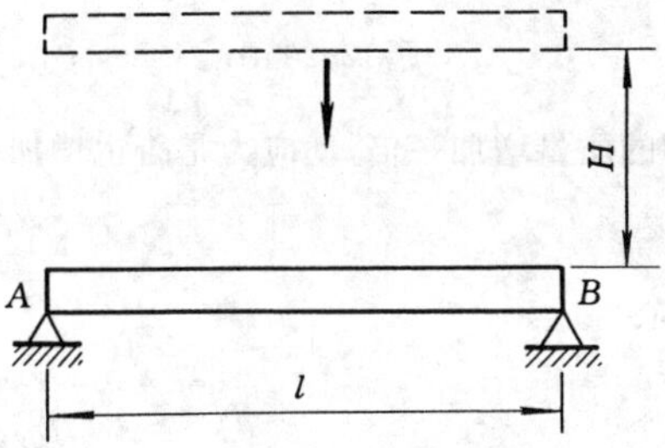

题 12-16 图

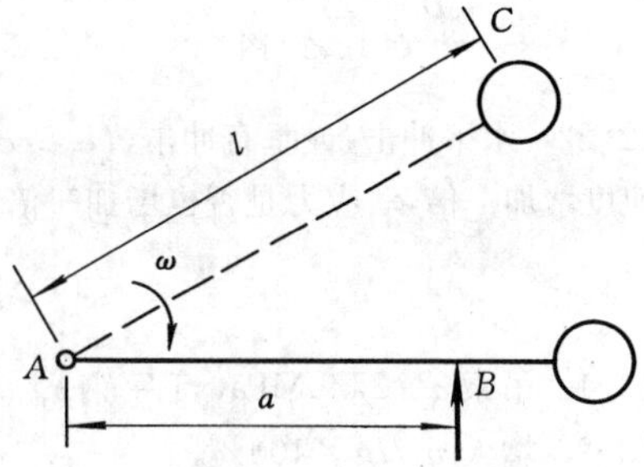

题 12-17 图

12-18 题 12-18 图示四根梁的材料相同，长度相同。动应力最大的是哪一种？动应力最小的是哪一种？

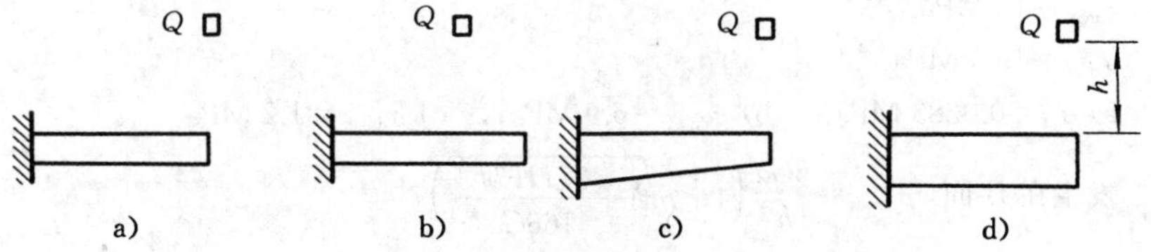

题 12-18 图

12-19 AB 和 CD 两根梁的材料、长度、截面形状和尺寸都相同。AB 梁的 B 点架在 CD 梁的中点，AB 梁垂直，CD 梁水平。质量为 M 的物体以速度 v（v 与 AB 梁、CD 梁垂直）水平撞击在

AB 梁的中点。

(1) 计算 AB，CD 梁的最大动应力及两梁的应变能之比(梁抗弯刚度 EI)；(2) 若 B 处为固定铰支座，计算 AB 梁最大动应力。

12-20　钢索下端挂重力 $G=25$ kN 的物体，以速度 $v=1$ m/s 下降。当吊索长为 $l=20$ m 时，上端突然被卡住。试求吊索所受到的冲击荷载 F_d。设钢索截面积 $A=5\ \mathrm{cm}^2$，弹性模量 $E=200$ GPa(钢索质量不计)。

提示：此处受冲击的构件——钢索，在受冲前已经具有应力和应变，因此冲击开始时的变形能不是零。

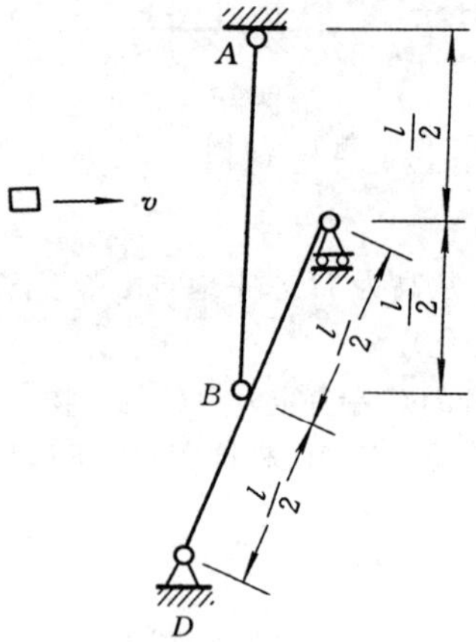

题 12-19 图

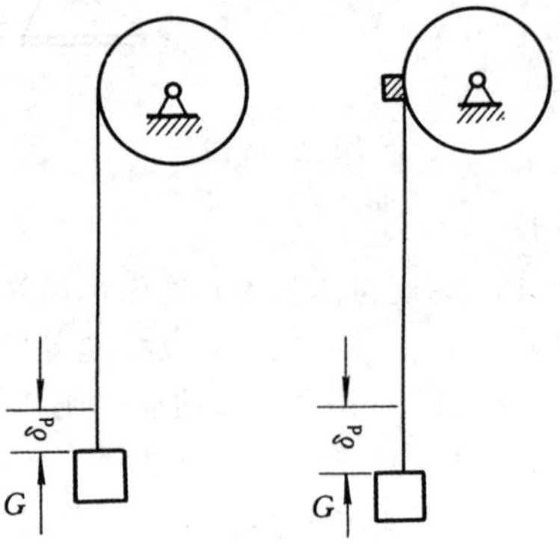

题 12-20 图

12-22　水平冲击(或垂直冲击，$H \gg \delta_{st}$)时，重物的质量增加一倍，动应力是否也增加一倍？冲击速度增加一倍，动应力是否也增加一倍？

习 题 答 案

12-1　吊索 $\sigma=27.9$ MPa，工字钢 $\sigma_{max}=125$ MPa。

12-2　增大 $v^2/lg \times 100\%$。

12-3　$v_{max}=52$ m/s。

12-4　$\sigma_{dmax}=107$ MPa。

12-5　$|M|_{max}=A\rho l\omega^2 \sin\alpha\left(\dfrac{b}{a+b}\right)\left(\dfrac{l}{3}\cos\alpha+\dfrac{a}{2}\right)$。

12-6　$\tau_{max}=10$ MPa。

12-7　$\sigma_{max}=19.9$ MPa。

12-8　a) $\sigma_{st}=0.0283$ MPa；　b) $\sigma_{dmax}=6.9$ MPa；　c) $\sigma_{dmax}=1.2$ MPa。

12-9　发生在 B 面，$\sigma_{dmax}=\dfrac{6Ga}{bh^2}\left(1+\sqrt{1+\dfrac{27HEbh^3}{166Ga^3}}\right)$。

12-10　3 171 MPa。

12-11　a) $\sigma_{dmax}=85.7$ MPa；　b) $\sigma_{dmax}=13.3$ MPa。

12-12　$\sigma_{dr3}=\dfrac{\sqrt{5}Gad}{2I}\left(1+\sqrt{1+\dfrac{4EIH}{11Ga^3}}\right)$。

12-13 题 12-13 图 a) 情形：$\sigma_{\mathrm{d}} = 155$ MPa；题 12-13 图 b) 情形：$\sigma_{\mathrm{d}} = 14.5$ MPa。

12-14 绳 $\sigma_{\mathrm{d}}=142.7$ MPa，轴 $\tau_{\max}=80.8$ MPa。

12-15 $\sigma_{\mathrm{dmax}}=16.8$ MPa。

12-16 假定冲击时，梁上各点的加速度相同，$\sigma_{\max}=\dfrac{3\sqrt{5E\rho gH}}{2}$。

12-17 $F_{\mathrm{d}}=G\left(1+\sqrt{1+\dfrac{3EI\omega^2 l}{Gg(l-a)^2}}\right)$。

12-18 动应力最大的是题 12-18 图 b)，最小的是题 12-18 图 c)。

12-19 (1) $\sigma_{\mathrm{dmax}}=8v\sqrt{\dfrac{3EM}{5lI}}y_{\max}$， $U_{AB}:U_{CD}=4:1$；

(2) $\sigma_{\mathrm{dmax}}=4v\sqrt{\dfrac{3EM}{lI}}y_{\max}$。

12-20 $F_{\mathrm{d}}=138$ kN。

13 构件的疲劳强度计算

机械工程中的破坏绝大多数是疲劳破坏。疲劳破坏过程复杂,影响因素很多,本章介绍疲劳的基本概念和测定材料疲劳极限的实验;介绍影响构件疲劳极限的三个主要因素,给出基于无限寿命设计法的构件对称循环和非对称循环的疲劳强度计算。

知识点
重点
难点

13.1 交变应力与疲劳破坏概念

工程中,许多构件承受随时间变化作周期性变动的载荷作用。例如,图 13-1a)中,F 表示齿轮啮合时作用在齿轮上的力。齿轮每旋转一周,轮齿啮合一次,啮合时 F 力由零迅速增加到最大值,然后又减小为零。因此,齿根上 A 点的弯曲正应力 σ 也由零增加到某一最大值,再减小为零。齿轮不停地转动,σ 也就不断重复上述过程,随时间作周期性变化。σ 随时间 t 的变化而变化的曲线见图 13-1b)。

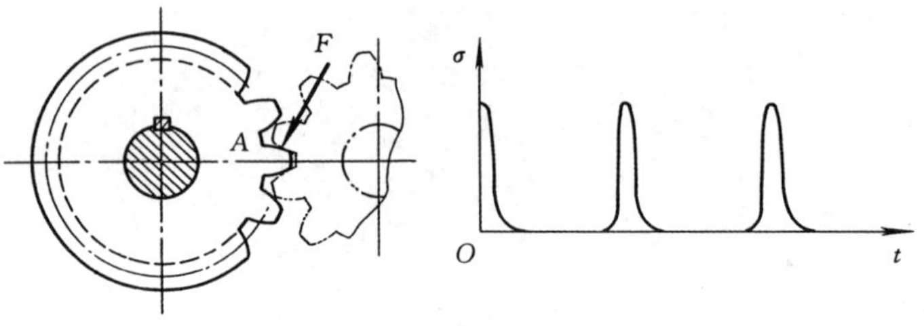

a) b)

图 13-1 齿轮的交变应力

另有一些构件,虽然受不变载荷的作用,但由于构件本身的转动,构件内各点的应力也随时间作周期性变化。例如,图 13-2a)所示的列车车轴,车体作用在轮轴上的载荷是不变的,轴内应力的最大值和最小值都不变,但由于轮轴本身在不断旋转,使轴内各点的应力值在最大值和最小值之间作周期性的变化。分析轮轴 m—m 截面上 A 点的应力情况:当点 A 处于位置 1 时,应力为最大拉应力 $\sigma_{\max}$,当点 A 旋转至位置 2 时,应力为零,至位置 3 时,应力为最大压应力 $\sigma_{\min}$,至位置 4 时,应力又为零,如图 13-2b)所示,轮轴每旋转一周时,点 A 的应力将如上重复变化一次。我们把这种随时间的变化作周期性交替变化的应力称为**交变应力**。

实践表明,交变应力下构件的破坏形式与静载荷下的失效截然不同。在交变应力下,构件虽处于较低的应力水平(应力低于屈服极限,甚至满足强度条件),但经长

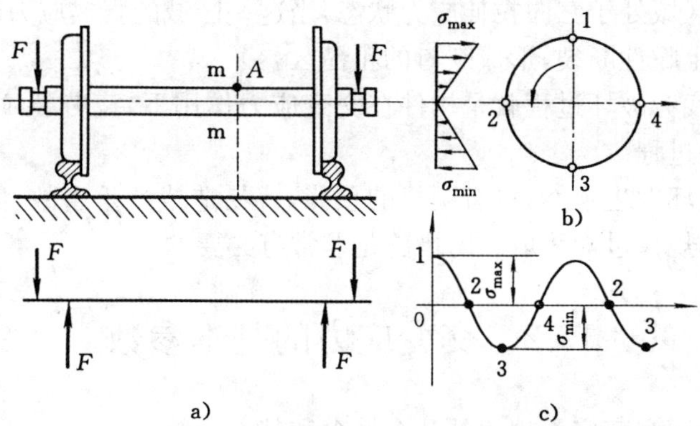

图 13-2　受交变应力作用的火车车轴

期反复工作后，仍会发生突然断裂，这种形式的失效习惯上称为**疲劳破坏**。最初人们以为此种破坏形式是因为构件长期在交变应力下工作，由于“疲劳”引起材料性质的改变从而发生破坏，但实验结果否定了这一说法。研究表明，长期工作的材料，其组织结构、力学性能并不会发生太大的变化。尽管如此，在习惯上仍沿用“疲劳”这一拟人化的名词。

统计资料表明，机械零部件的破坏，有 80％是疲劳破坏。疲劳破坏具有以下三个明显特征：

(1) 低应力破坏——构件的最大应力远低于材料的强度极限(σ_b 或 τ_b)时，甚至低于屈服极限时，构件就发生断裂破坏。

(2) 脆性断裂——无论是脆性材料还是塑性材料，在交变应力下，均表现为脆性断裂而无明显的塑性变形。

(3) 破坏断口呈现两个区域——断口由裂纹的起源点和两个明显不同的区域：光滑区和粗糙区组成。这一特征成为诊断疲劳破坏事故的证据。例如，车轴疲劳破坏的断口如图 13-3 所示。

疲劳破坏机理的一般解释是：构件由于外形变化、表面受损或材质缺陷等因素导致局部应力集中，形成高应力区。当交变应力的大小超过一定限度并经历了足够多次的循环重复后，在构件内部的高应力区首先萌生微裂纹，称为**疲劳源**。这种微裂纹随着应力循环次数的增加而不断扩展，逐渐形成为宏观裂纹。在裂纹扩展过程中，裂纹两侧时张时合(交变正应力作用)或左右错动(交变切应力作用)，犹如研磨抛光，就形成了断口中的光亮区域。当裂纹扩展到一定程度时，截面已被严重削弱，且裂纹尖端高度应力集

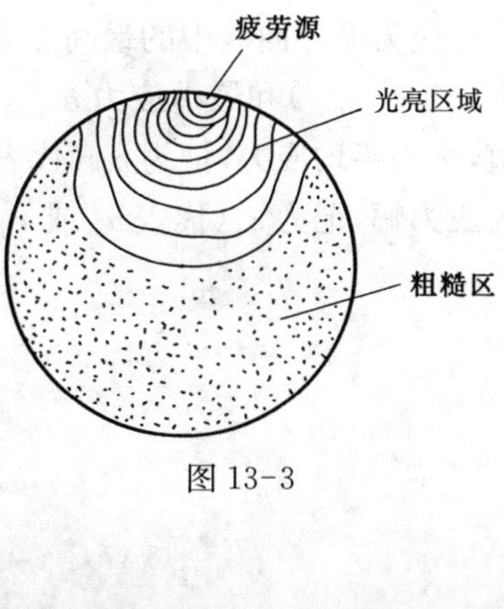

图 13-3

中,使裂纹尖端区域处于三向拉伸应力状态,当这一区域的真实应力超过材料的极限应力时,构件发生脆性断裂,形成断口的粗糙区。

综上所述,疲劳破坏过程就是构件在交变应力作用下,疲劳裂纹萌生、逐渐扩展以及最后断裂的过程。

由于疲劳破坏发生突然,没有明显的预兆,容易造成严重事故,因此研究交变应力下构件的破坏规律进而采取预防措施是非常有必要的。

13.2 交变应力的基本参数

本节介绍描述交变应力规律的几个概念和基本参数。

13.2.1 应力循环、循环次数和疲劳寿命

构件在交变应力下工作,交变应力随时间的变化而变化的历程称为应力时间历程,其中应力每重复变化一次,称为一个**应力循环**;应力重复变化的次数称为**循环次数**,记为 N,由于构件的疲劳破坏发生于一定应力循环次数之后,因此,循环次数是反映构件抵抗疲劳破坏能力的重要参数之一;构件在交变应力作用下,从开始到断裂经历的循环次数称为**疲劳寿命**。疲劳寿命与交变应力规律有关。

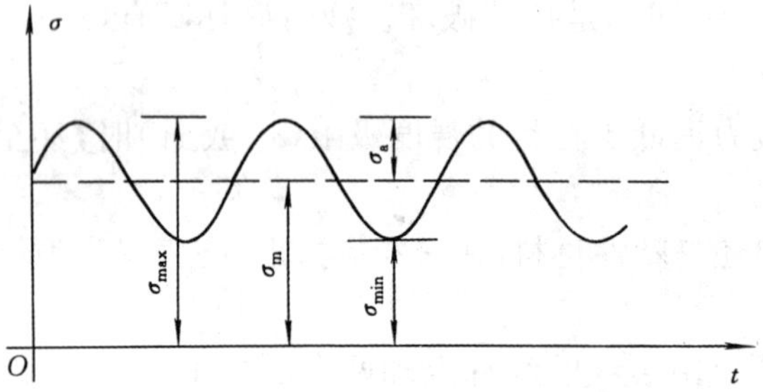

图 13-4 交变应力循环曲线

构件内任一点处的应力随时间的变化而变化的函数关系曲线称为**应力循环曲线**。对于交变正应力和交变切应力,可分别做出正应力循环曲线(σ-t 曲线)和切应力循环曲线(τ-t 曲线)。图 13-4 所示为一交变正应力的循环曲线。

13.2.2 平均应力、应力幅和循环特征

应力循环曲线中的最高点和最低点分别对应着交变应力中的**最大应力** σ_{max}(代表 σ_{max} 或 τ_{max})和**最小应力** σ_{min}(代表 σ_{min} 或 τ_{min});最大应力与最小应力的代数平均值,称为**平均应力**,记为 σ_m(代表 σ_m 或 τ_m);最大应力与最小应力的代数差的一半,称为**应力幅**,记为 σ_a(代表 σ_a 或 τ_a),即

$$\sigma_m=\frac{\sigma_{max}+\sigma_{min}}{2} \tag{13-1}$$

$$\sigma_a=\frac{\sigma_{max}-\sigma_{min}}{2} \tag{13-2}$$

最小应力与最大应力之比值，称为**循环特征**或**应力比**，记为 r，r 的表达式为

$$r=\frac{\sigma_{\min}}{\sigma_{\max}}, \quad -1\leqslant r\leqslant +1 \tag{13-3}$$

循环特征表示了交变应力的变化特点，对材料的疲劳强度有直接影响，循环特征越小的交变应力越容易使构件发生疲劳破坏。

必须指出的是：上述定义中的应力均为根据材料力学理论公式计算的构件内同一点的名义应力，未考虑应力集中的影响。

13.2.3 交变应力的分类

各种交变应力中，周期和应力幅都不变的称为**稳定交变应力**；周期变化而应力幅不变的称为**等幅疲劳**；周期不变而应力幅变化的称为**变幅疲劳**；周期和应力幅都变化的称为**随机疲劳**。变幅疲劳和随机疲劳都是构件受到不稳定交变应力作用而产生的，不稳定交变应力的应力—时间变化曲线称为**应力谱**。在本章中仅讨论稳定交变应力。

工程中常见的稳定交变应力有(以构件受交变正应力为例)：

(1) $r=-1(\sigma_{\max}=-\sigma_{\min})$，称为对称循环应力。

(2) $r=0(\sigma_{\min}=0)$，称为脉动循环应力。

(3) $-1<r<+1$，称为非对称循环应力。

(4) $r=1(\sigma_{\max}=\sigma_{\min})$，即静应力，可看作是交变应力的特殊情况。

13.3 *S*-*N* 曲线和材料的疲劳极限

13.3.1 疲劳试验与 *S*-*N* 曲线

疲劳破坏与静强度失效迥然不同，疲劳破坏是低应力破坏，因此，不能用静强度下的屈服极限或强度极限作为计算构件疲劳强度的依据，必须重新测定材料在交变应力下的强度指标。材料在交变应力下的疲劳强度可由疲劳试验测定，最常用的试验是旋转弯曲疲劳试验，用以测定材料在弯曲对称循环 $r=-1$ 下的疲劳强度。下面介绍这一试验。

首先准备一组直径为 6～10 mm，表面磨光的标准试样(光滑小试样)。将试样装入疲劳试验机的夹头中，如图 13-5 所示，载荷 F 通过 U 形杆加于试样上，使试样发生纯弯曲变形。当电动机带动试样旋转时，试样每旋转一周，其内部任一点处的材料即经历一次对称循环的交变应力。应力循环中的最大 $\sigma_{\max}$ 和最小应力 $\sigma_{\min}$ 可由载荷 F 按弯曲正应力公式 $\sigma_{\substack{\max\\ \min}}=\pm\frac{Fa}{2W}$ 求出，而试样至断裂时所经历的应力循环次数 N 等于试样的旋转次数，可由计数器读出。

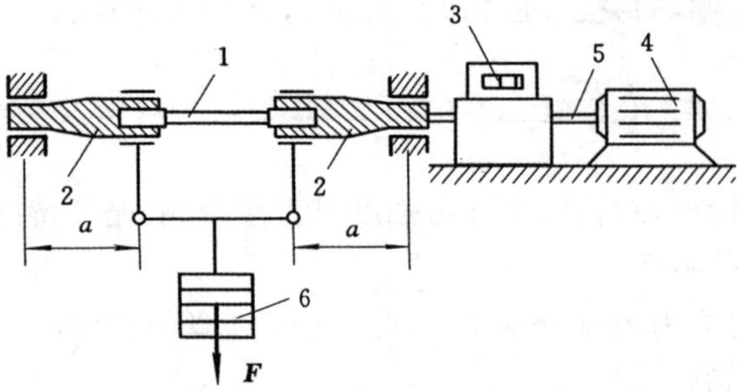

1—试样；2—夹头；3—计数器；
4—电动机；5—传动轴；6—重物

图 13-5 旋转疲劳试验机构造

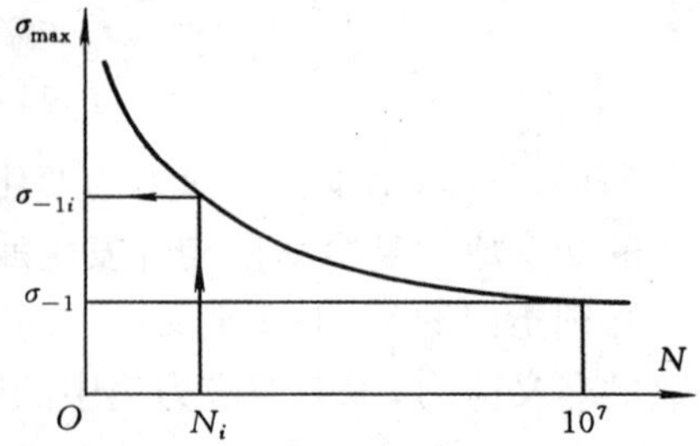

图 13-6 材料 S-N 曲线

试验时取 8～10 根试样为一组，逐根进行疲劳破坏试验。具体做法是：使第一根试样承受的最大应力 σ_{max1} 较高，约为该材料抗拉强度 σ_b 的 50%～60%，记下试样断裂时所经历的应力循环次数 N_1，即为试样的**疲劳寿命**；对第二根试样进行试验时，调整载荷使最大应力 σ_{max2} 稍小于第一根试样的最大应力 σ_{max1}，记下相应的疲劳寿命 N_2；逐步降低应力，得到与各个应力水平相应的疲劳寿命。将点($\sigma_{max\,i}$，N_i)连成曲线，可绘出材料在弯曲对称循环 $r=-1$ 下的**应力—疲劳曲线**，也称为 ***S-N* 曲线**，如图 13-6 所示。

同样地，若对试样进行拉伸(压缩)、弯曲和扭转等疲劳试验，施加不同应力比的交变应力，可得到材料在不同变形方式、不同循环特征 r 下的 S-N 曲线。

13.3.2 疲劳极限

试验结果表明，金属材料的疲劳强度，除了与本身的材质有关外，还与变形形式、循环特征 r 以及循环次数 N 有关。一定的循环特征 r 下，最大应力 S_{max} 越高，疲劳寿命越短。对钢和铸铁等材料，当最大应力 S_{max} 降低至某一极限值时，其 S-N 曲线趋于水平(图 13-6)，表明材料可经历无限次应力循环而不发生疲劳破坏，称此应力极限值为材料在循环特征 r 下的**疲劳极限**或**持久极限**，用 S_r(σ_r 或 τ_r)表示，下角标表示循环特征。钢试样的 S-N 曲线在 $N\geqslant10^7$ 时已趋于水平，表明即使应力循环次数继续增加，材料也不再发生疲劳断裂。因此把 $N_0=10^7$ 时对应的最大应力作为钢材的疲劳极限 S_r，$N_0=10^7$ 称钢材的循环基数。对于铝合金等有色金属材料，它们的 S-N 曲线没有明显的水平部分，对于这类材料，通常根据构件的使用要求，以某一指定寿命 N_0(如 10^7～10^8)所对应的最大应力作为疲劳极限，称为材料的**名义疲劳极限**。显然，通过旋转弯曲疲劳试验，可测出材料在对称弯曲循环时的疲劳极限 σ_{-1}(图 13-6)。

通过试验还发现，同一材料不同循环特征 r 下的疲劳极限 S_r 中，对称循环下的

疲劳极限 S_{-1} 最低，表明对称疲劳是最不利的疲劳方式，S_{-1} 是衡量材料疲劳强度的基本指标。

几种常用钢材的疲劳极限值列于表 13-1。

表 13-2 给出了几种材料在对称循环下的疲劳极限与静载荷下的强度极限之间的近似关系。

表 13-1　几种常用钢材的疲劳极限　单位：MPa

钢　材	σ_b	σ_s	τ_s	σ_{-1}	τ_{-1}
Q235	400	235	120	170	100
Q275	520	275	150	220	130
45	560	280	150	250	150
40Cr	730	500	280	320	200
3CRNi	820	650	390	360	210
30CrMnTi	1 150	950	670	520	310

表 13-2　对称循环下材料的疲劳极限与静强度的近似关系

材　料	承载情况	疲劳极限 σ_{-1} 或 τ_{-1}
钢	弯曲	$\sigma_{-1}=0.27(\sigma_s+\sigma_b)$
	拉压	$\sigma^l_{-1}=0.23(\sigma_s+\sigma_b)$
	扭转	$\tau_{-1}=0.15(\sigma_s+\sigma_b)$
铝合金	弯曲、拉伸	$\sigma_{-1}=\sigma^l_{-1}=0.25\sigma_b$
青　铜	弯曲	$\sigma_{-1}=0.21\sigma_b$

13.4　影响构件疲劳极限的主要因素

通过光滑小试样测得的材料疲劳极限，一般不能直接用于实际工程构件的疲劳强度计算。因为实际工程构件在外形、体积以及表面加工质量等方面与标准试样有较大的不同，构件的外形、表面受损和内部缺陷等因素是引起应力集中，产生局部高应力区从而导致构件疲劳破坏的原因。因此实际工程构件的疲劳极限一般低于由标准试样测得的材料的疲劳极限。

影响构件疲劳极限的三个最主要因素是：构件外形、构件尺寸、构件的表面质量。下面分别介绍这三个因素对构件疲劳极限的影响程度。

13.4.1　构件外形的影响

出于结构和工艺方面的需要，实际工程构件的外形常会带有某些突变，如开槽、孔、螺纹、轴在直径突变处的轴肩等。构件的外形突变会引起应力集中,促使微裂纹(疲劳源)早形成,因此显著降低疲劳寿命,降低疲劳极限。

在对称循环下,应力集中对构件疲劳极限的影响程度,一般用**有效应力集中系数** K_s(K_σ 或 K_τ)来表示,即

$$K_s=\frac{S_{-1}}{S_{-1k}} \qquad \left(K_\sigma=\frac{\sigma_{-1}}{\sigma_{-1k}}\text{或}K_\tau=\frac{\tau_{-1}}{\tau_{-1k}}\right) \tag{13-4}$$

式中,S_{-1}(σ_{-1} 或 τ_{-1})表示光滑试样的疲劳极限,S_{-1k}(σ_{-1k} 或 τ_{-1k})表示有应力集中因素的小试样的疲劳极限。K_σ 和 K_τ 分别对应构件在对称循环弯曲、拉压时的**有效正应力集中系数**以及构件在对称循环扭转时的**有效切应力集中系数**。

K_s 的值恒大于1。为方便使用,通常将有效应力集中系数的试验数据整理成曲线或表格,以方便查用。表13-3给出的是阶梯形圆轴在对称循环弯曲、拉伸以及扭

表13-3　　阶梯形圆轴轴肩圆角处的有效应力集中系数

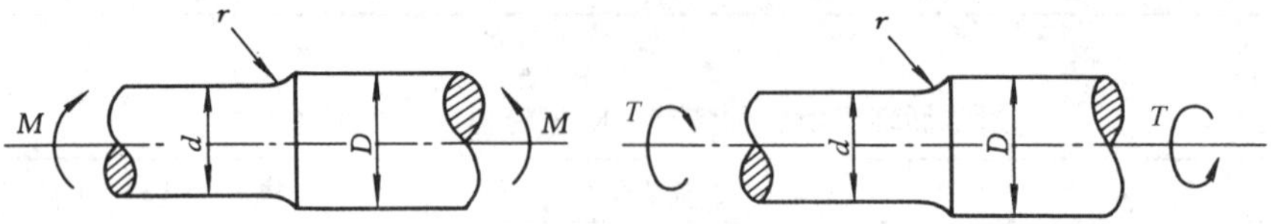

比值		构件在弯曲、拉伸时的 K_σ						构件在扭转时的 K_τ			
$\frac{D}{d}$	$\frac{r}{d}$	材料的抗拉强度极限 σ_b/MPa									
		≤500	600	700	800	900	≥−1 000	≤700	800	900	≥1 000
$\frac{D}{d}\leqslant1.1$	0	2.32	2.5	2.71	—	—	—	1.52	1.63	1.72	1.83
	0.02	1.84	1.96	2.03	2.20	2.35	2.50	1.36	1.41	1.45	1.50
	0.04	1.6	1.66	1.69	1.75	1.81	1.87	1.24	1.27	1.29	1.32
	0.06	1.5		1.54		1.60		1.18	1.20	1.23	1.24
	0.08	1.4		1.42		1.46		1.14	1.16	1.18	1.19
	0.10	1.34		1.37		1.39		1.11	1.13	1.15	1.16
	0.15	1.25		1.27		1.30		1.07	1.08	1.09	1.11
	0.20	1.19		1.22		1.24		1.05	1.06	1.07	1.09
$1.1<\frac{D}{d}\leqslant1.2$	0	2.85	3.10	3.39	—	—	—	1.85	2.04	2.18	2.37
	0.02	2.18	2.34	2.54	2.68	2.89	3.10	1.59	1.67	1.74	1.81
	0.04	1.84	1.92	1.98	2.05	2.13	2.22	1.39	1.45	1.48	1.52
	0.06	1.71		1.76		1.84		1.30	1.33	1.37	1.39
	0.08	1.56		1.59		1.64		1.22	1.26	1.30	1.32
	0.10	1.48		1.51		1.54		1.19	1.21	1.24	1.26
	0.15	1.35		1.38		1.41		1.11	1.14	1.15	1.18
	0.20	1.27		1.30		1.34		1.08	1.11	1.12	1.15

续表

比值		构件在弯曲、拉伸时的 K_σ						构件在扭转时的 K_τ			
$\frac{D}{d}$	$\frac{r}{d}$	材料的抗拉强度极限 σ_b/MPa									
		≤500	600	700	800	900	≥−1 000	≤700	800	900	≥1 000
$1.2<\frac{D}{d}\leqslant 2$	0	3.20	3.50	3.85	—	—	—	2.15	2.40	2.60	2.85
	0.02	2.40	2.60	2.80	3.00	3.25	3.50	1.80	1.90	2.00	2.10
	0.04	2.00	2.10	2.15	2.25	2.35	2.45	2.53	1.60	1.65	1.70
	0.06	1.85		1.90		2.00		1.40	1.45	1.50	1.55
	0.08	1.66		1.70		1.76		1.30	1.35	1.40	1.42
	0.10	1.57		1.61		1.64		1.25	1.28	1.32	1.35
	0.15	1.41		1.45		1.49		1.15	1.18	1.20	1.24
	0.20	1.32		1.36		1.40		1.10	1.14	1.16	1.20

转时，轴肩圆角处的有效应力集中系数。从表中可看出，K_σ 和 K_τ 与材料的性质有关，静拉压强度越高的材料，有效应力集中系数越大，表示对应力集中越敏感。当轴上有模孔、螺纹、键槽时，有效应力集中系数可查表 13-4 和表 13-5。

表 13-4　　　　带孔圆截面的有效应力集中系数

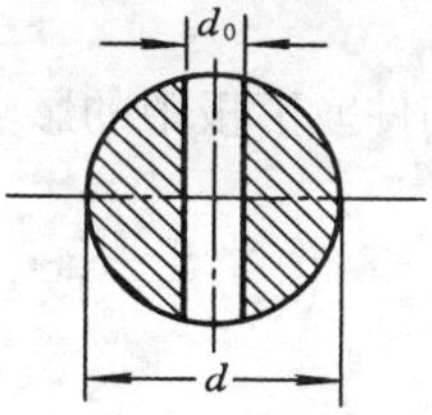

σ_b/MPa	K_σ		K_τ
	$d_0/d=0.05\sim0.15$	$d_0/d=0.15\sim0.25$	$d_0/d=0.05\sim0.25$
400	1.90	1.70	1.70
500	1.95	1.75	1.75
600	2.00	1.80	1.80
700	2.05	1.85	1.80
800	2.10	1.90	1.85
900	2.15	1.95	1.90
1 000	2.20	2.00	1.90
1 200	2.30	2.10	2.00

表 13-5　　螺纹和键槽的有效应力集中系数

材料强度 σ_b /MPa	螺纹 K_σ $K_\tau=1$	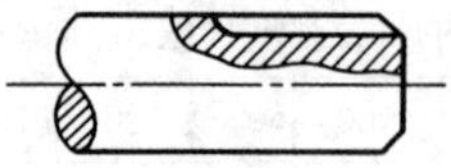		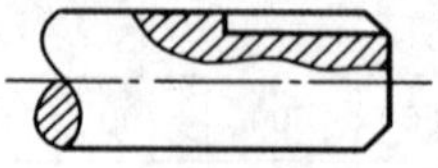		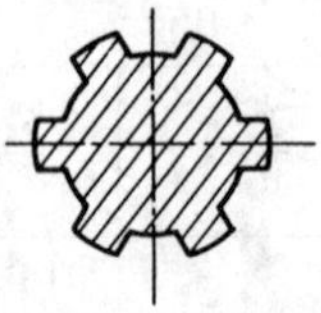	
		端铣加工		盘铣加工		直齿	花键
		K_σ	K_τ	K_σ	K_τ	K_σ	K_τ
400	1.45	1.51	1.20	1.30	1.20	1.35	2.10
500	1.78	1.64	1.37	1.38	1.37	1.45	2.25
600	1.96	1.76	1.54	1.46	1.54	1.55	2.35
700	2.20	1.89	1.71	1.54	1.71	1.60	2.45
800	2.32	2.01	1.88	1.62	1.88	1.65	2.55
900	2.47	2.14	2.05	1.69	2.05	1.70	2.65
1 000	2.61	2.26	2.22	1.77	2.22	1.72	2.70
1 200	2.90	2.50	2.39	1.92	2.39	1.75	2.80

13.4.2　构件尺寸的影响

构件尺寸越大,内部包含的缺陷、杂质也相应增多,因此更容易形成疲劳裂纹,使构件的疲劳极限降低。

在对称循环下,尺寸因素对构件疲劳极限的影响程度可用**尺寸系数** ε_s 表示,即

$$\varepsilon_s=\frac{S_{-1\varepsilon}}{S_{-1}}\qquad\left(\varepsilon_\sigma=\frac{\sigma_{-1\varepsilon}}{\sigma_{-1}}\text{或 }\varepsilon_\tau=\frac{\tau_{-1\varepsilon}}{\tau_{-1}}\right)\tag{13-5}$$

式中,S_{-1}(σ_{-1} 或 τ_{-1})表示光滑小试样的疲劳极限,$S_{-1\varepsilon}$($\sigma_{-1\varepsilon}$ 或 $\tau_{-1\varepsilon}$)表示光滑大试样的疲劳极限。ε_σ 和 ε_τ 分别为对称循环下弯曲正应力和扭转切应力的尺寸系数。

显然尺寸系数 ε_s 是小于 1 的数,其值随构件尺寸的增大而减小。实验表明,尺寸因素对轴向拉压疲劳的影响不大,因此拉压时的尺寸系数 ε_σ 可近似取 1。表 13-6 给出了钢材在弯曲正应力和扭转切应力对称循环下的尺寸系数供参考。

表 13-6　　钢材的尺寸系数

直径 d/mm	ε_σ		ε_τ
	碳　钢	合金钢	各种钢材
20~30	0.91	0.83	0.89
30~40	0.88	0.77	0.81
40~50	0.84	0.73	0.78

(续表)

直径 d/mm	ε_σ		ε_τ
	碳 钢	合金钢	各种钢材
50~60	0.81	0.70	0.76
60~70	0.78	0.68	0.74
70~80	0.75	0.66	0.73
80~100	0.73	0.64	0.72
100~120	0.70	0.62	0.70
120~150	0.68	0.60	0.68
150~500	0.60	0.54	0.60

13.4.3 构件表面质量的影响

光滑小试样的表面是磨光的，而实际构件的表面不一定磨光，且构件在加工过程中或在搬运、工作过程中留下的切削印痕、划痕等，都会成为疲劳源，从而降低构件的疲劳极限；反之构件表面经过抛光，则能有效提高疲劳极限。又若在构件表面采用强化工艺，在工作前制造残余压应力，则有利于抑止裂纹的形成和扩展，能提高疲劳极限，常用的工艺有高、中频淬火，渗碳，氮化，喷丸和辊压等。

表面加工质量对构件疲劳极限的影响程度，可用**表面质量系数** β 表示。在对称循环下

$$\beta=\frac{S_{-1\beta}}{S_{-1}} \tag{13-6}$$

式中，S_{-1}(σ_{-1}或τ_{-1})表示光滑试样的疲劳极限，$S_{-1\beta}$($\sigma_{-1\beta}$或$\tau_{-1\beta}$)表示其他表面加工情况时小试样的疲劳极限。当构件表面加工质量低于标准试样时，$\beta<1$，而当构件表面经过各种强化处理，其表面质量高于标准试样时，$\beta>1$。表 13-7 给出了普通加工表面的构件的表面质量系数。表 13-8 给出了经过各种强化方法处理后的构件的表面质量系数。

表 13-7　　表面质量系数 β

加工方法	表面粗糙度/μm	β		
		σ_b/MPa		
		392	784	1176
磨削	Ra0.2~0.1	1.00	1.00	1.00
车削	Ra1.6~0.4	0.95	0.90	0.80
粗车	Ra12.5~3.2	0.85	0.80	0.65
未加工表面	—	0.75	0.65	0.45

表 13-8　　各种强化方法的表面质量系数 β

<table>
<tr><th rowspan="2">强化方法</th><th rowspan="2">心部强度</th><th colspan="3">β</th></tr>
<tr><th>光轴</th><th>低应力集中的轴
($K_\sigma \leqslant 1.5$)</th><th>高应力集中的轴
(K_σ 在 1.8～2)</th></tr>
<tr><td rowspan="2">高频淬火</td><td>600～800</td><td>1.5～1.7</td><td rowspan="2">1.6～1.7</td><td rowspan="2">2.4～2.8</td></tr>
<tr><td>800～1 000</td><td>1.3～1.5</td></tr>
<tr><td>氮　化</td><td>900～1 200</td><td>1.1～1.25</td><td>1.5～1.7</td><td>1.7～2.1</td></tr>
<tr><td rowspan="3">渗　碳</td><td>400～600</td><td>1.8～2.0</td><td rowspan="2">3</td><td rowspan="3"></td></tr>
<tr><td>700～800</td><td>1.4～1.5</td></tr>
<tr><td>1 000～1 200</td><td>1.2～1.3</td><td>2</td></tr>
<tr><td>喷丸硬化</td><td>600～1 500</td><td>1.1～1.25</td><td>1.5～1.6</td><td>1.7～2.1</td></tr>
<tr><td>滚子滚压</td><td>600～1 500</td><td>1.1～1.3</td><td>13～1.5</td><td>1.6～2.0</td></tr>
</table>

注： 1. 高频淬火系根据直径为 12～20 mm、淬硬层厚度为$(0.05\sim0.20)d$ 的试件试验求得的数据。对大尺寸的试件强化系数的值会有一些降低。

2. 氮化层厚度为 $0.01d$ 时用小值，厚度在$(0.03\sim0.04)d$ 时用大值。

3. 喷丸硬化系根据 8～40 mm 的试件求得的数据。喷丸速度低时用小值，速度高时用大值。

4. 滚子滚压系根据 17～130 mm 的试件求得的数据。

综合考虑上述三种因素的影响，对称循环下构件的疲劳极限(记为 S_{-1}^{0})，可修正为

$$S_{-1}^{0}=S_{-1}\frac{\beta\varepsilon_S}{K_S} \tag{13-7}$$

除了上述三个因素外，构件的工作环境，诸如温度、腐蚀介质以及紧密配合等因素也会影响构件的疲劳极限。仿照前面的方法，这些因素同样可用影响系数来表示，影响系数的数值可由对比试验测定或查阅有关手册确定。

13.5　对称循环下构件的疲劳强度计算

无限寿命设计法是一种以疲劳极限为计算依据，以保证构件永久工作为目的的疲劳强度计算法。无限寿命设计法的强度条件是构件的最大工作应力小于构件的疲劳极限，并有足够的安全系数。本节和下一节分别介绍对称循环与非对称循环下基于疲劳极限的无限寿命设计法。

在对称循环下，构件的许用应力可表示为

$$[S_{-1}]=\frac{S_{-1}^{0}}{n} \tag{13-8}$$

构件的疲劳强度条件为

$$S_{\max}\leqslant[S_{-1}]=\frac{S_{-1}^{0}}{n} \tag{13-9}$$

由于式(13-9)中不等式右边不是常量，随构件的不同而变化，因此，工程中常用疲劳极限 S_{-1}^{0} 除以最大工作应力 $S_{\max}$ 表示工作安全系数，记为 n_{w}，则疲劳强度条件可表示为

$$n_{\mathrm{w}}=\frac{S_{-1}^{0}}{S_{\max}}\geqslant n \tag{13-10}$$

式(13-10)不等式的右边是规定的安全系数，为一常量。利用式(13-7)，疲劳强度条件还可用材料的持久极限 S_{-1} 表示为

$$n_{\mathrm{w}}=\frac{S_{-1}}{\dfrac{K_{S}S_{\max}}{\varepsilon_{S}\beta}}\geqslant n \tag{13-11}$$

对于交变正应力和交变切应力，以上各式中的 S 分别代表 σ 和 τ，n_{w} 分别代表 n_{σ} 或 n_{τ}。如拉压杆或梁在对称循环应力下的疲劳强度条件为

$$n_{\sigma}=\frac{\sigma_{-1}}{\dfrac{K_{\sigma}\sigma_{\max}}{\varepsilon_{\sigma}\beta}}\geqslant n \tag{13-12}$$

式中，$\sigma_{\max}$代表拉压杆或梁横截面上的最大工作应力；轴在对称循环扭转切应力下的疲劳强度条件为

$$n_{\tau}=\frac{\tau_{-1}}{\dfrac{K_{\tau}\tau_{\max}}{\varepsilon_{\tau}\beta}}\geqslant n \tag{13-13}$$

式中，$\tau_{\max}$代表轴横截面上的最大工作应力。

值得说明的是，无限寿命的设计思想属于较保守的设计思想，因为随着新技术新产品的不断涌现，有时并无必要保证产品永久工作。一台机器内主要的零部件通常只需有相同的使用寿命，不必要求某一零件的寿命无限长，因此，工程中也常用有限寿命设计。有限寿命设计是以某一指定寿命对应的 $S_{\max}$作为强度依据(工作安全系数比无限寿命设计的安全系数稍大)，因此对材质、加工工艺以及用料量等要求降低，使产品更经济，但有限寿命设计对设计计算、工艺的统一以及规范方面要求更高。

例 13-1 例 13-1 图所示碳钢车轴上的载荷 $F=40$ kN，外伸部分为磨削加工，材料的 $\sigma_{\mathrm{b}}=600$ MPa，$\sigma_{-1}=250$ MPa。若规定疲劳安全系数为 $n=2$，试对该轴作疲劳强度校核。

解 1. 计算最大工作应力

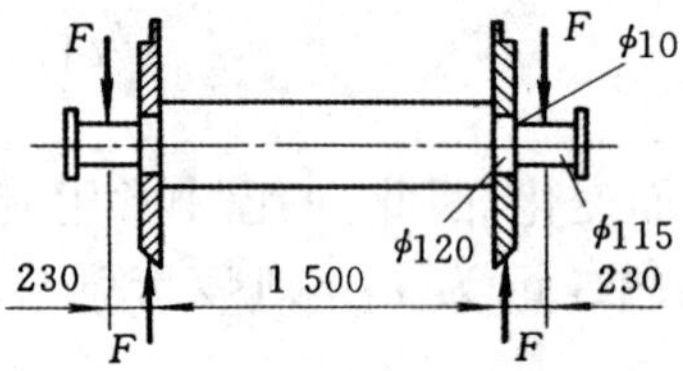

例 13-1 图

轴上最大弯矩为

$$M_{\max}=40\times230\times10^{-3}=9.2\ \text{kN}\cdot\text{m}$$

故

$$\sigma_{\max}=\frac{M_{\max}}{W}=\frac{9.2\times10^{3}}{\frac{\pi\times(115\times10^{-3})^{3}}{32}}=61.6\ \text{MPa}$$

2. 确定影响系数

由$\dfrac{r}{d}=\dfrac{10}{115}=0.087$和$\dfrac{D}{d}=\dfrac{120}{115}=1.043$，从表 13-3 中用插值法可得有效应力集中系数$K_\sigma=1.38$；由表 13-6 按照$d=115$ mm 查得$\varepsilon_\sigma=0.7$；由表 13-7，按照轴表面的磨削加工情况，查得$\beta=1$。

3. 校核轴的疲劳强度

构件的工作安全系数由式(13-11)计算：

$$n_{\text{w}}=\frac{\sigma_{-1}}{\frac{K_\sigma\sigma_{\max}}{\varepsilon_\sigma\beta}}=\frac{\varepsilon_\sigma\beta\sigma_{-1}}{K_\sigma\sigma_{\max}}=\frac{0.7\times1\times250}{1.38\times6.16}=2.06>n$$

此轴的疲劳强度足够。

13.6 非对称循环下构件的疲劳强度计算

13.6.1 疲劳极限曲线

我们把除对称循环以外的其他情况，统称为非对称循环。在不同的循环特征$r(r\neq-1)$下进行疲劳试验，可求得相应的S-N曲线，图 13-7 为不同的循环特征下的S-N曲线示意图，利用S-N曲线可确定非对称循环下不同r值的疲劳极限S_r。

选取以平均应力S_{m}为横轴，应力幅值S_{a}为纵轴的坐标系S_{m}-S_{a}，疲劳极限S_r在S_{m}-S_{a}坐标系中对应点的坐标$(S_{r\text{m}},S_{r\text{a}})$可由

$$\begin{cases}S_r=S_{r\text{m}}+S_{r\text{a}}\\ r=\dfrac{S_{\min}}{S_{\max}}=\dfrac{S_{r\text{m}}-S_{r\text{a}}}{S_{r\text{m}}+S_{r\text{a}}}\end{cases}$$

解得

$$S_{r\text{m}}=\frac{1+r}{2}S_r,\quad S_{r\text{a}}=\frac{1-r}{2}S_r$$

据此可在S_{m}-S_{a}坐标系上绘制非对称循环下的疲劳极限曲线。以交变正应力为例，

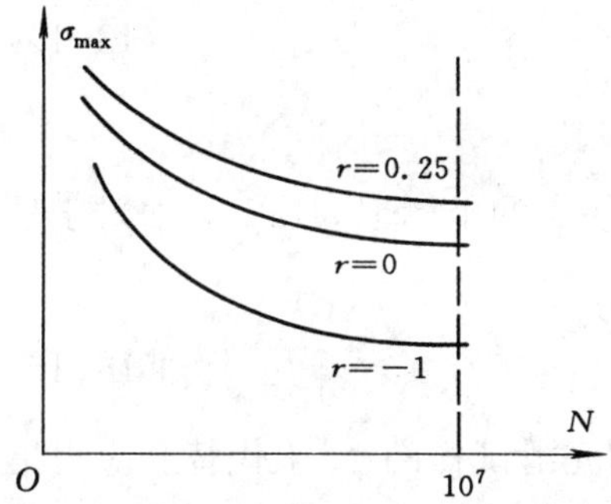

图 13-7 不同 r 值下的 S-N 曲线

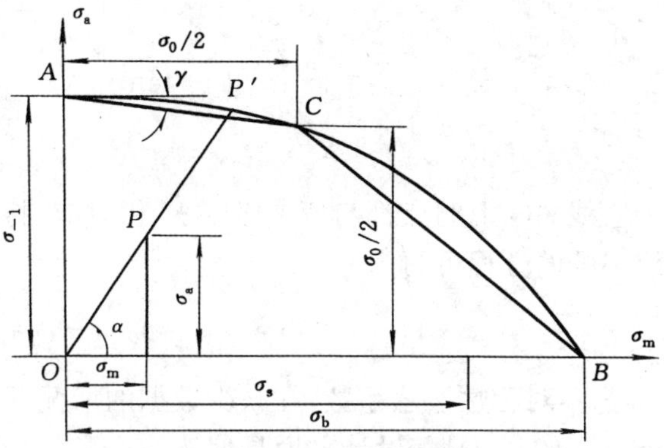

图 13-8 非对称循环下的疲劳极限曲线

对称循环 $r=-1$，疲劳极限 σ_{-1} 对应 A 点，坐标为 $(0,\ \sigma_{-1})$；脉动循环 $r=0$，疲劳极限 σ_0 对应 C 点，坐标为 $\left(\frac{\sigma_0}{2},\ \frac{\sigma_0}{2}\right)$；静载荷 $r=1$，疲劳极限 $\sigma_1=\sigma_b$，对应 B 点，坐标为 $(\sigma_b, 0)$。将与疲劳极限 σ_r 相对应的各点连成曲线，即得**疲劳极限曲线**，如图 13-8 所示曲线 ACB。

由于需要较多的试验资料（如需要做许多个疲劳极限的测定实验）才能得到疲劳极限曲线，而且在计算时使用曲线也不甚方便，因此通常采用简化的疲劳极限曲线。最常用的简化方法是通过对称循环、脉动循环以及静载荷确定 A，C，B 三点，用三点连成的折线 ACB 代替疲劳极限曲线，称此折线为材料的**疲劳极限简化折线**，见图 13-8 中折线 ACB。显然作简化折线只需做 σ_{-1} 和 σ_0 的测定实验就可以了。任一正应力循环均可由其相应的 σ_m 和 σ_a 值，确定在 σ_m-σ_a 坐标系中的对应点 P。由原点到 P 作射线 OP，其斜率为

$$k=\tan\alpha=\frac{\sigma_a}{\sigma_m}=\frac{\sigma_{max}-\sigma_{min}}{\sigma_{max}+\sigma_{min}}=\frac{1-r}{1+r} \tag{13-14}$$

可见循环特征 r 相同的所有应力循环都在同一射线上，且射线上离原点越远的点，其纵、横坐标值之和越大，代表应力循环的 σ_{max} 越大。

疲劳极限曲线（或简化折线）与坐标轴围成一个区域，当工作时的应力 $(\sigma_m,\ \sigma_a)$ 落在这一区域内，材料通常不会发生破坏，如图 13-8 中 P 点，它代表的应力循环的最大应力 σ_{max}（为 P 点的纵、横坐标值之和）必然小于同一 r 下的疲劳极限 σ_r（图中 P' 点的纵、横坐标值之和），因此不会引起疲劳破坏；反之，材料会发生破坏；若工作应力 $(\sigma_m,\ \sigma_a)$ 恰好落在疲劳极限曲线（或简化折线）上，那么材料通常具有接近循环基数 N_0 的寿命。

设图 13-8 中简化折线 AC 段倾角为 γ，斜率为 ψ_σ，则

$$\psi_\sigma=\tan\gamma=\frac{\sigma_{-1}-\frac{\sigma_0}{2}}{\frac{\sigma_0}{2}} \tag{13-15}$$

因为直线 AC 上的点都与疲劳极限 σ_r 相对应，将这些点的坐标记为(σ_{rm}，σ_{ra})，于是直线 AC 的方程可写为

$$\sigma_{ra}=\sigma_{-1}-\psi_\sigma\sigma_{rm} \tag{13-16}$$

ψ_σ 称为**不对称性敏感系数**，在缺少数据的情况下，用光滑试样的 ψ_s 来代替有应力集中条件下的 ψ_s，对于设计来说是偏于安全的。ψ_s 不仅与材料有关，加载情况和表面状态也影响 ψ_s 值，表 13-9① 和表 13-10① 给出了钢、铸铁、铝合金的不对称性敏感系数参考值。

表 13-9　　钢材的 ψ_s 参考值

交变应力种类	系　数	表面状态				
		抛光	磨削	车削	热轧	锻造
弯曲	ψ_σ	0.50	0.43	0.34	0.215	0.14
拉压	ψ_σ	0.41	0.36	0.30	0.180	0.10
扭转	ψ_τ	0.33	0.29	0.21	0.110	0.05

表 13-10　　铸铁及铝合金的 ψ_s 参考值

材料	ψ_σ		ψ_τ
	弯曲	拉压	扭转
铸铁	0.490	0.410	0.480
铝合金	0.335	0.335	0.335

13.6.2　非对称循环下构件的疲劳强度计算

上述疲劳极限曲线(或简化折线)都是以标准的光滑小试件的疲劳试验结果为依据的。对实际构件，应考虑应力集中、构件尺寸以及表面质量等因素的影响。实验结果表明，这些影响因素通常只影响应力幅值，而对平均应力并无影响。因此在图 13-8 中，直线 AC 上各点的横坐标不变，而纵坐标则应乘以系数 $\frac{\varepsilon_\sigma\beta}{K_\sigma}$，就得到图 13-9

① 引自《机械设计手册》第二卷第 11 篇，北京，机械工业出版社，1991。

中的折线 EFB。由式(13-16)可知,代表构件疲劳极限的直线 EF 上各点的纵坐标为

$$\sigma_{ra}=\frac{\varepsilon_{\sigma}\beta}{K_{\sigma}}(\sigma_{-1}-\psi_{\sigma}\sigma_{rm}) \tag{13-17}$$

考虑到构件除了需要满足疲劳强度条件外,其危险点的最大应力 $\sigma_{\max}(\tau_{\max})$ 还应低于屈服极限 $\sigma_s(\tau_s)$,在 σ_m-σ_a 坐标系中,$\sigma_m+\sigma_a=\sigma_{\max}=\sigma_s$ 即为图 13-9 中斜直线 DJ。因此,代表构件最大应力的点应落在直线 DJ 的下方。综上所述,保证构件既不发生疲劳破坏也不发生因塑性变形而失效的区域是折线 EKJ 与坐标轴围成的区域,因此,折线 EKJ 也称为**构件的疲劳极限简化折线**。

在进行具体计算时,先把构件危险点的应力循环由 P 点表示,P 点的纵、横坐标值之和即为该应力循环的最大应力 $\sigma_{\max}$。延长射线 OP,若射线与直线 EK 相交于 G 点,G 点的纵、横坐标之和就是相同循环特征 r 时构件的疲劳极限 σ_r,将此 σ_r 取为对应的极限应力作疲劳强度计算,则构件的工作安全系数为

$$n_{\sigma}=\frac{\sigma_r}{\sigma_{\max}}=\frac{\sigma_{ra}+\sigma_{rm}}{\sigma_a+\sigma_m} \tag{13-18}$$

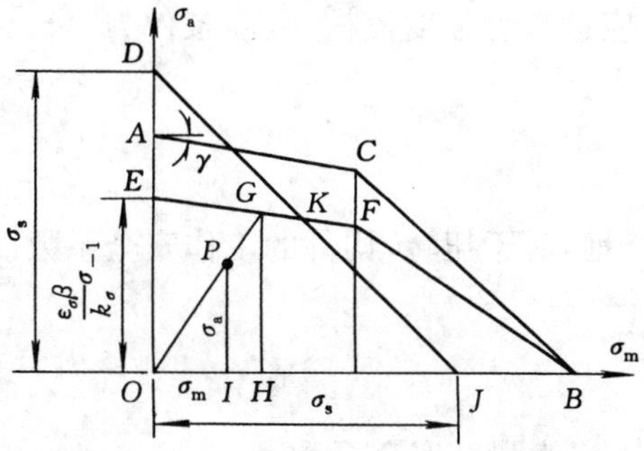

图 13-9 构件的疲劳极限简化折线

由图中三角形 OPI 和 OGH 的相似关系,可得

$$\sigma_{ra}=\frac{\sigma_a}{\sigma_m}\sigma_{rm} \tag{13-19}$$

由式(13-17)、式(13-19)可解出

$$\sigma_{rm}=\frac{\sigma_{-1}}{\dfrac{K_{\sigma}}{\varepsilon_{\sigma}\beta}\sigma_a+\psi_{\sigma}\sigma_m}\sigma_m, \qquad \sigma_{ra}=\frac{\sigma_{-1}}{\dfrac{K_{\sigma}}{\varepsilon_{\sigma}\beta}\sigma_a+\psi_{\sigma}\sigma_m}\sigma_a$$

代入式(13-18)即可求得

$$n_{\sigma}=\frac{\sigma_{-1}}{\dfrac{K_{\sigma}}{\varepsilon_{\sigma}\beta}\sigma_a+\psi_{\sigma}\sigma_m} \tag{13-20}$$

构件的工作安全系数应大于规定的疲劳安全系数 n,由此得出非对称循环下构件的疲劳强度条件为

$$n_{\sigma}=\frac{\sigma_{-1}}{\dfrac{K_{\sigma}}{\varepsilon_{\sigma}\beta}\sigma_a+\psi_{\sigma}\sigma_m}\geqslant n \tag{13-21}$$

以上概念与公式都是对正应力而得出的，若构件受扭转，则工作安全系数以及相应的强度条件应为

$$n_\tau=\frac{\tau_{-1}}{\dfrac{K_\tau}{\varepsilon_\tau\beta}\tau_a+\psi_\tau\tau_m} \tag{13-20)$'$(}$$

$$n_\tau=\frac{\tau_{-1}}{\dfrac{K_\tau}{\varepsilon_\tau\beta}\tau_a+\psi_\tau\tau_m}\geqslant n \qquad (13\text{-}21)'$$

若射线 OP 与直线 KJ 相交，则表示构件可在疲劳失效之前发生塑性变形而失效，应进行静强度校核，强度条件为

$$n_\sigma=\frac{\sigma_s}{\sigma_{max}}\geqslant n \qquad (13\text{-}22)$$

同样地，对于扭转，构件的工作安全系数以及相应的强度条件应为

$$n_\tau=\frac{\tau_s}{\tau_{max}}\geqslant n \qquad (13\text{-}22)'$$

式中，n 为强度安全系数。

例 13-2 例 13-2 图示圆杆有一沿直径的圆孔，承受非对称交变弯矩 $M_{max}=5M_{min}=512\ \text{N}\cdot\text{m}$。材料为合金钢 $\sigma_b=951$ MPa，$\sigma_s=540$ MPa，$\sigma_{-1}=430$ MPa，$\psi_\sigma=0.2$。圆杆表面经磨削加工。若规定疲劳安全系数 $n=2$，强度安全系数 $n=1.5$，试校核此杆的强度。

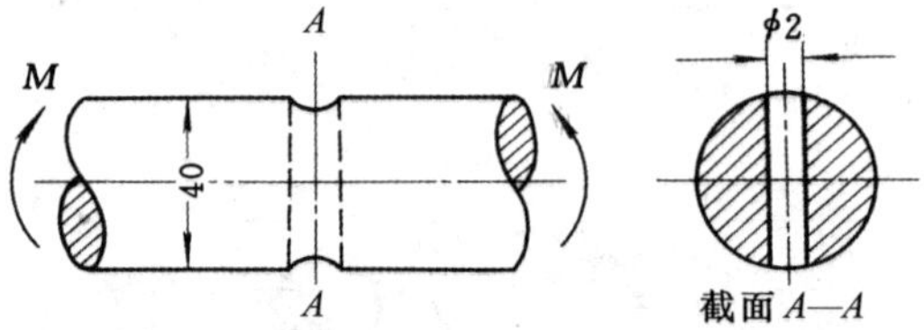

例 13-2 图

解 1. 计算构件的最大应力和循环特征

$$W=\frac{\pi}{32}d^3=\frac{\pi}{32}\times40^3=6\ 280\ \text{mm}^3$$

最大应力 $$\sigma_{max}=\frac{M_{max}}{W}=\frac{512}{6\ 280\times10^{-9}}=81.5\ \text{MPa}$$

最小应力 $$\sigma_{min}=\frac{1}{5}\sigma_{max}=16.3\ \text{MPa}$$

循环特征 $$r=\frac{\sigma_{\min}}{\sigma_{\max}}=\frac{1}{5}=0.2$$

平均应力 $$\sigma_{m}=\frac{\sigma_{\max}+\sigma_{\min}}{2}=48.9\ \text{MPa}$$

应力幅值 $$\sigma_{a}=\sigma_{\max}-\sigma_{m}=32.6\ \text{MPa}$$

在不画简化折线图的情况下，无法判断工作安全系数应按式(13-21)还是按式(13-22)确定，因此，疲劳强度和静强度二者都要考虑。

2. 确定 K_{σ}，ε_{σ}，β 系数

孔径 d_0 与圆杆直径之比 $\frac{d_0}{d}=\frac{2}{40}=0.05$，再根据 $\sigma_b=951$ MPa，可查表 13-3 得出 $K_{\sigma}=2.18$；由表 13-5 查出 $\varepsilon_{\sigma}=0.77$；由表 13-6 查出 $\beta=1$。

3. 疲劳强度校核

$$n_{\sigma}=\frac{\sigma_{-1}}{\frac{K_{\sigma}}{\varepsilon_{\sigma}\beta}\sigma_{a}+\psi_{\sigma}\sigma_{m}}=\frac{430}{\frac{2.18}{0.77}\times 32.6+0.2\times 48.9}=4.21>n$$

疲劳强度足够。

4. 静强度校核

$$n_{\sigma}=\frac{\sigma_{s}}{\sigma_{\max}}=\frac{540}{81.5}=6.63>n$$

静强度条件也满足，构件安全。

本章小结

思 考 题

13-1 疲劳破坏有什么特征？疲劳破坏的本质是什么？

13-2 为什么材料(小试样)的疲劳极限不等于构件的疲劳极限？

13-3 疲劳极限与材料有关，为什么称不上材料性质？

13-4 影响构件疲劳极限的主要因素是什么？试从疲劳实质和主要影响因素出发，提出提高构件疲劳强度的措施。

13-5 用疲劳极限的简化折线代替疲劳极限曲线，对疲劳强度设计是偏于保守还是偏于不安全？

13-6 根据无限寿命设计法设想有限寿命设计法的步骤。

习 题

13-1 某发动机连杆的螺栓，工作时所受的最大拉力 $F_{\max}=12.5$ kN，最小拉力 $F_{\min}=10.8$ kN。螺栓的最小直径 $d=10.5$ mm，试求其平均应力、应力幅、应力比，并绘 σ-t 曲线。

13-2 某阀门弹簧如题 13-2 图所示。当阀门顶开时，最大工作载荷 $F_{\max}=500$ N，当阀门关

闭时最小工作载荷 $F_{\min}=200$ N。设簧丝直径 $d=5$ mm,弹簧外径 $D_1=36$ mm,试求簧丝危险点处的平均应力、应力幅、应力比,并绘 τ-t 曲线。

13-3　No.14 工字钢制成的悬臂梁,$E=200$ GPa,$I=712\times10^4$ mm^4,$l=1\ 250$ mm,$h=140$ mm。自由端上安装电动机重量 5 kN,工作时因电机偏心,梁产生振动,振幅为 1 mm。求危险点的平均应力、应力幅、最大应力、最小应力和应力比。

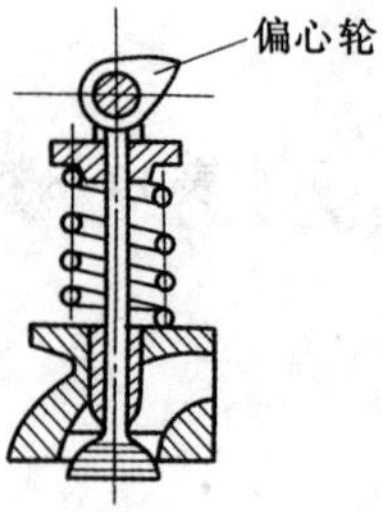

题 13-2 图

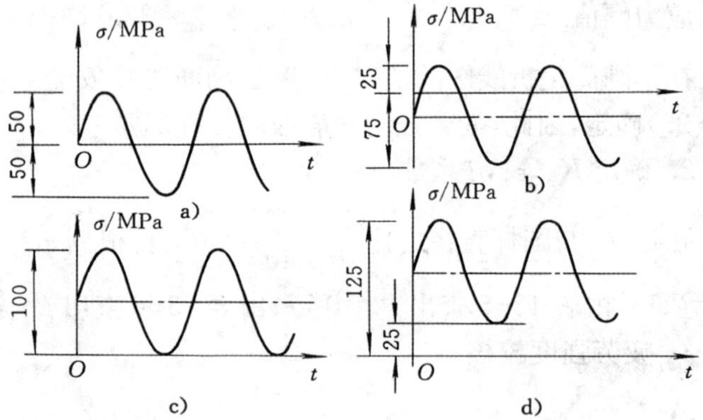

题 13-4 图

13-4　交变应力的应力—时间历程如题 13-4 图所示。

(1) 求各图的应力比;

(2) 在 σ_m-σ_a 坐标系中,标出与图示应力循环对应的点;

(3) 过 σ_m-σ_a 坐标系原点向各对应点引射线,试求各射线与 σ_m 轴的夹角。

13-5　阶梯轴如题 13-5 图所示。材料为铬镍合金钢,$\sigma_b=920$ MPa,$\sigma_{-1}=420$ MPa,$\tau_{-1}=250$ MPa。轴的尺寸为 $d=40$ mm,$D=50$ mm,$r=5$ mm。求弯曲和扭转时的有效应力集中系数和尺寸系数。

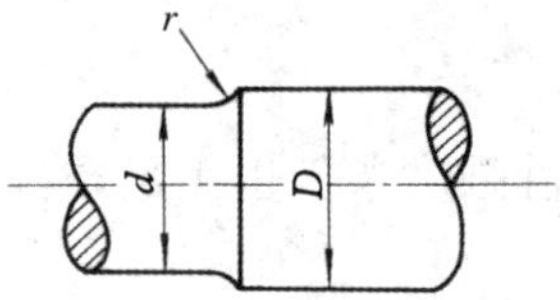

题 13-5 图

13-6　阶梯轴,车削加工,材料为合金钢。$D=80$ mm,$d=64$ mm,$r=9.5$ mm,材料的 $\sigma_b=1\ 000$ MPa,$\sigma_{-1}=450$ MPa,$\tau_{-1}=270$ MPa。试计算该轴分别在弯曲、扭转对称循环下的疲劳极限 σ_{-1}^0,τ_{-1}^0。

13-7　卷扬机阶梯轴的某段需安装滚珠轴承,因滚珠轴承内座圈上圆角半径很小,如装配不用定距环[题 13-7 图 a)],则轴上圆角半径应为 $r_1=1$ mm,如增加一个定距环[题 13-7 图 b)],则轴上圆角半径可增加为 $r_2=5$ mm。已知材料的 $\sigma_b=520$ MPa,$\sigma_{-1}=220$ MPa,轴表面磨削,规定安全系数 $n=1.7$。试比较轴在题 13-7 图 a),b)两种情况下,对称循环时的许可弯矩[M]。

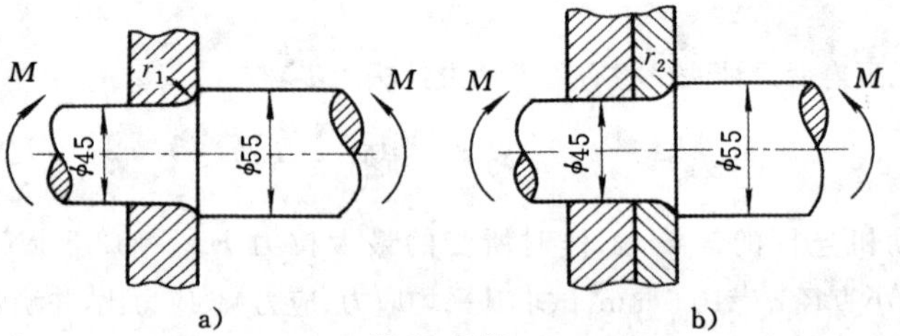

题 13-7 图

13-8 题 13-8 图示一带有横向贯穿孔的合金钢圆轴，作用着 $+250 \sim +500\ \mathrm{N \cdot m}$ 的交变弯矩，材料的 $\sigma_b = 1\ 000$ MPa，$\sigma_a = 540$ MPa，$\sigma_{-1} = 430$ MPa，$\sigma_0 = 716$ MPa，表面经磨削加工处理。规定的疲劳安全系数 $n = 2$，静强度安全系数 $n = 1.5$，试校核该轴的强度。

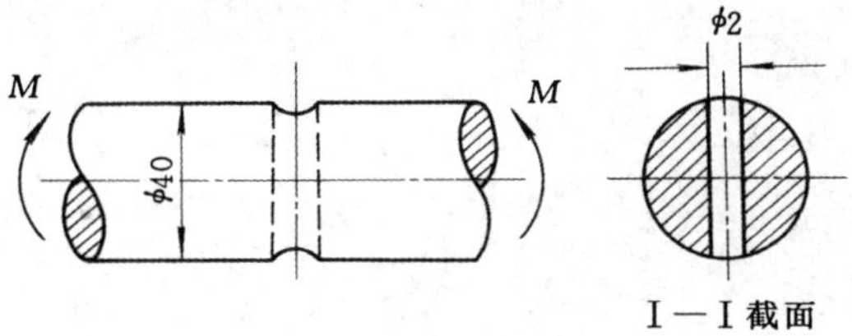

题 13-8 图

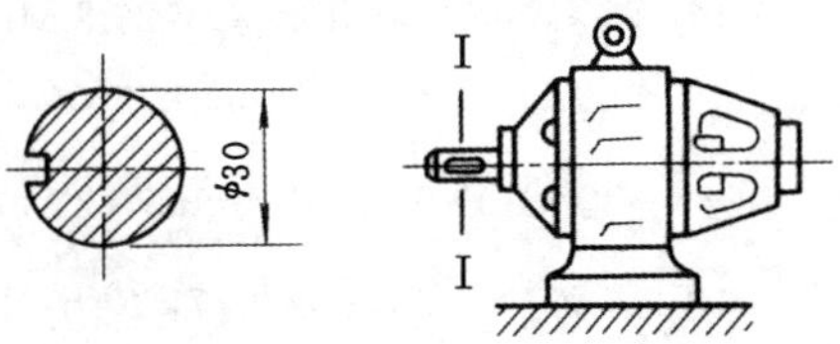

题 13-9 图

13-9 电动机轴直径 $d = 30$ mm，轴上开有端铣加工的键槽，轴的材料是合金钢，$\sigma_b = 750$ MPa，$\tau_b = 400$ MPa，$\tau_s = 260$ MPa，$\tau_{-1} = 190$ MPa。轴在 $n = 750$ r/min 的转速下传递功率 $N = 14.7$kW，该轴时而工作，时而停止，但无反向旋转。轴表面经磨削加工，若规定安全系数 $n_\tau = 2$，强度安全系数 $n = 1.5$，试校核该轴的强度。

13-10 发动机连杆的直径 $d = 50$ mm，当汽缸在做功行程时，连杆受到轴向拉力 250kN；当返程开始时，连杆受到轴向压力 50 kN，材料的 $\sigma_b = 700$ MPa，$\sigma_s = 350$ MPa，$\sigma_{-1} = 170$ MPa，$\sigma_0 = 250$ MPa，连杆表面为磨削，作材料的疲劳极限简化折线及构件疲劳极限简化折线，并在图上标出工作应力点、相同应力循环特征的疲劳极限点及计算工作安全系数。

13-11 题 13-11 图示圆杆表面未经加工，且因径向圆孔而削弱。杆受由零到 F_{max} 的交变轴向力作用。已知材料为普通碳钢，$\sigma_b = 600$ MPa，$\sigma_s = 340$ MPa，$\sigma_{-1} = 200$ MPa，$\psi_\sigma = 0.05$，规定疲劳安全系数 $n = 1.7$，强度安全系数 $n = 1.5$，试求最大载荷。

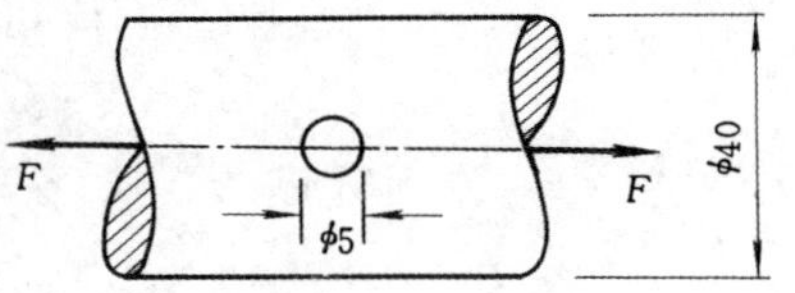

题 13-11 图

13-12 某构件由塑性材料制成，材料的 $\sigma_b = 800$ MPa，$\sigma_s = 480$ MPa，$\sigma_{-1} = 410$ MPa，$\sigma_0 = 600$ MPa。影响构件疲劳极限的各因素 $K_\sigma = 1.32$，$\varepsilon_\sigma = 0.88$，$\beta = 1$。

(1) 试在 σ_m-σ_a 坐标平面内作出构件既不发生疲劳破坏，也不发生屈服破坏的区域；

(2) 如果构件危险点的 $\sigma_a = 150$ MPa，$\sigma_m = 100$ MPa，试确定该点的应力比，并判断该点将发生哪种破坏，其极限应力值为多少？

13-13 如果材料的疲劳极限曲线简化为图示折线 $A'B'B''C'$，M 代表构件危险点的交变应力，OM 的延长线与折线的 $B'B''$ 段相交于 M'，计算工作安全系数(即 $\overline{OM'}$ 与 $\overline{OM}$ 长度之比)。

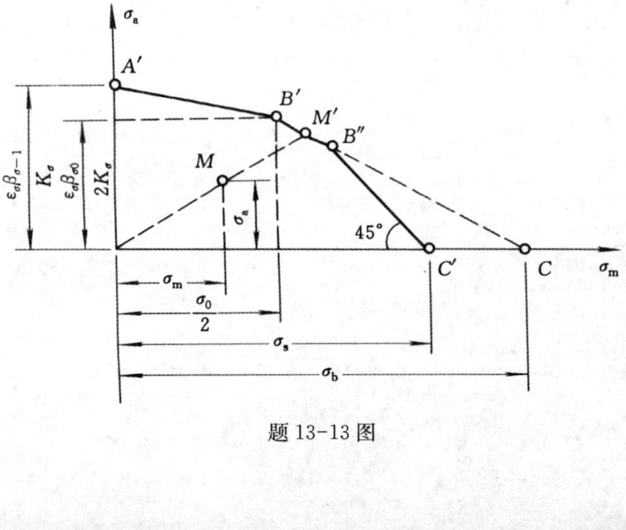

题 13-13 图

习题答案

13-1 $\sigma_m=135$ MPa，$\sigma_a=9.5$ MPa，$r=0.87$。

13-2 $\tau_m=274$ MPa，$\tau_a=118$ MPa，$r=0.4$。

13-3 $\sigma_m=61.4$ MPa，$\sigma_a=26.8$ MPa，$r=0.39$。

13-4 (1) a) $r=-1$，b) $r=-0.3$，c) $r=0$，d) $r=0.2$；

(3) a) 90°，b) arctan−2，c) 45°，d) $\arctan\frac{2}{3}$。

13-5 $K_\sigma=1.56$，$\varepsilon_\sigma=0.77$，$K_\tau=1.26$，$\varepsilon_\tau=0.81$。

13-6 $\sigma_{-1}^0=173$ MPa，$\tau_{-1}^0=136$ MPa。

13-7 a) $[M]=409$ N·m，b) $[M]=636$ N·m。

13-8 $n_\sigma=6.25>2$，$n=6.78>1.5$。

13-9 $n_\tau=5.07>2$，$n=7.37>1.5$。

13-10 $n_\sigma=1.80$。

13-11 $F_{max}=75.4$ kN。

13-13 $n_\sigma=\dfrac{\sigma_b}{\dfrac{K_\sigma}{\varepsilon_\sigma\beta}\psi_\sigma\sigma_a+\sigma_m}$，$\psi_\sigma=\dfrac{\sigma_b-\dfrac{\sigma_0}{2}}{\dfrac{\sigma_0}{2}}$。

附录 A　截面图形的几何性质

知识点
重点
难点

材料力学中所讨论的各种构件，其横截面都是具有一定几何形状的平面图形。构件的承载能力与截面图形的一些几何性质有关，例如：在计算轴向拉压杆件的应力与变形时，用到杆件的横截面面积 A；在计算扭转和弯曲问题时，用到横截面的极惯性矩 I_P 和惯性矩 I_z 等。这些量都是与截面形状有关的几何性质，它们与载荷、材料无关，却直接影响杆件的承载能力。因此，掌握图形几何性质的计算方法，合理使用截面图形的几何性质，对设计构件的合理截面、改善杆件的承载能力非常有意义。

A.1　静矩和形心

A.1.1　静矩和形心

静矩又称为面积矩，是面积对轴的矩。图 A-1 所示的平面图形为某一杆件的横截面，其面积为 A。z，y 为图形平面内一组直角坐标轴。在图形内 (z, y) 处取微面积 $\mathrm{d}A$，定义 $y\mathrm{d}A$ 和 $z\mathrm{d}A$ 分别为 $\mathrm{d}A$ 对 z 轴和 y 轴的静矩，则整个截面面积 A 对 z 轴和对 y 轴的静矩为

$$\begin{cases} S_z = \int_A y\mathrm{d}A \\ S_y = \int_A z\mathrm{d}A \end{cases} \tag{A-1}$$

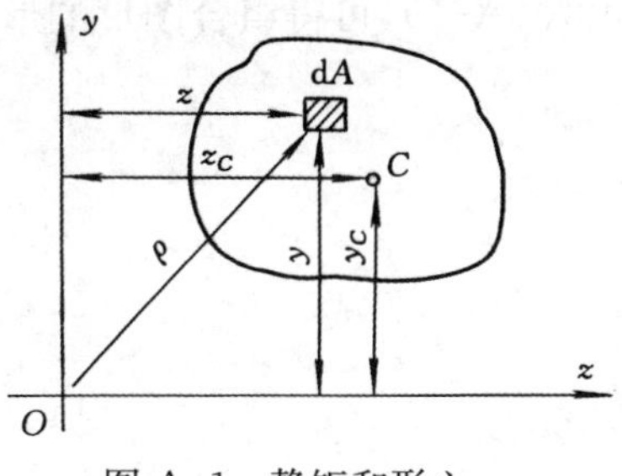

图 A-1　静矩和形心

由静矩的定义可知，同一图形对不同的坐标轴有不同的静矩，静矩的数值可正、可负，也可为零。静矩的量纲为［长度］^{3}，常用单位为 mm^3 或 m^3。

若将图 A-1 所示的截面图形看作均质等厚度薄板，则其质心即为截面图形的形心。由均质物体的质心坐标公式，可推得截面图形形心 C 的位置坐标 y_C，z_C 分别为

$$\begin{cases} y_C = \dfrac{\int_A y\mathrm{d}A}{A} = \dfrac{S_z}{A} \\ z_C = \dfrac{\int_A z\mathrm{d}A}{A} = \dfrac{S_y}{A} \end{cases} \tag{A-2}$$

由式(A-2)可知,截面图形对某一坐标轴的静矩也可用其面积与相应的形心坐标之积来表示,即

$$\begin{cases} S_z = Ay_C \\ S_y = Az_C \end{cases} \tag{A-3}$$

若形心位于坐标轴上,则截面图形对该坐标轴的静矩为零,例如:形心位于 y 轴上,$z_C = 0$,则 $S_y = 0$;反之,若截面图形对某轴的静矩为零,则该轴一定过截面的形心,如:$S_y = 0$,则 y 轴必过形心,为形心轴。对称轴必是形心轴。

A.1.2 组合图形的静矩和形心

当截面图形由若干个基本图形(指面积、形心位置已知的图形)组合而成时,称其为**组合图形**。组合图形对某轴的静矩等于各基本图形对该轴的静矩之和。设某一组合图形 A 由基本图形 A_1, A_2, …, A_n 组成,A_i, y_{Ci}, z_{Ci} 分别表示各基本图形的面积及其形心坐标,则图形 A 对 z, y 轴的静矩

$$\begin{cases} S_z = \sum_{i=1}^{n} S_{zi} = \sum_{i=1}^{n} A_i y_{Ci} \\ S_y = \sum_{i=1}^{n} S_{yi} = \sum_{i=1}^{n} A_i z_{Ci} \end{cases} \tag{A-4}$$

由式(A-2),可得组合图形的形心坐标公式

$$\begin{cases} y_C = \dfrac{S_z}{A} = \dfrac{\sum_{i=1}^{n} A_i y_{Ci}}{\sum_{i=1}^{n} A_i} \\ z_C = \dfrac{S_y}{A} = \dfrac{\sum_{i=1}^{n} A_i z_{Ci}}{\sum_{i=1}^{n} A_i} \end{cases} \tag{A-5}$$

根据式(A-5),利用基本图形的结果,可使组合图形的形心计算简化。

例 A-1 求半径为 R 的半圆的形心位置。

解 取半圆的直径为 z 轴,对称轴为 y 轴,见例 A-1 图所示。由对称性知半圆的形心一定在对称轴 y 上,则 $z_C = 0$,只需确定 y_C 即可。取图示平行于 z 轴的狭长矩形作为微面积 $\mathrm{d}A$,则

$$\mathrm{d}A = 2\sqrt{R^2 - y^2}\,\mathrm{d}y$$

$$S_z = \int_A y\,\mathrm{d}A = \int_0^R 2y\sqrt{R^2 - y^2}\,\mathrm{d}y = \frac{2}{3}R^3$$

$$y_C=\frac{S_z}{A}=\frac{2}{3}\frac{R^3}{\frac{1}{2}\pi R^2}=\frac{4R}{3\pi}$$

半圆是常见的图形,其形心位置应该掌握。

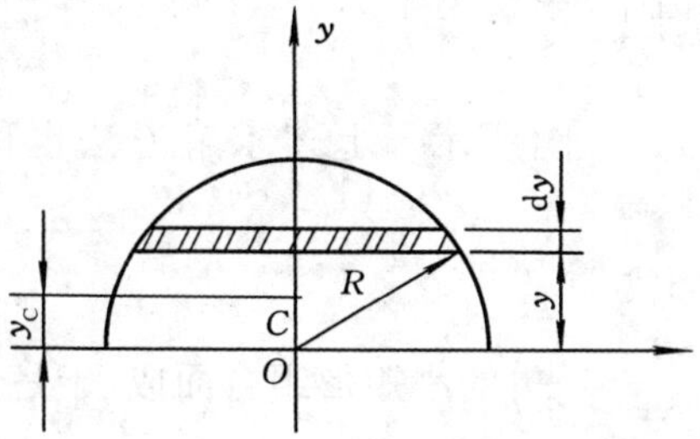

例 A-1 图

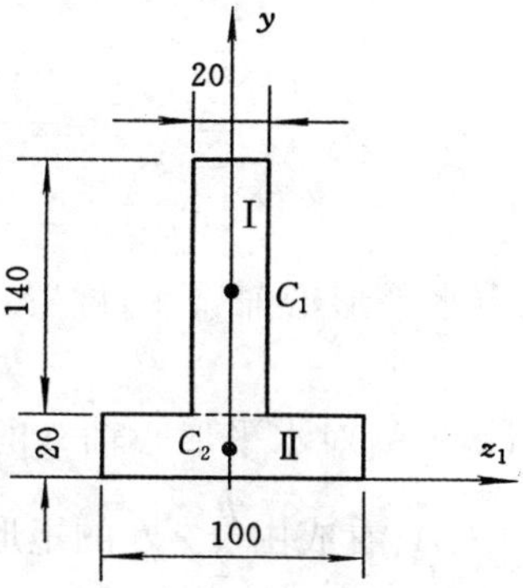

例 A-2 图

例 A-2　计算例 A-2 图所示组合图形的形心位置。

解　由于截面有一对称轴,则形心必在这一对称轴上。选取坐标系如例 A-2 图所示,其中 y 轴为对称轴,z_1 轴为水平参考轴。将截面图形分割成两个矩形Ⅰ和Ⅱ,其面积及形心坐标分别为

$$A_1=20\times140=2\,800\ \text{mm}^2$$

$$y_{C1}=20+\frac{140}{2}=90\ \text{mm}$$

$$A_2=20\times100=2\,000\ \text{m}^2$$

$$y_{C2}=10\ \text{mm}$$

由式(A-5)可求得组合图形的形心坐标为

$$y_C=\frac{A_1y_{C1}+A_2y_{C2}}{A_1+A_2}$$

$$=\frac{2\,800\times90+2\,000\times10}{2\,800+2\,000}=56.7\ \text{mm}$$

$$z_C=0$$

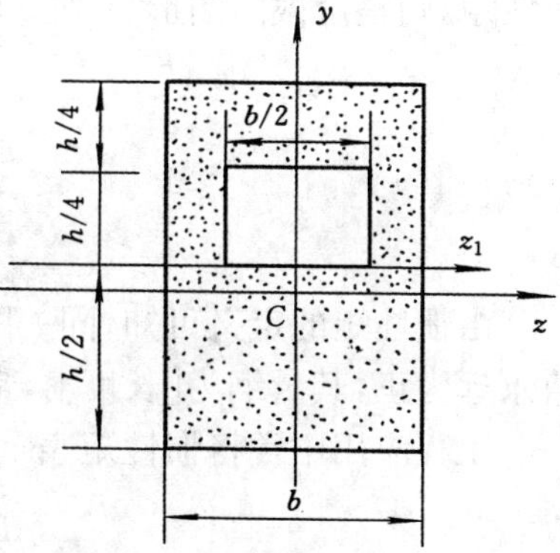

例 A-3 图

例 A-3　(1) 计算例 A-3 图所示截面图形的形心位置;(2) 计算上半部分图形 A_1(高为 h / 2)对水平形心轴的静矩 S_z^1。

解 (1) 在建立坐标轴时，一般视计算简便或表示方便而定。本例中以垂直对称轴为 y 轴，以大矩形的水平形心轴为 z_1 轴，如例 A-3 图所示。图形可看作由大矩形和负面积的小矩形组合而成。由对称性可知形心必在 y 轴上，因此只需计算 y_C。根据组合图形的形心坐标公式可得

$$y_C=\frac{\sum A_i y_{Ci}}{\sum A_i}=\frac{b\times h\times 0+\left(-\dfrac{b}{2}\times\dfrac{h}{4}\right)\times\dfrac{h}{8}}{b\times h+\left(-\dfrac{b}{2}\times\dfrac{h}{4}\right)}=-\frac{h}{56}$$

由此可确定水平形心轴 z 的位置，如例 A-3 图所示。上述求解方法也称为负面积法，

(2) 计算 A_1 对水平形心轴 z 的静矩 S_z^1。

方法一：A_1 看成由 $\dfrac{h}{2}\times b$ 的矩形和 $\left(-\dfrac{h}{4}\times\dfrac{b}{2}\right)$ 的小矩形组合而成，于是

$$S_z^1=\sum A_i y_{Ci}=\frac{h}{2}\times b\times\left(\frac{h}{4}+\frac{h}{56}\right)+\left(-\frac{h}{4}\times\frac{b}{2}\right)\times\left(\frac{h}{8}+\frac{h}{56}\right)=\frac{13}{112}bh^2$$

方法二：整个图形由上半部分 A_1 和下半部分 A_2 组成，整个图形对形心轴的静矩为零，即 $S_z=S_z^1+S_z^2=0$，S_z^2 为下半部分图形 A_2 对水平形心轴 z 的静矩，则

$$S_z^1=-S_z^2=-\left(\frac{h}{2}\times b\right)\times\left(-\frac{h}{4}+\frac{h}{56}\right)=\frac{13}{112}bh^2$$

A.2 惯性矩和惯性积

A.2.1 惯性矩、惯性半径和极惯性矩

在图 A-1 所示的截面图形中，定义 $y^2\mathrm{d}A$ 和 $z^2\mathrm{d}A$ 分别为 $\mathrm{d}A$ 对 z 轴和 y 轴的惯性矩，则整个截面图形 A 对 z 轴和对 y 轴的惯性矩(简称惯矩)分别为

$$\begin{cases} I_z=\int_A y^2\mathrm{d}A \\ I_y=\int_A z^2\mathrm{d}A \end{cases} \tag{A-6}$$

由惯性矩的定义可知，同一图形对不同的坐标轴有不同的惯性矩。惯性矩的数值永远为正，其量纲为[长度]^4，常用单位为 mm^4 或 m^4。

工程应用中常将惯性矩表示为图形面积与某一长度平方的乘积，即

$$I_z=Ai_z^2,\quad I_y=Ai_y^2 \tag{A-7}$$

或改写为

$$i_z = \sqrt{\frac{I_z}{A}}, \quad i_y = \sqrt{\frac{I_y}{A}} \tag{A-8}$$

式中,i_z 和 i_y 分别称为平面图形对 z 轴、y 轴的惯性半径。其量纲为[长度],常用单位为 mm 或 m。惯性半径反映了图形面积对坐标轴的聚集程度,惯性半径越大,表示图形的面积分布离坐标轴越远,惯性矩越大。对于内外径之比为 α 的圆环,有

$$i_z = i_y = \sqrt{\frac{I_z}{A}} = \frac{D}{4}\sqrt{1+\alpha^2}$$

由上式可见,外径相同的管和实心杆,管的惯性半径较大。

A.2.2　极惯性矩

在图 A-1 中,定义 $\rho^2 \mathrm{d}A$ 为微面积 $\mathrm{d}A$ 对坐标原点的极惯性矩,则整个截面图形 A 对坐标原点的**极惯性矩**为

$$I_\mathrm{p} = \int_A \rho^2 \mathrm{d}A \tag{A-9}$$

极惯性矩的量纲为[长度]^4,常用单位为 mm^4 或 m^4。由 $\rho^2 = y^2 + z^2$ 可得

$$I_\mathrm{p} = \int_A \rho^2 \mathrm{d}A = \int_A (y^2 + z^2)\mathrm{d}A = I_y + I_z \tag{A-10}$$

这表明图形对同原点的任一对垂直轴的惯性矩之和是一个常数。

A.2.3　惯性积

在图 A-1 中,定义 $yz\mathrm{d}A$ 为 $\mathrm{d}A$ 对 z, y 坐标轴的惯性积,则整个截面图形 A 对 z, y 坐标轴的**惯性积**(简称惯积) 为

$$I_{yz} = \int_A yz\mathrm{d}A \tag{A-11}$$

惯性积的大小同样取决于截面图形的面积及其在坐标系中的位置,其数值可正、可负、也可为零。惯性积的量纲也是[长度]^4,常用单位为 mm^4 或 m^4。

若图形有对称轴的话,图形对该对称轴及其垂直轴的惯性积必为零(建议读者自行证明)。

例 A-4　计算例 A-4 图所示矩形和圆形对形心轴 z, y 的惯性矩及惯性积。

解　1. 求矩形对形心轴的惯性矩。

取例 A-4 图 a)所示的狭长矩形为微面积 $\mathrm{d}A$,$\mathrm{d}A = b\mathrm{d}y$,则

$$I_z = \int_A y^2 \mathrm{d}A = \int_{-\frac{h}{2}}^{\frac{h}{2}} y^2 \cdot b\mathrm{d}y = \frac{bh^3}{12}$$

同理可得

$$I_y = \frac{hb^3}{12}$$

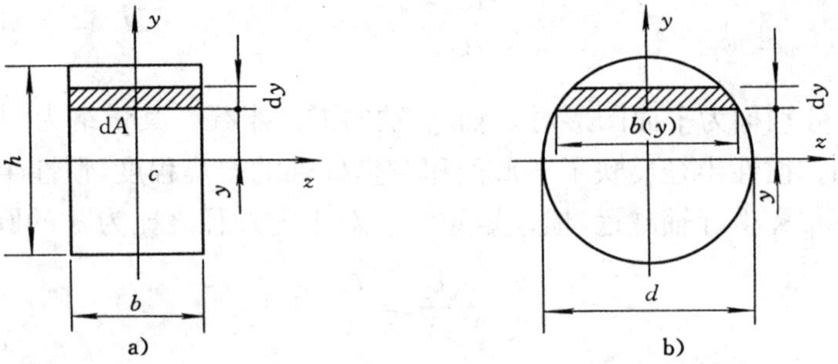

例 A-4 图

由于 z, y 为对称轴,因此 $I_{yz}=0$。

2. 求圆形对形心轴的惯性矩。

取例 A-4 图 b)所示的微面积 dA,$dA=b(y)dy=2\sqrt{\left(\frac{d}{2}\right)^2-y^2}\,dy$,则

$$I_z=\int_A y^2 dA=2\int_{-\frac{d}{2}}^{\frac{d}{2}} y^2\sqrt{\frac{d^2}{4}-y^2}\,dy=\frac{\pi d^4}{64}$$

同理可得 $$I_y=\frac{\pi d^4}{64},\quad I_{yz}=0$$

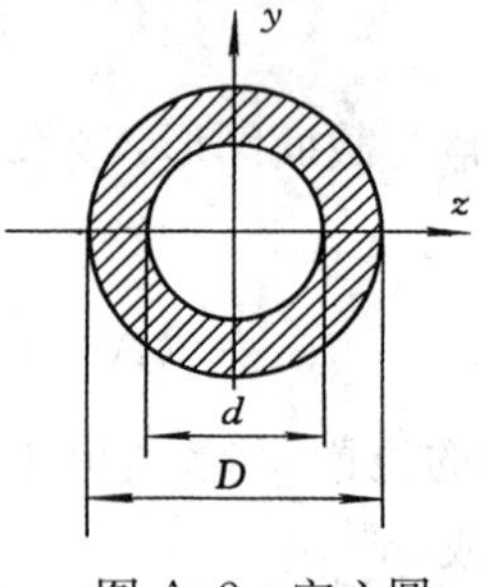

图 A-2 空心圆

也可利用式(A-10)得 $I_z=I_y=\frac{1}{2}I_p=\frac{\pi d^4}{64}$。

组合图形的惯性矩同样可用叠加法求解。例如图 A-2 所示的空心圆,可以看作由直径为 D 的实心圆减去直径为 d 的小圆,则

$$I_y=I_z=\frac{\pi D^4}{64}-\frac{\pi d^4}{64}=\frac{\pi D^4}{64}(1-\alpha^4)$$

式中,$\alpha=\frac{d}{D}$。

A.3 平行移轴公式

同一截面图形对于不同的坐标轴,其惯性矩(或惯性积)是不相同的。若两坐标轴相互平行,且其中一轴为图形的形心轴,则图形对这两根平行轴的惯性矩、惯性积之间存在较简单的关系。现在导出这种关系的表达式。

图 A-3 所示截面图形中,z_C, y_C 轴为过形心 C 的一对正交轴(形心轴),根据定义,图形对该对形心轴的惯性矩、惯性积分别为

$$I_{zC}=\int_A y_C^2\,dA$$

$$I_{yC}=\int_A z_C^2\,dA$$

$$I_{yCzC}=\int_A y_C z_C\,dA$$

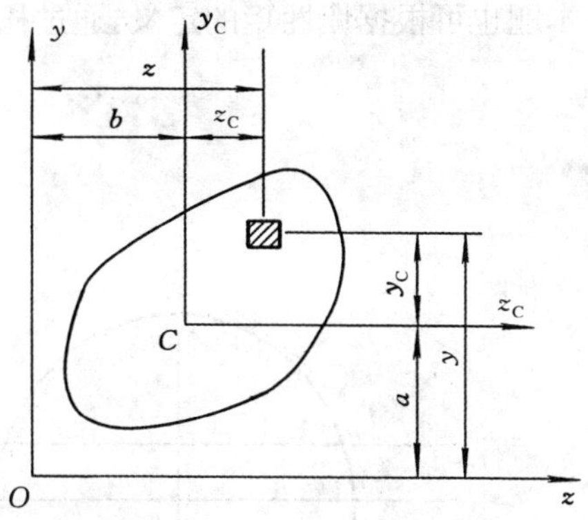

图 A-3　平行移轴公式的推导

设 z，y 轴是分别与 z_C，y_C 轴平行的另一对坐标轴，图形的形心 C 点在 z，y 坐标系中的坐标为(b，a)。由图可知

$$z=z_C+b,\quad y=y_C+a$$

则由式(A-6)，可计算图形对 z 轴的惯性矩

$$\begin{aligned}I_z&=\int_A y^2\,dA=\int_A (y_C+a)^2\,dA\\&=\int_A y_C^2\,dA+2a\int_A y_C\,dA+a^2\int_A dA\\&=I_{z_C}+2aS_{z_C}+Aa^2\end{aligned}$$

因 z_C 是形心轴，所以 $S_{z_C}=0$，上式为

$$I_z=I_{z_C}+Aa^2\tag{A-12a}$$

同理可得

$$I_y=I_{y_C}+Ab^2\tag{A-12b}$$

$$I_{yz}=I_{y_Cz_C}+Aab\tag{A-12c}$$

上述公式称为惯性矩和惯性积的**平行移轴公式**，它们是计算惯性矩和惯性积时最常用的计算公式，利用它们可使复杂图形的惯性矩或惯性积计算得到简化。

例 A-5　计算例 A-5 图所示的半径为 R 的半圆对水平形心轴 z_C 的惯性矩 I_{z_C}。

解　取半圆的直径轴为 z 轴，则半圆对直径轴的惯性矩等于整个圆形对直径轴的惯性矩的一半：

$$I_z=\frac{1}{2}\times\frac{\pi(2R)^4}{64}=\frac{1}{8}\pi R^4$$

根据平行移轴公式(A-12a)以及 $y_C=\dfrac{4R}{3\pi}$，可得

$$I_{zC}=I_z-Ay_C^2=\frac{1}{8}\pi R^4-\frac{\pi R^2}{2}\left(\frac{4R}{3\pi}\right)^2=0.11R^4$$

本题也可根据惯性矩的定义,通过积分计算 I_{z_C},显然,利用平行移轴公式计算较简便。

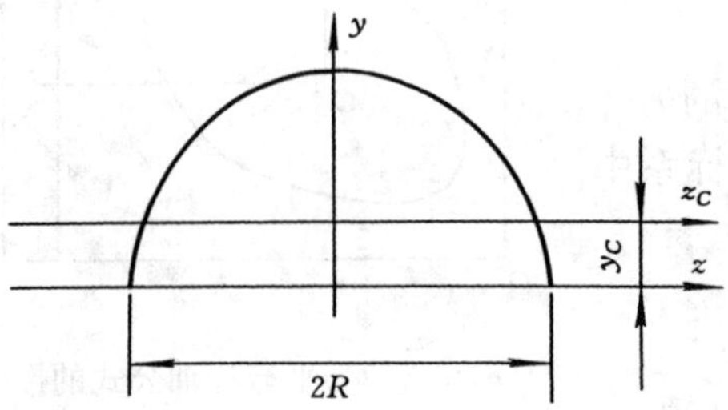

例 A-5 图

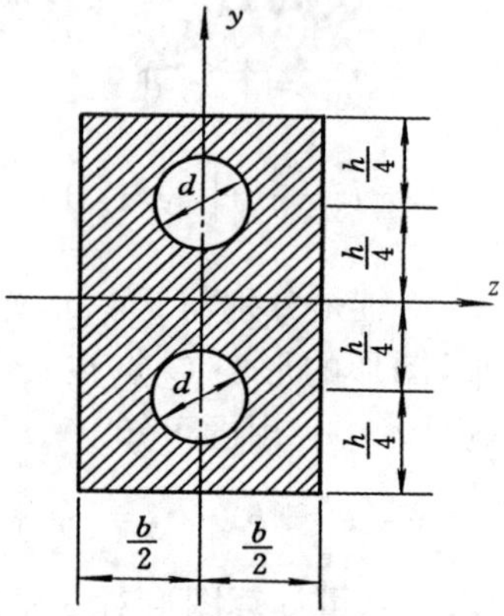

例 A-6 图

例 A-6 计算例 A-6 图所示图形对形心轴 z 轴和 y 轴的惯性矩。

解 该组合图形可看作由一个大矩形减去两个圆形。则

$$I_z = I_{z矩} - 2I_{z圆} = \frac{bh^3}{12} - 2\left[\frac{\pi d^4}{64} + \frac{\pi d^2}{4}\left(\frac{h}{4}\right)^2\right]$$

$$= \frac{bh^3}{12} - 2\pi \times \frac{d^4 + h^2 d^2}{64} = \frac{bh^3}{12} - \frac{\pi(d^2 + h^2)d^2}{32}$$

$$I_y = I_{y矩} - 2I_{y圆} = \frac{hb^3}{12} - 2\left[\frac{\pi d^4}{64}\right] = \frac{hb^3}{12} - \frac{\pi d^4}{32}$$

A.4 转轴公式

平行移轴公式给出了图形对两平行轴的惯性矩(惯性积)之间的内在联系,转轴公式将给出图形对同原点但夹角为 α 的两轴的惯性矩(惯性积)之间的内在联系。

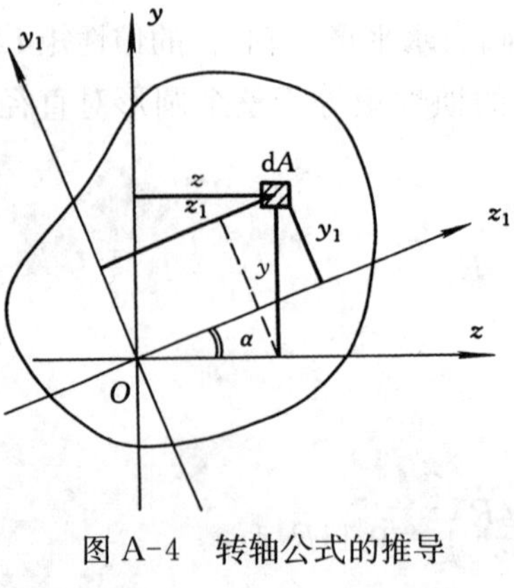

图 A-4 转轴公式的推导

图 A-4 中,坐标轴 z_1, y_1 为将坐标轴 z, y 绕原点 O 旋转 α 角(规定逆时针旋转的 α 角为正)后得到的坐标轴。显然,任一微面积 dA 在两个坐标系中的坐标有以下关系:

$$y_1 = y\cos\alpha - z\sin\alpha$$
$$z_1 = z\cos\alpha + y\sin\alpha$$

根据惯性矩的定义

$$I_{z_1}=\int_A y_1^2\mathrm{d}A=\int_A(y\cos\alpha-z\sin\alpha)^2\mathrm{d}A$$

$$=\cos^2\alpha\int_A y^2\mathrm{d}A+\sin^2\alpha\int_A z^2\mathrm{d}A-2\sin\alpha\cos\alpha\int_A yz\mathrm{d}A$$

$$=I_z\cos^2\alpha+I_y\sin^2\alpha-I_{yz}\sin 2\alpha$$

将上式进行三角变换，可得

$$I_{z_1}=\frac{I_z+I_y}{2}+\frac{I_z-I_y}{2}\cos 2\alpha-I_{yz}\sin 2\alpha \tag{A-13a}$$

同理有

$$I_{y_1}=\frac{I_z+I_y}{2}-\frac{I_z-I_y}{2}\cos 2\alpha+I_{yz}\sin 2\alpha \tag{A-13b}$$

$$I_{y_1z_1}=\frac{I_z-I_y}{2}\sin 2\alpha+I_{yz}\cos 2\alpha \tag{A-13c}$$

上述三式称为**惯性矩和惯性积的转轴公式**。

A.5 主惯性轴、主惯性矩、形心主惯性矩

A.5.1 主惯性轴和主惯性矩

由上节中公式(A-13c)可知，惯性积 $I_{y_1z_1}$ 是转角 α 的函数，当 α 在 0°～360°之间变化时，$I_{y_1z_1}$ 在正值和负值之间变化。因此，过原点 O 总可以找到一个特定的角度 α_0，对应一对新的坐标轴 z_0，y_0，图形对这一对轴的惯性积等于零，称这一对轴为过 O 点的**主惯性轴**，简称**主轴**。图形对主惯性轴的惯性矩称为**主惯性矩**，简称**主矩**。

下面具体来确定主惯性轴的位置，并导出主惯性矩的计算公式。设 α_0 为主惯性轴与原坐标轴之间的夹角，将其代入惯性积的转轴公式(A-13c)并令其为零

$$I_{y_0z_0}=\frac{I_z-I_y}{2}\sin 2\alpha_0+I_{yz}\cos 2\alpha_0=0$$

可得

$$\tan 2\alpha_0=-\frac{2I_{yz}}{I_z-I_y} \tag{A-14}$$

由式(A-14)可解得相差 90°的两个角度 α_0 和 $\alpha_0+90°$，分别确定相互垂直的一对主惯性轴 z_0，y_0。将求出的 α_0 代入式(A-13a)和式(A-13b)，便可求得主惯性矩 I_{z_0} 和 I_{y_0}。

另一方面,主惯性轴也可通过惯性矩来定义。由式(A-13a)和式(A-13b)可以看出,I_{z_1}和I_{y_1}的值随α角连续变化,故必存在极大、极小值。假设当$\alpha=\alpha_1$时,I_{z_1}达极值,则

$$\left.\frac{\mathrm{d}I_{z_1}}{\mathrm{d}\alpha}\right|_{\alpha=\alpha_1}=-2\left[\frac{I_z-I_y}{2}\sin 2\alpha_1+I_{yz}\cos 2\alpha_1\right]=0$$

$$\tan 2\alpha_1=-\frac{2I_{yz}}{I_z-I_y}$$

比较上式与式(A-14),可知$\alpha_1=\alpha_0$。因此,也称**使惯性矩达极值的轴为主惯性轴**。图形对过某点的一对主轴的两个主惯性矩就是图形对过该点的所有轴的惯性矩中的极大值I_{max}和极小值I_{min}。

将式(A-14)解得的α_0代回式(A-13a)、(A-13b),可导出直接由I_z,I_y,I_{yz}表示的主惯性矩的计算公式

$$\left.\begin{matrix}I_{max}\\I_{min}\end{matrix}\right\}=\frac{I_z+I_y}{2}\pm\sqrt{\left(\frac{I_z-I_y}{2}\right)^2+I_{yz}^2} \tag{A-15}$$

可以证明,在α_0只取主值($|2\alpha_0|\leqslant 90°$)的条件下,若$I_z>I_y$,则由z轴转过α_0到达z_0轴时,$I_{z_0}=I_{max}$;若$I_z<I_y$,则$I_{z_0}=I_{min}$。这里要注意,α_0以逆时针转向为正。

A.5.2 形心主惯性轴和形心主惯性矩

若主惯性轴通过截面图形的形心时,则称其为形心主惯性轴。截面对形心主惯性轴的惯性矩,称为形心主惯性矩,它是弯曲应力、变形计算时常用的几何性质。显然,对于有对称轴的截面图形,对称轴就是形心主惯性轴。

确定形心主轴的位置及计算形心主矩时,可以用公式(A-14)和(A-15),此时z,y轴为过图形形心的一对正交轴。具体步骤如下:

(1) 确定图形的形心C的位置。

(2) 选取一对过形心C的正交轴z,y,计算图形的I_y,I_z,I_{yz}。这对形心轴的设立,应以使惯性矩和惯性积的计算方便为准则。

(3) 利用公式(A-14)和式(A-15)计算形心主轴及形心主惯性矩。

以下几条是有助于判定形心主轴的规则:

(1) 对称轴及其过形心的垂直轴是一对形心主轴。

(2) 当图形有三根或三根以上的对称轴时,过形心的任一轴都是形心主轴。

(3) 当图形没有对称轴时,则过形心且使图形大部分面积距轴较远(使I达I_{max})或较近(使I达I_{min})的轴是形心主轴。

例 A-7 试确定例 A-7 图 a)所示图形形心主惯性轴的位置并求形心主惯性矩。

解 1. 首先确定图形形心的位置

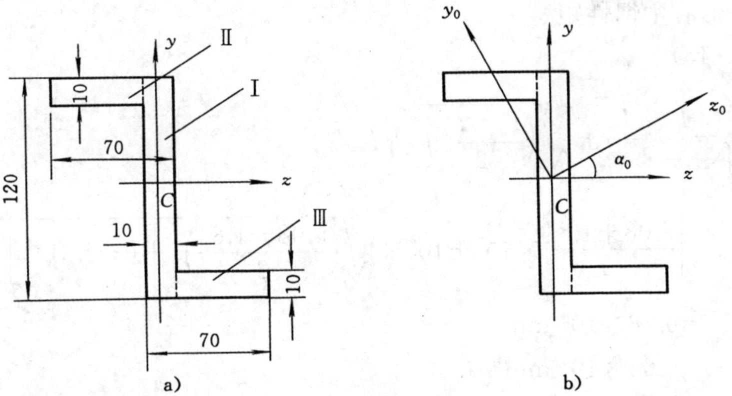

例 A-7 图

图形可看作由Ⅰ,Ⅱ,Ⅲ三个矩形组合而成,如例 A-7 图 a) 所示。由图形的对称性可知,C 点即为图形的形心。

2. 取过形心的水平轴和垂直轴作为 z 轴和 y 轴,计算 I_z, I_y, I_{yz}

$$\begin{aligned} I_z &= I_{z\text{Ⅰ}} + I_{z\text{Ⅱ}} + I_{z\text{Ⅲ}} \\ &= \frac{10\times 120^3}{12} + 2\times\left[\frac{60\times 10^3}{12} + 55^2\times(60\times 10)\right] \\ &= 5.08\times 10^6\ \text{mm}^4 \end{aligned}$$

$$\begin{aligned} I_y &= I_{y\text{Ⅰ}} + I_{y\text{Ⅱ}} + I_{z\text{Ⅲ}} \\ &= \frac{120\times 10^3}{12} + 2\times\left[\frac{10\times 60^3}{12} + 35^2\times(10\times 60)\right] \\ &= 1.84\times 10^6\ \text{mm}^4 \end{aligned}$$

$$\begin{aligned} I_{yz} = I_{yz\text{Ⅰ}} + I_{yz\text{Ⅱ}} + I_{yz\text{Ⅲ}} &= [0 + (-35)\times 55\times(60\times 10) \\ &\quad + 35\times(-55)\times(60\times 10)] = -2.31\times 10^6\ \text{mm}^4 \end{aligned}$$

3. 确定形心主轴位置

由式(A-14)得

$$\tan 2\alpha_0 = \frac{-2I_{yz}}{I_z - I_y} = \frac{-2\times(-2.31)}{5.08-1.84} = 1.426$$

可解得 $2\alpha_0 = 54°58'$或 $234°58'$,则 $\alpha_0 = 27°29'$或 $117°29'$。因 α_0 为正值,因此将 z 轴逆时针旋转 $27°29'$,即得形心主轴 z_0位置[例 A-7 图 b)]。由于 $I_z > I_y$,由此可判断 $I_{z_0} = I_{\max}$, $I_{y_0} = I_{\min}$。

4. 计算形心主惯性矩

由式(A-15)

$$\left.\begin{array}{l}I_{max}=I_{z_0}\\I_{min}=I_{y_0}\end{array}\right\}=\frac{I_z+I_y}{2}\pm\sqrt{\left(\frac{I_z-I_y}{2}\right)^2+I_{yz}^2}$$

$$=\left[\frac{5.08+1.84}{2}\times10^6\pm10^6\times\sqrt{\left(\frac{5.08-1.84}{2}\right)^2+(-2.31)^2}\right]$$

$$=\begin{cases}6.28\times10^6\ \mathrm{mm}^4\\0.64\times10^6\ \mathrm{mm}^4\end{cases}$$

思 考 题

A-1 矩形 $ABCD$ 与平行四边形 $ABC'D'$ 对 z 轴的惯矩是否相同？z 轴是矩形 $ABCD$ 的主轴，是否也是 $ABC'D'$ 的主轴？

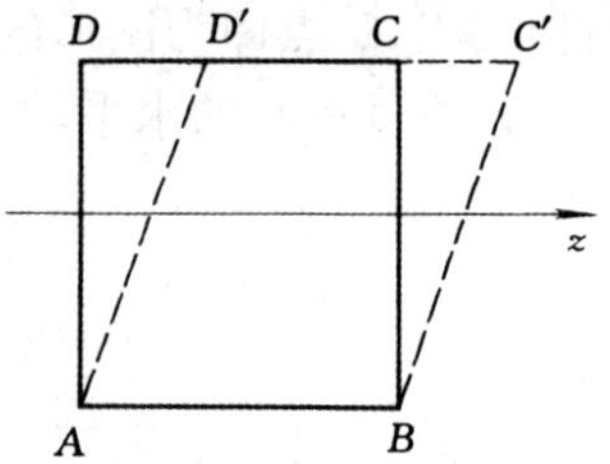

思考题 A-1 图

A-2 半圆对直径的惯矩为 $\frac{1}{2}\times\frac{\pi D^4}{64}$，对与直径平行且相距为 a 的轴 z，根据平行轴定理有

$$I_z=\frac{1}{2}\times\frac{\pi D^4}{64}+\frac{1}{2}\times\frac{\pi D^2}{4}a^2$$

这样计算对不对？为什么？

A-3 图形形心轴为 z，z 分图形为两部分，这两部分图形对 z 轴的静矩是否相等？

A-4 主惯矩是惯矩的极大值与极小值。形心主惯矩中小者恒小于图形对任一根轴的惯矩，大者恒大于图形对任一根轴的惯矩，对不对？

A-5 不等边角钢的型钢表中没有给出 I_{max} 和 I_{yz}，你能根据给出的数据计算出 I_{max} 及 I_{yz} 吗？

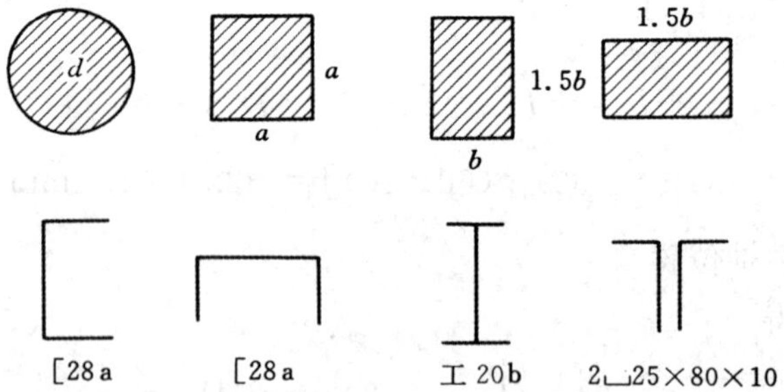

思考题 A-6 图

A-6 思考题 A-7 图中各截面图形的面积均在 4 000 mm^2 左右，试比较它们对水平形心轴惯矩的大小，能得出什么结论？

A-7 判断思考题 A-7 图图形的形心主轴大概的位置，并指出对哪一主形心轴的惯矩为最大？

思考题 A-7 图

A-8　比较斜截面应力计算公式(8-2)和式(A-13)，并仿式(8-4)、式(8-5)得出式(A-14)、式(A-15)。

A-9　在平行移轴公式和转轴公式中，未提及 I_p，试补充之。

习　题

A-1　对题 A-1 图示各截面(单位：mm)，试求：

(1) 截面形心位置；

(2) 在题 A-1 图 a)，b)，c)，d)中 z 轴上方截面面积对 z 轴的静矩 S_z^*。

题 A-1 图

A-2　试用积分法求题 A-2 图示截面对 z 轴的惯性矩。

A-3　已知半径为 R 的半圆形截面对底边的惯矩 $I_{z1}=\dfrac{\pi}{8}R^4$，z_2 轴平行于 z_1 轴且相距为 R(题 A-3 图)。求半圆形截面对于 z_2 轴的惯矩。

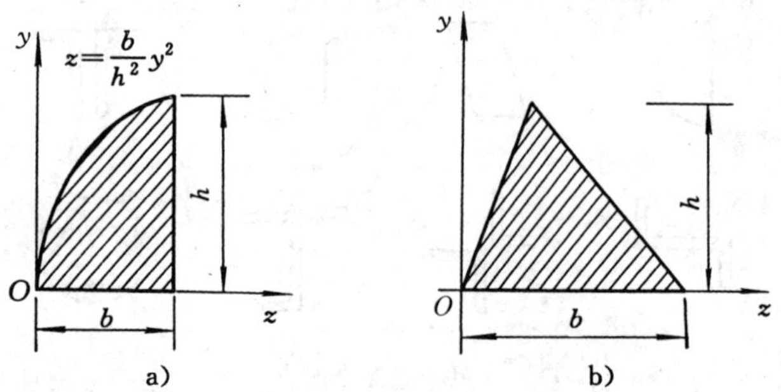

题 A-2 图

A-4 直角三角形对底边 b 的惯矩 $I_z=\frac{bh^3}{12}$,不用积分法,试求:

(1) 图形对过顶角 A 且与底边平行的轴 z_1 的惯矩 I_{z1};

(2) 对此图形,是否存在着与 z_1 轴平行且惯矩等于 I_{z1} 的其他轴?若有的话,在何处?

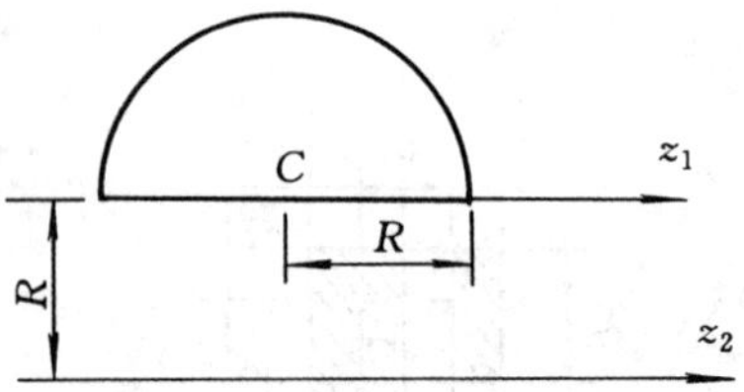

题 A-3 图

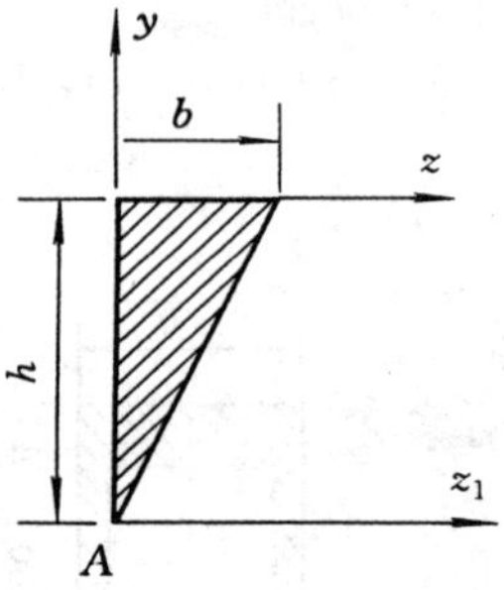

题 A-4 图

A-5 计算题 A-5 图示截面对 z, y 轴的惯性矩和惯性积。

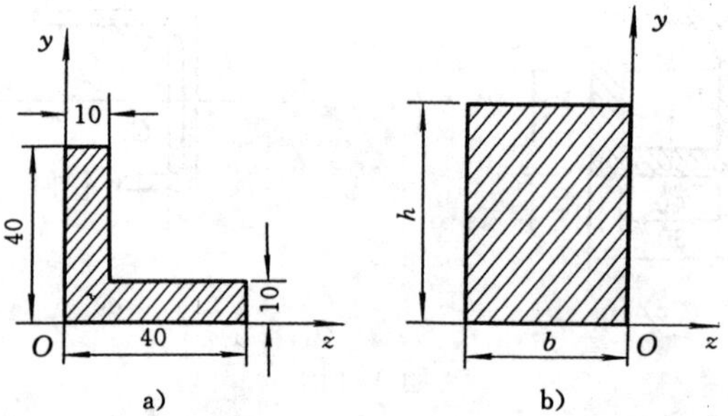

题 A-5 图

A-6 求题 A-6 图示截面对于对称轴的惯矩(单位:mm)。

A-7 求题 A-7 图示截面对其水平形心轴的惯矩(单位:mm)。

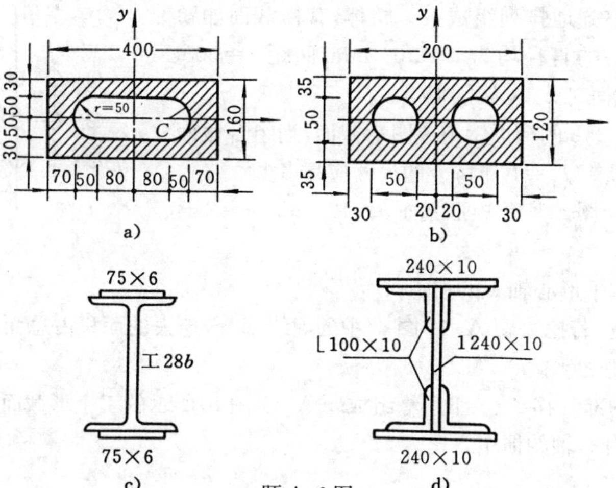

题 A-6 图

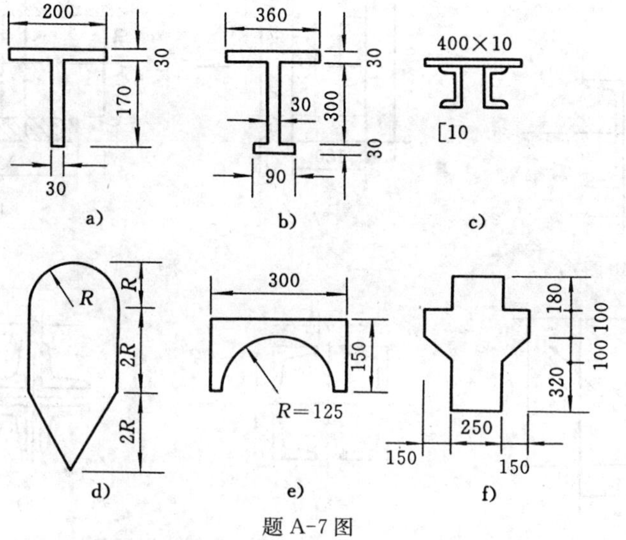

题 A-7 图

A-8　题 A-8 图 a)为带键槽 $b\times t$ 的圆轴，键可近似作为矩形，并略去其对自身形心轴的惯矩；题 A-8 图 b)为花键轴。试求题 A-8 图 a)，b)两种截面形式对圆轴直径 y,z 的惯矩(单位：mm)。

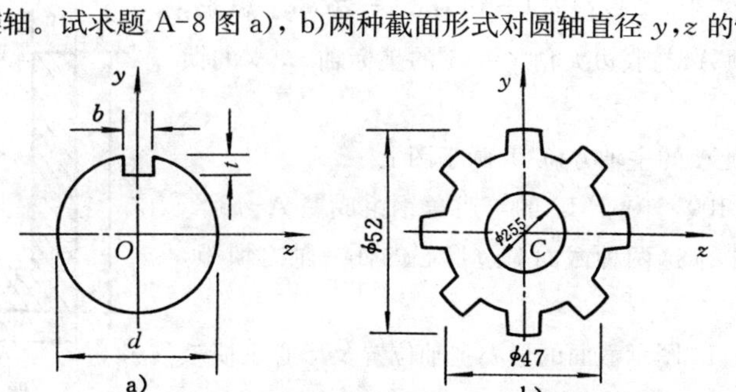

题 A-8 图

A-9　15 根桩整齐地排列组成一个整体，其横截面如题 A-9 图所示。每根桩的直径均为 $d=100$ mm，间距 $s=500$ mm。试求此整体截面对 z，y 轴的惯矩。

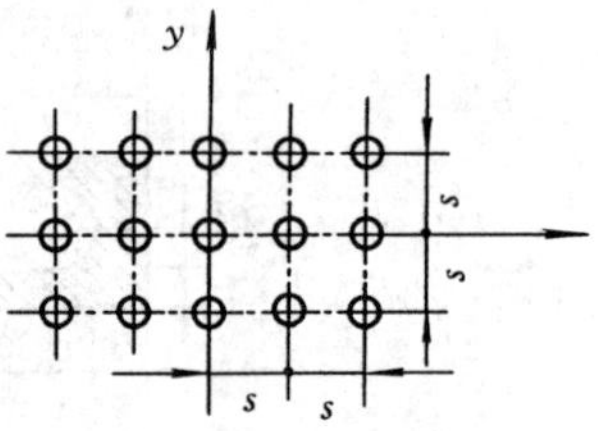

题 A-9 图

A-10　由两个[25b 的槽形钢组成图示截面，当组合截面对于两个对称轴的惯矩 $I_z=I_y$ 时，b 的尺寸应是多少？

A-11　题 A-11 图 a)所示矩形截面 $b=120$ mm，$h=240$ mm。试求：

(1) 该截面对水平形心轴 z 的惯矩；

(2) 在 z 轴附近，若挖去题 A-11 图 a)中的虚线部分，挖去的面积占总面积之比；挖去后的截面惯矩对原截面惯矩之比；

(3) 若将挖去的部分移到上、下边缘组成题 A-11 图 b)所示的工字形截面，求改造后的工字形截面与原矩形截面对 z 轴的惯矩之比。

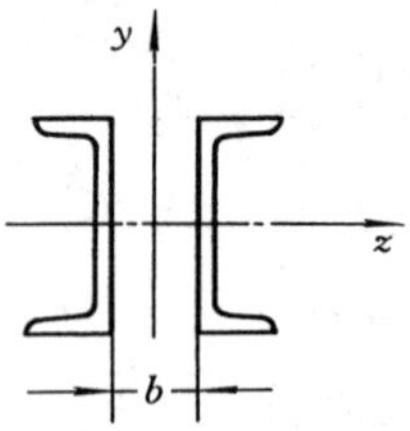

题 A-10 图

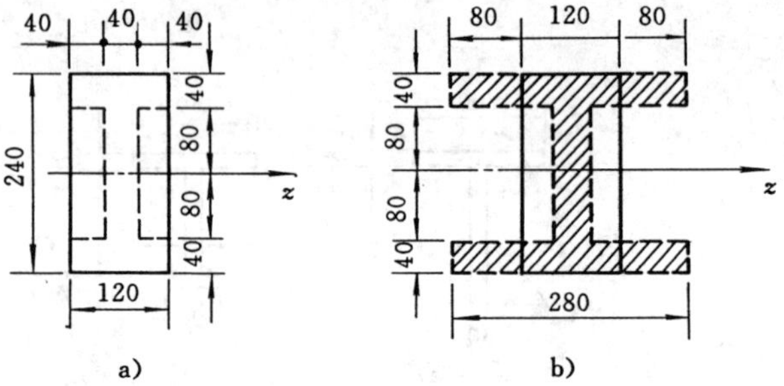

题 A-11 图

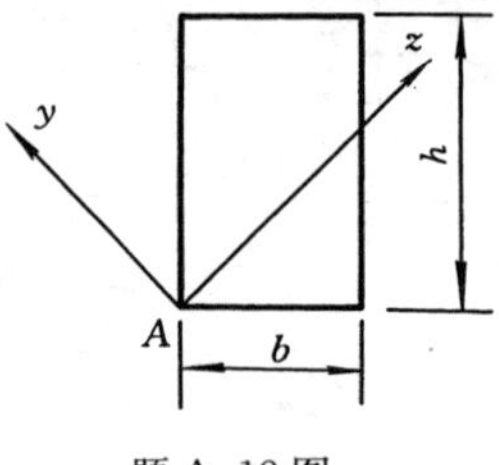

题 A-12 图

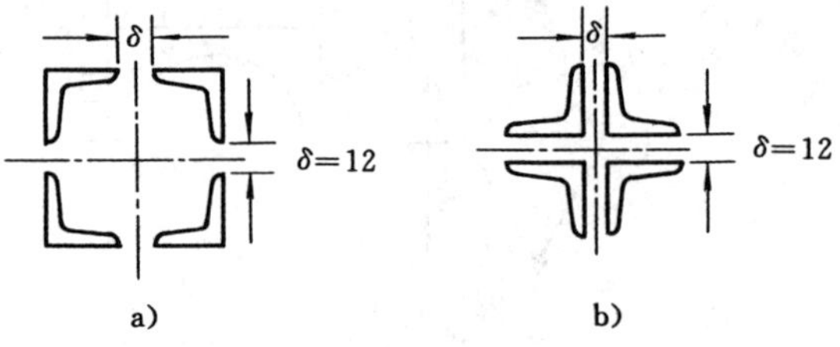

题 A-13 图

A-12　题 A-12 图示矩形截面 $b=15$ cm，$h=20$ cm。试求：

(1) 截面过角顶 A，与底边夹角 $\alpha=45°$ 的坐标轴 z，y 的惯矩和惯积；

(2) 截面过角顶 A 的主轴方位，并画于图上。

A-13　四块∟ 100×100×10 的等边角钢组成题 A-13 图 a)，b)两种截面形式，求这两种截面对过形心的任一轴之惯矩，并作比较。

A-14　求题 A-14 图示截面的形心主轴位置及形心主惯矩(单位：mm)。

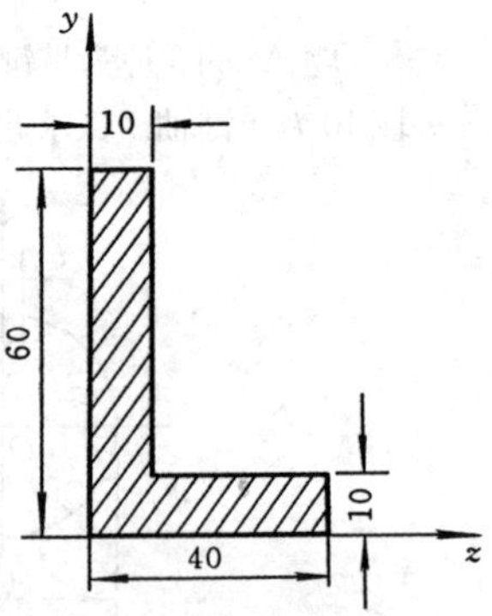

题 A-14 图

习 题 答 案

A-1　a) $z_C=80$ mm，　$y_C=147$ mm，　$S_z^*=1.15\times10^6$ mm^3；

b) $z_C=0$，　$y_C=-4.17$ mm，　$S_z^*=250\times10^4$ mm^3；

c) $z_C=0$，　$y_C=-8.73$ mm，　$S_z^*=12.67\times10^3$ mm^3；

d) $z_C=22.9$ mm，　$y_C=42.2$ mm，　$S_z^*=220\times10^3$ mm^3。

A-2　a) $I_z=\dfrac{2}{15}bh^3$；　b) $I_z=\dfrac{bh^3}{12}$。

A-3　$\dfrac{5}{8}\pi R^4+\dfrac{4}{3}R^4$。

A-4　(1) $I_{z1}=\dfrac{bh^3}{4}$；　(2) 在底边上方$\dfrac{h}{3}$处。

A-5　a) $I=I_y=0.56\times10^5$ mm^4，　$I=0.775\times10^5$ mm^4；

b) $I_z=\dfrac{bh^3}{3}$，$I_y=\dfrac{hb^3}{3}$，$I_{yz}=\dfrac{b^2h^2}{4}$。

A-6　a) $I_z=1.18\times10^8$ mm^4，　$I_y=7.29\times10^8$ mm^4；

b) $I_z=2.82\times10^7$ mm^4，　$I_y=7.14\times10^7$ mm^4；

c) $I_z=9.32\times10^7$ mm^4，　$I_y=4.22\times10^6$ mm^4；

d) $I_z=6.17\times10^9$ mm^4，　$I_z=3.89\times10^7$ mm^4。

A-7　a) $I_z=4.03\times10^7$ mm^4；　b) $I_z=3.57\times10^8$ mm^4；

c) $I_z=8.71\times10^6$ mm^4；　d) $I_z=10.5R^4$；

e) $I_z=3.16\times10^7$ mm^4；　f) $I_z=7.55\times10^9$ mm^4。

A-8　a) $I_z=\dfrac{\pi d^4}{64}-\dfrac{1}{4}tb(d-t)^2$，　$I_y=\dfrac{\pi}{64}d^4-\dfrac{bt^3}{12}$；

b) $I_y=I_z=2.78\times10^5$ mm^4。

A-9　$I_z=1.97\times10^{10}$ mm^4，　$I_y=5.90\times10^{10}$ mm^4。

A-10　$b=143$ mm。

A-11　(1) $I_z=1.38\times10^8$ mm^4；　(2) 44.4%，　80.2%；　(3) 1.74。

A-12　(1) $I_z=8\,750$ cm^4，　$I_y=53\,750$ cm^4，　$I_{yz}=8\,750$ cm^4；

(2) $\alpha=-34.37^\circ$。

A-13　a) $I=5.36\times10^7$ mm^4；　b) $I=1.63\times10^7$ mm^4。

A-14　$\alpha=-13^\circ30'$或$76^\circ30'$，$I_{zC}=76.1\times10^4$ mm^4，$I_{yC}=19.9\times10^4$ mm^4。

附录 B　平面应力条件下的应变分析

B.1　平面应力条件下的应变分析

知识点
重点
难点

一点的某个面上既无正应力又无切应力，此时称这点的应力情况为平面应力，杆件发生基本变形或组合变形时，杆件内一点的应力基本上都是平面应力；任何构件表面无外力直接作用处，也都是平面应力。因此，平面应力是相当普遍的情况。根据第8章介绍的知识，一点的应力、应变之间可按流程图 B-1 过程转换计算。

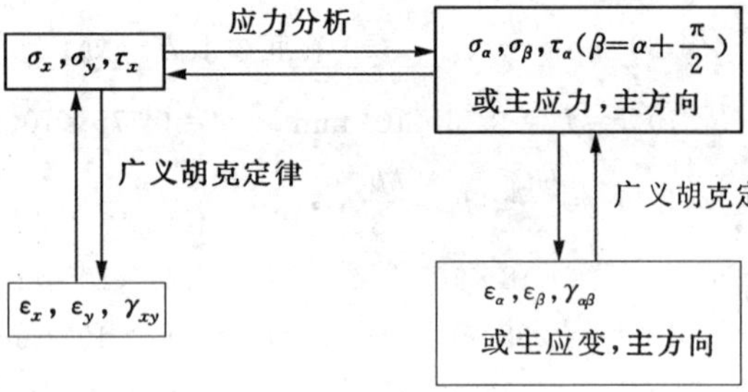

图 B-1　应力，应变计算流程图

从 $\varepsilon_x,\varepsilon_y,\gamma_{xy}$ 出发，计算 $\varepsilon_\alpha,\varepsilon_\beta,\gamma_{\alpha\beta}$ 或主应变、主方向需用广义胡克定律和应力分析作过渡，一则运算繁琐，二则受广义胡克定律限制，只能在线弹性范围内计算。本节介绍 $\varepsilon_x,\varepsilon_y,\gamma_{xy}$ 与 $\varepsilon_\alpha,\varepsilon_\beta,\gamma_{\alpha\beta}$ 之间的直接关系。

平面应力单元体如图 B-2a) 所示，假定 OC 边相对静止，变形后单元体如图 B-2b) 所示。在小变形前提下，叠加原理成立，$\varepsilon_x,\varepsilon_y,\gamma_{xy}$ 共同存在时的变形，等于 $\varepsilon_x,\varepsilon_y,\gamma_{xy}$ 单独发生时引起的变形之和。应变的符号规定为：拉应变为正、压应变为负；切应变是以直角增大为正，减小为负。图 B-2b) 所示的 $\varepsilon_x,\varepsilon_y,\gamma_{xy}$ 都是正的。

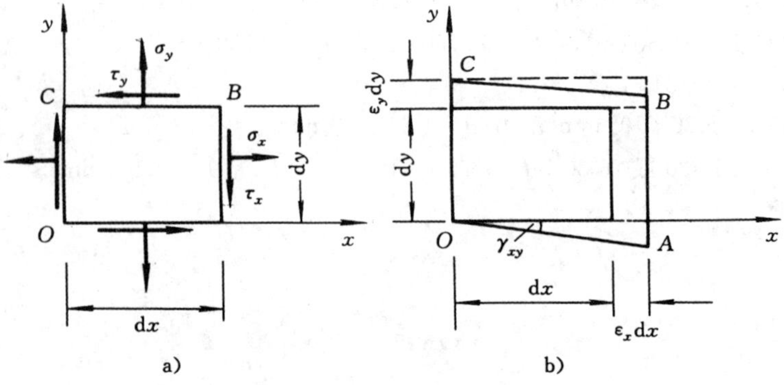

图 B-2　平面应力状态下应力与应变间的对应关系

为计算 $\varepsilon_\alpha,\gamma_{\alpha\beta}\left(\beta=\alpha+\dfrac{\pi}{2}\right)$,取单元体 $OAPC$ 和 $OCQA'$[图 B-3a)],$\angle AOP=\alpha$,$\angle AOQ=\alpha+\dfrac{\pi}{2}=\beta$。 OP 的线应变和 $\angle POQ$ 的变化值分别为 ε_α 和 $\gamma_{\alpha\beta}$。按叠加法分别计算由 $\varepsilon_x,\varepsilon_y,\gamma_{xy}$ 引起的 $\varepsilon_\alpha,\gamma_{\alpha\beta}$,然后叠加。图 B-3b), c), d)分别表示单有 $\varepsilon_x,\varepsilon_y,\gamma_{xy}$ 时的变形图,由 $\varepsilon_x,\varepsilon_y,\gamma_{xy}$ 单独作用下产生的 α 方向线应变、切应变分别记为 $\varepsilon_\alpha',\gamma_{\alpha\beta}';\varepsilon_\alpha'',\gamma_{\alpha\beta}'';\varepsilon_\alpha''',\gamma_{\alpha\beta}'''$。

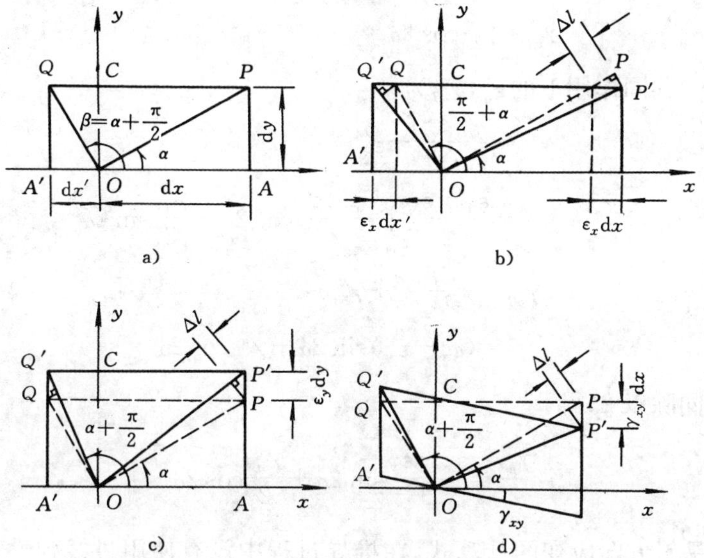

图 B-3　应变分析

图 B-3b)为仅存在 ε_x,图中 $l=OP=\mathrm{d}x/\cos\alpha$,$P$ 点位移 $PP'=\varepsilon_x\mathrm{d}x$, OP 伸长量 $\Delta l=(\varepsilon_x\mathrm{d}x)\cos\alpha$,得

$$\varepsilon_\alpha'=\frac{\Delta l}{l}=\varepsilon_x\cos^2\alpha=\frac{1+\cos 2\alpha}{2}\varepsilon_x$$

$$\angle P'OP=\frac{PP'\sin\alpha}{l}=\varepsilon_x\sin\alpha\cos\alpha$$

同理

$$\angle QOQ'=\varepsilon_x\sin\alpha\cos\alpha$$

$$\gamma_{\alpha\beta}'=\angle P'OP+\angle QOQ'=\varepsilon_x\sin 2\alpha$$

图 B-3c)为仅存在 ε_y,图中 $l=OP=\mathrm{d}y/\sin\alpha$,$P$ 点位移 $PP'=\varepsilon_y\mathrm{d}y$, OP 伸长量 $\Delta l=(\varepsilon_y\mathrm{d}y)\sin\alpha$,得

$$\varepsilon_\alpha''=\frac{\Delta l}{l}=\varepsilon_y\sin^2\alpha=\frac{1-\cos 2\alpha}{2}\varepsilon_y$$

$$\angle P'OP=\frac{-PP'\cos\alpha}{l}=-\varepsilon_y\sin\alpha\cos\alpha$$

同理 $$\angle QOQ'=-\varepsilon_y\sin\alpha\cos\alpha$$

$$\gamma''_{\alpha\beta}=\angle P'OP+\angle QOQ'=-\varepsilon_y\sin 2\alpha$$

图 B-3d)为仅存在 γ_{xy},图中 P 点位移 $PP'=\gamma_{xy}\mathrm{d}x$,同理可得

$$\varepsilon'''_\alpha=-\gamma_{xy}\sin\alpha\cos\alpha=-\frac{\gamma_{xy}}{2}\sin 2\alpha$$

$$\gamma'''_{\alpha\beta}=\gamma_{xy}\cos 2\alpha$$

于是 $\varepsilon_x,\varepsilon_y,\gamma_{xy}$ 共同作用下的 $\varepsilon_\alpha,\gamma_{\alpha\beta}$ 为

$$\begin{aligned}\varepsilon_\alpha&=\varepsilon'_\alpha+\varepsilon''_\alpha+\varepsilon'''_\alpha\\&=\frac{\varepsilon_x+\varepsilon_y}{2}+\frac{\varepsilon_x-\varepsilon_y}{2}\cos 2\alpha-\frac{\gamma_{xy}}{2}\sin 2\alpha\end{aligned}\tag{B-1a}$$

$$\begin{aligned}\gamma_{\alpha\beta}&=\gamma'_{\alpha\beta}+\gamma''_{\alpha\beta}+\gamma'''_{\alpha\beta}\\&=(\varepsilon_x-\varepsilon_y)\sin 2\alpha+\gamma_{xy}\cos 2\alpha\end{aligned}\tag{a}$$

将式(a)两边同除以 2,得

$$\frac{\gamma_{\alpha\beta}}{2}=\frac{\varepsilon_x-\varepsilon_y}{2}\sin 2\alpha+\frac{\gamma_{xy}}{2}\cos 2\alpha\tag{B-1b}$$

式(B-1b)就是斜方向应变的计算式,在推导过程中没有使用过线弹性变形条件,因此它可用于弹塑性小变形的情况。式(B-1b)与应力分析中的斜截面应力计算公式式(9-2)相仿,ε 对应 σ,$\gamma/2$ 对应 τ,所以应变 ε,γ 具有应力 σ,τ 相同的性质,也有主应变(线应变的极值)、主方向,也可用图解法(应变圆)计算。

$$\varepsilon_\alpha+\varepsilon_\beta=\varepsilon_x+\varepsilon_y\tag{B-2}$$

$$\varepsilon_{\substack{\max\\\min}}=\frac{\varepsilon_x+\varepsilon_y}{2}\pm\sqrt{\left(\frac{\varepsilon_x-\varepsilon_y}{2}\right)^2+\left(\frac{\gamma_{xy}}{2}\right)^2}\tag{B-3}$$

主应变方向 α_0,α'_0 为

$$\alpha_0=\frac{1}{2}\arctan\frac{-\gamma_{xy}}{\varepsilon_x-\varepsilon_y},\quad \alpha'_0=\alpha_0+\frac{\pi}{2}\tag{B-4}$$

$$\frac{1}{2}\gamma_{\max}=\sqrt{\left(\frac{\varepsilon_x-\varepsilon_y}{2}\right)^2+\left(\frac{\gamma_{xy}}{2}\right)^2}\tag{B-5}$$

例 B-1 已知受力构件表面一点处的应变为 $\varepsilon_x=170\times10^{-6}$,$\varepsilon_y=40\times10^{-6}$,$\gamma_{xy}$

$=-260\times10^{-6}$，试用解析法和应变圆法确定该点在表面内的主应变及极值切应变值和方向。

解 1. 解析法

主应变值

$$\left.\begin{matrix}\varepsilon_{max}\\ \varepsilon_{min}\end{matrix}\right\}=\frac{\varepsilon_x+\varepsilon_y}{2}\pm\sqrt{\left(\frac{\varepsilon_x-\varepsilon_y}{2}\right)^2+\left(\frac{\gamma_{xy}}{2}\right)^2}$$

$$=\left(\frac{170+40}{2}\right)\times10^{-6}\pm\sqrt{\left(\frac{170-40^2}{2}\right)+\left(\frac{-260}{2}\right)^2}\times10^{-6}$$

$$=\begin{cases}250\times10^{-6}\\ -40\times10^{-6}\end{cases}$$

主应变方向

$$\tan2\alpha_0=-\frac{\gamma_{xy}}{\varepsilon_x-\varepsilon_y}=-\frac{-260\times10^{-6}}{(170-40)\times10^{-6}}=2$$

$$2\alpha_0=63.4^\circ\text{ 或 }243.4^\circ,\qquad \alpha_0=31.7^\circ\text{ 或 }121.7^\circ$$

因为 $\varepsilon_x>\varepsilon_y$，故 α_0 对应 ε_{max}

$$\varepsilon_{31.7^\circ}=\varepsilon_{max}=250\times10^{-6}$$

$$\varepsilon_{121.7^\circ}=-40\times10^{-6}$$

$$\gamma_{max}=\sqrt{\left(\frac{170-40}{2}\right)^2+\left(\frac{-260}{2}\right)^2}\times10^{-6}\times2=291\times10^{-6}$$

2. 作应变圆

选比例尺，画 $\varepsilon-\dfrac{\gamma}{2}$ 坐标系，以 $D_x\left(170\times10^{-6},\dfrac{-260\times10^{-6}}{2}\right)$ 和 $D_y\left(40\times10^{-6},\dfrac{260\times10^{-6}}{2}\right)$ 两点连线为直径作圆，即为所求应变圆。按比例从应变圆上量得主应变值：

$$\varepsilon_{max}=\overline{OA}=250\times10^{-6}$$

$$\varepsilon_{mim}=\overline{OB}=-40\times10^{-6}$$

$$\gamma_{max}=290\times10^{-6}$$

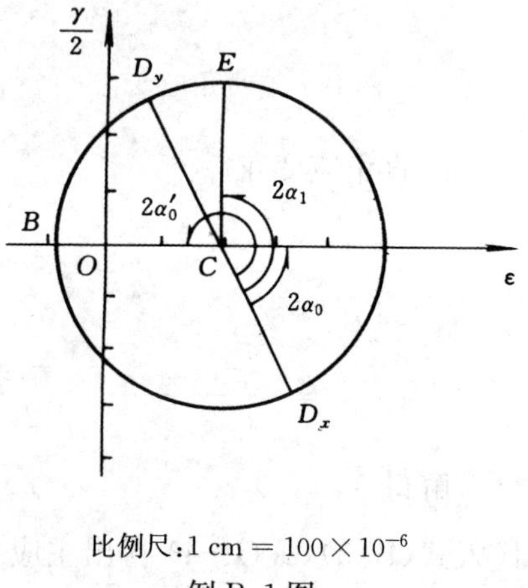

比例尺：1 cm = 100 × 10⁻⁶

例 B-1 图

用量角器从应变圆上量得 D_x 与 A，B 之间所夹圆心角：

$$2\alpha_0 = 63.4°, \qquad 即\ \varepsilon_{max}\ 与\ x\ 轴夹角\ \alpha_0 = 31.7°;$$

$$2\alpha_0' = 243.4°, \qquad 即\ \varepsilon_{min}\ 与\ x\ 轴夹角\ \alpha_0' = 121.7°。$$

D_x 与 E 之间所夹圆心角为

$$2\alpha_1 = 153.4°, 即\ \gamma_{max}\ 与\ x\ 轴夹角\ \alpha_1 = 76.7°, 与\ \varepsilon_1\ 成 + 45°。$$

B.2 一点应变实测和应力计算

一点的应力可以根据载荷 → 内力 → 应力计算,也可以通过一点的应变来计算。当杆件所受载荷复杂、难以确定载荷值时;当构件形状较复杂,分析计算的内力值、应力值需验证时,就可采用实测手段来确定载荷值或应力值。电测方法是常用的实测手段,用应变片可测得贴片点在贴片方向的线应变。应变片只能贴在构件表面,因此,平面应力的应变分析是电测方法的理论基础。一点的应变通常需有 ε_x,ε_y 和 γ_{xy} 三个信息,由于测量 γ_{xy} 是较困难的,所以在测定一点的应变(应力)状态时,不测 γ_{xy} 而是测定三个已知方向的线应变,由这三个方向的线应变,利用式(B-1) 反解出 ε_x,ε_y 和 γ_{xy}。为了便于计算,应变片按特殊的角度布置,称之为**应变花**。常用的应变花有直角应变花(图 B-4) 和等角应变花(图 B-5)。

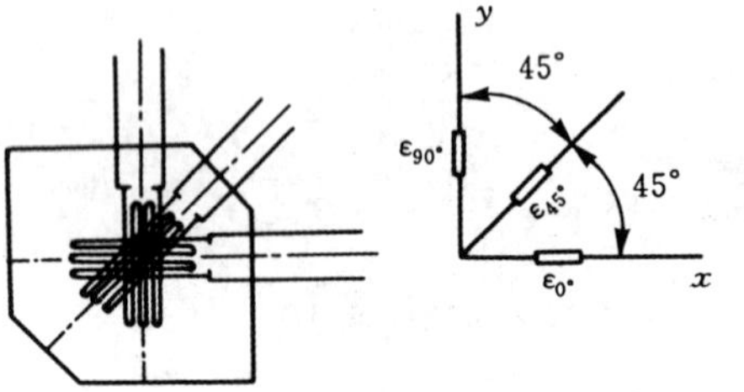

图 B-4 直角应变花

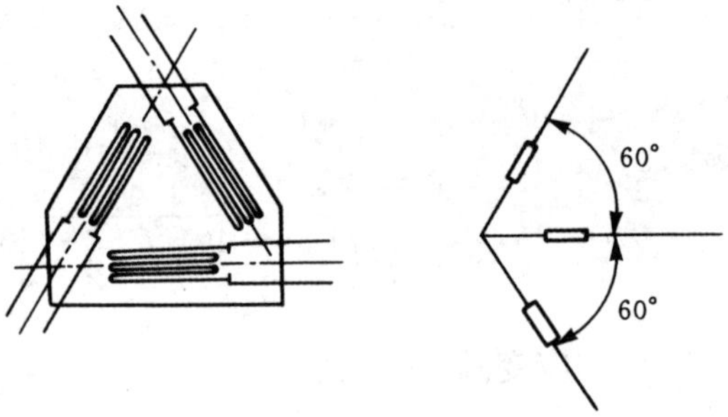

图 B-5 等角应变花

1. 直角应变花

$$\varepsilon_x = \varepsilon_{0°}$$

$$\varepsilon_y = \varepsilon_{90°}$$

$$\varepsilon_{45°} = \frac{\varepsilon_{0°} + \varepsilon_{90°}}{2} + \frac{\varepsilon_{0°} - \varepsilon_{90°}}{2}\cos(2\times 45°) - \frac{\gamma_{xy}}{2}\sin(2\times 45°)$$

解得

$$\gamma_{xy} = \varepsilon_{0°} + \varepsilon_{90°} - 2\varepsilon_{45°} \tag{B-6}$$

代入式(B-3),式(B-4) 得出主应变、主方向:

$$\left.\begin{matrix}\varepsilon_{max}\\ \varepsilon_{min}\end{matrix}\right\} = \frac{\varepsilon_{0°} + \varepsilon_{90°}}{2} \pm \sqrt{\left(\frac{\varepsilon_{0°} - \varepsilon_{90°}}{2}\right)^2 + \left(\frac{\varepsilon_{0°} + \varepsilon_{90°}}{2} - \varepsilon_{45°}\right)^2}$$

$$\left.\begin{matrix}\varepsilon_{\max}\\ \varepsilon_{\min}\end{matrix}\right\}=\frac{\varepsilon_{0^\circ}+\varepsilon_{90^\circ}}{2}\pm\frac{\sqrt{2}}{2}\sqrt{(\varepsilon_{0^\circ}-\varepsilon_{45^\circ})^2+(\varepsilon_{90^\circ}-\varepsilon_{45^\circ})^2} \tag{B-7a}$$

$$\tan 2\alpha_0=\frac{2\varepsilon_{45^\circ}-(\varepsilon_{0^\circ}+\varepsilon_{90^\circ})}{\varepsilon_{0^\circ}-\varepsilon_{90^\circ}} \tag{B-7b}$$

2. 等角应变花

$$\varepsilon_x=\varepsilon_{0^\circ}$$

$$\varepsilon_{60^\circ}=\frac{\varepsilon_x+\varepsilon_y}{2}+\frac{\varepsilon_x-\varepsilon_y}{2}\cos 120^\circ-\frac{\gamma_{xy}}{2}\sin 120^\circ$$

$$\varepsilon_{-60^\circ}=\frac{\varepsilon_x+\varepsilon_y}{2}+\frac{\varepsilon_x-\varepsilon_y}{2}\cos(-120^\circ)-\frac{\gamma_{xy}}{2}\sin(-120^\circ)$$

解得

$$\varepsilon_x=\varepsilon_{0^\circ}$$

$$\varepsilon_y=\frac{1}{3}(2\varepsilon_{-60^\circ}+2\varepsilon_{60^\circ}-\varepsilon_{0^\circ})$$

$$\gamma_{xy}=\frac{2\sqrt{3}}{3}(\varepsilon_{-60^\circ}-\varepsilon_{60^\circ})$$

代入式(B-3)、式(B-4)得出主应变、主方向：

$$\left.\begin{matrix}\varepsilon_{\max}\\ \varepsilon_{\min}\end{matrix}\right\}=\frac{\varepsilon_{-60^\circ}+\varepsilon_{0^\circ}+\varepsilon_{60^\circ}}{3}\pm\frac{\sqrt{2}}{3}\sqrt{(\varepsilon_{-60^\circ}-\varepsilon_{0^\circ})^2+(\varepsilon_{0^\circ}-\varepsilon_{60^\circ})^2+(\varepsilon_{60^\circ}-\varepsilon_{-60^\circ})^2} \tag{B-8a}$$

$$\tan 2\alpha_0=\frac{\sqrt{3}(\varepsilon_{-60^\circ}-\varepsilon_{60^\circ})}{\varepsilon_{-60^\circ}+\varepsilon_{60^\circ}-2\varepsilon_{0^\circ}} \tag{B-8b}$$

在电测方法中，先测出应变，再计算应力，故平面应力时的广义胡克定律常表示为

$$\left.\begin{aligned}\sigma_x&=\frac{E}{1-\nu^2}(\varepsilon_x+\nu\varepsilon_y)\\ \sigma_y&=\frac{E}{1-\nu^2}(\varepsilon_y+\nu\varepsilon_x)\\ \tau_{xy}&=G\gamma_{xy}\end{aligned}\right. \tag{B-9}$$

若材料处于线弹性阶段，根据实测应变计算主应力、主方向时，可以先由应变分析得主应变、主方向，再由胡克定律计算主应力；亦可先由胡克定律计算应力，再由应力分析得主应力、主方向。若实测应变显示材料已进入塑性，由应变分析仍可得主应变，主方向，但不可通过广义胡克定律计算主应力。

例 B-2　受内压 q 的薄壁容器，同时受轴向拉力 F，外扭矩 M_e 作用，在容器外表

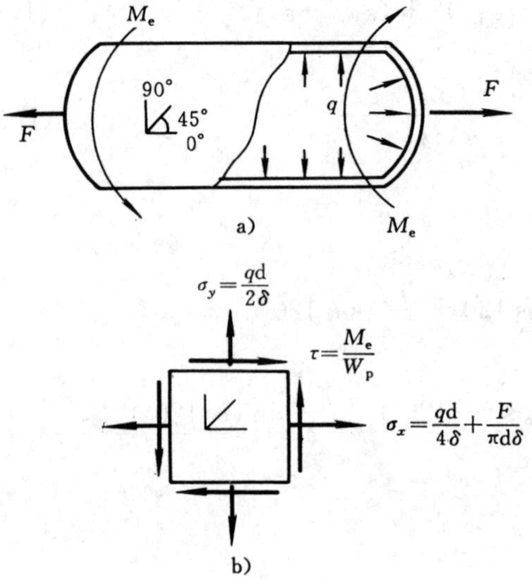

例 B-2 图

面沿轴线方向贴上直角应变花，如例 B-2 图所示。测得 $\varepsilon_x=96\times10^{-6}$，$\varepsilon_y=160\times10^{-6}$，$\varepsilon_{45^\circ}=260\times10^{-6}$。材料的弹性模量 $E=2\times10^5$ MPa，泊松比 $\nu=0.27$。试求：

(1) 该点主应变、主方向和主应力；

(2) 若容器直径为 $d=50$ mm，壁厚为 $\delta=2$ mm，确定 q，F 和 M_e 值。

解 1. 由式(B-6)得

$$\gamma_{xy}=\varepsilon_{0^\circ}+\varepsilon_{90^\circ}-2\varepsilon_{45^\circ}=(96+160-2\times260)\times10^{-6}=-264\times10^{-6}$$

将 ε_{0°，ε_{90°，γ_{xy} 代入式(B-3)，式(B-4)得

$$\varepsilon_{\min}^{\max}=\left[\frac{96+160}{2}\pm\sqrt{\left(\frac{96-160}{2}\right)^2+\left(\frac{-264}{2}\right)^2}\right]\times10^{-6}$$

$$=\begin{matrix}264\times10^{-6}\\-7.8\times10^{-6}\end{matrix}$$

$$\tan2\alpha_0=\frac{-(-264)\times10^{-6}}{(96-160)\times10^{-6}}=-4.125$$

$$\alpha_0=-38^\circ,\quad \alpha_0'=52^\circ$$

上述结果亦可直接由式(B-7)计算得到。

因为 $\varepsilon_x<\varepsilon_y$，$\varepsilon_{\max}=\varepsilon_{\alpha'}=264\times10^{-6}$

将 ε_{0°，ε_{90°，γ_{xy} 代入式(B-5)得极值切应变 $\gamma_{\max}$，

$$\gamma_{\max}=2\sqrt{\left(\frac{96-160}{2}\right)^2+\left(\frac{-264}{2}\right)^2}\times10^{-6}=272\times10^{-6}$$

将 $\varepsilon_{\max}$，$\varepsilon_{\min}$，$\gamma_{\max}$ 代入式(B-9)，计算主应力

$$\sigma_{\max}=\frac{2\times10^5}{1-0.27^2}[264+0.27\times(-7.8)]\times10^{-6}=56.5\text{ MPa}$$

$$\sigma_{\min}=\frac{2\times10^5}{1-0.27^2}[(-7.8)+0.27\times264]\times10^{-6}=13.7\text{ MPa}$$

$$\tau_{max} = G\gamma_{max} = \frac{2\times10^5}{2(1+0.27)}\times272\times10^{-6} = 21.4\ \text{MPa}$$

2. 应力单元体见例B-2图b)，由例B-2图b)可知，利用τ值可解出M_e，利用σ_y值可解出q，利用$2\sigma_x-\sigma_y$可解出F。于是先由ε_x，ε_y，γ_{xy}计算出σ_x，σ_y，τ_x后，就可计算载荷q，F和M_e。

利用胡克定律(B-9)，得

$$\sigma_x = \frac{2\times10^5}{1-0.27^2}(96+0.27\times160)\times10^{-6} = 30\ \text{MPa}$$

$$\sigma_y = \frac{2\times10^5}{1-0.27^2}(160+0.27\times96)\times10^{-6} = 40\ \text{MPa}$$

$$\tau_{xy} = \frac{2\times10^5}{2(1+0.27)}\times(-264)\times10^{-6} = -21\ \text{MPa}$$

因此

$$M_e = \tau W_p = 21\times\frac{\pi}{16}50^3\left[1-\left(\frac{46}{50}\right)^4\right] = 146.2\ \text{kN}\cdot\text{mm}$$

$$q = \sigma_y\frac{2\delta}{d} = 40\times\frac{2\times2}{50} = 3.2\ \text{MPa}$$

$$F = A\frac{2\sigma_x-\sigma_y}{2} = \frac{\pi\times50\times2}{2}(2\times30-40) = 3\,142\ \text{N}$$

思 考 题

B-1 由应力分析和胡克定律也可推出式(B-1)，式(B-2)，请试一下。但推导出的式(B-1)，式(B-2)与从应变分析直接推出的式(B-1)，式(B-2)意义有何不同？

B-2 应变分析和应力分析都有数解法和图解法。比较它们的异同。

B-3 平面应力下的平面应变分析得到的主应变ε_{max}，ε_{min}，它们一定是代数值最大的主应变ε_1和最小的主应变ε_3吗？为什么？第三个主平面上$\sigma=0$，第三方向的主应变也为零对吗？

B-4 常用的应变花有直角和等角两种，是否可以由任意的三个方向的应变片组成应变花？

习 题

B-1 当构件表面上某点的应变值分别为下列值时，

(1) $\varepsilon_x = 0.000\,2$， $\varepsilon_y = 0.000\,4$， $\gamma_{xy} = -0.000\,2$；

(2) $\varepsilon_x = 300\times10^{-6}$， $\varepsilon_y = 300\times10^{-6}$， $\gamma_{xy} = 1\,000\times10^{-6}$；

(3) $\varepsilon_x = 50\times10^{-6}$， $\varepsilon_y = 550\times10^{-6}$， $\gamma_{xy} = -866\times10^{-6}$，

用解析法或应变圆求该点主应变值和ε_{max}所对应的主方向α_{max}。

B-2 用直角应变花测得受力构件表面上某点的应变如下：

(1) $\varepsilon_{0^\circ} = 500\times10^{-6}$， $\varepsilon_{45^\circ} = 400\times10^{-6}$， $\varepsilon_{90^\circ} = -200\times10^{-6}$；

(2) $\varepsilon_{0^\circ} = 579\times10^{-6}$， $\varepsilon_{45^\circ} = 42\times10^{-6}$， $\varepsilon_{90^\circ} = 221\times10^{-6}$；

(3) $\varepsilon_{0°}=200\times10^{-6}$，$\varepsilon_{45°}=746\times10^{-6}$，$\varepsilon_{90°}=600\times10^{-6}$。

求该点主应变值、主方向 α_{max} 以及极值切应变。

B-3　用等角应变花测得受力构件表面上某点的应变如下：

(1) $\varepsilon_{0°}=-150\times10^{-6}$，$\varepsilon_{60°}=50\times10^{-6}$，$\varepsilon_{-60°}=250\times10^{-6}$；

(2) $\varepsilon_{0°}=315\times10^{-6}$，$\varepsilon_{60°}=185\times10^{-6}$，$\varepsilon_{-60°}=-80\times10^{-6}$。

求该点的主应变和主方向 α_{max} 及极值切应变。

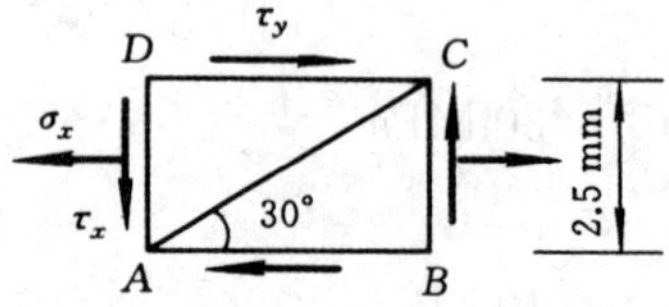

题 B-4 图

B-4　题 B-4 图示单元体，$\sigma_x=30$ MPa，$\tau_x=-15$ MPa。材料的 $E=200$ GPa，$\nu=0.30$。试求：(1) 该点的主应变；(2) 图示单元体对角线 AC 长度的变化值。

B-5　一点的应变值如题B-2中(1)、(2)所示，计算该点的 $\sigma_{0°}$，$\sigma_{90°}$，$\tau_{0°}$ 及主应力，最大切应力。已知材料的弹性模量 $E=200$ GPa，泊松比 $\nu=0.29$。

B-6　构件受力如题B-6图示。梁为矩形截面，宽为 b，高为 H，弹性模量 E，泊松比 ν。欲测定 F_1，F_2 值，四种工作应变片布片方案为：

(1) 在支座与 F_1 之间中性轴处布置正、负 45° 的应变片 a，b；

(2) 在梁的中间段的中性轴处布置正、负 45° 的应变片 a，b；

(3) 在梁的中间段的上顶下底布置轴向应变片 a，b；

(4) 在支座与 F_1 之间中性轴处布置横向和轴向应变片 a，b。

上述方案中可行的是哪几种？写出用应变值表达的 F_1，F_2 计算式。哪种方案最优？

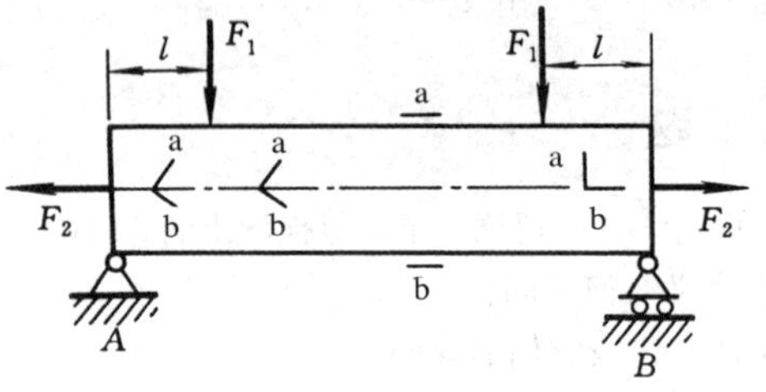

题 B-6 图

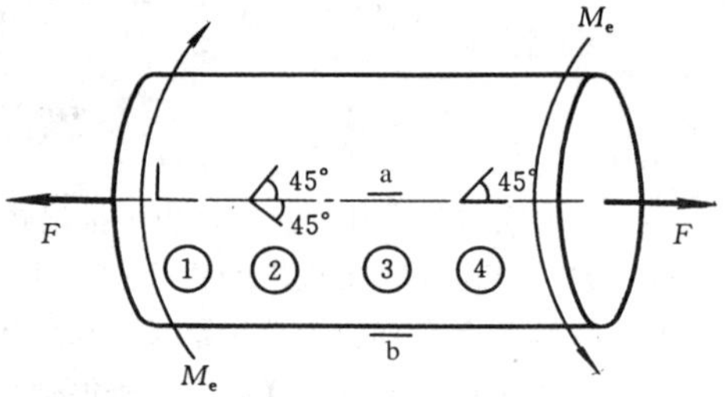

题 B-7 图

B-7　构件受力如题B-7图所示，轴的直径 D，弹性模量 E，泊松比 ν。欲测定 M_e，F 值，四种工作应变片的布置方案见图。方案中可行的是哪几种？写出用应变值表达的 M_e，F 计算式。

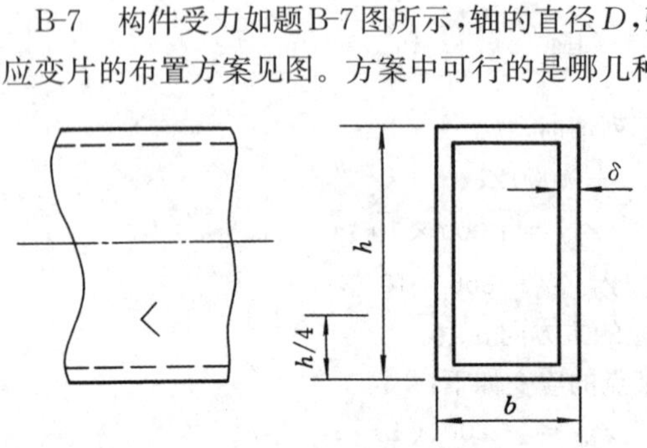

题 B-8 图

B-8　高 $h=200$ mm，宽 $b=100$ mm，厚 $\delta=5$ mm 的框形截面梁，在距下底 $h/4$ 处布置正负 45° 方向应变片，测得 $\varepsilon_{45°}=-142\times10^{-6}$，$\varepsilon_{-45°}=-219\times10^{-6}$。已知材料的弹性模量 $E=2\times10^5$ MPa，泊松比 $\nu=0.28$。试计算此点正应力和切应力，并计算此截面的弯矩、剪力。

习题答案

B-1 (1) $\varepsilon_{max}=441\times10^{-6}$， $\varepsilon_{min}=159\times10^{-6}$， $\alpha_{max}=67.5°$；

(2) $\varepsilon_{max}=800\times10^{-6}$， $\varepsilon_{min}=-200\times10^{-6}$， $\alpha_{max}=-45°$；

(3) $\varepsilon_{max}=800\times10^{-6}$， $\varepsilon_{min}=-200\times10^{-6}$， $\alpha_{max}=60°$。

B-2 (1) $\varepsilon_{max}=580\times10^{-6}$，$\varepsilon_{min}=-280\times10^{-6}$，$\alpha_{max}=17.8°$，$\gamma_{max}=860\times10^{-6}$；

(2) $\varepsilon_{max}=800\times10^{-6}$，$\varepsilon_{min}=0$， $\alpha_{max}=-31.7°$，$\gamma_{max}=800\times10^{-6}$；

(3) $\varepsilon_{max}=800\times10^{-6}$，$\varepsilon_{min}=0$，$\alpha_{max}=60°$，$\gamma_{max}=800\times10^{-6}$。

B-3 (1) $\varepsilon_{max}=281\times10^{-6}$，$\varepsilon_{min}=-181\times10^{-6}$，$\alpha_{max}=-75°$，$\gamma_{max}=462\times10^{-6}$；

(2) $\varepsilon_{max}=372\times10^{-6}$，$\varepsilon_{min}=-92\times10^{-6}$，$\alpha_{max}=20.6°$，$\gamma_{max}=464\times10^{-6}$。

B-4 (1) $\varepsilon_1=190\times10^{-6}$， $\varepsilon_2=-45\times10^{-6}$， $\varepsilon_3=-85\times10^{-6}$；

(2) $\Delta l_{AC}=9.29\times10^{-4}$ mm。

B-5 (1) $\sigma_{0°}=96.5$ MPa， $\sigma_{90°}=-12.0$ MPa， $\tau_{0°}=-38.8$ MPa，

$\sigma_1=108.9$ MPa， $\sigma_2=0$， $\sigma_3=-24.4$ MPa， $\tau_{max}=66.7$ MPa；

(2) $\sigma_{0°}=140.4$ MPa， $\sigma_{90°}=84.9$ MPa， $\tau_{0°}=55.5$ MPa，

$\sigma_1=174.7$ MPa， $\sigma_2=50.6$ MPa， $\sigma_3=0$， $\tau_{max}=62$ MPa。

B-6 方案(1)，(3) 可行，方案(3) 为优；

方案(1) $F_2=\dfrac{Ebh}{1-\nu}(\varepsilon_{45°}+\varepsilon_{-45°})$，$F_1=\dfrac{Ebh}{3(1+\nu)}(\varepsilon_{-45°}-\varepsilon_{45°})$；

方案(3) $F_2=\dfrac{Ebh}{2}(\varepsilon_a+\varepsilon_b)$， $F_1=\dfrac{Ebh^2}{6l}(\varepsilon_b-\varepsilon_a)$。

B-7 方案 ②，④ 可行；

方案 ② $M_e=\dfrac{\pi Ed^3}{32(1+\nu)}(\varepsilon_{-45°}-\varepsilon_{45°})$， $F=\dfrac{\pi Ed^2}{4(1-\nu)}(\varepsilon_{-45°}+\varepsilon_{45°})$；

方案 ④ $M_e=\dfrac{\pi Ed^3}{16(1+\nu)}\left(\dfrac{1-\nu}{2}\varepsilon_{0°}-\varepsilon_{45°}\right)$，$F=\dfrac{\pi Ed^2}{4}\varepsilon_{0°}$。

B-8 $\sigma=-100$ MPa， $\tau=-6$ MPa， $M=-30.4$ kN·m， $F_s=-11.2$ kN。

附录 C　型钢表

表 C-1　　热轧等边角钢(GB/T 706—2016)

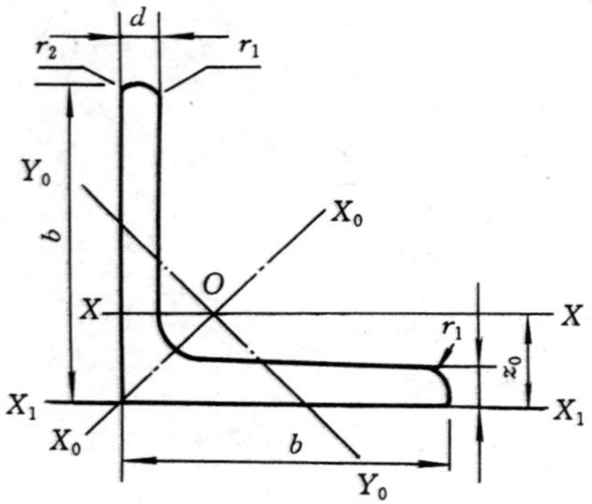

b—边宽；　d—边厚；
r—内圆弧半径；　r_1—边端内弧半径；
r_2—边端外弧半径；　r_0—顶端圆弧半径；
I—惯性矩；　i—惯性半径；
W—截面系数；　Z_0—重心距离

角钢号数	尺寸/mm			截面面积/cm^2	理论质量/(kg·m^{-1})	外表面积/(m^2·m^{-1})	参考数值										Z_0/cm
							$X-X$			X_0-X_0			Y_0-Y_0			X_1-X_1	
	b	d	r				I_X/cm^4	i_X/cm	W_X/cm^3	I_{X_0}/cm^4	i_{X_0}/cm	W_{X_0}/cm^3	I_{Y_0}/cm^4	i_{Y_0}/cm	W_{Y_0}/cm^3	I_{X_1}/cm^4	
2	20	3	3.5	1.132	0.89	0.078	0.40	0.59	0.29	0.63	0.75	0.45	0.17	0.39	0.20	0.81	0.60
		4		1.459	1.15	0.077	0.50	0.58	0.36	0.78	0.73	0.55	0.22	0.38	0.24	1.09	0.64
2.5	25	3		1.432	1.12	0.098	0.82	0.76	0.46	1.29	0.95	0.73	0.34	0.49	0.33	1.57	0.73
		4		1.859	1.46	0.097	1.03	0.74	0.59	1.62	0.93	0.92	0.43	0.48	0.40	2.11	0.76

续表

角钢号数	尺寸/mm			截面面积/cm^2	理论质量/($kg \cdot m^{-1}$)	外表面积/($m^2 \cdot m^{-1}$)	参考数值										
							$X-X$			X_0-X_0			Y_0-Y_0			X_1-X_1	Z_0/cm
	b	d	r				I_X/cm^4	i_X/cm	W_X/cm^3	I_{X_0}/cm^4	i_{X_0}/cm	W_{X_0}/cm^3	I_{Y_0}/cm^4	i_{Y_0}/cm	W_{Y_0}/cm^3	I_{X_1}/cm^4	
3.0	30	3		1.749	1.37	0.117	1.46	0.91	0.68	2.31	1.15	1.09	0.61	0.59	0.51	2.71	0.85
		4		2.276	1.79	0.117	1.84	0.90	0.87	2.92	1.13	1.37	0.77	0.58	0.62	3.63	0.89
3.6	36	3	4.5	2.109	1.66	0.141	2.58	1.11	0.99	4.09	1.39	1.61	1.07	0.71	0.76	4.68	1.00
		4		2.756	2.16	0.141	3.29	1.09	1.28	5.22	1.38	2.05	1.37	0.70	0.93	6.25	1.04
		5		3.382	2.65	0.141	3.95	1.08	1.56	6.24	1.36	2.45	1.65	0.70	1.00	7.84	1.07
4	40	3	5	2.359	1.85	0.157	3.59	1.23	1.23	5.69	1.55	2.01	1.49	0.79	0.96	6.41	1.09
		4		3.086	2.42	0.157	4.60	1.22	1.60	7.29	1.54	2.58	1.91	0.79	1.19	8.56	1.13
		5		3.791	2.98	0.156	5.53	1.21	1.96	8.76	1.52	3.10	2.30	0.78	1.39	10.7	1.17
4.5	45	3	5	2.659	2.09	0.177	5.17	1.40	1.58	8.20	1.76	2.58	2.14	0.89	1.24	9.12	1.22
		4		3.486	2.74	0.177	6.65	1.38	2.05	10.6	1.74	3.32	2.75	0.89	1.54	12.2	1.26
		5		4.292	3.37	0.176	8.04	1.37	2.51	12.7	1.72	4.00	3.33	0.88	1.81	15.2	1.30
		6		5.076	3.99	0.176	9.33	1.36	2.95	14.8	1.70	4.64	3.89	0.80	2.06	18.4	1.33
5	50	3	5.5	2.971	2.33	0.197	7.18	1.55	1.96	11.4	1.96	3.22	2.98	1.00	1.57	12.5	1.34
		4		3.897	3.06	0.197	9.26	1.54	2.56	14.7	1.94	4.16	3.82	0.99	1.96	16.7	1.38
		5		4.803	3.77	0.196	11.2	1.53	3.13	17.8	1.92	5.03	4.64	0.98	2.31	20.9	1.42
		6		5.688	4.46	0.196	13.1	1.52	3.68	20.7	1.91	5.85	5.42	0.98	2.63	25.1	1.46

续表

角钢号数	尺寸/mm			截面面积/cm^2	理论质量/($kg\cdot m^{-1}$)	外表面积/($m^2\cdot m^{-1}$)	参考数值										Z_0/cm
							$X-X$			X_0-X_0			Y_0-Y_0			X_1-X_1	
	b	d	r				I_X/cm^4	i_X/cm	W_X/cm^3	I_{X_0}/cm^4	i_{X_0}/cm	W_{X_0}/cm^3	I_{Y_0}/cm^4	i_{Y_0}/cm	W_{Y_0}/cm^3	I_{X_1}/cm^4	
5.6	56	3	6	3.343	2.62	0.221	10.2	1.75	2.48	16.14	2.20	4.08	4.24	1.13	2.02	17.56	1.48
		4		4.39	3.45	0.220	13.2	1.73	3.24	20.92	2.18	5.28	5.46	1.11	2.52	23.43	1.53
		5		5.415	4.25	0.220	16.0	1.72	3.97	25.42	2.17	6.42	6.61	1.10	2.98	29.33	1.57
		6		6.42	5.04	0.220	18.7	1.71	4.68	29.7	2.15	7.49	7.73	1.10	3.40	35.3	1.61
		7		7.404	5.81	0.219	21.2	1.69	5.36	33.6	2.13	8.49	8.82	1.09	3.80	41.2	1.64
		8		8.367	6.57	0.219	23.6	1.68	6.03	37.37	2.11	9.44	9.89	1.09	4.16	47.24	1.68
6	60	5	6.5	5.829	4.58	0.236	19.9	1.85	4.59	31.6	2.33	7.44	8.21	1.19	3.48	36.1	1.67
		6		6.914	5.43	0.235	23.4	1.83	5.41	36.9	2.31	8.70	9.60	1.18	3.98	43.3	1.70
		7		7.977	6.26	0.235	26.4	1.82	6.21	41.9	2.29	9.88	11.0	1.17	4.45	50.7	1.74
		8		9.02	7.08	0.235	29.5	1.81	6.98	46.7	2.27	11.0	12.3	1.17	4.88	58.0	1.78
6.3	63	4	7	4.978	3.91	0.248	19.03	1.96	4.13	30.17	2.46	6.78	7.89	1.26	3.29	33.35	1.70
		5		6.143	4.82	0.248	23.17	1.94	5.08	36.77	2.45	8.25	9.57	1.25	3.90	41.73	1.74
		6		7.288	5.72	0.247	27.12	1.93	6.00	43.03	2.43	9.66	11.20	1.24	4.46	50.14	1.78
		7		8.412	6.60	0.247	30.9	1.92	6.88	49.0	2.41	11.0	12.8	1.2	4.98	58.6	1.82
		8		9.515	7.47	0.247	34.46	1.90	7.75	54.56	2.40	12.25	14.33	1.23	5.47	67.11	1.85
		10		11.66	9.15	0.246	41.09	1.88	9.39	64.85	2.36	14.56	17.33	1.22	6.36	84.31	1.93
7	70	4	8	5.570	4.37	0.275	26.4	2.18	5.14	41.8	2.74	8.44	11.0	1.40	4.17	45.7	1.86
		5		6.876	5.40	0.275	32.2	2.16	6.32	51.1	2.73	10.3	13.3	1.39	4.95	57.2	1.91
		6		8.160	6.41	0.275	37.8	2.15	7.48	59.9	2.71	12.1	15.6	1.38	5.67	68.7	1.95
		7		9.424	7.40	0.275	43.1	2.14	8.59	68.4	2.69	13.8	17.8	1.38	6.34	80.3	1.99
		8		10.67	8.37	0.274	48.2	2.12	9.68	76.4	2.68	15.4	20.0	1.37	6.98	91.9	2.03

续表

角钢号数	尺寸/mm			截面面积/cm^2	理论质量/($kg \cdot m^{-1}$)	外表面积/($m^2 \cdot m^{-1}$)	参考数值										Z_0/cm
							$X-X$			X_0-X_0			Y_0-Y_0			X_1-X_1	
	b	d	r				I_X/cm^4	i_X/cm	W_X/cm^3	I_{X_0}/cm^4	i_{X_0}/cm	W_{X_0}/cm^3	I_{Y_0}/cm^4	i_{Y_0}/cm	W_{Y_0}/cm^3	I_{X_1}/cm^4	
7.5	75	5	9	7.412	5.82	0.295	40.0	2.33	7.32	63.3	2.92	11.9	16.6	1.50	5.77	70.6	2.04
		6		8.797	6.91	0.294	47.0	2.31	8.64	74.4	2.90	14.0	19.5	1.49	6.67	84.6	2.07
		7		10.16	7.98	0.294	53.6	2.30	9.93	85.0	2.89	16.0	22.2	1.48	7.44	98.7	2.11
		8		11.50	9.03	0.294	60.0	2.28	11.2	95.1	2.88	17.9	24.9	1.47	8.19	113	2.15
		9		12.83	10.1	0.294	66.1	2.27	12.4	105	2.86	19.8	27.5	1.46	8.89	127	2.18
		10		14.13	11.1	0.293	72.0	2.26	13.6	114	2.84	21.5	30.1	1.46	9.56	142	2.22
8	80	5	9	7.912	6.21	0.315	48.8	2.48	8.34	77.3	3.13	13.7	20.3	1.60	6.66	85.4	2.15
		6		9.397	7.38	0.314	57.4	2.47	9.87	91.0	3.11	16.1	23.7	1.59	7.65	103	2.19
		7		10.86	8.53	0.314	65.6	2.46	11.4	104	3.10	18.4	27.1	1.58	8.58	120	2.23
		8		12.30	9.66	0.314	73.5	2.44	12.8	117	3.08	20.6	30.4	1.57	9.46	137	2.27
		9		13.73	10.8	0.314	81.1	2.43	14.3	129	3.06	22.7	33.6	1.56	10.3	154	2.31
		10		15.13	11.9	0.313	88.4	2.42	15.6	140	3.04	24.8	36.8	1.56	11.1	172	2.35
9	90	6	10	10.64	8.35	0.354	82.8	2.79	12.6	131	3.51	20.6	34.3	1.80	9.95	146	2.44
		7		12.30	9.66	0.354	94.8	2.78	14.5	150	3.50	23.6	39.2	1.78	11.2	170	2.48
		8		13.94	10.9	0.353	106	2.76	16.4	169	3.48	26.6	44.0	1.78	12.4	195	2.52
		9		15.57	12.2	0.353	118	2.75	18.3	187	3.46	29.4	48.7	1.77	13.5	219	2.56
		10		17.17	13.5	0.353	129	2.74	20.1	204	3.45	32.0	53.3	1.76	14.5	244	2.59
		12		20.31	15.9	0.352	149	2.71	23.6	236	3.41	37.1	62.2	1.75	16.5	294	2.67

续表

角钢号数	尺寸/mm			截面面积/cm^2	理论质量/($kg \cdot m^{-1}$)	外表面积/($m^2 \cdot m^{-1}$)	参考数值										Z_0/cm
							$X-X$			X_0-X_0			Y_0-Y_0			X_1-X_1	
	b	d	r				I_X/cm^4	i_X/cm	W_X/cm^3	I_{X_0}/cm^4	i_{X_0}/cm	W_{X_0}/cm^3	I_{Y_0}/cm^4	i_{Y_0}/cm	W_{Y_0}/cm^3	I_{X_1}/cm^4	
10	100	6	12	11.93	9.37	0.393	115	3.10	15.7	182	3.90	25.7	47.9	2.00	12.7	200	2.67
		7		13.80	10.8	0.393	132	3.09	18.1	209	3.89	29.6	54.7	1.99	14.3	234	2.71
		8		15.64	12.3	0.393	148	3.08	20.5	235	3.88	33.2	61.4	1.98	15.8	267	2.76
		9		17.46	13.7	0.392	164	3.07	22.8	260	3.86	36.8	68.0	1.97	17.2	300	2.80
		10		19.26	15.1	0.392	180	3.05	25.1	285	3.84	40.3	74.4	1.96	18.5	334	2.84
		12		22.80	17.9	0.391	209	3.03	29.5	331	3.81	46.8	86.8	1.95	21.1	402	2.91
		14		26.26	20.6	0.391	237	3.00	33.7	374	3.77	52.9	99.0	1.94	23.4	471	2.99
		16		29.63	23.3	0.390	263	2.98	37.8	414	3.74	58.6	111	1.94	25.6	540	3.06
11	110	7	12	15.20	11.9	0.433	177	3.41	22.1	281	4.30	36.1	73.4	2.20	17.5	311	2.96
		8		17.24	13.5	0.433	199	3.40	25.0	316	4.28	40.7	82.4	2.19	19.4	355	3.01
		10		21.26	16.7	0.432	242	3.38	30.6	384	4.25	49.4	100	2.17	22.9	445	3.09
		12		25.20	19.8	0.431	283	3.35	36.1	448	4.22	57.6	117	2.15	26.2	535	3.16
		14		29.06	22.8	0.431	321	3.32	41.3	508	4.18	65.3	133	2.14	29.1	625	3.24
12.5	125	8	14	19.75	15.5	0.492	297	3.88	32.5	471	4.88	53.3	123	2.50	25.9	521	3.37
		10		24.37	19.1	0.491	362	3.85	40.0	574	4.85	64.9	149	2.48	30.6	652	3.45
		12		28.91	22.7	0.491	423	3.83	41.2	671	4.82	76.0	175	2.46	35.0	783	3.53
		14		33.37	26.2	0.490	482	3.80	54.2	764	4.78	86.4	200	2.45	39.1	916	3.61
		16		37.74	29.6	0.489	537	3.77	60.9	851	4.75	96.3	224	2.43	43.0	1 050	3.68

续表

角钢号数	尺寸/mm			截面面积/cm^2	理论质量/($kg \cdot m^{-1}$)	外表面积/($m^2 \cdot m^{-1}$)	参考数值										Z_0/cm
							$X-X$			X_0-X_0			Y_0-Y_0			X_1-X_1	
	b	d	r				I_X/cm^4	i_X/cm	W_X/cm^3	I_{X_0}/cm^4	i_{X_0}/cm	W_{X_0}/cm^3	I_{Y_0}/cm^4	i_{Y_0}/cm	W_{Y_0}/cm^3	I_{X_1}/cm^4	
14	140	10	14	27.37	21.5	0.551	515	4.34	50.6	817	5.46	82.6	212	2.78	39.2	915	3.82
		12		32.51	25.5	0.551	604	4.31	59.8	959	5.43	96.9	249	2.76	45.0	1 100	3.90
		14		37.57	29.5	0.550	689	4.28	68.8	1 090	5.40	110	284	2.75	50.5	1 280	3.98
		16		42.54	33.4	0.549	770	4.26	77.5	1 220	5.36	123	319	2.74	55.6	1 470	4.06
15	150	8	14	23.75	18.6	0.592	521	4.69	47.4	827	5.90	78.0	215	3.01	38.1	900	3.99
		10		29.37	23.1	0.591	638	4.66	58.4	1 010	5.87	95.5	262	2.99	45.5	1 130	4.08
		12		34.91	27.4	0.591	749	4.63	69.0	1 190	5.84	112	308	2.97	52.4	1 350	4.15
		14		45.74	31.7	0.590	856	4.60	79.5	1 360	5.80	128	352	2.95	58.8	1 580	4.23
		15		43.06	33.8	0.590	907	4.59	84.6	1 440	5.78	136	374	2.95	61.9	1 690	4.27
		16		45.74	35.9	0.589	958	4.58	89.6	1 520	5.77	143	395	2.94	64.9	1 810	4.31
16	160	10	16	31.50	24.7	0.630	780	4.98	66.7	1 240	6.27	109	322	3.20	52.8	1 370	4.31
		12		37.44	29.4	0.630	917	4.95	79.0	1 460	6.24	129	377	3.18	60.7	1 640	4.39
		14		43.30	34.0	0.629	1 050	4.92	91.0	1 670	6.20	147	432	3.16	68.2	1 910	4.47
		16		49.07	38.5	0.629	1 180	4.89	103	1 870	6.17	165	485	3.14	75.3	2 190	4.55
18	180	12	16	42.24	33.2	0.710	1 320	5.59	101	2 100	7.05	165	543	3.58	78.4	2 330	4.89
		14		48.90	38.4	0.709	1 514	5.56	116	2 410	7.02	189	622	3.56	88.4	2 720	4.97
		16		55.47	43.5	0.709	1 700	5.54	131	2 700	6.98	212	699	3.55	97.8	3 120	5.05
		18		61.96	48.6	0.708	1 880	5.50	146	2 990	6.94	235	762	3.51	105	3 500	5.13

续表

角钢号数	尺寸/mm			截面面积/cm^2	理论质量/(kg·m^{-1})	外表面积/(m^2·m^{-1})	参考数值										Z₀
							$X-X$			X_0-X_0			Y_0-Y_0			X_1-X_1	
	b	d	r				I_X/cm^4	i_X/cm	W_X/cm^3	I_{X_0}/cm^4	i_{X_0}/cm	W_{X_0}/cm^3	I_{Y_0}/cm^4	i_{Y_0}/cm	W_{Y_0}/cm^3	I_{X_1}/cm^4	Z_0/cm
20	200	14	18	54.64	49.9	0.788	2 100	6.20	145	3 340	7.82	236	864	3.98	112	3730	5.46
		16		62.01	48.7	0.788	2 370	6.18	164	3 760	7.79	266	971	3.96	124	4 270	5.54
		18		69.30	54.4	0.787	2 620	6.15	182	4 160	7.55	294	1 080	3.94	136	4 810	5.62
		20		76.51	60.1	0.787	2 870	6.12	200	4 550	7.72	322	1 180	3.93	147	5 350	5.69
		24		90.66	71.2	0.785	3 340	6.07	236	5 290	7.64	374	1 380	3.90	167	6 460	5.87
22	220	16	21	68.67	53.9	0.866	3 190	6.81	200	5 060	8.59	326	1 310	4.37	154	5 680	6.03
		18		76.75	60.3	0.866	3 540	6.79	223	5 620	8.55	361	1 450	4.35	168	6 400	6.11
		20		84.76	66.5	0.865	3 870	6.76	245	6 150	8.52	395	1 590	4.34	182	7 110	6.18
		22		92.68	72.8	0.865	4 200	6.73	267	6 670	8.48	429	1 730	4.32	195	7 830	6.26
		24		100.5	78.9	0.864	4 520	6.71	289	7 170	8.45	461	1 870	4.31	208	8 550	6.33
		26		108.3	85.0	0.864	4 830	6.68	310	7 690	8.41	492	2 000	4.30	221	9 280	6.41
25	250	18	24	87.74	69.0	0.985	5 270	7.75	290	8 370	9.76	473	2 170	4.97	224	9 380	6.84
		20		97.05	76.2	0.984	5 780	7.72	320	9 180	9.73	519	2 380	4.95	243	10 400	6.92
		22		106.2	83.3	0.983	6 280	7.69	349	9 970	9.69	564	2 580	4.93	261	11 500	7.00
		24		115.2	90.4	0.982	6 770	7.67	378	10 700	9.66	608	2 790	4.92	278	12 500	7.07
		26		124.2	97.5	0.982	7 240	7.64	406	11 500	9.62	650	2 980	4.90	295	13 600	7.15
		28		133.0	104	0.982	7 700	7.61	433	12 200	9.58	691	3 180	4.89	311	14 600	7.22
		30		141.8	111	0.981	8 160	7.58	461	12 900	9.55	731	3 380	4.88	327	15 700	7.30
		32		150.5	118	0.981	8 600	7.56	488	13 600	9.51	770	3 570	4.87	342	16 800	7.37
		35		163.4	128	0.980	9 240	7.52	527	14 600	9.46	827	3 850	4.86	364	18 400	7.48

注:1. 本表 $r_1=\frac{1}{3}d$ 和 r 数值用于孔型设计,不作为交货条件。

表 C-2 热轧不等边角钢(GB/T 706—2016)

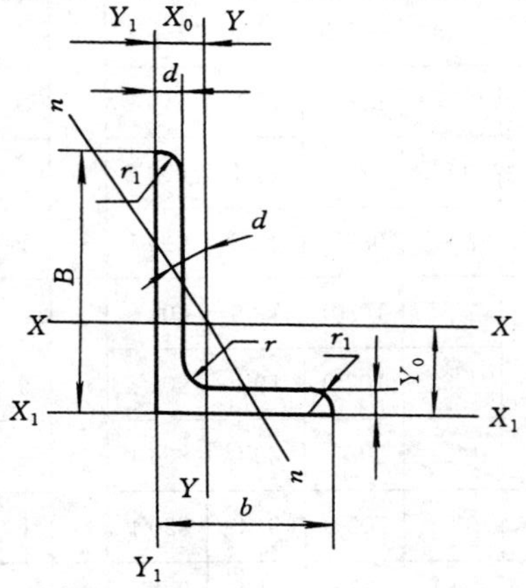

B—长边宽度； b—短边宽度；
d—边厚； r—内圆弧半径；
r_1—边端内弧半径，$r_1=\frac{d}{3}$； I—惯性矩；
i_x，i_y，i_u—惯性半径； W—截面系数；
X_0，Y_0——距离

型号	尺寸/mm				截面面积/cm²	理论质量/(kg·m⁻¹)	外表面积/(m²·m⁻¹)	参考数值													
								X—X			Y—Y			X_1-X_1		Y_1-Y_1		u—u			
	B	b	d	r				I_X/cm⁴	i_X/cm	W_X/cm³	I_Y/cm⁴	i_Y/cm	W_Y/cm³	I_{X1}/cm⁴	Y_0/cm	I_{Y1}/cm⁴	X_0/cm	I_u/cm⁴	i_u/cm	W_u/cm³	tan α
2.5/1.6	25	16	3	3.5	1.162	0.91	0.080	0.70	0.78	0.43	0.22	0.44	0.19	1.56	0.86	0.43	0.42	0.14	0.34	0.16	0.392
			4		1.499	1.18	0.079	0.88	0.77	0.55	0.27	0.43	0.24	2.09	0.90	0.59	0.46	0.17	0.34	0.20	0.381
3.2/2	32	20	3		1.492	1.17	0.102	1.53	1.01	0.72	0.46	0.55	0.30	3.27	1.08	0.82	0.49	0.28	0.43	0.25	0.382
			4		1.939	1.52	0.101	1.93	1.00	0.93	0.57	0.54	0.39	4.37	1.12	1.12	0.53	0.35	0.42	0.32	0.374
4/2.5	40	25	3	4	1.890	1.48	0.127	3.08	1.28	1.15	0.93	0.70	0.49	5.39	1.32	1.59	0.59	0.56	0.54	0.40	0.385
			4		2.467	1.94	0.127	3.93	1.36	1.49	1.18	0.69	0.63	8.53	1.37	2.14	0.63	0.71	0.54	0.52	0.381

续表

型号	尺寸/mm				截面面积/cm^2	理论质量/($kg\cdot m^{-1}$)	外表面积/($m^2\cdot m^{-1}$)	参考数值													
								$X-X$			$Y-Y$			X_1-X_1		Y_1-Y_1		$u-u$			
	B	b	d	r				I_X /cm^4	i_X /cm	W_X /cm^3	I_Y /cm^4	i_Y /cm	W_Y /cm^3	I_{X1} /cm^4	Y_0 /cm	I_{Y1} /cm^4	X_0 /cm	I_u /cm^4	i_u /cm	W_u /cm^3	$\tan\alpha$
4.5/2.8	45	28	3	5	2.149	1.69	0.143	4.45	1.44	1.47	1.34	0.79	0.62	9.10	1.47	2.23	0.64	0.80	0.61	0.51	0.383
			4		2.806	2.20	0.143	5.69	1.42	1.91	1.70	0.78	0.80	12.1	1.51	3.00	0.68	1.02	0.60	0.66	0.380
5/3.2	50	32	3	5.5	2.431	1.91	0.161	6.24	1.60	1.84	2.02	0.91	0.82	12.5	1.60	3.31	0.73	1.20	0.70	0.68	0.404
			4		3.177	2.49	0.160	8.02	1.59	2.39	2.58	0.90	1.06	16.7	1.65	4.45	0.77	1.53	0.69	0.87	0.402
5.6/3.6	56	36	3	6	2.743	2.15	0.181	8.88	1.80	2.32	2.92	1.03	1.05	17.5	1.78	4.7	0.80	1.73	0.79	0.87	0.408
			4		3.590	2.82	0.180	11.5	1.79	3.03	3.76	1.02	1.37	23.4	1.82	6.33	0.85	2.23	0.79	1.13	0.408
			5		4.415	3.47	0.180	13.9	1.77	3.71	4.49	1.01	1.65	29.3	1.87	7.94	0.88	2.67	0.78	1.36	0.404
6.3/4	63	40	4	7	4.058	3.19	0.202	16.5	2.02	3.87	5.23	1.14	1.70	33.3	2.04	8.63	0.92	3.12	0.88	1.40	0.398
			5		4.993	3.92	0.202	20.0	2.00	4.74	6.31	1.12	2.07	41.6	2.08	10.9	0.95	3.76	0.87	1.71	0.396
			6		5.908	4.64	0.201	23.4	1.96	5.59	7.29	1.11	2.43	50.0	2.12	13.1	0.99	4.34	0.86	1.99	0.393
			7		6.802	5.34	0.201	26.5	1.98	6.40	8.24	1.10	2.78	58.1	2.15	15.5	1.03	4.97	0.86	2.29	0.389
7/4.5	70	45	4	7.5	4.553	3.57	0.226	23.2	2.26	4.86	7.55	1.29	2.17	45.9	2.24	12.3	1.02	4.40	0.98	1.77	0.410
			5		5.609	4.40	0.225	28.0	2.23	5.92	9.13	1.28	2.65	57.1	2.28	15.4	1.06	5.40	0.98	2.19	0.407
			6		6.644	5.22	0.225	32.5	2.21	6.95	10.6	1.26	3.12	68.4	2.32	18.6	1.09	6.35	0.98	2.59	0.404
			7		7.657	6.01	0.225	37.2	2.20	8.03	12.0	1.25	3.57	80.0	2.36	21.8	1.13	7.16	0.97	2.94	0.402

续表

型号	尺寸/mm				截面面积/cm^2	理论质量/($kg \cdot m^{-1}$)	外表面积/($m^2 \cdot m^{-1}$)	参考数值													
								$X-X$			$Y-Y$			X_1-X_1		Y_1-Y_1		$u-u$			
	B	b	d	r				I_X/cm^4	i_X/cm	W_X/cm^3	I_Y/cm^4	i_Y/cm	W_Y/cm^3	I_{X_1}/cm^4	Y_0/cm	I_{Y_1}/cm^4	X_0/cm	I_u/cm^4	i_u/cm	W_u/cm^3	$\tan\alpha$
(7.5/5)	75	50	5	8	6.126	4.81	0.245	34.9	2.39	6.83	12.6	1.44	3.3	70.0	2.40	21.0	1.17	7.41	1.10	2.74	0.435
			6		7.260	5.70	0.245	41.1	2.38	8.12	14.7	1.42	3.88	84.3	2.44	25.4	1.21	8.54	1.08	3.19	0.435
			8		9.467	7.43	0.244	52.4	2.35	10.5	18.5	1.40	4.99	113	2.52	34.2	1.29	10.9	1.07	4.10	0.429
			10		11.59	9.10	0.244	62.7	2.33	12.8	22.0	1.38	6.04	141	2.60	43.4	1.36	13.1	1.06	4.99	0.423
(8/5)	80	50	5	8	6.376	5.00	0.255	42.0	2.56	7.78	12.8	1.42	3.32	85.2	2.60	21.1	1.14	7.66	1.10	2.74	0.388
			6		7.560	5.93	0.255	49.5	2.56	9.25	15.0	1.41	3.91	103	2.65	25.4	1.18	8.85	1.08	3.20	0.387
			7		8.724	6.85	0.255	56.2	2.54	10.6	17.0	1.39	4.48	119	2.69	29.8	1.21	10.2	1.08	3.70	0.384
			8		9.867	7.75	0.254	62.8	2.52	11.9	18.9	1.38	5.03	136	2.73	34.3	1.25	11.4	1.07	4.16	0.381
(9/5.6)	90	56	5	9	7.212	5.66	0.287	60.5	2.90	9.92	18.3	1.59	4.21	121	2.91	29.5	1.25	11.0	1.23	3.49	0.385
			6		8.557	6.72	0.286	71.0	2.88	11.7	21.4	1.58	4.96	146	2.95	35.6	1.29	12.9	1.23	4.13	0.384
			7		9.881	7.76	0.286	81.0	2.86	13.5	24.4	1.57	5.70	170	3.00	41.7	1.33	14.7	1.22	4.72	0.382
			8		11.18	8.78	0.286	91.0	2.85	15.3	27.2	1.56	6.41	194	3.04	47.9	1.36	16.3	1.21	5.29	0.380
10/6.3	100	63	6	10	9.618	7.55	0.320	99.1	3.21	14.6	30.9	1.79	6.35	200	3.24	50.5	1.43	18.4	1.38	5.25	0.394
			7		11.11	8.72	0.320	113	3.20	16.9	35.3	1.78	7.29	233	3.28	59.1	1.47	21.0	1.38	6.02	0.394
			8		12.58	9.88	0.319	127	3.18	19.1	39.4	1.77	8.21	266	3.32	67.9	1.50	23.5	1.37	6.78	0.391
			10		15.47	12.1	0.319	154	3.15	23.3	47.1	1.74	9.98	333	3.40	85.7	1.58	28.33	1.35	8.24	0.387

续表

型号	尺寸/mm				截面面积/cm^2	理论质量/($kg \cdot m^{-1}$)	外表面积/($m^2 \cdot m^{-1}$)	参考数值														
								$X-X$			$Y-Y$			X_1-X_1		Y_1-Y_1		$u-u$				
	B	b	d	r				I_X/cm^4	i_X/cm	W_X/cm^3	I_Y/cm^4	i_Y/cm	W_Y/cm^3	I_{X1}/cm^4	Y_0/cm	I_{Y1}/cm^4	X_0/cm	I_u/cm^4	i_u/cm	W_u/cm^3	$\tan\alpha$
10/8	100	80	6	10	10.64	8.35	0.354	107	3.17	15.2	61.2	2.40	10.2	200	2.95	103	1.97	31.7	1.72	8.37	0.627
			7		12.30	9.66	0.354	123	3.16	17.5	70.1	2.39	11.7	233	3.00	120	2.01	36.2	1.72	9.60	0.626
			8		13.94	10.9	0.353	138	3.14	19.8	78.6	2.37	13.2	267	3.04	137	2.05	40.6	1.71	10.8	0.625
			10		17.17	13.5	0.353	167	3.12	24.2	94.7	2.35	16.1	334	3.12	172	2.13	49.1	1.69	13.1	0.622
11/7	110	70	6		10.64	8.35	0.354	133	3.54	17.9	42.9	2.01	7.90	266	3.53	69.1	1.57	25.4	1.54	6.53	0.403
			7		12.30	9.66	0.354	153	3.53	20.6	49.0	2.00	9.09	310	3.57	80.8	1.61	29.0	1.53	7.50	0.402
			8		13.94	10.9	0.353	172	3.51	23.3	54.9	1.98	10.3	354	3.62	92.7	1.65	32.5	1.53	8.45	0.401
			10		17.17	13.5	0.353	208	3.48	28.5	65.9	1.96	12.5	443	3.70	117	1.72	39.2	1.51	10.3	0.397
12.5/8	125	80	7	11	14.10	11.1	0.403	228	4.02	26.9	74.4	2.30	12.0	455	4.01	120	1.80	43.8	1.76	9.92	0.408
			8		15.99	12.6	0.403	257	4.01	30.4	83.5	2.28	13.6	520	4.06	138	1.84	49.2	1.75	11.2	0.407
			10		19.71	15.5	0.402	312	3.98	37.3	101	2.26	16.6	650	4.14	173	1.92	59.5	1.74	13.6	0.404
			12		23.35	18.3	0.402	364	3.95	44.0	117	2.24	19.4	780	4.22	210	2.00	69.4	1.72	16.0	0.400
14/9	140	90	8	12	18.04	14.2	0.453	366	4.50	38.5	121	2.59	17.3	731	4.50	196	2.04	70.8	1.98	14.3	0.411
			10		22.26	17.5	0.452	446	4.47	47.3	140	2.56	21.2	913	4.58	246	2.12	85.8	1.96	17.5	0.409
			12		26.40	20.7	0.451	522	4.44	55.9	170	2.54	25.0	1 100	4.66	297	2.19	100	1.95	20.5	0.406
			14		30.46	23.9	0.451	594	4.42	64.2	192	2.51	28.5	1 280	4.74	349	2.27	114	1.94	23.5	0.403

续表

型号	尺寸/mm				截面面积/cm²	理论质量/(kg·m⁻¹)	外表面积/(m²·m⁻¹)	参考数值													
								$X-X$			$Y-Y$			X_1-X_1		Y_1-Y_1		$u-u$			
	B	b	d	r				I_X/cm⁴	i_X/cm	W_X/cm³	I_Y/cm⁴	i_Y/cm	W_Y/cm³	I_{X1}/cm⁴	Y_0/cm	I_{Y1}/cm⁴	X_0/cm	I_u/cm⁴	i_u/cm	W_u/cm³	$\tan\alpha$
15/9	150	90	8	12	18.84	14.8	0.473	442	4.84	43.9	123	2.55	17.5	898	4.92	196	1.97	74.1	1.98	14.5	0.364
			10		23.26	18.3	0.472	539	4.81	54.0	149	2.53	21.4	1 120	5.01	246	2.05	89.9	1.97	17.7	0.362
			12		27.60	21.7	0.471	632	4.79	63.8	173	2.50	25.1	1 350	5.09	297	2.12	105	1.95	20.8	0.359
			14		31.86	25.0	0.471	721	4.76	73.3	196	2.48	28.8	1 570	5.17	350	2.20	120	1.94	23.8	0.356
			15		33.95	26.7	0.471	764	4.74	78.0	207	2.47	30.5	1 680	5.21	376	2.24	127	1.93	25.3	0.354
			16		36.03	28.3	0.470	806	4.73	82.6	217	2.45	32.3	1 800	5.25	403	2.27	134	1.93	26.8	0.352
16/10	160	100	10	13	25.32	19.9	0.512	669	5.14	62.1	205	2.85	26.6	1 360	5.24	337	2.28	122	2.19	21.9	0.390
			12		30.05	23.6	0.511	785	5.11	73.5	239	2.82	31.3	1 640	5.32	406	2.36	142	2.17	25.8	0.388
			14		34.71	27.2	0.510	896	5.08	84.6	271	2.80	35.8	1 910	5.40	476	2.43	162	2.16	29.6	0.385
			16		39.28	30.8	0.510	1 000	5.05	95.3	302	2.77	40.2	2 180	5.48	548	2.51	183	2.16	33.4	0.382
18/11	180	110	10	14	28.37	22.3	0.571	956	5.80	79.0	278	3.13	32.5	1 940	5.89	447	2.44	167	2.42	26.9	0.376
			12		33.71	26.5	0.571	1 120	5.78	93.5	325	3.10	38.3	2 330	5.98	539	2.52	195	2.40	31.7	0.374
			14		38.97	30.6	0.570	1 290	5.75	108	370	3.08	44.0	2 720	6.06	632	2.59	222	2.39	36.3	0.372
			16		44.14	34.6	0.569	1 440	5.72	122	412	3.06	49.4	3 110	6.14	726	2.67	249	2.38	40.9	0.369
20/12.5	200	125	12	14	37.91	29.8	0.641	1 570	6.44	117	483	3.57	50.0	3 190	6.54	788	2.83	286	2.74	41.2	0.392
			14		43.87	34.4	0.640	1 800	6.41	135	551	3.54	57.4	3 730	6.62	922	2.91	327	2.73	47.3	0.390
			16		49.74	39.0	0.639	2 020	6.38	152	615	3.52	64.9	4 260	6.70	1 060	2.99	366	2.71	53.3	0.388
			18		55.53	43.6	0.639	2 240	6.35	169	677	3.49	71.7	4 790	6.78	1 200	3.06	405	2.70	59.2	0.385

注：1. 截面图中的 $r_1=1/3d$ 及表中 r 值的数据用于孔型设计，不作为交货条件。

表 C-3　　热轧槽钢(GB/T 706—2016)

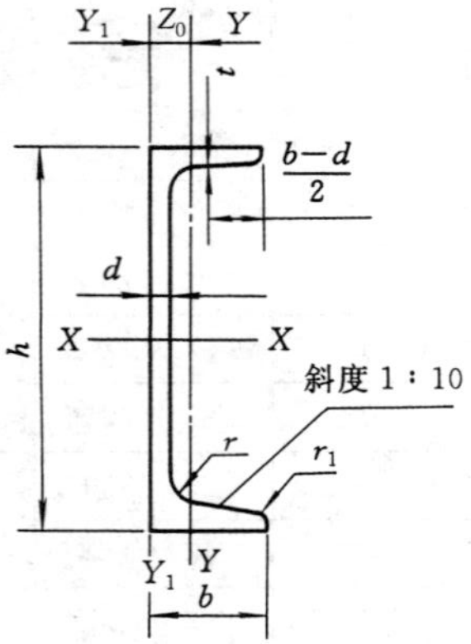

h—高度；
b—腿宽；
d—腰厚；
t—平均腿厚；
r—内圆弧半径；
r_1—腿端圆弧半径；
I—惯性矩；
W—截面系数；
i—惯性半径；
Z_0—Y—Y 与 Y_1—Y_2 轴线间距离

型号	尺寸/mm						截面面积 /cm²	理论质量 /(kg·m⁻¹)	参考数值							
									X−X			Y-Y			Y_1-Y_1	Z_0 /cm
	h	b	d	t	r	r_1			W_X/cm^3	I_X/cm^4	i_X/cm	W_Y/cm^3	I_Y/cm^4	i_Y/cm	I_{Y_1}/cm^4	
5	50	37	4.5	7.0	7.0	3.5	6.925	5.44	10.4	26.0	1.94	3.55	8.30	1.10	20.9	1.35
6.3	63	40	4.8	7.5	7.5	3.8	8.446	6.63	16.1	50.8	2.45	4.50	11.9	1.19	28.4	1.36
6.5	65	40	4.3	7.5	7.5	3.8	8.292	6.51	17.0	55.2	2.54	4.59	12.0	1.19	28.3	1.38
8	80	43	5.0	8.0	8.0	4.0	10.24	8.04	25.3	101	3.15	5.79	16.6	1.27	37.4	1.43
10	100	48	5.3	8.5	8.5	4.2	12.74	10.0	39.7	198	3.95	7.80	25.6	1.41	54.9	1.52
12	120	53	5.5	9.0	9.0	4.5	15.36	12.1	57.7	346	4.75	10.2	37.4	1.56	77.7	1.62
12.6	126	53	5.5	9.0	9.0	4.5	15.69	12.3	62.1	391	4.95	10.2	38.0	1.57	77.1	1.59

续表

型号	尺寸/mm						截面面积/cm^2	理论质量/(kg·m^{-1})	参考数值							
									X−X			Y-Y			Y_1-Y_1	Z_0
	h	b	d	t	r	r_1			W_X/cm^3	I_X/cm^4	i_X/cm	W_Y/cm^3	I_Y/cm^4	i_Y/cm	I_{Y_1}/cm^4	/cm
14a	140	58	6.0	9.5	9.5	4.8	18.51	14.5	80.5	564	5.52	13.0	53.2	1.70	107	1.71
14b	140	60	8.0	9.5	9.5	4.8	21.31	16.7	87.1	609	5.35	14.1	61.1	1.69	121	1.67
16a	160	63	6.5	10.0	10.0	5.0	21.95	17.2	108	866	6.28	16.3	73.3	1.83	144	1.80
16b	160	65	8.5	10.0	10.0	5.0	25.15	19.8	117	935	6.10	17.6	83.4	1.82	161	1.75
18a	180	68	7.0	10.5	10.5	5.2	25.69	20.2	141	1 270	7.04	20.0	98.6	1.96	190	1.88
18b	180	70	9.0	10.5	10.5	5.2	29.29	23.0	152	1 370	6.84	21.5	111	1.95	210	1.84
20a	200	73	7.0	11.0	11.0	5.5	28.83	22.6	178	1 780	7.86	24.2	128	2.11	244	2.01
20b	200	75	9.0	11.0	11.0	5.5	32.83	25.8	191	1 910	7.64	25.9	144	2.09	268	1.95
22a	220	77	7.0	11.5	11.5	5.8	31.83	25.0	218	2 390	8.67	28.2	158	2.23	298	2.10
22b	220	79	9.0	11.5	11.5	5.8	36.23	28.5	234	2 570	8.42	30.1	176	2.21	326	2.03
24a	240	78	7.0	12.0	12.0	6.0	34.21	26.9	254	3 050	9.45	30.5	174	2.25	325	2.10
24b	240	80	9.0	12.0	12.0	6.0	39.01	30.6	274	3 280	9.17	32.5	194	2.23	355	2.03
24c	240	82	11.0	12.0	12.0	6.0	43.81	34.4	293	3 510	8.96	34.4	213	2.21	388	2.00
25a	250	78	7.0	12.0	12.0	6.0	34.91	27.4	270	3 370	9.82	30.6	176	2.24	322	2.07
25b	250	80	9.0	12.0	12.0	6.0	39.91	31.3	282	3 530	9.41	32.7	196	2.22	353	1.98
25c	250	82	11.0	12.0	12.0	6.0	44.91	35.3	295	3 690	9.07	35.9	218	2.21	384	1.92
27a	270	82	7.5	12.5	12.5	6.2	39.27	30.8	323	4 360	10.5	35.5	216	2.34	393	2.13
27b	270	84	9.5	12.5	12.5	6.2	44.67	35.1	347	4 690	10.3	37.7	239	2.31	428	2.06
27c	270	86	11.5	12.5	12.5	6.2	50.07	39.3	372	5 020	10.1	39.8	261	2.28	467	2.03
28a	280	82	7.5	12.5	12.5	6.2	40.02	31.4	340	4 760	10.9	35.7	218	2.33	388	2.10

续表

型号	尺寸/mm						截面面积/cm^2	理论质量/($kg \cdot m^{-1}$)	参考数值							
									$X-X$			Y-Y			Y_1-Y_1	Z_0/cm
	h	b	d	t	r	r_1			W_X/cm^3	I_X/cm^4	i_X/cm	W_Y/cm^3	I_Y/cm^4	i_Y/cm	I_{Y_1}/cm^4	
28b	280	84	9.5	12.5	12.5	6.2	45.62	35.8	366	5 130	10.6	37.9	242	2.30	428	2.02
28c	280	86	11.5	12.5	12.5	6.2	51.22	40.2	393	5 500	10.4	40.3	268	2.29	463	1.95
30a	300	85	7.5	13.5	13.5	6.8	43.89	34.5	403	6 050	11.7	41.1	260	2.43	467	2.17
30b	300	87	9.5	13.5	13.5	6.8	49.89	39.2	433	6 500	11.4	44.0	289	2.41	515	2.13
30c	300	89	11.5	13.5	13.5	6.8	55.89	43.9	463	6 950	11.2	46.4	316	2.38	560	2.09
32a	320	88	8.0	14.0	14.0	7.0	48.50	38.1	475	7 600	12.5	46.5	305	2.50	552	2.24
32b	320	90	10.0	14.0	14.0	7.0	54.90	43.1	509	8 140	12.2	49.2	336	2.47	593	2.16
32c	320	92	12.0	14.0	14.0	7.0	61.30	48.1	543	8 690	11.9	52.6	374	2.47	643	2.09
36a	360	96	9.0	16.0	16.0	8.0	60.89	47.8	660	11 900	14.0	63.5	455	2.73	818	2.44
36b	360	98	11.0	16.0	16.0	8.0	68.09	53.5	703	12 700	13.6	66.9	497	2.70	880	2.37
36c	360	100	13.0	16.0	16.0	8.0	75.29	59.1	746	13 400	13.4	70.0	536	2.67	948	2.34
40a	400	100	10.5	18.0	18.0	9.0	75.04	58.9	879	17 600	15.3	78.8	592	2.81	1 070	2.49
40b	400	102	12.5	18.0	18.0	9.0	83.04	65.2	932	18 600	15.0	82.5	640	2.78	1 140	2.44
40c	400	104	14.5	18.0	18.0	9.0	91.04	71.5	986	19 700	14.7	86.2	688	2.75	1 220	2.42

注:1. 表中标注的圆弧半径 r, r_1 的数据用于孔型设计,不作为交货条件。

表 C-4 热轧工字钢(GB/T 706—2016)

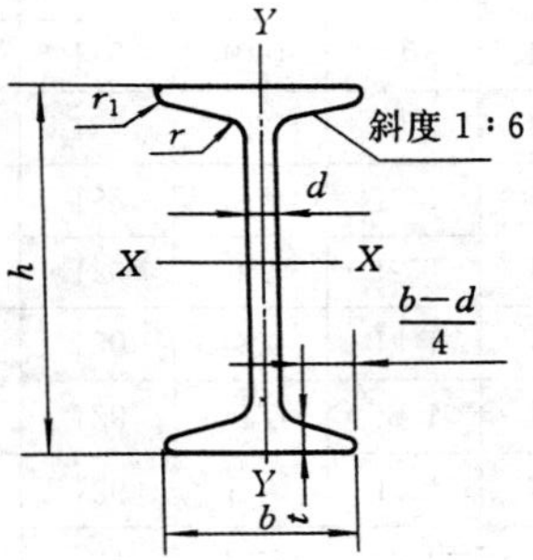

符号意义：
h—高度；
b—腿宽；
d—腰厚；
t—平均腿厚；
r—内圆弧半径；
r_1—腿端圆弧半径；
I—惯性矩；
W—截面系数；
i—惯性半径；
S—半截面静矩

型号	尺寸/mm						截面面积/cm^2	理论质量/$(kg\cdot m^{-1})$	参考数值						
									$X-X$				$Y-Y$		
	h	b	d	t	r	r_1			I_X/cm^4	W_X/cm^3	i_X/cm	$I_X:S_X$	I_Y/cm^4	W_Y/cm^3	i_Y/cm
10	100	68	4.5	7.6	6.5	3.3	14.33	11.3	245	49.0	4.14	8.59	33.0	9.72	1.52
12	120	74	5.0	8.4	7.0	5.5	17.80	14.0	436	72.7	4.95	10.3	46.9	12.7	1.62
12.6	126	74	5.0	8.4	7.0	3.5	18.10	14.2	488	77.5	5.20	10.8	46.9	12.7	1.61
14	140	80	5.5	9.1	7.5	3.8	21.50	16.9	712	102	5.76	12.0	64.4	16.1	1.73
16	160	88	6.0	9.9	8.0	4.0	26.11	20.5	1 130	141	6.58	13.8	93.1	21.2	1.89
18	180	94	6.5	10.7	8.5	4.3	30.74	24.1	1 660	185	7.36	15.4	122	26.0	2.00

续表

型号	尺寸/mm						截面面积/cm^2	理论质量/$(kg \cdot m^{-1})$	参考数值						
									X—X				Y—Y		
	h	b	d	t	r	r_1			I_X/cm^4	W_X/cm^3	i_X/cm	$I_X : S_X$	I_Y/cm^4	W_Y/cm^3	i_Y/cm
20a	200	100	7.0	11.4	9.0	4.5	35.55	27.9	2 370	237	8.15	17.2	158	31.5	2.12
20b	200	102	9.0	11.4	9.0	4.5	39.55	31.1	2 500	250	7.96	16.9	169	33.1	2.06
22a	220	110	7.5	12.3	9.5	4.8	42.10	33.1	3 400	309	8.99	18.9	225	40.9	2.31
22b	220	112	9.5	12.3	9.5	4.8	46.50	36.5	3 570	325	8.78	18.7	239	42.7	2.27
24a	240	116	8.0	13.0	10.0	5.0	47.71	37.5	4 570	381	9.77	20.7	280	48.4	2.42
24b	240	118	10.0	13.0	10.0	5.0	52.51	41.2	4 800	400	9.57	20.4	297	50.4	2.38
25a	250	116	8.0	13.0	10.0	5.0	48.51	38.1	5 020	402	10.2	21.6	280	48.3	2.40
25b	250	118	10.0	13.0	10.0	5.0	53.51	42.0	5 280	423	9.94	21.3	309	52.4	2.40
27a	270	122	8.5	13.7	10.5	5.3	54.52	42.8	6 550	485	10.9	23.8	345	56.6	2.51
27b	270	124	10.5	13.7	10.5	5.3	59.92	47.0	6 870	509	10.7	22.9	366	58.9	2.47
28a	280	122	8.5	13.7	10.5	5.3	55.37	43.5	7 110	508	11.3	24.6	345	56.6	2.50
28b	280	124	10.5	13.7	10.5	5.3	60.97	47.9	7 480	534	11.1	24.2	379	61.2	2.49
30a	300	126	9.0	14.4	11.0	5.5	61.22	48.1	8 950	597	12.1	25.7	400	63.5	2.55
30b	300	128	11.0	14.4	11.0	5.5	67.22	52.8	9 400	627	11.8	25.4	422	65.9	2.50
30c	300	130	13.0	14.4	11.0	5.5	73.22	57.5	9 850	657	11.6	26.0	445	68.5	2.46
32a	320	130	9.5	15.0	11.5	5.8	67.12	52.7	11 100	692	12.8	27.5	460	70.8	2.62
32b	320	132	11.5	15.0	11.5	5.8	73.52	57.7	11 600	726	12.6	27.1	502	76.0	2.61
32c	320	134	13.5	15.0	11.5	5.8	79.92	62.7	12 200	760	12.3	26.8	544	81.2	2.61
36a	360	136	10.0	15.8	12.0	6.0	76.44	60.0	15 800	875	14.4	30.7	552	81.2	2.69
36b	360	138	12.0	15.8	12.0	6.0	83.64	65.7	16 500	919	14.1	30.3	582	84.3	2.64
36c	360	140	14.0	15.8	12.0	6.0	90.84	71.3	17 300	962	13.8	29.9	612	87.4	2.60

续表

型号	尺寸/mm						截面面积/cm^2	理论质量/(kg·m^{-1})	参考数值						
									$X-X$				$Y-Y$		
	h	b	d	t	r	r_1			I_X/cm^4	W_X/cm^3	i_X/cm	$I_X:S_X$	I_Y/cm^4	W_Y/cm^3	i_Y/cm
40a	400	142	10.5	16.5	12.5	6.3	86.07	67.6	21 700	1 090	15.9	34.1	660	93.2	2.77
40b	400	144	12.5	16.5	12.5	6.3	94.07	73.8	22 800	1 140	15.6	33.6	692	96.2	2.71
40c	400	146	14.5	16.5	12.5	6.3	102.1	80.1	23 900	1 190	15.2	33.2	727	99.6	2.65
45a	450	150	11.5	18.0	13.5	6.8	102.4	80.4	32 200	1 430	17.7	38.6	855	114	2.89
45b	450	152	13.5	18.0	13.5	6.8	111.4	87.4	33 800	1 500	17.4	38.0	894	118	2.84
45c	450	154	15.5	18.0	13.5	6.8	120.4	94.5	35 300	1570	17.1	37.6	938	122	2.79
50a	500	158	12.0	20.0	14.0	7.0	119.2	93.6	46 500	1 860	19.7	42.8	1 120	142	3.07
50b	500	160	14.0	20.0	14.0	7.0	129.2	101	48 600	1 940	19.4	42.4	1 170	146	3.01
50c	500	162	16.0	20.0	14.0	7.0	139.2	109	50 600	2 080	19.0	41.8	1 220	151	2.96
55a	550	166	12.5	21.0	14.5	7.3	134.1	105	62 900	2 290	21.6	46.9	1 370	164	3.19
55b	550	168	14.5	21.0	14.5	7.3	145.1	114	65 600	2 390	21.2	46.4	1 420	170	3.14
55c	550	170	16.5	21.0	14.5	7.3	156.1	123	68 400	2 490	20.9	45.8	1 480	175	3.08
56a	560	166	12.5	21.0	14.5	7.3	135.4	106	65 600	2 340	22.0	47.7	1 370	165	3.00
56b	560	168	14.5	21.0	14.5	7.3	146.6	115	68 500	2 450	21.6	47.2	1 490	174	3.16
56c	560	170	16.5	21.0	14.5	7.3	157.8	124	71 400	2 550	21.3	46.7	1 560	183	3.16
63a	630	176	13.0	22.0	15.0	7.5	154.6	121	93 900	2 980	24.5	54.2	1 700	193	3.31
63b	630	178	15.0	22.0	15.0	7.5	167.2	131	98 100	3 160	24.2	53.5	1 810	204	3.29

注：1. 表中标注的圆弧半径 r，r_1 的数值用于孔型设计，不作为交货条件。

2. 表中保留了原来 GB/T 706—1988 中的 $I_X:S_X$ 数值，但此项内容在新标准中已不再给出，故新增的工字钢型号中没有此项的数值。

表 C-5 热轧 H 型钢和部分 T 型钢(GB/T 11263—2017)

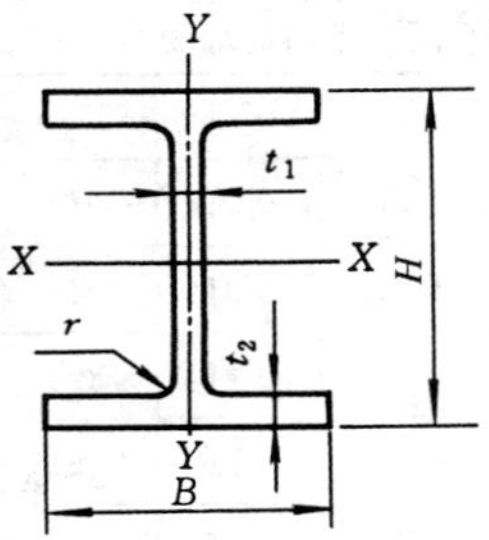

H—高度；
B—宽度；
t_1—腰厚；
t_2—腿厚；
r—内圆弧半径

I—惯性矩；
W—截面系数；
i—惯性半径；

类别	型号(高度×宽度)/(mm×mm)	截面尺寸/mm					截面面积/cm^2	理论质量/(kg·m^{-1})	表面积/(m^2·m^{-1})	截面特性参数					
										惯性矩/cm^4		惯性半径/cm		截面模数/cm^3	
		H	B	t_1	t_2	r				I_X	I_Y	i_X	i_Y	W_X	W_Y
HW	100×100	100	100	6	8	8	21.58	16.9	0.574	378	134	4.18	2.48	75.6	26.7
	125×125	125	125	6.5	9	8	30.00	23.6	0.723	839	293	5.28	3.12	134	46.9
	150×150	150	150	7	10	8	39.64	31.1	0.872	1 620	563	6.39	3.76	216	75.1
	175×175	175	175	7.5	11	13	51.42	40.4	1.01	2 900	984	7.50	4.37	331	112
	200×200	200	200	8	12	13	63.53	49.9	1.16	4 720	1 600	8.61	5.02	472	160
		*200	204	12	12	13	71.53	56.2	1.17	4 980	1 700	8.34	4.87	498	167
	250×250	*244	252	11	11	13	81.31	63.8	1.45	8 700	2 940	10.3	6.01	713	233
		250	250	9	14	13	91.43	71.8	1.46	10 700	3 650	10.8	6.31	860	292
		*250	255	14	14	13	103.9	81.6	1.47	11 400	3 880	10.5	6.10	912	304
	300×300	*294	302	12	12	13	106.3	83.5	1.75	16 600	5 510	12.5	7.20	1 130	365
		300	300	10	15	13	118.5	93.0	1.76	20 200	6 750	13.1	7.55	1 350	450
		*300	305	15	15	13	133.5	105	1.77	21 300	7 100	12.6	7.29	1 420	466

续表

类别	型号（高度×宽度）/(mm×mm)	截面尺寸/mm					截面面积/cm^2	理论质量/(kg·m^{-1})	表面积/(m^2·m^{-1})	截面特性参数					
										惯性矩/cm^4		惯性半径/cm		截面模数/cm^3	
		H	B	t_1	t_2	r				I_X	I_Y	i_X	i_Y	W_X	W_Y
HW	350×350	*338	351	13	13	13	133.3	105	2.03	27 700	9 380	14.4	8.38	1 640	534
		*344	348	10	16	13	144.0	113	2.04	32 800	11 200	15.1	8.83	1 910	646
		*344	354	16	16	13	164.7	129	2.05	34 900	11 800	14.6	8.48	2 030	669
		350	350	12	19	13	171.9	135	2.05	39 800	13 600	15.2	8.88	2 280	776
		*350	357	19	19	13	196.4	154	2.07	42 300	14 400	14.7	8.57	2 420	808
	400×400	*388	402	15	15	22	178.5	140	2.32	49 000	16 300	16.6	9.54	2 520	809
		*394	398	11	18	22	186.8	147	2.32	56 100	18 900	17.3	10.1	2 850	951
		*394	405	18	18	22	214.4	168	2.33	59 700	20 000	16.7	9.64	3 030	985
		400	400	13	21	22	218.7	172	2.34	66 600	22 400	17.5	10.1	3 330	1 120
		*400	408	21	21	22	250.7	197	2.35	70 900	23 800	16.8	9.74	3 540	1 170
		*414	405	18	28	22	295.4	232	2.37	92 800	31 000	17.7	10.2	4 480	1 530
		*428	407	20	35	22	360.7	283	2.41	119 000	39 400	18.2	10.4	5 570	1 930
		*458	417	30	50	22	528.6	415	2.49	187 000	60 500	18.8	10.7	8 170	2 900
		*498	432	45	70	22	770.1	604	2.60	298 000	94 400	19.7	11.1	12 000	4 370
	500×500	*492	465	15	20	22	258.0	202	2.78	117 000	33 500	21.3	11.4	4 770	1 440
		*502	465	15	25	22	304.5	239	2.80	146 000	41 900	21.9	11.7	5 810	1 800
		*502	470	20	25	22	329.6	259	2.81	151 000	43 300	21.4	11.5	6 020	1 840
HM	150×100	148	100	6	9	8	26.34	20.7	0.670	1 000	150	6.16	2.38	135	30.1
	200×150	194	150	6	9	8	38.10	29.9	0.962	2 630	507	8.30	3.64	271	67.6
	250×175	244	175	7	11	13	55.49	43.6	1.15	6 040	984	10.4	4.21	495	112

续表

类别	型号(高度×宽度)/(mm×mm)	截面尺寸/mm					截面面积/cm^2	理论质量/($kg \cdot m^{-1}$)	表面积/($m^2 \cdot m^{-1}$)	截面特性参数					
										惯性矩/cm^4		惯性半径/cm		截面模数/cm^3	
		H	B	t_1	t_2	r				I_X	I_Y	i_X	i_Y	W_X	W_Y
HM	300×200	294	200	8	12	13	71.05	55.8	1.35	11 100	1 600	12.5	4.74	756	160
		∗298	201	9	14	13	82.03	64.4	1.36	13 100	1 900	12.6	4.80	878	189
	350×250	340	250	9	14	13	99.53	78.1	1.64	21 200	3 650	14.6	6.05	1 250	292
	400×300	390	300	10	16	13	133.3	105	1.94	37 900	7 200	16.9	7.35	1 940	480
	450×300	440	300	11	18	13	153.9	121	2.04	54 700	8 110	18.9	7.25	2 490	540
	500×300	∗482	300	11	15	13	141.2	111	2.12	58 300	6 760	20.3	6.91	2 420	450
		488	300	11	18	13	159.2	125	2.13	68 900	8 110	20.8	7.13	2 820	540
	550×300	∗544	300	11	15	13	148.0	116	2.24	76 400	6 760	22.7	6.75	2 810	450
		∗550	300	11	18	13	166.0	130	2.26	89 800	8 110	23.3	6.98	3 270	540
	600×300	∗582	300	12	17	13	169.2	133	2.32	98 900	7 660	24.2	6.72	3 400	511
		588	300	12	20	13	187.2	147	2.33	114 000	9 010	24.7	6.93	3 890	601
		∗594	302	14	23	13	217.1	170	2.35	134 000	10 600	24.8	6.97	4 500	700
HN	∗100×50	100	50	5	7	8	11.84	9.30	0.376	187	14.8	3.97	1.11	37.5	5.91
	∗125×60	125	60	6	8	8	16.68	13.1	0.464	409	29.1	4.95	1.32	65.4	9.71
	150×75	150	75	5	7	8	17.84	14.0	0.576	666	49.5	6.10	1.66	88.8	13.2
	175×90	175	90	5	8	8	22.89	18.0	0.686	1 210	97.5	7.25	2.06	138	21.7
	200×100	∗198	99	4.5	7	8	22.68	17.8	0.769	1 540	113	8.24	2.23	156	22.9
		200	100	5.5	8	8	26.66	20.9	0.775	1 810	134	8.22	2.23	181	26.7
	250×125	∗248	124	5	8	8	31.98	25.1	0.968	3 450	255	10.4	2.82	278	41.1
		250	125	6	9	8	36.96	29.0	0.974	3 960	294	10.4	2.81	317	47.0

续表

类别	型号（高度×宽度）/(mm×mm)	截面尺寸/mm					截面面积/cm²	理论质量/(kg·m⁻¹)	表面积/(m²·m⁻¹)	截面特性参数					
										惯性矩/cm⁴		惯性半径/cm		截面模数/cm³	
		H	B	t_1	t_2	r				I_X	I_Y	i_X	i_Y	W_X	W_Y
HN	300×150	*298	149	5.5	8	13	40.80	32.0	1.16	6 320	442	12.4	3.29	424	59.3
		300	150	6.5	9	13	46.78	36.7	1.16	7 210	508	12.4	3.29	481	67.7
	350×175	*346	174	6	9	13	52.45	41.2	1.35	11 000	791	14.5	3.88	638	91.0
		350	175	7	11	13	62.91	49.4	1.36	13 500	984	14.6	3.95	771	112
	400×150	400	150	8	13	13	70.37	55.2	1.36	18 600	734	16.3	3.22	929	97.8
	400×200	*396	199	7	11	13	71.41	56.1	1.55	19 800	1 450	16.6	4.50	999	145
		400	200	8	13	13	83.37	65.4	1.56	23 500	1 740	16.8	4.56	1 170	174
	450×150	*446	150	7	12	13	66.99	52.6	1.46	22 000	677	18.1	3.17	985	90.3
		450	151	8	14	13	77.49	60.8	1.47	25 700	806	18.2	3.22	1 140	107
	450×200	*446	199	8	12	13	82.97	65.1	1.65	28 100	1 580	18.4	4.36	1 260	159
		450	200	9	14	13	95.43	74.9	1.66	32 900	1 870	18.6	4.42	1 460	187
	475×150	*470	150	7	13	13	71.53	56.2	1.50	26 200	733	19.1	3.20	1 110	97.8
		*475	151.5	8.5	15.5	13	86.15	67.6	1.52	31 700	901	19.2	3.23	1 330	119
		482	153.5	10.5	19	13	106.4	83.5	1.53	39 600	1 150	19.3	3.28	1 640	150
	*500×150	*492	150	7	12	13	70.21	55.1	1.55	27 500	677	19.8	3.10	1 120	90.3
		*500	152	9	16	13	92.21	72.4	1.57	37 000	940	20.0	3.19	1 480	124
		504	153	10	18	13	103.3	81.1	1.58	41 900	1 080	20.1	3.23	1 660	141
	500×200	*496	199	9	14	13	99.29	77.9	1.75	40 800	1 840	20.3	4.30	1 650	185
		500	200	10	16	13	112.3	88.1	1.76	46 800	2 140	20.4	4.36	1 870	214
		*506	201	11	19	13	129.3	102	1.77	55 500	2 580	20.7	4.46	2 190	257

续表

类别	型号(高度×宽度)/(mm×mm)	截面尺寸/mm					截面面积/cm^2	理论质量/($kg\cdot m^{-1}$)	表面积/($m^2\cdot m^{-1}$)	截面特性参数					
										惯性矩/cm^4		惯性半径/cm		截面模数/cm^3	
		H	B	t_1	t_2	r				I_X	I_Y	i_X	i_Y	W_X	W_Y
HN	550×200	*546	199	9	14	13	103.8	81.5	1.85	50 800	1 840	22.1	4.21	1 860	185
		550	200	10	16	13	117.3	92.0	1.86	58 200	2 140	22.3	4.27	2 120	214
	600×200	*596	199	10	15	13	117.8	92.4	1.95	66 600	1 980	23.8	4.09	2 240	199
		600	200	11	17	13	131.7	103	1.96	75 600	2 270	24.0	4.15	2 520	227
		*606	201	12	20	13	149.8	118	1.97	88 300	2 720	24.3	4.25	2 910	270
	625×200	*625	198.5	13.5	17.5	13	150.6	118	1.99	88 500	2 300	24.2	3.90	2 830	231
		630	200	15	20	13	170.0	133	2.01	101 000	2 690	24.4	3.97	3 220	268
		*638	202	17	24	13	198.7	156	2.03	122 000	3 320	24.8	4.09	3 820	329
	650×300	*646	299	12	18	18	183.6	144	2.43	131 000	8 030	26.7	6.61	4 080	537
		*650	300	13	20	18	202.1	159	2.44	146 000	9 010	26.9	6.67	4 500	601
		*654	301	14	22	18	220.6	173	2.45	161 000	10 000	27.4	6.81	4 930	666
	700×300	*692	300	13	20	18	207.5	163	2.53	168 000	9 020	28.5	6.59	4 870	601
		700	300	13	24	18	231.5	182	2.54	197 000	10 800	29.2	6.83	5 460	721
	750×300	*734	299	12	16	18	182.7	143	2.61	161 000	7 140	29.7	6.25	4 390	478
		*742	300	13	20	18	214.0	168	2.63	197 000	9 020	30.4	6.49	5 320	601
		*750	300	13	24	18	238.0	187	2.64	231 000	10 800	31.1	6.74	6 150	721
		*758	303	16	28	18	284.8	224	2.67	276 000	13 000	31.1	6.75	7 270	859
	800×300	*792	300	14	22	18	239.5	188	2.73	248 000	9 920	32.2	6.43	6 270	661
		800	300	14	26	18	263.5	207	2.74	286 000	11 700	33.0	6.66	7 160	781

续表

类别	型号(高度×宽度)/(mm×mm)	截面尺寸/mm					截面面积/cm²	理论质量/(kg·m⁻¹)	表面积/(m²·m⁻¹)	截面特性参数					
										惯性矩/cm⁴		惯性半径/cm		截面模数/cm³	
		H	B	t_1	t_2	r				I_X	I_Y	i_X	i_Y	W_X	W_Y
HN	850×300	*834	298	14	19	18	227.5	179	2.80	251 000	8 400	33.2	6.07	6 020	564
		*482	299	15	23	18	259.7	204	2.82	298 000	10 300	33.9	6.28	7 080	687
		*850	300	16	27	18	292.1	229	2.84	346 000	12 200	34.4	6.45	8 140	812
		*858	301	17	31	18	324.7	255	2.86	395 000	14 100	34.9	6.59	9 210	939
	900×300	*890	299	15	23	18	266.9	210	2.92	339 000	10 300	35.6	6.20	7 610	687
		900	300	16	28	18	305.8	240	2.94	404 000	12 600	36.4	6.42	8 990	842
		*912	302	18	34	18	360.1	283	2.97	491 000	15 700	36.9	6.59	10 800	1 040
	1 000×300	*970	297	16	21	18	276.0	217	3.07	393 000	9 210	37.8	5.77	8 110	620
		*980	298	17	26	18	315.5	248	3.09	472 000	11 500	38.7	6.04	9 630	772
		*990	298	17	31	18	345.3	271	3.11	544 000	13 700	39.7	6.30	11 000	921
		*1 000	300	19	36	18	395.1	310	3.13	634 000	16 300	40.1	6.41	12 700	1 080
		*1 008	302	21	40	18	439.3	345	3.15	712 000	18 400	40.3	6.47	14 100	1 220
HT	100×50	95	48	3.2	4.5	8	7.620	5.98	0.362	115	8.39	3.88	1.04	24.2	3.49
		97	49	4	5.5	8	9.370	7.36	0.368	143	10.9	3.91	1.07	29.6	4.45
	100×100	96	99	4.5	6	8	16.20	12.7	0.565	272	97.2	4.09	2.44	56.7	19.6
	125×60	118	58	3.2	4.5	8	9.250	7.26	0.448	218	14.7	4.85	1.26	37.0	5.08
		120	59	4	5.5	8	11.39	8.94	0.454	271	19.0	4.87	1.29	45.2	6.43
	125×125	119	123	4.5	6	8	20.12	15.8	0.707	532	186	5.14	3.04	89.5	30.3
	150×75	145	73	3.2	4.5	8	11.47	9.00	0.562	416	29.3	6.01	1.59	57.3	8.02
		147	74	4	5.5	8	14.12	11.1	0.568	516	37.3	6.04	1.62	70.2	10.1

续表

类别	型号(高度×宽度)/(mm×mm)	截面尺寸/mm					截面面积/cm^2	理论质量/(kg·m^{-1})	表面积/(m^2·m^{-1})	截面特性参数					
										惯性矩/cm^4		惯性半径/cm		截面模数/cm^3	
		H	B	t_1	t_2	r				I_X	I_Y	i_X	i_Y	W_X	W_Y
HT	150×100	139	97	3.2	4.5	8	13.43	10.6	0.646	476	68.6	5.94	2.25	68.4	14.1
		142	99	4.5	6	8	18.27	14.3	0.657	654	97.2	5.98	2.30	92.1	19.6
	150×150	144	148	5	7	8	27.76	21.8	0.856	1 090	378	6.25	3.69	151	51.1
		147	149	6	8.5	8	33.67	26.4	0.864	1 350	469	6.32	3.73	183	63.0
	175×90	168	88	3.2	4.5	8	13.55	10.6	0.668	670	51.2	7.02	1.94	79.7	11.6
		171	89	4	6	8	17.58	13.8	0.676	894	70.7	7.13	2.00	105	15.9
	175×175	167	173	5	7	13	33.32	26.2	0.994	1 780	605	7.30	4.26	213	69.9
		172	175	6.5	9.5	13	44.64	35.0	1.01	2 470	850	7.43	4.36	287	97.1
	200×100	193	98	3.2	4.5	8	15.25	12.0	0.758	994	70.7	8.07	2.15	103	14.4
		196	99	4	6	8	19.78	15.5	0.766	1 320	97.2	8.18	2.21	135	19.6
	200×150	188	149	4.5	6	8	26.34	20.7	0.949	1 730	331	8.09	3.54	184	44.4
	200×200	192	198	6	8	13	43.69	34.3	1.14	3 060	1 040	8.37	4.86	319	105
	250×125	244	124	4.5	6	8	25.86	20.3	0.961	2 650	191	10.1	2.71	217	30.8
	250×175	238	173	4.5	8	13	39.12	30.7	1.14	4 240	691	10.4	4.20	356	79.9
	300×150	294	148	4.5	6	13	31.90	25.0	1.15	4 800	325	12.3	3.19	327	43.9
	300×200	286	198	6	8	13	49.33	38.7	1.33	7 360	1 040	12.2	4.58	515	105
	350×175	340	173	4.5	6	13	36.97	29.0	1.34	7 490	518	14.2	3.74	441	59.9
	400×150	390	148	6	8	13	47.57	37.3	1.34	11 700	434	15.7	3.01	602	58.6
	400×200	390	198	6	8	13	55.57	43.6	1.54	14 700	1 040	16.2	4.31	752	105

注：1. 表中同一型号的产品，其内侧尺寸高度一致。
2. 表中截面面积计算公式为：$t_1(H-2t_2)+2Bt_2+0.858r^2$。
3. 表中“＊”表示的规格为市场非常用规格。